Piccolo 系列

DSP 控制器原理与开发

张东亮　编著

机 械 工 业 出 版 社

Piccolo 系列 DSP 控制器是 TI 最新推出的精简型、高性能且低成本的 32 位微控制器。本书以 TMS320F28035 为典型对象，介绍 DSP 控制器的结构原理、软硬件设计开发和应用。主要内容包括 DSP 控制器技术概况、32 位 DSP 控制器结构原理、指令系统、软件设计开发、片内外设以及应用系统设计等。

各章均有思考题与习题，并附有术语与符号英汉对照表。

本书可供从事自动控制、仪器仪表、电气自动化、计算机及机械电子等领域的工程技术人员参考使用，还可以作为高等院校相关专业高年级本科生、研究生 32 位 DSP 控制器课程的教材或参考书。

图书在版编目(CIP)数据

Piccolo 系列 DSP 控制器原理与开发/张东亮编著. —北京:机械工业出版社,2017.5

ISBN 978-7-111-57271-8

Ⅰ. ①P… Ⅱ. ①张… Ⅲ. ①数字信号处理 Ⅳ. ①TN911.72

中国版本图书馆 CIP 数据核字(2017)第 155775 号

机械工业出版社(北京市百万庄大街 22 号 邮政编码 100037)

策划编辑：时 静 责任编辑：时 静

责任校对：张艳霞

责任印制：常天培

保定市中画美凯印刷有限公司印刷

2017 年 7 月第 1 版 · 第 1 次印刷

184mm×260mm · 34 印张 · 831 千字

0001-2500 册

标准书号：ISBN 978-7-111-57271-8

定价：129.00 元

前　言

目前各种控制系统、通信系统、网络设备和仪器仪表等都以微处理器为核心。几十年来，随着大规模集成电路技术的不断发展，微处理器的性能越来越高、体积越来越小、系列越来越多。微处理器从过去单纯的中央处理单元发展到将众多的外围设备集成到片内形成单片机，由过去的8位机发展到16位、32位机。TMS320C28x DSP控制器就是一种32位高性能微控制器（Microcontroller）系列，其中的Piccolo系列，是最新推出的精简型、高性能且低成本的32位DSP控制器。

由于大规模集成电路技术的突破，DSP控制器的价格已和普通单片机接近，但其性能远远超过了普通单片机。高性能的控制系统、通信系统、仪器仪表、网络设备，甚至高性能家用电器等对DSP控制器的需求巨大。为了实现高性能，就需要快速地完成复杂算法，这是普通单片机的瓶颈。DSP控制器由DSP（Digital Signal Processor，数字信号处理器）发展而来，其突出特点就是采用多组总线技术实现并行机制，有独立的加法器和乘法器，有灵活的寻址方式，从而可以非常快速地实现复杂算法。

在DSP领域中，美国TI公司的TMS320系列DSP具有较强的竞争力。1981年TI推出了TMS320系列的第一种产品TMS32010。现在TMS320系列已有C2000、C5000以及C6000等系列DSP。C2000中的28x DSP控制器是一种集成了大量片内外设、适用于控制的32位DSP芯片系列，也称为数字信号控制器（Digital Signal Controller，DSC），是一种高性能的微控制器（MCU），即单片机。

本书以Piccolo系列DSP控制器TMS320F28035为典型对象，分别介绍DSP技术的概况，DSP控制器总体结构，中央处理器与指令系统，软件开发与C语言编程，片内外设的结构、原理与使用方法，并给出应用系统的设计实例。

本书深入浅出，实例丰富，突出实用，适于从事计算机应用、测控系统、智能仪器仪表以及嵌入式系统等领域的工程技术人员参考，也可供高等院校自动化、电气、电子、计算机以及机械电子等专业的研究生与本科生的教学使用。

编　者

目　　录

第1章 绪　　论

本章主要内容：

1）DSP 的发展与 DSP 芯片的特点（Development and Features of DSP Chips）。

2）典型 DSP 控制器应用系统及其设计过程（Typical DSP Controller Application Systems and Their Design Procedure）。

3）C2000 系列 DSP 控制器（C2000 Series DSP Controllers）。

4）DSP 控制器的应用（Applications of DSP Controllers）。

5）数的定标与定点运算（Number Scaling and Fixed Point Operation）。

1.1 DSP 的发展与 DSP 芯片的特点

数字信号处理（Digital Signal Processing，DSP）理论与技术是一门应用广泛的学科。数字信号处理是利用计算机技术，以数字形式对信号进行采集、变换、滤波、估值、增强、压缩以及识别等处理，以得到符合人们需要的信号形式。

数字信号处理器（Digital Signal Processor，DSP）也称为 DSP 芯片，是一种适合于进行数字信号处理运算的微处理器，其主要应用领域是实时快速实现各种数字信号处理算法及各种复杂控制算法。根据数字信号处理的要求，DSP 芯片一般具有如下主要特点：

1）采用哈佛结构。程序和数据存储空间分开，采用不同的总线，可以同时访问指令和数据。

2）具有专门的硬件乘法器和乘法指令。可在一个指令周期内完成一次乘法和一次加法（Multiply and Accumulate，MAC）。

3）支持流水线（Pipeline）操作。取指令、译码和执行等操作可以重叠执行。

4）具有特殊的适合数字处理算法的 DSP 指令。例如设置循环寻址及倒位序寻址指令，使得寻址、排序的速度大大提高，从而能方便、快速地实现 FFT 算法。

5）片内具有快速 RAM。

6）具有单周期操作的多个硬件地址产生器。

7）快速的中断处理和硬件 I/O 支持。

世界上第一个 DSP 芯片是 1978 年 AMI 公司开发的 S2811，1979 年 Intel 公司开发的可编程器件 2920 是 DSP 芯片的一个里程碑。这两种芯片都没有现代 DSP 芯片所必须有的单周期乘法器。1980 年，日本 NEC 公司推出的 μPD7720 是第一个具有乘法器的商用 DSP 芯片。

TI 公司在 1981 年成功推出了其第一代 DSP 芯片 TMS32010 及其系列产品，之后相继推出了第二代 DSP 芯片 TMS32020、C25 等，第三代 DSP 芯片 C30/C31/C32，第四代 DSP 芯片 C40/C44，第五代 DSP 芯片 C5x/C54x，第二代 DSP 芯片的改进型 C2xx，集多 DSP 芯片于一体的高性能 DSP 芯片 C8x 以及第六代 DSP 芯片 C62x/C67x 等。目前 TI 的 DSP 产品已经成为最有影响的 DSP 芯片。

第一个采用 CMOS 工艺生产浮点 DSP 芯片的是日本 Hitachi 公司，它于 1982 年推出了浮点 DSP 芯片。1983 年日本 Fujitsu 公司推出的 MB8764 指令周期为 120 ns，且具有双内部总线。而第一个高性能浮点 DSP 芯片是 AT&T 公司于 1984 年推出的 DSP32。

Motorola 公司 1986 年推出了定点 DSP 芯片 MC56001。1990 年推出了与 IEEE 浮点格式兼容的浮点 DSP 芯片 MC96002。

美国模拟器件公司（Analog Devices Inc.，ADI）在 DSP 芯片市场上也占有一定的份额，其定点 DSP 芯片有 ADSP 2101/2105、ADSP 2111/2115、ADSP 2161/2164 以及 ADSP 2171/2181，浮点 DSP 芯片有 ADSP21000、ADSP21062 等。

自 1980 年以来，DSP 芯片不断发展，应用越来越广泛。从运算速度来看，MAC（一次乘法和一次加法）时间已经从 400 ns（如 TMS32010）降低到 10ns 以下（如 TMS320C54x、TMS320C62x/67x 等），处理能力提高了几十倍。片内 RAM 数量增加一个数量级以上。DSP 芯片的引脚数量从 1980 年的最多 64 个增加到现在的 200 个以上。DSP 芯片的发展使 DSP 系统的成本、体积、重量和功耗都大大下降。

DSP 芯片的重要发展方向之一是片上系统（System on Chip，SoC）。TI C2000 系列的 TMS320F28x DSP 控制器（DSP Controller）是一种集成了大量片内外设、适用于控制领域的 32 位 DSP 芯片，被称为数字信号控制器（Digital Signal Controller，DSC），实际上是一种具有 DSP 处理能力的高性能单片机（Microcontroller，MCU）。

在 DSP 芯片向高性能、高速及低功耗方向发展的同时，数字信号处理理论也在不断发展。自适应滤波、卡尔曼滤波、同态滤波、自适应控制等理论逐步成熟和应用，各种快速算法，声音与图像的压缩编码、识别与鉴别，加密解密，调制解调以及频谱分析等算法都成为研究的热点，并有长足的进步，为各种实时处理的实际应用提供了算法基础。

目前生产 DSP 芯片的公司有 TI、Motorola（代表型号 MC96002）、ADI（代表型号 AD2100）、微芯（代表型号如 dsPIC 数字信号控制器）、Lucent 和 NEC 等。

TI 公司的 DSP 产品已经成为当今世界最有影响的 DSP 芯片，其市场占有量占世界份额的 50% 左右，为最大的 DSP 芯片供应商。TI 公司应用最广泛的三大系列 DSP 芯片为 TMS320C2000 系列、TMS320C5000 系列和 TMS320C6000 系列。

TMS320C2000 系列 DSP 芯片是为控制领域优化（Control optimized）设计的，主要是 16 位和 32 位定点 DSP，包括 TMS320C24x/C28x 等子系列，片内集成了 Flash 存储器、高速 A－D 转换器、事件管理器、串行通信接口及 CAN 通信模块等，适用于数字电动机控制（包括变频器、伺服系统等）、运动控制、机器人、数控机床以及工业测控等需要数字化的控制领域。

TMS320C5000 系列为低功耗、低成本、高性能 DSP。主要用于无线通信和有线通信设备中，如 IP 电话、PDA、网络电话、服务器、便携式信息系统及消费类电子产品等。

TMS320C6000 系列是高性能的 DSP，具有较高的性能价格比。其中 C62x 子系列为 16 位定点 DSP，工作频率为 150～300 MHz，运行速度为 1200～2400 MIPS，具有两个乘法器、6 个算术逻辑单元、超长指令字结构、大容量的片内存储器、4 个 DMA 接口、两个多通道缓冲串口以及 32 位片内外设。可用于无线基站、调制解调器、网络系统、中心交换机和数字音频广播设备等。

1.2 典型DSP控制器应用系统及其设计过程

1. 典型DSP应用系统

一个典型的计算机控制系统框图如图1-1所示。它通常包括A-D转换器、计算机CPU、D-A转换器、执行机构以及被控对象等。如果计算机的CPU为DSP芯片，则组成基于DSP的数字控制系统。

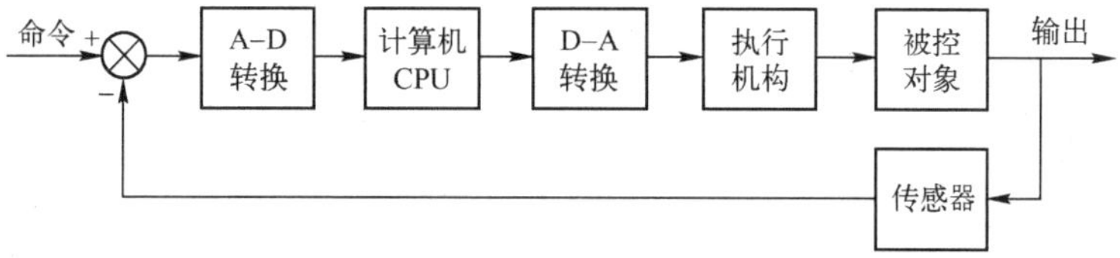

图1-1 典型的计算机控制系统框图

许多被控物理量为模拟量如电压、电流、温度、压力及转速等，需要经过A-D转换才能进行运算与控制，运算处理的数字量结果也经常需要通过D-A转换转化为模拟量，以便操纵被控制对象。

常用的DSP应用系统还包括数字运动控制（Digital Motion Control，DMC）系统及数字电动机控制（Digital Motor Control，DMC）系统。其中，基于DSP的数字运动控制系统如图1-2所示。该控制系统包括以下几个功能：

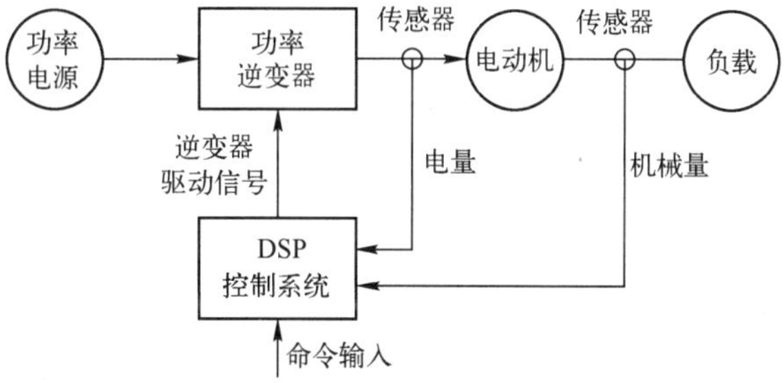

图1-2 基于DSP的数字运动控制系统

1）数据采集与处理。各种电气与机械物理量（电压、电流、位置、温度等）通过传感器再由A-D转换器、脉冲输入接口等转换为数字量。

2）通信。通信功能完成来自高层协调主计算机或操作者的输入命令，并输出系统的各种变量。

3）系统逻辑与控制算法等系统的核心软件。控制系统的核心硬件为DSP芯片。

4）功率电路接口。根据控制软件与硬件，为功率逆变器提供所需的驱动信号。

5）辅助功能。如键盘显示、存储、监视保护及调试与诊断等。

2. DSP控制器应用系统设计开发过程

DSP控制器应用系统的设计与开发过程主要包括硬件设计、软件设计、实验调试和制作等环节。研制一个DSP应用系统包括确定任务、总体方案设计、硬件电路设计、软件设计、系统调试等几个步骤，如图 1–3 所示。

在软、硬件开发与调试过程中可以采用仿真器、评估板等，以加速系统开发调试。经过初步的软硬件调试，可以设计并制作印制线路板（PCB），通过进一步实验调试，完成整个应用系统，这时要把程序固化到 DSP 的程序存储器中。软件开发与调试需要汇编语言或 C 语言程序的汇编、编译以及调试软件，通常采用集成开发环境工具软件完成。

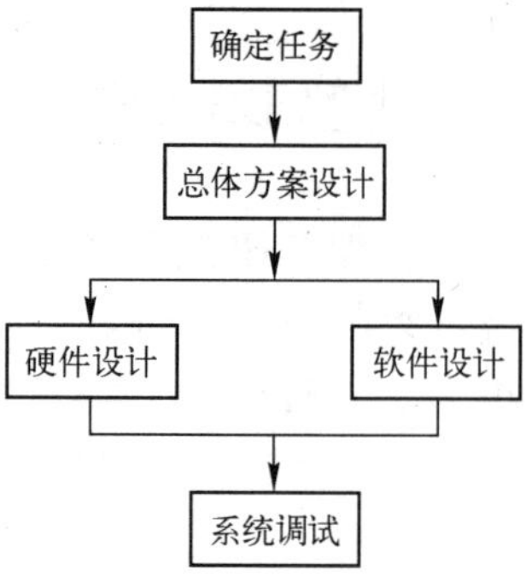

图 1–3　DSP 控制器应用系统的设计与开发过程

3. DSP 芯片的选择

DSP 芯片种类繁多，结构与性能差别很大。DSP 芯片按照数据格式可以分为定点芯片和浮点芯片。定点芯片按照定点数据格式进行工作，其数据长度通常为 16 位、24 位和 32 位等。定点 DSP 芯片的特点是：体积小、成本低、功耗低、对存储器的要求不高，但数值表示范围较窄，必须使用定点定标的方法，并要防止结果的溢出。浮点 DSP 芯片按照浮点数据格式进行工作，其数据长度通常为 32 位、40 位等。由于浮点数的数据表示动态范围宽，运算中不必顾及小数点的位置，因此开发较容易，但其硬件结构相对复杂、功耗较大，且比定点 DSP 芯片的价格高。通常，浮点 DSP 芯片使用在对数据动态范围和精度要求较高的系统中。

DSP 的主要技术指标通常有 CPU 数据宽度（运算精度）、时钟频率、机器周期和运算速度（Million Instructions Per Second，MIPS）等。

选择 DSP 芯片除了要考虑数据格式（定点、浮点）、数据宽度、时钟频率、机器周期以及运算速度等性能指标外，还要考虑如下因素：

- 片内硬件资源，如存储器、模 - 数转换器、事件管理器及通信接口等。
- 价格。
- 开发工具。
- 器件功耗与封装。
- 货源、生命周期等。

1.3　C2000 系列 DSP 控制器

C2000 系列是为控制领域优化设计的 DSP 芯片，被称为 DSP 控制器、数字信号控制器（DSC）或微控制器（MCU），由最初的 C2x、C2xx 系列发展到目前广泛应用的 C24x、C28x 两个系列。C24x 为 16 位定点 DSP，C28x 为 32 位定点 DSP。C28x 系列目前有 28x 定点系列、Piccolo 精简系列、Delfino 浮点系列和 Concerto 集成 ARM 系列。

1. C24x 系列 DSP 控制器

C24x 有又包括 24x 和 240x 系列，前者为 +5 V 电源，后者为 +3.3 V 电源，时钟频率由 20 MHz 提高到 40 MHz。

（1）24x 系列 DSP 控制器

该系列 DSP 控制器芯片的功能框图如图 1–4 所示。DSP 控制器结构与单片机一样，由 CPU、存储器、I/O 接口及总线等组成。有的芯片包含片内 Flash 存储器，有的集成了片内

ROM。配置有完善的外围设备，包括事件管理模块（Event Manager，EV）、高速 A-D 转换模块（ADC）、串行通信接口（SCI）模块及串行外设接口（SPI）模块、中断管理系统、系统监视模块及 CAN 通信模块等。其中事件管理模块含有通用定时器、比较器、PWM 发生器和捕获器，可以方便地用于数字电动机控制等领域。

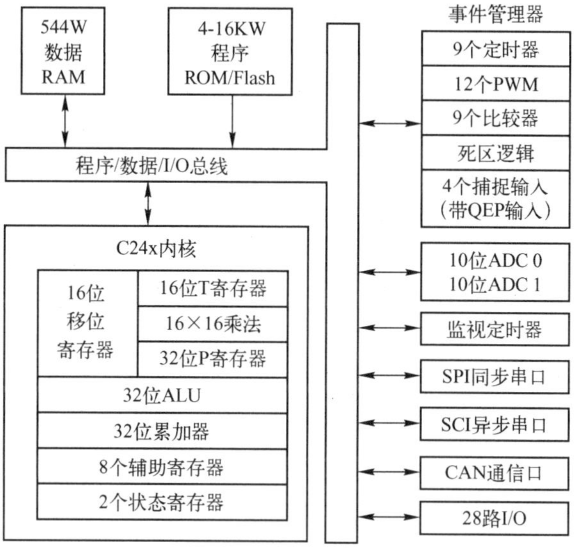

图 1-4　TMS320F24x DSP 控制器功能框图

24x DSP 控制器芯片的结构与主要特性如下：

1）中央处理单元。

- 32 位中央算术逻辑单元（CALU）。
- 32 位累加器 ACC，可以分为两个 16 位累加器 ACCH 和 ACCL。
- 16 位 ×16 位乘法器。
- 3 个比例移位器，包括输入移位器、输出移位器和乘积移位器。
- 间接寻址用的 8 个 16 位辅助寄存器 AR0 ~ AR7 和它的辅助算术单元（ARAU）。

2）存储器。

- 544 W 片内双口 RAM，其中 288 W 用于数据，256 W 用于程序/数据。
- 16 KW 片内 ROM 或 FLASH 存储器，用作程序存储器。
- 224 KW 寻址空间，程序存储空间 64 KW，数据存储空间 64 KW，I/O 空间 64 KW，还有 32 KW 全局存储空间。
- 外部有 16 位地址总线、16 位数据总线，支持软件和硬件等待状态。

3）程序控制。

- 4 级流水线操作。
- 8 级硬件堆栈。
- 6 个外部中断：电源保护、复位、不可屏蔽中断（NMI）和 3 个可屏蔽中断。

4）指令系统。

- 源代码兼容。
- 单周期乘/累加指令。

• 单指令重复操作。

• 程序/数据存储器中的块移动。

• 丰富的变址寻址能力。

• 倒位序变址寻址能力。

5）事件管理器模块。

• 3 个 16 位通用定时器 T1、T2 和 T3。

• 3 个全比较/PWM 单元。

• 3 个单比较/PWM 单元。

• 4 个捕获单元。

6）两个 8 通道 10 位 A - D 转换器 ADC1 和 ADC2。

7）串行异步通信接口模块（SCI）。

8）串行外设接口模块（SPI）。

9）中断管理系统。

10）由看门狗和实时中断定时器组成的系统监视模块。

11）28 个可独立编程的 I/O 引脚。

12）速度：单周期指令为 50 ns，20MIPS。

13）电源：5 V 静态 CMOS 工艺，4 种低功耗方式。

（2）240x 系列 DSP 控制器

240x 系列主要包括如下型号：

• 片内闪存型：TMS320LF2402、TMS320LF2406、TMS320LF2407 和 TMS320LF2407A 等。

• 片内 ROM 型：TMS320LC2402、TMS320LC2404 及 TMS320LC2406 等。

240x DSP 控制器芯片的功能框图如图 1-5 所示。与 24x DSP 控制器相比，电源由 +5 V 降低到 +3.3 V，时钟频率由 20 MHz 提高到 40 MHz，增加了一个事件管理器。其片内结构、外设及存储器资源与主要特性如下：

1）中央处理单元包括 32 位中央算术逻辑单元（CALU）、32 位累加器、16 位 ×16 位乘法器和 3 个比例移位器。

2）片内存储器：32 KWFlash 闪存、2.5 KWRAM，其中包含 544 W 的双端口 RAM（Dual Access RAM，DARAM），2 KW 的单端口 RAM（Single Access RAM，SARAM）。

3）41 个可独立编程的多路复用 I/O 引脚。

4）双 8 路或单 16 路的 10 位 A - D 转换器，转换时间为 375 ns。

5）两个事件管理器 EVA、EVB 均包含有如下资源：

• 两个 16 位通用定时器。

• 8 个 16 位 PWM 通道。

• 对外部事件进行定时捕捉的 3 个捕获单元，其中两个还具有可直接与光电编码器相连接的能力。

• 防止击穿故障的可编程 PWM 死区控制。

6）串行通信接口 SCI 模块。

7）串行外设接口 SPI 模块。

8）带锁相环 PLL 的时钟模块。

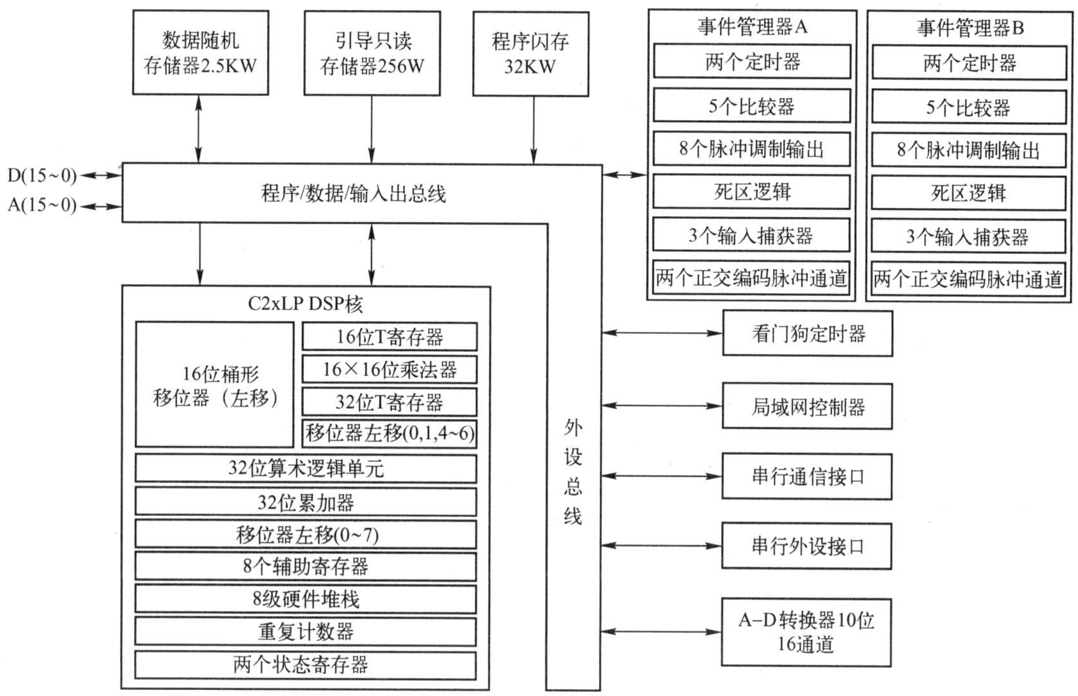

图 1-5　TMS320LF240x DSP 控制器功能框图

9）5 个外部中断（复位中断、两个驱动保护中断与两个可屏蔽中断）。

10）CAN 2.0 B 模块，即控制器局域网模块。

11）看门狗定时器模块。

12）可扩展的 192 KW 的寻址空间，分别为 64 KW 的程序存储器空间、64 KW 的数据存储器空间、64 KW 的 I/O 空间。

13）用于仿真的 JTAG 接口。

2. C28x 系列 DSP 控制器

C28x 系列的 TMS320F281x DSP 控制器芯片的功能框图如图 1-6 所示。与 C24x DSP 控制器相比，CPU 数据宽度由 16 位提高到 32 位，时钟频率提高到 150 MHz。其片内资源与主要特性如下：

1）高性能静态 CMOS 技术：150MIPS，指令周期为 6.67 ns，低功耗（核电压 1.8 V，I/O 口电压 3.3 V）、高性能的 32 位 CPU，4 MW 的程序和数据地址空间。

2）兼容性好：C27x 目标代码兼容模式、C28x 模式及 C2xLP 源代码兼容模式。

3）片内集成大容量存储器：最多 128 KW 的 Flash 存储器、1 KW 的 OTP 型 ROM、18 KWRAM 和 4 KW 的引导（Boot）ROM。

4）外部存储器接口 EMIF（External Memory Interface）：多达 1 MW 的外部存储器空间、可编程软件等待状态、三个独立的片选。

5）两个事件管理器 EVA、EVB。每个均包含两个 16 位通用定时器、8 个 PWM 通道、3 个捕获单元及 QEP 接口电路。

6）16 通道 12 位 ADC，快速转换时间 80 ns。

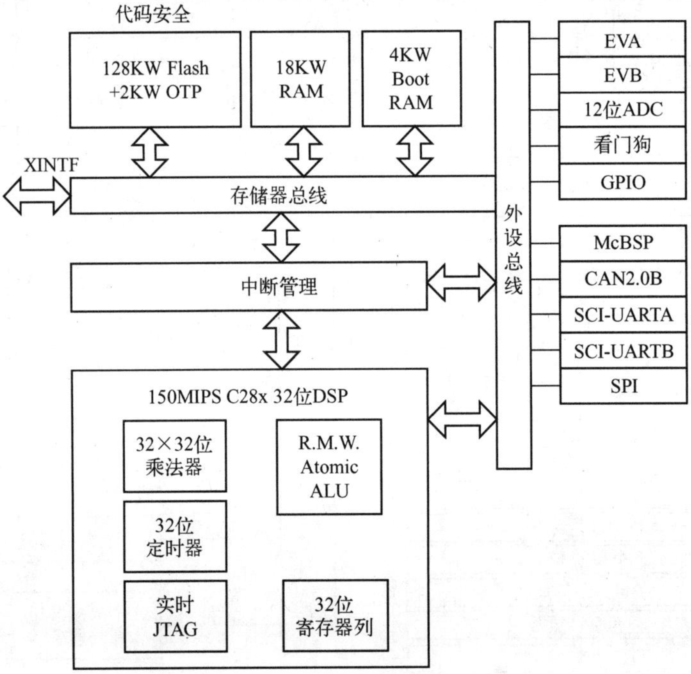

图 1-6　TMS320F281x DSP 控制器功能框图

7）3 个通用 CPU 定时器 TIMER0/1/2。

8）两个串行通信接口 SCI，标准 UART 接口。

9）16 位串行外设接口 SPI。

10）多通道缓冲串行口（McBSP）。

11）增强型 CAN 总线接口（eCAN）。

12）多达 56 个通用 I/O 引脚。

13）时钟和系统控制（OSC、PLL、WD）。

14）外设中断扩展功能支持 45 个外设中断。

15）128 位安全密码，保护软件知识产权。

16）支持多种编程工具。

17）具有低功耗模式。

18）封装有 176 脚 PGF LQFP（2812），128 脚 PBK LQFP（2810/2811）。

TMS320C2000 系列 DSP 部分型号及其主要性能指标见表 1-1。

表 1-1　TMS320C2000 系列部分 DSP 芯片资源配置

技术指标 \ 型号	TMS320F240	TMS320LF2406	TMS320LF2407A	TMS320F2812
时钟频率/MHz/周期/ns	20/50	30/33	40/25	150/6.67
片内 RAM/W	544	2 K + 544	2 K + 544	18 K
片内 Flash/W	16 K	32 K	32 K	128 K
BOOT ROM/W	0	256	256	4 K
寻址空间/W	224 K	–	192 K	1 M

（续）

技术指标＼型号	TMS320F240	TMS320LF2406	TMS320LF2407A	TMS320F2812
扩展存储器接口	√	–	√	√
事件管理器（EV）	1	2	2	2
通用定时器	3×16	4×16	4×16	4×16
COM/PWM	9/12	10/16	10/16	16
CAP/QEP	6/4	4/2	6/4	6/2
看门狗定时器模块	√	√	√	√
片内 A－D 转换器	2×10 (6.6 μs)	16×10(500 ns)	8×10(375 ns) 16×10(500 ns)	16×12(200 ns/60 ns)
串行外设接口（SPI）	1	1	1	1
串行通信接口（SCI）	1	1	1	2
CAN 总线控制器	–	–	√	√
外设中断	6	5	5	3
通用 I/O 引脚	28	37	40	56
PLL 时钟模块	1	1	1	3×32
供电电压	5 V	3.3 V	3.3 V	3.3 V & 1.8 V
电源低功耗模式	4	5	3	3
封装	132Pin PQFP	100Pin LQFP	144Pin LQFP	176Pin PQF

3. Piccolo 系列 DSP 控制器

（1）2802x 系列 DSP 控制器

2802x DSP 是 Piccolo（精简型）系列 DSP 的一个子系列。Piccolo 系列 DSP 还包括 2803x、2806x 以及 2807x 子系列等。

2802x Piccolo 系列 DSP 控制器具有 C28x 内核，它采用最新的架构技术和增强型外设，内置晶振与看门狗（Watchdog），其封装尺寸最小为 38 引脚，且具有多种温度等级，能够为通常难以承担相应成本的应用带来 32 位实时控制功能的优势。实时控制通过在诸如太阳能逆变器、白色家电设备、混合动力汽车电池和 LED 照明等场合采用高级算法实时控制，可以实现更高的系统效率和准确度，该子系统可广泛应用于汽车电子和数字电源等领域。

性能特点：

1）强大的 C28x DSP 内核。

- 高效率 32 位 CPU。
- 具有 60 MHz 主频（指令周期 16.67 ns），运行速度可达 60MIPS。
- 哈佛总线结构。
- 原子操作。
- 快速中断响应与处理。
- 统一的存储器编程模式。
- 高效率 C/C++代码。

2）仅需少量外围器件，系统成本低。

• 内置 1.8 V 电压调整器，可实现 3.3 V 单电源供电。
• 内部集成上电复位和掉电复位功能。
• 功耗低。
• 最少 38 引脚封装。

3）时钟与定时器。
• 两个片内振荡器或外部时钟输入。
• 支持动态锁相环 PLL 倍率调节。
• 32 位看门狗定时器模块。
• 3 个 32 位 CPU 定时器。

4）外设中断扩展（PIE）模块支持所有的外设中断。

5）丰富的片内存储器。
• 片内 Flash 高达 32 KW。
• 片内 SARAM 多达 6 KW。
• OTP：1 KW。
• Boot ROM：8 KW。

6）具有代码安全模块。128 位安全加密。

7）先进的仿真特性。
• 分析和断点功能。
• 硬件实时调试。

8）串行端口外设。
• 一个串行通信接口（SCI）模块。
• 一个串行外设接口（SPI）模块。
• 一个 I2C 总线模块。

9）增强型控制外设。
• 增强型脉宽调制器（ePWM）。每一 ePWM 模块有独立的 16 位定时器。支持高分辨率 PWM（HRPWM）。
• 增强型捕获单元（eCAP）。
• 多达 22 个具有输入滤波的多功能通用数字 I/O（GPIO）。

10）16 通道 12 位高速 ADC 模块，支持内部和外部基准源，4.6 MHz 采样速率。

11）封装有 38 脚 DA（TSSOP）、48 脚 PT（LQFP）封装。

（2）2803x 系列 DSP 控制器

2803x DSP 是一款基于 C28x 内核和控制律加速协处理器（Control Law Accelerator，CLA）的 Piccolo 系列双核 DSP 控制器。

性能特点：

1）强大的 C28x DSP 内核。
• 高效率 32 位 CPU。
• 60 MHz 主频（指令周期 16.67 ns）。
• 单周期执行一次 32×32 或两次 16×16 乘加（MAC）操作。
• 哈佛总线结构。

- 原子操作。
- 快速中断响应与处理。
- 统一的存储器编程模式。
- 高效率 C/C ++ 代码。

2）控制律加速器（CLA）。

- 独立的、可编程的 32 位浮点协处理器。
- 运行频率与主 CPU C28x 一致，并具有独立的 8 级流水线。
- 支持断点调试。
- 支持 IEEE 单精度浮点运算：单周期浮点加、减、乘法、单周期浮点比较、取最大值、取最小值、单周期 1/x、1/sqrt(x)估算。
- 可响应 ADC、ePWM 和 CPU 定时器 0 中断。
- 可直接访问 ePWM + HRPWM、比较器和 ADC 结果寄存器。

3）仅需少量外围器件，系统成本低。

- 内置 1.8 V 电压调整器，实现 3.3 V 单电源供电。
- 内部集成上电复位和掉电复位功能。
- 功耗低。

4）时钟与定时器。

- 内部集成两个 10 MHz RC 振荡器，准确度高达 1%。
- 支持动态 PLL 倍率调节。
- 时钟丢失检测电路：若当前时钟异常则自动启用备用时钟，提高可靠性。
- 片内看门狗定时器。
- 3 个 32 位 CPU 定时器，带 16 位预分频器。

5）外设中断扩展（PIE）模块支持所有的外设中断。

6）丰富的片内存储器。

- Flash 高达 64 KW。
- SARAM 高达 10 KW。
- OTP：1 KW。
- Boot ROM：8 KW。

7）具有代码安全模块，128 位安全加密。

8）先进的仿真特性。

- 分析和断点功能。
- 硬件实时调试。

9）串行端口外设。

- 1 个串行通信接口（SCI）模块，兼容传统的 UART。
- 双串行外设接口（SPI）模块。
- 1 个互联 IC 总线（I2C）模块。
- 局域互联网控制器（LIN）。
- 增强型局域网控制器（eCAN）。

10）增强型控制外设。

- 增强型 PWM（ePWM），准确度高达 150 ps。每一 ePWM 模块有独立的 16 位定时器。
- 高分辨率 PWM（HRPWM）。
- 增强型捕获单元（eCAP）。
- 增强型正交编码器接口（eQEP）。
- 具有多达 45 个带输入滤波功能的通用数字 I/O（GPIO）和 6 个模拟 I/O（AIO）。

11）模拟功能。

- 3 个模拟比较器（COMP）。
- 两组多通道 12 位高速 ADC，支持内部和外部基准源，4.6 MHz 采样速率。
- 内部集成温度传感器，可直接与 ADC 的模拟输入通道相连。

12）封装有 56 脚 RSH(PQFP)、64 脚 PAG(TQFP)和 80 脚 PIN(LQFP)。

（3）2806x 系列 DSP 控制器

2806x DSP 是一款基于 C28x 内核和控制律加速协处理器（CLA）的双核 Piccolo 系列 DSP。

性能特点：

1）强大的 C28x DSP 内核。

- 高效率 32 位 CPU。
- 具有 80 MHz 主频（指令周期 12.5 ns）。
- 单周期执行一次 32×32 或两次 16×16 乘加（MAC）操作。
- 哈佛总线结构。
- 原子操作。
- 快速的中断响应与处理。
- 统一的存储器编程模式。
- 高效率 C/C++代码。

2）浮点单元：单精度浮点运算。

3）可编程控制律加速器（CLA）。

- 32 位浮点数学加速器。
- 独立于主 CPU 执行代码。

4）VCU 单元（Viterbi、Complex Math、CRC Unit）。扩展 C28x 指令系统，以支持复数乘法、Viterbi 运算及循环冗余检查（CRC）。

5）仅需少量外围器件，系统成本低。

- 3.3 V 单电源供电。
- 内部集成上电复位和掉电复位功能。
- 具有低功耗模式。

6）时钟与定时器。

- 内部集成两个振荡器。
- 支持动态 PLL 倍率调节。
- 时钟丢失检测电路。
- 看门狗定时器模块。
- 3 个 32 位 CPU 定时器，带 16 位预分频器。

7）外设中断扩展（PIE）模块支持所有的外设中断。

8）丰富的片内存储器。

- Flash 高达 256 KW。
- SARAM 高达 100 KW。
- OTP ROM：2 KW。
- Boot ROM：8 KW。

9）具有代码模块。128 位安全加密。

10）先进的仿真特性。

- 分析和断点功能。
- 硬件实时调试。

11）串行端口外设。

- 1 个串行通信接口（SCI）模块（UART）。
- 双串行外设接口（SPI）模块。
- 1 个互联 IC 总线（I2C）。
- 1 个 McBSP 接口模块。
- 增强型局域网控制器（eCAN）。
- 有的芯片具有 USB2.0 模块。

12）增强型控制外设。

- 多达 8 个增强型脉宽调制器（ePWM）模块，每一 ePWM 模块有独立的 16 位定时器。有 16 路 PWM，其中 8 路有高分辨率 PWM（HRPWM）。
- 3 个增强型捕获单元（eCAP）模块。
- 两个增强型正交编码器接口（eQEP）。
- 具有多达 54 个带输入滤波功能的通用数字 I/O(GPIO)。

13）模拟功能。

- 3 个模拟比较器（COMP）。
- 两组 16 通道 12 位高速 ADC，支持内部和外部基准源，3 MHz 采样速率。
- 片内温度传感器，可直接与 ADC 的模拟输入通道相连。

14）6 通道 DMA。

15）封装有 80 脚 PFP(HTQFP)、100 脚 PZP(HTQFP)、80 脚 PN(LQFP)及 100 脚 PZ(LQFP)。

4. Delfino 系列数字信号控制器

2833xDelfino 系列是一款用于控制领域的高集成度、高性能的数字信号控制器（DSC），它基于 C28x DSP 内核同时具有一个单精度（32 位）浮点运算单元（FPU）。

性能特点：

1）高性能静态 COMS 技术。

- 具有 150 MHz 时钟（指令周期 6.67 ns）。
- 1.9 V/1.8 V 内核电压，3.3 V I/O 电源。

2）高性能 32 位 CPU（C28x）。

- IEEE754 单精度（32 位）浮点运算单元（FPU）。

• 16×16 与 32×32 乘加（MAC）运算。
• 16×16 双乘加（MAC）运算。
• 哈佛总线结构。
• 原子操作。
• 快速中断响应与处理。
• 统一的存储器编程模式。
• 高效率 C/C++代码。

3）6 通道 DMA（用于 ADC、McBSP、ePWM、XINTF 和 SARAM）。

4）16 位或 32 位外部接口（XINTF）。最多扩展 2MW。

5）片内存储器。

• Flash 高达 256 KW。
• SARAM 高达 128 KW。
• OTP：1 KW。

6）Boot ROM：8 KW。用于软件启动方式（通过 SCI、SPI、CAN、I2C、McBSP、XINTF、并行 I/O）和标准数学表格。

7）时钟与系统控制。

• 支持动态 PLL 倍率更改。
• 片内振荡器。
• 看门狗定时器模块。

8）GPIO0 ~ GPIO63 引脚可以连接到 8 个外部内核中断之一。

9）外设中断扩展（PIE）模块支持所有的外设中断。

10）具有代码安全模块，128 位加密，保护 Flash/OTP/RAM。

11）增强的控制外设。

• 多达 18 个 PWM 输出。
• 多达 6 个高分辨率 PWM（HRPWM），精度高达 150 ps。
• 多达 6 个捕获输入。
• 多达 2 个正交编码器接口（QEP）
• 多达 8 个 32 位/9 个 16 位定时器。

12）3 个 32 位 CPU 定时器。

13）串行端口外设。

• 多达 3 个串行通信接口（SCI）模块。
• 多达两个控制器局域网（CAN）模块。
• 1 个串行外设接口（SPI）模块。
• 1 个 I2C 总线模块。
• 多达两个 McBSP 模块。

14）16 通道 12 位 ADC 模块。

• 80 ns 转换速率。
• 两个采样保持器。

15）具有多达 88 个带输入滤波功能的通用数字 I/O（GPIO）。

16）JTAG 接口。

17）先进的仿真特性。

- 分析和断点功能。
- 硬件实时调试。

18）封装有 176 脚 PGF(LQFP)、179 脚 ZHH(BGA)和 176 脚 ZJZ(PBGA)。

5. Concerto 系列微控制器

Concerto 系列双子系统微控制器通过将 Cortex－M3 ARM 与 C28x 内核结合在一个器件上以实现互联与控制。F28M35x 为该系列代表型号。

Concerto 系列应用于光伏逆变器与工业控制等领域，在采用单片方案时仍具有通信与控制部分可以分开的优点。

性能特点：

1）高性能静态 COMS 技术。C28x（高达 150 MHz）优化用于：

- 实时控制。
- 传感、DSP 滤波与处理。
- 固件可编程 PLM 方案（VCU）。
- 功率独立多环数字控制。
- 电机控制与功率监测。
- 工业控制外设。

2）Cortex－M3（高达 100 MHz）优化用于：

- 主机通信：Ethernet（以太网）、USB、CAN、UART、SPI、I2C。
- 调度（Scheduling）。
- 操作系统。

主要优点：

- 无需在通信与控制之间折中。
- 使能安全证书。
- 较低的集成系统成本。
- 可升级的性能，可选择的数学与控制增强功能。
- 单个集成开发环境具有双子系统调试与编程功能。
- 支持多操作系统。
- 控制组件软件库与设备驱动软件可减少开发时间。
- 两个子系统之间的通信简单、快捷与安全。

1.4 DSP 控制器的应用

DSP 控制器作为一种 DSP 芯片自从 20 世纪 90 年代以来的飞速发展，一方面得益于集成电路技术的发展，另一方面也得益于巨大的市场。目前，DSP 控制器主要用于控制系统与仪器仪表、信号处理以及通信等领域，价格越来越低，性能价格比日益提高，具有巨大的应用潜力。其主要应用领域如下：

1）自动控制。如工业自动化、电动机控制、机器人控制、伺服控制、运动控制、磁盘控制、电力电子系统、再生能源、LED 照明、太阳能变换器以及数字电源等。

2）汽车控制。如发动机控制、自动驾驶、电动车辆等。

3）仪器仪表。如函数发生、地震处理等。

4）医疗仪器。如超声设备、诊断工具、病人监护等。

5）家用电器与消费电子。如空调、冰箱、音响、玩具与游戏机等。

6）信号处理。如数字滤波、自适应滤波、快速傅立叶变换、谱分析、卷积等。

7）通信。如调制解调器、自适应均衡、数据压缩、传真、可视电话等。

8）军事。如保密通信、雷达处理、声呐、导航、导弹制导等。

1.5 数的定标与定点运算

1. 二进制补码

DSP 的数通常以二进制补码表示。二进制数的最高位为符号位，表示数的正负，0 表示数为正，1 则表示为负，其余的位表示数值的大小。求取负数补码的方法是其原码的符号位不变，其他位取反加 1。而正数的补码与原码一样。

例 1-1 x = -24，y = 24，写出它们的 8 位二进制补码。

$$x = -24 \quad [x]_{原} = 1001\ 1000B,\ [x]_{补} = 1110\ 1000B = 0E8H$$

$$y = 24 \quad [y]_{原} = [y]_{补} = 0001\ 1000B = 18H$$

可以看出，就整数而言，8 位二进制补码表示数的范围是 -128 ~ +127，16 位二进制补码表示数的范围是 -32768 ~ +322767。

为了提高准确度，通常需要用多个字节表示一个数。如 8 位扩展到 16 位，16 位扩展到 32 位，这就存在符号扩展问题。对于正数来说，前面全部加 0 即可。负数符号扩展，前面则需要全部加 1。

例 1-2 x = -24，y = 24，写出它们的 16 位二进制补码。

$$x = -24,\ [x]_{原} = 1000\ 0000\ 0001\ 1000B,$$

$$[x]_{补} = 1111\ 1111\ 1110\ 1000B = 0FFE8H$$

$$y = 24,\ [y]_{原} = [y]_{补} = 0000\ 0000\ 0001\ 1000B = 18H$$

再例如，-1 的 8 位、16 位和 32 位二进制补码的 16 进制表示分别为 0FFH、0FFFFH 和 0FFFF FFFFH。

2. 数的定标

对于 16 位定点 DSP 芯片来说，参与运算的数是 16 位整数。但实际情况下，数学运算过程的数不一定都是整数，例如电流值、放大倍数等。那么定点 DSP 芯片如何处理小数呢？通常由编程者确定一个数的小数点在 16 位中的哪一位，这就是数的定标。即 16 位二进制数小数点的位置不同，表示的数的大小与准确度就不同。

例如，同样一个十六进制数 2000H，相应的二进制数为 0010 0000 0000 0000B。如果认为其小数点在最后一位，称为 Q0 格式，即为纯整数，表示 8192。如果认为其小数点在最高位后面，称为 Q15 格式，即为纯小数数，则表示 0.010 0000 0000 0000B = 0.25。

数的定标有 Q 格式表示法和 S 格式表示法。表 1-2 给出了 16 位二进制数的 16 种 Q 格式表示法、S 格式表示法及其可以表示的数的范围。Q 格式后面的数字表示小数的位数，如

Q8 格式表示有 8 位小数，Q15 格式表示有 15 位小数。S 格式后面的数字表示整数与小数各自的位数，如 S7.8 格式表示有 7 位整数，8 位小数，当然在最高位还有 1 位符号位。

表 1–2　Q 格式表示、S 格式表示及数值范围

Q 格式表示	S 格式表示	表示数的范围
Q15	S0.15	−1 ~ 0.99997
Q14	S1.14	−2 ~ 1.99994
Q13	S2.13	−4 ~ 3.99878
Q12	S3.12	−8 ~ 7.99976
Q11	S4.11	−16 ~ 15.99951
Q10	S5.10	−32 ~ 31.99902
Q9	S6.9	−64 ~ 63.99804
Q8	S7.8	−128 ~ 127.99609
Q7	S8.7	−256 ~ 255.99219
Q6	S9.6	−512 ~ 511.98044
Q5	S10.5	−1024 ~ 1023.96875
Q4	S11.4	−2048 ~ 2047.9375
Q3	S12.3	−4096 ~ 4095.875
Q2	S13.2	−8192 ~ 8191.75
Q1	S14.1	−16384 ~ 16383.5
Q0	S15.0	−32768 ~ 32767

从表 1–2 可以看出，不同的 Q 值所表示的数不仅范围不同，而且准确度也不同。Q 值越大，数值范围越小，但准确度越高；反之，Q 值越小，数值范围越大，但准确度越低。例如 Q0 的数值范围是 −32768 到 +32767，准确度为 1；Q15 的数值范围是 −1 到 0.99997，准确度为 1/32768 = 0.00003。所以，对定点数而言，数值范围与准确度是一对矛盾，一个变量要能够表示比较大的数值范围，必须降低准确度。而想提高准确度，则数的表示范围就要相应减小。

浮点数（x）转换为定点数（x_q）的公式为

$$x_q = (\text{int})x \times 2^Q$$

式中，Q 表示定标值；（int）表示取整。

定点数（x_q）转换为浮点数（x）的公式为

$$x = (\text{float})x/2^Q$$

式中，（float）表示取浮点数。

例如，浮点数 x = 0.5，定标值 Q = 15，则定点数 $x_q = 0.5 \times 32768 = 16384$。反之，一个用 Q = 15 表示的定点数为 16384，则其浮点数为 x = 16384/32768 = 0.5。

3. 定点运算

在 DSP 的运算中多数为乘法和加法运算。通常采用全部以 Q15 格式（纯小数）或 Q0 格式（纯整数）表示。因为小数乘以小数得小数，整数乘以整数得整数。但有的情况下如动态范围和准确度需要，必须使用带有整数与小数的混合表示法，如 Q10 格式有 10 位小数、5 位整数，表示的数值范围是 $-32\sim31.999$，准确度为 $1/32=0.03$。

（1）定点乘法

两个定点数相乘时，可以分为纯小数乘以纯小数、整数乘以整数及混合表示法三种情况。

1）纯小数乘以纯小数。Q15 乘以 Q15，结果为 Q30 格式，即有两个符号位。一般情况下相乘后得到的满准确度数不必全部保留，只需要保留 16 位准确度数。可以将乘积左移一位，去掉一位符号位，得到 Q15 格式的数。

例 1-3 $0.5\times0.5=0.25$。

0.100 0000 0000 0000 B ×0.100 0000 0000 0000 B =

00.01 0000 0000 0000 0000 0000 0000 0000 B

乘积左移一位，可得到 Q15 格式的乘积 0.010 0000 0000 0000 B。

2）整数乘以整数。Q0 乘以 Q0，结果仍为 Q0 格式。

例 1-4 $2\times(-5)=-10$。

0000 0000 0000 0010 B ×1111 1111 1111 1011 B =

1111 1111 1111 1111 1111 1111 1111 0110 B(−10)

按照二进制补码进行的有符号整数的乘法无需关注其符号，得到的乘积仍然是 Q0 格式的补码即 −10 的补码。

3）混合小数乘法。在定点乘法中，为了满足数值的动态范围并保证一定的准确度，需要采用混合小数乘法。有下面的关系式成立：

$$Q_i\times Q_j=Q_{i+j}$$

式中，$0<i<15$，$0<j<15$。

相乘的两个数中，一个数的小数位为 i 位，整数位为 $15-i$ 位，另一个数的小数位为 j 位，整数位为 $15-j$ 位，则两数乘积的小数位为（$i+j$）位，整数位为（$30-i-j$）位。乘积的高 16 位可表示的准确度为（$30-i-j$）整数位和（$i+j-15$）位小数位。

例 1-5 $3.25\times1.5=4.875$。

在 Q13 格式下：3.25 =011.0 1000 0000 0000 B

在 Q14 格式下：1.5 =01.10 0000 0000 0000 B

3.25 ×1.5 =0010 0.111 0000 0000 0000 0000 0000 0000 B；Q27 格式

将上式左移一位，若保留 15 位准确度，则得结果 0100. 1110 0000 0000B =4E00H，为 Q12 格式。

（2）定点加法

对于定点加法，首先要注意小数点的位置要对齐，即需要相加的两个数的格式要一样，否则要通过移位操作使它们一致。另一个问题是运算结果可能溢出。一般通过 CPU 状态寄存器的溢出标志来检查溢出，还可以使用溢出保护功能使累加结果溢出时，累加器饱和为绝对值最大的正数或负数。

1.6 思考题与习题

1. 与单片机及通用微处理器相比，DSP 控制器芯片有哪些主要特点？

2. 简述典型 DSP 控制器应用系统的构成。

3. 简述 DSP 控制器应用系统的一般设计开发过程。如何选择 DSP 控制器芯片？

4. 常用的 DSP 控制器芯片有哪些？

5. DSP 控制器有哪些片内部件？

6. TMS320LF2407 DSP 控制器主要有哪些特性？

7. TMS320F2812 DSP 控制器主要有哪些特性？

8. TMS320 F28035 的指令周期是多少纳秒？运算速度是多少 MIPS？1 s 内可执行多少个指令周期？

9. DSP 控制器的应用领域有哪些？

10. 哈佛结构与冯．诺依曼结构计算机存储器组成有何不同？

11. 求下列 Q15 格式的十进制数的大小

（1）2000 H （2）4000 H （3）6000 H （4）A000 H

12. 一个十六进制数 2000 H，若该数分别用 Q0、Q5、Q8 和 Q15 格式表示，求该数的大小。

13. 一个变量用 Q10 格式，求该变量所能表示的数值范围和准确度。

14. 已知 x = 0.4567，分别用 Q15、Q14 和 Q5 格式将该数表示为定点数。

15. 已知十进制数 x = 0.75，y = −075，分别写出对应的 Q15 格式的十六进制数。

第 2 章　2803x DSP 控制器总体结构

本章主要内容：

1）2803x 引脚及其功能（Pins and Their Function of the 2803x）。

2）2803x 片内硬件资源（2803x On - chip Hardware Resources）。

3）片内 Flash 和 OTP 存储器（On - Chip Flash and OTP Memory）。

4）代码安全模块 CSM（Code Security Module）。

5）时钟与低功耗模式（Clock and Low Power Modes）。

6）看门狗定时器（Watchdog Timer，WDT）。

7）32 位 CPU 定时器（32 - bit CPU Timers）。

8）通用输入/输出 GPIO（General Purpose Input/Output）。

9）片内外设寄存器（On - chip Peripheral Registers）。

10）外设中断扩展 PIE（Peripheral Interrupt Extension）。

2.1　2803x 引脚及其功能

图 2-1 为 TMS320F2803x 的 80 引脚 PN LQFP 封装图，LQFP 表示 Low - Profile Quad Flatpack。图 2-2 为 64 引脚 PAG TQFP 封装图，TQFP 表示 Thin Quad Flatpack。图 2-3 为 56 引脚 RSH PQFP 封装图，PQFP 表示 Plastic Quad Flatpack。

这些引脚按功能分类如下：

1）JTAG 仿真引脚。

2）时钟及复位引脚。

3）A - D 转换器、比较器、数字模拟 I/O（AIO）引脚。

4）CPU 与 I/O 电源、电压调节器控制信号引脚。

5）GPIO 与外设信号引脚。

表 2-1 为 F2803x DSP 芯片引脚定义与功能介绍。除了 JTAG 引脚外，GPIO 功能一般是复位的默认状态。GPIO 下面的外设信号是可选择的功能，有的器件可能不包含这些功能。输入不能承受 5 V 电平。所有 GPIO 引脚都是输入/输出/高阻（I/O/Z）且具有内部上拉电阻，每个引脚都可以单独使能或禁止。PWM 引脚复位时无上拉，其他的 GPIO 引脚复位时有上拉。AIO 引脚没有内部上拉。

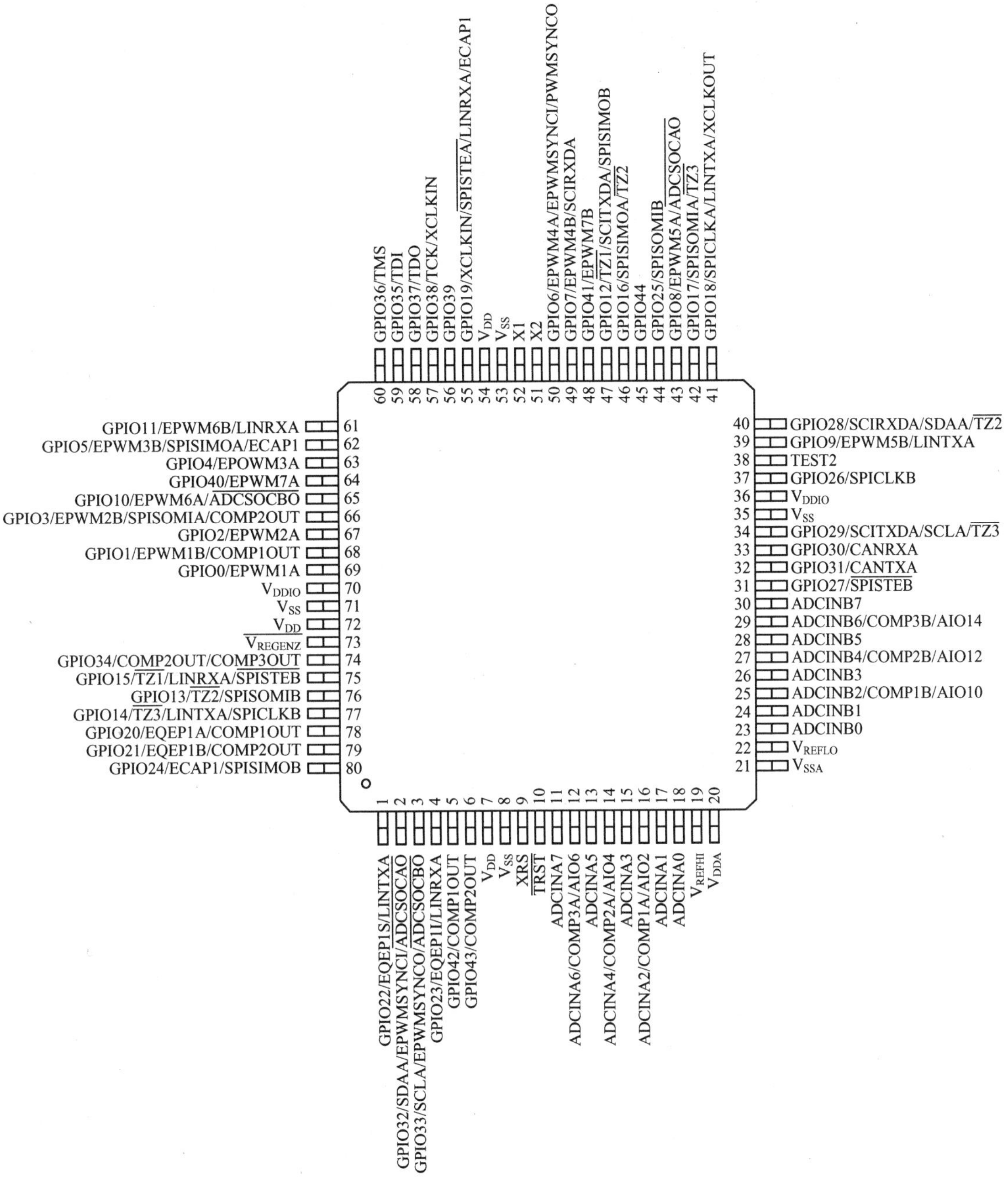

图 2-1　2803x 的 80 引脚 PN LQFP 封装图

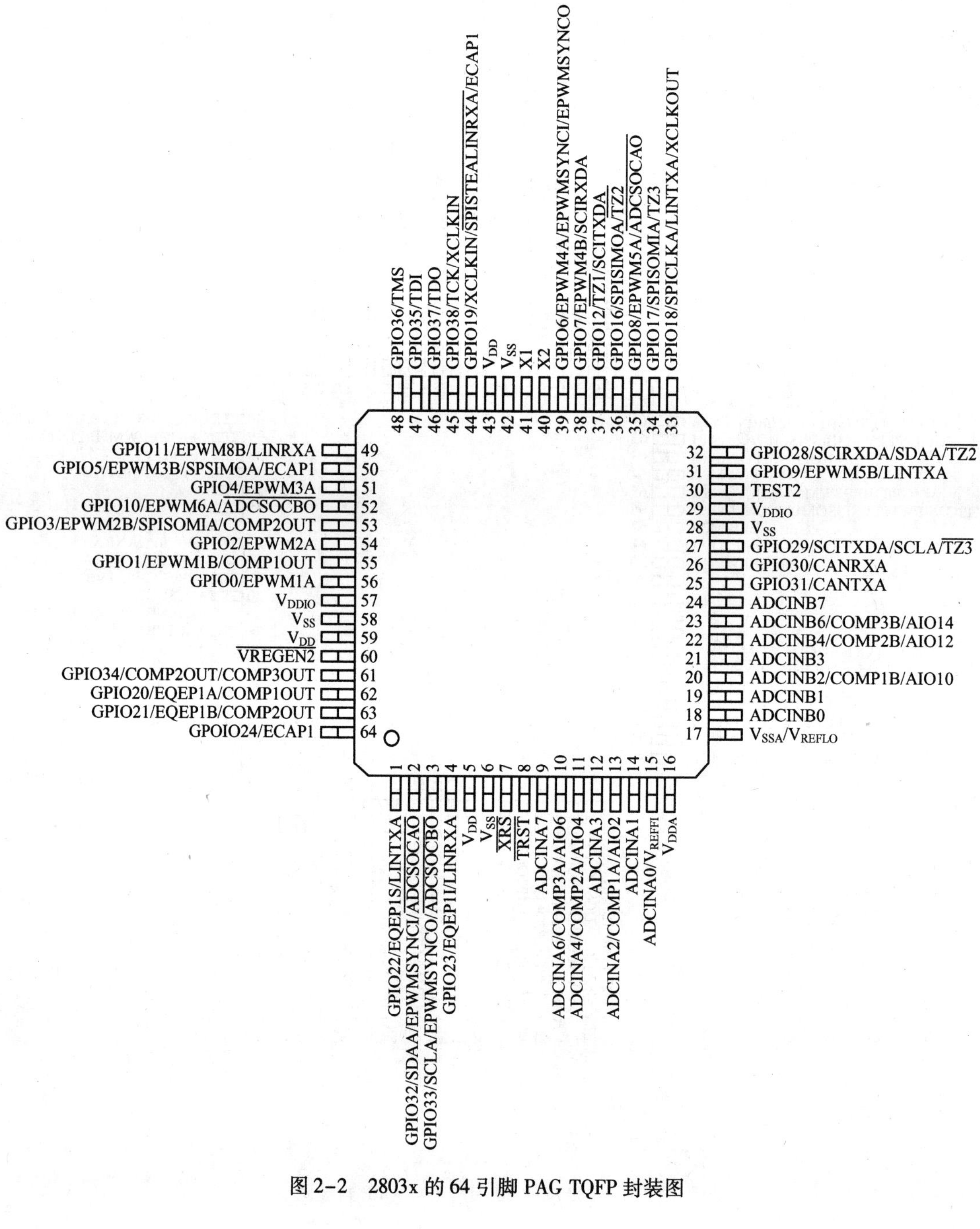

图 2-2　2803x 的 64 引脚 PAG TQFP 封装图

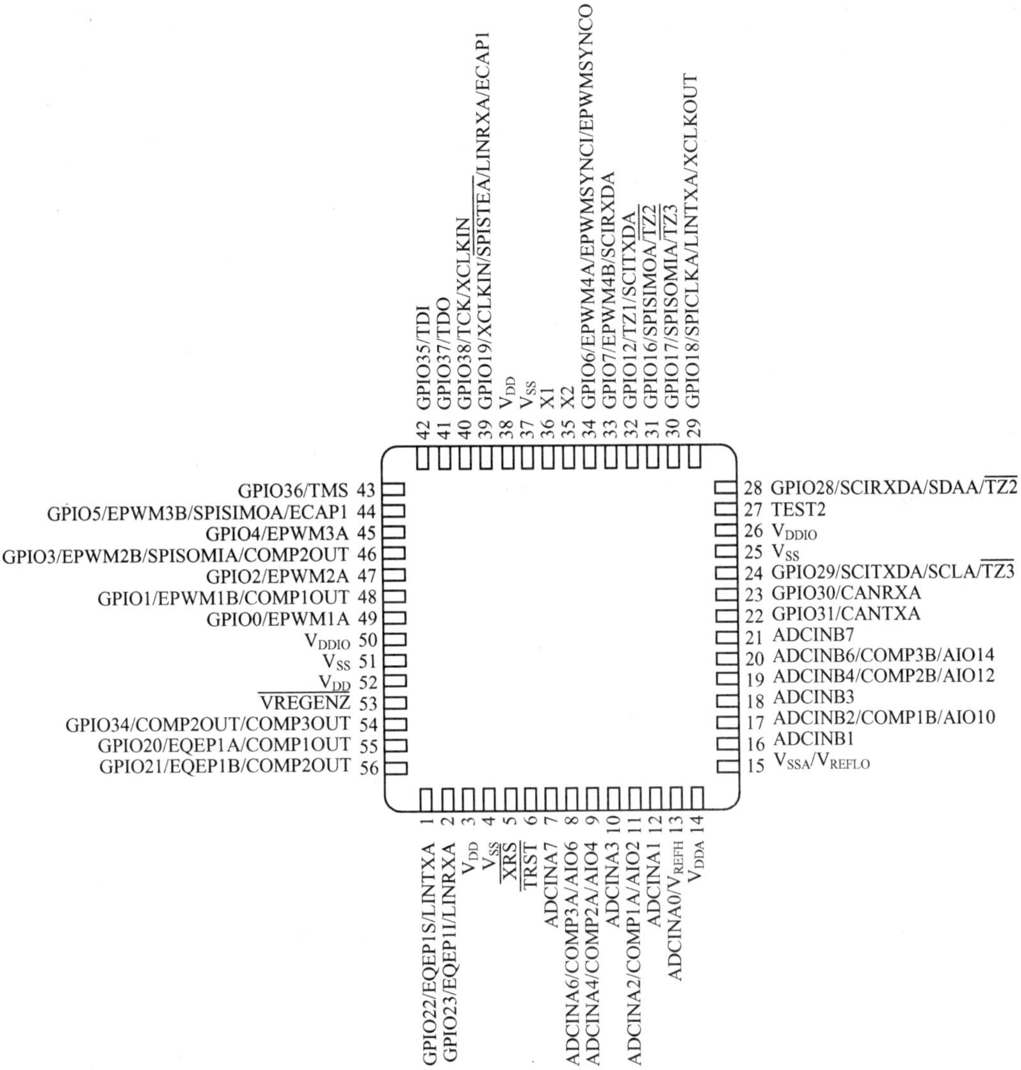

图 2-3　2803x 的 56 引脚 RSH PQFP 封装图

表 2-1　F2803x 的引脚列表

引脚名称	引脚序号			I/O/Z	功 能 描 述
	80 引脚 PN	64 引脚 PAG	56 引脚 RSH		
(1) JTAG 引脚					
TRST	10	8	6	I	带内部下拉的 JTAG 测试复位。当TRST为高电平时，扫描系统控制芯片运行。若该信号引脚未接或者为低电平时，器件运行在功能模式，复位信号无效。 注：不能在TRST引脚上使用上拉电阻，因为芯片内部有下拉。可以附加一个下拉电阻， 个 2.2 kΩ 的电阻可以提供足够保护
TCK	见 GPIO38			I	JTAG 测试时钟，带内部上拉
TMS	见 GPIO36			I	JTAG 测试模式选择，带内部上拉。这个串行时钟在 TCK 的上升沿输入到 TAP（Test Access Port）控制器

（续）

引脚名称	引脚序号			I/O/Z	功能描述
	80 引脚 PN	64 引脚 PAG	56 引脚 RSH		
TDI	见 GPIO35			I	JTAG 测试数据输入，带内部上拉。TDI 时钟信号在 TCK 的上升沿输入到所选寄存器（指令或数据）
TDO	见 GPIO37			O/Z	JTAG 扫描输出，测试数据输出。在 TCK 的下降沿所选寄存器（指令或数据）的内容从 TDO 移出
TEST2	38	30	27	I/O	TI 的 Flash 测试引脚。必须悬空
（2）时钟及复位引脚					
XCLKOUT	见 GPIO18			O/Z	来源于 SYSCLKOUT 的时钟输出。XCLKOUT 的频率和 SYSCLKOUT 的频率相等或者是它的 1/2，或 1/4。由寄存器 XCLK 的位 1 ~ 0（XCLKOUTDIV）控制。复位时 XCLKOUT = SYSCLKOUT/4。将 XCLK-OUTDIV 设置为 3，可以关闭 XCLKOUT 信号。为将 XCLKOUT 信号传输到引脚，GPIO18 的多功能控制必须设置为 XCLKOUT 功能
XCLKIN	见 GPIO19 和 GPIO38			I	外部振荡器输入。时钟源由寄存器 XCLK 的 XCLK-SEL 位选择，默认选择为 GPIO38。该引脚信号由外部 3.3V 振荡器提供。这种情况下，X1 引脚应接地，应通过寄存器 CLKCTL 的位 13 禁止片内晶体振荡器。 注意：一些使用 GPIO38/TCK/XCLKIN 为器件正常运行提供外部时钟的设计，在使用 JTAG 调试时，需要与其他部件配合禁止该通道。这样是为了防止 TCK 信号的竞争，该信号在 JTAG 调试过程中是活跃的。这时可使用无引脚内部振荡器为器件提供时钟
X1	52	41	36	I	片内晶体振荡器输入。为使用该振荡器，X1 和 X2 引脚应连接一个石英晶体或陶瓷谐振器。这种情况下，应通过寄存器 XCLK 的位 13 禁止 XCLKIN 通路。如果不用此引脚，应接地
X2	51	40	35	O	片内晶体振荡器输出。与 X1 引脚一起接外部石英晶体或陶瓷谐振器。如果不用此引脚，应悬空
$\overline{XRS}$	9	7	5	I/O	芯片复位（输入）和看门狗定时器复位（输出）。Piccolo 系列器件内部有上电复位（POR）与掉电复位（BOR）电路。因此不需要外部电路提供复位脉冲。上电与掉电条件下，该引脚为低电平。当看门狗复位时，DSP 将该引脚拉为低电平，持续时间为 512 个 OSCCLK 周期。如果需要的话，外部电路驱动可以使器件复位。这时推荐用漏极开路器件驱动该引脚。为了防止干扰，该引脚应连接 RC 电路。器件复位时，$\overline{XRS}$使器件终止运行。程序计数器 PC 指向地址 0x3FFFC0。当$\overline{XRS}$变为高时，程序从 PC 所指向的地址开始执行。该引脚的输出缓冲器是一个带内部上拉的漏极开路缓冲器
（3）模 - 数转换器、比较器、模拟 I/O 引脚					
ADCINA7	11	9	7	I	ADC 组 A，通道 7 输入
ADCINA6 COMP3A	12	10	8	I I	ADC 组 A，通道 6 输入 比较器输入 3 A

（续）

引脚名称	引脚序号			I/O/Z	功 能 描 述
	80 引脚 PN	64 引脚 PAG	56 引脚 RSH		
AIO6 ADCINA5	 13	 –	 –	I/O I	数字 AIO 6（数字 AIO 即数字模拟复用 I/O） ADC 组 A，通道 5 输入
ADCINA4 COMP2A AIO4	14	11	9	I I I/O	ADC 组 A，通道 4 输入 比较器输入 2 A 数字 AIO 4
ADCINA3	15	12	10	I	ADC 组 A，通道 3 输入
ADCINA2 COMP1A AIO2	16	13	11	I I I/O	ADC 组 A，通道 2 输入 比较器输入 1A 数字 AIO 2
ADCINA1	17	14	12	I	ADC 组 A，通道 1 输入
ADCINA0	18	15	13	I	ADC 组 A，通道 0 输入
V_{REFHI}	19	15	13	I	ADC 外部参考电源，只用于 ADC 外部参考模式
ADCINB7	30	24	21	I	ADC 组 B，通道 7 输入
ADCINB6 COMP3B AIO14	29	23	20	I I I/O	ADC 组 B，通道 7 输入 比较器输入 3 B 数字 AIO 14
ADCINB5	28	–	–	I	ADC 组 B，通道 5 输入
ADCINB4 COMP2B AIO12	27	22	19	I I I/O	ADC 组 B，通道 4 输入 比较器输入 2 B 数字 AIO 12
ADCINB3	26	21	18	I	ADC 组 B，通道 3 输入
ADCINB2 COMP1B AIO10	25	20	17	I I I/O	ADC 组 B，通道 2 输入 比较器输入 1 B 数字 AIO 10
ADCINB1	24	19	16	I	ADC 组 B，通道 1 输入
ADCINB0	23	18	–	I	ADC 组 B，通道 0 输入
$V_{REF LO}$	22	17	15	I	ADC 外部参考电源低端
（4）CPU 与 I/O 电源、电压调节器控制信号引脚					
V_{DDA}	20	16	14		模拟电源。通常靠近该引脚连接一个 2.2μF 的电容
V_{SSA}	21	17	15		模拟地
V_{DD}	7	5	3		CPU 与数字逻辑电源。当使用内部电压调节器（VREG）时，不需要该电源。使用内部 VREG 时，对地连接一个 1.2 μF（最小）的电容（准确度 10%）。可以使用较大的电容值，但是可能影响电源的上升时间
V_{DD}	54	43	38		
V_{DD}	72	59	52		
$V_{DD IO}$	36	29	26		数字 I/O 与 Flash 电源引脚，当使用内部电压调节器（VREG）时，为单电源（+3.3 V）
$V_{DD IO}$	70	57	50		

（续）

引脚名称	引脚序号			I/O/Z	功能描述
	80 引脚 PN	64 引脚 PAG	56 引脚 RSH		
V_{SS}	8	6	4		数字地
V_{SS}	35	28	25		
V_{SS}	53	42	37		
V_{SS}	71	58	51		
$\overline{\text{VREGNZ}}$	73	60	53	I	内部电压调节器（VREG）使能/禁止控制：拉低使能 VREG，拉高禁止 VREG
（5）GPIO 与外设信号引脚					
GPIO0	69	56	49	I/O/Z	通用 I/O 0
EPWM1A				O	增强型 PWM1 输出 A 和 HRPWM 通道
GPIO1	68	55	48	I/O/Z	通用 I/O 1
EPWM1B				O	增强型 PWM1 输出 B
–					
COMP1OUT				O	比较器 1 的直接输出
GPIO2	67	54	47	I/O/Z	通用 I/O 2
EPWM2A				O	增强型 PWM2 输出 A 和 HRPWM 通道
GPIO3	66	53	46	I/O/Z	通用 I/O 3
EPWM2B				O	增强型 PWM2 输出 B
SPISOMIA				I/O	SPI－A 从输出主输入
COMP2OUT				O	比较器 2 的直接输出
GPIO4	63	51	45	I/O/Z	通用 I/O 4
EPWM3A				O	增强型 PWM3 输出 A 和 HRPWM 通道
GPIO5	62	50	44	I/O/Z	通用 I/O 5
EPWM3B				O	增强型 PWM3 输出 B
SPISIMOA				I/O	SPI－A 从输入主输出
ECAP1				I/O	增强型捕获输入/输出 1
GPIO6	50	39	34	I/O/Z	通用 I/O 6
EPWM4A				O	增强型 PWM4 输出 A 和 HRPWM 通道
EPWMSYNCI				I	外部 ePWM 同步脉冲输入
EPWMSYNCO				O	外部 ePWM 同步脉冲输出
GPIO7	49	38	33	I/O/Z	通用 I/O 7
EPWM4B				O	增强型 PWM4 输出 B
SCIRXDA				I	SCI－A 接收数据
GPIO8	43	35	–	I/O/Z	通用 I/O 8
EPWM5A				O	增强型 PWM5 输出 A 和 HRPWM 通道
–					
$\overline{\text{ADCSOCAO}}$				O	ADC 转换启动 A

（续）

引脚名称	引脚序号			I/O/Z	功能描述
	80 引脚 PN	64 引脚 PAG	56 引脚 RSH		
GPIO9	39	31	–	I/O/Z	通用 I/O 9
EPWM5B				O	增强型 PWM5 输出 B
LINTXA				O	LIN 发送 A
GPIO10	65	52	–	I/O/Z	通用 I/O 10
EPWM6A				O	增强型 PWM6 输出 A 的和 HRPWM 通道
–					
$\overline{ADCSOCBO}$				O	ADC 转换启动 B
GPIO11	61	49	–	I/O/Z	通用 I/O 11
EPWM6B				O	增强型 PWM6 输出 B
LINRXA				I	LIN 接收 A
GPIO12	47	37	32	I/O/Z	通用 I/O 12
$\overline{TZ1}$				I	脱开区（Trip zone）输入 1
SCITXDA				O	SCI – A 发送数据
SPISIMOB				I/O	SPI – B 从输入主输出
GPIO13	76	–	–	I/O/Z	通用 I/O 13
$\overline{TZ2}$				I	脱开区（Trip zone）输入 2
SPISOMIB				I/O	SPI – B 从输出主输入
GPIO14	77	–	–	I/O/Z	通用 I/O 14
$\overline{TZ3}$				I	脱开区（Trip zone）输入 3
LINTXA				O	LIN 发送 A
SPICLKB				I/O	SPI – B 时钟输入/输出
GPIO15	75	–	–	I/O/Z	通用 I/O 15
$\overline{TZ1}$				I	脱开区（Trip zone）输入 1
LINRXA				I	LIN 接收
$\overline{SPISTEB}$				I/O	SPI – B 从发送使能输入/输出
GPIO16	46	34	30	I/O/Z	通用 I/O 16
SPISIMOA				I/O	SPI – A 从输入主输出
–					
$\overline{TZ2}$				I	脱开区（Trip zone）输入 2
GPIO17	42	34	30	I/O/Z	通用 I/O 17
SPISOMIA				I/O	SPI – A 从输出主输入
–					
$\overline{TZ3}$				I	脱开区（Trip zone）输入 3
GPIO18	41	33	29	I/O/Z	通用 I/O 18
SPICLKA				I/O	SPI – A 时钟输入/输出

（续）

引脚名称	引脚序号			I/O/Z	功 能 描 述
	80 引脚 PN	64 引脚 PAG	56 引脚 RSH		
LINTXA				O	LIN 发送
XCLKOUT				O/Z	来源于 SYSCLKOUT 的时钟输出。XCLKOUT 的频率和 SYSCLKOUT 的频率相等或者是它的 1/2，或是 1/4。由寄存器 XCLK 的位 1 ~ 0（XCLKOUTDIV）控制。复位时 XCLKOUT = SYSCLKOUT/4。将 XCLKOUTDIV 设置为 3，可以关闭 XCLKOUT 信号。为将 XCLKOUT 信号传输到引脚，GPIO18 的多功能控制必须设置为 XCLKOUT 功能
GPIO19	55	44	39	I/O/Z	通用 I/O 19
XCLKIN					外部振荡器输入。该引脚的多功能控制不阻止到时钟模块的通路。应注意如果该引脚用于其他外设功能，不应该使能到时钟模块的通路
$\overline{\text{SPISTEA}}$				I/O	SPI - A 从发送使能输入/输出
LINRXA				I	LIN 接收
ECAP1				I/O	增强型捕获输入/输出 1
GPIO20	78	62	55	I/O/Z	通用 I/O 20
EQEP1A				I	增强型 QEP1 输入 A
-					
COMP1OUT				O	比较器 1 的直接输出
GPIO21	79	63	56	I/O/Z	通用 I/O 21
EQEP1B				I	增强型 QEP1 输入 B
-					
COMP2OUT				O	比较器 2 的直接输出
GPIO22	1	1	1	I/O/Z	通用 I/O 22
EQEP1S				I/O	增强型 QEP1 选通
LINTXA				O	LIN 发送
GPIO23	4	4	2	I/O/Z	通用 I/O 23
EQEP1I				I/O	增强型 QEP1 索引信号
LINRXA				I	LIN 接收
GPIO24	80	64	-	I/O/Z	通用 I/O 24
ECAP1				I/O	增强型捕获输入/输出 1，见 GPIO5、GPIO19
SPISIMOB				I/O	SPI - B 从输入主输出
GPIO25	44	-	-	I/O/Z	通用 I/O 25
-					
SPISOMIB				I/O	SPI - B 从输出主输入
GPIO26	37	-	-	I/O/Z	通用 I/O 26
-					
SPICLKB				I/O	SPI - B 时钟输入/输出

（续）

引脚名称	引脚序号			I/O/Z	功能描述
	80 引脚 PN	64 引脚 PAG	56 引脚 RSH		
GPIO27	31	–	–	I/O/Z	通用 I/O 27
–					
$\overline{\text{SPISTEB}}$				I/O	SPI – B 从发送使能输入/输出
GPIO28	40	32	28	I/O/Z	通用 I/O 28
SCIRXDA				I	SCI – A 接收数据
SDAA				I/OD	I2C 数据漏极开路双向端口
$\overline{\text{TZ2}}$				I	脱开区（Trip zone）输入 2
GPIO29	34	27	24	I/O/Z	通用 I/O 29
SCITXDA				O	SCI – A 发送数据
SCLA				I/OD	I2C 时钟漏极开路双向端口
$\overline{\text{TZ3}}$				I	脱开区（Trip zone）输入 3
GPIO30	33	26	23	I/O/Z	通用 I/O 30
CANRXA				I	CAN 接收
GPIO31	32	25	22	I/O/Z	通用 I/O 31
CANTXA				O	CAN 发送
GPIO32	2	2	–	I/O/Z	通用 I/O 32
SDAA				I/OD	I2C 数据漏极开路双向端口
EPWMSYNCI				I	外部 ePWM 同步脉冲输入
$\overline{\text{ADCSOCAO}}$				O	ADC 转换启动 A
GPIO33	3	3	–	I/O/Z	通用 I/O 33
SCLA				I/OD	I2C 时钟漏极开路双向端口
EPWMSYNCO				O	外部 ePWM 同步脉冲输出
$\overline{\text{ADCSOCBO}}$				O	ADC 转换启动 B
GPIO34	74	61	54	I/O/Z	通用 I/O 34
COMP2OUT				O	比较器 2 直接输出
COMP3OUT				O	比较器 3 直接输出
GPIO35	59	47	42	I/O/Z	通用 I/O 35
TDI				I	JTAG 测试数据输入，带内部上拉。TDI 时钟信号在 TCK 的上升沿输入到所选寄存器（指令或数据）
GPIO36	60	48	43	I/O/Z	通用 I/O 36
TMS				I	TAG 测试模式选择，带内部上拉。这个串行时钟在 TCK 的上升沿输入到 TAP（Test Access Port）控制器
GPIO37	58	46	41	I/O/Z	通用 I/O 37
TDO				O/Z	JTAG 扫描输出，测试数据输出。在 TCK 的下降沿所选寄存器（指令或数据）的内容从 TDO 移出
GPIO38	57	45	40	I/O/Z	通用 I/O 38
TCK				I	JTAG 测试时钟，带内部上拉

（续）

引脚名称	引脚序号			I/O/Z	功能描述
	80 引脚 PN	64 引脚 PAG	56 引脚 RSH		
XCLKIN				I	外部振荡器输入。该引脚的多功能控制不阻止到时钟模块的通路。应注意如果该引脚用于其他外设功能，不应该使能到时钟模块的通路
GPIO39	56	–	–	I/O/Z	通用 I/O 39
GPIO40 EPWM7A	64	–	–	I/O/Z O	通用 I/O 40 增强型 PWM7 输出 A 和 HRPWM 通道
GPIO41 EPWM7B	48	–	–	I/O/Z O	通用 I/O 41 增强型 PWM7 输出 B
GPIO42 COMP1OUT	5	–	–	I/O/Z O	通用 I/O 42 比较器 1 直接输出
GPIO43 COMP2OUT	6	–	–	I/O/Z O	通用 I/O 43 比较器 2 直接输出
GPIO44	45	–	–	I/O/Z	通用 I/O 44

注：I—输入；O—输出；Z—高阻态；OD—漏极开路。

2803x 微控制器有 28030 ~ 28035 共 6 种型号。每一种型号都有 80 引脚、64 引脚和 56 引脚 3 种封装形式。6 种型号的内部结构类似，均具有 60 MHz 时钟（16.67 ns 指令周期）、代码安全模块、8KW Boot ROM、1KW OTP、6 路 AIO、通信模块 2 × SPI、SCI、CAN、I^2C 和 LIN 等。不同封装形式的 ePWM 输出数（最多 16 路）、ADC 通道数（最多 14 路）和 GPIO 引脚数（最多 45 个）不同。只有 80 引脚的芯片有双 SPI，其他的只有 1 个 SPI。只有 28035 具有 CLA。2803x 内部资源见表 2-2。本书主要以 80 引脚 28035 为例，介绍 TMS320F2803x 系列 32 位 DSP 控制器。

表 2-2　2803x 系列芯片内部资源

资源 / 型号	Flash /KW	RAM /KW	ADC 转换时间/ns	PWM/ HRPWM	eCAP/ eQEP	通信端口
28030	16	6	500	14/ –	1/1	2 × SPI, SCI, CAN, I^2C, LIN
28031	32	8	500	14/ –	1/1	2 × SPI, SCI, CAN, I^2C, LIN
28032	32	10	216.67	14/7	1/1	2 × SPI, SCI, CAN, I^2C, LIN
28033	32	10	216.67	14/7	1/1	2 × SPI, SCI, CAN, I^2C, LIN
28034	64	10	216.67	14/7	1/1	2 × SPI, SCI, CAN, I^2C, LIN
28035	64	10	216.67	14/7	1/1	2 × SPI, SCI, CAN, I^2C, LIN

2.2　2803x 片内硬件资源

2803x DSP 控制器功能框图如图 2-4 所示。它由 C28x 32 位 CPU、片内存储器以及片内外设等组成。

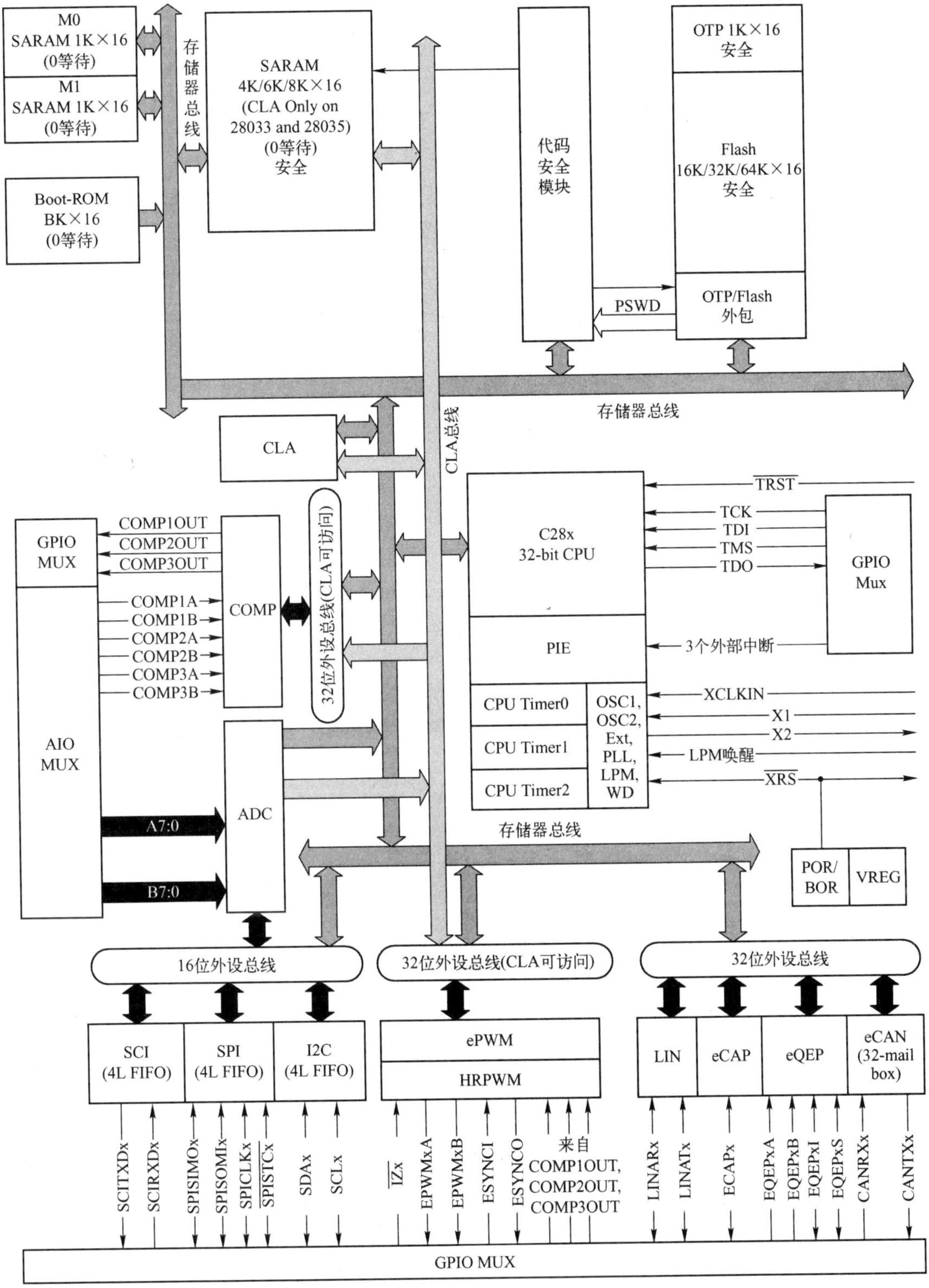

图 2-4　2803x 的功能框图

2803x 系列是 C2000 MCU（微控制器）平台的一个成员。该系列与其他 28x 器件具有同样的 32 位定点 CPU。

28035 芯片还具有一个控制律加速器（Control Law Accelerator，CLA）。它是一个单精度（32 位）浮点单元，为 C28x CPU 扩展并行处理能力。CLA 是一个独立的处理器，具有自己的总线结构、取指机制与流水线。可以指定 8 个 CLA 任务或子程序。每一个任务由软件或一个外设如 ADC 、ePWM 或 CPU 定时器 0 启动。CLA 在某一时间执行一个任务。任务完成时，由到 PIE 的中断通知主 CPU，然后 CLA 自动开始下一个最高级的悬挂任务。CLA 能直接访问 ADC 结果寄存器、ePWM + HRPWM 寄存器。专门的消息 RAM 提供一个在主 CPU 和 CLA 之间传递附加数据的方法。

图 2-5 所示为 28034/28035 的存储器映射图。对该图的说明如下：

1）外设帧（Peripheral Frame，PF）0、1、2 的存储器只被映射到数据存储器，用户程序不能在程序存储空间访问这些存储器。

2）被保护（Protected）存储空间指写之后的读操作不按流水线顺序进行而是被保护起来。

3）一些存储器范围受 EALLOW 保护，以防配置好后任意改写。

4）存储单元 0x3D 7C80 ~ 0x3D 7CC0 包含内部振荡器与 ADC 校准程序，这些单元用户不能编程。

5）CLA 专用寄存器和 RAM 只适用于 28035 器件。

外设帧 1、2 可以被“写/读外设块保护”。这里“保护”模式确保了这些块的写操作。由于 28x 流水线设计的原因，如果在写操作后立即跟着读不同的存储器地址，将使 CPU 存储器总线的顺序改变，这可能带来问题。28x 的 CPU 支持块保护模式，即一个区域块可以被保护起来，确保了写操作的进行，缺点是带来了额外的处理时间。该模式是可编程的，默认状态是保护被选择的区域。

28035 的 Flash 存储器的地址范围是 0x3E 8000 ~ 0x3F 7FFF，即容量为 64 KW。

2803x 有多种引导（Boot）模式，常用的引导模式是 Flash 模式。这时引导程序跳转到 Flash 存储器的 0x3F 7FF6 地址，开始执行此处的用户程序。用户需要在 0x3F 7FF6 地址放好一条跳转指令，使程序继续跳转到其他地方执行。

2803x 具有 4 MW 存储空间，包括数据、程序空间。片内存储器包括：

- ✓ 1KW 的 SARAM M0（00 0000 ~ 00 03FFH）。SARAM（Single Access RAM）为单访问 RAM。
- ✓ 1 KW 的 SARAM M1（00 0400 ~ 00 07FFH）。复位时堆栈指针指向 M1 块的开始。M0 块、M1 块与其他 C28x 器件的存储器块一样，被同时映射到程序与数据空间。因此 M0 和 M1 块可用于存储代码或数据变量，其分配在链接器中完成。C28x 器件为编程者提供一个统一的存储器映射，使得用高级语言编程更方便。
- ✓ 2 KW 片内外设 PF0（00 0800 ~ 00 0CFFH）。
- ✓ 256 W 的中断向量 PIE Vector - RAM（D00 ~ DFFH）。
- ✓ 8 KW 的片内外设 PF1、PF2（00 6000 ~ 00 7FFFH）。
- ✓ 2 KW 的 SARAM L0（00 8000 ~ 00 87FFH）。

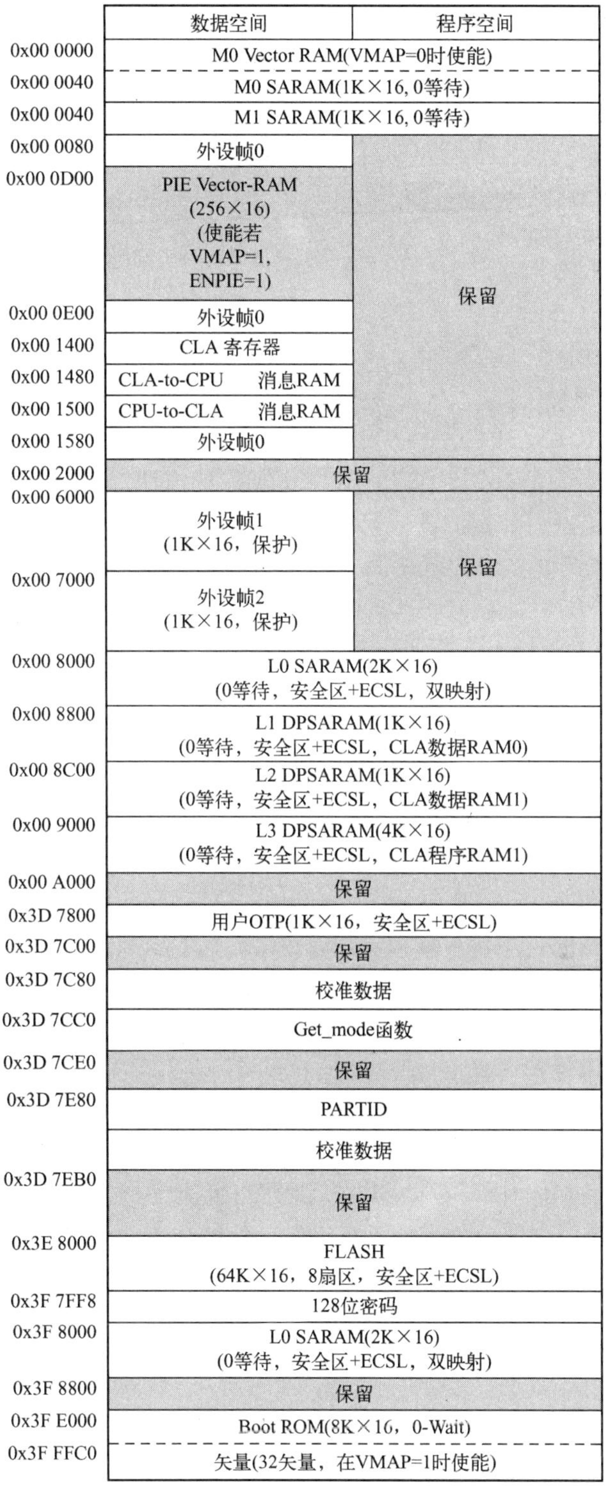

图 2-5　28034/28035 的存储器映射

✓ 1 KW 的 DPSARAM L1（00 8800 ~ 00 8BFFH）。ECSL（Emulation Code Security Logic）指仿真代码安全逻辑。DPSARAM 指双端口（Dual Port，DP）配置的 SARAM。

✓ 1 KW 的 DPSARAM L2（00 8C00 ~ 00 8FFFH）。

✓ 4 KW 的 DPSARAM L3（00 9000 ~ 00 9FFFH）。器件包含多达 8 K × 16 位的单访问 RAM（L0 ~ L3），它们被同时映射到程序与数据空间。L0 块大小为 2 K。L1 和 L2 块的大小都为 1 K，与 CLA 共享，可用于 CLA 的数据空间。L3 块的大小为 4 K，与 CLA 共享，可用于 CLA 的程序空间。

✓ 1 KW 的 OTP（3D 7800 ~ 3D 7BFFH）。

✓ 64 KW 的 Flash（3E 8000 ~ 3F 7FFFH）。

✓ 2 KW 的 SARAM L0（3F 8000 ~ 3F 87FFH）：镜像地址，即 L0 存储器块既可以在高地址又可以在低地址访问。

✓ 8 KW 的 Boot ROM（3F E000 ~ 3F FFFFH）即引导 ROM。

典型的应用系统由一个 28035 DSP 芯片加上相应的电源、时钟、复位、JTAG 电路及应用电路构成单片系统方案（Single Chip Solution）。在程序调试过程中，可以先将程序放入到片内 RAM 中运行仿真调试。调试完成后，再将程序放入 Flash 存储器中运行。

2.3 片内 Flash 和 OTP 存储器

1. Flash 和 OTP 存储器的特点

片内 Flash 存储器同时映射在程序和数据存储器空间。Flash 存储器有如下特点：多个分区、有代码安全保护、有低功耗模式、可根据 CPU 频率调整等待状态、可提高性能的 Flash 流水线模式。

1 K × 16 的 OTP（One Time Programmable，一次可编程）存储器用来存放 TI 公司的工程和制造信息。余下的空间，用户可以用来存放自己的代码或数据。

有一些相关的寄存器可以用来配置 Flash 和 OTP 存储器。但必须注意的是，只有在执行汇编语言指令 EALLOW 后，才可以将数据写入这些寄存器。执行 EDIS 指令后，禁止执行数据写入操作。这样可以保护寄存器免受干扰。寄存器读可以一直进行，通过 JTAG 仿真口可以读写这些寄存器内容而不用执行 EALLOW 指令。寄存器支持 16 位和 32 位操作。

注意：执行 Flash 寄存器配置任务的代码不能放在 Flash 或 OTP 存储器中执行，而应该放在 Flash 和 OTP 外的其他 RAM 存储器空间进行。而且当 Flash 或 OTP 存储器中正在运行程序时，也不要对 Flash 和 OTP 寄存器进行操作，程序结束后才可以。在 Flash/OTP 中运行的代码可以读 Flash 寄存器中的内容，但千万不要将内容写进去。这样做是为了避免时序上的混乱。

2. Flash 和 OTP 存储器功耗模式

Flash 和 OTP 有 3 种低功耗模式：

1）睡眠（Sleep）模式或复位状态。DSP 复位后的默认模式，该模式功耗最低。

2）备用（Standby）模式。在该状态或睡眠状态下进行 CPU 的读或取操作，将自动使 DSP 的工作模式变为活跃模式。

3）活跃（Active）模式或读状态。该状态下 DSP 功耗最高。

在从 Flash/OTP 中读或执行代码操作期间，功耗模式是保持不变的。如果要改变功耗模式，那么可采用如下几种方法：

1）将 DSP 从高功耗模式带入更低功耗模式，只需改变 PWR 模式位（FPWR 寄存器中）就可瞬时完成。寄存器操作应该在 Flash/OTP 外进行。

2）将 DSP 从低功耗模式带入更高功耗模式，须进行两步操作：

① 改变 FPWR 寄存器中的 PWR 模式位。

② 开始一个 Flash/OTP 存储器的读或程序取指令过程。

若 DSP 从低功耗模式转入高功耗模式时存在一段延时，该延时就可使 Flash 稳定。如果在这段延时时间内就开始对 Flash/OTP 进行操作，则 CPU 的操作会自动停止直到延时过程结束。延时时间由用户软件控制。FSTDBYWAIT 寄存器中的值决定从睡眠模式到备用模式的延时。FACTIVEWAIT 寄存器中的值决定从备用模式到活跃模式的延时。如果要从睡眠模式直接跳到活跃模式，那么延时时间由寄存器 FSTDBYWAIT 与 FACTIVEWAIT 决定。

3. Flash 和 OTP 存储器性能

CPU 对 Flash/OTP 的操作可采用如下方式中的一种：32 位取指令、16 位或 32 位数据空间读操作、16 位程序空间读操作。

一旦 F1ash 处于活跃状态，对存储器的读/写处理有如下 3 种类型：

1）Flash 存储器随机存取。FBANKWAIT 寄存器的 RANDWAIT 位可决定随机存取的等待状态时间，默认值为最大值。为了提高性能，用户可根据 CPU 时钟和 Flash 的处理时间选择合适的值。

2）Flash 存储器页面存取。Flash 阵列由行和列组成，行包含 2048 位的信息。对行的第一次操作是随机存取，接下来在相同行的操作速度会变快，这叫做页面存取操作。通过向 FBANKWAIT 寄存器的 PAGEWAIT 位中放进较小的数，可以加快 Flash 的处理速度。这种工作模式适用于数据空间和程序空间的读和取指令操作。

3）OTP 操作。FOTPWAIT 寄存器中的 OTPWAIT 位决定 OTP 的读或取指令操作。由于没有页面存取模式，OTP 的处理时间要比 Flash 长。

4. Flash 流水线模式

FIash 存储器一般用于存放用户代码。为了提高代码执行的性能，可以采用 Flash 流水线（Pipeline）模式。FOTP 寄存器中的 ENPIPE 位用于启动 Flash 流水线模式。该模式独立于 CPU 流水线模式，且在此模式下，一种预取指令机制可以减少 Flash 等待状态的影响，显著提高在 Flash 中执行代码的效率。

5. Flash 和 OTP 寄存器汇总

Flash 和 OTP 配置寄存器见表 2-3。

表 2-3　Flash 和 OTP 配置寄存器

名　字	地　址	字（×16）	描述 配置寄存器
FOPT	0x0A80	1	Flash 选项（Option）寄存器
保留	0x0A81	1	保留
FPWR	0x0A82	1	Flash 功耗（Power）模式寄存器
FSTATUS	0x0A83	1	状态寄存器

（续）

名　　字	地　　址	字（×16）	描述 配置寄存器
FSTDBYWAIT	0x0A84	1	Flash 睡眠转备用等待状态寄存器
FACTIVEWAIT	0x0A85	1	Flash 备用转活跃等待状态寄存器
FBANKWAIT	0x0A86	1	Flash 读操作等待状态寄存器
FOTPWAIT	0x0A87	1	OTP 读操作等待状态寄存器

在 Flash 选项寄存器 FOPT 中，仅最低位即 ENPIPE 位有用。当 ENPIPE = 1 时，表示 Flash 流水线模式激活。

在 Flash 功耗模式寄存器 FPWR 中，只有最低两位即 PWR 位有用。当 PWR = 00 时，Flash 和 OTP 处于最低功耗状态（睡眠模式）；PWR = 01 时，为备用模式；PWR = 10 时，保留；PWR = 11 时，Flash 和 OTP 处于最高功耗状态（激活模式）。

在状态寄存器 FSTATUS 中，第 8 位为可读/写的 3VSTAT 位，当它为 1 时，表示 3V 电源超出了允许的范围。向其内写 1 可以清除它，写 0 无效。FSTATUS 中其他位为只读位，分别描述了 Flash/OTP 寄存器中一些计数器状态和功耗模式的状态。

Flash 由睡眠转备用等待状态寄存器 FSTDBYWAIT、Flash 由备用转活跃等待状态寄存器 FACTIVEWAIT、Flash 读操作等待状态寄存器 FBANKWAIT、OTP 等待状态 FOTPWAIT 寄存器 4 个寄存器主要定义 Flash/OTP 存储器的等待时序。上述寄存器详细的使用方法请参考英文资料[3]。

2.4　代码安全模块 CSM

代码安全模块 CSM（Code Security Module）可以防止未被授权的人看到片内存储器的内容，防止对受保护的代码进行复制和反向工程。“代码安全”意思是指保护片内存储器。“代码不安全”的意思是不能保护片内存储器，即存储器内容可以用某些手段读取（比如通过 CCS 仿真工具）。

1. 代码安全模块的功能

代码安全模块限制了 CPU 访问片内存储器，这也就阻止了通过 JTAG 接口或外设模块对存储器的读写操作。在安全的时候，有两种保护级别，这与程序计数器指向何处有关。如果代码正在安全存储器内运行，仅仅是仿真器（即 JTAG）的访问被阻断，那么代码本身可以访问受安全保护的数据。相反，如果代码正在不安全存储器内运行，那么所有到安全存储器的存取操作都被阻止。

用户代码可以动态跳进、跳出安全存储器，所以允许在安全存储器运行的程序从不安全的存储器中调用函数。类似地，即使主程序正在不安全的存储器中运行，中断服务子程序也可以放在安全存储器内被调用。

通过一个 128 位（8 个 16 位的字）密码，DSP 的安全可以得到保护。但在执行了密码匹配流程 PMF（Password Match Flow）后，DSP 就不安全了。DSP 安全级别见表 2-4。

表 2-4　安全级别

PMF 是否用正确的密码运行	操作模式	程序取指令位置	安全性描述
否	安全	安全存储器外	仅允许到安全模块取指令
否	安全	安全存储器内	CPU 有全部权利，JTAG 不能读安全存储器中的内容
是	不安全	任何地方	CPU 和 JTAG 对安全模块的操作不受限制

密码存放在 Flash、ROM 存储器中的代码安全密码区（Password Locations，PWL），地址为 0x003F 7FF8 ~ 0x003F 7FFF。该区存放着由设计者事先设定好的密码。在 Flash 型 DSP 中，旧密码可以改成新密码。而在 ROM 型 DSP 中，密码由 TI 公司一次性烧写好，不能被改动。

如果 PWL 中的密码为全 1，那么 DSP 也是不安全的。因为在 DSP 中 Flash 内容被擦除后，就变为全 1，仅需从 PWL 中读一下就可使 DSP 不安全。如果 PWL 中的密码为全 0，那么 DSP 是安全的，但不要这样做，因为这样 DSP 就再也不能被调试或重新编程。如果对 Flash 执行了清除（Clear）过程后立即复位 DSP，PWL 中的密码也会为全 0，所以也不要这样做。

要使 DSP 处于安全或不安全的状态，用户可以通过访问相关寄存器来进行。这些寄存器共有 8 个，每个寄存器的长度均为 16 位，被称为关键字（KEY）寄存器，这些寄存器映射到存储器空间的 0x0AE0 ~ 0x0AE7 地址中，并受 EALLOW 保护。

如果使用代码安全操作，在 0x3F 7F80 ~ 0x3F 7FF5 之间的地址就不能存放程序代码或数据，而是必须全部编程为 0。如果不使用代码安全功能，则这片区域就可用于编程或存放数据。

2. 代码安全模块对其他片内资源的影响

无论何时，不管 DSP 是安全还是不安全的，CSM 都对下面的片内资源没有影响。

1）未设计成受安全保护的 SARAM。这些 SARAM 无论何时都可以在其中运行程序或对其读写。

2）引导（Boot）ROM。对引导 ROM 中内容的读取不受 CSM 影响。

3）片内外设寄存器。用户可以在片内或片外存储器中运行程序对外设寄存器进行初始化。

4）PIE 向量表。向量表可以被任意读写，无论 DSP 是否安全。

表 2-5 和表 2-6 给出了所有受和不受 CSM 影响的 2803x 片内资源。

表 2-5　2803x 受 CSM 影响的片内资源

地　址	块
0x0A80 ~ 0x0A87	Flash 配置寄存器
0x8000 ~ 0x87FF，0	L0 SARAM(2 KW)
0x8800 ~ 0x8BFF	L2 DPSARAM(1 KW) – CLA 数据 RAM0
0x8C00 ~ 0x8FFF	L2 DPSARAM(1 KW) – CLA 数据 RAM1
0x9000 ~ 0x9FFF	L3 DPSARAM(4 KW) – CLA 程序 RAM
0x3D 7800 ~ 0x3D 7BFF	用户 OTP(1 KW)
0x3D 7C00 ~ 0x3D 7FFF	TI 用 OTP(1 KW)
0x3D 8000 ~ 0x3F 7FFF	Flash(64 KW)
3F8000 ~ 0x3F 87FF	L0 SARAM(2 KW)，镜像

表 2-6　F2803x 不受 CSM 影响的片内资源

地　　址	块
0x0000 ~ 0x03FF	M0 SARAM(1 KW)
0x0400 ~ 0x07FF	M1 SARAM(1 KW)
0x0800 ~ 0x0CFF	外设帧 0(3 KW)
0x0D00 ~ 0x0FFF	PIE 向量 RAM(256 W)
0x6000 ~ 0x6FFF	外设帧 1(4 KW)
0x7000 ~ 0x7FFF	外设帧 2(4 KW)
0x003FE000 ~ 0x003F FFFF	Boot ROM(8 KW)

3. 代码安全功能的使用

一般情况下，在开发阶段并不需要代码安全保护，只有当软件开发完成后才需要。在代码烧进 Flash 存储器前（或烧进 ROM 前），可选择一个密码来保护自己的代码。一旦密码烧进 PWL 后，复位 DSP 或令 CSMSCR 寄存器中的 FORCESEC 位为 1，DSP 就处于安全状态。在安全存储器外面运行程序不需要密码，但调试时若访问安全存储器就需要密码。

CSM 的寄存器见表 2-7。

表 2-7　代码安全模块 CSM 寄存器

存储器地址	寄存器名称	复　位　值	寄存器描述
关键字寄存器可由用户更改			
0x0AE0	KEY0	0xFFFF	128 位关键字寄存器的最低字
0x0AEl	KEYl	0xFFFF	128 位关键字寄存器的第 2 个字
0x0AE2	KEY2	0xFFFF	128 位关键字寄存器的第 3 个字
0x0AE3	KEY3	0xFFFF	128 位关键字寄存器的第 4 个字
0x0AE4	KEY4	0xFFFF	128 位关键字寄存器的第 5 个字
0x0AE5	KEY5	0xFFFF	128 位关键字寄存器的第 6 个字
0x0AE6	KEY6	0xFFFF	128 位关键字寄存器的第 7 个字
0x0AE7	KEY7	0xFFFF	128 位关键字寄存器的最高字
0x0AEF	CSMSCR		CSM 状态和控制寄存器
存储器中的密码区保留给密码字使用			
0x003F 7FF8	PWL0	用户定义	128 位密码的最低字
0x003F 7FF9	PWL1	用户定义	128 位密码的第 2 个字
0x003F 7FFA	PWL2	用户定义	128 位密码的第 3 个字
0x003F 7FFB	PWL3	用户定义	128 位密码的第 4 个字
0x003F 7FFC	PWL4	用户定义	128 位密码的第 5 个字
0x003F 7FFD	PWL5	用户定义	128 位密码的第 6 个字
0x003F 7FFE	PWL6	用户定义	128 位密码的第 7 个字
0x003F 7FFF	PWL7	用户定义	128 位密码的最高字

CSM 状态和控制寄存器（CSMSCR）的格式为

15	14 　　　　　　　　　7	6 　　　　　　　　　1	0
FORCESEC	Reserved	Reserved	SECURE
W-1	R-0	R-10111	R-1

- 位 15，FORCESEC：写 1 可以清零 KEY 寄存器，并使 DSP 安全（Security）。
- 位 14 ~ 1，保留。
- 位 0，SECURE：只读位，反映了 DSP 目前的状态。

　1　DSP 安全，CSM 锁定。

　0　DSP 不安全，CSM 被解锁。

在很多情况下需要使 DSP 不安全，下面是一些典型情况：

1）通过调试器（例如 CCS）进行代码开发时。

2）用 TI 公司的烧写软件进行 Flash 烧写编程时。一旦用户提供了密码，烧写软件就使 DSP 中的安全逻辑失效，并开始对 Flash 编程。Flash 烧写软件可以在没有密码的情况下使一个新 DSP 中的安全逻辑失效，因为新 DSP 中的 Flash 是擦除过的，其内容是全 1。然而，对一个包含用户密码的 DSP 重新编程时则需要密码。

3）由应用程序确定的环境。例如，用片内的导引加载器编程 Flash，或者需要在外部存储器或片内没有安全保护的存储器中执行代码，同时又需要对受保护的存储器进行查表操作时。建议一般不要这样做，因为从外部程序中提交密码会降低安全性。

为了使模块不安全，所有上述提到场合的操作方法都是一样的，此过程称为密码匹配流程（PMF），图 2-6 描述了该操作流程。PWF 本质上就是一个从 PWL 中进行 8 次虚读（Dummy Read）并对 KEY 寄存器进行 8 次写的过程。

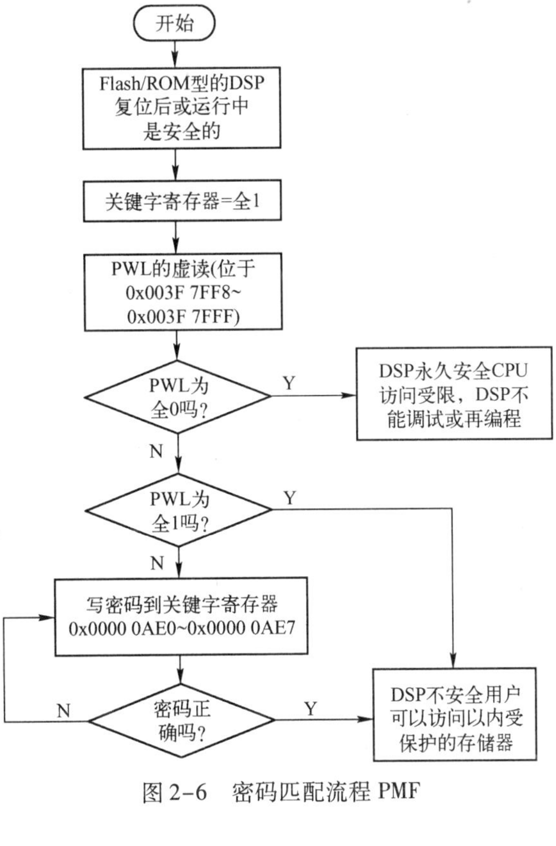

图 2-6　密码匹配流程 PMF

PMF 在进行解除 DSP 的安全性操作时可能遇到两种情况：

【情况 1】如果 DSP 在 PWL 处有密码，则须进行如下操作来解除安全保护。

① 从 PWL 处进行 8 次虚读。

② 写密码到 KEY 寄存器。

③ 如果密码正确，DSP 就不安全了，否则 DSP 仍保持安全。

【情况 2】如果 DSP 没有密码保护，那么在 PWL 处应该是全 1，那么须进行如下操作。

① 从 PWL 处进行虚读。

② 上面的操作完成后，DSP 立刻就不安全了，可以随意对存储器进行操作。

说明：如果要解除存储器的安全保护，对存储器进行读写或编程前，不管 DSP 是否受到密码保护，一定要先进行虚读操作。虚读就是 PWL 中的内容实际上是不能读出的，执行读操作后读出的数据与 PWL 中真正的内容并不一致（全 1 和全 0 除外）。

例 2-1 解除 DSP 对 L0 和 L1 SARAM 安全保护的 C 语言程序。

```
inti5,i;
volatile int  *PWL;                         //PWL 指针
PWL = &CsmPwl.PSWD0;                        //指向 PSWD0 处,即 0x3F 7FF8 处
for(i5 =0;i5 <8;i5 ++ )i = *PWL ++ ;        //进行 8 次虚读
//如果 PWL = 全 1,以下代码对未保护的 CSM 是不必要的
//向关键字寄存器写密码
//asm(" EALLOW");                           //密码寄存器受 EALLOW 保护,解除访问保护
//CsmReg.KEY0 = PASSWORD0;
…
//CsmReg.KEY7 = PASSWORD7;
//asm(" EDIS");                             //恢复访问保护
重新保护的 C 代码为,
volatile int *PWL = 0x0AE0;                 //CSM 寄存器文件,设置 FORCESEC 位
asm(" EALLOW");                             //CSMSCR 寄存器受 EALLOW 保护
 *PWL = 0x8000;
asm(" EDIS");
```

2.5 时钟与低功耗模式

1. 时钟

图 2-7 给出了 2803x 不同外设的时钟电路。

图中，CLKIN 是输入到 CPU 的时钟信号，未作处理就直接从 CPU 输出成为系统时钟 SYSCLKOUT 信号，二者频率相等，即 SYSCLKOUT = CLKIN。

表 2-8 给出了锁相环（Phase locked Loop，PLL）、时钟、低功耗模式的相关寄存器。

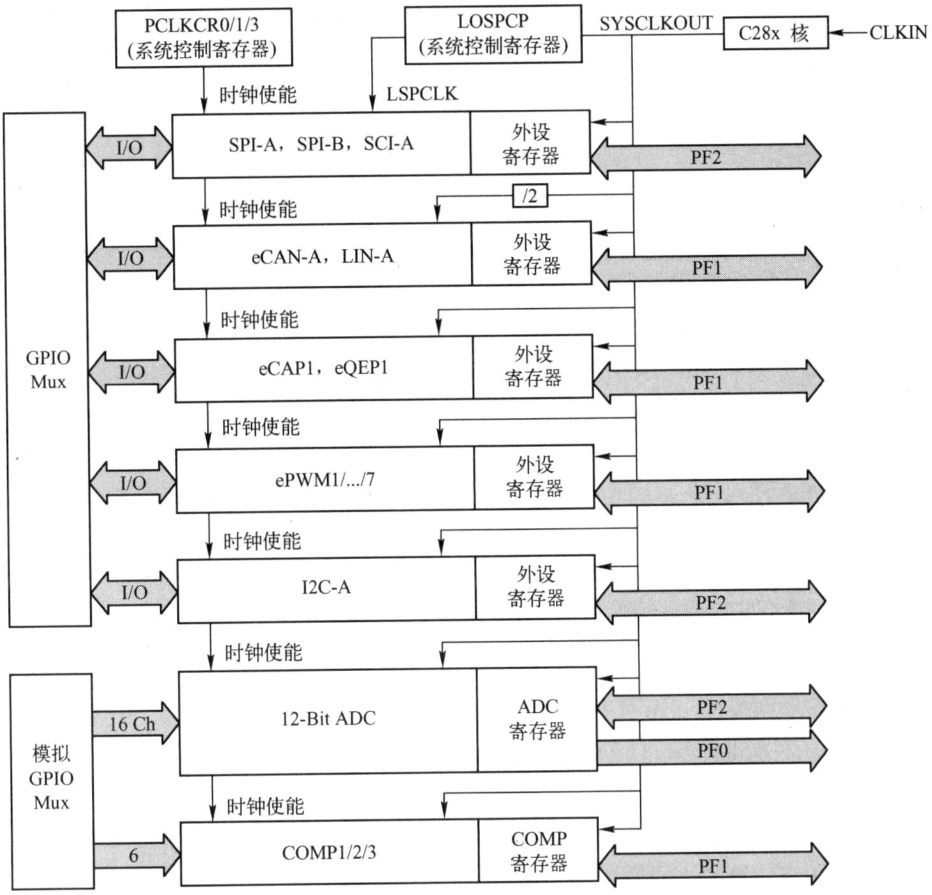

图 2-7　外设的时钟电路

表 2-8　锁相环、时钟、低功耗模式寄存器

寄　存　器	地　　址	长度（×16 位）	说　　明
XCLK	0x7010	1	XCLKOUT/XCLKIN 控制寄存器
PLLSTS	0x7011	1	PLL 状态寄存器
CLKCTL	0x7012	1	时钟控制寄存器
PLLLOCKPRD	0x7013	1	PLL 锁定周期寄存器
INTOSC1TRIM	0x7014	1	内部振荡器 1 修整寄存器
INTOSC2TRIM	0x7016	1	内部振荡器 2 修整寄存器
LOSPCP	0x701B	1	低速外设时钟定标寄存器
PCLKCR0	0x701C	1	外设时钟控制寄存器 0
PCLKCR1	0x701D	1	外设时钟控制寄存器 1
LPMCR0	0x701E	1	低功耗模式控制寄存器 0
PCLKCR3	0x7020	1	外设时钟控制寄存器 3
PLLCR	0x7021	1	PLL 控制寄存器
BORCFG	0x0985	1	掉电复位（BOR）配置寄存器

下面介绍时钟寄存器的定义及使用方法。

（1）外设时钟控制寄存器 0（PCLKCR0）

外设时钟控制寄存器 PCLKCR0/1/3 用于使能或禁止各种外设模块的时钟。PCLKCR0 的格式如下。

15	14	13 12 11	10	9	8
Reserved	SCANAENCLK	Reserved	SCIAENCLK	SPIBENCLK	SPIAENCLK
R-0	R/W-0	R-0	R/W-0	R/W-0	R/W-0

7 5	4	3	2	1	0
Reserved	I2CAENCLK	ADCENCLK	TBCLKSYNC	LINAENCLK	HRPWMEWCLK
R-0	R/W-0	R/W-0	R/W-0	R/W-0	R/W-0

- 位 15、位 13 ~ 11、位 7 ~ 5，保留。
- 位 14，ECANENCLK：若设为 1，则使能 CAN 外设中的系统时钟 SYSCLKOUT/2。否则禁止（复位默认）。
- 位 10，SCIAENCLK：若设为 1，则使能 SCI－A 外设中的低速时钟 LSPCLK。
- 位 9，SPIBENCLK：若设为 1，则使能 SPI－B 外设中的低速时钟 LSPCLK。
- 位 8，SPIAENCLK：若设为 1，则使能 SPI－A 外设中的低速时钟 LSPCLK。
- 位 4，I2CAENCLK：若设为 1，则使能 I2C 模块的时钟。
- 位 3，ADCENCLK：若设为 1，则使能 ADC 外设中的时钟。
- 位 2，TBCLKSYNC：ePWM 模块时间基准时钟（Time Base Clock，TBCLK）同步。允许用户所有使能的 ePWM 模块都与 TBCLK 同步。

若设为 0，各使能的 ePWM 模块的 TBCLK 停止。若寄存器 PCLKCR1 中的 ePWM 时钟使能位为 1，即使 TBCLKSYNC 为 0，ePWM 模块仍然由 SYSCLKOUT 提供时钟。

若设为 1，所有使能的 ePWM 模块时钟由 TBCLK 的第一个启动信号对齐。为完全同步各 TBCLK，寄存器 TBCLK 中的定标位应设为一致。使能 ePWM 模块时钟的合适步骤是：

① 使能寄存器 PCLKCR1 中的 ePWM 时钟。

② 将 TBCLKSYNC 位设为 0。

③ 配置定标值与 ePWM 模式。

④将 TBCLKSYNC 位设为 1。

- 位 1，LINAENCLK：若设为 1，则使能 LIN 外设中的时钟。
- 位 0，HRPWMENCLK：若设为 1，则使能 HRPWM 外设的时钟。

如果不使用某个外设，可将相应的时钟使能位设为 0，屏蔽相应的时钟信号，禁止该外设工作，从而降低 DSP 功耗。上电复位后所有位均为 0，即默认状态为所有外设均不工作。

（2）外设时钟控制寄存器 1（PCLKCR1）

15	14	13 9	8
Reserved	EQEP1ENCLK	Reserved	ECAP1ENCLK
R-0	R/W-0	R-0	R/W-0

7		5	4	3	2	1	0
Reserved	EPWM7ENCLK	EPWM6ENCLK	EPWM5ENCLK	EPWM4ENCLK	EPWM3ENCLK	EPWM2ENCLK	EPWM1ENCLK
	R-0		R/W-0	R/W-0	R/W-0	R/W-0	R/W-0

- 位 15、位 13 ~9、位 7，保留。
- 位 14，EQEP1ENCLK：eQEP1 时钟使能位。若设为 1，则使能 eQEP1 模块中的系统时钟（SYSCLKOUT），否则禁止（复位默认）。

- 位8，ECAP1ENCLK：eCAP1 时钟使能位。若设为1，则使能 eCAP1 模块中的系统时钟（SYSCLKOUT），否则禁止（复位默认）。
- 位6，EPWM7ENCLK：ePWM7 时钟使能位。若设为1，则使能 ePWM7 模块中的系统时钟（SYSCLKOUT），否则禁止（复位默认）。
- 位5～0，EPWM6ENCLK～EPWM1ENCLK：ePWM6～ePWM1 的时钟使能位。若相应位设为1，则使能相应模块中的系统时钟（SYSCLKOUT），否则禁止（复位默认）。

注意该寄存器受 EALLOW 保护。

（3）外设时钟控制寄存器3（PCLKCR3）

15	14	13	12–11	10	9	8
Reserved	CLA1ENCLK	GPIOINENCLK	Reserved	CPUTIMER2ENCLK	CPUTIMER1ENCLK	CPUTIMER0ENCLK
R-0	R/W-0	R/W-1	R-0	R/W-1	R/W-1	R/W-1

7–3	2	1	0
Reserved	COMP3ENCLK	COMP2ENCLK	COMP1ENCLK
R-0			

- 位15、位12～11、位7～3，保留。
- 位14，CLA1ENCLK：CLA 模块时钟使能位。若设为1，则使能 CLA 模块时钟，否则禁止。
- 位13，GPIOINENCLK：GPIO 输入时钟使能位。若设为1，则使能 GPIO 模块时钟，否则禁止。
- 位10，CPUTIMER2ENCLK：CPU 定时器2时钟使能位。若设为1，则使能 CPU 定时器2时钟，否则禁止。
- 位9，CPUTIMER1ENCLK：CPU 定时器1时钟使能位。若设为1，则使能 CPU 定时器1时钟，否则禁止。
- 位8，CPUTIMER0ENCLK：CPU 定时器0时钟使能位。若设为1，则使能 CPU 定时器0时钟，否则禁止。
- 位2，CMP3ENCLK：比较器3时钟使能位。若设为1，则使能比较器3时钟，否则禁止。
- 位1，CMP2ENCLK：比较器2时钟使能位。若设为1，则使能比较器2时钟，否则禁止。
- 位0，CMP1ENCLK：比较器1时钟使能位。若设为1，则使能比较器1时钟，否则禁止。

（4）低速外设时钟定标寄存器(LOSPCP，Low Speed Peripheral Clock Prescaler)

15–3	2–0
Reserved	LSPCLK
R-0	R/W-010

- 位15～3，保留。
- 位2～0，LSPCLK，低速外设时钟定标位。用于对 SYSCLKOUT 分频，产生低速外设时钟 LSPCLK。

若最低3位 LOSPCP2～0 不为0，则 LSPCLK = SYSCLKOUT/(2 × LOSPCP2～0)。复位时，默认值为010，则 LSPCLK = SYSCLKOUT/4。

若 LOSPCP2 ~0 =0，则 LSPCLK = SYSCLKOUT。

2. 振荡器与锁相环模块

（1）输入时钟选择

2803x DSP 片内振荡器（OSC）与锁相环（PLL）提供时钟信号，同时也可以用于低功耗模式。芯片内具有两个不需要外部元件的内部振荡器（INTOSC1、INTOSC2）。同时也有基于锁相环的片内时钟模块。输入时钟有 4 种选择：

1）INTOSC1（片内无引脚振荡器 1）。它可以为看门狗、内核与 CPU 定时器 2 提供时钟。

2）INTOSC2（片内无引脚振荡器 2）。它可以为看门狗、内核与 CPU 定时器 2 提供时钟。INTOSC2 与 INTOSC1 都可以独立提供时钟。

3）晶体/谐振器工作方式。该模式下，外部无源晶振连接到 DSP 的 X1 和 X2 引脚上，DSP 的振荡电路和无源晶振一起运行产生时钟，提供给 DSP 作为时间基准。

4）外部时钟工作方式。该模式下，不使用内部振荡器，即采用有源晶振，DSP 的时钟来自 XCLKIN 引脚的外部时钟信号（注意 XCLKIN 与 GPIO19 或 GPIO38 引脚多功能复用）。可以通过寄存器 XCLK 的位 XCLKSEL 来选择 GPIO19（复位默认值）或 GPIO38 作为 XCLKIN 输入。寄存器 CLKCTRL 的 XCLKINOFF 位禁止时钟输入（强制低）。如果不用外部时钟，用户可以在启动时禁止。

图 2-8 给出了 2803x 时钟选择电路。

片内无引脚振荡器 INTOSC1 和 INTOSC2 的名义频率都是 10 MHz。两个 16 位寄存器 INTOSC1TRIM 和 INTOSC2TRIM 分别用于两个振荡器的修整（称为粗修），另外用软件的方法可以进行进一步修整（称为精修）。两个修整寄存器的用法一样。

修整寄存器 INTOSC1TRIM 或 INTOSC2TRIM 的格式如下。

15	14～9	8	7～0
Reserved	FINETRIM	Reserved	COARSETRIM
R-0	R/W-0	R-0	R/W-0

位 15、位 8，保留位。

位 14 ~9，FINETRIM：6 位精修整值，有符号数（ -31 ~ +31）。

位 7 ~0，CORSETRIM：8 位粗修整值，有符号数（ -127 ~ +127）。

片内振荡器通过存储在 OTP 的参数进行软件修整。在引导时，引导 ROM 将数值复制到该寄存器。

（2）配置输入时钟源与 XCLKOUT 选择

时钟寄存器 XCLK 用于选择 XCLKIN 输入的 GPIO 引脚并配置 XCLKOUT 引脚频率。其格式如下。

7	6	5～2	1～0
Reserved	XCLKINSEL	Reserved	XCLKOUTDIV
R-0	R/W-1	R-0	R/W-0

位 15 ~7、位 5 ~2，保留位。

位 6，XCLKINSEL：XCLKIN 输入源引脚选择位。

- 0：选择 GPIO38 作为 XCLKIN 输入源引脚（该引脚也是 JTAG 的 TCK）。
- 1：选择 GPIO19 作为 XCLKIN 输入源（复位默认值）。

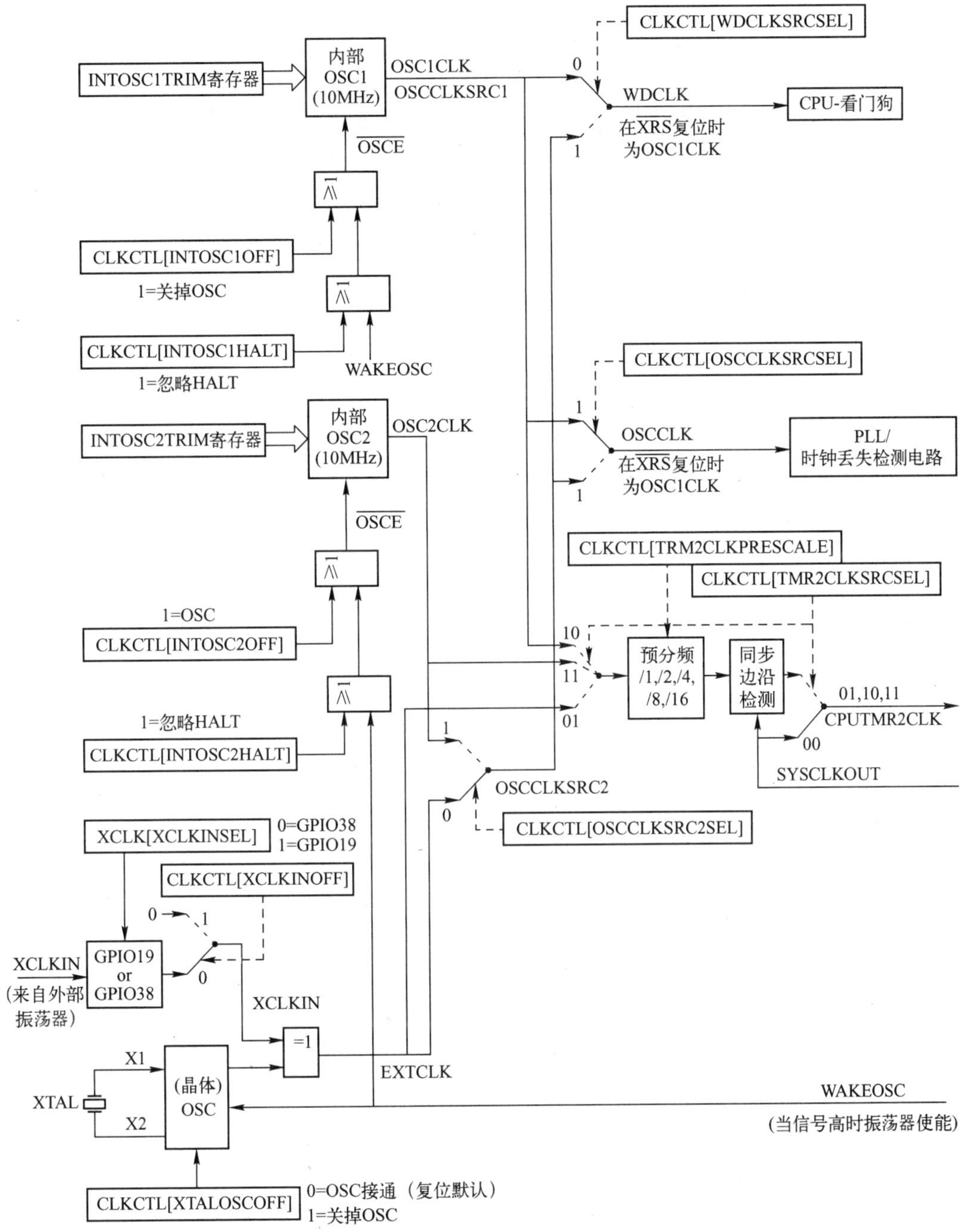

图 2-8　时钟选择电路

位 1、位 0，XCLKOUTDIV：XCLKOUT 分频率。用于选择 XCLKOUT 相对于 SYSCLKOUT 的分频率。

- 00：XCLKOUT = SYSCLKOUT/4。
- 01：XCLKOUT = SYSCLKOUT/2。
- 10：XCLKOUT = SYSCLKOUT。
- 11：关掉 XCLKOUT。

（3）配置器件时钟域

时钟控制寄存器 CLKCTL 选择可用的时钟源，并在时钟失效时配置器件。其格式如下。

15	14	13	12	11	10	9	8
NMIRESETSEL	XTALOSCOFF	XCLKINOFF	WDHALTI	INTOSC2HALTI	INTOSC2OFF	INTOSC1HALTI	INTOSC1OFF
R/W-0	R/W-0	R/W-0	R/W-0	R/W-0	R/W-0	R/W-0	R/W-0

7　　5	4　　3	2	1	0
TMR2CLKPRESCALE	TMR2CLKSRCSEL	WDCLKSRCSEL	OSCCLKSRC2SEL	OSCCLKSRCSEL
R/W-0	R/W-0	R/W-0	R/W-0	R/W-0

位 15，NMIRESETSEL：NMI 复位选择位。该位用于选择当检测到丢失时钟情况时，是直接产生$\overline{MCLKRS}$信号还是用$\overline{NMIRS}$信号复位。

- 0：无延迟驱动$\overline{MCLKRS}$（复位默认）。
- 1：NMI 看门狗复位（$\overline{NMIRS}$）引发$\overline{MCLKRS}$。

注意：产生 CLOCKFAIL（时钟失效）信号与这种方式选择无关。

位 14，XTALOSCOFF：该位用于是否关闭晶体振荡器。

- 0：晶体振荡器接通（复位默认）。
- 1：晶体振荡器关闭。

位 13，XCLKINOFF：XCLKIN 关闭位。该位可关闭外部 XCLKIN 振荡器输入信号。

- 0：XCLKIN 振荡器输入接通（复位默认）。
- 1：XCLKIN 振荡器输入关闭。

注意：需要通过寄存器 XCLK 的 XCLKINSEL 位选择 XCLKIN GPIO 引脚。如果使用 XCLKIN 应将 XTALOSCOFF 设为 1。

位 12，WDHALTI：看门狗 HALT（停止）模式忽略位。该位选择看门狗是否由 HALT 模式自动接通或关闭。这种特点可用于允许选择 WDCLK 时钟源在 HALT 模式下继续向看门狗提供时钟。这样可以使得看门狗能周期性的唤醒器件。

- 0：看门狗由 HALT 模式自动接通或关闭（复位默认）。
- 1：看门狗忽略 HALT 模式。

位 11，INTOSC2HALTI：内部振荡器 2 HALT 模式忽略位。

该位选择内部振荡器 2 是否由 HALT 模式自动接通或关闭。此特点可用于允许内部振荡器 2 在 HALT 模式下继续提供时钟。这样可以更快从 HALT 模式唤醒。

- 0：内部振荡器 2 由 HALT 模式自动接通或关闭（复位默认）。
- 1：内部振荡器 2 忽略 HALT 模式。

位 10，INTOSC2OFF：内部振荡器 2 关闭位。该位可关闭内部振荡器 2。

- 0：内部振荡器 2 接通（复位默认）。
- 1：内部振荡器 2 关闭。该位可用于不使用时关闭内部振荡器 2。该选择不受丢失时钟检测电路影响。

位 9，INTOSC1HALTI：内部振荡器 1 HALT 模式忽略位。

该位选择内部振荡器 1 是否由 HALT 模式自动接通或关闭。该特点可用于允许内部振荡器 2 在 HALT 模式下继续提供时钟。这样可以更快从 HALT 模式唤醒。

- 0：内部振荡器 1 由 HALT 模式自动接通或关闭（复位默认）。

● 1：内部振荡器 1 忽略 HALT 模式。

位 8，INTOSC1OFF：内部振荡器 1 关闭位。该位可关闭内部振荡器 1。

● 0：内部振荡器 1 接通（复位默认）。

● 1：内部振荡器 1 关闭。该位可用于不使用时关闭内部振荡器 1。该选择不受丢失时钟检测电路影响。

位 7～5，TMR2CLKPRESCALE：CPU 定时器 2 时钟定标值。这两位为选定的 CPU 定时器 2 时钟源选择定标值。该选择不受丢失时钟检测电路影响。

● 000：/1（复位默认）。

● 001：/2。

● 010：/4。

● 011：/8。

● 100：/16。

● 101～111：保留。

位 4～3，TMR2CLKSRCSEL：CPU 定时器 2 时钟源选择位。

● 00：选择 SYSCLKOUT（复位默认，旁路定标器）。

● 01：选择外部振荡器。

● 10：选择内部振荡器 1。

● 11：选择内部振荡器 2。该选择不受丢失时钟检测电路影响。

位 2，WDCLKSRCSEL：看门狗钟源选择位，选择 WDCLK 的来源。当$\overline{XRS}$为低和在$\overline{XRS}$变高后，默认选择内部振荡器 1。在初始化过程中，用户可能需要选择外部振荡器或内部振荡器 2。如果丢失时钟检测电路检测到一个丢失时钟，该位被强制为 0 且选择内部振荡器 1。用户改变该位不影响 PLLCR 寄存器的值。

● 0：选择内部振荡器 1（复位默认）。

● 1：选择外部振荡器或内部振荡器 2。

位 1，OSCCLKSRC2SEL：振荡器 2 时钟源选择位，用于选择是内部振荡器 2 还是外部振荡器。该选择不受丢失时钟检测电路影响。

● 0：选择外部振荡器（复位默认）。

● 1：选择内部振荡器 2。

位 0，OSCCLKSRCSEL：振荡器时钟源选择位，该位选择 OSCCLK 的来源。当$\overline{XRS}$为低和在$\overline{XRS}$变高后，默认选择内部振荡器 1。在初始化过程中，用户可能需要选择外部振荡器或内部振荡器 2。

用户使用有关位无论什么时候改变时钟源，PLLCR 寄存器将自动强制为 0，这样可以避免潜在的 PLL 超调。然后用户必须写入 PLLCR 寄存器，以配置合适的分频系数。必要时用户还可以使用 PLLLOCKPRD 寄存器配置 PLL 锁定周期，以减少锁定时间。如果丢失时钟检测电路检测到丢失时钟，该位自动强制为 0 并选择内部振荡器 1。PLLCR 寄存器也将自动强制为 0，以避免潜在的 PLL 超调。

● 0：选择内部振荡器 1（复位默认）。

● 1：选择外部振荡器或内部振荡器 2。注意：如果希望内部振荡器 2 或外部振荡器为

CPU 提供时钟，应先配置该位，然后写到 OSCCLKSRCSEL 位。

（4）基于锁相环的时钟模块

图 2-9 所示为振荡器（OSC）与锁相环（PLL）模块图。

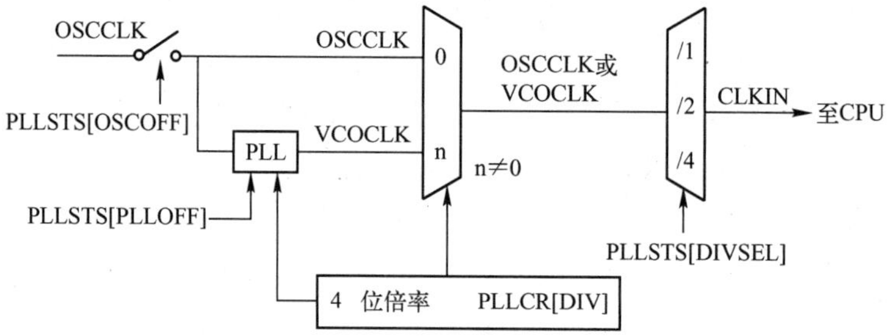

图 2-9　OSC 与 PLL 模块

当使用 XCLKIN 作为外部时钟源时，具有 X1 和 X2 引脚的器件应将 X1 接低电平而 X2 悬空。

锁相环可能的配置模式见表 2-9。

表 2-9　锁相环（PLL）可能的配置模式

PLL 模式	说　明	寄存器 PLLSTS 的 DIVSEL 位	CLKIN 即 SYSCLKOUT
PLL 关闭	由用户设置 PLLSTS 寄存器的 PLLOFF 位引起。此模式下，PLL 模块被禁止。CPU 时钟（CLKIN）可以直接由下述来源之一得到：INTOSC1，INTOSC2，XCLKIN 引脚，X1 引脚或 X1/X2 引脚。这对于减少系统噪声与低功耗运行是有用的。在进入此模式前，PLL 寄存器应先设为 0（PLL 旁路）。CPU 时钟（CLKIN）可以直接来自 X1/X2、X1 或 XCLKIN 输入	0，1 2 3	OSCCLK/4 OSCCLK/2 OSCCLK/1
PLL 旁路	PLL 旁路（By - pass）是上电与外部复位的默认 PLL 配置。当 PLLCR 寄存器置为 0，或 PLLCR 寄存器被修改而 PLL 锁定到一个新的频率后选择这种方式。此方式下 PLL 旁路但 PLL 未被关闭	0，1 2 3	OSCCLK/4 OSCCLK/2 OSCCLK/1
PLL 使能	向 PLLCR 寄存器写入非 0 值 n 可实现。在写入 PLLCR 时，器件切换到 PLL 旁路模式直到 PLL 锁定	0，1 2 3	OSCCLK * n/4 OSCCLK * n/2 OSCCLK * n/1

（5）输入时钟失效检测

DSP 的内部或外部时钟源有可能失效。当 PLL 没有被禁止时，主振荡器失效逻辑允许器件检测这种情况并默认为一个已知的状态。

两个计数器用于监测 OSCCLK 信号的存在，如图 2-10 所示。第一个计数器由 OSCCLK 信号自己递增。当 PLL 没有被关闭时，第二个计数器由来自于 PLL 模块的 VCOCLK 信号递增。两个计数器这样配置：当 7 位 OSCCLK 计数器溢出时，清除 13 位 VCOCLK 计数器。在正常运行模式，只要 OSCCLK 信号存在，VCOCLK 计数器永远不会溢出。

如果 OSCCLK 信号丢失，PLL 将输出一个默认的跛行（Limp）模式频率，VCOCLK 计数器将继续递增。自从 OSCCLK 丢失后 OSCCLK 计数器不再递增，因此 VCOCLK 计数器不周期性清零。最后，VCOCLK 计数器溢出，器件将到 CPU 的 CLKIN 输入切换到 PLL 的跛行模式输出频率。

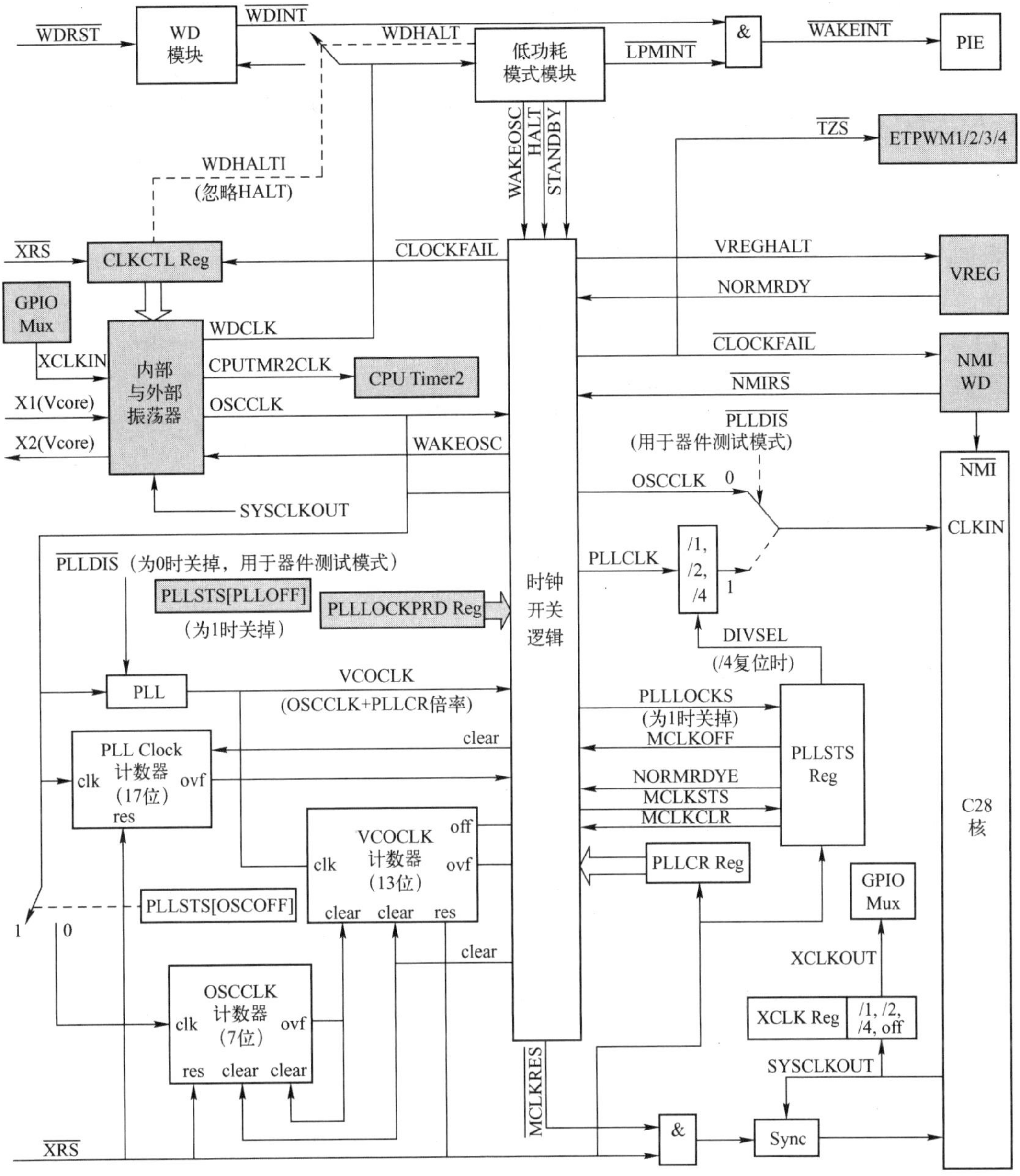

图 2-10　振荡器逻辑电路

当 VCOCLK 计数器溢出时，丢失时钟检测逻辑复位 CPU、外设和其他器件逻辑。产生的复位被称为丢失时钟检测逻辑复位（$\overline{\text{MCLKRS}}$）。$\overline{\text{MCLKRS}}$只是一个内部复位。器件的外部复位引脚$\overline{\text{XRS}}$未被$\overline{\text{MCLKRS}}$拉低，而且 PLLCR 和 PLLSTS 寄存器也未被复位。

除了复位器件，丢失振荡器逻辑还设置寄存器 PLLSTS 的 MCLKSTS 位。当$\overline{\text{MCLKRS}}$为 1 时，表明丢失振荡器逻辑已经复位器件且 CPU 正在跛行模式频率运行。

软件应当在复位后检测寄存器 PLLSTS 的 MCLKSTS 位，以确定器件是否因为丢失时钟情况由$\overline{\text{MCLKRS}}$复位。$\overline{\text{MCLKRS}}$置位后，固件应当采取合适的动作例如系统关闭。向寄存器 PLLSTS 的 MCLKSTS 位写 1，可以清除丢失时钟状态。这样将复位丢失时钟检测电路和计数器。如果写入 MCLKCLR 位后，若 OSCCLK 仍然丢失，VCOCLK 计数器会再次溢出且过程将重复。

（6）NMI 中断与 NMI 看门狗

NMI 看门狗（NMIWD）用于检测并帮助从时钟失效情况恢复。NMI 中断使能系统中出错的 CLOCKFAIL（时钟失效）情况监测。在 280x/2833x/2823x 器件中，当检测到丢失时钟时，会立即产生一个丢失时钟复位（$\overline{\text{MCLKRS}}$）。然而在 Piccolo 器件中，首先产生一个 CLOCKFAIL 信号，它被送到 NMI 看门狗电路，然后经过一个可编程的延时产生一个复位。然而该特征在上电是不使能的，即当 Piccolo 器件刚上电时，与其他 28xx 一样，时钟失效立即产生$\overline{\text{MCLKRS}}$信号。用户必须通过 CLKCTL 寄存器的 NMIRESETSEL 位使能 CLOCKFAIL 信号的产生。注意此 NMI 看门狗只用于时钟失效情况，与下节所述的看门狗是不同的。

当 OSCCLK 丢失时，CLOCKFAIL 信号触发 NMI 并使 NMIWD 计数器运行。在 NMI 中断服务程序中（ISR），程序将采取校正动作（例如切换到一个替代的时钟源）、清除 CLOCKFAIL 信号和和 NMIINT 标志。如果未这样做，NMIWDCTR 将溢出并经过若干个预先编程的 SYSCLKOUT 周期产生 NMI 复位（$\overline{\text{NMIRS}}$）。

$\overline{\text{NMIRS}}$传递到$\overline{\text{MCLKRS}}$产生一个返回到内核的系统复位。其目的是在复位产生以前，允许软件合理关闭系统。注意 NMI 复位并没有反映到$\overline{\text{XRS}}$引脚，对器件来说是内部复位。

CLOCKFAIL 信号也可以用于激活 TZ5 信号，以将 PWM 引脚驱动到高阻状态。这样允许 PWM 输出在时钟失效时被停止（Triped）。图 2-11 给出了 CLOCKFAIL（时钟失效）中断机制。NMI 中断与 NMI 看门狗通过寄存器 NMICFG、NMIFLG、NMIFLGCLR、NMIFLGFRC、NMIWDCNT 及 NMIWDPRD 管理，可参见相关英文手册[3]。

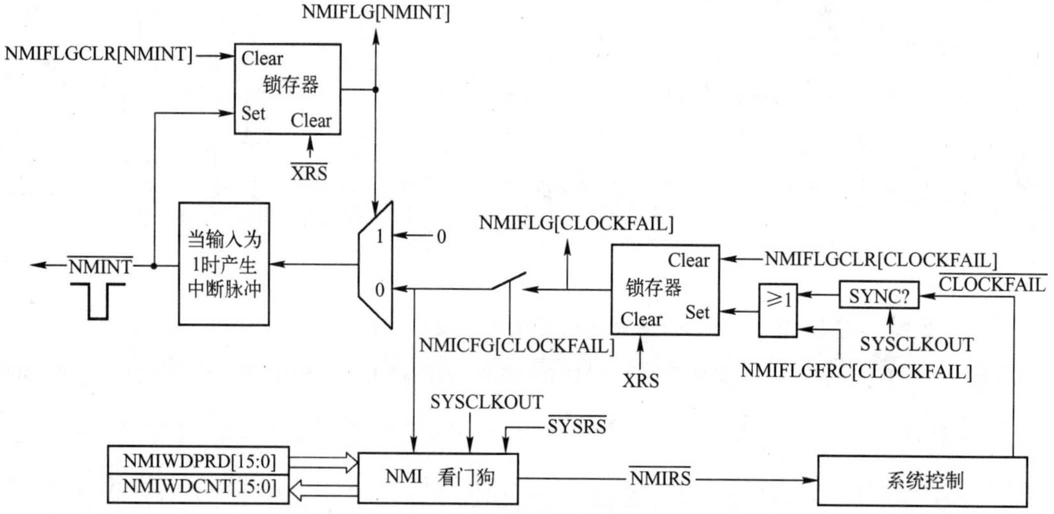

图 2-11　时钟失效中断

（7）XCLKOUT 产生

XCLKOUT 信号来自于系统时钟 SYSCLKOUT，如图 2-12 所示。XCLKOUT 可以与 SYSCLKOUT 相等，也可以是其 1/2 或 1/4。上电复位默认，XCLKOUT = SYSCLKOUT/4 = OSCCLK/16。

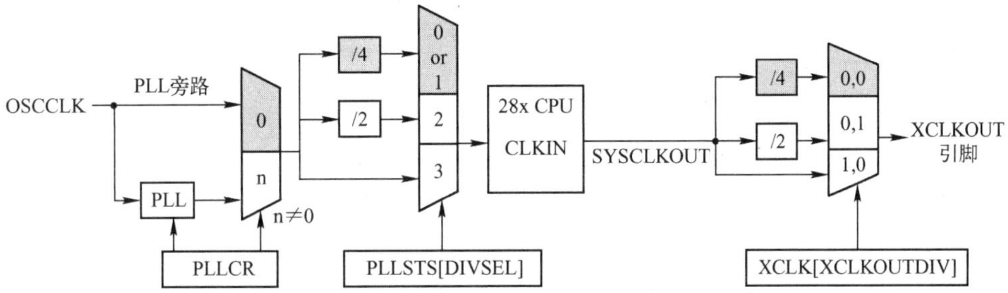

图 2-12　XCLKOUT 产生电路

XCLKOUT 信号不用的话，将寄存器 XCLK 的 XCLKOUTDIV 位域设置为 3，可以将其关闭。

（8）锁相环控制寄存器、状态寄存器与锁相环锁定周期寄存器

锁相环控制寄存器（PLLCR）用于改变锁相环的倍频系数。在写入 PLLCR 寄存器之前，应满足以下要求：PLLSTS[DIVSEL]位必须为 0(使能 CLKIN/4)。只有 PLL 完成锁定后，即 PLLSTS[PLLLOCKS] = 1，才改变 PLLSTS[DIVSEL]位。

一旦 PLL 稳定且锁定新的指定频率，PLL 将 CLKIN 切换到新的数值。这时，PLLSTS 寄存器的 PLLLOCKS 位设置为 1，表明 PLL 已完成锁定，且器件已运行在新的频率。用户软件通过监控 PLLLOCKS 位，以确定 PLL 什么时间完成锁定。一旦 PLLSTS[PLLLOCKS] = 1，就可以改变 DIVSEL 位。

锁相环控制寄存器 PLLCR（PLL Control Register）的格式为

15　　　　4	3　　　　0
Reserved	DIV
R-0	R/W-0

- 位 15 ~ 4，保留。
- 位 3 ~ 0，DIV 定标系数位。该位设置 PLL 是否直通，或不直通时的 PLL 倍频系数 n。若最低 4 位 DIV = 0000（复位默认值），PLL 直通即不经过 PLL。若 DIV = 0001 ~ 1100，则 PLL 倍频系数 n = 1 ~ 12。DIV = 1101 ~ 1111 保留。锁相环的设置见表 2-10。

表 2-10　锁相环的设置

DIV	SYSCLKOUT（CLKIN）		
	PLLSTS 的 DIVSEL = 0,1	PLLSTS 的 DIVSEL = 2	PLLSTS 的 DIVSEL = 3
0000(PLL 直通)	OSCCLK/4(默认)	OSCCLK/2	OSCCLK/1
0001 ~ 1100(n)	OSCCLK * n/4	OSCCLK * n/2	OSCCLK * n/1

锁相环状态寄存器 PLLSTS（PLL Status Register）的格式如下。

15	14 ~ 9	8
NORMRDYE	Reserved	DIVSEL
	R-0	R/W-0

7	6	5	4	3	2	1	0
DIVSEL	MCLKOFF	OSCOFF	MCLKCLR	MCLKSTS	PLLOFF	Reserved	PLLLOCKS
R/W-0	R/W-0	R/W-0	R/W-0	R-0	R/W-0	R-0	R-1

位 15，NORMRDYE：NORMRDY 信号使能位。

该位选择当电压调节器 VREG 失去调节时，来自 VREG 的 NORMRDY 信号是否阻止 PLL 接通。可以用于当进入和退出 HALT 模式时，保持 PLL 关闭。

- 0：NORMRDY 信号不阻止 PLL（PLL 忽略 NORMRDY 信号）。
- 1：NORMRDY 信号阻止 PLL（当 NORMRDYPLL 低时，PLL 关闭）。

当 VREG 失去调节时，NORMRDY 信号为低。如果 VREG 在调节范围，该信号为高。

位 14 ~9、位 1，保留位。

位 8、7，DIVSEL：分频选择位。这两位选择到 CLKIN 的分频系数，可以选择 4，2，1 分频。

- 00、01：4 分频。
- 10：2 分频。
- 11：1 分频。

位 6，丢失时钟检测关闭位。

- 主振荡器失效检测逻辑使能（默认）。
- 主振荡器失效检测逻辑禁止且 PLL 不发出跛行模式时钟。当不能受检测电路影响时使用这种方式，例如在外部时钟关闭时。

位 5，OSCOFF：振荡器时钟关闭位。

- 0：来自于 X1，X1/X2 或 XCLKIN 的 OSCCLK 信号连接到 PLL 模块（默认）。
- 1：来自于 X1，X1/X2 或 XCLKIN 的 OSCCLK 信号不连接到 PLL 模块。这并不关闭内部振荡器。该位用于测试丢失时钟检测逻辑。当 OSCOFF 位置 1 时，不要进入 HALT（停止）或 STANDBY（备用）模式，或写入 PLLCR 寄存器，因为这样的操作能导致不可预测的行为。

当 OSCOFF 位置 1 时，看门狗的行为因为所使用输入时钟源（X1，X1/X2 或 XCLKIN）的不同而有差异：

- X1 或 X1/X2：看门狗不起作用。
- XCLKIN：看门狗起作用应当在设置 OSCOFF 之前禁止。

位 4，MCLKCLR：丢失时钟清除位。

- 0：写 0 无影响。读总为 0。
- 0：强迫丢失时钟检测电路清零和复位。如果 OSCCLK 时钟仍然丢失，检测电路会向系统产生一个复位，设置丢失时钟状态位（MCLKSTS），这时将会由 PLL 提供 CPU 跛行模式频率。

位 3，MCLKSTS：丢失时钟状态位。

在复位后检测该位的状态，以确定是否检测到丢失时钟条件。在正常条件下，该位为

0。写入此位被忽略。写入 MCLKCLR 位或强制外部复位，将清零该位。

- 0：表明正常运行。没有检测到丢失时钟条件。
- 1：表明检测到 OSCCLK 丢失。主振荡器失效检测逻辑将复位器件，CPU 由 PLL 跛行模式频率提供时钟。

位 2，PLLOFF：PLL 关闭位。该位关闭 PLL。可用于系统噪声测试。只有 PLLCR 寄存器为 0 时，才可以使用此方式。

- 0：PLL 接通（默认）。
- 1：PLL 关闭。当该位置 1 时，PLL 模块将保持掉电。

在该位写 1 前，器件应处于 PLL 旁路模式（PLLCR = 0x0000）。在 PLL 关闭（PLLOFF = 1）时，不要向 PLLCR 写入非零值。

当 PLLOFF = 1 时，应当工作于 STANDBY 或 HALT 低功耗模式。从低功耗模式唤醒后，PLL 模块将保持掉电。

位 0，PLL 锁定状态位。

- 0：表明 PLLCR 已写入数值且 PLL 正在锁定。CPU 锁定到 OSCCLK/2 直到 PLL 锁定。
- 1：表明 PLLCR 已完成锁定，正稳定运行。

16 位锁相环锁定周期寄存器 PLLLOCKPRD 存放锁相环锁计数周期值。其中的 16 位数值是可编程的。当其中的数值为 FFFFh ~ 0000h 时，表示锁相环锁定周期为 65535 ~ 0 个 OSCCLK 周期。复位默认值为 65535。

例 2-2 时钟模块和锁相环初始化 C 语言程序段。

```
void InitSysCtrl(void)                              //系统时钟初始化子程序
{
    EALLOW;                                         //宏定义#define EALLOW asm(" EALLOW")
    SysCtrlRegs.CLKCTL.bit.XTALOSCOFF = 0;          //接通外部晶振 XTALOSC
    SysCtrlRegs.CLKCTL.bit.XCLKINOFF = 1;           //关闭 XCLKIN
    SysCtrlRegs.CLKCTL.bit.OSCCLKSRC2SEL = 0;       //切换到外部时钟
    SysCtrlRegs.CLKCTL.bit.OSCCLKSRCSEL = 1;        //由 INTOSC1 切换到 INTOSC2/外部时钟
    SysCtrlRegs.CLKCTL.bit.WDCLKSRCSEL = 1;         //将看门狗时钟源切换到外部时钟
    SysCtrlRegs.CLKCTL.bit.INTOSC2OFF = 1;          //关闭 INTOSC2
    SysCtrlRegs.CLKCTL.bit.INTOSC1OFF = 1;          //关闭 INTOSC1
    SysCtrlRegs.PLLSTS.bit.MCLKOFF = 1;             //在设置 PLLCR 前关闭时钟检测逻辑电路
    SysCtrlRegs.PLLCR.bit.DIV = 12;                 //初始化锁相环,晶振频率 OSCCLK = 10 MHz
                                                    //系统时钟 SYSCLKOUT = 10 MHz * 12/2 = 60 Mz
    SysCtrlRegs.PLLSTS.bit.MCLKOFF = 0;
    GpioCtrlRegs.GPAMUX2.bit.GPIO18 = 3;            //GPIO18 = XCLKOUT
    SysCtrlRegs.LOSPCP.all = 0x0002;                //低速外设时钟 LSPCLK = SYSCLKOUT/4 = 15 MHz
    SysCtrlRegs.XCLK.bit.XCLKOUTDIV = 2;            //XCLKOUT = 1/4 SYSCLKOUT = 15 MHz
    SysCtrlRegs.PCLKCR0.bit.ADCENCLK = 1;           //使能 ADC
    SysCtrlRegs.PCLKCR3.bit.COMP1ENCLK = 1;         //使能 COMP1
    SysCtrlRegs.PCLKCR1.bit.ECAP1ENCLK = 1;         //使能 eCAP1
    SysCtrlRegs.PCLKCR0.bit.ECANAENCLK = 1;         //使能 eCAN - A
```

```
    SysCtrlRegs. PCLKCR1. bit. EQEP1ENCLK = 1； //使能 eQEP1
    SysCtrlRegs. PCLKCR1. bit. EPWM1ENCLK = 1；//使能 ePWM1
    SysCtrlRegs. PCLKCR1. bit. EPWM7ENCLK = 1；//使能 ePWM7
    SysCtrlRegs. PCLKCR0. bit. HRPWMENCLK = 1； //使能 HRPWM
    //SysCtrlRegs. PCLKCR0. bit. I2CAENCLK = 1； //I2C,不用的外设不使能,以降低功耗
    SysCtrlRegs. PCLKCR0. bit. SCIAENCLK = 1；     //使能使能 SCI - A
    SysCtrlRegs. PCLKCR0. bit. SPIAENCLK = 1；     //使能 SPI - A
    SysCtrlRegs. PCLKCR0. bit. TBCLKSYNC = 1；     //使能 ePWM 的时钟 TBCLK
    EDIS；                                         //宏定义#define EDIS asm(" EDIS")
}           //该函数在 DSP2803x_SysCtrl. c 文件中,还包括禁止看门狗等功能
```

这里片内外设寄存器通常采用结构体的方法进行访问，具体方法见第 4 章。

3. 低功耗模式

除正常（Normal）工作模式外，2803x 有 3 种低功耗模式（Low Power Mode）。表 2-11 给出了各种低功耗模式的特点。

表 2-11　2803x 低功耗模式

模　式	LPMCR0(1:0)	OSCCLK	CLKIN	SYSCLKOUT	退 出 条 件
正常	x，x	on	on	on	-
空闲	0，0	on	on	on	$\overline{XRS}$，WAKEINT，任何被使能的中断
备用	0，1	on 看门狗一直运行	off	off	$\overline{XRS}$，WAKEINT，GPIO A 口信号，仿真器
停止	1，x	Off 振荡器、PLL、看门狗不运行	off	off	$\overline{XRS}$，GPIO A 口信号，仿真器

其中，最后一列"退出条件"表示何种条件或何种信号可使 DSP 退出低功耗模式。这种信号必须保持足够长时间的低电平，以便 DSP 能响应它的中断申请。否则 DSP 不会退出该低功耗模式。

2803x 空闲（IDLE）模式下，CPU 的时钟输出 SYSCLKOUT 一直有效。在停止（HALT）和备用（STANDBY）模式下，甚至在 CPU 时钟（CLKIN）关掉的情况下，JTAG 口都一直有效。

几种低功耗模式分别如下：

1）空闲模式。任何被使能的中断或 NMI 信号都可使 DSP 退出该模式。当 LPMCR0 寄存器的位 LPM = 00 时，DSP 进入该模式，此后 LPM 模块停止执行任务。

2）停止模式。在该模式下，只有$\overline{XRS}$等信号才可唤醒 DSP。

3）备用模式。可以选择多个信号将 DSP 从备用模式下唤醒。LPMCR0 寄存器可以设置被选择唤醒信号采样的 OSCCLK 时钟数。

低功耗模式控制寄存器 0（LPMCR0）的格式如下。

15	14　～　8	7　～　2	1　～　0
WDINTE	Reserved	QUALSTDBY	LPM
R/W-0	R-0	R/W-1	R/W-0

- 位 15，WDINT：看门狗中断使能位。若为 1，则允许看门狗中断从 STANDBY 模式唤醒器件。在寄存器 SCSR 中也必须使能看门狗中断。若为 0，则不允许唤醒。
- 位 14 ~8，保留。
- 位 7 ~ 2，QUALSTDBY：设定输入信号采样的时钟数，用于将 DSP 从备用模式下唤醒。

000000 =2 个 OSCCLK。

000001 =3 个 OSCCLK。

…

111111 =65 个 OSCCLK（复位值）。

- 位 1 ~0，LPM(Low Power Mode)：DSP 的低功耗模式设置位。LPM 模式位仅在 IDLE 指令执行后才有效。用户必须在执行 IDLE 指令之前设置好 LPM 模式位。

2.6 看门狗定时器

2803x DSP 内设置了一个看门狗定时器 WD（Watchdog Timer，也称为监视定时器），用来监视 DSP 程序的运行状况。当系统进入不可预知的状态而造成“死机”时，WD 将产生一个复位操作，从而使 DSP 进入一个已知的起始位置重新运行。

图 2-13 为看门狗定时器模块框图。DSP 复位时，看门狗定时器自动工作。一旦 8 位的看门狗计数器（WDCR）达到最大计数值，就产生一个 512 个振荡时钟（OSCCLK 也即 XCLKIN）周期宽的脉冲，使 DSP 复位。为了防止这种情况出现，用户可以禁止看门狗定时器工作，或者周期性地向看门狗钥匙寄存器（WDKEY，也称为关键字寄存器）中写入 0x55 和 0xAA。

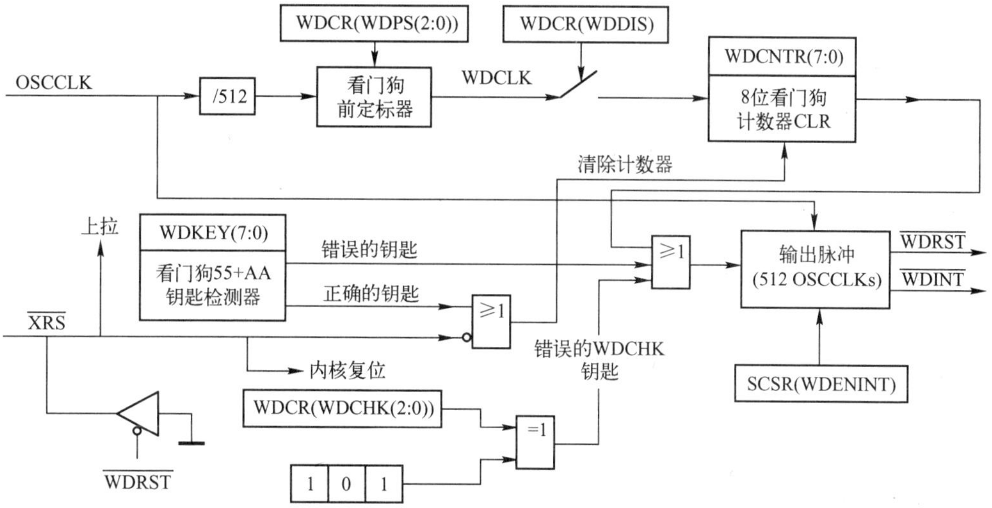

图 2-13　看门狗定时器模块框图

当 DSP 处在备用模式时，除了看门狗外的所有外设都被关掉。同时也关掉了 PLL 或振荡器的时钟。$\overline{\text{WDINT}}$信号送到了低功耗模块（LPM），因此可以将 DSP 从备用模式下唤醒。在空闲模式下，$\overline{\text{WDINT}}$可以向 CPU 申请中断（PIE 中的 WAKEINT 中断），从而将 CPU 拉出空闲状态。在停止模式下，振荡器、PLL 和看门狗全部被关掉。

看门狗有如下寄存器，它们全部受 EALLOW 保护。

（1）系统控制与外设状态寄存器（SCSR）

15–8
Reserved
R-0

7–3	2	1	0
Reserved	WDINTS	WDENINT	WDOVERRIDE
R-0	R-1	R/W-1	R/W1C-1

- 位 15 ~3，保留。
- 位 2，WDINTS：看门狗中断状态位。反映了看门狗电路中 WDINTS 信号的状态。
- 位 1，WDENINT：看门狗中断使能位。如果设为 1，则看门狗复位 WDRST 输出信号禁止，看门狗中断使能。如果设为 0，则看门狗复位 WDRST 输出信号使能，看门狗中断禁止。
- 位 0，WD OVERRIDE：看门狗保护位。复位后为 1，这时用户可以改变看门狗控制寄存器 WDCR 中 WDDIS 位的状态。该位是一个只能清除的位，通过向该位写 1 对其清零，这时用户不能改变 WDCR 中 WDDIS 位的状态，可以防止看门狗 WD 被软件禁止。

（2）8 位 WD 计数寄存器：WDCNTR

15–8	7–0
Reserved	WDCNTR
R-0	R/W-0

- 位 15 ~8，保留位。
- 位 7 ~0，WDCNTR：反映当前 WD 计数寄存器的值。该 8 位计数器按 WDCLK 时钟频率不断计数，如果溢出，则引起 DSP 复位。如果 WDKEY 寄存器写入了正确的数值，则 WDCNTR 清零。

（3）WD 复位钥匙寄存器：WDKEY

15–8	7–0
Reserved	WDKEY
R-0	R/W-0

- 位 15 ~8，保留位。
- 位 7 ~0，WDKEY：如果先写入 0x55，再写入 0xAA 就会使 WDCNTR 清零。写入任何其他数值则马上使 DSP 复位。读操作返回的是 WDCR 寄存器的值。

（4）WD 定时器控制寄存器：WDCR

7	6	5–3	2–0
WDFLAG	WDDIS	WDCHK	WDPS
R/W1C-0	R/W1C-0	R/W-0	R/W-0

- 位 15 ~8，保留位。
- 位 7，WDFLAG：看门狗复位状态标志位。如果为 1，表示看门狗复位；为 0，表示是外部复位或上电复位。该位写 1 清除，否则状态一直保持。
- 位 6，WDDIS：向该位写 1，禁止看门狗模块；写 0，使能看门狗模块。复位值为 0，看门狗模块使能。只有在 SCSR 寄存器中的 WDOVERRIDE 位设为 1 后才能修改该位。

- 位 5 ~ 3，WDCHK：看门狗检验位。任何时候写该寄存器，用户都必须向这些位写入 101。写入任何其他数值都会引起复位（如果看门狗使能）。

位 2 ~ 0　WDPS：看门狗时钟定标位。这些位用来配置看门狗时钟 WDCLK。

000　　WDCLK = OSCCLK/512/1

001　　WDCLK = OSCCLK/512/1

010　　WDCLK = OSCCLK/512/2

011　　WDCLK = OSCCLK/512/4

100　　WDCLK = OSCCLK/512/8

101　　WDCLK = OSCCLK/512/16

110　　WDCLK = OSCCLK/512/32

111　　WDCLK = OSCCLK/512/64，OSCCLK 为振荡器频率。

在振荡器频率 OSCCLK = 60MHz 时，溢出时间最小为 $256/60 \times 512 = 2.18$ ms，最大为 $2.18 \times 64 = 139.8$ ms（64 分频）。

仿真时，看门狗在下面不同的条件下有不同的工作状态：

1）CPU 悬挂。CPU 悬挂时，WDCLK 时钟也悬挂。

2）自由运行模式。CPU 处于自由运行模式时，看门狗恢复正常操作。

3）实时单步模式。CPU 处于实时单步模式时，WDCLK 悬挂。即使在实时中断中，看门狗也保持悬挂状态。

4）实时自由运行模式。CPU 处于自由运行模式时，看门狗正常工作。

例 2-3　使用看门狗定时器的 C 语言程序段。

```
EALLOW;                    //宏定义#define EALLOW asm(" EALLOW"),解除保护
SysCtrlRegs.WDKEY =0x55;
SysCtrlRegs.WDKEY =0xAA;//周期性写入 0x55,0xAA,使 WDCNTR 清零
EDIS;                      //宏定义#define EDIS asm("EDIS"),设置保护
```

禁止看门狗定时器工作的 C 语言程序段如下：

```
EALLOW;
SysCtrlRegs.WDCR =0x0068;//屏蔽看门狗
EDIS;
```

注意 DSP 上电时看门狗是工作的，所以应尽快屏蔽看门狗或向 WDKEY 寄存器周期性写入 0x55、0xAA，以免程序跑飞。

2.7　32 位 CPU 定时器

28x 器件有三个 32 位 CPU 定时器（CPU TIMER）0/1/2。一般 CPU 定时器 2 保留给实时操作系统（RTOS），CPU 定时器 0、1 留给用户使用。CPU 定时器的框图如图 2-14 所示。

在 28x DSP 中，CPU 定时器中断信号（$\overline{\text{TINT0}}$、$\overline{\text{TINT1}}$ 及 $\overline{\text{TINT2}}$）向 CPU 申请中断信号如图 2-15 所示。

在使用 CPU 定时器时，首先向 32 位计数寄存器（TIMH：TIM）内装入计数值，该值放

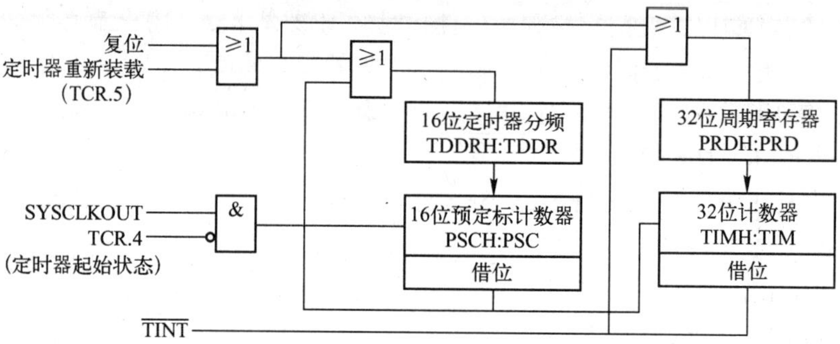

图 2-14　CPU 定时器框图

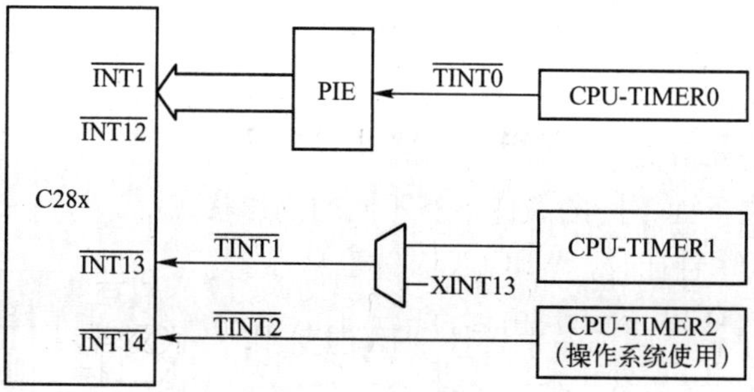

图 2-15　CPU 定时器中断信号和输出信号

在周期寄存器（PRDH：PRD）中。然后计数器按(TPR[TDDRH:TDDR]+1)SYSCLKOUT 的周期递减，这里，TDDRH：TDDR 为分频系数，SYSCLKOUT 为系统时钟即 CPU 时钟。减到 0 后，就有一个定时器中断信号输出。CPU 定时器包括如下寄存器。

（1）计数寄存器 TIMERx TIM 和 TIMERx TIMH(x=0,1,2)

16 位 CPU 计数寄存器 TIM 含 32 位计数值（TIMH：TIM）中的低 16 位，16 位寄存器 TIMH 含 32 位计数值（TIMH：TIM）中的高 16 位。每过（TDDRH：TDDR+1）个时钟时，(TIMH：TIM）就减 1。减到 0 时，保存在 32 位周期寄存器（PRDH：PRD）中的周期值被重新装入 32 位计数寄存器（TIMH：TIM），同时产生定时器中断信号。

（2）周期寄存器 TIMERx PRD 和 TIMERx PRDH(x=0,1,2)

16 位 CPU 周期寄存器 PRD 含 32 位计数值（PRDH：PRD）中的低 16 位，16 位寄存器 PRDH 含 32 位计数值（PRDH：PRD）中的高 16 位。计数寄存器（TIMH：TIM）减到 0 时，在下一个定时器输入时钟的开始，周期寄存器（PRDH：PRD）中的周期值被重装入 32 位计数寄存器（TIMH：TIM）。当定时器控制寄存器 TCR 中的 TRB 位置 1 时，重装载也会发生。

（3）控制寄存器 TIMERx TCR(x=0,1,2)

15	14	13–12	11	10	9–8
TIF	TIE	Reserved	FREE	SOFT	Reserved
R/W-0	R/W-0	R-0	R/W-0	R/W-0	R-0

7–6	5	4	3–0
Reserved	TRB	TSS	Reserved
R-0	R/W-0	R/W-0	R-0

- 位 15，TIF：定时器中断标志位。定时器减到 0 时置 1，写 1 后清除。
- 位 14，TIE：定时器中断使能位。置 1 使能中断。定时器减到 0 时，定时器发出中断请求。
- 位 13～12、位 9～6、位 3～0，保留位。
- 位 11～10，FREE SOFT：定时器仿真模式位。在高级语言环境下，如果遇到断点，这两位决定定时器的状态。在遇到软件断点后，如果 FREE＝1，则定时器继续运行。如果 FREE＝0，且 SOFT＝0，则定时器在（TIMH：TIM）寄存器下一次减操作时立即停止。如果 FREE＝0，且 SOFT＝1，则定时器在（TIMH：TIM）寄存器减到 0 时才停止。
- 位 5 TRB：定时器重装载位。置 1 时，（TIMH：TIM）自动将（PRDH：PRD）的值装入，且（PSCH：PSC）自动将（TDDRH：TDDR）的值装入。
- 位 4，TSS：定时器停止状态位。置 1 时定时器停止。置 0 时定时器开始工作。复位时 TSS 为 0，CPU 定时器立即开始工作。

（4）预定标寄存器 TIMERx TPR 和 TIMERx TPRH（x＝0，1，2）

16 位预定标寄存器 TIMERx TPR 格式如下。

15　　　　　　　　8	7　　　　　　　　0
PSC	TDDR
R-0	R/W-0

- 位 15～8，PSC：预定标计数器（Prescale Counter）。当（PSCH：PSC）大于 0 时，每个 SYSCLKOUT 时钟都使（PSCH：PSC）减 1。减到 0 后的第一个时钟会使（TDDRH：TDDR）的值装入（PSCH：PSC），同时（TIMH：TIM）减 1。当寄存器 TCR 中的 TRB 位置 1 时，重装载也会发生。（PSCH：PSC）的值不能由软件设置，只能由（TDDRH：TDDR）装入。复位后（PSCH：PSC）为 0。
- 位 7～0，TDDR：定时器分频系数（CPU Timer Divide Down Ratio）。每（TDDRH：TDDR＋1）个 SYSCLKOUT 时钟，会使（TIMH：TIM）减 1。复位时（TDDRH：TDDR）清 0。（PSCH：PSC）为 0 后的第一个时钟，或寄存器 TCR 中的 TRB 位置 1 时，都会使（TDDRH：TDDR）的值重新装入（PSCH：PSC）。

16 位预定标寄存器 TIMERx TPRH 格式如下。

15　　　　　　　　8	7　　　　　　　　0
PSCH	TDDRH
R-0	R/W-0

寄存器 TIMERx TPRH 的用法是与 TIMERx TPR 一起组成预定标计数器与分频系数。

2.8 通用输入/输出 GPIO

1. 通用 I/O 端口概述

2803x 有多达 45 个通用 I/O（GPIO）引脚，其中大多数是外设功能和通用数字 I/O 复用引脚，这些引脚被命名为 GPIO0～GPIO44。通用 I/O 复用选择寄存器用于选择共享引脚的功能。通过相应的复用选择寄存器将这些引脚分别设置成通用数字 I/O 端口或多达 3 个外设 I/O 端口之一。如果设置成通用数字 I/O 端口模式，寄存器 GPxDIR 可以设置引脚的数据传输方向，并且可以通过设置寄存器 GPxQSELn（x＝A，B，n＝1，2）、寄存器 GPxCTRL 对输入信号滤除不需要的噪声。

有 3 个 I/O 端口：端口 A 包括 GPIO0 ~ GPIO31（32 位端口），端口 B 包括 GPIO32 ~ GPIO44，数字模拟端口包括 AIO2、4、6、10、12 和 14。图 2-16 与图 2-17 所示电路给出了 GPIO 模块的连接图和基本运行方式。

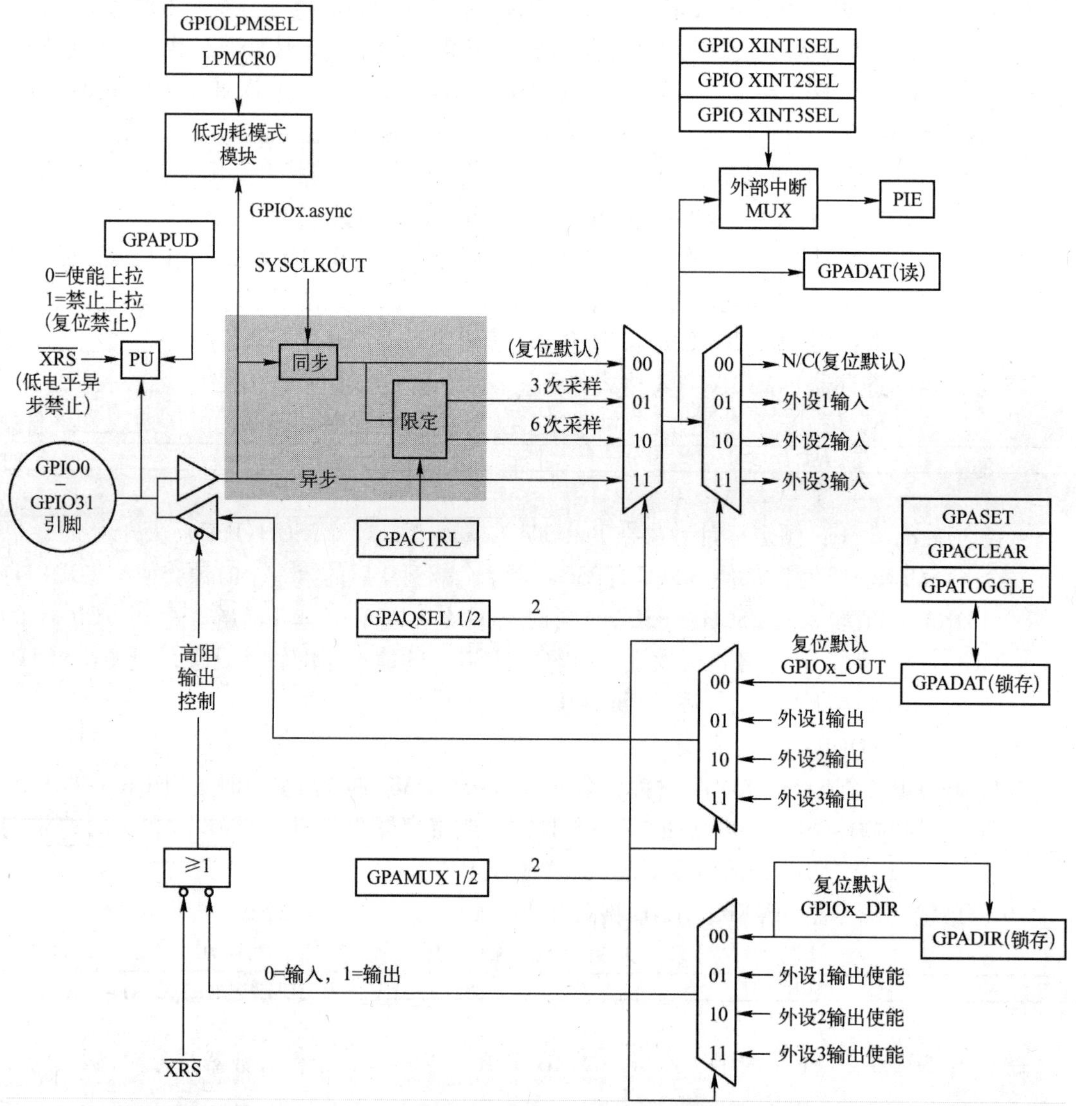

图 2-16　GPIO0 ~ GPIO31 连接图

图 2-18 所示电路给出了数字模拟 I/O 连接图。ADC 通道与比较器功能总是可用的。只有 AIOMUX1 寄存器相应位为 0 时，数字 I/O 功能才是可用的。在这种模式下读 AIODAT 寄存器的值反映了实际引脚状态。

当 AIOMUX1 寄存器相应位为 1 时，数字 I/O 功能是禁用的。这种模式下读 AIODAT 寄存器的值反映了 AIODAT 寄存器输出锁存器的值，且输入数字 I/O 缓冲器是禁用的，以防止模拟信号产生干扰。复位时，数字功能是禁用的。如果引脚被用作模拟输入，用户应当保持该引脚禁用 AIO 功能。

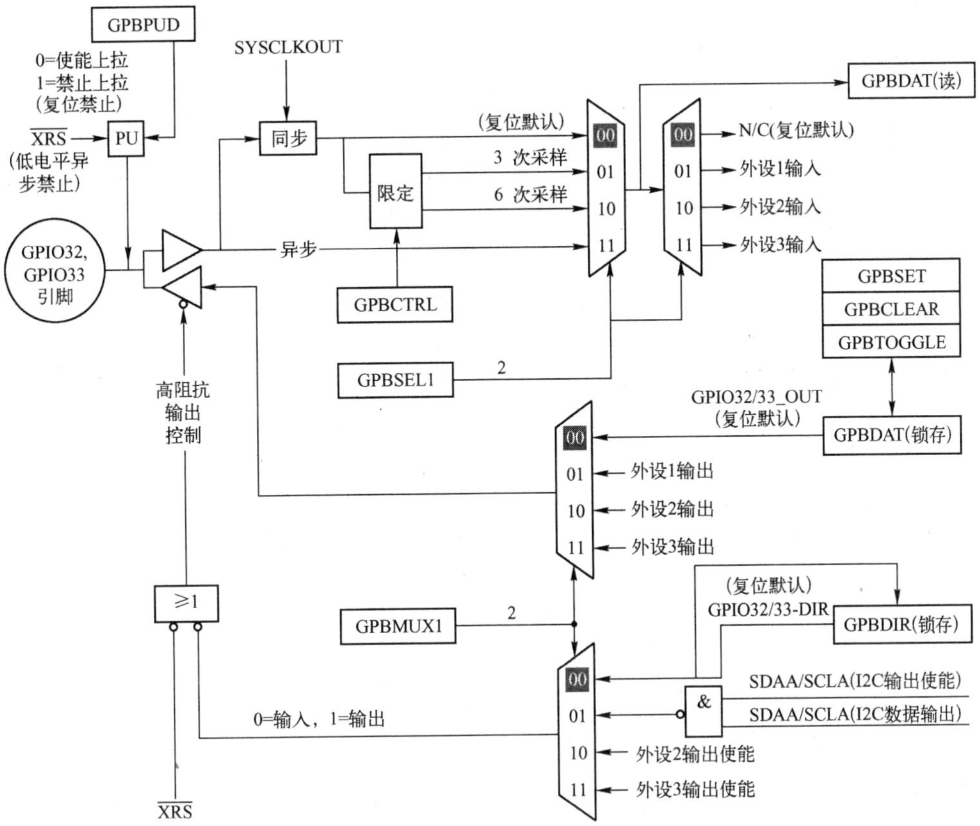

图 2-17　GPIO32，GPIO33 连接图

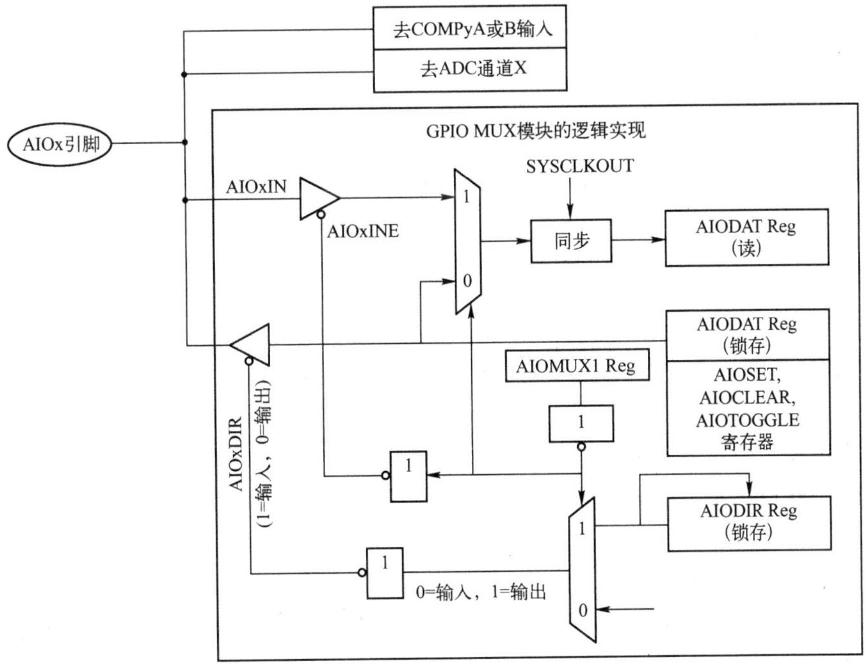

图 2-18　数字模拟 I/O 连接图

JTAG 引脚也具有 GPIO 功能。在 2803x 器件上，JTAG 端口减少到 5 个引脚（$\overline{TRST}$、TCK、TDI、TMS、TDO），其中的 4 个引脚 TCK、TDI、TMS、TDO 也可用于 GPIO。$\overline{TRST}$用于选择 JTAG 还是 GPIO 运行模式。$\overline{TRST}=0$，禁止 JTAG，为 GPIO 模式。$\overline{TRST}=1$，为 JTAG 模式。

2. GPIO 模块配置

引脚功能设置、输入限定及外部中断源选择都由 GPIO 配置控制寄存器确定。另外，还可以安排引脚将器件从 HALT 与 STANDBY 低功耗模式唤醒，以及使能或禁止内部上拉电阻。表 2-12 列出了 GPIO 配置寄存器。

表 2-12 GPIO 配置寄存器

寄　存　器	地　　址	长度（×16 位）	说　　明
GPACTRL	0x6F80	2	GPIO A 控制寄存器（GPIO0 ~ GPIO31）
GPAQSEL1	0x6F82	2	GPIO A 限定选择寄存器 1（GPIO0 ~ GPIO15）
GPAQSEL2	0x6F84	2	GPIO A 限定选择寄存器 2（GPIO16 ~ GPIO31）
GPAMUX1	0x6F86	2	GPIO A 复用选择寄存器 1（GPIO0 ~ GPIO15）
GPAMUX2	0x6F88	2	GPIO A 复用选择寄存器 2（GPIO16 ~ GPIO31）
GPADIR	0x6F8A	2	GPIO A 方向寄存器（GPIO0 ~ GPIO31）
GPAPUD	0x6F8C	2	GPIO A 上拉禁止寄存器（GPIO0 ~ GPIO31）
GPBCTRL	0x6F90	2	GPIO B 控制寄存器（GPIO32 ~ GPIO44）
GPBQSEL1	0x6F92	2	GPIO B 限定选择寄存器 1（GPIO32 ~ GPIO44）
GPBMUX1	0x6F96	2	GPIO B 复用选择寄存器 1（GPIO32 ~ GPIO44）
GPBDIR	0x6F9A	2	GPIO B 方向寄存器（GPIO32 ~ GPIO44）
GPBPUD	0x6F9C	2	GPIO B 上拉禁止寄存器（GPIO32 ~ GPIO44）
AIOMUX1	0x6FB6	2	模拟 I/O 复用选择寄存器 1（AO0 ~ AIO15）
AIODIR	0x6FBA	2	模拟 I/O 方向寄存器 1（AO0 ~ AIO15）
GPIOXINT1SEL	0x6FE0	2	X　INT1 源选择寄存器（GPIO0 ~ GPIO31）
GPIOXINT2SEL	0x6FE1	2	XINT2 源选择寄存器（GPIO0 ~ GPIO31）
GPIOXINT3SEL	0x6FE2	2	XINT3 源选择寄存器（GPIO0 ~ GPIO31）
GPIOLPMSEL	0x6FE8	2	LPM 唤醒源选择寄存器（GPIO0 ~ GPIO31）

注：表中的寄存器都受 EALLOW 保护。

I/O 复用选择（MUX）寄存器也称为多路选择寄存器，用来选择 I/O 端口作为基本片内外设功能或通用 I/O 功能。方向寄存器（GPxDIR）用来选择通用 I/O 的数据方向，相应位设为 1 选择输出方式，设为 0 选择输入方式。输入限定选择寄存器选择输入尖脉冲滤波功能。

如果配置为通用 I/O 端口模式，则寄存器 GPxSET 可以设置各个 I/O 信号（置 1），寄存器 GPxCLEAR 可以清除各个 I/O 信号（清零），寄存器 GPxTOGGLE 可以翻转各个 I/O 信号，数据寄存器 GPxDAT 可以读写各个 I/O 信号。表 2-13 是通用 I/O 端口数据寄存器列表。

表 2-13　GPIO 数据寄存器

寄 存 器	地　址	长度（×16 位）	说　明
GPADAT	0x6FC0	2	GPIO A 数据寄存器（GPIO0～GPIO31）
GPASET	0x6FC2	2	GPIO A 设置寄存器（GPIO0～GPIO31）
GPACLEAR	0x6FC4	2	GPIO A 清除寄存器（GPIO0～GPIO31）
GPATOGGLE	0x6FC6	2	GPIO A 翻转寄存器（GPIO0～GPIO31）
GPBDAT	0x6FC8	2	GPIO B 数据寄存器（GPIO32～GPIO38）
GPBSET	0x6FCA	2	GPIO B 设置寄存器（GPIO32～GPIO38）
GPBCLEAR	0x6FCC	2	GPIO B 清除寄存器（GPIO32～GPIO38）
GPBTOGGLE	0x6FCE	2	GPIO B 翻转寄存器（GPIO32～GPIO38）
AIODAT	0x6FD8	2	模拟 I/O 数据寄存器（AIO0～AIO15）
AIOSET	0x6FDA	2	模拟 I/O 数据设置寄存器（AIO0～AIO15）
AIOCLEAR	0x6FDC	2	模拟 I/O 清除寄存器（AIO0～AIO15）
AIOTOGGLE	0x6FDE	2	模拟 I/O 翻转寄存器（AIO0～AIO15）

3. 输入限定功能

通过配置寄存器 GPAQSEL1、GPAQSEL2 和 GPBQSEL1，可以选择 GPIO 引脚的输入限定类型。输入限定可以指定为与系统时钟 SYSCLKOUT 同步，或由采样窗限定。

在与 SYSCLKOUT 同步限定模式（复位状态）中，输入信号只与系统时钟 SYSCLKOUT 同步。由于到来的信号是异步的，可能需要一个 SYSCLKOUT 周期的延迟。

在通过采样窗的输入限定模式中，输入信号首先与内核时钟 SYSCLKOUT 同步，然后再通过指定的周期数来允许输入变化。图 2-19 为通过采样窗的输入限定的电路。这种情况下需要指定两个参数：采样周期和采样次数。

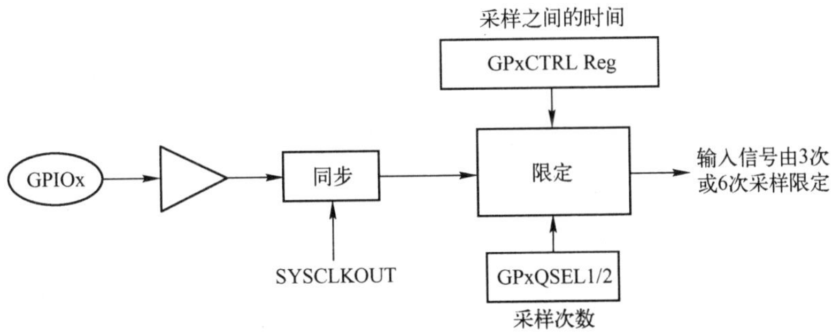

图 2-19　采样窗的输入限定

采样周期由寄存器 GPxCTRL 中的限定周期位 QUALPRDn 指定。采样周期以 8 个输入信号一组设定。例如，GPIO0 ～ GPIO7 要利用 GPACTRL［QUALPRD0］设定。

采样次数可以是 3 次或 6 次，这由限定选择寄存器 GPAQSEL1、GPAQSEL2 和 GPBQSEL1 确定。采样窗口为 6 次，只有当 6 次采样结果完全相同时（全 0 或全 1），输出结果才改变，如图 2-20 所示。从中可看出，通过输入限定可以消除尖峰脉冲噪声。

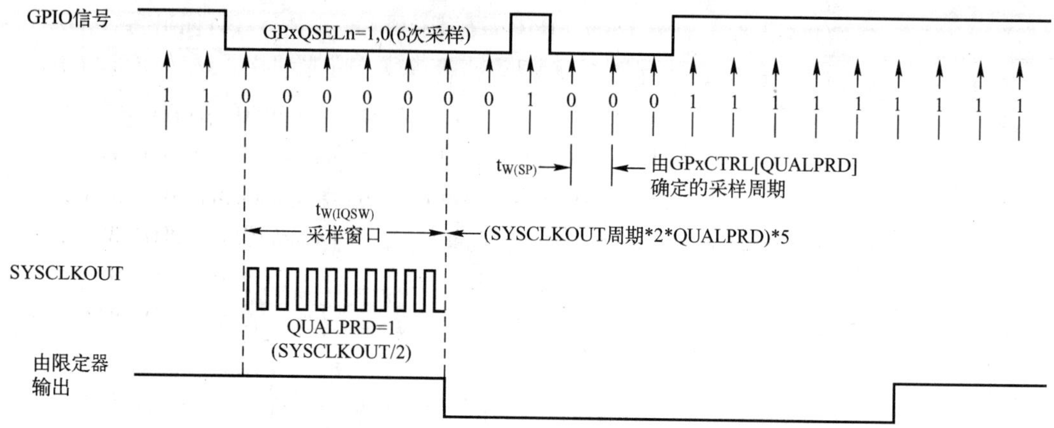

图 2-20 输入限定时钟周期

4. GPIO 端口寄存器

每个通用 I/O 引脚受复用选择（MUX）、方向、数据、设置、清除和翻转等寄存器的控制。

（1）复用选择寄存器

每个引脚除了通用 I/O 功能外，最多有 3 个不同的外设功能可供选择。复用选择寄存器用于选择引脚是作为 I/O 使用还是作为对应的外设引脚使用。

例如，通过设置寄存器 GPAMUX1 的位 13、12，可以选择 GPIO6 引脚的功能。

位 13、12，GPAMUX1：引脚功能选择。

- 00 GPIO6
- 01 EPWM4A(O)
- 10 EPWMSYNCI(I)
- 11 EPWMSYNCO(O)

有的外设功能可以通过复用选择寄存器选择到多个引脚。例如，SPISIMOB 可以根据需要设置到 GPIO12 或 GPIO24。若将 GPAMUX 位 25、24 设置成 11，GPIO12 可以用于 SPISIMOB；若将 GPAMUX 位 17、16 设置为 11，GPIO24 可以用于 SPISIMOB。

复用选择寄存器的位定义见表 2-14 ~ 表 2-17 。

表 2-14 复用选择寄存器 GPAMUX1 的位定义

位编号 \ 功能选择	00 复位时默认 I/O 功能	01 外设选择 1	10 外设选择 2	11 外设选择 3
1 ~ 0	GPIO0	EPWM1A(O)	—	—
3 ~ 2	GPIO1	EPWM1B(O)	—	COMP1OUT(O)
5 ~ 4	GPIO2	EPWM2A(O)	—	—
7 ~ 6	GPIO3	EPWM2B(O)	SPISOMIA(I/O)	COMP2OUT(O)
9 ~ 8	GPIO4	EPWM3A(O)	—	—
11 ~ 10	GPIO5	EPWM3B(O)	SPISIMOA	ECAP1(I/O)
13 ~ 12	GPIO6	EPWM4A(O)	EPWMSYNC(I)	EPWMSYNCO(O)
15 ~ 14	GPIO7	EPWM4B(O)	SCIRXDA(I)	—

（续）

功能选择 位编号	00 复位时默认 I/O 功能	01 外设选择 1	10 外设选择 2	11 外设选择 3
17～16	GPIO8	EPWM5A(O)	—	$\overline{\text{ADCSOCAO}}$(O)
19～18	GPIO9	EPWM5B(O)	LINTXA(O)	—
21～20	GPIO10	EPWM6A(O)	—	$\overline{\text{ADCSOCBO}}$(O)
23～22	GPIO11	EPWM6B(O)	LINRXA(I)	—
25～24	GPIO12	$\overline{\text{TZ1}}$(I)	SCITXDA(O)	SPISIMOB(I/O)
27～26	GPIO13	$\overline{\text{TZ2}}$(I)	—	SPISOMIB(I/O)
29～28	GPIO14	$\overline{\text{TZ3}}$(I)	LINTXA(O)	SPICLKB(I/O)
31～30	GPIO15	$\overline{\text{TZ1}}$(I)	LINRXA （I)	$\overline{\text{SPISTEB}}$(I/O)

表 2-15　复用选择寄存器 GPAMUX2 的位定义

功能选择 位编号	00 复位时默认 I/O 功能	01 外设选择 1	10 外设选择 2	11 外设选择 3
1～0	GPIO16	SPISIMOA(I/O)	—	$\overline{\text{TZ2}}$(I)
3～2	GPIO17	SPISOMIA(I/O)	—	$\overline{\text{TZ3}}$(I)
5～4	GPIO18	SPICLKA(I/O)	LINTXA （O	XCLKOUT(O)
7～6	GPIO19/XCLKIN	$\overline{\text{SPISTEA}}$(I/O)	LINRXA(I)	ECAP1(I/O)
9～8	GPIO20	EQEP1A(I)	—	COMP1OUT(O
11～10	GPIO21	EQEP1B(I)	—	COMP2OUT(O
13～12	GPIO22	EQEP1S(I/O)	—	LINTXA(O)
15～14	GPIO23	EQEP1I(I/O)	—	LINRXA(I)
17～16	GPIO24	ECAP1(I/O)	—	SPISIMOB(I/O)
19～18	GPIO25	—	—	SPISOMIB(I/O)
21～20	GPIO26	—	—	SPICLKB(I/O)
23～22	GPIO27	—	—	$\overline{\text{SPISTEB}}$(I/O)
25～24	GPIO28	SCIRXDA(I)	SDAA(I/OC)	$\overline{\text{TZ2}}$(I)
27～26	GPIO29	SCITXDA(O)	SCLA(I/OC)	$\overline{\text{TZ3}}$(I)
29～28	GPIO30	CANRXA(I)	—	—
31～30	GPIO31	CANTXA(O)	—	—

表 2-16　复用选择寄存器 GPBMUX1 的位定义

功能选择 位编号	00 复位时默认 I/O 功能	01 外设选择 1	10 外设选择 2	11 外设选择 3
1～0	GPIO32	SDAA(I/OC)	EPWMSYNCI(I)	$\overline{\text{ADCSOCAO}}$(O)
3～2	GPIO33	SCLA(I/OC)	EPWMSYNCO(O)	$\overline{\text{ADCSOCBO}}$(O)
5～4	GPIO34	COMP2OUT(O)	—	COMP3OUT(O)
7～6	GPIO35(TDI)	—	—	—
9～8	GPIO36(TMS)	—	—	—

（续）

功能选择 位编号	00 复位时默认 I/O 功能	01 外设选择 1	10 外设选择 2	11 外设选择 3
11 ~ 10	GPI37(TDO)	—	—	—
13 ~ 12	GPIO38/XCLKIN(TCK)	—	—	—
15 ~ 14	GPIO39	—	—	—
17 ~ 16	GPIO40	EPWM7A(O)	—	
19 ~ 18	GPIO41	EPWM7B(O)	—	—
21 ~ 20	GPIO42	—	—	—
23 ~ 22	GPIO43	—	—	COMP1OUT(O)
25 ~ 24	GPIO44	—	—	COMP2OUT(O)
27 ~ 26	—	—	—	—
29 ~ 28	—	—	—	—
31 ~ 30	—	—	—	—

表 2-17　模拟复用选择寄存器 AIOMUX1 的位定义

功能选择 位编号	00,01 AIO 与外设选择 1	10,11 复位时默认外设选择 2 与外设选择 3
1 ~ 0	ADCINA0(I)	ADCINA0(I)
3 ~ 2	ADCINA1(I)	ADCINA1(I)
5 ~ 4	AIO2(I/O)	ADCINA2(I),COMP1A(I)
7 ~ 6	ADCINA3(I)	ADCINA3(I)
9 ~ 8	AIO4(I/O)	ADCINA4(I),COMP2A(I)
11 ~ 10	ADCINA5(I)	ADCINA5(I)
13 ~ 12	AIO6(I/O)	ADCINA6(I),COMP3A(1)
15 ~ 14	ADCINA7(I)	ADCINA7(I)
17 ~ 16	ADCINB0(I)	ADCINB0(I)
19 ~ 18	ADCINB1(I)	ADCINB1(I)
21 ~ 20	AIO10(I/O)	ADCINB2(I),COMP1B(I)
23 ~ 22	ADCINB3(I)	ADCINB3(I)
25 ~ 24	AIO12(I/O)	ADCINB4(I),COMP2B(I)
27 ~ 26	ADCINB5(I)	ADCINB5(I)
29 ~ 28	AIO14(I/O)	ADCINB6(I),COMP3B(1)
31 ~ 30	ADCINB7(I)	ADCINB7(I)

（2）输入限定寄存器

限定控制寄存器 GPxCTRL(x = A,B)为配置成输入限定的输入引脚指定采样周期。采样周期是限定采样次数时间与 SYSCLKOUT 周期的相对值。限定选择寄存器 GPxSELn 用于指定采样次数。

端口 A 限定控制寄存器 GPACTRL 的位定义格式如下。

31–24	23–16
QUALPRD3	QUALPRD2
R/W-0	R/W-0

15–8	7–0
QUALPRD1	QUALPRD0
R/W-0	R/W-0

位 31 ~24，QUALPRD3：GPIO31 ~ GPIO24 指定采样周期数。

0x00　不滤波，即只是同步到 SYSCLKOUT 信号

0x01　采样周期 =2 个 SYSCLKOUT 周期

0x02　采样周期 =4 个 SYSCLKOUT 周期

…

0xFF　采样周期 =510 个 SYSCLKOUT 周期

位 23 ~16，QUALPRD2：GPIO23 ~ GPIO16 指定采样周期数。同 QUALPRD3。

位 15 ~8，QUALPRD1：GPIO15 ~ GPIO8 指定采样周期数。同 QUALPRD3。

位 7 ~0，QUALPRD0：GPIO7 ~ GPIO0 指定采样周期数。同 QUALPRD3。

端口 B 限定控制寄存器 GPBCTRL 的位定义格式如下。

31–16
Reserved
R-0

15–8	7–0
QUALPRD1	QUALPRD0
R/W-0	R/W-0

位 31 ~24，保留位。

位 15 ~8，QUALPRD1：GPIO44 ~ GPIO40 指定采样周期数。

位 7 ~0，QUALPRD0：GPIO39 ~ GPIO32 指定采样周期数。

端口 A 限定选择寄存器 GPAQSEL1 的位定义格式如下。

31–30	29–28	27–26	25–24	23–22	21–20	19–18	17–16
GPIO15	GPIO14	GPIO13	GPIO12	GPIO11	GPIO10	GPIO9	GPIO8
R/W-0	R/W-0	R/W-0	R/W-0	R/W-0	R/W-0	R/W-0	R/W-0

15–14	13–12	11–10	9–8	7–6	5–4	3–2	1–0
GPIO7	GPIO6	GPIO5	GPIO4	GPIO3	GPIO2	GPIO1	GPIO0
R/W-0	R/W-0	R/W-0	R/W-0	R/W-0	R/W-0	R/W-0	R/W-0

位 31 ~0 中的每两位定义引脚 GPIO15　~ GPIO0 输入限定的类型。

00：仅由 SYSCLKOUT 同步。对外设与 GPIO 引脚都有效。

01：用 3 次采样限定。对 GPIO 引脚与一个外设功能有效。

10：用 6 次采样限定。对 GPIO 引脚与一个外设功能有效。

11：异步（无同步或限定）。该选项只用于配置为外设的引脚。

端口 A 限定选择寄存器 GPAQSEL2 的位定义格式如下。

31–30	29–28	27–26	25–24	23–22	21–20	19–18	17–16
GPIO31	GPIO30	GPIO29	GPIO28	GPIO27	GPIO26	GPIO25	GPIO24
R/W-0	R/W-0	R/W-0	R/W-0	R/W-0	R/W-0	R/W-0	R/W-0

15–14	13–12	11–10	9–8	7–6	5–4	3–2	1–0
GPIO23	GPIO22	GPIO21	GPIO20	GPIO19	GPIO18	GPIO17	GPIO16
R/W-0	R/W-0	R/W-0	R/W-0	R/W-0	R/W-0	R/W-0	R/W-0

位 31 ~ 0 中的每两位定义引脚 GPIO31 ~ GPIO16 输入限定的类型。

端口 B 限定选择寄存器 GPBQSEL1 的位定义格式如下。

31		26	25 24	23 22	21 20	19 18	17 16
Reserved			GPIO44	GPIO43	GPIO42	GPIO41	GPIO40
R/W-0	R/W-0	R/W-0	R/W-0	R/W-0	R/W-0	R/W-0	R/W-0
15 14	13 12	11 10	9 8	7 6	5 4	3 2	1 0
GPIO39	GPIO38	GPIO37	GPIO36	GPIO35	GPIO34	GPIO33	GPIO32
R/W-0	R/W-0	R/W-0	R/W-0	R/W-0	R/W-0	R/W-0	R/W-0

位 25 ~ 0 中的每两位定义引脚 GPIO44 ~ GPIO32 输入限定的类型。

(3) 方向寄存器

当每个 I/O 引脚在复用选择寄存器中被设置为 GPIO 时，方向寄存器将它们设置为输入或输出。复位时所有 GPIO 引脚都被设成输入。

方向寄存器 GPADIR 控制 GPIO31 ~ GPIO0 的方向，它的格式如下。

31	30	29	28	27	26	25	24
GPIO31	GPIO30	GPIO29	GPIO28	GPIO27	GPIO26	GPIO25	GPIO24
R/W-0	R/W-0	R/W-0	R/W-0	R/W-0	R/W-0	R/W-0	R/W-0
23	22	21	20	19	18	17	16
GPIO23	GPIO22	GPIO21	GPIO20	GPIO19	GPIO18	GPIO17	GPIO16
R/W-0	R/W-0	R/W-0	R/W-0	R/W-0	R/W-0	R/W-0	R/W-0
15	14	13	12	11	10	9	8
GPIO15	GPIO14	GPIO13	GPIO12	GPIO11	GPIO10	GPIO9	GPIO8
R/W-0	R/W-0	R/W-0	R/W-0	R/W-0	R/W-0	R/W-0	R/W-0
7	6	5	4	3	2	1	0
GPIO7	GPIO6	GPIO5	GPIO4	GPIO3	GPIO2	GPIO1	GPIO0
R/W-0	R/W-0	R/W-0	R/W-0	R/W-0	R/W-0	R/W-0	R/W-0

如果某位为 0，则相应的 GPIO 引脚配置成输入（复位值）；如果某位为 1，则相应的 GPIO 引脚配置成输出。

方向寄存器 GPBDIR 控制 GPIO44 ~ GPIO32 的方向，它的格式如下。

31			13	12	11	10	9	8
Reserved				GPIO44	GPIO43	GPIO42	GPIO41	GPIO40
			R-0	R/W-0	R/W-0	R/W-0	R/W-0	R/W-0

7	6	5	4	3	2	1	0
GPIO39	GPIO38	GPIO37	GPIO36	GPIO35	GPIO34	GPIO33	GPIO32
R-0	R/W-0	R/W-0	R/W-0	R/W-0	R/W-0	R/W-0	R/W-0

模拟 I/O 方向寄存器 AIODIR 控制 AIO14 ~ AIO2 的方向，它的格式如下。

31	16

15	14	13	12	11	10	9	8
Reserved	AIO14	Reserved	AIO12	Reserved	AIO10	Reserved	
R-0	R/W-x	R-0	R/W-x	R-0	R/W-x	R-0	
7	6	5	4	3	2	1	0
Reserved	AIO6	Reserved	AIO4	Reserved	AIO2	Reserved	
R-0	R/W-x	R-0	R/W-x	R-0	R/W-x	R-0	

如果某位为 0，则相应的 AIO 引脚配置成输入（复位值）；如果某位为 1，则相应的 AIO 引脚配置成输出。

(4) 上拉禁止寄存器

上拉禁止寄存器用于设置哪些引脚需要设置上拉电阻。当外部复位信号（$\overline{XRS}$）为低时，能够配置为 ePWM 的引脚（GPIO0 ~ GPIO11）的内部上拉电阻是禁止的。其他引脚在复位时内部上拉电阻是使能的。

端口 A 上拉禁止寄存器 GPAPUD 用于设置引脚 GPIO31 ~ GPIO0 的上拉电阻。位与引脚的对应关系与 GPADIR 一样。当某位为 1 时，禁止该位对应引脚的上拉电阻。为 0 时，使能该位对应引脚的上拉电阻（复位值）。

端口 B 上拉禁止寄存器 GPBPUD 用于设置引脚 GPIO44 ~ GPIO32 的上拉电阻。位与引脚的对应关系与 GPBDIR 一样。

（5）数据寄存器

数据寄存器指示当前 GPIO 引脚的状态，可以读/写。如果引脚配置成输出，向寄存器中写数据可以决定输出状态。

端口 A 数据寄存器 GPADAT 用于读/写引脚 GPIO31 ~ GPIO0 的状态。位与引脚的对应关系与 GPADIR 一样。当数据寄存器某位为 0 时，且引脚配置成输出，则输出变低。为 1 时，且引脚配置成输出，则输出变高。

端口 B 数据寄存器 GPBDAT 用于读/写引脚 GPIO44 ~ GPIO32 的状态。位与引脚的对应关系与 GPBDIR 一样。

模拟 I/O 数据寄存器 AIODAT 用于读/写 AIO 引脚 AIO14 ~ AIO2 的状态。位与引脚的对应关系与 AIODIR 一样。

（6）位置 1 寄存器

位置 1 寄存器只能写。如果引脚配置成输出，则向寄存器中写 1 可以使该引脚输出为 1 即置 1，写 0 没有影响。

端口 A 位置 1 寄存器 GPASET 用于设置引脚 GPIO31 ~ GPIO0 的状态。位与引脚的对应关系与 GPADIR 一样。当寄存器某位为 0 时，则忽略。为 1 时，且引脚配置成输出，则输出变高。

端口 B 位置 1 寄存器 GPBSET 用于设置引脚 GPIO44 ~ GPIO32 的状态。位与引脚的对应关系与 GPBDIR 一样。

模拟 I/O 位置 1 寄存器 AIOSET 用于设置引脚 AIO14 ~ AIO2 的状态。位与引脚的对应关系与 AIODIR 一样。

（7）位清零寄存器

位清零寄存器只能写。如果引脚配置成输出，则向寄存器中写 1 可以使输出清零，写 0 没有影响。

端口 A 位清零寄存器 GPACLEAR 用于设置引脚 GPIO31 ~ GPIO0 的状态。位与引脚的对应关系与 GPADIR 一样。当寄存器某位为 0 时，则忽略。为 1 时，且引脚配置成输出，则输出拉低。

端口 B 位清零寄存器 GPBCLEAR 用于清零引脚 GPIO44 ~ GPIO32 的状态。位与引脚的对应关系与 GPBDIR 一样。

模拟 I/O 位清零寄存器 AIOCLEAR 用于清零引脚 AIO14 ~ AIO2 的状态。位与引脚的对应关系与 AIODIR 一样。

（8）位翻转寄存器

位翻转寄存器 GPxTOGGLE 只能写。如果引脚配置成输出，则向寄存器中写 1，可以使输出发生翻转，即原来为1则变为0，原来为0则变为1，写0没有影响。

端口A位翻转寄存器GPATOGGLE用于翻转引脚GPIO31～GPIO0的状态。位与引脚的对应关系与GPADIR一样。当寄存器某位为0时，则忽略。为1时，且引脚配置成输出，则输出翻转。

端口B位翻转寄存器GPBTOGGLE用于翻转引脚GPIO44～GPIO32的状态。位与引脚的对应关系与GPBDIR一样。

模拟I/O位翻转寄存器AIOTOGGLE用于翻转引脚AIO14～AIO2的状态。位与引脚的对应关系与AIODIR一样。

(9) 中断选择寄存器

中断选择寄存器GPIOXINTnSEL(n=1～3)，用于选择三个外部中断XINT1、XINT2、XINT3的来源引脚。寄存器的格式如下。

15～5	4～0
Reserved	GPIOXINTnSEL
R-0	R/W-0

位15～4，保留。

位4～0，GPIOXINTnSEL：这5位用于选择XINTn来源于端口A（GPIO0～GPIO31）的哪一个引脚。

00000：GPIO0作为XINTn中断来源（默认）。

00001：GPIO1作为XINTn中断来源。

…

11110：GPIO30作为XINTn中断来源。

11111：GPIO31作为XINTn中断来源。

(10) 低功耗模式唤醒选择寄存器

低功耗模式唤醒选择寄存器GPIOLPMSEL用于选择端口A（GPIO31～GPIO0）哪些引脚可以将器件唤醒。寄存器GPIOLPMSEL的32位从高到低分别对应GPIO31～GPIO0引脚。当寄存器某位为0时，对应引脚信号对唤醒无影响；为1时，引对应脚信号可以将器件从HALT和STANDBY低功耗模式唤醒。

例2-4 GPIO初始化C语言程序的一个实例，可在主程序的上电初始化过程中调用该子程序。

```
#include "DSP2803x_Device.h"                        //包含片内外设寄存器头文件
void InitGPIO(void)                                 //GPIO 初始化子程序
{
    asm(" EALLOW");                                 //解除写保护
    GpioCtrlRegs.GPAMUX2.bit.GPIO26 = 0;            //GPIO26 设置为通用 I/O
    GpioCtrlRegs.GPBMUX1.bit.GPIO40 = 0;            //GPIO40 设置为通用 I/O
    GpioCtrlRegs.GPADIR.bit.GPIO26 = 1;             //GPIO26 方向为输出
    GpioCtrlRegs.GPBDIR.bit.GPIO40 = 1;             //GPIO40 方向为输出
    GpioCtrlRegs.GPAQSEL2.bit.GPIO28 = 3;           //设置 GPIO28(SCIRXDA)异步
    GpioCtrlRegs.GPAMUX2.bit.GPIO28 = 1;            //设置 GPIO28 引脚为 SCIRXDA
    GpioCtrlRegs.GPAMUX2.bit.GPIO29 = 1;            //设置 GPIO29 引脚为 SCITXDA
```

```
    ...
    asm(" EDIS");                              //恢复写保护
}
```

2.9 片内外设寄存器

1. 外设寄存器空间

DSP 控制器片内外设的功能是通过片内外设寄存器实现的。这些外设寄存器被安排在 3 个数据存储器地址空间，分别如下：

1）外设帧 0（Peripheral Frame 0，PF0）。这些外设寄存器直接映射到 CPU 存储器总线，见表 2-18，支持 16 位和 32 位访问。

2）外设帧 1（PF1）。这些外设寄存器映射到 32 位外设总线，见表 2-19，支持 16 位和 32 位访问，所有 32 位操作对齐到偶数地址边界。

3）外设帧 2（PF2）。这些外设寄存器映射到 16 位外设总线，见表 2-20，只允许 16 位访问，32 位操作被忽略。

表 2-18　外设帧 0 寄存器

名　　称	地址范围	大小（×16 位）	访问类型
仿真寄存器	0x0880 ~ 0x0984	261	EALLOW 保护
系统电源控制寄存器	0x0985 ~ 0x0987	3	EALLOW 保护
Flash 寄存器	0x0A80 ~ 0x0ADF	96	EALLOW 保护，CSM 保护
CSM 寄存器	0xAE0 ~ 0x0AEF	16	EALLOW 保护
ADC 寄存器	0x0B00 ~ 0x0B1F	32	无 EALLOW 保护
CPU 定时器 0/1/2 寄存器	0x0C00 ~ 0x0C3F	64	无 EALLOW 保护
PIE 寄存器	0x0CE0 ~ 0x0CFF	32	无 EALLOW 保护
PIE 向量表	0x0D00 ~ 0x0DFF	256	EALLOW 保护
CLA 寄存器	0x1400 ~ 0x147F	128	是
CLA 到 CPU 的信息 RAM（CPU 写忽略）	0x1480 ~ 0x14FF	128	
CPU 到 CLA 的信息 RAM（CLA 写忽略）	0x1500 ~ 0x157F	128	

表 2-19　外设帧 1 寄存器

名　　称	地址范围	大小（×16 位）	访问类型
eCAN 寄存器	0x6000 ~ 0x60FF	256（128 ×32 位）	部分 eCAN 寄存器（及其他 eCAN 控制寄存器的选择位）有 EALLOW 保护
eCAN 邮箱 RAM	0x6100 ~ 0x61FF	256（128 ×32 位）	无 EALLOW 保护
COMP1 寄存器	0x6400 ~ 0x641F	32	部分寄存器有 EALLOW 保护
COMP2 寄存器	0x6420 ~ 0x643F	32	部分寄存器有 EALLOW 保护
COMP3 寄存器	0x6440 ~ 0x645F	32	部分寄存器有 EALLOW 保护

（续）

名　　称	地址范围	大小（×16位）	访问类型
ePWM1 + HRPWM1 寄存器	0x6800 ~ 0x683F	64	部分寄存器有 EALLOW 保护
ePWM2 + HRPWM2 寄存器	0x6840 ~ 0x687F	64	部分寄存器有 EALLOW 保护
ePWM3 + HRPWM3 寄存器	0x6880 ~ 0x68BF	64	部分寄存器有 EALLOW 保护
ePWM4 + HRPWM4 寄存器	0x68C0 ~ 0x68FF	64	部分寄存器有 EALLOW 保护
ePWM5 + HRPWM5 寄存器	0x6900 ~ 0x693F	64	部分寄存器有 EALLOW 保护
ePWM6 + HRPWM6 寄存器	0x6940 ~ 0x697F	64	部分寄存器有 EALLOW 保护
ePWM7 + HRPWM7 寄存器	0x6980 ~ 0x69BF	64	部分寄存器有 EALLOW 保护
eCAP1 寄存器	0x6A00 ~ 0x6A1F	32	无 EALLOW 保护
eQEP1 寄存器	0x6B00 ~ 0x6B3F	64	无 EALLOW 保护
LIN - A 寄存器	0x6C00 ~ 0x6C7F	128	部分寄存器有 EALLOW 保护
GPIO 控制寄存器	0x6F80 ~ 0x6FBF	128	EALLOW 保护
GPIO 数据寄存器	0x6FC0 ~ 0x6FDF	32	无 EALLOW 保护
GPIO 中断与 LPM 选择寄存器	0x6FE0 ~ 0x6FFF	32	EALLOW 保护

表 2-20　外设帧 2 寄存器

名　　称	地址范围	大小（×16位）	访问类型
系统控制寄存器	0x7010 ~ 0x702F	32	EALLOW 保护
SPI - A 寄存器	0x7040 ~ 0x704F	16	无 EALLOW 保护
SPI - B 寄存器	0x7740 ~ 0x774F	16	无 EALLOW 保护
SCI - A 寄存器	0x7050 ~ 0x705F	16	无 EALLOW 保护
NMI 看门狗中断寄存器	0x7060 ~ 0x706F	16	
外设中断寄存器	0x7070 ~ 0x707F	16	无 EALLOW 保护
模 - 数转换寄存器	0x7100 ~ 0x711F	32	无 EALLOW 保护
I2C 寄存器	0x7900 ~ 0x793F	64	无 EALLOW 保护

2. 受 EALLOW 保护的寄存器

2803x 中有许多外设控制寄存器受 EALLOW 保护，即 CPU 不能写。在 CPU 状态寄存器 ST1 的 EALLOW 位（ST1.6）指明了寄存器的保护状态，见表 2-21。

表 2-21　对 EALLOW 保护的寄存器的读写

EALLOW 位	CPU 写	CPU 读	JTAG 写	JTAG 读
0	忽略	允许	允许	允许
1	允许	允许	允许	允许

复位后，EALLOW 位清零，使能 EALLOW 保护。此时所有 CPU 向这些寄存器的写均被忽略，只允许 CPU 读和 JTAG 读写。通过执行 EALLOW 汇编指令，令 EALLOW 状态位置 1，CPU 就可以对这些寄存器写了。修改完毕后，执行 EDIS 汇编指令，令 EALLOW 位清零，就又可以保护这些寄存器不被 CPU 写了。

受 EALLOW 保护的寄存器有：器件仿真寄存器、Flash 寄存器、CSM 寄存器、PIE 向量表、系统控制寄存器、GPIO MUX 寄存器以及部分 eCAN 寄存器等。

3. DSP 仿真寄存器

DSP 仿真寄存器用来控制 28x CPU 的保护模式和检测重要的器件信号。这些寄存器见表 2-22。

表 2-22　DSP 仿真寄存器

名　称	地 址 范 围	大小（×16 位）	说　明
DEVICECNF	0x0880 ~ 0x0881	2	DSP 配置寄存器
CLASSID	0x0882	1	分类 ID 寄存器
REVID	0x0883	1	版本 ID 寄存器
PARTID	0x3D 7E80	1	部件 ID 寄存器

2.10　外设中断扩展 PIE

外设中断扩展 PIE（Peripheral Interrupt Expansion）模块将高达 96 个中断源每 8 个一组、共 12 个中断信号送入 CPU（INT1 ~ INT12）。每个中断源在专门的 RAM 区都有一个入口地址，称为中断向量，用户可以修改此向量。中断服务时，CPU 会自动地取出相应的中断向量，并执行相应的中断服务程序。取中断向量和保存一些关键的 CPU 寄存器需要花费 9 个 CPU 时钟周期。各个中断的响应和优先级由软件和硬件控制，通过 PIE 可以开放或禁止中断。

1. PIE 控制器

2803x CPU 支持一个不可屏蔽中断（NMI）和 16 个可屏蔽中断（INT1 ~ INT14，CPU 实时操作系统中断 RTOSINT 和 CPU 数据记录中断 DLOGINT）。2803x 有许多外设，每个外设都可以产生一个或多个中断请求，需要一种集中外设所有中断的控制器 PIE 来裁定从不同中断源来的中断请求。

图 2-21 给出了采用 PIE 模块的中断信号多路传送框图。PIE 将多达 96 个中断源每 8 个一组、共 12 个中断信号送入 CPU（INT1 ~ INT12）。

由图可见，中断系统包括三个层次：外设级、PIE 级和 CPU 级。

（1）外设级

一旦外设产生中断事件，对应外设中断标志寄存器中的相应中断标志位就置 1。如果对应的中断使能位设为 1，则外设的中断请求信号 INTx. y（x = 1 ~ 12，y = 1 ~ 8），可以送到 PIE 控制器。如果外设模块级中断没有使能，则中断标志位保持置位，直到被软件清零。如果中断标志先置位且保持为 1，然后再使能，则 PIE 对这种中断请求的响应是不确定的，应该避免这种情况。在外设模块寄存器中的中断标志必须由用户程序清零。

（2）PIE 级

PIE 部分的每一个中断都有一个中断标志位 PIEIFRx. y 和一个中断使能位 PIEIERx. y。对每个 CPU 中断组 INT1 ~ INT12 都有一个应答位 PIEACKx（x = 1 ~ 12）。

PIE 模块将 8 个外设模块和外部引脚的中断组合到一个 CPU 中断。这些中断分为 12 组：

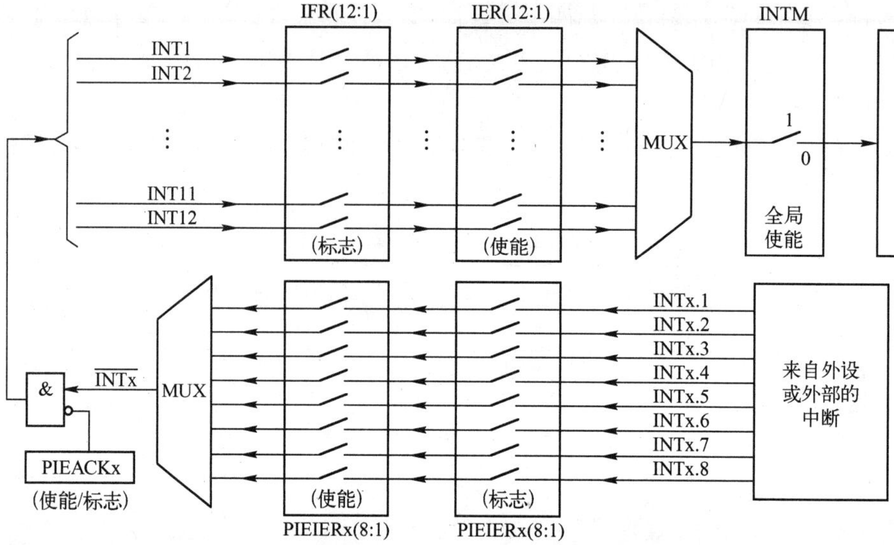

图 2-21　采用 PIE 模块的中断信号多路传送

PIE 组 1 ~ 12。1 个组的中断组合到一个 CPU 中断。例如，PIE 组 1 组合到 CPU 中断 1（INT1），而 PIE 组 12 组合到 CPU 中断 12（INT12）。其余的 CPU 中断是单路的。对于这些单路的中断，PIE 将中断请求直接送到 CPU 中断。在 PIE 中的每一个中断组都有对应的中断标志位（PIEIFRx. y）和中断使能位（PIEIERx. y）。图 2-22 说明了在不同的 PIEIFR 和 PIE-IER 寄存器条件下 PIE 控制器的硬件行为。

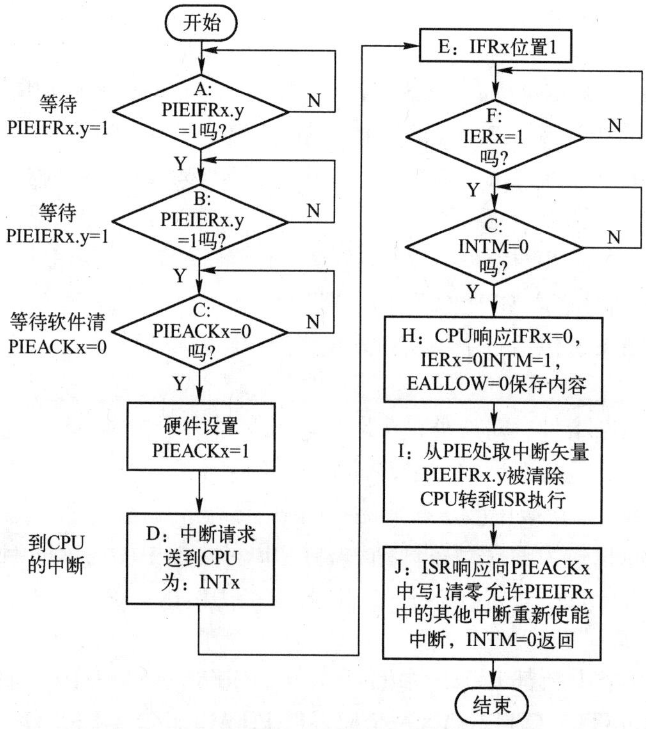

图 2-22　典型的 PIE/CPU 中断响应过程

一旦向 PIE 控制器发出中断请求后，对应的 PIE 中断标志（PIEIFRx. y）置 1。如果对应的 PIE 中断使能位（PIEIERx. y）也为 1，则 PIE 将检查对应的 PIEACKx 位，确定 CPU 是否做好准备来响应该组的一个中断。如果该组的 PIEACKx 位为 0，那么 PIE 将向 CPU 发出中断请求。如果 PIEACKx 位为 1，那么 PIE 将等待，直到它清零时，才能再次发出中断请求 INTx。

（3）CPU 级

一旦中断请求送入 CPU 后，CPU 级的中断标志寄存器 IFR 中的中断标志位就置 1。如果此时 CPU 中断使能寄存器 IER 或仿真中断使能寄存器 DBGIER 中的相应位为 1，且全局中断屏蔽位 INTM（ST1. 0）为 0 即使能，则 CPU 就进入中断服务程序，响应中断。

表 2-23 为在 CPU 级需要使能可屏蔽中断的中断处理进程。在一般的中断处理进程中（大多数情况是这样）没有使用 DBGIER 寄存器。如果 DSP 处于实时模式和 CPU 正在运行，那么使用一般的中断处理进程。当 28x 处于实时仿真模式且 CPU 停止时，使用不同的进程。在这种特殊情况中，使用了 DBGIER 寄存器，且忽略了 INTM 位。

表 2-23　中断使能

中断处理进程	中断是否使能
标准	INTM =0 且 IER 中的对应位为 1
DSP 处于实时模式并且停止	IER 中对应的位为 1 且 DBGIER 为 1

一旦有中断请求，并且又使能了中断，CPU 就会准备执行相应的中断服务程序。在开始阶段，CPU 将相应的 IFR 和 IER 位清除，清除位 EALLOW 和 LOOP，置位 INTM 和 DBGM，清空流水线，保存返回地址并自动保存现场信息。然后从 PIE 模块取出中断向量。如果该中断是组合的，则 PIE 模块将由 PIEIERx 和 PIEIFRx 寄存器给出相应的中断服务程序（ISR）地址译码。

将要执行的中断服务程序的地址直接从 PIE 中断向量表中取得。PIE 中的 96 个中断的每一个中断都有一个对应的 32 位向量。PIE 模块中的中断标志（PIEIFRx. y）在取回中断向量后，硬件自动清零。然而为了从 PIE 中接收更多的中断，PIE 中断应答位必须由用户程序清零。

2. 中断向量表映射

在 28x 系列 DSP 中，中断向量表可以映射到 4 个不同的区间：M1 SARAM、M0 SARAM、BROM（引导 ROM）区和 PIE 向量表区块。实际上只使用 PIE 向量表。

向量表映射由以下位控制：

1）VMAP：该位为状态寄存器 ST1 的位 3 即 ST1. 3。复位时，该位为 1。它的状态可以通过写 ST1 或通过指令“SETC/CLRC VMAP”修改。在 28x 的一般操作中，该位保持 1。

2）M0M1MAP：该位为状态寄存器 ST1 的位 11 即 ST1. 11。复位时，该位为 1。它的状态可以通过写 ST1 或通过指令“SETC/CLRC M0M1MAP”修改。在 28x 的一般操作中，该位保持 1。M0M1MAP =0 仅用于 TI 测试中。

3）ENPIE：该位为 PIECTRL 寄存器的位 0。复位时的默认值为 0（禁止 PIE）。它的状态可以在复位后通过写寄存器 PIECTRL 修改。

复位后 PIE 向量表是空的，初始化程序应将向量表从 Flash 中复制到 PIE 向量表中来，然后使能 PIE 向量表，即令 ENPIE = 1，此后中断向量从 PIE 向量表中取地址。

使用这些位，向量表映射见表 2-24。

表 2-24　中断向量表映射

向量映射	取向量的位置	地址范围	VMAP	M0M1MAP	ENPIE
M1 向量	M1 SARAM 块	0x000000 ~ 0x00003F	0	0	x
M0 向量	M0 SARAM 块	0x000000 ~ 0x00003F	0	1	x
BROM 向量	ROM 块	0x3FFFC0 ~ 0x3FFFFF	0	x	0
PIE 向量	PIE 模块	0x000D00 ~ 0x000DFF	1	x	1

注：1. 对于 2803x 器件，VMAP 和 M0M1MAP 模式在复位时为 1。ENPIE 模式复位时为 0。

2. 向量映射 M1 和 M0 仅为一种保留模式。在 28x 上，它们用作 RAM。

M1 和 M0 向量表映射仅用于 TI 公司芯片测试。当使用其他向量映射时，M0 和 M1 存储器区块作为 RAM，可以自由地使用，不受任何限制。

器件复位后，向量表映射见表 2-25。

表 2-25　复位操作后的向量表映射

向量映射	复位取用位置	地址范围	VMAP	M0M1MAP	ENPIE
BROM 向量	ROM 块	0x3FFFC0 ~ 0x3FFFFF	1	1	0

复位和引导完成之后，用户应该初始化 PIE 向量表。然后在应用程序中使能 PIE 向量表。此后，将会从 PIE 向量表中读取中断向量。

注意当发生复位时，复位向量总是从表 2-25 的向量表中读取。复位后，PIE 向量表是禁止的。

PIE 向量表包括 256 × 16 位的 SARAM 模块，见表 2-26。在 PIE 未使用时，也可以用作 RAM 存储器（只能配置在数据空间）。复位时，PIE 向量表的内容是不确定的。INT1 ~ INT12 的中断优先级是确定的。而 PIE 控制着每组 8 个中断的优先级。例如 INT1.1 和 INT8.1 同时发生时，两个中断会同时由 PIE 向 CPU 发出中断请求，但是 CPU 将先响应 INT1.1，然后才是 INT1.8。中断优先级是在取向量的过程中实现的。

表 2-26　PIE 向量表

名　　称	向量 ID	地　　址	大小（×16 位）	描　　述	CPU 优先级	PIE 组优先级
Reset	0	0x0D00	2	复位向量总是从 Boot ROM 的 0x003F FFC0 处读取	1（最高）	—
INT1	1	0x0D02	2	未用，见 PIE 组 1	5	—
INT2	2	0x0D04	2	未用，见 PIE 组 2	6	—
INT3	3	0x0D06	2	未用，见 PIE 组 3	7	—
INT4	4	0x0D08	2	未用，见 PIE 组 4	8	—
INT5	5	0x0D0A	2	未用，见 PIE 组 5	9	—
INT6	6	0x0D0C	2	未用，见 PIE 组 6	10	—
INT7	7	0x0D0E	2	未用，见 PIE 组 7	11	—

（续）

名　称	向量 ID	地　址	大小（×16 位）	描　述	CPU 优先级	PIE 组优先级
INT8	8	0x0D10	2	未用，见 PIE 组 8	12	—
INT9	9	0x0D12	2	未用，见 PIE 组 9	13	—
INT10	10	0x0D14	2	未用，见 PIE 组 10	14	—
INT11	11	0x0D16	2	未用，见 PIE 组 11	15	—
INT12	12	0x0D18	2	未用，见 PIE 组 12	16	—
INT13	13	0x0D1A	2	外部中断 13（XINT13）或 CPU 定时器 1（RTOS）	17	—
INT14	14	0x0D1C	2	CPU 定时器 2（RTOS）	18	—
DATALOG	15	0x0D1E	2	CPU 数据记录中断	19（最低）	—
RTOSINT	16	0x0D20	2	CPU 实时 OS 中断	4	—
EMUINT	17	0x0D22	2	CPU 仿真中断	2	—
NMI	18	0x0D24	2	外部非屏蔽中断	3	—
ILLEGAL	19	0x0D26	2	非法操作	—	—
USER1	20	0x0D28	2	用户自定义陷阱	—	—
…						
USER12	31	0x0D3E	2	用户自定义陷阱	—	—
INT1.1	32	0x0D40	2	ADCINT1(ADC)	5	1（最高）
…						
INT1.8	39	0x0D4E	2	WAKEINT(LPM/WD)	5	8（最低）
INT2.1	40	0x0D50	2	EPWM1_TZINT(EPWM1)	6	1（最高）
…						
INT2.8	47	0x0D5E	2	保留	6	8（最低）
INT3.1	48	0x0D60	2	EPWM1_INT(EPWM1)	7	1（最高）
…						
INT3.8	55	0x0D6E	2	保留	7	8（最低）
INT4.1	56	0x0D70	2	ECAP1_INT(ECAP1)	8	1（最高）
…						
INT4.8	63	0x0D7E	2	保留	8	8（最低）
INT5.1	64	0x0D80	2	EQEP1_INT(EQEP1)	9	1（最高）
…						
INT5.8	71	0x0D8E	2	保留	9	8（最低）
INT6.1	72	0x0D90	2	SPIRXINTA(SPI-A)	10	1（最高）
…						
INT6.8	79	0x0D9E	2	保留	10	8（最低）
INT7.1	80	0x0DA0	2	保留	11	1（最高）
…						
INT7.8	87	0x0DAE	2	保留	11	8（最低）
INT8.1	88	0x0DB0	2	I2CINT1A(I2C-A)	12	1（最高）
…						
INT8.8	95	0x0DBE	2	保留	12	8（最低）

（续）

名　称	向量 ID	地　址	大小（×16 位）	描　述	CPU 优先级	PIE 组优先级
INT9. 1	96	0x0DC0	2	SCIRXINTA(SCI－A)	13	1（最高）
…						
INT9. 8	103	0x0DCE	2	保留	13	8（最低）
INT10. 1	104	0x0DD0	2	ADCINT1(ADC)	14	1（最高）
…						
INT10. 8	111	0x0DDE	2	ADCINT8(ADC)	14	8（最低）
INT11. 1	112	0x0DE0	2	CLA1_INT1(CLA)	15	1（最高）
…						
INT11. 8	119	0x0DEE	2	CLA1_INT8(CLA)	15	8（最低）
INT12. 1	120	0x0DF0	2	XINT3	16	1（最高）
…						
INT12. 8	127	0x0DFE	2	LUF(CLA)	16	8（最低）

注：1. PIE 向量表中的所有位置都受 EALLOW 保护。
2. DSP/BIOS 使用向量 ID。
3. 复位向量总是从 Boot ROM 的 0x003F FFC0 处读取。

“TRAP1”到“TRAP12”指令或“INTR INT1”到“INTR INT12”指令都可以从每一组的第一个位置（“INTR1. 1”到“INTR12. 1”）读取向量。类似地，如果对应的中断标志已经置位，则指令“OR IFR，#16 bit”将从“INTR1. 1”到“INTR12. 1”处取回向量。所有其他的“TRAP”“INTR”“OR IFR，#16 bit”操作都将分别从对应的位置处读取向量。对 INTR1～INTR12 应该避免使用这样的操作。“TRAP #0”操作将返回 0x000000 向量值。需注意，向量表受 EALLOW 保护。

3. 中断源

图 2-23 给出了 2803x CPU 的中断源的情况。

片内外设中断与外部引脚中断 XINT1～XINT3 全部连接到了 PIE 中，共组成了 12 个中断组，见表 2-27。表中每 8 个中断源组成一个 CPU 中断组。

表 2-27　PIE 外设中断（2803x）

CPU 中断	PIE 中断							
	INTx. 1	INTx. 2	INTx. 3	INTx. 4	INTx. 5	INTx. 6	INTx. 7	INTx. 8
INT1	ADCINT1 (ADC)	ADCINT2 (ADC)	reserved	XINT1	XINT2	ADCINT9 (ADC)	TINT0 (TIMER 0)	WAKEINT (LPM/WD)
INT2	EPWM1_TZINT (ePWM1)	EPWM2_TZINT (ePWM2)	EPWM3_TZINT (ePWM3)	EPWM4_TZINT (ePWM4)	EPWM5_TZINT (ePWM5)	EPWM6_TZINT (ePWM6)	EPWM7_TZINT (ePWM7)	reserved
INT3	EPWM1_INT (ePWM1)	EPWM2_INT (ePWM2)	EPWM3_INT (ePWM3)	EPWM4_INT (ePWM4)	EPWM5_INT (ePWM5)	EPWM6_INT (ePWM6)	EPW7_TZINT (ePWM7)	reserved
INT4	ECAP1_INT (eCAP1)	reserved	reserved	reserved	reserved	reserved	reserved	reserved

（续）

CPU 中断	PIE 中断							
	INTx. 1	INTx. 2	INTx. 3	INTx. 4	INTx. 5	INTx. 6	INTx. 7	INTx. 8
INT5	EQEP1_INT（eQEP1）	reserved	reserved	reserved	reserved	reserved	reserved	reserved
INT6	SPIRXINTA（SPI－A）	SPITXINTA（SPI－A）	SPIRXINTB（SPI－B）	SPITXINTB（SPI－B）	reserved	reserved	reserved	reserved
INT7	reserved	reserved	reserved	reserved	reserved	reserved	reserved	reserved
INT8	reserved	reserved	reserved	reserved	reserved	reserved	I2CINT2A（I2C－A）	I2CINT1A（I2C－A）
INT9	SCIRXINTA（SCI－A）	SCITXINTA（SCI－A）	LIN0_INTA（LIN－A）	LIN1_INTA（LIN－A）	ECAN0INT（CAN－A）	ECAN1INT（CAN－A）	reserved	reserved
INT10	ADCINT1（ADC）	ADCINT2（ADC）	ADCINT3（ADC）	ADCINT4（ADC）	ADCINT51（ADC）	ADCINT6（ADC）	ADCINT7（ADC）	ADCINT8（ADC）
INT11	CLA_INT1（CLA）	CLA_INT2（CLA）	CLA_INT3（CLA）	CLA_INT4（CLA）	CLA_INT5（CLA）	CLA_INT6（CLA）	CLA_INT7（CLA）	CLA_INT8（CLA）
INT12	XINT3	reserved	reserved	reserved	reserved	reserved	LVF（CLA）	LUF（CLA）

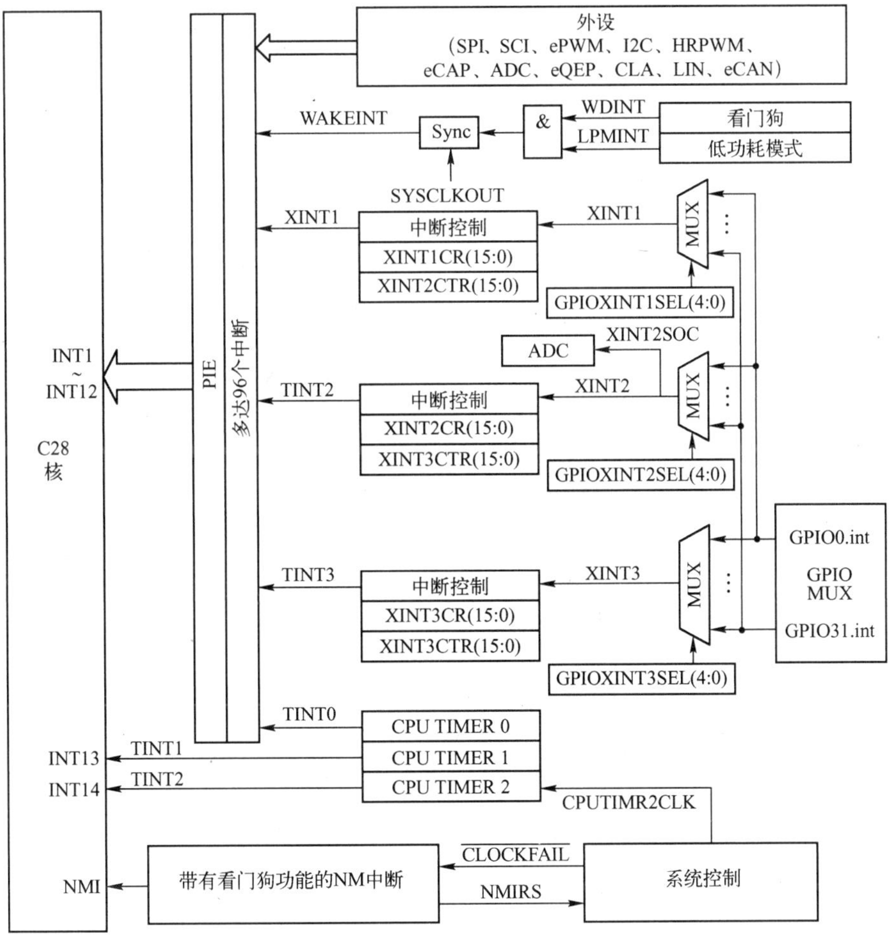

图 2-23　2803x 中断源

4. PIE 配置和控制寄存器

用于 PIE 功能控制的寄存器包括 PIE 控制寄存器 PIECRL、PIE 应答寄存器 PIEACK、INTx 组使能寄存器 PIEIERx(x =1 ~12)和 INTx 组标志寄存器 PIEIFRx(x =1 ~12)，见表 2-28。注意：PIE 配置和控制寄存器不受 EALLOW 保护，但 PIE 向量表受 EALLOW 保护。

表 2-28 PIE 配置和控制寄存器

名　称	地　址	大小（×16）	描　述
PIECTRL	0x0CE0	1	PIE 控制寄存器
PIEACK	0x0CE1	1	PIE 应答寄存器
PIEIER1	0x0CE2	1	PIE，INT1 组使能寄存器
PIEIFR1	0x0CE3	1	PIE，INT1 组标志寄存器
PIEIER2	0x0CE4	1	PIE，INT2 组使能寄存器
PIEIFR2	0x0CE5	1	PIE，INT2 组标志寄存器
PIEIER3	0x0CE6	1	PIE，INT3 组使能寄存器
PIEIFR3	0x0CE7	1	PIE，INT3 组标志寄存器
PIEIER4	0x0CE8	1	PIE，INT4 组使能寄存器
PIEIFR4	0x0CE9	1	PIE，INT4 组标志寄存器
PIEIER5	0x0CEA	1	PIE，INT5 组使能寄存器
PIEIFR5	0x0CEB	1	PIE，INT5 组标志寄存器
PIEIER6	0x0CEC	1	PIE，INT6 组使能寄存器
PIEIFR6	0x0CED	1	PIE，INT6 组标志寄存器
PIEIER7	0x0CEE	1	PIE，INT7 组使能寄存器
PIEIFR7	0x0CEF	1	PIE，INT7 组标志寄存器
PIEIER8	0x0CF0	1	PIE，INT8 组使能寄存器
PIEIFR8	0x0CF1	1	PIE，INT8 组标志寄存器
PIEIER9	0x0CF2	1	PIE，INT9 组使能寄存器
PIEIFR9	0x0CF3	1	PIE，INT9 组标志寄存器
PIEIER10	0x0CF4	1	PIE，INT10 组使能寄存器
PIEIFR10	0x0CF5	1	PIE，INT10 组标志寄存器
PIEIER11	0x0CF6	1	PIE，INT11 组使能寄存器
PIEIFR11	0x0CF7	1	PIE，INT11 组标志寄存器
PIEIER12	0x0CF8	1	PIE，INT12 组使能寄存器
PIEIFR12	0x0CF9	1	PIE，INT12 组标志寄存器
保留	0x0CFA ~0x0CFF	6	保留

（1）PIE 控制寄存器 PIECRL

15　　　　　　1	0
PIEVECT	ENPIE
R-0	R/W-0

位 15～1，PIEVECT：表示从向量表中取出的向量地址。这些位保留从 PIE 向量表中读取的中断向量地址。忽略了地址的最低有效位，只用到位 15～1。用户可以读取该向量值，以确定是哪一个中断。例如，如果 PIECTRL＝0x0D27，则从地址 0x0D26（非法操作中断入口）处读取回入口向量。

位 0，ENPIE：使能向量获取位。当该位置 1 时，所有向量从 PIE 向量表中取；如果该位为 0，禁止 PIE，向量从 Boot ROM 中的 CPU 向量表中取。即使禁止 PIE，所有的 PIE 寄存器（PIEACK、PIEIFR、PIEIER）都是可以访问的。

注：不会从 PIE 读取复位向量，即使 PIE 是使能的。复位向量总是从 Boot ROM 中读取。

（2）PIE 应答寄存器 PIEACK

15～12	11～0
Reserved	PIEACK
R-0	R/W1C-1

位 15～12，保留位。

位 11～0，PIEACK：写入 1 到对应的中断应答位可以清除该位，清除后当该组的中断申请到来时，允许 PIE 向 CPU 申请中断。读该寄存器可以查看各个中断组中是否有中断挂起。位 0 对应于 INT1，……，位 11 对应于 INT12。注：写入 0 无效。

（3）PIE 中断标志寄存器 PIEIFRx(x＝1～12)

15～8
Reserved
R-0

7	6	5	4	3	2	1	0
INTx.8	INTx.7	INTx.6	INTx.5	INTx.4	INTx.3	INTx.2	INTx.1
R/W-0	R/W-0	R/W-0	R/W-0	R/W-0	R/W-0	R/W-0	R/W-0

CPU 的每一个中断对应 12 个 PIEIFR 寄存器的一个。

位 15～0，保留位。

位 7～0，INTx. 8～INTx. 1：这些寄存器位表示当前是否有中断。它们的作用与 CPU 内核中断标志寄存器类似。当一个中断有效时，对应的寄存器位置 1。当响应中断或向寄存器中的对应位写入 0 可以清零该位。读这些寄存器位也可以确定哪一个中断有效或挂起着。INTx 对应于 CPU 的 INT1～INT12。

注：1）上述所有寄存器的复位值在复位时被设置。

2）CPU 访问 PIEIFR 寄存器时，有硬件优先级。

3）在读取中断向量时，硬件自动清零 PIEIFR 寄存器位。

（4）PIE 中断使能寄存器 PIEIERx（x＝1～12）

15～8
Reserved
R-0

7	6	5	4	3	2	1	0
INTx.8	INTx.7	INTx.6	INTx.5	INTx.4	INTx.3	INTx.2	INTx.1
R/W-0	R/W-0	R/W-0	R/W-0	R/W-0	R/W-0	R/W-0	R/W-0

位 15～0，保留位。

位 7～0，INTx. 8～INTx. 1：这些寄存器位分别使能中断组中的一个中断，与 CPU 内核中断使能寄存器作用相似。写入 1 则对应的中断使能；写入 0 将禁止对应的中断。INTx 对应于 CPU 的 INT1 ~ INT12。

（5）CPU 中断标志寄存器 IFR

CPU 中断标志寄存器（Interrupt Flag Register，IFR）是 16 位的 CPU 寄存器，地址为 0006H，它用来识别和清除挂起的中断。IFR 包含 CPU 级的所有可屏蔽中断（INT1 ~ INT14，DLOGINT 和 RTOSINT）的标志位。当 PIE 使能时，PIE 模块组合中断到 INT1 ~ INT12。

当请求一个可屏蔽中断时，对应的外设模块控制寄存器的标志位置 1。如果对应的屏蔽位也为 1，则向 CPU 发出中断请求，设置 IFR 中的相应标志。这表示中断正被挂起或等待应答。

为了识别正挂起的中断，用 PUSH IFR 指令，然后测试堆栈值。用 OR IFR 指令可以置位 IFR。用 AND IFR 指令用户程序可以清除挂起的中断。用指令 AND IFR，#0 或通过硬件复位可以清除所有正挂起的中断。

CPU 应答中断或器件复位也可以清除 IFR 标志。

注：1）为了清除 IFR 位，必须向其写入 0，而不是 1。

2）当应答一个可屏蔽中断时，CPU 自动清零 IFR 位。对应的外设模块控制寄存器中的标志位不清零。如果需要清零控制寄存器，则必须通过软件实现。

3）当中断是通过 INTR 指令请求且相应的 IFR 位置 1 时，CPU 不会自动清零该位。如果需要清零 IFR 位，则必须通过软件实现。

4）IER 和 IFR 寄存器适用于 CPU 内核级中断。所有外设模块在其各自的控制/配置寄存器中都有自己的中断屏蔽和标志位。

5）一个内核级中断对应一组外设中断。

CPU 中断标志寄存器 IFR 的格式为

15	14	13	12	11	10	9	8
RTOSINT	DLOGINT	INT14	INT13	INT12	INT11	INT10	INT9
R/W-0	R/W-0	R/W-0	R/W-0	R/W-0	R/W-0	R/W-0	R/W-0
7	6	5	4	3	2	1	0
INT8	INT7	INT6	INT5	INT4	INT3	INT2	INT1
R/W-0	R/W-0	R/W-0	R/W-0	R/W-0	R/W-0	R/W-0	R/W-0

位 15，RTOSINT：实时操作系统（RTOS）中断的标志。为 0 时，无 RTOS 中断挂起；为 1 时，至少有一个 RTOS 中断正在挂起。向其写入 1 将清零该位和清除中断请求。

位 14，DLOGINT：数据记录中断的标志位。为 0 时，无 DLOGINT 中断挂起；为 1 时，至少有一个 DLOGINT 中断正在挂起。向其写入 1 将清零该位和清除中断请求。

位 13 ~ 0，INT14 ~ INT1 中断的申请标志。某位为 0 时，该位无中断挂起；该位为 1 时，该位有中断挂起。向其写入 1 将清零该位和清除中断请求。

（6）CPU 中断使能寄存器 IER

IER（Interrupt Enable Register）是一个 16 位的 CPU 寄存器，地址为 0004H。IER 包含所有可屏蔽的 CPU 中断（INT1 ~ INT14，RTOSINT 和 DLOGINT）的使能位。NMI（非屏蔽中断）和 XRS（复位中断）都不包括在 IER 中，因此 IER 对它们无效。用户可以读 IER 去识别已使能或禁止的中断，也可以写 IER 来使能或禁止中断。为了使能一个中断，可以用 OR IER 指令把对应的 IER 位置 1。为了禁止一个中断，可以用 AND IER 指令把对应的 IER 位清零。当禁止一个中断时，不论 INTM 位的值是什么，都不响应它。当使能一个中断时，如果对应的 IFR 位为 1 和 INTM 位为 0，则中断会得到应答。

当使用 OR IER 和 AND IER 指令修改 IER 位时，要确定不修改位 15（RTOSINT）的状态，除非当前是处于实时操作系统模式。

当执行一个硬件中断或执行 INTR 指令时，会自动清零对应的 IER 位。当响应 TRAP 指令发出的中断请求时，IER 位不会自动清零。在 TRAP 指令产生中断的情况中，如果对应的 IER 位需要清零，则必须在中断服务程序中由用户程序完成。

复位时，IER =0，禁止所有可屏蔽的 CPU 级中断。

CPU 中断使能寄存器 IER 的格式为

15	14	13	12	11	10	9	8
RTOSINT	DLOGINT	INT14	INT13	INT12	INT11	INT10	INT9
R/W-0	R/W-0	R/W-0	R/W-0	R/W-0	R/W-0	R/W-0	R/W-0

7	6	5	4	3	2	1	0
INT8	INT7	INT6	INT5	INT4	INT3	INT2	INT1
R/W-0	R/W-0	R/W-0	R/W-0	R/W-0	R/W-0	R/W-0	R/W-0

位 15，RTOSINT：实时操作系统（RTOS）中断使能位。该位可以使能或禁止 CPU RTOS 中断。设置为 0 时，禁止 RTOS 中断；为 1 时，使能 RTOS 中断。

位 14，DLOGINT：数据记录中断的使能位。该位可以使能或禁止 CPU 数据记录中断。设置为 0 时，禁止 DLOGINT 中断；为 1 时，使能该中断。

位 13 ~0，INT14 ~ INT1 中断的使能位。可以使能或禁止相应的中断。某位设置为 0 时，禁止对应的中断；为 1 时，使能该中断。

（7）CPU 中断仿真使能寄存器 DBGIER

仿真中断使能寄存器 DBGIER（Debug Interrupt Enable Register）只有在 CPU 处于实时仿真模式中停止时才有效。在 DBGIER 中使能的中断被定义为时间敏感（Time – critical）中断。在实时模式下，当 CPU 停止时，只有在 IER 中使能的时间敏感中断才进入仿真服务程序。如果 CPU 运行在实时仿真模式，则使用标准的中断处理过程，而忽略 DBGIER。

DBGIER 的 16 个位代表的中断与 IER 一样。用户也可以通过读 DBGIER 去识别中断是否使能或禁止，或写 DBGIER 以使能或禁止中断。对对应的位置 1，则使能中断；对对应的位置 0，则禁止中断。用 PUSH DBGIER 指令可以读取 DBGIER 的值，POP DBGIER 指令可以向 DBGIER 寄存器写数据。复位时，所有 DBGIER 位都为 0。

5. 外部中断控制寄存器

2803x 支持 3 个外部可屏蔽中断 XINT1 ~ XINT3，它们没有专用引脚，可以选择从 GPIO0 ~ GPIO31 引脚接收中断信号。这些外部中断都可以选择上升沿或下降沿触发，也可以被使能或禁止。每个外部中断也包含一个 16 位自由运行的增计数器，用于精确记录中断发生的时刻。

外部中断控制寄存器包括：外部中断控制寄存器 XINT1CR ~ XINT3CR、外部中断 1 计数寄存器 XINT1CTR ~ XINT3CTR。

（1）外部中断 1 控制寄存器 XINT1CR

15 ~ 4	3 ~ 2	1	0
Reserved	Polarity	Reserved	Enable
R-0	R/W-0	R-0	R/W-0

位 15～4、位 1，保留位。

位 3～2，Polarity：极性位。决定引脚信号的上升沿或下降沿产生中断。为 00 或 01 时，下降沿（高到低跳变）产生中断；为 01 时，上升沿（低到高跳变）产生中断；为 11 时，上升沿和下降沿都产生中断。

位 0，Enable，使能位。为 1 时，表示允许 INT1 中断；为 0 时，禁止该中断。

外部中断 2、3 的控制寄存器 XINT2CR、XINT3CR 用法同外部中断 1 控制寄存器 XINT1CR。。

（2）外部中断 1 计数寄存器 XINT1CTR

15 ～ 0
INTCTR[15-0]
R-0

对于每一个外部中断，有一个 16 位计数器，用于精确记录中断发生的时刻。

位 15～0，INTCTR：16 位自由运行的增计数器，时钟频率为系统时钟 SYSCLKOUT。每当检测到中断边沿时，就复位到 0，然后连续计数直到检测到下一个有效中断边沿为止。禁止中断时，计数器停止计数。当计数到最大值时，计数器会返回到 0，继续计数。该计数器是一个只读寄存器，只有在检测到有效中断边沿或复位时才跳变为 0。

外部中断 2、3 的计数寄存器 XINT2CTR、XINT3CTR 用法同外部中断 1 计数寄存器 XINT1CTR。。

例 2-5　PIE 控制寄存器初始化 C 语言程序。

```
#include "DSP2803x_Device. h"
void InitPieCtrl(void)                              //系统 PIE 初始化子程序
{
    PieCtrlRegs. PIECRTL. bit. ENPIE =0;            //禁止 PIE
    PieCtrlRegs. PIEIER1. all =0;                   //清除 PIEIER 寄存器
    …
    PieCtrlRegs. PIEIER12. all =0;
    PieCtrlRegs. PIEIFR1. all =0;                   //清除 PIEIFR 寄存器
    …
    PieCtrlRegs. PIEIFR12. all =0;
    //PieCtrlRegs. PIECRTL. bit. ENPIE =0;          //允许 PIE 中断
    PieCtrlRegs. PIEACK. all =0xFFFF;               //写 1 清零
}
```

2.11　思考题与习题

1. 2803x 引脚可以分为哪几类？
2. 简述 2803x 的内部结构主要部分的功能。
3. 简述 2803x 的片内存储器组成（包括地址与用途）。
4. 如何使用 2803x 片内 Flash 和 OTP 存储器？

5. 代码安全模块 CSM 的作用是什么?
6. 如何由外部晶振或外部时钟频率确定 CPU 时钟频率?
7. 什么是 2803x 的低功耗模式?
8. 如何使用看门狗定时器?
9. 2803x 有哪些 32 位 CPU 定时器? 如何使用?
10. 2803x 的通用 I/O 接口有哪些引脚? 有哪些功能? 如何使用?
11. 片内外设寄存器的地址是如何安排的? 如何访问?
12. 2803x 的中断是如何组织的? 有哪些中断源?
13. 响应中断后, 如何找到中断服务程序入口地址?
14. 2803x 复位后从哪里开始执行程序?

第 3 章　C28x DSP 的 CPU 与指令系统

本章主要内容：

1）中央处理器（Central Processing Unit）。

- CPU 结构（CPU Structure）。
- CPU 的寄存器（CPU Registers）。

2）寻址方式（Addressing Modes）。

- 寻址方式概述（Introduction to Addressing Modes ）。
- 直接、堆栈、间接、寄存器、立即寻址等。（Direct、Stack、Indirect、Register and Immediate Addressing）。

3）C28x DSP 指令系统（Instruction Set for C28x DSP）。

3.1 中央处理器

3.1.1 CPU 结构

C28x DSP 的中央处理器（CPU）结构包括三个部分：CPU 内核、仿真逻辑单元和 CPU 信号，如图 3-1 所示。

仿真逻辑单元的主要功能是监视和控制 CPU 以及其他外设的工作情况，并实现对设备的测试和调试功能。用户通过 CCS 的调试器工具以及硬件 JTAG 仿真器来访问和操作仿真逻辑单元。调试器通过仿真逻辑单元可以直接控制存储器接口以获得寄存器或存储器的内容或者对存储器的内容进行修改。仿真逻辑单元还能够响应多重调试事件，如用于调试的两条指令 ESTOP0 或 ESTOPl 产生的软件断点，对程序空间和数据空间指定单元的访问，以及来自调试器或其他硬件的请求，这些调试事件都能够在程序的执行过程中产生一个断点，使得 C28x 进入调试停止状态。

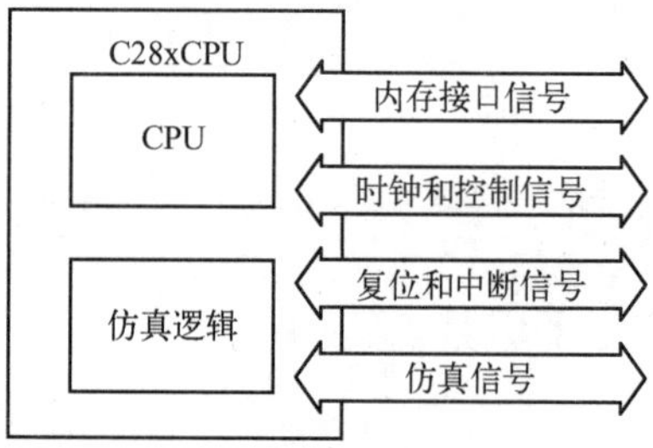

图 3-1　C28x CPU 组成概念框图

CPU 的信号是指由 CPU 发出或者输入到 CPU 的工作信号，主要包括 4 种：

① 存储器接口信号，这些信号是指 CPU 通过并行总线对存储器进行读写访问的时序信号，包括地址信号、数据信号和读写控制信号等。C28x 的 CPU 是 32 位的，但它能根据不同存储器字段的长度（16 位或 32 位）来区分不同的存取操作（16 位或 32 位）。

② 时钟和控制信号，为 CPU 和仿真逻辑单元提供时钟以及监控 CPU 状态。

③ 复位和中断信号，用来产生硬件复位和中断请求，以及对中断状态进行监视。

④ 仿真信号，用于仿真和调试。

图 3-2 给出了 C28x 的 CPU 内核的主要组成部分以及数据路径。从图中可以看出，C28x 的 CPU 主要由总线、CPU 寄存器、程序地址发生器和控制逻辑、地址寄存器算术单元（Address Register Arithmetic Unit，ARAU）、算术逻辑单元（Arithmetic Logic Unit，ALU）、乘法器和移位器等逻辑部件组成，还包括一些未在图中给出的逻辑单元，比如指令队列和指令译码单元、中断处理逻辑等。总线主要完成 CPU 内部寄存器与各逻辑部件之间或者 CPU 与外部存储器之间的数据传递。程序地址发生器和控制逻辑用于自动产生指令地址，将其送往程序地址总线，并控制对应指令的读取。ARAU 的主要作用是产生指令操作数的地址并将其送往对应的数据地址总线。ARAU 还控制堆栈指针以及辅助寄存器的内容，操作数的不同寻址方式是由 ARAU 单元实现的。ALU 为 32 位的算术逻辑单元，主要执行二进制补码的算术运算和布尔运算。在运算之前，ALU 从寄存器、数据存储器或程序控制逻辑单元接收数据，然后进行运算，最后把结果存入寄存器或数据存储器中。C28x 的 CPU 还有一个 32 位的乘法器，可以执行 32×32 位的二进制补码乘法运算，并产生 64 位的计算结果。为了同乘法器关联，C28x 运用 32 位乘数寄存器（Extended Temporary Register，XT）、32 位乘积寄存器（Product Register，P）和 32 位累加器（Accumulator，ACC）。XT 寄存器提供乘法的一个乘数，乘积被送往 P 寄存器或 ACC 中。CPU 的移位器实现对操作数的移位操作。

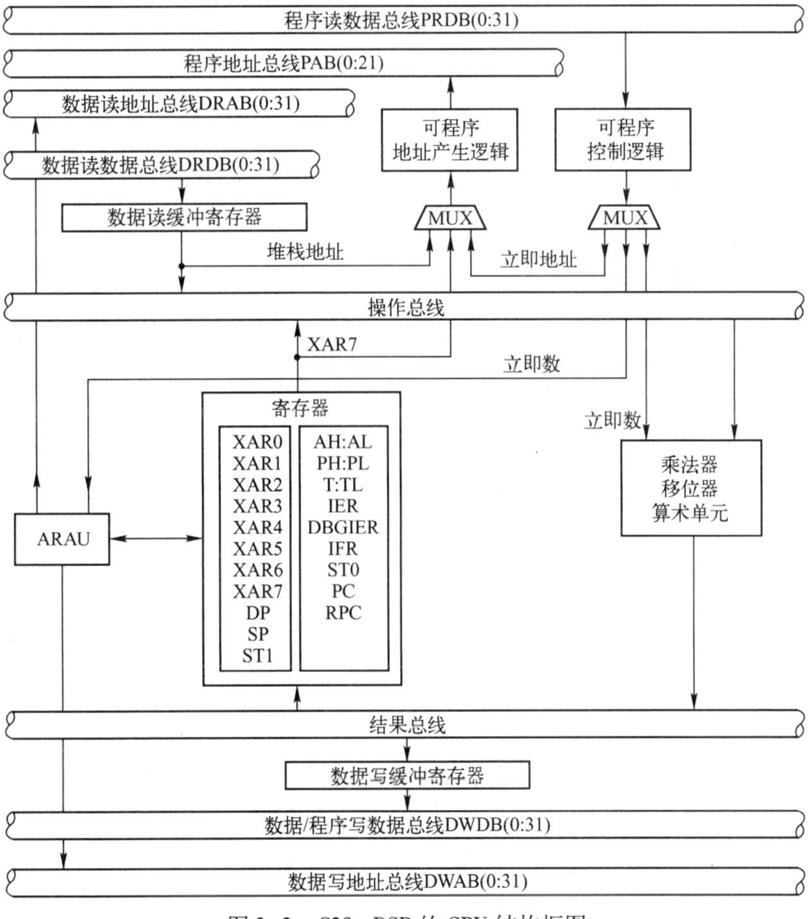

图 3-2　C28x DSP 的 CPU 结构框图

C28x 拥有一个高性能的 32 位定点数字信号处理 CPU 内核，该内核集中了数字信号处理器的诸多优秀特性，如采用改进型哈佛总线结构、精简指令系统（RISC）功能以及循环寻址（Circular Addressing）等。

C28x 具备改进哈佛结构处理器的特点，其存储空间被划分为程序空间和数据空间，CPU 也设计有专门的访问程序空间的指令。但是，与其他采用哈佛结构的存储器模式（如 2407）不同，C28x 的程序空间和数据空间本身是重合的，也没有独立的 I/O 空间，其外部引脚中也没有用来控制访问程序、数据空间的硬件使能信号。而 2407 具有独立的程序、数据和 I/O 空间。在硬件控制信号上，它设计有专门的访问程序空间的使能信号、访问数据空间的使能信号与访问 I/O 空间的使能信号。因此，其三大存储空间在物理上也可以进行区分，从而不会出现冲突。C28x 的改进型哈佛结构使其既保留了哈佛结构的优点，即通过对程序和数据空间的区分以避免二者的冲突，也可实现对 2407 系统程序的兼容，同时其又能够应用于冯·诺依曼模式。在冯·诺依曼模式下，程序和数据被存放于同样的存储器空间中而不做区分，由用户程序自己来管理二者，这种存储器管理功能正是一个操作系统的主要任务之一。因此，在 C28x 上可以方便地运行嵌入式操作系统。

C28x 采用 RISC 设计，其大多数常用指令为单周期指令，并且采用 8 级流水线结构。C28x 也保留了一些复杂的指令或特殊的寻址方式，如循环寻址方式，这种寻址方式对于 DSP 实现复杂的数学运算（如 FFT 变换）具有十分重要的价值，可大大提高运算速度和执行效率。

C28x 改进哈佛结构以及 RISC 特性的基础是多总线结构。基于多总线的 CPU 可以实现对程序空间或数据空间的独立访问以及实现指令流水线操作。如图 3-2 所示，C28x 的 CPU 内部包含多种总线。操作数总线为 CPU 的乘法器、移位器和 ALU 的运算提供操作数，结果总线则把运算结果送往各寄存器和存储器。

CPU 与存储器的接口地址和数据总线共有 6 组，包括 3 组地址总线和 3 组数据总线。CPU 通过这 6 组独立的地址和数据总线来完成指令和数据的并行读写及处理。

3 组独立的地址总线（Address Bus）包括：

1）程序地址总线 PAB（Program Address Bus）。PAB 用来传送来自程序空间的读/写地址，PAB 是一组 22 位的总线。可以访问 4 MW 存储空间。

2）数据读地址总线 DRAB（Data - Read Address Bus）。32 位的 DRAB 用来传送数据空间的读地址。

3）数据写地址总线 DWAB（Data - Write Address Bus）。32 位的 DWAB 用来传送数据空间的写地址。

3 组独立的数据总线（Data Bus）包括：

1）程序读数据总线 PRDB（Program - Read Data Bus）。PRDB 在读取程序空间时用来传送指令或数据。PRDB 是一组 32 位的总线。

通常，CPU 自动产生指令的地址并将其通过 PAB 送往程序存储器，程序存储器中被读取的指令则通过 PRDB 总线进入 CPU 的指令队列，这个工作是由 CPU 硬件自动进行的。不过，C28x 也有专门的程序空间访问指令（如 PREAD 和 PWRITE），用户可以采用这些指令来访问程序存储器的内容。对程序空间的访问，被访问的存储器地址通过 PAB 传递，而被读取的数据通过 PRDB 来传递。

2）数据读数据总线 DRDB（Data - Read Data Bus）。32 位的 DRDB 在读数据空间时用来传送数据。

3）数据/程序写数据总线 DWDB（Data/Program Write Data Bus）。32 位的 DWDB 在对数据空间或程序空间进行写数据时用来传送数据。

通常，数据存储器内存放用户定义的变量，由用户通过指令来访问。C28x 的 CPU 内部对数据存储器的读/写地址总线是分开的，读/写数据总线也是分开的。另外，向程序空间和数据空间写操作均通过 DWDB 传递数据。需要指出的是程序空间的读和写不能同时发生，因为它们都要使用程序地址总线 PAB。程序空间的写和数据空间的写也不能同时发生，因为两者都要使用数据/程序写数据总线 DWDB。运用不同总线的传输是可以同时发生的，如 CPU 可以在程序空间完成读操作（使用程序地址总线 PAB 和程序读数据总线 PRDB），而同时在数据空间完成读或写操作；或者在数据空间完成读操作（使用数据读地址总线 DRAB 和数据读数据总线 DRDB），同时在数据空间进行写操作（使用数据写地址总线 DWAB 和数据/程序写数据总线 DWDB）。

281x DSP 芯片外部为 16 位数据总线 Data（0：15）和 19 位地址总线 Address（0：18）的单一形式。2803x 芯片没有外部数据总线和地址总线。

多总线的结构使 C28x 能够实现流水线的指令执行机制。在执行一条指令时，C28x 执行下列操作：

① 从程序存储器中读取指令。

② 对指令译码。

③ 从存储器或 CPU 的寄存器中读数据值。

④ 执行指令。

⑤ 向存储器或 CPU 的寄存器写入结果。

既然一条指令的执行需要不同的步骤，为了提高效率，采用流水线的方式，在同一时刻处理多条指令，只要这些指令处于不同的阶段，不同时占用同一 CPU 资源（总线和寄存器）即可。采用流水线机制可以大大加快指令的执行速度，实现指令的执行在单机器周期内完成。C28x 采用了 8 级流水线，即采用 8 个独立的步骤完成指令的执行，也就是说，在某一时刻，流水线上最多可以运行 8 条指令，下面是 8 个具体的步骤。

1）取指令阶段 1：在该阶段，CPU 将指令地址通过 22 位的程序地址总线 PAB 送往程序存储器。

2）取指令阶段 2：在该阶段，CPU 通过 32 位的程序读数据总线 PRDB 对程序存储器进行读操作，并把读取的指令放入指令队列中。

3）译码阶段 1：DSP 支持 32 位和 16 位指令，指令可以被安排到偶地址或奇地址，在此阶段，CPU 硬件识别取指队列中指令的边界，并测定下一条待执行指令的长度，同时也确定指令的合法性。

4）译码阶段 2：在此阶段 CPU 硬件从取指队列中取回指令，并将该指令放入指令寄存器，完成译码。一旦指令进入该阶段，就一直会执行到结束。该阶段主要完成的工作根据指令不同而不同，例如：

① 若指令需要从存储器中读出数据，则 CPU 在该阶段产生源地址。

② 若指令需要将数据写入存储器，则 CPU 在该阶段产生目标地址。

③ 地址寄存器算术单元 ARAU 按要求完成对堆栈指针（SP）、辅助寄存器或辅助寄存器指针（ARP）的更改。

④ 如果执行流程控制指令，则该阶段断开程序的连续执行。

5）读阶段 1：如果指令要从存储器中读取数据，在此阶段硬件会将地址送到相应的地址总线上。

6）读阶段 2：在该阶段，硬件通过相应的数据总线取回读阶段 1 所寻址的存储器内的数据。

7）执行阶段：在该阶段 CPU 执行所有的乘法、移位和 ALU 操作，这包括所有运用累加器和乘积寄存器的主要算术和逻辑操作。这些操作涉及读数据、改变数据和向原位置写回数据等。例如，乘法器、移位器和 ALU 使用的所有 CPU 寄存器值都将在执行阶段开始时从寄存器中读出，而运算完成后，在执行阶段结束时向 CPU 寄存器中写回结果。

8）写阶段：如果要将指令执行的结果或转换值写回存储器，则该操作在此阶段发生。CPU 会驱动目标地址、相应的写选通信号和数据完成写操作。

尽管每一条指令都需要经过这 8 个阶段，但对具体指令来讲并非每个阶段都是有效的，一些指令在第二步译码 2 阶段就已经结束，另外一些指令在执行阶段结束，还有一些指令在写阶段结束。例如，不从存储器读的指令在读阶段就没有操作，不向存储器写的指令在写阶段就没有操作。由于不同的指令会在不同阶段对存储器和寄存器进行修改，一个不受保护的流水线会不按预定顺序在同一位置进行读写，这种现象称为流水线冲突。为了防止流水线冲突，CPU 会自动增加无效周期来确保这些读写按预定方式进行。

3.1.2　CPU 的寄存器

作为 CPU 的基本组成部分，寄存器的主要作用如下：

① 暂存算术运算或逻辑运算的操作数，如被加数、被减数或乘数等。

② 暂存指令执行的结果，如和、差或乘积等。

③ 作为通用目的存储单元，暂存变量。

④ 作为地址指针指向存储器。

⑤ 专用功能或特殊功能，如指令执行的状态位（溢出、进位等）指示、CPU 中断控制以及 DSP 模式控制等。

表 3-1 列出了 C28x DSP 的 CPU 寄存器及其复位后的值。

表 3-1　C28x DSP 的 CPU 寄存器

寄　存　器	长　　度	描　　述	复位后的值
ACC	32 位	累加器	0x0000 0000
AH	16 位	累加器高 16 位	0x0000
AL	16 位	累加器低 16 位	0x0000
XAR0	32 位	通用寄存器 0	0x0000 0000
XAR1	32 位	通用寄存器 1	0x0000 0000
XAR2	32 位	通用寄存器 2	0x0000 0000
XAR3	32 位	通用寄存器 3	0x0000 0000
XAR4	32 位	通用寄存器 4	0x0000 0000
XAR5	32 位	通用寄存器 5	0x0000 0000
XAR6	32 位	通用寄存器 6	0x0000 0000
XAR7	32 位	通用寄存器 7	0x0000 0000
AR0	16 位	通用寄存器 0 的低 16 位	0x0000
AR1	16 位	通用寄存器 1 的低 16 位	0x0000
AR2	16 位	通用寄存器 2 的低 16 位	0x0000

（续）

寄　存　器	长　　度	描　　述	复位后的值
AR3	16 位	通用寄存器 3 的低 16 位	0x0000
AR4	16 位	通用寄存器 4 的低 16 位	0x0000
AR5	16 位	通用寄存器 5 的低 16 位	0x0000
AR6	16 位	通用寄存器 6 的低 16 位	0x0000
AR7	16 位	通用寄存器 7 的低 16 位	0x0000
DP	16 位	数据页指针	0x0000
IFR	16 位	中断标志寄存器	0x0000
IER	16 位	中断使能寄存器	0x0000（INT1 ~ INT14，DLOGINT，RTOSINT 被禁止）
DBGIER	16 位	调试中断使能寄存器	0x0000（INT1 ~ INT14，DLOGINT，RTOSINT 被禁止）
P	32 位	乘积寄存器	0x0000 0000
PH	16 位	寄存器 P 的高 16 位	0x0000
PL	16 位	寄存器 P 的低 16 位	0x0000
PC	22 位	程序计数器	0x3F FFC0
RPC	22 位	返回程序计数器	0x0000 0000
SP	16 位	堆栈指针	0x0400
ST0	16 位	状态寄存器 0	0x0000
ST1	16 位	状态寄存器 1	0x080B
XT	32 位	乘数寄存器	0x0000 0000
T	16 位	XT 寄存器的高 16 位	0x0000
TL	16 位	XT 寄存器的低 16 位	0x0000

下面分别详细介绍一些主要寄存器的功能。

（1）累加器（ACC、AH、AL）

累加器（ACC）是 CPU 的主要工作寄存器。除了那些对存储器和寄存器的直接操作外，所有的 ALU 操作结果最终都要送入 ACC。ACC 支持单周期的数据传送操作、加法运算、减法运算以及来自数据存储器的宽度为 32 位的比较运算，它也可以接受 32 位乘法操作的运算结果。ACC 有一个非常重要的特点就是它既可以被作为一个 32 位的寄存器使用，也可以被拆解成两个 16 位的寄存器 AH（高 16 位）和 AL（低 16 位），它们可以被单独访问，甚至 AH 和 AL 的高 8 位和低 8 位也可以通过专用字节传送指令进行独立访问，这使得有效字节捆绑和解捆绑操作成为可能。ACC 可以单独存取的结构如图 3-3 所示。

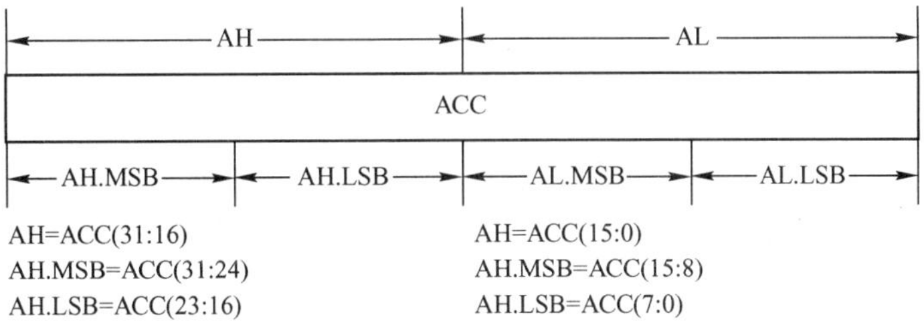

图 3-3　累加器可以单独存取的结构

累加器还影响以下一些相关状态位：

① 溢出模式位（OVM）。

② 符号扩展模式位（SXM）。

③ 测试/控制标志位（TC）。

④ 进位标志位（C）。

⑤ 零标志位（Z）。

⑥ 负标志位（N）。

⑦ 溢出标志位（V）。

⑧ 溢出计数位（OVC）。

下面是使用累加器 ACC 指令的例子：

```
ABS ACC              ;对累加器内容求绝对值,ACC 为 32 位寄存器
ADD AH,loc16         ;把 16 位的数与 AH 内容相加,loc16 表示一个 16 位的存储单元
```

（2）乘数寄存器（XT、T、TL）和乘积寄存器（P、PH、PL）

C28x CPU 的硬件乘法器可以进行一个 16 位 ×16 位或者 32 位 ×32 位的定点乘法运算。在进行 32 位 ×32 位乘法操作之前，XT 寄存器存放 32 位乘数。XT 可被分为两个独立的 16 位寄存器 T 和 TL，如图 3-4 所示，在进行一个 16 位 ×16 位的乘法运算时，T 寄存器存放 16 位的乘数。TL 寄存器可以被装载一个 16 位的有符号数，这个数会被自动进行符号扩展以填充 32 位的 XT 寄存器。

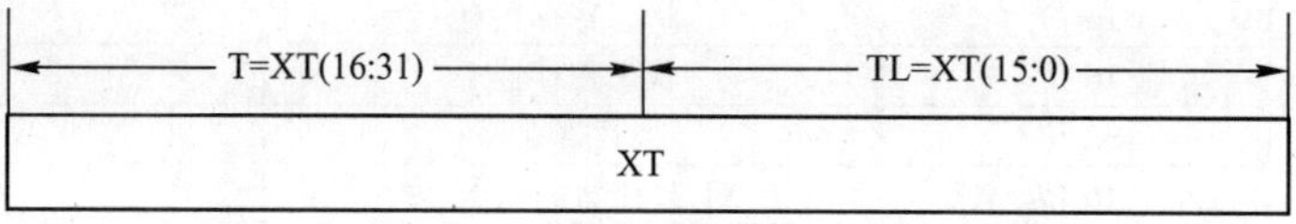

图 3-4　乘数寄存器 XT 的分半单独存取结构

32 位的乘积寄存器 P（Product）主要用来存放乘法运算的结果。它也可以直接被装入一个 16 位常数，或者从一个 16 位/32 位的数据存储器、16 位/32 位的可寻址 CPU 寄存器以及 32 位累加器中读取数据。P 寄存器可被分解成两个独立的 16 位寄存器 PH（高 16 位）和 PL（低 16 位）来使用，如图 3-5 所示。

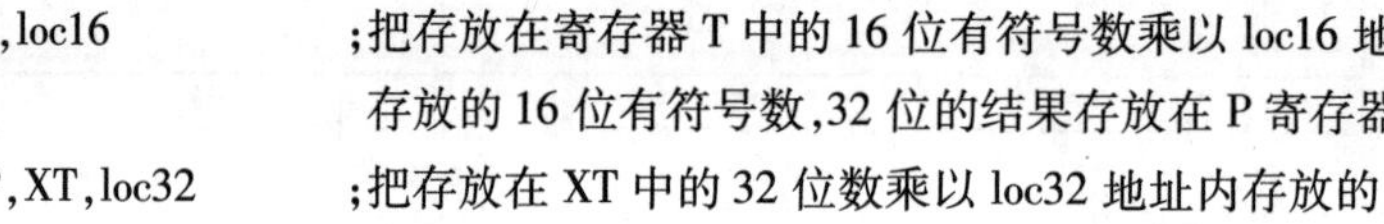

图 3-5　P 寄存器的分半单独存取结构

下面给出了使用乘数寄存器和乘积寄存器指令的例子：

```
MPYP,T,loc16            ;把存放在寄存器 T 中的 16 位有符号数乘以 loc16 地址
                         存放的 16 位有符号数,32 位的结果存放在 P 寄存器中
IMPYL P,XT,loc32        ;把存放在 XT 中的 32 位数乘以 loc32 地址内存放的 32 位有符号数,
                         乘积移位模式(PM)的值决定 64 位结果的低 32 位的哪一部分被
                         保存在 P 寄存器中
```

（3）数据页指针寄存器（DP）

与其他通用处理器一样，C28x 也设置了指令操作数的直接寻址方式。在直接寻址方式中，操作数的地址由两部分组成：一个页地址（Data Page）和一个页内的偏移量（Offset）。C28x 的数据存储器每 64 个字构成一个数据页，这样，4MW 的数据存储器共有 65536 个数据页，用 0～65535 进行标号，如图 3-6 所示。在直接寻址方式下，当前的页地址存放于 16

位的数据页指针寄存器（DP）中，可以通过给 DP 赋新值可改变数据页号。当 CPU 工作在 C2xLP（C24x DSP 的 CPU 内核）源兼容模式时，使用一个 7 位的偏移量，并忽略 DP 寄存器的最低位。

数据页	偏移	数据存储器
00 0000 0000 0000 00 ⋮ 00 0000 0000 0000 00	00 0000 ⋮ 11 1111	Page0:　0000 0000~0000 003F
00 0000 0000 0000 01 ⋮ 00 0000 0000 0000 01	00 0000 ⋮ 11 1111	Page1:　0000 0040~0000 007F
00 0000 0000 0000 10 ⋮ 00 0000 0000 0000 10	00 0000 ⋮ 11 1111	Page2:　0000 0080~0000 00BF
⋮	⋮	⋮　⋮
11 1111 1111 1111 11 ⋮ 11 1111 1111 1111 11	00 0000 ⋮ 11 1111	Page 65535:003F FFC0~003F FFFF

图 3-6　数据存储器的数据页

下面的指令实现了装载页指针 DP 的操作：

```
MOV     DP,#10 bit          ;把 10 位的立即数赋给 DP,DP 的高 6 位保持不变
MOVW    DP,#16 bit          ;把 16 位的立即数赋给 DP
```

（4）堆栈指针（SP）

堆栈指针（SP）允许在数据存储器中使用软件堆栈。堆栈指针为 16 位，可以对数据空间的低 64KW（数据存储器 0000H ~ FFFFH）进行寻址。

堆栈操作说明如下：

- 堆栈从低地址向高地址增长。
- SP 总是指向堆栈中的下一个空单元。
- 复位时，SP 被初始化指向地址 0400H。
- 将 32 位数值存入堆栈时，先存入低 16 位，然后将高 16 位存入下一个高地址中。
- 当读写 32 位的数值时，C28x CPU 期望存储器或外设接口逻辑把读写排成偶数地址。例如，如果 SP 包含一个奇数地址 0083H，那么进行一个 32 位的读操作时，将从地址 0082H 和 0083H 中读取数值。
- 如果增加 SP 的值，使它超过 FFFFH，或者减少 SP 的值，使它低于 0000H，则表明 SP 已经溢出。如果增加 SP 的值使它超过了 FFFFH，它就会从 0000H 开始计数。例如，如果 SP = FFFEH 而一个指令又使得 SP 加 2，则结果就是 0000H。当 SP 的值使它到达 0000H 再减少，它就会重新从 FFFFH 计数。例如，如果 SP = 0002H，而一个指令又使 SP 减 4，则结果就是 FFFEH。
- 当数值存入堆栈时，SP 并不要求排成奇数或偶数地址，排列由存储器或外设接口逻辑完成。

下面的指令说明了如何利用堆栈对寄存器内容进行保护：

```
PUSH    ACC    ;将累加器 ACC 的 32 位的内容压入堆栈,堆栈指针 SP 内容加 2
POP     ACC    ;将 SP 的内容减 2,然后将其指向的堆栈的内容弹入累加器 ACC
```

（5）辅助寄存器（XAR0～XAR7、AR0～AR7）

CPU 提供 8 个 32 位的辅助寄存器：XAR0、XARl、XAR2、XAR3、XAR4、XAR5、XAR6 和 XAR7（XARn，n＝0～7）。在间接寻址方式中，它们存放指向数据存储器的指令操作数的地址指针，XAR0～XAR7 也可以作为通用目的寄存器来使用。许多指令可以访问 XAR0～XAR7 的低 16 位，XAR0～XAR7 的低 16 位就是辅助寄存器 AR0～AR7，如图 3-7 所示，它们被用作循环控制或 16 位的通用目的寄存器。

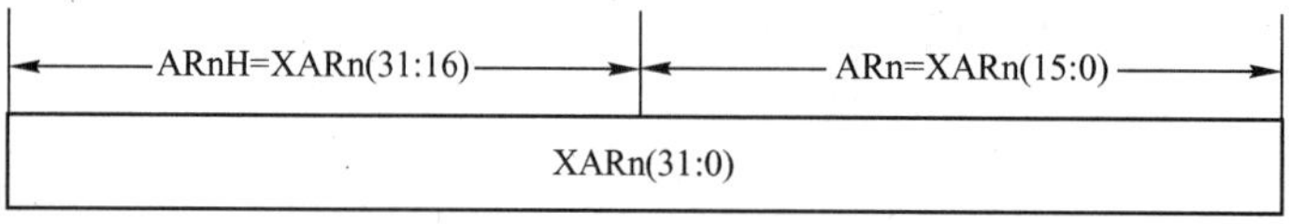

图 3-7　XAR0～XAR7 寄存器

当访问 AR0～AR7 时，寄存器的高 16 位（AR0H～AR7H）可能改变或不改变，这主要取决于所应用的指令。AR0H～AR7H 只能作为 XAR0～XAR7 的一部分来读取，不能单独进行访问。为了进行累加器操作，所有的 32 位都是有效的（@XAR）。为了进行 16 位操作，可以运用低 16 位，而高 16 位则不能使用（@ARn）。也可以根据指令使 XAR0～XAR7 指向程序存储器的任何值。

（6）程序计数器（PC）

C28x 的程序计数器（PC）是一个 22 位的寄存器，存放当前 CPU 正在操作指令的地址。对于 C28x 的流水线结构，在流水线满的时候，PC 指向的当前正在操作的指令即刚刚到达流水线的第二阶段即译码阶段的指令。一旦指令到达了流水线的这一阶段，它就不会再被中断或从流水线中清除掉，而是会一直执行完才会响应中断。

（7）返回 PC 指针寄存器（RPC）

C28x CPU 有两对用于子程序长调用的指令：LC 和 LRET，LCR 和 LRETR。所谓长调用即调用指令直接使用 22 位的函数入口地址，即可以在 0x00 0000～0x3F FFFF 的程序空间内进行操作。这两对长调用指令中，LCR 和 LRETR 比 LC 和 LRET 的执行效率更高，而 LCR 和 LRETR 指令将使用 RPC 寄存器，其他调用指令不使用 RPC 寄存器。当使用 LCR 指令执行一个长调用操作时，当前 RPC 的值会被压入堆栈（以 16 位方式分两次操作）。接下来，返回地址将被装载到 RPC 寄存器中，而 22 位的函数入口地址将被装载到 PC，从而使流程转入函数体中运行。当调用结束通过 LRETR 指令返回时，存放在 RPC 寄存器内的返回地址会被装载到 PC 中，而以前压入堆栈中的 RPC 寄存器的值将从堆栈中装载到 RPC 寄存器内（以两个 16 位的操作）。

```
;子程序 FuncA 的 RPC 调用
LCR     FuncA    ;调用 FuncA,返回地址存放在 RPC 寄存器内
…
FuncA:           ;子程序 FuncA
…
LRETR            ;执行 RPC 返回
```

（8）中断控制寄存器（IFR、IER、DBGIER）

C28x 有 3 个寄存器用于中断控制：中断标志寄存器（IFR）、中断使能寄存器（IER）和调试中断使能寄存器（DBGIER）。IFR 的每个位代表一个中断源的中断请求，当该位被置位时，将向 CPU 申请中断，而 IER 的各位则用于屏蔽或使能对应的中断请求，DBGIER 与 IER 功能类似，但它只在 DSP 工作于实时仿真模式时被使用。如果用户正在通过仿真器对应用程序进行调试并且 CPU 被暂停，此时那些在 DBGIER 中被使能的中断请求仍然能够被 CPU 响应，这些在 DBGIER 中被使能的中断称为时间敏感（Time Critical）中断。在使用 DBGIER 使能时间敏感中断时，IER 内对应的位也必须同时使能。如果在实时仿真模式下，CPU 处于运行状态，则标准的中断响应和处理机制被使用，而 DBGIER 的内容被忽略。

（9）状态寄存器（ST0、ST1）

C28x CPU 有两个重要的状态寄存器：ST0 和 ST1，其中包含着不同的标志位和控制位。ST0 包含指令操作所使用或影响的控制或标志位，如溢出、进位、符号扩展等。ST1 则主要包含一些特殊的控制位，如处理器的兼容模式选择、寻址模式配置等。ST0 和 ST1 的内容可以保存到数据存储器中，或者从数据存储器中装载，从而实现 CPU 状态的保存和恢复。

1）状态寄存器 ST0。图 3-8 给出了 CPU 的状态寄存器 ST0 的格式。

15–10	9–7	6	5	4	3	2	1	0
OVC/OVCU	PM	V	N	Z	C	TC	OVM	SXM
RW-00 0000	RW-0	RW-0	RW-0	RW-0	RW-0	RW-0	RW-0	RW-0

图 3-8　CPU 状态寄存器 ST0 的格式

- OVC/OVCU：溢出计数器（Overflow Counter）。在有符号数的操作中，溢出计数器是一个 6 位的有符号计数器 OVC，它的值是 $-32\sim+31$，用以保存累加器 ACC 的溢出信息（取决于溢出模式 OVM 的不同设置）；在无符号数操作中，该位为 OVCU，当执行 ADD 加法操作产生一个进位时，OVCU 递增，当执行 SUB 减法操作产生一个借位时，OVCU 递减。
- PM：乘积移位模式位。这三位的值决定了任何从乘积寄存器 P 的输出操作的移位模式。
- V：溢出标志。如果指令操作结果引起保存结果的寄存器产生溢出时，V 置位或锁定；如果没有溢出发生，则 V 不改变。
- N：负标志位。在某些操作中，若操作结果为负则 N 被置位；若操作结果为正则 N 被清零。
- Z：零标志。若操作结果为零则 Z 被置位；若操作结果非零则被清零。
- C：进位位。该位置位表明一个加法或者增量操作产生了进位，或者一个减法、比较或减量操作未产生借位。
- TC：测试/控制标志。该位表示位测试指令（TBIT 指令）完成测试的结果，或者指令 NORM 执行的结果。
- OVM：溢出模式位。当 ACC 接收加减结果，若结果产生溢出，则 OVM =0 或 1 决定 CPU 如何处理溢出。

- SXM：符号扩展模式位。在 32 位累加器中进行 16 位操作时，SXM 会影响 MOV、ADD 以及 SUB 指令。

2）状态寄存器 ST1。与 ST0 寄存器不同，ST1 寄存器内部包含着一些影响处理器运行模式、寻址模式以及调试和中断控制位等，无论是采用汇编语言编程或者 C 语言编程，ST1 寄存器都是重要的 CPU 寄存器，在程序初始化的阶段，用户必须对 ST1 进行合适的配置。图 3-9 给出了 CPU 的状态寄存器 ST1 的格式。

15–13	12	11	10	9	8
ARP	XF	M0M1MAP	Reserved	OBJMODE	AMODE
R/W-000	R/W-0	R-1	R/W-0	R/W-0	R/W-0

7	6	5	4	3	2	1	0
IDLESTAT	EALLOW	LOOP	SPA	VMAP	PAGE0	DBGM	INTM
R-0	R/W-0	R-0	R/W-0	R/W-1	R/W-0	R/W-1	R/W-1

图 3-9　CPU 状态寄存器 ST1 的格式

- ARP：辅助寄存器指针（Auxiliary Register Pointer）。这三位用于选择 8 个 32 位的辅助寄存器 XAR0 ~ XAR7 中的一个作为当前辅助寄存器。
- XF：XF 状态位。该位用于控制输出引脚 XF 的状态，它与 C2x LP CPU 兼容。对于该位的控制一般通过两条汇编语言来实现：SETC XF 指令进行置位；CLRC XF 指令进行清 0。如果在 C 语言环境下，一般也是通过 asm 编译器命令在 C 代码中嵌入这两条汇编语言，如 asm（“ SETC XF ”）或者 asm（“ CLRC XF ”）。
- M0M1MAP：存储器 M0 和 M1 映射模式位。在 C28x 目标模式下，M0M1MAP 应该一直保持为 1，这也是复位后的默认值。当 CPU 操作于 C27x 兼容模式下，该位可以被置为 0；但是对于 C28x，该位应该总是被置为 1，M0M1MAP = 0 的情况仅供 TI 在测试时使用。
- Reserved：保留。
- OBJMODE：目标兼容模式位。用来在 C27x 目标模式（OBJMODE = 0）和 C28x 目标模式（OBJMODE = 1）之间进行选择。所谓目标兼容模式是指 C28x DSP 可以兼容以前的 C27x 器件的寻址方式和指令代码，当然这种兼容性通过 OBJMODE 和 AMODE 两个标志位进行选择。如果选择 C28x 模式（OBJMODE = 1，AMOD = 0），则所有 C28x 的特性包括寻址方式和指令都能被使用。需要注意的是，在上电复位后，OBJMODE = 0，表示器件处于 C27x 目标模式，需要用户通过编程配置其进入 C28x 模式。汇编指令 C28OBJ 或 SETC OBJMODE 用于将 OBJMODE 置 1，C27OBJ 或 CLRC OBJMODE 指令用于将 OBJMODE 清零。
- AMODE：寻址模式位。该位允许用户在 C28x/C2xLP 指令寻址模式（AMODE = 0）和 C2xLP 指令寻址模式（AMODE = 1）之间进行选择。复位默认 C28x 寻址模式方式。
- IDLESTAT：空闲状态位。该位是只读位，当执行 IDLE 指令时，该位会被置位，随后 CPU 进入低功耗模式；而下列任一情况均可使其复位：①中断发生后；②中断没有发生但 CPU 退出 IDLE 状态；③一个无效指令进入指令寄存器；④某一个外设产生复位。当 CPU 响应中断时，当前 IDLESTAT 的值被存储到堆栈中（随 ST1 寄存器被保存），然后 IDLESTAT 位被自动清零。当中断服务程序结束并返回时，IDLESTAT 不从堆栈中恢复。

- EALLOW：仿真允许访问使能位。C28x 的仿真寄存器和其他受保护的外设寄存器，当用户要对其进行访问时需要将 EALLOW 位置 1。两条汇编指令被用于对 EALLOW 位进行置位和清零操作：EALLOW 指令用于置位，EDIS 指令用于清零。通常这两条汇编语言的引用语句被定义成两条同名的宏命令：EALLOW 宏和 EDIS 宏。故在 C 语言编程时，可以直接使用宏来使能或禁止 EALLOW 保护的寄存器的读写操作，例如：

```
EALLOW;              //EALLOW 宏,使能 EALIOW 位,允许对保护寄存器的访问
                     //#defineEALLOW asm(" EALLOW ")
PLLCR = 0x0000;      //对受 EALLOW 保护的 PLLCR 寄存器进行赋值操作
EDIS;                //EDIS 宏,清零 EALLOW 位,禁止对保护寄存器的访问
                     //#defineEDIS asm(" EDIS ")
```

当 CPU 响应中断时，当前 EALLOW 的值被存储到堆栈中（随 ST1 寄存器被保存），然后 EALLOW 位被自动清零，因此在中断服务程序的开始，访问 EALLOW 保护的寄存器是被禁止的，如果用户需要对这些寄存器进行访问，那么必须将 EALLOW 重新置位。当中断服务程序结束并返回时，存储在堆栈中的 EALLOW 值会被恢复。

- LOOP：循环指令状态位。当循环指令 LOOPNZ 或 LOOPZ 在被 CPU 执行时，该位被置位；当特定条件满足循环结束时，LOOP 位清零。该位为只读位，除了循环指令不受其他指令的影响。当 CPU 服务于某中断，LOOP 位被保存到堆栈（随 ST1 被保存），然后 LOOP 位被硬件清零。中断返回时，LOOP 不从堆栈中恢复。
- SPA：堆栈指针定位（Stack Pointer Alignment）位。SPA 表明 CPU 是否已通过 ASP 指令预先把堆栈指针定位到偶数地址上。执行 ASP 指令时，若堆栈指针 SP 指向一个奇数地址，则 SP 加 1 以使它指向偶数地址，同时 SPA 被置位；若 SP 已经指向一个偶数地址，则 SP 不改变。
- VMAP：向量映像（Vector Map）位。VMAP 决定 CPU 的中断向量表（包括复位向量）被映像到程序存储器的最低地址还是最高地址。如果 VMAP = 0，则 CPU 的中断向量表被映像到存储器的最低地址：0x00 0000 ~ 0x00 003F；如果 VMAP = 1，则 CPU 中断向量表被映像到高端地址：0x3F FFC0 ~ 0x3F FFFF。复位时，VMAP 被置位，即 CPU 中断向量表位于地址高端。
- PAGE0：寻址模式设置位。PAGE0 在两个独立的寻址模式之间进行选择：PAGE0 直接寻址模式（PAGE0 = 1）和 PAGE1 堆栈寻址模式（PAGE0 = 0）。
- DBGM：调试使能屏蔽位。当 DBGM 置位时，调试功能被禁止，仿真器将不能实时访问存储器和寄存器，调试器窗口也停止更新，CPU 忽略调试暂停或硬件断点请求直到 DBGM 被清 0。当 CPU 执行一个中断服务程序之前，DBGM 的当前值会被保存到堆栈，然后 DBGM 被置位，关闭调试功能，当中断返回时，DBGM 的值将恢复。如果用户希望在中断服务程序中设置断点或者单步运行程序，则必须在中断服务程序开始的地方添加清零 DBGM 的语句。DBGM 的置位和清零采用汇编语言：SETC DBGM（调试事件被禁止），CLRC DBGM（调试事件被使能）。设置 DBGM 控制的主要作用是使用户能够在时间敏感的代码内阻止调试功能，保证代码的实时运行不受调试器的影响而出错。

- INTM：中断全局屏蔽位。该位可以全局使能和禁止所有的 CPU 的可屏蔽中断，即为可屏蔽中断的“总开关”。INTM = 0，可屏蔽中断被使能；INTM = 1，可屏蔽中断被禁止。INTM 对于不可屏蔽中断，包括硬件复位和硬件中断$\overline{\text{NMI}}$没有影响。另外，当 CPU 在实时仿真模式下被暂停时，即使 INTM 设置为屏蔽，但由 IER 和 DBGIER 使能的中断仍将得到 CPU 的响应。当 CPU 服务一个中断时，当前 INTM 的值随 ST1 被存储到堆栈中，然后 INTM 被置位。当中断返回时，INTM 将从堆栈中恢复。对 INTM 的置位或清零分别通过两条汇编语句实现：SETC INTM 和 CLRC INTM。INTM 的值不会引起中断标志寄存器（IFR）、中断使能寄存器（IER）以及调试中断使能寄存器（DBGIER）内容的修改。

3.2 寻址方式

3.2.1 寻址方式概述

1. 寻址方式分类

寻址方式是 CPU 根据指令中给出的地址信息来寻找指令操作数物理地址的方式，即获得操作数的方式。C28x CPU 支持四种基本的寻址方式：直接寻址（Direct Addressing）、堆栈寻址（Stack Addressing）、间接寻址（Indirect Addressing）和寄存器寻址（Register Addressing）。

在直接寻址方式中，16 位的数据页指针（DP）寄存器作为固定的页指针，指令中提供 6 位或 7 位偏移量，这些偏移量与 DP 中的值一起确定操作数的地址。

在堆栈寻址方式中，16 位的堆栈指针（SP）用于访问堆栈的信息。C28x 的软件堆栈从存储器的低地址变化到高地址，堆栈指针总是指向下一个位置。在指令中提供 6 位的偏移量，表明数据入栈或出栈时堆栈指针的增加和减小值。

在间接寻址方式中，32 位的辅助寄存器 XARn 作为数据指针。在 C28x 的间接寻址中所用的间接寻址寄存器由指令直接指定。在 C2xLP 的间接寻址中，由 3 位的辅助寄存器指针（ARP）选择指令使用哪个辅助寄存器作为间接寻址寄存器。

在寄存器寻址方式中，另一个寄存器可作为访问的源操作数或目标操作数，即寄存器内容为操作数。这种寻址可实现 C28x 的寄存器到寄存器的操作。

C28x 还有少数指令使用数据/程序/IO 空间立即寻址方式或程序空间间接寻址方式。立即寻址方式与其他处理器立即寻址方式略有不同。可以使用间接寻址对程序空间中的存储器进行访问。

2. 寻址方式选择位（AMODE）

由于 C28x 提供了多种寻址方式，C28x 的大多数指令操作码用 8 位字段来表示指令使用的寻址方式和所选寻址方式的相关信息。而且，这 8 位操作码信息受 CPU 的状态寄存器 ST1 中的寻址方式选择位（AMODE）的影响。同一指令，AMODE 的取值不同，指令操作码中对应寻址的 8 位操作码不同。

（1）AMODE 对指令操作码的影响

1）AMODE = 0。这是复位默认方式，也是 C28x 的 C/C ++ 编译器使用的方式。这种方式与 C2xLP CPU 的寻址方式不完全兼容，数据页指针偏移量为 6 位（而 C2xLP 中为 7 位），并且不支持所有的间接寻址方式。

2）AMODE = 1。该方式与 C2xLP CPU 的寻址方式完全兼容，数据页指针偏移量为 7 位，并且支持所有 C2xLP 的间接寻址方式。

例如，直接寻址方式在 AMODE = 1 时，指令操作码对应寻址的 8 位信息为：0III IIII（7 个 I 表示指令中给出的偏移地址）。在 AMODE = 0 时，指令操作码对应寻址的 8 位信息为 00II IIII（6 位的 I 表示指令中给出的偏移地址）。

（2）汇编器/编译器对 AMODE 位的跟踪

由于 C/C ++ 编译器假定寻址方式设定在 AMODE = 0，因此，只能满足使用 AMODE = 0 条件下的寻址方式。汇编器可以按照命令行操作指定默认状态为 AMODE = 0 或 AMODE = 1，这些操作如下：

```
-v28                ;假设 AMODE = 0(C28x 寻址方式)
-v28  -m20          ;假设 AMODE = 1(C2xLP 兼容寻址方式)
```

另外，汇编器允许文件中嵌套指令改变寻址方式。使用的命令如下：

```
.c28_amode          ;告知汇编器后缀代码为 AMODE = 0(C28x 寻址方式)
.lp_amode           ;告知汇编器后缀代码为 AMODE = 1(C2xLP 兼容寻址方式)
```

在汇编程序中，上述命令可被使用如下：

```
…                   ;汇编器配置选择使用 AMODE = 0
…                   ;该段指令只能使用 AMODE = 0 寻址方式
SETC  AMODE         ;设置 AMODE = 1
.lp_amode           ;告知汇编器按照 AMODE = 1 的语法
…                   ;该段指令只能使用 AMODE = 1 寻址方式
…
CLRC  AMODE         ;回复到 AMODE = 0
.c28_amode          ;告知汇编器按照 AMODE = 0 的语法
…                   ;该段指令只能使用 AMODE = 0 寻址方式
```

3.2.2 直接寻址方式

直接寻址方式（Direct Addressing Mode）操作数的 22 位物理地址被分成两部分，16 位的数据页指针（DP）寄存器作为固定的页指针，指令中提供 6 位或 7 位的偏移量，这些偏移量与 DP 中的值一起确定操作数的地址。

下面按照 AMODE 的取值不同介绍对应语法。以下的符号 loc16/loc32 表示指令是 16 还是 32 位操作数。

表 3-2 列出了 AMODE = 0 时的直接寻址语法。

表 3-2　AMODE＝0 时的直接寻址语法

AMODE	"loc16/loc32" 语法	操作地址说明
0	@6 bit	32 位数据地址（31:22）＝0 32 位数据地址(21:6)＝DP(15:0) 32 位数据地址(5:0)＝6 bit

注：一个数据页为 64 个字。

直接寻址实例：

```
MOVW DP,#VarA          ;用变量 VarA 所在页地址值装载 DP
ADD  AL,@ VarA         ;将 VarA 存储单元的值加到 AL 中,此处的符号@ 可以省略
MOV  @ VarB,AL         ;将 AL 内容存入 VarB 存储单元,VarB 与 VarA 应在同一页
```

表 3-3 列出了 AMODE＝1 时的直接寻址语法。

表 3-3　AMODE＝1 时的直接寻址语法

AMODE	"loc16/loc32" 语法	操作地址说明
1	@@7 bit	32 位数据地址(31:22)＝0 32 位数据地址(21:7)＝DP(15:1) 32 位数据地址(6:0)＝7 bit

注：一个数据页为 128 个字。

直接寻址实例：

```
SETC AMODE             ;令 AMODE＝1
.lp_amode              ;告知汇编器按照 AMODE＝1 的语法
MOVW  DP,#VarA         ;用变量 VarA 所在页地址值装载 DP
ADD   AL,@@ VarA       ;将 VarA 存储单元的内容加到 AL 中
MOV   @@ VarB,AL       ;将 AL 内容存入 VarB 存储单元,VarB 与 VarA 应在同一页
```

由表中操作数地址说明部分可见，直接寻址的 32 位数据地址（31:22）部分始终为 0，因此，直接寻址只能访问 C28x 数据地址低端的 4 MB 空间（21:0）。

3.2.3　堆栈寻址方式

堆栈寻址方式（Stack Addressing Mode）操作数在堆栈中，操作数物理地址由堆栈指针 SP 给出。C28x 的软件堆栈从存储器的低地址变化到高地址，堆栈指针总是指向下一个位置。在指令中提供 6 位的偏移量，表明数据入栈或出栈时，栈指针增加和减小值。

堆栈寻址有 3 种方式：* -SP[6 bit]、*SP++和* --SP，其说明分别见表 3-4 ~ 表 3-6。

表 3-4　AMODE＝0 时 * -SP[6 bit]的语法说明

AMODE	"loc16/loc32" 语法	操作地址说明
0	* -SP[6 bit]	32 位数据地址(31:16)＝0 32 位数据地址(15:0)＝SP-6 bit 即操作数地址为 SP 寄存器减去指令中给出的 6 bit 偏移量

指令实例：

```
ADD     AL,* -SP[5]       ;将(SP-5)堆栈单元的16位内容加到AL中
ADDL    ACC,* -SP[12]     ;将(SP-12)堆栈单元的32位内容加到ACC中
MOVL    * -SP[36],ACC     ;将ACC的32位内容存入(SP-36)堆栈单元
```

表 3-5　AMODE = x 时 * SP ++ 的语法说明

AMODE	"loc16/loc32" 语法	操作地址说明
x	* SP ++	32位数据地址(31:16) = 0 32位数据地址(15:0) = SP

注：指令执行后，若是loc16，则 SP = SP + 1；若是loc32，则 SP = SP + 2。

指令实例：

```
MOV     * SP ++ ,AL       ;将16位AL的内容压入堆栈,且SP=SP+1
MOVL    * SP ++ ,P        ;将32位P寄存器的内容压入堆栈,且SP=SP+2
```

表 3-6　AMODE = x 时 * --SP 的语法说明

AMODE	"loc16/loc32" 语法	操作地址说明
x	* --SP	若是loc16,则 SP = SP - 1 若是loc32,则 SP = SP - 2 32位数据地址(31:16) = 0 32位数据地址(15:0) = SP

指令实例：

```
ADD     AL,* --SP         ;将栈顶16位内容弹出并加到AL寄存器中
MOVL    ACC,* --SP        ;将栈顶32位内容弹出并存入ACC寄存器中
```

3.2.4　间接寻址方式

间接寻址方式（Indirect Addressing Mode）操作数的物理地址存放在32位寄存器XAR0～XAR7中。在C28x的间接寻址中所用的寄存器直接出现在指令中。在C2xLP的间接寻址中，由3位的辅助寄存器指针（ARP）选择指令使用哪个辅助寄存器作为间接寻址寄存器。

AMODE的取值不同，则间接寻址方式也不同。下面介绍C28x、C2xLP以及循环间接寻址方式。

1. C28x间接寻址方式

C28x间接寻址方式有5种形式：* XARn ++、* --XARn、* +XARn[AR0]、* +XARn[AR1]和 * +XARn[3 bit]，其说明分别见表3-7～表3-11。

表 3-7　AMODE = x 时 * XARn ++ 的语法说明

AMODE	"loc16/loc32" 语法	说　　明
x	* XARn ++	ARP = n 32位数据地址(31:0) = XARn

注：指令执行后，若是loc16，则 XARn = XARn + 1；若是loc32，则 XARn = XARn + 2。

指令实例：

```
    MOVL    XAR2,#Array1          ;将 Array1 的起始地址装入 XAR2
    MOVL    XAR3,#Array2          ;将 Array2 的起始地址装入 XAR3
    MOV     @AR0,#N-1             ;将循环次数 N 装入 AR0
Loop:
    MOVL    ACC,*XAR2++           ;将 XAR2 所指存储单元内容装入 ACC,之后 XAR2 加 2
    MOVL    *XAR3++,ACC           ;将 ACC 内容存入 XAR3 所指存储单元,之后 XAR3 加 2
    BANZ    Loop,AR0--            ;循环判断是否 AR0=0,不为 0 转,且 AR0 减 1
```

该程序段实现将起始地址 Array1 开始的 N 个存储单元（32 位）的内容复制到 Array2 开始的存储单元。

表 3-8　AMODE = x 时 * --XARn 的语法说明

AMODE	“loc16/loc32” 语法	说　明
x	* --XARn	ARP = n 若是 loc16，则 XARn = XARn - 1 若是 loc32，则 XARn = XARn - 2 32 位数据地址(31:0) = XARn

指令实例：

```
    MOVL    XAR2,#Array1+N*2      ;将 Array1 的结束地址装入 XAR2
    MOVL    XAR3,#Array2+N*2      ;将 Array2 的结束地址装入 XAR3
    MOV     @AR0,#N-1             ;将循环次数 N 装入 AR0
Loop:
    MOVL    ACC,*--XAR2           ;XAR2 先减 2,XAR2 所指存储单元内容装入 ACC
    MOVL    *--XAR3,ACC           ;XAR3 先减 2,将 ACC 内容存入 XAR3 所指存储单元
    BANZ    Loop,AR0--            ;循环判断是否 AR0=0,不为 0 转,且 AR0 减 1
```

表 3-9　AMODE = x 时 * +XARn[AR0]的语法说明

AMODE	“loc16/loc32” 语法	说　明
x	* +XARn[AR0]	ARP = n 32 位数据地址(31:0) = ARn + AR0

表 3-10　AMODE = x 时 * +XARn[AR1]的语法说明

AMODE	“loc16/loc32” 语法	说　明
x	* +XARn[AR1]	ARP = n 32 位数据地址(31:0) = XARn + AR1

指令实例：

```
    MOVW    DP,#Array1ptr         ;DP 指向 Array1 指针位置
    MOVL    XAR2,@Array1ptr       ;将 Array1 指针装入 XAR2
    MOVB    XAR0,#16              ;AR0=16,AR0H=0
    MOVB    XAR1,#68              ;AR1=68,AR1H=0
    MOVL    ACC,*+XAR2[AR0]
```

```
MOVL     P, * +XAR2[AR1]
MOVL     * +XAR2[AR1],ACC
MOVL     * +AR2[AR0],P          ;将 Array1[16]的内容与 Array1[68]的内容互换
```

表 3-11　AMODE = x 时 * +XARn[3 bit]的语法说明

AMODE	"loc16/loc32" 语法	说　明
x	* +XARn[3 bit]	ARP = n 32 位数据地址(31:0) = XARn +3 bit

指令实例:

```
MOVW     DP,#Array1ptr          ;DP 指向 Array1 指针位置
MOVL     XAR2,@ Array1ptr       ;将 Arrayl 指针装入 XAR2
MOVL     ACC, * +XAR2[2]
MOVL     P, * +XAR2[5]
MOVL     * +XAR2[5],ACC
MOVL     * +XAR2[2],P           ;将 Array1[2]的内容与 Array1[5]的内容互换
```

注意：汇编器也可以将" *XARn" 作为一种寻址方式，这其实是" * +XARn[3 bit]"的特例" * +XARn [0]"。

2. C2xLP 间接寻址方式

C2xLP 间接寻址方式在 AMODE =0 时有 8 种形式：*、* ++、* --、*0 ++、*0 --、BR0 ++、* BR0 -- 和 * ,ARPn。在 AMODE =1 时与 C24x 完全兼容。各种寻址方式综合说明见表 3-12 ~ 表 3-18。

表 3-12　AMODE = x 时 * 的语法说明

AMODE	"loc16/loc32" 语法	说　明
x	*	32 位数据地址(31:0) = XAR(ARP) 即使用 ARP 指针指定的 XAR 寄存器，ARP = 0 使用 XAR0，ARP = 1 使用 XAR1，以此类推
x	* , ARPn	上述过程相同，指令执行后 ARP = n

表 3-13　AMODE = x 时 * ++ 的语法说明

AMODE	"loc16/loc32" 语法	说　明
x	* ++	32 位数据地址(31:0) = XAR(ARP) 若是 loc16，则 XARn = XAR(ARP) +1 若是 loc32，则 XARn = XAR(ARP) +2
1	* ++ , ARPn	上述过程相同，指令执行后 ARP = n

表 3-14　AMODE = x 时 * -- 的语法说明

AMODE	"loc16/loc32" 语法	说　明
x	* --	32 位数据地址(31:0) = XAR(ARP) 若是 loc16，则 XARn = XAR(ARP) -1 若是 loc32，则 XARn = XAR(ARP) -2
1	* -- ,ARPn	上述过程相同，指令执行后 ARP = n

指令实例：

```
MOVL     XAR2,#Array1       ;将 Array1 的起始地址装入 XAR2
MOVL     XAR3,#Array2       ;将 Array2 的起始地址装入 XAR3
MOV      @AR0,#N-1          ;将循环次数 N 装入 AR0
NOP      *,ARP2             ;ARP 指针指向 XAR2
SETC     AMODE              ;务必令 AMODE = 1
.lp_amode                   ;告知汇编器 AMODE = 1
```

Loop:

```
MOVL  ACC,*++,ARP3          ;将 XAR2 所指存储单元内容装入 ACC,之后 XAR2 加 2
                            ;ARP 指针指向 XAR3
MOVL  *++,ACC,ARP0          ;将 ACC 内容存入 XAR3 所指存储单元,之后 XAR3 加 2
                            ;ARP 指针指向 XAR0
BANZ  Loop,*--,ARP2         ;循环直至 AR0 = 0,AR0 减 1。ARP 指针指向 XAR2
```

表 3-15　AMODE = x 时 *0 ++ 的语法说明

AMODE	"loc16/loc32" 语法	说　明
x	*0 ++	32 位数据地址(31:0) = XAR(ARP) XAR = XAR(ARP) + AR0
1	*0 ++, ARPn	上述过程相同，指令执行后 ARP = n

注：XAR0 的低 16 位加到选定的 32 位寄存器中，XAR0 的高 16 位被忽略。AR0 作为一个 16 位的无符号数。

表 3-16　AMODE = x 时 *0 -- 的语法说明

AMODE	"loc16/loc32" 语法	说　明
x	*0 --	32 位数据地址(31:0) = XAR(ARP) XAR = XAR(ARP) - AR0
1	*0 --, ARPn	上述过程相同，指令执行后 ARP = n

注：从选定的 32 位寄存器中减去 XAR0 的低 16 位，XAR0 的高 16 位被忽略。AR0 作为一个 16 位的无符号数。

表 3-17　AMODE = x 时 *BR0 ++ 的语法说明

AMODE	"loc16/loc32" 语法	说　明
x	*BR0 ++	32 位数据地址(31:0) = XAR(ARP) XAR(ARP)(15:0) = XAR(ARP) + rcaddAR0 XAR(ARP)(31:16)不变
1	*BR0 ++, ARPn	上述过程相同，指令执行后 ARP = n

注：XAR0 的低 16 位反向进位加（rcadd）到选定的 32 位寄存器中，XAR0 的高 16 位被忽略。操作不改变选定寄存器的高 16 位。

指令实例：

```
MOVL    XAR2,#Array1     ;将 Array1 的起始地址装入 XAR2
MOVL    XAR3,#Array2     ;将 Array2 的起始地址装入 XAR3
MOV     @AR0,#N          ;将 Array 的长度 N 装入 AR0,N 必须是 2 的倍数
MOV     @AR1,#N-1        ;将循环次数 N 装入 AR1
```

```
    NOP      *,ARP2             ;ARP 指针指向 XAR2
    SETC     AMODE              ;令 AMODE = 1
    .lp_amode                   ;告知汇编器 AMODE = 1
Loop:
    MOVL   ACC,*++,ARP3         ;将 XAR2 所指存储单元内容装入 ACC,且 XAR2 加 2
                                ;ARP 指针指向 XAR3
    MOVL   *BR0++,ACC,ARP1      ;将 ACC 内容存入 XAR3 所指存储单元,XAR3 反向进位加 AR0
    BANZ   Loop,*--,ARP2        ;循环直至 AR0 = 0,AR0 减 1。ARP 指针指向 XAR2
```

表 3-18 AMODE = x 时 *BR0 -- 的语法说明

AMODE	"loc16/loc32" 语法	说明
x	*BR0 --	32 位数据地址(31:0) = XAR(ARP) XAR(ARP)(15:0) = XAR(ARP) + rcsubAR0 XAR(ARP)(31:16)不变
1	*BR0 --, ARPn	上述过程相同，指令执行后 ARP = n

注：从被选定寄存器的低 16 位反向借位减（rcsub）去 XAR0 的低 16 位。XAR0 高 16 位被忽略。操作不会改变选定寄存器的高 16 位。

反向进位加法和反向借位减法通常用于 FFT 算法的数据重新排序。典型的使用方法是，AR0 被初始化为（FFT 点数）/2，使用反向进位寻址方式则可以自动产生存储 FFT 数据的地址。在 C28x 中，这种寻址方式限制数据块尺寸小于 64 KW，实际上大多数 FFT 运算都远小于这个数值。

3. 循环间接寻址方式

循环间接寻址（Circular Indirect Addressing）有两种方式，说明分别见表 3-19 和表 3-20。

表 3-19 AMODE = 0 时 *AR6% ++ 的语法说明

AMODE	"loc16/loc32" 语法	说明
0	*AR6% ++	32 位数据地址(31:0) = XAR6 若 XAR6(7:0) = XAR1(7:0) {XAR6(7:0) = 0,XAR6(15:8)不变} 否则 {若是 loc16,XR6(15:0) = +1} 若是 loc32,XR6(15:0) = +2} XAR6(31:16)不变，ARP = 6

注：这种寻址方式，循环缓冲器不能跨越 64 KW 的页边界，被限制在数据空间的低 64 KW 空间。

实例：计算有限脉冲响应（FIR）滤波器（X[N]为数据阵列，C[N]为系数矩阵）。

```
    MOVW    DP,#Xpointcr        ;将 X[N]阵列 Xpointcr 的页地址装入 DP
    MOVL    XAR6,@Xpointer      ;将当前的 Xpointer 值装入 XAR6
    MOVL    XAR7,#C             ;将 C 阵列的起始地址装入 XAR7
    MOV     @AR1,#N             ;将阵列大小装入 AR1
    SPM     -4                  ;设置乘积移位模式为右移 4 位
```

```
ZAPA                                  ;ACC = 0, P = 0, OVC = 0
RPT      N - 1                        ;下一条指令重复执行 N 次
QMACL    P, *AR6% ++, *AR7 ++         ;ACC = ACC + P >> 4
                                      ;P = ( *AR6% ++ ) × ( *AR7 ++ ) >> 32,修改指针
ADDL     ACC, P << PM                 ;最后累加
MOVL     @Xpointer, XAR6              ;将 XAR6 存入当前 Xpointer
MOVL     @Sum, ACC                    ;将结果存入 Sum
```

表 3-20　AMODE = 1 时 *AR6% ++ 的语法说明

AMODE	"loc16/loc32" 语法	说　明
1	*AR6%[AR1 ++]	32 位数据地址(31:0) = XAR6 + AR1 若 XAR6(15:0) = XAR(31:16) {XAR6(15:0) = 0} 否则 {若是 loc16, XR6(15:0) = +1} 若是 loc32, XR6(15:0) = +2} XAR6(31:16)不变，ARP = 6

注：这种寻址方式，没有循环缓冲器定位要求。

3.2.5　寄存器寻址方式

寄存器寻址方式（Register Addressing Mode）操作数在寄存器中。寄存器寻址方式可分为 32 位和 16 位寻址方式。

1. 32 位寄存器寻址方式

32 位寄存器寻址方式可用的 32 位寄存器有 ACC、P、XT 和 XARn。当@ACC 作为目的操作数时，可能会影响 Z、N、V、C 和 OVC 标志位。AMODE = 0 和 AMODE = 1 指令完全一样，即与 AMODE 无关。

指令实例：

```
MOV      XAR6, @ACC       ;将 ACC 的内容装入 XAR6
MOV      @ACC, XT         ;将 XT 寄存器的内容装入 ACC
MOVL     P, @XAR2         ;将 XAR2 寄存器的内容装入 P
ADDL     ACC, @P          ;ACC = ACC + P
```

注意寄存器寻址方式中的符号"@"是可选的，如指令"ADDL　ACC，@P"与指令"ADDL　ACC，P"是等价的。

2. 16 位寄存器寻址方式

16 位寄存器寻址方式可用的 16 位寄存器有 AL、AH、PL、PH、TH、SP 和 ARn。当@AL 或@AH 作为目的操作数时，可能会影响 Z、N、V、C、OVC 标志位，对应的高 16 位或低 16 位不受影响。AMODE = 0 和 AMODE = 1 指令完全一样，即与 AMODE 无关。

指令实例：

```
MOV      PH, @AL          ;将 AL 的内容装入 PH
ADD      @AH, AL          ;AH = AH + AL
MOV      AL, @SP          ;将 SP 的内容装入 AL
```

```
MOVL    P,@XAR2      ;将 XAR2 寄存器的内容装入 P
ADDL    ACC,@P       ;ACC = ACC + P
```

注意寄存器寻址方式中的符号“@”是可选的。

3.2.6 数据/程序/IO 空间立即寻址方式

数据/程序/IO 空间立即寻址方式（Immediate Addressing Mode）有 4 种语法：*(0:16 bit)、*(PA)、0:pma 和 *(pma)，PA 表示端口地址（Port Address），pma 表示程序存储器地址（Program Memory Address）。说明分别见表 3-21 ~ 表 3-24。

表 3-21　访问数据空间的 *（0:16 bit）语法说明

语　法	说　明
*(0:16 bit)	32 位数据地址（31:16）=0 32 位数据地址（15:0）=16 位立即数

注：如果指令被重复执行，每一次执行后地址都会增加。这种寻址方式只能访问数据空间的低 64 KW 空间。

实例：

```
MOV   loc16, *(0:16 bit)    ;[loc16] = [0:16 bit]
```

表 3-22　访问 IO 空间的 *（PA）语法说明

语　法	说　明
*(PA)	32 位数据地址（31:16）=0 32 位数据地址(15:0) = PA 给出的 16 位立即数

注：如果指令被重复执行，每一次执行后地址都会增加。访问 IO 空间时，IO 选通信号被触发，数据空间的地址线被用于访问 IO 空间。

实例：

```
OUT   *(PA),loc16       ;loc16 的内容输出到 IO 空间[0:PA]
IN    loc16, *(PA)      ;读取 IO 空间[0:PA]的内容存到 loc16
```

表 3-23　访问程序空间的 0：pma 语法说明

语　法	说　明
0:pma	22 位数据地址(21:16) =0 22 位数据地址(15:0) = pma 16 位立即数

注：如果指令被重复执行，每一次执行后地址都会增加。这种寻址方式只能访问程序空间的低 64 KW 空间。

实例：

```
MAC   P,loc16,0:pma    ;ACC = ACC + P << PM(移位),P = [loc16] × 程序空间[0:pma]
```

表 3-24　访问程序空间的 *(pma)语法说明

语　法	说　明
*pma	22 位数据地址(21:16) = 0x3F 22 位数据地址(15:0) = pma 16 位立即数

注：如果指令被重复执行，每一次执行后地址都会增加。这种寻址方式只能访问程序空间的低 64 KW 空间。

实例:

```
XPREAD    locl6, *(pma)       ;[loc16] = 程序空间[0x3F:pma]
XMAC      P,locl6, *(pma)     ;ACC = ACC + P << PM,P = [loc16] × 程序空间[0x3F:pma]
XMACD     P,locl6, *(pma)     ;ACC = ACC + P << PM,P = [loc16] × 程序空间[0x3F:pma]
                              ;[loc16 + 1] = [loc16]
```

3.2.7 程序空间间接寻址方式

程序空间间接寻址方式访问程序空间有 3 种语法: * AL、* XAR7 和 * XAR7 ++。说明分别见表 3-25 ~ 表 3-27。

表 3-25 访问程序空间的 * AL 语法说明

语 法	说 明
* AL	22 位数据地址(21:16) = 0x3F 22 位数据地址(15:0) = AL

注: 如果指令被重复执行, AL 中的地址被复制到影子寄存器中, 且每一次执行后值都会增加。这种寻址方式只能访问程序空间的低 64 KW 空间。

实例:

```
XPREAD     loc16, * AL     ;[loc16] = 程序空间[0x3F:AL]
XPWRITE    * AL,loc16      ;程序空间[0x3F:AL] = [loc16]
```

表 3-26 访问程序空间的 * XAR7 语法说明

语 法	说 明
* XAR7	22 位数据地址(21:0) = XAR7

注: 如果指令被重复执行, 只有在指令 XPREAD 和 XPWRITE 中, XAR7 的地址被复制到影子寄存器中, 且每一次执行后值都会增加。XAR7 的内容不变。这种寻址方式只能访问程序空间的低 64 KW 空间。对于其他指令, 即使重复执行目的地址也不会改变。

指令实例:

```
MAC     P,loc16, * XAR7        ;ACC = ACC + P << PM,P = [loc16] × 程序空间[ * XAR7]
DMAC    ACC:P,loc32, * XAR7    ;ACC = ([loc32].MSW × 程序空间[ * XAR7].MSW) >> PM
                               ;P = ([loc32].LSW × 程序空间[ * XAR7].MSW) >> PM
QMACL   P,loc32, * XAR7        ;ACC = ACC + P >> PM
                               ;P = ([loc32]程序空间[ * XAR7]) >> 32
IMACL   P,loc32, * XAR7        ;ACC = ACC + P,P = ([loc32] × 程序空间[ * XAR7]) << PM
PREAD   loc16, * XAR7          ;[loc16] = 程序空间[ * XAR7]
PWRITE  * XAR7,loc16           ;程序空间[ * XAR7] = [loc16]
```

表 3-27 访问程序空间的 * XAR7 ++ 语法说明

语 法	说 明
* XAR7 ++	22 位数据地址(21:0) = XAR7 若是 loc16, 则 XAR7 = XAR7 + 1 若是 loc32, 则 XAR7 = XAR7 + 2

指令实例：

```
MAC    P,loc16, *XAR7++      ;ACC = ACC + P << PM,P = [loc16] × 程序空间[ *XAR7++ ]
DMAC   ACC:P,loc32, *XAR7++  ;ACC = ([loc32].MSW × 程序空间[ *XAR7++ ].MSW) >> PM
                             ;P = ([loc32].LSW × 程序空间[ *XAR7++ ].MSW) >> PM
QMACL  P,loc32, *XAR7++      ;ACC = ACC + P >> PM,P = ([loc32] × 程序空间[ *XAR7++ ]) >> 32
IMACL  P,loc32, *XAR7++      ;ACC = ACC + P,P = ([loc32] × 程序空间[ *XAR7++ ]) << PM
```

3.2.8　字节寻址方式与 32 位操作数的定位

1. 字节寻址方式

字节寻址方式（Byte Addressing Mode）只有 * + XARn[AR0/AR1/3 bit] 寻址比较特殊，说明见表 3-28。

表 3-28　字节寻址方式语法说明

语　法	说　明
* + XARn[AR0] * + XARn[AR1] * + XARn[3 bit]	32 位数据地址(31:0) = XARn + 偏移量（偏移量 = AR0/AR1/3 bit） 若（偏移量 = 偶数值） 访问 16 位存储单元的最低有效字节；保留最高有效字节 若（偏移量 = 奇数值） 访问 16 位存储单元的最高有效字节；保留最低有效字节

注：其他寻址方式只能固定地址单元的最低有效字节而保留最高有效字节。

实例：

```
MOVB   AX.LSB,loc16   ;若(寻址方式 = * + XARn[AR0/AR1/3 bit])
                      ;若(偏移量 = 偶数值),则 AX.LSB = [loc16].LSB,AX.MSB = 0x00
                      ;若(偏移量 = 奇数值),则 AX.LSB = [loc16].MSB,AX.MSB = 0x00
                      ;否则,AX.LSB = [loc16].LSB,AX.MSB = 0x00
MOVB   AX.MSB,loc16   ;若(寻址方式 = * + XARn[AR0/AR1/3 bit])
                      ;若(偏移量 = 偶数值),则 AX.LSB 保持不变,AX.MSB = [loc16].LSB
                      ;若(偏移量 = 奇数值),则 AX.LSB 保持不变,AX.MSB = [loc16].MSB
                      ;否则,AX.LSB 保持不变,AX.MSB = [loc16].LSB
```

2. 32 位操作数的定位

所有对存储器的 32 位读写操作都被定位于存储器的偶数地址边界，即 32 位数据最低有效字都定位（Alignment，也称为对齐）于偶数地址。地址生成器的输出不需要强制定位，因此指针保持原值。例如：

```
MOVB   AR0,#5      ;AR0 = 5
MOVL   *AR0,ACC    ;将 AL 的内容存储于 0x0004,将 AH 的内容存储于 0x0005,AR0 = 5
```

3.3　C28x DSP 指令系统

表 3-29 为 C28x DSP 指令系统所用符号的说明。假定器件已工作在 C28x 模式（OBJ-

MODE = 1, AMODE = 0)。复位后，若要进入 C28x 模式，可以通过指令 C28OBJ 或 SETC OBJMODE，来设置 ST1 的 OBJMODE 位。

表 3-29　指令系统符号说明

符　号	描　述
XARn	XAR0 ~ XAR7 寄存器，n = 0 ~ 7
ARn，ARm	XAR0 ~ XAR7 寄存器的低 16 位
ARnH	XAR0 ~ XAR7 寄存器的高 16 位
ARPn	3 位辅助寄存器指针，ARP0 ~ ARP7，ARP0 指向 XAR0，ARP7 指向 XAR7
AR(ARP)	ARP 指向的辅助寄存器低 16 位
XAR(ARP)	ARP 指向的辅助寄存器
AX	累加器的高（AH）和低（AL）寄存器
#	立即数
PM	乘积移位模式（+4，1，0，-1，-2，-3，-4，-5，-6）
PC	程序计数器
~	按位求反码
[loc16]	16 位地址单元的内容
0:[loc16]	零扩展 16 位地址单元的值
S:[loc16]	符号扩展 16 位地址单元的值
[loc32]	32 位地址单元的内容
0:[loc32]	零扩展 32 位地址单元的值
S:[loc32]	符号扩展 32 位地址单元的值
7 bit	7 位立即数
0:7 bit	零扩展的 7 位立即数
S:7 bit	符号扩展的 7 位立即数
8 bit	8 位立即数
0:8 bit	零扩展的 8 位立即数
S:8 bit	符号扩展的 8 位立即数
10 bit	10 位立即数
0:10 bit	零扩展的 10 位立即数
16 bit	16 位立即数
0:16 bit	零扩展的 16 位立即数
S:16 bit	符号扩展的 16 位立即数
22 bit	22 位立即数
0:22 bit	零扩展的 22 位立即数
LSb	最低有效位
LSB	最低有效字节
LSW	最低有效字

（续）

符　号	描　述
MSb	最高有效位
MSB	最高有效字节
MSW	最高有效字
OBJ	对某条指令，OBJMODE 位的状态
N	重复次数（N=0，1，2，3，4，5，6，7……）
{ }	可选项
=	赋值
==	等于

表 3-30 为 C28x DSP 指令系统一览表。

表 3-30　指令一览表

助 记 符	描　述
	（1）XARn 寄存器（XAR0 ~ XAR7）操作
ADDB　XARn,#7 bit	7 位立即数与辅助寄存器相加，结果保存到辅助寄存器
ADRK　#8 bit	8 位立即数加到当前辅助寄存器
CMPR　0/1/2/3	比较辅助寄存器
MOV　AR6/7,loc16	装载辅助寄存器
MOV　loc16,ARn	保存辅助寄存器的 16 位数
MOV　XARn,PC	保存当前程序计数器
MOVB　XARn,#8 bit	用 8 位立即数装载辅助寄存器
MOVB　XAR6/7,#8 bit	用 8 位常数装载辅助寄存器
MOVL　XARn,loc32	装载 32 位辅助寄存器
MOVL　loc32,XARn	保存 32 位辅助寄存器
MOVL　XARn,#22 bit	用常数装载 32 位辅助寄存器
MOVZ　ARn,loc16	装载 XARn 的低 16 位,高 16 位清零
SBRK　#8 bit	从当前辅助寄存器中减去 8 位常数
SUBB　XARn ,#7 bit	从辅助寄存器中减去 7 位常数
	（2）DP 寄存器操作
MOV　DP,#10 bit	装载数据页指针
MOVW　DP,#16 bit	装载整个数据页面
MOVZ　DP,#10 bit	装载数据页,并清高位
	（3）SP 寄存器操作
ADDB SP,#7 bit	堆栈指针加 7 位常数
POP　ACC	堆栈的内容弹到 ACC 累加器
POP　AR1:AR0	堆栈的内容弹到 AR1 和 AR0 寄存器

（续）

助 记 符	描　　述
	（3）SP 寄存器操作
POP　AR1H:AR0H	堆栈的内容弹到 AR1H 和 AR0H 寄存器
POP　AR3:AR2	堆栈的内容弹到 AR3 和 AR2 寄存器
POP　AR5:AR4	堆栈的内容弹到 AR5 和 AR4 寄存器
POP　DBGIER	堆栈的内容弹到 DBGIER 寄存器
POP　DP:ST1	堆栈的内容弹到 DP 和 ST1 寄存器
POP　DP	堆栈的内容弹到 DP 寄存器
POP　IFR	堆栈的内容弹到 IFR 寄存器
POP　loc16	从堆栈弹出“loc16”数据
POP　P	堆栈的内容弹到 P 寄存器
POP　RPC	堆栈的内容弹到 RPC 寄存器
POP　ST0	堆栈的内容弹到 ST0 寄存器
POP　ST1	堆栈的内容弹到 ST1 寄存器
POP　T:ST0	堆栈的内容弹到 T 和 ST0 寄存器
POP　XT	堆栈的内容弹到 XT 寄存器
POP　XARn	堆栈的内容弹到辅助寄存器
PUSH　ACC	压 ACC 累加器的值到堆栈
PUSH　ARn:ARm	压 ARn 和 ARm 寄存器的值到堆栈
PUSH　AR1H:AR0H	压 AR1H 和 AR0H 寄存器的值到堆栈
PUSH　DBGIER	压 DBGIER 寄存器的值到堆栈
PUSH　DP:ST1	压 DP 和 ST1 寄存器的值到堆栈
PUSH　DP	压 DP 寄存器的值到堆栈
PUSH　IFR	压 IFR 寄存器的值到堆栈
PUSH　loc16	压 loc16 地址单元中的数据到堆栈
PUSH　P	压 P 寄存器的值到堆栈
PUSH　RPC	压 RPC 寄存器的值到堆栈
PUSH　ST0	压 ST0 寄存器的值到堆栈
PUSH　ST1	压 ST1 寄存器的值到堆栈
PUSH　T:ST0	压 T 和 ST0 寄存器的值到堆栈
PUSH　XT	压 XT 寄存器的值到堆栈
PUSH　XARn	压 XARn 寄存器的值到堆栈
SUBB　SP,#7 bit	从堆栈指针中减去 7 位常数
	（4）AX 寄存器操作（AH、AL）
ADD　AX,loc16	加值到 AX
ADD　loc16,AX	将 AX 的内容加到指定的地址单元中
ADDB　AX,#8 bit	加 8 位常数到 AX 中

（续）

助 记 符	描　　述
	（4）AX 寄存器操作（AH、AL）
AND　AX,loc16,#16 bit	按位"与"
AND　AX,loc16	按位"与"
AND　loc16,AX	按位"与"
ANDB　AX,#8 bit	与 8 位数按位"与"
ASR　AX,1…16	算术右移
ASR　AX,T	算术右移,右移位数由 T(3:0) =0…15 设置
CMP　AX,loc16	与 loc16 地址单元的值比较
CMP　AX,#8 bit	比较
FLIP　AX	颠倒 AX 寄存器中位的次序
LSL　AX,1…16	逻辑左移
LSL　AX,T	逻辑左移,由 T(3:0) =0…15 设置左移位数
LSR　AX,1…16	逻辑右移
LSR　AX,T	逻辑右移,由 T(3:0) =0…15 设置右移位数
MAX　AX,loc16	求最大值
MIN　AX,loc16	求最小值
MOV　AX,loc16	装载 AX
MOV　loc16,AX	保存 AX
MOV　loc16,AX,COND	条件保存 AX 寄存器
MOVB　AX,#8 bit	装载 8 位常数到 AX
MOVB　AX. LSB,loc16	装载 AX 寄存器的最低有效字节, MSB =0x00
MOVB　AX. MSB,loc16	装载 AX 寄存器的最高有效字节, LSB = 不变
MOVB　loc16,AX. LSB	保存 AX 寄存器的最低有效字节
MOVB　loc16,AX. MSB	保存 AX 寄存器的最高有效字节
NEG　AX	求 AX 寄存器中的值的负数
NOT　AX	求 AX 寄存器中的值的"非"
OR　AX,loc16	按位"或"
OR　loc16,AX	按位"或"
ORB　AX,#8 bit	与 8 位常数按位"或"
SUB　AX,loc16	从 AX 中减去指定地址单元的内容
SUB　loc16,AX	从指定地址单元的值中减去 AX
SUBR　loc16,AX	从 AX 中反序减去指定地址单元的值
SXTB　AX	对 AX 寄存器的最低有效字节进行符号扩展到最高有效字节
XOR　AX,loc16	按位"异或"
XOR　AX,#8 bit	与 8 位常数按位"异或"
XOR　loc16,AX	按位"异或"

（续）

助 记 符	描 述
（5）16 位 ACC 累加器操作	
ADD ACC,loc16{ <<0…16}	（loc16）地址单元中的数加到累加器
ADD ACC,#16 bit{ <<0…15}	16 位立即数与累加器相加，结果保存到 ACC
ADD ACC,loc16 <<T	移位后的值与累加器相加，结果保存到 ACC
ADDB ACC,#8 bit	8 位立即数与累加器相加，结果保存到 ACC
ADDCU ACC,loc16	无符号数与累加器带进位位相加，结果保存到 ACC
ADDU ACC,loc16	无符号数与累加器相加，结果保存到 ACC
AND ACC,loc16	按位“与”
AND ACC,#16 bit{ <<0…16}	按位“与”
MOV ACC,loc16{ <<0…16}	指定地址单元的内容移位后装载累加器
MOV ACC,#16 bit{ <<0…15}	16 位立即数移位后装载累加器
MOV loc16,ACC <<1…8	保存累加器移位后的低字节
MOV ACC,loc16 <<T	loc16 地址单元中的内容移位并装载累加器
MOVB ACC,#8 bit	8 位立即数装载累加器
MOVH loc16,ACC <<1…8	保存累加器移位后的高字节到 16 位地址单元中
MOVU ACC,loc16	用 16 位地址的无符号数装载累加器
SUB ACC,loc16 <<T	从累加器中减去 16 位地址的内容移位后的值
SUB ACC,loc16{ <<0…16}	从累加器中减去 16 位地址的内容移位后的值
SUB ACC,#16 bit{ <<0…15}	从累加器中减去 16 位立即数移位后的值
SUBB ACC,#8 bit	从累加器中减去 8 位立即数
SBBU ACC,loc16	累加器与 16 位地址的无符号数带逆向借位相减
SUBU ACC,loc16	从累加器中减去无符号 16 位地址的内容
OR ACC,loc16	按位“或”
OR ACC,#16 bit{ <<0…16}	按位“或”
XOR ACC,loc16	按位“异或”
XOR ACC,#16 bit{ <<0…16}	按位“异或”
ZALR ACC,loc16	AL 清零；loc16 的内容取整，然后装载 AH
（6）32 位 ACC 累加器操作	
ABS ACC	累加器的内容取绝对值
ABSTC ACC	累加器的内容取绝对值,并装载 TC
ADDL ACC,loc32	32 位数值与累加器相加，结果保存到 ACC
ADDL loc32,ACC	累加器与指定地址相加，结果保存到指定地址
ADDCL ACC,loc32	32 位地址的内容与累加器带进位位相加，结果保存到 ACC
ADDUL ACC,loc32	32 位地址的无符号数与累加器相加，结果保存到 ACC
ADDL ACC,P <<PM	移位后的 P 与累加器相加，结果保存到 ACC
ASRL ACC, T	算术右移累加器，右移位数由 T(4:0)位设置

（续）

助　记　符	描　　述
	(6) 32 位 ACC 累加器操作
CMPL　ACC,loc32	比较 32 位地址的内容
CMPL　ACC,P << PM	比较 32 位数
CSB　ACC	计算符号位
LSL　ACC,1…16	逻辑左移 1 ~ 16 位
LSL　ACC,T	逻辑左移 T(3:0) = 0…15 位
LSRL　ACC,T	逻辑右移 T(4:0) 位
LSLL　ACC,T	逻辑左移 T(4:0) 位
MAXL　ACC,loc32	求 32 数据的最大值
MINL　ACC,loc32	求 32 数据的最小值
MOVL　ACC,loc32	用 32 位数据装载累加器
MOVL　loc32,ACC	累加器值保存到 32 位地址单元中，[loc32] = ACC
MOVL　P,ACC	用累加器的值装载 P
MOVL　ACC,P << PM	用移位后的 P 装载累加器
MOVL　loc32,ACC,COND	条件保存 ACC 到 32 位地址单元中
NORM　ACC,XARn ++/ --	规格化 ACC，并修改所选辅助寄存器
NORM　ACC, * ind	兼容 C2xLP 模式的规格化 ACC 操作
NEG　ACC	求 ACC 的负数
NEGTC　ACC	若 TC = 1，则求 ACC 的负数
NOT　ACC	对 ACC 求“非”
ROL　ACC	循环左移 ACC
ROR　ACC	循环右移 ACC
SAT　ACC	根据 OVC 的值，使 ACC 位数填满
SFR　ACC,1…16	右移累加器 1 ~ 16 位
SFR　ACC,T	右移累加器的位数，由 T(3:0) = 0…15 位设置
SUBBL　ACC,loc32	32 位地址的内容与 ACC 带借位逆向借位相减，结果保存到 ACC
SUBCU　ACC,loc16	条件减 16 位地址的内容
SUBCUL　ACC,loc32	条件减 32 位地址的内容
SUBL　ACC,loc32	减去 32 位地址的内容，结果保存到 ACC
SUBL　loc32,ACC,	减去 32 位地址的内容，结果保存到 32 位地址单元中
SUBL　ACC,P << PM	减去 32 位数
SUBRL　loc32,ACC	ACC 的值逆向减去指定 32 位地址的内容
SUBUL　ACC,loc32	减去 32 位地址单元中的无符号数，结果保存到 ACC
TEST　ACC	测试累加器是否等于零

（续）

助 记 符	描 述
（7）64 位 ACC：P 寄存器操作	
ASR64 ACC:P,#1…16	64 位数算术右移，右移位数从 1～16
ASR64 ACC:P,T	64 位数算术右移，其右移位数由 T(5:0)位设置
CMP64 ACC,P	比较 64 位数
LSL64 ACC:P,1…16	逻辑左移 1～16 位
LSL64 ACC:P,T	64 位数逻辑左移，左移位数由 T(5:0)位设置
LSR64 ACC:P,#1…16	64 位数逻辑右移 1～16 位
LSR64 ACC:P,T	64 位数逻辑右移，右移位数由 T(5:0)位设置
NEG64 ACC:P	求 ACC：P 的负数
SAT64 ACC:P	根据 OVC 值，使 ACC：P 的值为饱和值
（8）P 或 XT 寄存器操作（P、PH、PL、XT、T、TL）	
ADDUL P,loc32	32 位无符号数加到 P
MAXCUL P,loc32	条件求取无符号最大值
MINCUL P,loc32	条件求取无符号最小值
MOV PH,loc16	装载 P 寄存器的高 16 位
MOV PL,loc16	装载 P 寄存器的低 16 位
MOV loc16,P	保存移位后的 P 寄存器中的值的低 16 位
MOV T,loc16	装载 XT 寄存器的高 16 位
MOV loc16,T	保存 T 寄存器
MOV TL,#0	XT 寄存器的低 16 位清零
MOVA T,loc16	装载 T 寄存器，并加上先前的乘积
MOVAD T,loc16	装载 T 寄存器
MOVDL XT,loc32	保存 XT，并装载新的 XT 值
MOVH loc16,P	保存 P 寄存器的高字
MOVL P,loc32	装载 P 寄存器
MOVL loc32,P	保存 P 寄存器
MOVL XT,loc32	装载 XT 寄存器
MOVL loc32,XT	保存 XT 寄存器
MOVP T,loc16	装载 T 寄存器，并保存 P 寄存器到累加器
MOVS T,loc16	装载 T，并从累加器中减去 P
MOVX TL,loc16	用符号扩展装载 XT 的低 16 位
SUBUL P,loc32	减去无符号 32 位数
（9）16×16 位乘法操作	
DMAC ACC:P,loc32,*XAR7/++	两个 16 位数相乘，并累加
MAC P,loc16,0:pma	乘且累加
MAC P,loc16,*XAR7/++	乘且累加

（续）

助 记 符	描 述
(9) 16×16 位乘法操作	
MPY P,T,loc16	16×16 位乘法
MPY P,loc16,#16 bit	16×16 位乘法
MPY ACC,T,loc16	16×16 位乘法
MPY ACC,loc16,#16 bit	16×16 位乘法
MPYA P,loc16,#16 bit	16×16 位乘法，并加上先前的乘积
MPYA P,T,loc16	16×16 位乘法，并加上先前的乘积
MPYB P,T,#8 bit	有符号数与一个无符号 8 位立即数相乘
MPYS P,T,loc16	16×16 位相乘，并累减
MPYB ACC,T,#8 bit	ACC 与一个 8 位立即数相乘
MPYU ACC,T,locl6	16×16 位无符号乘法
MPYU P,T,loc16	无符号 16×16 位乘法
MPYXU P,T,locl6	有符号数与无符号数乘
MPYXU ACC,T,loc16	有符号数与无符号数乘
SQRA loc16	对［loc16］作平方，并与 P 相加结果送累加器
SQRS locl6	对［loc16］作平方，并且累加器的内容将其减去
XMAC P,loc16,*(pma)	与 C2xLP 源代码兼容的乘加
XMACD P,loc16,*(pma)	与 C2xLP 源代码兼容，且带数据移动的乘加
(10) 32×32 位乘法操作	
IMACL P,loc32,*XAR7/++	有符号 32×32 位乘加（低半部分）
IMPYAL P,XT,loc32	有符号 32 位乘法（低半部分），并加上先前的 P 值
IMPYL P,XT,loc32	有符号 32×32 位乘法（低半部分）
IMPYL ACC,XT,loc32	有符号 32×32 位乘法（低半部分）
IMPYSL P,XT,loc32	有符号 32 位乘法（低半部分），并减去 P
IMPYXUL P,XT,loc32	有符号 32 位×无符号 32 位（低半部分）
QMACL P,loc32,*XAR7/++	有符号 32×32 位乘加（高半部分）
QMPYAL P,XT,loc32	有符号 32 位乘法（高半部分），并加上先前的 P
QMPYL ACC,XT,loc32	有符号 32×32 位乘法（高半部分）
QMPYL P,XT,loc32	有符号 32×32 位乘法（高半部分）
QMPYSL P,XT,loc32	有符号 32 位乘法（高半部分），并减去先前的 P
QMPYUL P,XT,loc32	无符号 32×32 位乘法（高半部分）
QMPYXUL P,XT,loc32	有符号 32 位×无符号 32 位（高半部分）
(11) 直接存储器操作	
ADD loc16,#16 bit Signed	将常数加到指定地址单元
AND loc16,#16 bit Signed	按位“与”
CMP loc16,#16 bit Signed	比较

（续）

助 记 符	描 述
	（11）直接存储器操作
DEC loc16	减 1
DMOV locl6	移动 16 位地址的内容
INC loc16	加 1
MOV *(0:16 bit),loc16	移动数据
MOV loc16, *(0:16 bit)	移动数据
MOV loc16,#16 bit	保存 16 位立即数
MOV loc16,#0	16 位的内容清零
MOVB loc16,#8 bit,COND	条件保存字节
OR loc6,#16 bit	按位“或”
TBIT loc16,#bit	位测试
TBIT loc16,T	测试 T 寄存器指定的位
TCLR loc16,#bit	测试并清零指定位
TSET loc16,#bit	测试并置位指定位
XOR loc16,#16 bit	按位“异或”
	（12）I/O 空间操作
IN loc16, *(PA)	从端口 PA 输入数据
OUT *(PA),loc16	输出数据到端口
UOUT *(PA),loc16	未加保护的数据输出到端口
	（13）程序空间操作
PREAD loc16, *XAR7	读程序存储器
PWRITE *XAR7,loc16	写程序存储器
XPREAD loc16, *AL	与 C2xLP 源代码兼容的程序读
XPREAD loc16, *(pma)	与 C2xLP 源代码兼容的程序读
XPWRITE *AL,loc16	与 C2xLP 源代码兼容的程序写
	（14）跳转/调用/返回操作
B 16 bit Off,COND	条件跳转（Branch）
BANZ 16 bit Off,ARn--	若辅助寄存器不等于零，则跳转
BAR 16 bit Off,ARn,ARm,EQ/NEQ	与辅助寄存器比较后跳转
BF 16 bit Off,COND	快速跳转
FFC XAR7,22 bit Addr	快速函数调用
IRET	中断返回
LB 22 bit Addr	长跳转（22 位程序地址）
LB *XAR7	间接长跳转
LC 22 bit Addr	立即长调用
LC *XAR7	间接长调用

（续）

助 记 符	描 述
	（14）跳转/调用/返回操作
LCR 22 bit Addr	用 RPC 长调用
LCR *XAR7	用 RPC 间接长调用
LOOPZ loc16,#16 bit	等于零时，循环
LOOPNZ loc16,#16 bit	不等于零时，循环
LRET	长返回
LRETE	长返回，并使能中断
LRETR	用 RPC 的长返回
RPT #8 bit/loc16	重复下一条指令
SB 8 bit Off,COND	条件短跳转
SBF 8 bit Off,EQ/NEQ/TC/NTC	条件快速短跳转
XB pma	与 C2xLP 源代码兼容的跳转
XB pma,COND	与 C2xLP 源代码兼容的条件跳转
XB pma, *,ARPn	与 C2xLP 源代码兼容的函数调用跳转
XB *AL	与 C2xLP 源代码兼容函数调用
XBANZ pma, *ind{,ARPn}	若 ARn 不等于零，则为与 C2xLP 源代码兼容的跳转
XCALL pma	与 C2xLP 源代码兼容的函数调用
XCALL pma,COND	与 C2xLP 源代码兼容的条件函数调用
XCALL pma, *ARPn	与 C2xLP 源代码兼容的函数调用，并同时修改 ARP
XCALL *AL	与 C2xLP 源代码兼容的间接函数调用
XRET	与 XRETC UNC 等效
XRETC COND	与 C2xLP 源代码兼容的条件返回
	（15）中断寄存器操作
AND IER,#16 bit	按位“与”，禁止指定的 CPU 中断
AND IFR,#16 bit	按位“与”，清除挂起的 CPU 中断
IACK #16 bit	中断应答
INTR INT1/…/INT14 NMI EMUINT DLOGINT RTOSINT	仿真器硬件中断
MOV IER,loc16	装载中断使能寄存器
MOV loc16,IER	保存中断使能寄存器
OR IER,#16 bit	按位“或”
OR IFR,#16 bit	按位“或”
TRAP #0…31	软件陷阱
	（16）状态寄存器操作
CLRC Mode	状态位清零
CLRC XF	XF 状态位清零，并输出信号

（续）

助 记 符	描 述
	（16）状态寄存器操作
CLRC AMODE	模式 AMODE 位清零
C28ADDR	模式 AMODE 状态位清零
CLRC OBJMODE	OBJMODE 位清零
C27OBJ	OBJMODE 位清零
CLRC M0M1MAP	M0M1MAP 位清零
C27MAP	M0M1MAP 位置 1
CLRC OVC	OVC 位清零
ZAP OVC	溢出计数器清零
DINT	可屏蔽中断禁止（INTM 位置 1，即指令 SETC INTM ）
EINT	可屏蔽中断使能（INTM 位清零，即指令 CLRC INTM）
MOV PM,AX	装载乘积移位模式位 PM = AX（2：0）
MOV OVC,loc16	装载溢出计数器
MOVU OVC,loc16	用无符号数装载溢出计数器
MOV locl6,OVC	保存溢出计数器
MOVU loc16,OVC	保存无符号的溢出计数器
SETC Mode	状态位置 1
SETC XF	XF 位置 1 和输出信号
SETC M0M1MAP	M0M1MAP 位置 1
C28MAP	M0M1MAP 位置 1
SETC OBJMODE	OBJMODE 位置 1
C28OBJ	OBJMODE 位置 1
SETC AMODE	模式 AMODE 位置 1
LPADDR	与 SETC AMODE 等效
SPM PM	设置乘积移位模式位
	（17）其他操作
ABORTI	异常中断
ASP	定位堆栈指针（偶地址）
EALLOW	对保护空间的访问使能
IDLE	处理器进入低功耗（IDLE，空闲）模式
NASP	不定位堆栈指针
NOP {*ind}	空操作，同时可以修改间接地址
ZAPA	将累加器、P 寄存器和 OVC 清零
EDIS	禁止对保护空间的访问
ESTOP0	仿真停止 0
ESTOP1	仿真停止 1

3.4 思考题与习题

1. 简述 C28x DSP CPU 的组成。
2. C28x 的 CPU 有哪些寄存器?
3. 简述 C28x DSP 的总线结构。
4. 辅助寄存器有哪些? 其作用是什么?
5. 状态寄存器 ST0、ST1 的作用是什么?
6. C28x DSP 有哪些寻址方式?
7. 直接寻址方式中，数据存储单元的地址是如何形成的?
8. 访问片内外设寄存器可以采用哪些寻址方式?
9. C28x DSP 有哪些类型的指令?
10. 举例说明符号 loc16 和 loc32 在指令中的含义。

第 4 章　DSP 软件开发与 C 语言编程

本章主要内容：

1）DSP 开发工具与软件开发流程（DSP Development Tools and Software Development Flow）。

2）集成开发环境 CCS（IDE Code Composer Studio）。

3）DSP 的 C 项目文件（DSP C Project Files）。

- 公共目标文件格式 COFF（The Common Object File Format）。
- 链接命令文件（Linking Command Files）。

4）DSP C 语言程序设计基础（DSP C Programming Fundamentals）。

- 数据类型（Data Types）。
- 运算符与基本语句（Operators and Statements）。
- 函数（Functions）。
- 指针（Pointers）。
- 编译预处理命令（Preprocessor Directives）。
- C 语言与汇编语言混合编程（Hybrid Programming with C and Assembly）。
- C28x DSP 编译器的关键字（Keywords for the C28x DSP Compiler）。

5）DSP C 程序举例（DSP C Program Examples）。

4.1　DSP 开发工具与软件开发流程

1. DSP 开发工具

DSP 开发工具包括硬件与软件两部分，即 DSP 开发系统与集成开发环境 CCS（Code Composer Studio）。DSP 开发系统称为硬件仿真器（Emualtor），有 PC 插卡式（PCI 总线）、并行接口式以及 USB 接口式等。目前广泛采用 USB 接口式，即 DSP 开发系统通过 USB 接口与 PC 相连，DSP 开发系统再通过 JTAG（基于扫描的仿真）接口与用户目标板相连，实现 DSP 软硬件调试与程序烧写。

TI 公司及其第三方提供的开发工具有 XDS510（Extended Development System）硬件仿真器、XDS100 仿真器、DSP 教学实验系统、DSP 初学者工具 DSK（DSP Starter Kit）以及 DSP 评估板（也称为 EVM 板等）。

DSP 评估板除了包括基本的 DSP 芯片及必要的电源、时钟和复位电路外，经常包括用于程序调试的片外扩展存储器、扩展的 A－D、D－A 转换器、键盘显示电路、E^2PROM 芯片、RS－232 串行接口、SPI 接口、CAN 接口的驱动电路以及简单应用电路等。

图 4－1 给出了一个典型的 28035 EVM 板的电路组成示意图。可以看出，除了

TMS320F28035 芯片及其电源、时钟和复位电路外，还增加了 CAN 驱动器、串口驱动器等，设置了 JTAG 接口、串行接口和 CAN 接口等插座。

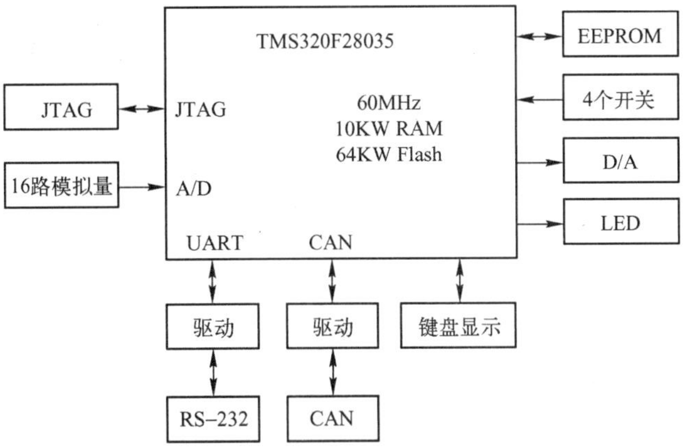

图 4-1　TMS320F28035 EVM 原理框图

该 28035 EVM 板的主要性能指标如下：

1）TMS320F28035，运行速度 60MIPS。

2）片内 RAM 10 KW。

3）片内 16 路 12 位 A－D 转换器，最大采样速率 4. 6MSPS（百万次采样/秒）。

4）一路 UART 串行接口，符合 RS－232C 标准。

5）16 路 PWM 输出。

6）CAN 总线标准接口。

7）用户开关与指示灯。

8）片内 64 KW Flash 存储器，带 128 位加密位。

9）具有 IEEE1149. 1 兼容的逻辑扫描电路即 JTAG 接口，用于仿真调试。

10）+5 V 电源输入，板上 3. 3 V 电源管理。

2. 软件开发流程

软件开发流程图如图 4-2 所示，主要有以下步骤：

1）编辑：生成源程序（*. asm，*. c）、头文件（*. h）与链接命令文件（*. cmd）。

2）编译与汇编：生成目标文件（*. obj）及列表文件（*. lst）。

3）链接：生成可执行代码文件（*. out）及用于存储器分配的映射文件（*. map）。

4）调试：通过 JTAG 接口下载到目标系统。

5）通过 JTAG 接口将程序烧写到 Flash 存储器。

3. 软件工具

软件开发工具主要有源程序编辑器（Editor）、编译器（Compiler）、汇编器（Assembler）、链接器（Linker）、归档器（Archiver）、运行时支持库（Run－Time－Support Library）、库建立程序（Library－build Utility）、HEX 转换程序（Hex Conversion Utility）、绝对列表器（Absolute Lister）及调试工具（Debugging tools）等。

（1）编译器

CCS 的 C/C++编译器接收标准 ANSI C/C++源文件（. c 或. cpp），并将其编译成 C28x

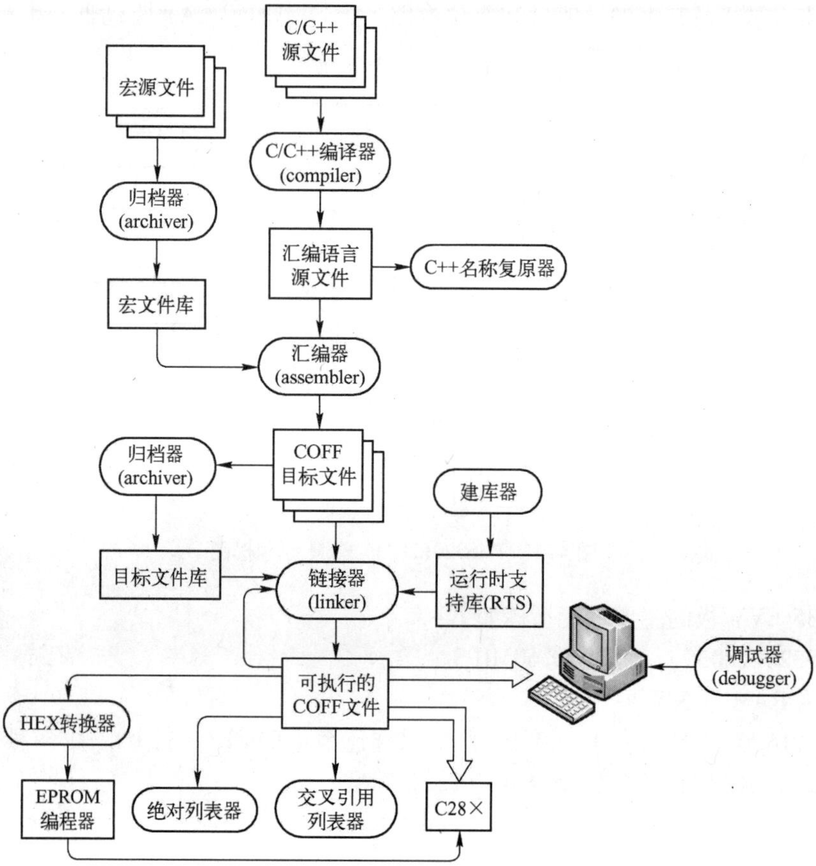

图 4-2　软件开发流程框图

的汇编语言源文件。编译器是整个 CCS 的外壳程序（Shell Program）的组成部分之一。外壳程序是 CCS 的基本组成部分，它由编译器、汇编器和链接器组成，可以使用户一次完成对源程序的编译、汇编以及链接等功能。CCS 的 C/C ++ 编译器由三个软件包组成：编译器本体、优化器（Optimizer）以及交互列表器（Interlist Utility）。优化器用于对编译生成的汇编代码进行优化和修改，以提高 C/C ++ 程序的运行效率。交互列表器用于将 C/C ++ 表达式编译后的汇编指令输出，借助这个工具，用户可以查看 C/C ++ 语句所对应的汇编语句。

（2）汇编器

CCS 的汇编器是其外壳程序的第二部分，用以将汇编语言源文件（扩展名为 . asm）翻译成机器语言 COFF 目标文件（. obj）。汇编语言源文件可以来自 C/C ++ 编译器，也可以由用户直接编辑生成。汇编语言源文件除了包含程序指令，也包含汇编器命令（Assembler Directive）和宏命令（Micro Directive）。汇编器命令采用一种指令形式的描述性语言来对汇编过程进行编程和控制。宏命令则提供了一种用户可以自定义指令的方式，用户可以将一个复杂的汇编语言代码块或重复使用的代码块定义为一个宏，在源文件中，通过引用宏不仅可以简化文件的编写，也可减小文件的长度。COFF（Common Objective File Format，公共目标文件格式）是一种二进制目标文件格式，这种格式的特点是将程序代码和数据块分成段（Section）。段是目标文件中的最小单位，每个段的代码和数据最终占用连续的存储器地址，一个目标文件中的各段都是互相独立和有区别的。

（3）链接器

CCS 的链接器是其外壳程序的第三部分，用于将汇编器生成的多个 COFF 目标文件组合成一个可执行的 COFF 可执行输出文件（. out）。通常，汇编器生成的 COFF 目标文件中各代码段或数据段（如 . text、. data 和 . bss）只具有相对地址，它与系统的物理存储器地址之间没有任何关系，必须对其进行地址定位和分配后，这些目标文件才能变成可执行的文件。CCS 的链接器有三个主要的作用：① 支持用户将 COFF 文件中的各代码段和数据段分配到实际目标系统的物理存储器中；② 根据用户的分配要求，对各代码段和符号重新进行安排，并赋予其最后确定的物理地址；③ 处理多个文件之间那些没有被定义的外部引用（变量名或函数名等）。用户可以通过链接命令文件（. cmd）来描述实际目标系统的物理存储器地址并进行段的分配，链接器将调用该命令文件实现对目标文件的链接工作。

（4）归档器

为了重复利用源代码，减小源代码的编写工作量，使用宏是一种有效的办法，而大量的宏可以被组织在一起形成一个专门的库。同样，通用函数的编写也会节省代码量。例如，将一个算法程序写成专门的函数，这是实现模块化编程一般采用的方法，大量这样的函数被组织在一起形成一个库文件。当编写一个新的用户程序时，有效地利用这些宏库或者函数库不仅可以大大节省程序的开发工作量，而且还可以方便地实现程序移植。归档器就是用于建立这样的宏库或函数库的非常有用的软件工具。归档器可以帮助用户将许多单个的文件组成一个库文件，这些文件可以是源文件，也可以是汇编后的目标文件。无论是汇编器或者是链接器都接受由归档器建立的库文件作为输入，汇编器接受源文件库作为输入，而链接器则接受目标文件库作为输入。例如，当汇编器对用户源程序进行汇编时，它遇到一个宏引用，则汇编器会搜索归档器建立的宏库以找到被引用的宏并将其嵌入引用宏的位置。同理，当链接器对用户程序进行链接的时候，当它遇到一个外部函数的调用，它会解析这个函数名，并且到归档器建立的目标文件库中去寻找这个同名函数，并为其安排相同的物理地址。归档器除了可以创建库，也可以对库进行修改，比如对库成员进行删除、替换、提取和添加等功能。

（5）运行时支持库

运行时支持函数是 C/C ++ 编译器的一个重要组成部分。C/C ++ 用户经常调用一些标准 ANSI 函数来执行一个任务，如动态内存分配、对字符串的操作、数学运算（如求绝对值、计算三角函数和指数函数等）以及一些标准的输入/输出操作等，这些函数并不是 C/C ++ 语言的一部分，但是却像内部函数一样，只要在源程序中加入对应的头文件（如 stdlib. h、string. h、math. h 和 stdio. h 等）就可以调用和使用。这些标准的 ANSI 函数就是 C/C ++ 编译器的运行时支持函数。C28x 的 C/C ++ 编译器所有的运行时支持函数，其源代码均被存放在一个库文件 rts. src 内，这个源库文件被 C/C ++ 编译器汇编后可生成运行时支持目标库文件。C28x 的 C/C ++ 编译器包含了两个经过编译的运行时支持目标文件库：rts2800. lib 和 rts2800_ml. lib。前者是标准 ANSI C/C ++ 运行支持目标文件库，而后者是 C/C ++ 大存储器模式运行支持目标文件库，两者都是由包含在文件 rts. src 中的源代码所创建。所谓的大存储器模式是相对标准存储器模式而言的，在标准存储器模式下，C/C ++ 编译器的默认地址空间被限制在存储器的低 64 KW，地址指针也是 16 位。而 C28x 编译器支持超过 16 位的地址空间的寻址，这需要采用大存储器模式。在此模式下，C/C ++ 编译器被强制认为地址空间是22位的，地址指针也是22位的，因此C28x全部22位地址空间均可被访问。在rts2800. lib和rts2800_m1. lib中，除了标准的ANSI C/C ++运行时支持函数外，还包含一个系统启动子程序_c_int00。运行时支持目标文件库作为链接器的输入，必须与用户程序一起被链接，才可以生成正确的可执行代码。

（6）库建立程序

C28x的C/C ++编译器允许用户对标准的运行时支持函数进行查看和修改，也可以创建自己的运行时支持库，这通过归档器或建库器来完成。比如，用户可以利用归档器从rts. src中提取某个运行时支持函数的源代码进行修改，然后调用编译器对其进行编译和汇编，最后再利用归档器将汇编后的目标文件写入运行时支持目标库（如rts2800. lib）中。按照同样的步骤，用户也可以创建新的运行时支持库。不过，通过建库器来创建新的运行时支持库有时更加方便和灵活。比如，编译器的不同配置条件和编译选项有时会对生成的运行时支持库有影响，不同条件下生成的运行时支持库未必能完全兼容，此时为了建立合适自己的运行时支持库，经常不需要改变源代码，而仅仅是修改编译器的配置和选项，这样在使用建库器时就更加方便了。

（7）HEX转换程序

用户程序经过C28x的编译器和链接器生成可执行的COFF文件，可以将该文件下载到目标系统的SRAM中运行和调试，或直接烧写到DSP的片内Flash或者片外可编程存储器EPROM中。CCS提供一个Flash烧写程序，该程序接受标准COFF格式的可执行文件并通过JTAG仿真器实现对DSP片内Flash的编程。不过要将程序写入片外EPROM中，则一般情况下需要采用通用编程器来进行。尽管COFF这种格式非常有利于模块化编程以及提供了强大和灵活的管理代码段和目标内存的能力，但是大多数的EPROM编程器并不能识别这种格式，因此CCS提供HEX转换程序，用于把COFF目标文件转换成可被通用EPROM编程器识别的16进制目标文件格式。HEX转换程序还可以被用于其他需要将COFF文件转换为16进制目标文件的场合，如调试器和上电引导加载（Boot loader）应用。

（8）绝对列表器和交叉引用列表器

绝对列表器（Absolute Lister）和交叉引用列表器（Cross - Reference Lister）均为调试工具，其中绝对列表器接受链接后的目标文件作为输入，生成一些列表文件（扩展名为. abs），这些文件列举了链接后的目标代码的绝对地址，这个工作如果采用手工来完成，将需要很多非常烦琐的操作，绝对列表器可以帮助自动完成这个工作。交叉引用列表器也接受链接后的目标文件作为输入，生成一些交叉引用列表文件（扩展名为. xrf），这些列表文件中列举了所有的符号名、它们的定义以及在被链接的源文件中的引用位置。

（9）C ++名称复原程序

一个C ++源程序中的函数，在编译过程中其函数名会被编译器修改成链接层的名称，当用户直接查看编译器生成的汇编语言文件时，往往不能将其和源文件中的名称对应起来，此时借助C ++名称复原程序（C ++ Name Demangling Utility），则可以将修改后的名称复原成源文件中的名称。

（10）调试器

除了提供代码生成的功能，CCS的另外一个重要的功能就是在线调试。CCS可以将链接生成的可执行的COFF文件通过JTAG仿真器下载到目标系统的RAM中运行，通过调试器

(Debugger) 来控制程序的运行。CCS 的调试器提供了丰富的调试功能以帮助用户对其程序进行调试和修改。这些调试功能包括单步运行、设置断点、变量跟踪、查看寄存器和存储器内容以及反汇编等基本功能，另外还有一些高级功能，如图形工具（Graphic Tool）和探测点（Probe Point）工具。CCS 调试器的图形工具，可以对保存在连续存储器区域的数据进行绘图处理。使用探测点工具可实现程序调试过程中数据的导入和导出，当遇到探测点时，可设定从 PC 将某原始数据文件导入到 DSP 的相应存储器，或者将存储器中的数据处理结果存储成某一个文本文件。利用探测点工具和断点工具配合可及时更新显示图形和动画。

(11) GEL 语言

CCS 还提供了一种 GEL 语言。GEL（General Extension Language，通用扩展语言）是一种类似于 C 语言的解释性语言，它被用来创建 GEL 函数，以扩展 CCS 的功能和用途。GEL 是 C 语言的一个子集，即其语法结构遵从标准 C 的规定，不过它不能定义和声明变量，所有的变量必须在 DSP 的源程序中被定义。用户创建的 GEL 函数及其参数可用于对这些 DSP 源程序中定义的变量进行操作，比如进行赋值以及运算等。GEL 函数的这个作用对于用户执行一个调试任务非常有用。例如，用户在调试程序时经常需要在线修改一个变量的值以测试程序的运行是否正常，如果在源程序里对这个变量进行赋值，则每次都要停止当前调试，修改变量值，然后对源程序重新进行编译、链接和下载，显然这种方法对于调试工作非常不利。采用 GEL 函数则可灵活实现上述调试任务，当用户在调试中需要修改变量值的时候，不用停止当前调试，只要编写一个 GEL 函数并运行（该函数实现对变量的赋值操作），即可完成修改操作，然后可继续执行用户后面的调试任务。GEL 函数还可以用来在调试状态下动态控制和修改目标系统的配置（如对目标系统进行复位、禁止或使能看门狗、配置 CPU 时钟以及修改其各种外设的配置等），使用户对程序的调试更容易。另外，GEL 函数可以用于创建不同风格的输出窗口，并且在窗口内显示变量内容。通过 GEL 函数用户能够在调试中访问存储器，创建输出窗口并显示寄存器、变量或者存储器内容等。

GEL 函数可在任何能键入 C 表达式的地方调用，既可以在对话框中调用，也可以在其他 GEL 函数中调用。通常，GEL 函数可写到一个 GEL 文件（扩展名 . gel）中，然后利用 CCS 的 GEL 文件载入功能将其加载到 CCS 环境中，在加载的过程中，该 GEL 函数会被执行。还可以直接将 GEL 函数键入一个 GEL 命令窗口（在 CCS 的 View 菜单下打开 GEL 工具条即可显示该窗口），然后单击“执行”。对于 28035，TI 提供了一个专门的 GEL 文件 f28035. gel，这个 GEL 文件中包含一个 Startup( ) 函数，每当 CCS 启动的时候，Startup( ) 内定义的其他 GEL 函数会自动执行。f28035. gel 可被添加到一个项目文件中或者通过 CCS 的配置工具被指定，运行它的结果是在 CCS 的 GEL 菜单下添加一系列的菜单命令（也即一系列的 GEL 函数），用户可以通过鼠标来选择执行这些菜单命令。

(12) DSP/BIOS

CCS 中还集成了一个嵌入式实时多任务操作系统内核 DSP/BIOS。它为用户提供了更加便捷和面向对象的软件开发途径，用户可以基于此操作系统内核开发自己的嵌入式 DSP 程序。DSP/BIOS 具备一般操作系统的重要特征。DSP/BIOS 由三个重要部分组成：应用程序接口（API）、对象配置工具以及实时分析工具（Real - Time Analysis Tool）。API 是 DSP/BIOS 的核心，用户程序通过调用 API 来使用 DSP/BIOS。DSP/BIOS 的 API 被分成许多对象模块，用户可以根据自己的需要选择使用这些模块，从而实现对 DSP/BIOS 尺寸的裁剪和定制。DSP/BIOS 的对象配置工具主要用于静态创建 API 对象并设置其属性，创建的 API 对象将被用户程序调用。静态 API 对象在程序运行期间都是存在的，不能在运行时删除；当然，API 对象也可以在运行时被动态创建和删除。静态创建 API 对象可以减小用户代码的长度，也可以减少动态创建对象的时间开销，不影响用户程序的实时性。此外，只有静态创建的 API 对象其运行特性能够由实时分析工具监测。DSP/BIOS 的实时分析工具采用可视化的方法对目标系统中用户程序的运行情况进行实时监测，这包括程序的跟踪（显示程序运行中发生的各种事件、被执行的进程及其动态变化）、性能监控（统计目标系统的资源消耗，如 CPU 的负荷和时间开销）以及数据流记录（将目标系统驻留的 I/O 对象的数据流记录到 PC 的文件中）。与传统的调试工具不同，DSP/BIOS 的实时分析工具利用 API 对象，在程序运行过程中采集数据并上传到 PC，该工具对用户程序的实时性几乎没有影响；而传统的调试工具需要暂停程序的运行，然后收集寄存器或变量内容等信息进行上传。

4.2 集成开发环境 CCS

TI DSP 的集成开发环境为 CCS（Code Composer Studio，代码创作者工作室），目前有 CCS v2.2、v3.3、v4.1 及 v5.1 等版本。CCS 具有可视化的代码编辑界面，可以直接编辑 C 语言、汇编语言源文件、头文件和链接命令文件等。CCS 集成了代码生成工具，包括编辑器、编译器和链接器等。具有强大的调试能力，可以查看寄存器值、跟踪和显示变量值、设置断点与探测点以及显示波形与图形等。

1. 软件安装与设置

下面以北京瑞泰创新科技公司的 ICETEK－5100 USB 接口仿真器为例，说明 CCS v3.3 软件的安装与设置。

1）双击“CCS_3.3.83.20_Platinum.zip”文件，解压缩文件，运行文件 setup.exe。安装可选择默认路径，c:\CCStudio_v3.3PLA。安装完毕后在桌面会出现两个图标，一个是 CCStudio v3.3，另一个是 Setup CCStudio v3.3。

2）双击驱动文件 usbdrv28x.exe 进行驱动程序的安装。在安装过程中安装软件会提示用户设置安装路径。注意，此时选择安装路径应与 CCS 一样，例如本例为 c:\CCStudio_v3.3PLA。

3）将仿真器的 USB 电缆插入计算机 USB 接口，计算机会自动搜索到新的 USB 设备。新硬件向导会多次询问用户在哪里可以找到驱动程序，用户在提示路径填入 c:\CCStudio_v3.3PLA\ICETEK 即可。

4）在驱动程序安装好后，双击“Setup CCStudio v3.3”图标，进行软件设置。如果是第 1 次设置，可以先关掉弹出的窗口，并删除 My System 列表下的原有配置。在“Available Factory Boards”分页中，选择 ICETEK－5100 USB Emulator for TMS320C28xx，并单击“<< Add”按钮，再单击“Save & quit”，即可实现硬件仿真器（Emulator）配置。如果在分页列表框中选择 F28035 Device Simulator，还可以配置软件仿真器（Simulator）。

5）可以测试 CCS 硬件仿真软件安装是否正确。将仿真器的 14 引脚 JTAG 仿真插头连接到用户目标板上，仿真器通过 USB 接口连接到计算机，接通 +5 V 电源。如果软件安装成功，单击“CCStudio v3.3”，则计算机屏幕上会出现如图 4-3 所示的画面。

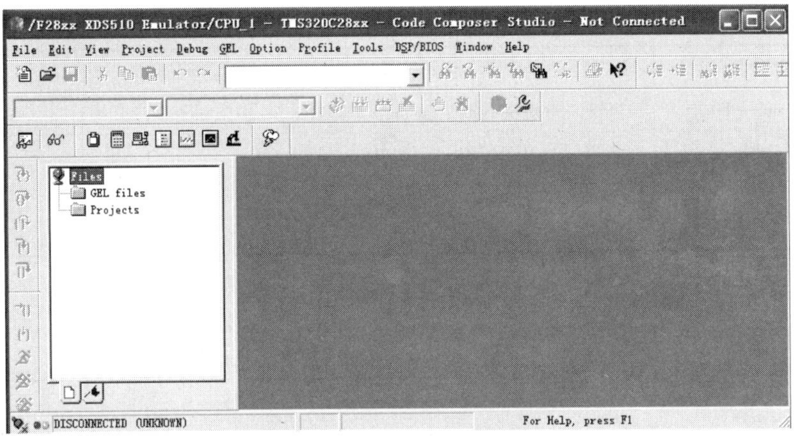

图 4-3　CCS 运行主窗口

6）在 CCS 软件的 Tools 菜单下有一个 F28xx On - Chip Flash Programmer 下拉菜单命令。用户可以通过该命令将设计调试好的可执行程序（. out）烧写到目标板，该板即可脱离仿真器运行。

2. CCS 主要菜单与功能

典型的 CCS 运行界面如图 4-4 所示。CCS 的功能可以通过菜单或工具条按钮实现。主要的菜单项有 File、Edit、View、Project 及 Debug 等。这些菜单的使用与常用的集成开发软件 Visual C ++ 等使用方法基本一样。

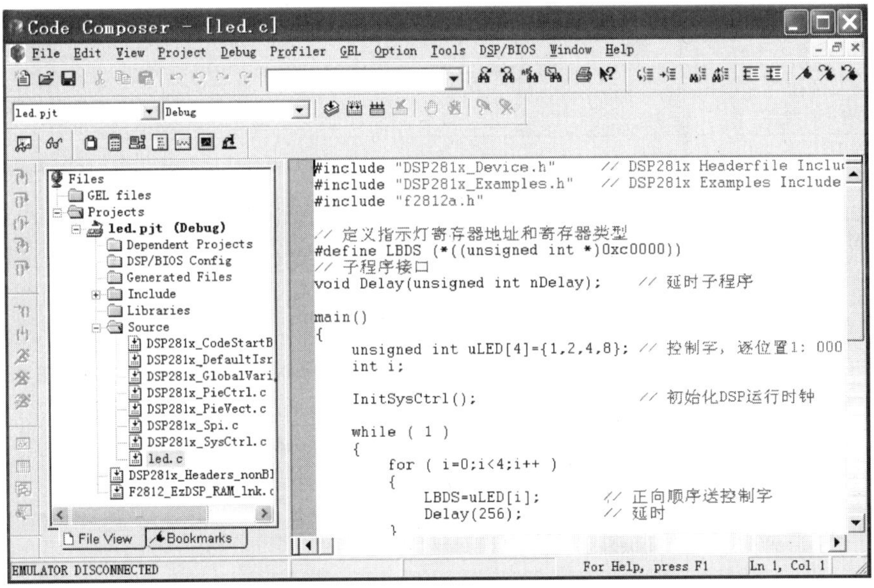

图 4-4　典型 CCS 运行界面

（1）File 菜单

File（文件）菜单用于文件管理，装载可执行程序及符号与数据，执行文件的输入/输出功能等。File 菜单的命令主要功能见表 4-1。

表 4-1　File 菜单的命令

菜单命令		功　能
New	Source File	新建一个源文（.c，.asm，.h，.cmd，.gel，.map，.inc 等）
	DSP/BIOS Config	新建一个 DSP/BIOS 配置文件
	Visual Linker Recipe	打开一个 Visual Linker Recipe 向导
Load Program		将 COFF(.out)文件中的数据和符号加载到目标板（实际目标板或 Simulator）
Reload Program		重新加载 COFF 文件，如果程度未作更改，则只加载程序代码而不加载符号表
Data	Load	将 PC 文件中的数据加载到目标板，可以指定存放的地址和数据长度，数据文件可以是 COFF 文件格式，也可以是 CCS 支持的数据格式
	Save	将目标板存储器数据存储到一个 PC 数据文件中
Workspace	LoadWorkspace	装入工作空间
	Save Workspace	保存当前的工作环境，即工作空间，如父窗、子窗、断点、探测点、文件输入/输出及当前的工程等
	Save Workspace As	用另外一个不同的名字保存工作空间
File I/O		CCS 允许在 PC 文件和目标 DSP 之间传送数据。File I/O 功能应与 Probe Point 配合使用。Probe Point 将告诉调试器在何时从 PC 文件中输入或输出数据。 File I/O 功能并不支持实时数据交换，实时数据交换应使用 RTDX

（2）View 菜单

View（查看）菜单用于工具条的显示控制，DSP 的存储器、寄存器内容查看，以及对存储器区域进行绘图显示等。View 菜单的命令见表 4-2。

表 4-2　View 菜单命令

菜单命令		功　能
Dis - Assembly		当将程序加载入目标板后，CCS 将自动打开一个反汇编窗口。反汇编窗口根据存储器的内容显示反汇编指令和调试所需的符号信息
Memory		显示指定存储器的内容
CPU Registers	CPU Register	显示 DSP 的寄存器内容
	Peripheral Regs	显示外设寄存器内容。Simulator 不支持此功能
Graph	Time/Frequency（时间/频率图形）	在时域或频域显示信号波形。频域分析时将对数据进行 FFT 变换，时域分析时数据无须进行预处理。显示缓冲的大小由 Display Data Size 定义
	Constellation（星座图形）	使用星座图显示信号波形。输入信号被分解为 X、Y 两个分量，采用笛卡尔坐标显示波形。显示缓冲的大小由 Constellation Points 定义
	Eye Diagram（眼图）	使用眼图来量化信号失真度。在指定的显示范围内，输入信号被连续叠加并显示为眼睛的形状
	Image（图像）	使用 Image 图来测试图像处理算法。图像数据基于 RGB 和 YUV 数据流显示
Watch Window		用来检查和编辑变量或 C 表达式，可以以不同格式显示变量值，还可显示数组、结构或指针等包含多个元素的变量
Project		CCS 启动后将自动打开工程视图。在工程视图中，文件按其性质分为源文件、头文件、库文件及命令文件
Mixed Source/Asm		同时显示 C 代码及相关的反汇编代码（位于 C 代码下方）

(3) Project 菜单

Project（项目）菜单用于项目管理，包括创建、打开和关闭项目，在项目中添加和删除文件，以及对项目进行编译和链接，对编译器和链接器进行配置等。Project 菜单的主要命令如表 4-3 所示。

表 4-3　Project 菜单命令

菜单命令	功　能
Add Files to Project	CCS 根据文件的扩展名将文件添加到项目的相应子目录中。项目中支持 C 源文件（.c*）、汇编源文件（.a*、.s*）、库文件（.o*，.lib）、头文件（.h）和链接命令文件（.cmd）。其中 C 和汇编源文件可被编译和链接，库文件和链接命令文件只能被链接，头文件会被 CCS 自动添加到项目中
Compile File	对 C 或汇编源文件进行编译
Build	编译和链接。对于没有修改的源文件，CCS 不重新编译
Rebuild All	对项目中所有文件重新编译和链接，生成输出文件
Stop Build	停止正在建立的进程
Show Dependencies Scan All Dependencies	为了判别哪些文件应重新编译，CCS 在 Build 一个程序时会生成一棵关系树（Dependency Tree）以判别项目中各文件的依赖关系。使用这两个菜单命令则可以观察项目的关系树
Build Options	用来设定编译器、汇编器和链接器的参数
Recent Project Files	加载最近打开的项目文件

(4) Debug 菜单

Debug（调试）菜单用于执行调试功能，如运行、设置断点、设置探测点及单步执行等。Debug 菜单的主要命令见表 4-4。

表 4-4　Debug 菜单命令

菜单命令	功　能
Breakpoints	断点。程序在执行到断点时将停止运行
Step Into	单步运行。如果运行到调用函数处将跳入函数单步执行
Step Over	执行一条 C 指令或汇编指令。与 Step Into 不同的是，为保护处理器流水线，该指令后的若干条延迟分支或调用将同时被执行
Step Out	如果程序运行在一个子程序中，执行 Step Out 将使程序执行完该子程序后回到调用该函数的地方
Run	从当前程序计数器（PC）执行程序，碰到断点时程序暂停执行
Halt	中止程序运行
Animate	运行程序。碰到断点时程序暂停运行，更新未与任何 Probe Point 相关联的窗口后程序继续运行
Run Free	忽略所有断点（包括 Probe Point 和 Profile Point），从当前 PC 处开始执行程序。此命令在 Simulator 下无效
Run to Cutsor	执行到光标处，光标所在行必须为有效代码行
Multiple Operation	设置单步执行的次数
Reset DSP	复位 DSP，初始化所有寄存器到其上电状态并中止程序运动
Restart	将 PC 值恢复到程序的入口。此命令并不开始程序的执行
Go Main	在程序的 main 符号处设置一个临时断点。此命令在调试 C 程序时起作用

Debug 菜单还有其他命令，例如“Connect”命令，单击该命令（或直接按下快捷键“ALT + C”）可以连接仿真器，成功后窗口左下角会提示当前仿真器状态为“HALTED”。

3. 采用 CCS 开发应用程序的步骤

利用 CCS 集成开发环境，用户可以完成项目（Project）的创建、应用程序的代码编辑、编译、链接及数据分析等工作。采用 CCS 开发应用程序的一般步骤如下：

1）用 Project 菜单创建或打开一个项目。项目用于管理用户的各种文件。

2）编辑源程序（. c，. asm）、链接命令（. cmd）、头文件等文件（. h），并将它们添加到该项目中。

3）对于 C 语言程序，需要添加标准运行时支持库文件 rts2800. lib，在大存储器模式下运行时支持库文件为 rts2800_ml. lib。

4）编译、汇编、链接程序。如果有语法或链接错误，将在信息显示窗口显示出来。可以根据显示的信息定位错误位置，并改正错误。

5）排除语法和链接错误后，CCS 将生成可执行文件（. out）。可以通过菜单 File > Load Program 或工具栏命令，将可执行程序装载到目标系统的存储器中运行调试。

CCS 的程序调试功能如下：

1）连续运行（Run）与暂停（Halt），运行到光标位置。

2）单步（Step）运行。

3）设置断点（Break Point）与设置探测点（Probe Point）。

4）查看与修改存储单元。

5）查看与修改寄存器内容。

6）观察和编辑变量。

7）程序动画（Animate）运行和数据图形显示。

4.3 DSP 的 C 项目文件

采用 CCS 软件开发平台，2803x DSP 的项目文件包括如下文件：

1）CCS 项目文件（扩展名为 . pjt）。由 CCS 自动生成。

2）源程序文件。包含程序源代码，可以是汇编语言文件（. asm）或 C 程序文件（. c），也可以采用二者混合编程。

3）头文件（. h）。用于定义片内外设寄存器映射地址，用户自定义的常量等。例如头文件 DSP2803x_Adc. h 定义了 ADC 寄存器，头文件 DSP2803x_PieVec. h 定义了 PIE 中断矢量，头文件 DSP2803x_GlobalPrototypes. h 对一些函数进行了声明。

4）链接命令文件（. cmd）。包含链接器选项、对程序和数据存储器空间的分配。

5）库文件（. lib）。提供 ANSI 标准 C 运行时支持函数、编译器公用程序函数、浮点运行函数和 C 输入/输出函数。C28x 大存储器模式下的 C 程序运行时支持库文件为 rts2800_ml. lib，标准运行时支持库为 rts2800. lib。

6）目标文件（. obj）。由汇编器生成，COFF 格式。

7）可执行代码文件（. out）。由链接器生成，COFF 格式。该文件可以装入到存储器进行调试与执行。

8）列表文件（. lst）。汇编器生成的文件。

9）映射文件（. map）。汇编器生成的变量与符号存储器地址分配文件。

这些文件中，用户需要编写源程序文件（. c、. asm）、链接命令文件（. cmd）和头文件（. h）。

4.3.1 公共目标文件格式 COFF

编译、汇编与链接程序建立的目标文件采用共用目标文件格式（Common Object File Format，COFF），便于模块化编程、管理代码段和存储器，即不必为程序代码或变量指定目标地址，这为程序编写、移植和升级提供了很大方便。

汇编器根据命令用适当的段将各部分程序代码和数据连在一起，构成目标文件。链接器分配存储单元，即把各个段重新定位到目标存储器中。

段（section，也称为块）是目标文件的最小单位，是在存储器中占据连续空间的代码和数据块，各段相互独立。

汇编器的 COFF 文件格式包括三个默认的段：

. text 段，即程序段，也称文本段，该段通常包含可执行代码即程序。

. data 段，即数据段，该段通常包含已初始化的数据。

. bss 段，即保留数据空间段，该段通常为未初始化的数据保留空间。

图 4-5 给出了一个包含 . text、. data 和 . bss 段的目标文件，也表示出了目标文件中段与目标存储器之间的关系。

汇编器和链接器允许用户建立和链接自定义的段。所有段可以分为初始化段和未初始化段两类。初始化段包含程序代码和数据。未初始化段则为未初始化的数据保留存储空间。汇编命令 . sect 和 . usect 可以分别用来创建自定义的初始化段和未初始化段。

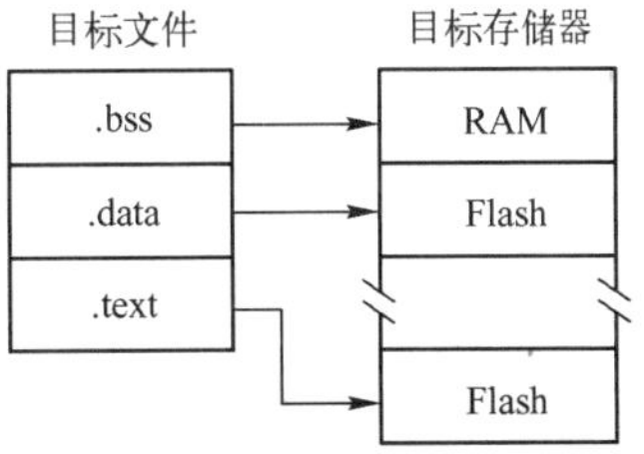

图 4-5　目标文件中段与目标存储器之间的关系

C 编译器对 C 程序编译后也产生初始化段和未初始化段，具体的段名稍有不同，除了不使用 . data 段之外，还产生一些新的段。C28x 的 C/C ++ 编译器产生的两类基本段的链接分别见表 4-5 和表 4-6。

表 4-5　初始化段链接

段　名　称	描　　述	限　　制
. text	可执行代码和常量	程序
. cint	已初始化的全局与静态变量的 C 初始化记录	低 64KW 数据
. pint	全局构造器（C ++ constructor）表	程序
. switch	实现 switch 语句表	程序/低 64KW 数据
. const	已初始化的全局与静态 const 修饰变量，串常量	低 64KW 数据
. econst	far costant 变量	数据任何位置

C28x 编译器将存储器处理为程序存储器和数据存储器。程序存储器包含可执行代码、初始化数据和开关表；数据存储器则主要包含外部变量、静态变量和系统堆栈。链接器确定存储器地址映射。

表 4-6　未初始化段链接

段 名 称	内　　容	限　　制
. bss	全局与静态变量	低 64KW 数据
. ebss	far 全局与静态变量	数据任何位置
. stack	堆栈空间	低 64KW 数据
. sysmem	malloc 函数存储区	低 64KW 数据
. esysmem	far malloc 函数存储区	数据任何位置

C 编译器的任务是产生可重定位的代码，允许链接器将代码和数据定位到合适的存储空间。编译器对 C 语言编译后除了生成两个基本段，即 . text、. bss 外，还生成 . cinit、. pint、. const、. econst、. switch、. ebss. 、. stack、. sysmem. 和 . esysmem 段。这些段也可分为初始化段和未初始化段。

初始化段包含可执行代码或常数表。C 编译器产生的初始化段有 . pint、. const、. econst、. text、. cinit 和 . switch。

. text 段，包含可执行代码和常量（constant）。

. cinit 段和 . pint 段，包含初始化变量和常量。

. const 段，包含串常量，全局变量、静态变量的声明和初始化。

. econst 段，包含串常量，全局变量、静态变量的声明和初始化。变量由 far const 修饰，或用大存储器模型，初始化后放进远（far）存储器。

. switch 段，包含 switch 语句表。

未初始化段用于保留存储器（通常为 RAM）空间。C 编译器产生的为初始化段有 . bss、. ebss、. stack、. sysmem 和 . esysmem。

. bss 段，为全局和静态变量保留空间。

. ebss 段，为全局和静态变量保留空间。变量由 far 修饰，或用大存储器模型使用。

. stack 段，为 C 系统堆栈。用于保护函数的返回地址、分配局部变量、调用函数时传递参数。

. sysmem 段，为动态存储器分配保留空间，malloc 函数使用。

. esysmem 段，为动态存储器分配保留空间，far malloc 函数使用。

各种段在程序中的映射见表 4-7。链接器从不同的模块取出每个段并将这些段用同一个名称联合起来产生输出段。全部的程序就是由这些输出段组成的。可以根据需要将这些输出段放置到地址空间的任何位置，以满足系统的要求。. text、. cinit 和 . switch 段通常链接到 ROM 或 RAM 中，且必须链接到程序存储器（Page 0）中。. const、. econst 段可以链接到 ROM 或 RAM 中，但必须链接到数据存储空间（Page 1）中。. bss、. ebss、. stack 和 . sysmem/. esysmem 段必须链接到 RAM 中，且必须在数据存储器（Page 1）中。

表 4-7　存储器映射表

段(Section)	存储器类型(Type of Memory)	页面(Page)	段(Section)	存储器类型(Type of Memory)	页面(Page)
. text	ROM 或 RAM	0	. switch	ROM 或 RAM	0,1
. cint	ROM 或 RAM	0	. const	ROM 或 RAM	1
. pint	ROM 或 RAM	0	. econst	ROM 或 RAM	1

（续）

段(Section)	存储器类型(Type of Memory)	页面(Page)	段(Section)	存储器类型(Type of Memory)	页面(Page)
. bss	RAM	1	. sysmem	RAM	1
. ebss	RAM	1	. esysmem	RAM	1
. stack	RAM	1			

4.3.2 链接命令文件

CCS 的链接器可以有很多选项，如 -l（包含库文件）、-stack（定义堆栈）、-o（定义输出文件）等，并且将用户软件定义的段与目标系统存储器物理地址对应关系定义清楚。

链接器选项的实现通常采用下面两种方法：

1）利用项目选项菜单实现。在 CCS 菜单 Project > Build Option > Linker 页面中可以对链接器选项进行设置。

2）利用链接器命令文件（. cmd）实现。即编写一个链接器命令文件，将所有链接器选项写在文件中，并将此文件加入到项目，这样 CCS 在进行编译链接时，会自动按照链接器命令文件中的选项进行。

有两条链接器命令 MEMORY 和 SECTIONS 可以实现对程序存储器和数据存储器空间的分配。MEMORY 命令定义目标存储器的配置，SECTIONS 命令定义编程段与目标存储器的关系。

1. MEMORY 命令

MEMORY 命令定义目标系统中可以使用的存储器范围，每个存储器范围具有名字、起始地址和长度。一般形式为

```
MEMORY
{
  PAGE 0: name:origin = constant,length = constant;
  …
  PAGE n: name:origin = constant,length = constant;
}
```

PAGE n：定义存储器空间。n = 0 ~ 254. 通常 PAGE 0 定义程序存储器，PAGE 1 定义数据存储器。

name：存储器范围名字。可以是 1 ~ 8 个字符。

origin 或简写为 o：存储器范围的起始地址。

constant：常数。

length 或简写为 l：存储器范围的长度。

2. SECTIONS 命令

SECTIONS 命令用于将输出各段定位到所定义的存储器。一般形式为

```
SECTIONS
{
  name:[property,property,…]
```

```
    name:[property,property,…]
    …
}
```

在段名（name）之后是是特性（property）列表，它定义段的内容以及是怎样分配的。段的特性（property）是指装载位置、运行位置、输入段以及段类型等。通常的特性符号“ >”表示输出段装载位置。

例 4-1 链接命令文件 1。

```
a. obj   b. obj   c. obj                 /*输入被链接的文件名 a. obj,b. obj 和 c. obj */
-o prog. out                             /*选择输出的可执行文件名 prog. out */
-m prog. map                             /*选择 map 文件名 prog. map */
-l rts2800. lib                          /*链接运行时支持库 */
MEMORY                                   /* MEMORY 命令 */
{
  RAM:  origin = 100h   length = 100h    /* RAM 存储器的起始地址与长度 */
  ROM:  origin = 1000h  length = 100h    /* ROM 存储器的起始地址与长度 */
}
SECTIONS                                 /* SECTIONS 命令 */
{
  . text:     >ROM                       /*将 . text 段分配到 ROM */
  . data:     >ROM                       /*将 . data 段分配到 ROM */
  . bss:      >RAM                       /*将 . bss 段分配到 RAM */
  . pint:     >ROM                       /*将 . pint 段等分配到对应的存储器 */
  . cint:     >ROM
  . switch:   >ROM
  . const:    >RAM
  . stack:    >RAM
  . sysmem:   >RAM
}
```

例 4-2 链接命令文件 2。该例链接命令文件分为两个，一个是用于 DSP2803x 片内外设寄存器连接的命令文件 DSP2803x_Headers_nonBIOS. cmd。另一个是用于 C 程序默认段链接的文件：28035_RAM_lnk. cmd。

```
   //文件:DSP2803x_Headers_nonBIOS. cmd, 功能:DSP2803x 外设寄存器链接命令文件
   //链接器 cmd 文件将在头文件中定义的外设结构体分配到正确的存储器映射空间
   //在不使用 DSP/BIOS 时,该链接文件包含外设中断向量表 PieVectorTable
   //如果使用 DSP/BIOS,则不包含外设中断向量表 PieVectorTable
MEMORY
{
  PAGE 0:       /*程序存储空间 */
  PAGE 1:       /*数据存储空间 */
  DEV_EMU          :origin = 0x000880,length = 0x000105     /*器件仿真寄存器          */
```

```
SYS_PWR_CTL     :origin = 0x000985, length = 0x000003    /* 系统功率控制寄存器       */
FLASH_REGS      :origin = 0x000A80, length = 0x000060    /* Flash 寄存器             */
CSM             :origin = 0x000AE0, length = 0x000010    /* 代码安全模块寄存器       */
ADC_RESULT      :origin = 0x000B00, length = 0x000020    /* ADC 结果寄存器镜像       */
CPU_TIMER0      :origin = 0x000C00, length = 0x000008    /* CPU 定时器 0 寄存器      */
CPU_TIMER1      :origin = 0x000C08, length = 0x000008    /* CPU 定时器 1 和 2,TI 保留 */
CPU_TIMER2      :origin = 0x000C10, length = 0x000008    /* CPU 定时器 1 和 2,TI 保留 */
PIE_CTRL        :origin = 0x000CE0, length = 0x000020    /* PIE 控制寄存器           */
PIE_VECT        :origin = 0x000D00, length = 0x000100    /* PIE 中断向量表           */
CLA1            :origin = 0x001400, length = 0x000080    /* CLA 寄存器               */
ECANA           :origin = 0x006000, length = 0x000040    /* eCAN 控制和状态寄存器    */
ECANA_LAM       :origin = 0x006040, length = 0x000040    /* eCAN 局部接收屏蔽        */
ECANA_MOTS      :origin = 0x006080, length = 0x000040    /* eCAN 信息对象时间标志    */
ECANA_MOTO      :origin = 0x0060C0, length = 0x000040    /* eCAN 对象超时寄存器      */
ECANA_MBOX      :origin = 0x006100, length = 0x000100    /* eCAN 邮箱                */
COMP1           :origin = 0x006400, length = 0x000020    /* 比较器 + DAC 1 寄存器    */
COMP2           :origin = 0x006420, length = 0x000020    /* 比较器 + DAC 2 寄存器    */
COMP3           :origin = 0x006440, length = 0x000020    /* 比较器 + DAC 3 寄存器    */
EPWM1           :origin = 0x006800, length = 0x000040    /* 增强型 PWM 1 寄存器      */
EPWM2           :origin = 0x006840, length = 0x000040    /* 增强型 PWM 2 寄存器      */
EPWM3           :origin = 0x006880, length = 0x000040    /* 增强型 PWM 3 寄存器      */
EPWM4           :origin = 0x0068C0, length = 0x000040    /* 增强型 PWM 4 寄存器      */
EPWM5           :origin = 0x006900, length = 0x000040    /* 增强型 PWM 5 寄存器      */
EPWM6           :origin = 0x006940, length = 0x000040    /* 增强型 PWM 6 寄存器      */
EPWM7           :origin = 0x006980, length = 0x000040    /* 增强型 PWM 7 寄存器      */
ECAP1           :origin = 0x006A00, length = 0x000020    /* 增强型捕获 1 寄存器      */
EQEP1           :origin = 0x006B00, length = 0x000040    /* 增强型 QEP 1 寄存器      */
LINA            :origin = 0x006C00, length = 0x000080    /* LIN - A 寄存器           */
GPIOCTRL        :origin = 0x006F80, length = 0x000040    /* GPIO 控制寄存器          */
GPIODAT         :origin = 0x006FC0, length = 0x000020    /* GPIO 控制寄存器          */
GPIOINT         :origin = 0x006FE0, length = 0x000020    /* GPIO 中断/LPM 寄存器     */
SYSTEM          :origin = 0x007010, length = 0x000020    /* 系统控制寄存器           */
SPIA            :origin = 0x007040, length = 0x000010    /* SPI - A 寄存器           */
SPIB            :origin = 0x007740, length = 0x000010    /* SPI - B 寄存器           */
SCIA            :origin = 0x007050, length = 0x000010    /* SCI - A 寄存器           */
NMIINTRUPT      :origin = 0x007060, length = 0x000010    /* NMI 看门狗中断寄存器     */
XINTRUPT        :origin = 0x007070, length = 0x000010    /* 外部中断寄存器           */
ADC             :origin = 0x007100, length = 0x000080    /* ADC 寄存器               */
I2CA            :origin = 0x007900, length = 0x000040    /* I2C - A 寄存器           */
PARTID          :origin = 0x3D7E80, length = 0x000001    /* 部件 ID 寄存器单元       */
CSM_PWL         :origin = 0x3F7FF8, length = 0x000008    /* FLASHA CSM 密码单元      */
}
SECTIONS
```

```
{
/*** PIE 向量表和 Boot ROM 变量结构 ***/
  UNION run = PIE_VECT, PAGE = 1
  {
    PieVectTableFile
    GROUP
    {
      EmuKeyVar
      EmuBModeVar
      FlashCallbackVar
      FlashScalingVar
    }
  }
    /***外设帧 0 寄存器结构定义***/
    DevEmuRegsFile          : > DEV_EMU,        PAGE = 1
    SysPwrCtrlRegsFile      : > SYS_PWR_CTL,    PAGE = 1
    FlashRegsFile           : > FLASH_REGS,     PAGE = 1
    CsmRegsFile             : > CSM,            PAGE = 1
    AdcResultFile           : > ADC_RESULT,     PAGE = 1
    CpuTimer0RegsFile       : > CPU_TIMER0,     PAGE = 1
    CpuTimer1RegsFile       : > CPU_TIMER1,     PAGE = 1
    CpuTimer2RegsFile       : > CPU_TIMER2,     PAGE = 1
    PieCtrlRegsFile         : > PIE_CTRL,       PAGE = 1
    Cla1RegsFile            : > CLA1,           PAGE = 1
    /*外设帧 1 寄存器结构定义*/
    ECanaRegsFile           : > ECANA,          PAGE = 1
    ECanaLAMRegsFile        : > ECANA_LAM,      PAGE = 1
    ECanaMboxesFile         : > ECANA_MBOX,     PAGE = 1
    ECanaMOTSRegsFile       : > ECANA_MOTS,     PAGE = 1
    ECanaMOTORegsFile       : > ECANA_MOTO,     PAGE = 1
    ECap1RegsFile           : > ECAP1,          PAGE = 1
    EQep1RegsFile           : > EQEP1,          PAGE = 1
    LinaRegsFile            : > LINA,           PAGE = 1
    GpioCtrlRegsFile        : > GPIOCTRL,       PAGE = 1
    GpioDataRegsFile        : > GPIODAT,        PAGE = 1
    GpioIntRegsFile         : > GPIOINT,        PAGE = 1
    /*外设帧 2 寄存器结构定义*/
    SysCtrlRegsFile         : > SYSTEM,         PAGE = 1
    SpiaRegsFile            : > SPIA,           PAGE = 1
    SpibRegsFile            : > SPIB,           PAGE = 1
    SciaRegsFile            : > SCIA,           PAGE = 1
    NmiIntruptRegsFile      : > NMIINTRUPT,     PAGE = 1
    XIntruptRegsFile        : > XINTRUPT,       PAGE = 1
```

```
    AdcRegsFile          : > ADC,          PAGE = 1
    I2caRegsFile         : > I2CA,         PAGE = 1
    /* 外设帧 3 寄存器结构定义 */
    Comp1RegsFile        : > COMP1,        PAGE = 1
    Comp2RegsFile        : > COMP2,        PAGE = 1
    Comp3RegsFile        : > COMP3,        PAGE = 1
    EPwm1RegsFile        : > EPWM1,        PAGE = 1
    EPwm2RegsFile        : > EPWM2,        PAGE = 1
    EPwm3RegsFile        : > EPWM3,        PAGE = 1
    EPwm4RegsFile        : > EPWM4,        PAGE = 1
    EPwm5RegsFile        : > EPWM5,        PAGE = 1
    EPwm6RegsFile        : > EPWM6,        PAGE = 1
    EPwm7RegsFile        : > EPWM7,        PAGE = 1
    /* 代码安全模块寄存器结构定义 */
    CsmPwlFile           : > CSM_PWL,      PAGE = 1
    /* * * 器件部件 ID 寄存器结构定义 * * */
    PartIdRegsFile       : > PARTID,       PAGE = 1
}

//链接文件:28035_RAM_lnk.cmd,功能:C 程序默认段链接
//注意 L0 ~ L3 块受代码安全模块保护。
//28035 的存储器块可以定义到 PAGE 0 或者 PAGE 1,不能同时定义到 PAGE 0 和 PAGE 1。
//相邻的 SARAM 存储器块可以在需要时结合到一起,以形成较大的存储器块
    MEMORY
    {
    PAGE 0          :/* 定义程序存储器 */
    /* BEGIN 用于"引导到 SARAM"引导加载模式 */
    BEGIN           :origin = 0x000000, length = 0x000002
    RAMM0           :origin = 0x000050, length = 0x0003B0
    RAML0L1         :origin = 0x008000, length = 0x000C00
    /* 片内 4K L0 ~ L1 SARAM,地址 0x8000 ~ 0x8FFF,存放程序 */
    RESET           :origin = 0x3FFFC0, length = 0x000002
    /* 位于 Boot ROM 的 0x3FFFC0 的复位向量,指向引导函数 */
    IQTABLES        :origin = 0x3FE000, length = 0x000B50   /* Boot ROM 中的 IQ 数学表格 */
    IQTABLES2       :origin = 0x3FEB50, length = 0x00008C   /* Boot ROM 中的 IQ 数学表格 */
    IQTABLES3       :origin = 0x3FEBDC, length = 0x0000AA   /* Boot ROM 中的 IQ 数学表格 */
    BOOTROM         :origin = 0x3FF27C, length = 0x000D44
    PAGE 1          :/* 定义数据存储器 */
    BOOT_RSVD       :origin = 0x000002, length = 0x00004E   /* BOOT ROM 将部分 M0 用于堆栈 */
    RAMM1           :origin = 0x000480, length = 0x000380   /* 片内 RAM 的 M1 块 */
    RAML2           :origin = 0x008C00, length = 0x000400
    RAML3           :origin = 0x009000, length = 0x001000
    }
```

```
SECTIONS
{
codestart       :> BEGIN,      PAGE = 0
ramfuncs        :> RAMM0,      PAGE = 0
.text           :> RAML0L1,    PAGE = 0
.cinit          :> RAMM0,      PAGE = 0
.pinit          :> RAMM0,      PAGE = 0
.switch         :> RAMM0,      PAGE = 0
.reset          :> RESET,      PAGE = 0,TYPE = DSECT   /* 不用 */
.stack          :> RAMM1,      PAGE = 1
.ebss           :> RAML2,      PAGE = 1
.econst         :> RAML2,      PAGE = 1
.esysmem        :> RAML2,      PAGE = 1
IQmath          :> RAML0L1,    PAGE = 0
IQmathTables    :> IQTABLES,   PAGE = 0,TYPE = NOLOAD
}
```

上述实例的用户程序存放到 L0 ~ L1 SARAM，进行调试与执行。

对于 28035，调试好的程序一般存放到片内 Flash 存储器（64 KW），其地址为 0x3E 800 ~0x3F 7FFF。引导程序跳到 Flash 的 0x3F 7FF6 地址单元，用户必须在此处事先放好跳转指令，使代码继续执行。上述要求相应的命令语句可以改写为

```
PAGE0:    /* 程序存储器 */
BEGIN    :origin = 0x3F7FF6,length = 0x0002       /* Part of FLASH */
FLASH    :origin = 0x3E8000,length = 0x00FF00     /* 64KW FLASH */
…
codestart  :> BEGIN,PAGE = 0
.text      :> FLASH,PAGE = 0
```

通常，跳转指令转移到位于 C 编译器运行时支持库 rts2800_ml.lib 中的初始化子程序的开始处。这个子程序的入口符号为_c_int00。只有运行该设置子程序后，其他 C 代码才可以被执行。项目文件中有一个名为 DSP2803x_CodeStartBranch.asm 的汇编语言程序文件，可以实现此功能，其主要内容为

```
.ref    _c_int00        ;声明一个全局符号_c_int00,为 C 语言程序入口
.sect   "codestart"     ;定一个段名为 codestart
LB      _c_int00        ;长跳转指令,跳转到_c_int00
```

4.4 DSP C 语言程序设计基础

汇编语言程序执行速度快，但设计开发周期长、移植性和可读性较差。C 语言程序设计开发周期短、移植性和可读性较好，执行速度通常可以满足要求。

C28x DSP 具有优化的 C 编译器，它支持 ANSI C 标准。还具有一些不同于标准 C 的特征。

4.4.1 数据类型

1. C28x 编译器基本数据类型

C28xDSP 的基本数据类型见表 4-8。

表 4-8 C28x DSP C 语言的数据类型

类型		长度（位）	表示方法	数值范围	
				最小值	最大值
字符型	char，signed char	16	ASCII	-32768	32767
	unsigned char	16	ASCII	0	65535
整型	short	16	补码	-32768	32767
	unsigned short	16	二进制	0	65535
	int，signed int	16	补码	-32768	32767
	unsigned int	16	二进制	0	65535
	long，signed long	32	补码	-2147483648	2147483647
	unsigned long	32	二进制	0	4294967295
实型	float double long double	32	IEEE 32-bit	±1.19209290E-38	±3.4028235E+38
枚举	enum	16	补码	-32768	32767
指针	pointer	16	二进制	0	0xFFFF
	far pointer	22	二进制	0	0x3FFFFF

由于 C28x DSP 中数据最小长度为 16 位，因此所有的字符（char）型数据，包括有符号字符（signed char）和无符号字符（unsigned char），长度均为 16 位，即用一个字的长度表示。

数据类型的其他特点如下：

1）所有的整型（char、short、int 以及对应的无符号类型）都是等效的，用 16 位二进制表示。

2）长整型和无符号长整型用 32 位二进制表示。

3）有符号数用补码表示。

4）字符（char）型是有符号数，等效于 int。

5）枚举（enum）类型代表 16 位数值，等效于 int。

6）所有的浮点类型（float、double 及 long double）等效，表示为 IEEE 单精度格式。

除了基本数据类型外，还具有数组、结构、联合等构造类型数据。

2. 结构

结构（Structure，也称结构体）是一种构造类型数据。片内外设寄存器通常通过结构与联合变量的方法进行访问。

例如，281x DSP 的通用输入输出 GPIO A 口的 MUX 复用控制寄存器可用如下位段结构（Bit field structure）表示

```
struct  GPAMUX_BITS  {
```

```
    unsigned int PWM1_GPIOA0:1;      //第0位
    unsigned int PWM2_GPIOA1:1;      //1
    unsigned int PWM3_GPIOA2:1;      //2
    unsigned int PWM4_GPIOA3:1;      //3
    unsigned int PWM5_GPIOA4:1;      //4
    unsigned int PWM6_GPIOA5:1;      //5
    unsigned intT1PWM_GPIOA6:1;      //6
    unsigned intT2PWM_GPIOA7:1;      //7
    unsigned intCAP1Q1_GPIOA8:1;     //8
    unsigned intCAP2Q2_GPIOA9:1;     //9
    unsigned intCAP3QI1_GPIOA10:1;   //10
    unsigned intTDIRA_GPIOA11:1;     //11
    unsigned intTCLKINA_GPIOA12:1;   //12
    unsigned int C1TRIP_GPIOA13:1;   //13
    unsigned int C2TRIP_GPIOA14:1;   //14
    unsigned int C3TRIP_GPIOA15:1;   //第15位
    };
```

其中的 struct 为关键字。GPAMUX_BITS 为自定义类型名。大括号内定义结构内的各个成员。例如“unsigned int PWM1_GPIOA0:1;”，表示 PWM1_GPIOA0 为无符号整型变量。该变量占用一个2进制位，取值0或1。冒号表示成员不满一个字，其后的数值表示占用的2进制位数，这样的成员称为位段（Bit field），这样的结构称为位段结构。用此方法访问片内寄存器的位非常方便。

当一个结构中有效位段的长度不足16位时，可以加入保留位段，以保证数据的完整性。例如，281x DSP 的 GPIO D 口的 MUX 复用控制寄存器结构

```
struct GPDMUX_BITS  {
    unsigned int T1CTRIP_PDPA_GPIOD0:1;     //0
    unsigned int T2CTRIP_PDPA_GPIOD1:1;     //1
    unsigned int rsvd1:3;                   //位4~2,保留位
    unsigned int T3CTRIP_PDPA_GPIOD5:1;     //5
    unsigned int T4CTRIP_PDPA_GPIOD6:1;     //6
    unsigned int rsvd2:9;                   //位15~7,保留位
    };
```

同基本变量一样，结构变量需要先声明后使用，成员变量可以采用成员运算符即点运算符（.）进行引用，例如

```
struct GPDMUX_BITS bit;             //声明一个 GPDMUX_BITS 结构类型的变量 bit
bit. T1CTRIP_PDPA_GPIOD0 = 1        //将 GPIOD 口的位0定义为 PDPA 功能
```

3. 联合

联合（Union，也称为联合体）类型可以将不同类型的数据存放在同一个地方，且占据同样大小的存储空间。例如，定义联合类型 GPDMUX_REG

```
union GPDMUX_REG {
    unsigned int all;                  //声明成员变量 all 为无符号整型变量
    struct GPDMUX_BITS bit;            //声明成员变量 bit 为结构型变量
    };
```

联合变量的声明与成员变量的引用与结构变量类似，例如

```
union GPDMUX_REG   GPDMUX;  //声明联合类型变量 GPDMUX
GPDMUX. all = 1;            //寄存器 GPDMUX 赋值为 1,
                            //将 GPIOD 位 0 引脚定义为 PDPA 功能,其他为数字 I/O
```

联合可以出现在结构和数组中，结构和数组也可以出现在联合中。例如，结构类型 GPIO_MUX_REGS 中包含联合类型成员变量

```
struct GPIO_MUX_REGS {
    union GPAMUX_REG   GPAMUX;
    union GPDMUX_REG   GPDMUX;
    };
```

定义了一个结构类型 GPIO_MUX_REGS，其成员为联合类型变量 GPAMUX、GPDMUX。这种结构变量的声明与普通结构变量一样，例如

```
structGPIO_MUX_REGS   GpioMuxRegs;
//表示 GpioMuxRegs 是结构 GPIO_MUX_REGS 的一个变量
```

声明了结构变量后，可以采用分级点运算符的方法引用各成员变量，例如

```
GpioMuxRegs. GPAMUX. all = 0x077F;                        //CAP1 - 3,PWM1 - 6,T1pwm
GpioMuxRegs. GPDMUX. bit. T1CTRIP_PDPA__GPIOD0 = 1;       //PDPA
GpioMuxRegs. GPDMUX. bit. T2CTRIP_SOCA__GPIOD1 = 0;       //GPIOD1
GpioMuxRegs. GPDMUX. bit. T3CTRIP_PDPB__GPIOD5 = 0;       //GPIOD5
GpioMuxRegs. GPDMUX. bit. T4CTRIP_SOCB__GPIOD6 = 0;       //GPIOD6
```

定义 281x DSP 的 GPIOA 口时，采用了一条 C 语句，这样的程序简单。而定义 GPIOD 口时，采用了 4 条 C 语句，这样编程可以清晰地看到 GPIOD 口各位的定义。编程风格可以由编程者自己决定。

实际编程时，片内寄存器及其各位通常已经有人进行了定义，做成了头文件（. h 文件），一般放在项目中包含的 include 路径下，用编译预处理命令#include 包含该头文件，用户可以直接使用。例如，头文件 DSP2803x_Gpio. h 定义了 2803x DSP 的 GPIO 口的寄存器。

4. 4. 2　C 语言运算符与基本语句

1. C 语言运算符

C 语言运算符有算术运算符、关系运算符、逻辑运算符和位操作运算符等。不同的运算符可以有不同的优先级、运算对象个数与结合方向。

（1）算术运算符。

+ （加或正号）、 - （减或负号）、 * （乘号）、/ （除号）、% （求余）。

优先级为：先乘除，后加减。先括号内，再括号外。

（2）关系运算符。

<（小于）、>（大于）、<=（小于等于）、>=（大于等于）、==（相等）、!=（不相等）。

（3）逻辑运算符。

&&（逻辑与）、||（逻辑或）、!（逻辑非）。逻辑表达式和关系表达式的值相同，以0代表假，以1代表真。

（4）位操作运算符。

&（按位与）、|（按位或）、^（按位异或）、~（按位取反）、<<（位左移）、>>（位右移）。位操作运算符在嵌入式系统程序中应用广泛。

（5）递增（++）、递减（--）运算符。

例如++i和--i，表示在使用i之前，先使i值加1或减1，i++和i--，表示在使用i之后，再使i值加1或减1。

（6）赋值与复合赋值运算符。

=（赋值）运算表示将=右边的值赋给左边的变量。

复合赋值运算符有+=、-=、*=、/=、%=、<<=、>>=、&=、^=、|=。

例如a+=b相当于a=a+b。a>>=7相当于a=a>>7。

（7）对指针操作的运算符。

&（取地址运算符）和*（间接地址运算符）。

如a=&b表示取b变量的地址送指针变量a。c=*b表示将以指针变量b的值为地址的单元的内容送变量c。

（8）其他运算符

?:（条件运算符）、,（逗号运算符）、()（圆括号运算符）、·（点）和→（箭头）（分量运算符）、[]（中括号，数组下标运算符）、()（小括号，函数调用运算符）等。

2. C语言基本语句

C语句有控制语句、表达式语句、函数调用语句、空语句和复合语句五类。控制语句有如下9种：

① if()~else ~条件语句。if语句用来实现条件分支，其一般形式为

```
if(表达式)语句1
else语句2
```

else语句2部分有时可以省略。其中的语句可以是单语句、复合语句（用大括号括起来的若干语句）和空语句（即只有一个分号）。

② while()~循环语句。while语句用来实现“当型”循环，其一般形式为

```
while(表达式)语句
```

当表达式的值为非0即条件成立时，执行while语句中的内嵌语句。其特点是先判断表达式，后执行语句。

③ do ~while()循环语句。do while语句用来实现“直到型”循环，其一般形式为

```
do 语句
while(表达式)
```

先执行内嵌语句，然后判断表达式，直到表达式的值为0时，才结束循环。其特点是先执行语句，后判断表达式。

④ for( ) ~ 循环语句。for 语句用来实现循环程序，其一般形式为

```
for(表达式1;表达式2;表达式3)语句
```

其最简单的形式为

```
for(循环变量初值;循环条件;循环变量修改)循环体语句
```

for 语句使用最灵活，不仅可以用于循环次数已知的情况，而且可以用于循环次数不确定而只给出循环结束条件的情况。

⑤ switch( ){ } 多分支语句。switch 语句用来解决多分支的选择问题，其一般形式为

```
switch(表达式)
{ case 常数1:语句1;break;
  case 常数2:语句2;break;
  …
  default:语句n;break;
}
```

其中，表达式只能是整型表达式和字符表达式。

⑥ continue 结束本次循环语句。

⑦ break 中止执行 switch 语句或循环语句。

⑧ goto 转向语句。

⑨ return 从函数返回语句，可以带回函数值。

4.4.3 函数

与普通C语言程序一样，DSP的C程序也是由若干函数构成，其中有且仅有一个名为main的函数即主函数。主函数是程序的入口，主函数中的所有语句执行完毕，则程序执行结束。

用户可以根据需要定义自己的功能函数，也可以调用C编译器提供的标准函数（库函数）来完成某种特定的功能。

C函数的一般格式为

```
类型函数名(形式参数及其类型表)
{
变量声明部分;
执行语句部分;
}
```

一个函数在程序中可以三种形态出现：函数定义（Definition）、函数调用和函数声明（Declaration）。函数定义相当于汇编语言中的一般子程序。函数调用相当于调用子程序。函

数定义和函数调用不分先后，但若调用在定义之前，那么在调用前必须先进行函数声明。函数声明是一个没有函数体的函数定义，而函数调用则要求有函数名和实际参数表。

4.4.4 指针

可以用指针（Pointer）的方法访问变量，用指针访问数组、结构、联合变量非常方便。例如，指向结构类型的指针变量 p，

```
struct GPDMUX_BITS   * p;     //声明一个指向结构 GPDMUX_BITS 的指针 p
struct GPDMUX_BITS   bit;     //声明一个结构 GPDMUX_BITS 类型的变量 bit
p = &bit;                     //结构指针 p 指向变量 bit
```

结构变量 bit 的成员 T1CTRIP_PDPA_GPIOD0 可用下述 3 种形式之一访问：

```
bit. T1CTRIP_PDPA_GPIOD0      //用结构变量点运算符的方法访问
( * p). T1CTRIP_PDPA_GPIOD0 //用间接访问运算符指针和点运算符访问
p -> T1CTRIP_PDPA_GPIOD0      //用指针指向(箭头运算符)成员变量
```

ANSI C 新标准增加了一种 void ＊指针类型，即可以定义一个指针变量，但不指定它是指向哪一种数据类型，例如

```
unsigned long  * Source = ( void * ) &PieVectTableInit;
```

其中 PieVectTableInit 是结构 PIE_VECT_TABLE（中断向量）的一个变量。地址 &PieVectTableInit 被(void ＊)强制转换为 void ＊类型。指针 Source 指向 unsigned long 类型。

例如，描述中断向量表的指针 PINT

```
typedef unsigned int Uint16;  //用关键字 typedef 定义一种类型 Uint16,16 位无符号整型
Uint16   i;
typedef   interrupt   void ( * PINT) ( void) ;  //定义的指针 PINT 指向中断函数
              //第 1 个 void 表示中断函数无参数返回,第 2 个 void 表示中断函数无调用参数
struct   PIE_VECT_TABLE{
        PINT   PIE1_RESERVED;     //即 interrupt void ( * PIE1_RESERVED) ( void)
        PINT   PIE2_RESERVED;
        …
        }
```

结构 PIE_VECT_TABLE 的所有成员均为中断函数的首地址（中断向量），即指向中断函数的指针。因此，在定义其成员如 PIE1_RESERVED 的时候，要在其前面加 PINT，表示 PIE1_RESERVED 是 PINT 类型的变量，即指向中断函数的指针，这样程序显得简洁。

C 语言中访问片内外数据存储器（或外设寄存器），可以用指针的方法实现。下面举例说明。

例 4-3　将 DSP 的数据存储器 400H 开始的 16 个单元复制到 500H 开始的单元。

```
main( )
{
    int i;
```

```
    unsigned int  * px, * py, * pz;          //定义3个指向无符号整型的指针
    px = (unsigned int  * )0x400;            //用指针方式访问存储单元
    py = (unsigned int  * )0x500;
    for (i = 0,pz = px;i < 16;i ++ ,pz ++ )
        ( * pz) = i;                         //0x400 ~ 0x40F 单元分别赋值 0 ~ 15
    for (i = 0,pz = py;i < 16;i ++ ,pz ++ )
        ( * pz) = 0x1234;                    //0x500 ~ 0x50F 单元均赋值 0x1234
    for (i = 0;i < 16;i ++ ,px ++ ,py ++ )
        ( * py) = ( * px);                   //将400H开始的16个单元复制到500H开始的单元
    while(1) {;}
}
```

4.4.5 编译预处理命令

在一个C源程序中，除了变量和函数的定义、声明以及表达式等基本程序语句外，还包括一些#号开始的编译预处理命令（Preprocessor Directive）。这些预处理命令由编译器正式编译之前调用相应的预编译函数来解释和执行。主要的编译预处理功能有宏定义、文件包含、条件编译及pragma命令等。

1. 宏定义、文件包含与条件编译

（1）宏定义

宏（Macro）定义是指用一个指定的名字来代表一个常量表达式或字符串，其复杂性形式是带参数的宏。宏定义的一般格式为

```
#define 标识符   常量表达式或字符串
```

例如

```
#define   PI   3.14159                //定义一个符号常量PI代表常数3.14159
#define   Uint16 unsigned int         //定义一个类型符号Uint16代表无符号整型
#define   EINT asm("clrc INTM")       //定义一个符号EINT代表一条开中断汇编指令
```

通常#define出现在源程序的首部，使用宏名之前一定要用#define进行宏定义。宏定义不是C语句，不必在行末尾加分号。也可以将常用的宏定义放到头文件中。

（2）文件包含

文件包含是指一个程序文件将另一个指定文件的内容全部包含进来。一般格式为

```
#include  "被包含文件名"   或   #include   <被包含文件名>
```

其中“被包含文件名”是一个已经存在于系统中的文件名字。被包含文件通常称为头文件，通常.h以作为后缀，例如

```
#include   <math.h>
```

其功能是将头文件“math.h”的内容嵌入到该命令行处，使它成为源程序的一部分。当用一对尖括号时，编译系统按设定的标准目录搜索头文件。当用一对双引号时，编译系统先在源文件所在的目录中搜索，搜索不到，再按设定的标准目录搜索头文件。

文件包含预处理命令行通常放在文件的开头，被包含的文件内容通常是一些公用的宏定

义如外设寄存器定义或外部变量说明等。例如

```
#include <DSP2803x_Device.h>
```

该头文件包了 IER、IFR 寄存器定义、CPU 控制、类型定义及片内外设寄存器定义等。该头文件的部分内容为

```
extern cregister volatile unsigned int IFR;   //用 cregister 声明中断标志寄存器 IFR
extern cregister volatile unsigned int IER;   //用 cregister 声明中断使能寄存器 IER
#define EINT asm("clrc INTM")                 //定义宏 EINT,代表使能中断汇编指令 clrc INTM
#define DINT asm("setc INTM")                 //定义宏 DINT,代表使能禁止汇编指令 setc INTM
#define EALLOW asm("EALLOW)                   //解除 EALLOW 保护,代表汇编指令 EALLOW
#define EDIS asm("setc INTM")                 //添加 EALLOW 保护,代表汇编指令 EDIS
typedef   int      int 16                     //定义类型名 int16,代表类型 int
typedef   long     int 32
typedef   unsigned int     Uint16
typedef   unsigned long    Uint32
```

使用包含文件应注意以下几点：

1）调用标准库函数例如数学函数时，一定要包含所要用到的库文件。

2）头文件只能是 ASCII 文件，不能是目标代码文件。

3）一个#include 命令只能包含一个头文件。如要包含多个头文件，则须用多个# include 命令。

4）文件包含可以嵌套，即被包含的文件可以再包含另外的头文件。

（3）条件编译

条件编译是指在编译 C 文件之前，根据条件决定编译的范围。其格式有

1）条件编译格式 1：

```
#ifdef  标识符
程序段 1
#else
程序段 2
#endif
```

其功能是若标识符已被定义过，则对程序段 1 进行编译；否则对程序段 2 进行编译。可以简化为

```
#ifdef 标识符
程序段 1
#endif
```

值得说明的是，只要条件编译之前有命令行“#define 标识符”就可以了，无论该宏的值是什么都无关紧要。

2）条件编译格式 2：

```
#ifndef  标识符
程序段 1
```

```
#else
程序段 2
#endif
```

其功能是若标识符未被定义过，则对程序段 1 进行编译；否则对程序段 2 进行编译。例如

```
#ifndef   DSP28_DATA_TYPES
#define   DSP28_DATA_TYPES
typedef   int     int16
typedef   long    int32
…
#endif
```

2. pragma 命令

pragma 是一类编译预处理命令，通知编译预处理器如何处理函数。C28x C/C ++ 支持如下 5 个 pragma 预处理命令：CODE_SECTION、DATA_SECTION、INTERRUPT、FUNC_EXT_CALLED 和 FAST_CALL。

（1）CODE_SECTION

该命令的 C 语法格式为

```
#pragma CODE_SECTION(func,"section name")
```

它为函数 func 在一个名为 section name 的段（section）中指定空间。将一个代码对象链接到一个不同于程序段 . text 的空间时，该命令非常有用。例如，

```
char bufferA[80];
#pragma CODE_SECTION(funA,"codeA")
char funA(int i);
void main()
{
    char c;
    c = funA(1);
}
char funA(int i)
{
    return bufferA[i];
}
```

（2）DATA_SECTION

该命令的 C 语法格式为

```
#pragma DATA_SECTION(symbol,"section name")
```

它为符号 symbol 在一个名为 section name 的数据段中指定空间。将一个数据对象链接到一个不同于 . bss 段的空间时，该命令非常有用。例如

```
#pragma DATA_SECTION(bufferB,"my_sect")
```

```
char bufferB[512]; //字符数组 bufferB
```

数据块 bufferB 被定位于 my_sect 段中，my_sect 段在命令文件（.cmd）中规定了物理地址。

（3）INTERRUPT

该命令的 C 语法格式为

```
#pragma INTERRUPT(func)
```

参数 func 为 C 函数名。该命令允许用户直接采用 C/C ++ 代码处理中断。

（4）FUNC_EXT_CALLED

该命令的 C 语法格式为

```
#pragma FUNC_EXT_CALLED(func)
```

参数 func 为 C 函数名。编译器有一个优化器，该优化器有一种优化方法，即将从未在 main()函数中被直接或间接调用过的函数去掉。若采用 C 与汇编混合编程，某函数可能在汇编语言中被调用，此时为了防止优化器将这些函数去掉，可以在 C 程序中采用该命令告诉编译器保留该函数。

（5）FAST_CALL

该命令的 C 语法格式为

```
#pragma FAST_CALL(func)
```

该命令允许在 C/C ++ 中直接调用汇编语言编写的函数 func。

4.4.6 C 语言与汇编语言混合编程

C 语言与汇编语言混合编程通常有如下三种方法：

1）在 C 程序中直接嵌入汇编语句。

2）独立的 C 模块和汇编模块接口。

3）C 程序中访问汇编程序变量。

1. 在 C 程序中直接嵌入汇编语句

在 C 程序中嵌入汇编语句是一种直接的 C 模块和汇编模块接口方法。这种方法一方面可以在 C 程序中实现用 C 语言难以实现的一些硬件控制功能。另一方面，也可以用这种方法在 C 程序中的关键部分用汇编语句代替 C 语句以优化程序。

这种方法的缺点是比较容易破坏 C 环境，因为 C 编译器在编译嵌入了汇编语句的 C 程序时并不检查或分析所嵌入的汇编语句。

直接在 C 语言程序中相应位置嵌入汇编语句，只需在汇编语句加上双引号和小括号，前面加 asm 标识符号，称为 ASM 语句（ASM Statement）。一般格式为

```
asm("汇编语句")
```

例如，

```
asm("NOP");
#define EINT asm ("clrc INTM") //开放中断
```

```
EINT;                        //宏 EINT 代表汇编指令 clrc INTM
asm(" EALLOW");              //解除 EALLOW 保护
```

注意双引号内第一个字符必须是空格，这与汇编语言程序的要求是一样的。

2. 独立的 C 模块和汇编模块接口

独立编写 C 程序与汇编程序，分别编译、汇编生成目标代码模块，然后用链接器连接起来。C 程序可以调用汇编子程序，也可以访问汇编程序中定义的变量。同样汇编程序可以调用 C 函数或访问 C 程序中定义的变量。

在编写独立的汇编程序时，必须注意以下几点：

1）不论是用 C 语言编写的函数还是用汇编语言编写的函数，都必须遵循寄存器使用规则。

2）必须保护 C 函数要用到的几个特定寄存器（XAR1、XAR2、XAR3、SP）。

3）中断程序必须保护所有用到的寄存器。

4）从汇编程序调用 C 函数时，第一个参数（最左边）必须放入累加器中，剩下的参数按自右向左的顺序压入堆栈。

5）调用 C 函数时，注意 C 函数只保护了几个特定的寄存器，而其他可以自由使用。

6）长整型和浮点数在存储器中存放的顺序是低位字在高地址，高位字在低地址。

7）如果函数有返回值，返回值存放在累加器中。

8）汇编语言模块不能改变由 C 模块产生的 .cinit 段，如果改变其内容将会引起不可预测的后果。

9）编译器在所有标识符（函数名、变量名等）前加下划线“_”。因此，在编写汇编程序时，必须在 C 程序可以访问的标识符前加“_”。

10）任何在汇编程序中定义的对象或函数，如果需要在 C 程序中访问或调用，则必须用汇编命令 .global（表示全局符号）定义。

3. C 程序访问汇编程序的变量

从 C 程序中访问在汇编程序中定义的变量或常数，可以分为访问在或不在 .bss 段中定义的变量两种情况。

对于访问在 .bss 段中定义的变量，可以采用如下方法实现：

(1) 采用 .bss 命令定义变量。

(2) 采用 .global 命令将命令声明为全局变量。

(3) 在汇编程序变量名加下划线“_”。

(4) 在 C 程序中将变量声明为外部变量，然后进行正常的访问。

例 4-4 在 C 程序中访问在 .bss 段中定义的变量。

汇编程序：

```
.bss     _var,1          ;定义变量
.global  _var            ;声明为全局变量
```

C 程序：

```
extern int var           //声明为外部变量
var = 1                  //访问变量
```

对于访问不在.bss段中定义的变量，例如访问汇编程序的常数表，可以定义一个指向该变量的指针，然后在程序中间接访问该变量。

例4-5 在C程序中访问不在.bss段中定义的变量。

汇编程序：

```
        .global   _sine          ;声明为全局变量
        .sect     "sine_tab"     ;建立一个独立的段
_sine:                           ;常数表起始地址
        .float   0.0
        .float   0.015987
        .float   0.022145
```

C程序：

```
extern float sine[]              //声明为外部变量
float   *sine_p = sine;          //声明一个指针指向该变量
f = sine_p[4];                   //作为普通数组访问 sine 数组
```

4.4.7 C28x DSP编译器的几个关键字

C28x DSP的C/C++编译器，支持标准的const、register、volatile等关键字，还扩展了cregister、interrupt、far、near等关键字。

1. 关键字 const

该关键字可以优化存储器的分配。加const到任何变量的定义可以确保其内的值不变。

2. 关键字 volatile

该关键字所定义的变量是可变的，可以被其他硬件修改，而不仅仅只能由C程序修改。优化器会尽量减少存储器的访问，所以有时必须禁止优化，特别是循环控制变量。例如

```
volatile   unsigned   int   *ctrl;
while      (*ctrl != 0xff);
```

如果没有关键字volatile，ctrl指针所指向地址单元的内容在循环过程中不会发生变化，循环被优化成单次读，造成死循环。增加了关键字volatile后，则ctrl指针所指向地址不会优化成单次读，可以读取外部事件引起的单元内容的变化。

3. 关键字 cregster

该扩展关键字允许高级语言读/写控制寄存器。在C28x的C语言中，cregister仅限于中断使能寄存器IER和中断标志寄存器IFR，程序中应有如下声明：

```
extern cregister volatile unsigned int IER;
extern cregister volatile unsigned int IFR;
```

可以用运算符|（位或）和&（位与）进行操作，例如

```
IFR| = 0x100;          //将 IFR 的第 8 位 INT9 设置为 1,用位或运算
IFR& = 0x100;          //将 IFR 的第 8 位保持不变,其他位清零,用位与运算
```

4. 关键字 interrupt

该扩展关键字用来说明定义的函数是一个中断函数。中断函数被定义成返回 void 类型，而且无参数调用。interrupt 关键字告诉编译器，以生成必需的寄存器保护和程序返回机制的代码。例如

```
interrupt void int_handler( )
{
    unsigned   int flags;
    …
}
```

有一个特殊的名为 c_int00 的中断程序（汇编语言中名称为_c_int00），用于 DSP 复位中断的处理。它可完成系统初始化并调用主函数 main( )，是用户 C 程序的入口。

5. 关键字 far

C/C ++ 编译器的默认寻址空间是 64 KW。所有指针的默认大小为 16 位，支持的寻址空间达 64 KW。加上 far 关键字限定符的指针大小为 22 位，可以寻址 4 MW 地址空间。

4.5 DSP C 程序举例

例 4-6 通过延时函数，实现 2803x DSP 引脚 GPIO26 上的 LED 指示灯闪烁。

```
#include "DSP2803x_Device. h"    //头文件包含
void delay_loop( void) ;         //函数声明
void main( void)
{
    InitSysCtrl( ) ;             //初始化系统系统时钟,包括 PLL、看门狗时钟、外设时钟的控制
    //DINT;                      //先禁止 CPU 中断
    //InitPieCtrl( ) ;           //给 PIE 寄存器赋初值
    //IER = 0x0000;              //禁止 CPU 的中断并清除所有相关的中断标志
    //IFR = 0x0000;
    //InitPieVectTable( ) ;      //初始化中断向量表
    EALLOW;
    //GpioCtrlRegs. GPAMUX2. bit. GPIO26 = 0;          //GPIO26 作为通用 I/O
    GpioCtrlRegs. GPADIR. bit. GPIO26 = 1;            //GPIO26 方向为输出
    EDIS;
    while(1)
    {
    GpioDataRegs. GPADAT. bit. GPIO26 ^ = 1;          //GPIO26 电平翻转一次
    //GpioDataRegs. GPATOGGLE. bit. GPIO26 = 1;       //GPIO26 电平翻转一次
    delay_loop( ) ;
    }
}
```

```
void delay_loop()                               //延时函数
{
    Uint32 i;
    for (i=0;i<2000000;i++) {;}                 //延时约 500 ms
}
```

例 4-7 指示灯亮/灭控制和按键检测。指示灯 LED1 连接 2803x DSP 引脚 GPIO26，指示灯 LED2 连接引脚 GPIO40。LED1 一直闪烁。按键 K 连接引脚 GPIO32，未按下时为高，LED2 熄灭。按下后为低，LED2 点亮。

```
#include "DSP2803x_Device.h"  //头文件包含
//函数声明
void delay_loop(void);
void Gpio_KeyInit(void);
void Gpio_LedInit(void);

void main(void)
{
InitSysCtrl();      //初始化系统时钟,包括 PLL、看门狗时钟、外设时钟
Gpio_LedInit();  //初始化 GPIO(作为普通 IO 使用,方向为输出)
Gpio_KeyInit();  //初始化按键接口(GPIO32,K3)
while(1)
{
    if(GpioDataRegs.GPBDAT.bit.GPIO32 ==0)
    {
        GpioDataRegs.GPBDAT.bit.GPIO40 =0;              //如果开关按下,则点亮 LED2
    }
    else
    {
        GpioDataRegs.GPBDAT.bit.GPIO40 =1;              //如果开关按下,则点亮 LED2
    }
    GpioDataRegs.GPATOGGLE.bit.GPIO26 =1;              //GPIO26 端口电平翻转一次
    delay_loop();
    }
}

void delay_loop()                                       //延时函数
{
Uint32 i;
for (i=0;i<100000;i++)   {;}
}

void Gpio_LedInit(void)
{
```

```
EALLOW;
GpioCtrlRegs. GPAMUX2. bit. GPIO26 =0;                    //GPIO26 作为普通 I/O
GpioCtrlRegs. GPBMUX1. bit. GPIO40 =0;                    //GPIO40 作为普通 I/O
GpioCtrlRegs. GPADIR. bit. GPIO26 =1;                     //GPIO26 方向为输出
GpioCtrlRegs. GPBDIR. bit. GPIO40 =1;                     //GPIO40 方向为输出
GpioDataRegs. GPADAT. bit. GPIO26 =1;                     //GPIO26 输出高电平
GpioDataRegs. GPBDAT. bit. GPIO40 =1;                     //GPIO40 输出高电平
EDIS;
}

void Gpio_KeyInit(void)
{
EALLOW;
GpioCtrlRegs. GPBMUX1. bit. GPIO32 =0;                    //GPIO32 作为普通 I/O
GpioCtrlRegs. GPBDIR. bit. GPIO32 =0;                     //GPIO32 方向为输入
GpioCtrlRegs. GPBPUD. bit. GPIO32 =0;                     //开启内部上拉
EDIS;
}
```

例 4-8 使用 CPU 定时器 0 定时中断，让连接到 2803x DSP 的引脚 GPIO26 的 LED 指示灯每隔 0. 5 s 闪烁一次。

```
#include "DSP2803x_Device. h"//头文件包含
//函数声明
void Gpio_LedInit(void);
interrupt void Timer0_IsrHandler(void);
void CPU_TimerInit(void);

void main(void)
{
InitSysCtrl();                    //初始化系统时钟,60MHz,包括 PLL、看门狗时钟、外设时钟
DINT;                             //关闭 CPU 中断
InitPieCtrl();                    //PIE 寄存器赋初值
IER =0x0000;                      //禁止 CPU 中断
IFR =0x0000;                      //清除 CPU 中断标志
InitPieVectTable();               //初始化中断向量表
EALLOW;
GpioCtrlRegs. GPAMUX2. bit. GPIO26 =0;        //GPIO26 作为普通 IO
GpioCtrlRegs. GPADIR. bit. GPIO26 =1;         //GPIO26 方向为输出
GpioDataRegs. GPADAT. bit. GPIO26 =1;         //GPIO26 输出高电平
EDIS;
CPU_TimerInit();                              //定时器初始化
while(1);
}
```

```
void CPU_TimerInit(void)
{
EALLOW;
PieVectTable. TINT0 = &Timer0_IsrHandler;             //中断函数入口地址
EDIS;
CpuTimer0. RegsAddr = &CpuTimer0Regs;                 //初始化 CPU 定时器 0 地址指针
CpuTimer0Regs. PRD. all = 0xFFFFFFFF;                 //初始化定时器周期
CpuTimer0Regs. TPR. all = 0;                          //初始化预定标计数器为 1 分频
CpuTimer0Regs. TPRH. all = 0;
CpuTimer0Regs. TCR. bit. TSS = 1;                     //停止定时器
CpuTimer0Regs. TCR. bit. TRB = 1;                     //用周期值重装计数寄存器
CpuTimer0. InterruptCount = 0;                        //复位中断计数器

ConfigCpuTimer( &CpuTimer0,60,500000);
CpuTimer0 -> CPUFreqInMHz = 60;
CpuTimer0 -> PeriodInUSec = 500000;
CpuTimer0 -> RegsAddr -> PRD. all = (long) (60 * 500000);
CpuTimer0 -> RegsAddr -> TPR. all = 0;                //初始化预定标计数器为 1 分频
CpuTimer0 -> RegsAddr -> TPRH. all = 0;
CpuTimer0 -> RegsAddr -> TCR. bit. TSS = 1;           //启动定时器
CpuTimer0 -> RegsAddr -> TCR. bit. TRB = 1;           //重装定时器
CpuTimer0 -> RegsAddr -> TCR. bit. SOFT = 0;
CpuTimer0 -> RegsAddr -> TCR. bit. FREE = 0;          //禁止定时器自由运行
CpuTimer0 -> RegsAddr -> TCR. bit. TIE = 1;           //使能中断
CpuTimer0 -> InterruptCount = 0;                      //复位中断计数器

CpuTimer0Regs. TCR. bit. TSS = 0;                     //启动定时器 CPU Timer0(TSS = 0)
PieCtrlRegs. PIECTRL. bit. ENPIE = 1;                 //使能 PIE 模块
IER | = M_INT1;                                       //使能 CPU INT1,它连接 CPU - Timer 0
PieCtrlRegs. PIEIER1. bit. INTx7 = 1;                 //使能 PIE 组 1 的中断 7
EINT;                                                 //使能全局中断 INTM
ERTM;                                                 //使能全局实时中断 DBGM
}

interrupt void Timer0_IsrHandler(void)
{
GpioDataRegs. GPATOGGLE. bit. GPIO26 = 1;              //LED 亮/灭切换
CpuTimer0. InterruptCount ++ ;
PieCtrlRegs. PIEACK. bit. ACK1 = 1;
}
```

这是中断服务程序编写的一个实例，关键是 PIE 中断向量表的建立。为了处理 PIE 中断，在 DSP2803x_PieVect. h 头文件中建立了一个结构 PIE_VECT_TABLE，它实际上是指向

PIE RAM 区的一个中断函数的地址集，并定义了该结构类型的一个结构变量 PieVectTableInit，以便其他文件查用。该头文件的主要内容如下：

```
#include "DSP2803x_Device.h"   //包含 DSP2803x 头文件
const struct PIE_VECT_TABLE PieVectTableInit = {
    PIE_RESERVED,          //0 预留空间
    PIE_RESERVED,          //1
    …
    PIE_RESERVED,          //11
    PIE_RESERVED,          //12 预留空间
    //非外设中断
    INT13_ISR,             //CPU - Timer 1
    INT14_ISR,             //CPU - Timer 2
    DATALOG_ISR,           //Datalogging interrupt
    RTOSINT_ISR,           //RTOS interrupt
    EMUINT_ISR,            //Emulation interrupt
    NMI_ISR,               //Non - maskable interrupt
    ILLEGAL_ISR,           //Illegal operation TRAP
    USER1_ISR,             //User Defined trap 1
    USER2_ISR,             //User Defined trap 2
    USER3_ISR,             //User Defined trap 3
    USER4_ISR,             //User Defined trap 4
    USER5_ISR,             //User Defined trap 5
    USER6_ISR,             //User Defined trap 6
    USER7_ISR,             //User Defined trap 7
    USER8_ISR,             //User Defined trap 8
    USER9_ISR,             //User Defined trap 9
    USER10_ISR,            //User Defined trap 10
    USER11_ISR,            //User Defined trap 11
    USER12_ISR,            //User Defined trap 12
    //组 1 PIE 向量
    ADCINT1_ISR,           //1.1 ADC,如果为 rsvd_ISR,那么 INT10.1 应定义为 ADCINT1_ISR
    ADCINT2_ISR,           //1.2 ADC,如果为 rsvd_ISR,那么 INT10.2 应定义为 ADCINT2_ISR
    rsvd_ISR,              //1.3
    XINT1_ISR,             //1.4 External Interrupt
    XINT2_ISR,             //1.5 External Interrupt
    ADCINT9_ISR,           //1.6 ADC
    TINT0_ISR,             //1.7 Timer 0
    WAKEINT_ISR,           //1.8 WD,Low Power
    //组 2 PIE 向量
    EPWM1_TZINT_ISR,       //2.1 EPWM - 1 Trip Zone
    EPWM2_TZINT_ISR,       //2.2 EPWM - 2 Trip Zone
    EPWM3_TZINT_ISR,       //2.3 EPWM - 3 Trip Zone
```

```
EPWM4_TZINT_ISR,      //2.4 EPWM-4 Trip Zone
EPWM5_TZINT_ISR,      //2.5 EPWM-4 Trip Zone
EPWM6_TZINT_ISR,      //2.6 EPWM-4 Trip Zone
EPWM7_TZINT_ISR,      //2.7 EPWM-4 Trip Zone
rsvd_ISR,             //2.8
//组3 PIE向量
EPWM1_INT_ISR,        //3.1 EPWM-1 Interrupt
EPWM2_INT_ISR,        //3.2 EPWM-2 Interrupt
EPWM3_INT_ISR,        //3.3 EPWM-3 Interrupt
EPWM4_INT_ISR,        //3.4 EPWM-4 Interrupt
EPWM5_INT_ISR,        //3.5 EPWM-5 Interrupt
EPWM6_INT_ISR,        //3.6 EPWM-6 Interrupt
EPWM7_INT_ISR,        //3.7 EPWM-7 Interrupt
rsvd_ISR,             //3.8
//组4 PIE向量
ECAP1_INT_ISR,        //4.1 ECAP-1
rsvd_ISR,             //4.2
…
rsvd_ISR,             //4.8
//组5 PIE向量
EQEP1_INT_ISR,        //5.1 EQEP-1
rsvd_ISR,             //5.2
…
rsvd_ISR,             //5.8
//组6 PIE向量
SPIRXINTA_ISR,        //6.1 SPI-A
SPITXINTA_ISR,        //6.2 SPI-A
SPIRXINTB_ISR,        //6.3 SPI-B
SPITXINTB_ISR,        //6.4 SPI-B
rsvd_ISR,             //6.5
rsvd_ISR,             //6.6
rsvd_ISR,             //6.7
rsvd_ISR,             //6.8
//组7 PIE向量
rsvd_ISR,             //7.1
rsvd_ISR,             //7.2
…
rsvd_ISR,             //7.8
//组8 PIE向量
I2CINT1A_ISR,         //8.1 I2C
I2CINT2A_ISR,         //8.2 I2C
rsvd_ISR,             //8.3
rsvd_ISR,             //8.4
```

```
    rsvd_ISR,           //8.5
    rsvd_ISR,           //8.6
    rsvd_ISR,           //8.7
    rsvd_ISR,           //8.8
    //组 9 PIE 向量
    SCIRXINTA_ISR,      //9.1 SCI-A
    SCITXINTA_ISR,      //9.2 SCI-A
    LIN0INTA_ISR,       //9.3 LIN-A
    LIN1INTA_ISR,       //9.4 LIN-A
    ECAN0INTA_ISR,      //9.5 eCAN-A
    ECAN1INTA_ISR,      //9.6 eCAN-A
    rsvd_ISR,           //9.7
    rsvd_ISR,           //9.8
    //组 10 PIE 向量
    rsvd_ISR,           //10.1,如果为 ADCINT1_ISR,那么 INT1.1 应定义为 rsvd_ISR
    rsvd_ISR,           //10.2,如果为 ADCINT2_ISR,那么 INT1.2 应定义为 rsvd_ISR
    ADCINT3_ISR,        //10.3 ADC
    ADCINT4_ISR,        //10.4 ADC
    ADCINT5_ISR,        //10.5 ADC
    ADCINT6_ISR,        //10.6 ADC
    ADCINT7_ISR,        //10.7 ADC
    ADCINT8_ISR,        //10.8 ADC
    //组 11 PIE 向量
    CLA1_INT1_ISR,      //11.1 CLA1
    CLA1_INT2_ISR,      //11.2 CLA1
    CLA1_INT3_ISR,      //11.3 CLA1
    CLA1_INT4_ISR,      //11.4 CLA1
    CLA1_INT5_ISR,      //11.5 CLA1
    CLA1_INT6_ISR,      //11.6 CLA1
    CLA1_INT7_ISR,      //11.7 CLA1
    CLA1_INT8_ISR,      //11.8 CLA1
    //组 12 PIE 向量
    XINT3_ISR,          //12.1 外部中断
    rsvd_ISR,           //12.2
    rsvd_ISR,           //12.3
    rsvd_ISR,           //12.4
    rsvd_ISR,           //12.5
    rsvd_ISR,           //12.6
    LVF_ISR,            //12.7 CLA1
    LUF_ISR             //12.8 CLA1
};
```

主函数中的初始化 PIE 向量表函数 InitPieVectTable( )为

```
void InitPieVectTable(void)   //初始化 PIE 向量表,使向量表为一个已知状态
{
 int16 i;
 Uint32  * Source = ( void  * ) &PieVectTableInit;
 Uint32  * Dest = ( void  * ) &PieVectTable;
 Source = Source  + 3;        //不要写头 3 个 32 位单元,它们由引导 ROM 用引导变量初始化
 Dest = Dest  + 3;
 EALLOW;
 for( i = 0;i < 125;i ++ )
      * Dest ++= * Source ++ ;
 EDIS;
 PieCtrlRegs. PIECTRL. bit. ENPIE = 1;      //使能 PIE 向量表
}
```

主函数中的初始化 PIE 函数 InitPieVectCtrl( )为

```
void InitPieCtrl( void)                         //PIE 控制寄存器初始化函数
{
DINT;                                           //禁止 CPU 中断
PieCtrlRegs. PIECTRL. bit. ENPIE = 0;            //禁止 PIE
PieCtrlRegs. PIEIER1. all = 0;                   //清零 PIE 中断使能寄存器 PIEIER
PieCtrlRegs. PIEIER2. all = 0;
…
PieCtrlRegs. PIEIER12. all = 0;

PieCtrlRegs. PIEIFR1. all = 0;                   //清零 PIE 中断标志寄存器 PIEIFR
PieCtrlRegs. PIEIFR2. all = 0;
…
PieCtrlRegs. PIEIFR12. all = 0;
}
```

例 4-9 将 GPIO27 配置为 XINT1（28035 三个外中断的中断触发源可配置为 GPIO0 ~ GPIO31 之间的任意一个）。如果按键按下，一个下降沿将触发进入中断 XINT1，在中断中将让连接到 GPIO26 的 LED 的状态翻转一次。

```
#include " DSP2803x_Device. h"//包含头文件
//函数声明
void Gpio_KeyInit( void) ;
void Gpio_LedInit( void) ;
interrupt void Xint1_IsrHander( void) ;

void main( void)
{
 InitSysCtrl( ) ;               //初始化系统时钟,包括 PLL、看门狗时钟、外设时钟
 DINT;                          //先禁止 CPU 中断
```

```
InitPieCtrl();              //给 PIE 寄存器赋初值
IER = 0x0000;               //禁止 CPU 的中断并清楚所有相关的中断标志
IFR = 0x0000;
InitPieVectTable();         //初始化中断向量表
Gpio_LedInit();             //初始化 GPIO(作为普通 IO 使用,方向为输出)
Gpio_KeyInit();             //初始化按键接口(GPIO27)
EALLOW;
PieVectTable.XINT1 = &Xint1_IsrHander;            //重新分配中断函数入口
EDIS;
PieCtrlRegs.PIECTRL.bit.ENPIE = 1;                //PIE 中断使能
IER |= M_INT1;                                    //使能 INT1 分组(XINT1 和 XINT2 在该组中)
EINT;                                             //使能全局中断
PieCtrlRegs.PIEIER1.bit.INTx4 = 1;                //使能 PIE 组 1 的 INT4
EALLOW;
GpioIntRegs.GPIOXINT1SEL.bit.GPIOSEL = 27;        //配置中断引脚 GPIO27
EDIS;
XIntruptRegs.XINT1CR.bit.POLARITY = 0;            //配置触发极性,下降沿
XIntruptRegs.XINT1CR.bit.ENABLE = 1;              //使能中断
while(1)
{
    GpioDataRegs.GPBTOGGLE.bit.GPIO40 = 1;
    Delay_nMS(100);
}
}

void Gpio_LedInit(void)
{
 EALLOW;
 GpioCtrlRegs.GPAMUX2.bit.GPIO26 = 0;           //GPIO26 作为普通 I/O
 GpioCtrlRegs.GPBMUX1.bit.GPIO40 = 0;           //GPIO40 作为普通 I/O
 GpioCtrlRegs.GPADIR.bit.GPIO26 = 1;            //GPIO26 方向为输出
 GpioCtrlRegs.GPBDIR.bit.GPIO40 = 1;            //GPIO40 方向为输出
 GpioDataRegs.GPADAT.bit.GPIO26 = 1;            //GPIO26 输出高电平
 GpioDataRegs.GPBDAT.bit.GPIO40 = 1;            //GPIO40 输出高电平
 EDIS;
}

void Gpio_KeyInit(void)
{
 EALLOW;
 GpioCtrlRegs.GPAMUX2.bit.GPIO27 = 0;           //GPIO27 作为普通 I/O
 GpioCtrlRegs.GPADIR.bit.GPIO27 = 0;            //GPIO27 方向为输入
 GpioCtrlRegs.GPAPUD.bit.GPIO27 = 0;            //开启内部上拉
```

```
  GpioCtrlRegs.GPAQSEL2.bit.GPIO27 = 0;         //引脚采样与系统时钟同步
  EDIS;
}

interrupt void Xint1_IsrHander(void)                  //中断服务函数
{
  Delay_nMS(10);                                      //延时 10 ms,按键消抖
  if(GpioDataRegs.GPADAT.bit.GPIO27 == 0)
  {
      GpioDataRegs.GPATOGGLE.bit.GPIO26 = 1;     //GPIO26 端口电平翻转一次
  }
  PieCtrlRegs.PIEACK.all = PIEACK_GROUP1;
}
```

4.6 思考题与习题

1. DSP 应用系统的软件开发流程是什么？
2. 采用 CCS 集成开发环境进行软件开发调试的步骤是什么？
3. DSP 的硬件仿真器（Emulator）和软件仿真器（Simulator）有何异同点？
4. 什么是 COFF 文件格式？它有什么特点？
5. 说明 .text 段、.data 段和 .bss 段分别包含什么内容？
6. 链接命令文件包括哪些主要内容？如何编写？
7. MEMORY 命令和 SECTION 命令分别有什么作用？
8. DSP C 语言有哪些特点？
9. C28x DSP 编译器有哪些数据类型？
10. 如何访问片内外设寄存器的某些位？
11. 如何直接访问存储器单元？
12. pragma 编译预处理命令有什么用途？
13. C 语言与汇编语言混合编程有哪些方法？
14. C28x DSP 的 C 编译器扩展了哪几个关键字？
15. 1 个 LED 指示灯接到 28035 DSP 的通用 I/O 引脚 GPIO40。采用定时器中断方式定时 200 ms，用 C 语言编程使之闪烁，OSCCLK = 10 MHz，SYSCLKOUT = 60 MHz。

第 5 章　模 - 数转换器与比较器

本章主要内容:

1）2803x 的模 - 数转换器的特点（Features of 2803x ADC）。

2）转换启动操作原理（SOC Principle of Operation）。

3）ADC 转换优先级（ADC Conversion Priority）。

4）同时采样模式（Simultaneous Sampling Mode）。

5）转换结束与中断运行（EOC and Interrupt Operation）。

6）ADC 上电顺序与 ADC 校准（ADC Power Up Sequence and ADC Calibration）。

7）内部与外部参考电压选择（Internal and External Reference Voltage Selection）。

8）ADC 寄存器（ADC Registers）。

9）内部温度传感器（Internal Temperature Sensor）。

10）ADC 的 C 语言编程实例（ADC C Programming Examples）。

11）比较器模块（Comparator Block）。

5.1　2803x 的模 - 数转换器的特点

2803x DSP 内部有一个 12 位模 - 数转换器（Analog to Digital Converter，ADC）模块。模 - 数转换器的模拟电路包括前端模拟多路开关（MUX）、采样/保持电路（S/H）、转换内核、电压调节器及其他模拟支持电路。数字电路被称为外包（Wrapper），包括可编程的转换电路、结果寄存器、与模拟电路的接口、与外设总线的接口以及与其他片内模块的接口。

与以前的 ADC 类型不同，该 ADC 不是基于排序器的。用户容易通过一次触发实现一系列转换。操作的基本原理是以单独转换的配置为中心，该转换被称为 SOC（Start of Conversion，转换启动）。

该 A - D 转换器的功能包括:

- 12 位 ADC 内核，内含两套采样/保持（Sample/Hold，S/H）电路。
- 同时采样或顺序采样模式。
- 模拟电压输入范围 0 ~ 3.3 V，或以参考电压 V_{REFHI}/V_{REFLO}按比例。
- 以系统时钟频率全速运行，无需预定标。
- 多达 16 通道，多路选通输入。
- 16 个转换启动（SOC）。触发、采样窗与通道可配置。
- 16 个结果寄存器存储转换结果，每个寄存器可独立寻址。
- 多个触发源可以启动 A - D 转换。包括软件（S/W）立即启动、ePWM1 ~ 8、GPIO XINT2、CPU 定时器 0/1/2、ADCINT1/2。
- 9 个 PIE 中断。可配置在任意转换后申请中断。

ADC 模块的原理框图如图 5-1 所示。

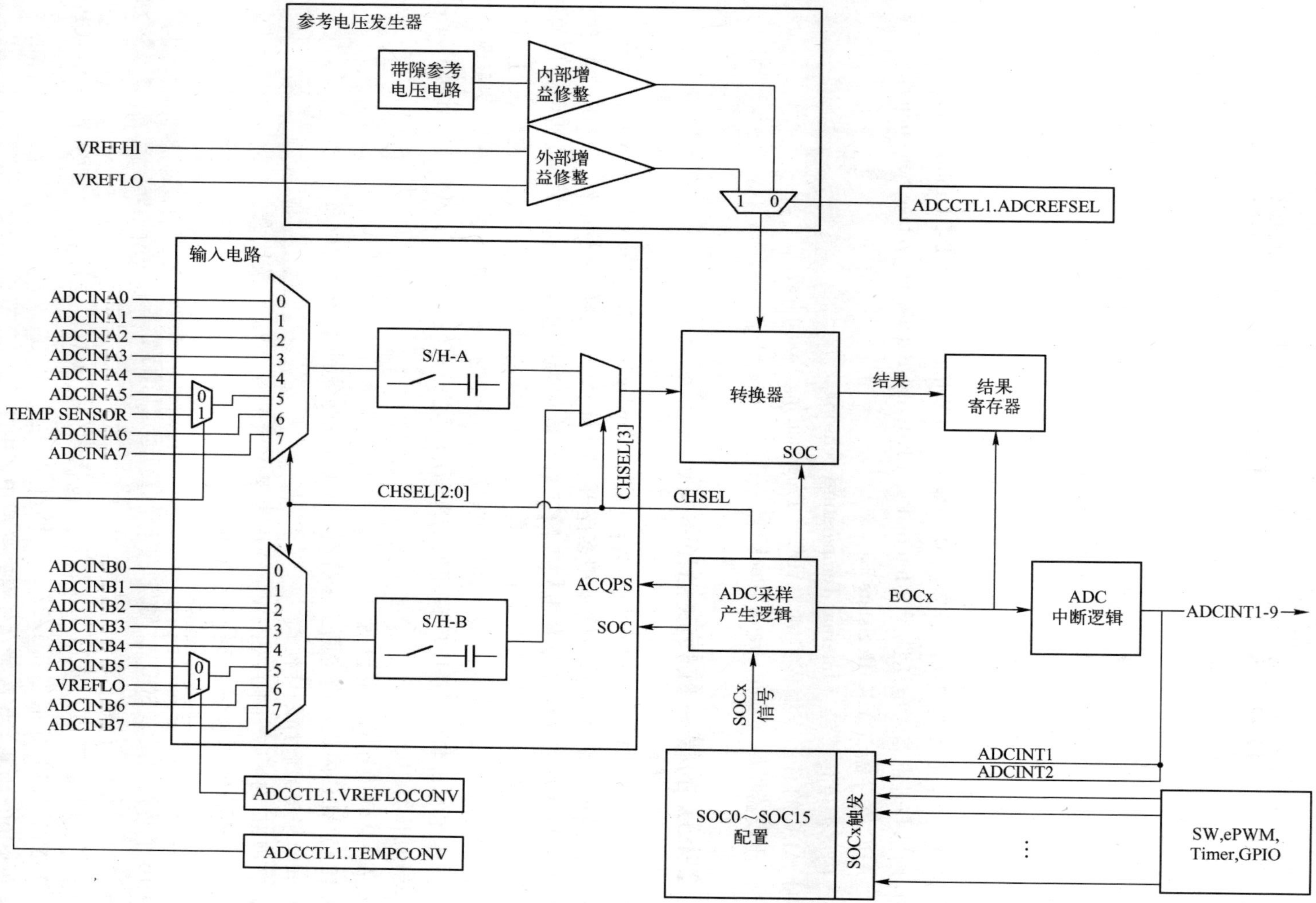

图5-1　ADC模块原理框图

5.2 转换启动操作原理

2803x 的 ADC 不是基于排序器的，而是基于 SOC（Start of Conversion，转换启动）的。术语 SOC 是指单个通道的单次转换的配置设置定义。设置包含三个方面的配置：启动转换的触发源、转换的通道以及采样窗口时间大小。每一个 SOC 都是独立配置的，并且可以有触发源、通道和采样时间的任意组合。这就提供了灵活的方式来配置转换启动，包括用不同的触发源分别采样不同的通道，使用单一的触发源过采样相同的通道和用单一的触发源触发一系列不同的通道。SOC 框图如图 5-2 所示。

SOCx 的触发源可以由 ADCSOCxCTL 寄存器的 TRIGSEL 位和 ADCINTSOCSEL1 或者 ADCINTSOCSEL2 寄存器的相应位组合来配置。软件也可以用 ADCSOCFRC1 寄存器强制产生一个 SOC 事件。SOCx 的通道和采样时间可以在 ADCSOCxCTL 寄存器中的 CHSEL 和 ACQPS 位来配置。例如，为了配置当 ePWM3 定时器溢出时触发 ADCINA1 通道上的转换，首先就必须设置 ePWM3 溢出时输出到 SOCA 或者 SOCB 信号上，在这里使用 SOCA。然后，用 ADCSOCxCTL 寄存器设置一个 SOC。选择哪个 SOC 没有区别，这里使用 SOC0。允许的最快采样窗口是 7 个周期。选择最短的采样时间，ADCINA1 为转换通道和 ePWM3 作为 SOC0 触发，分别设置 ACQPS 位域为 6，CHSEL 位域为 1，TRIGSEL 位域为 9。这样写入寄存器的值应该是：

```
ADCSOC0CTL = 4846h;      //(ACQPS = 6,CHSEL = 1,TRIGSEL = 9)
```

配置完成后，当 ePWM3 的 SOCA 事件产生时将会触发 ADCINA1 单个转换，转换结果将会存入 ADCRESULT0 寄存器。

如果需要外加三倍的过采样，那么 SOC1、SOC2 及 SOC3 可以配置成和 SOC0 的内容一样：

```
ADCSOC1CTL = 4846h;      //(ACQPS = 6,CHSEL = 1,TRIGSEL = 9)
ADCSOC2CTL = 4846h;      //(ACQPS = 6,CHSEL = 1,TRIGSEL = 9)
ADCSOC3CTL = 4846h;      //(ACQPS = 6,CHSEL = 1,TRIGSEL = 9)
```

当如此配置时，在 ePWM SOCA 事件产生时，四个对于 ADCINA1 通道的转换就会开始，结果分别存入 ADCRESULT0 ~ ADCRESULT3 寄存器中。

另一种应用场合可能需要基于同一种触发源的三种不同信号的采集。这可以通过改变 SOC0 ~ SOC2 中的 CHSEL 位域实现，这时保持 TRIGSEL 位域不变。

```
ADCSOC0CTL = 4846h;      //(ACQPS = 6,CHSEL = 1,TRIGSEL = 9)
ADCSOC1CTL = 4886h;      //(ACQPS = 6,CHSEL = 2,TRIGSEL = 9)
ADCSOC2CTL = 48C6h;      //(ACQPS = 6,CHSEL = 3,TRIGSEL = 9)
```

如此配置之后，ePWM SOCA 时间产生时，三路转换将会依次进行。ADCINA1 通道的转换结果将会存放在 ADCRESULT0 中。ADCINA2 通道的转换结果将会存放在 ADCRESULT1 中。ADCINA3 通道的转换结果将会存放在 ADCRESULT2 中。转换的通道和触发源不影响转换结果的存放。结果寄存器与 SOC 相关。

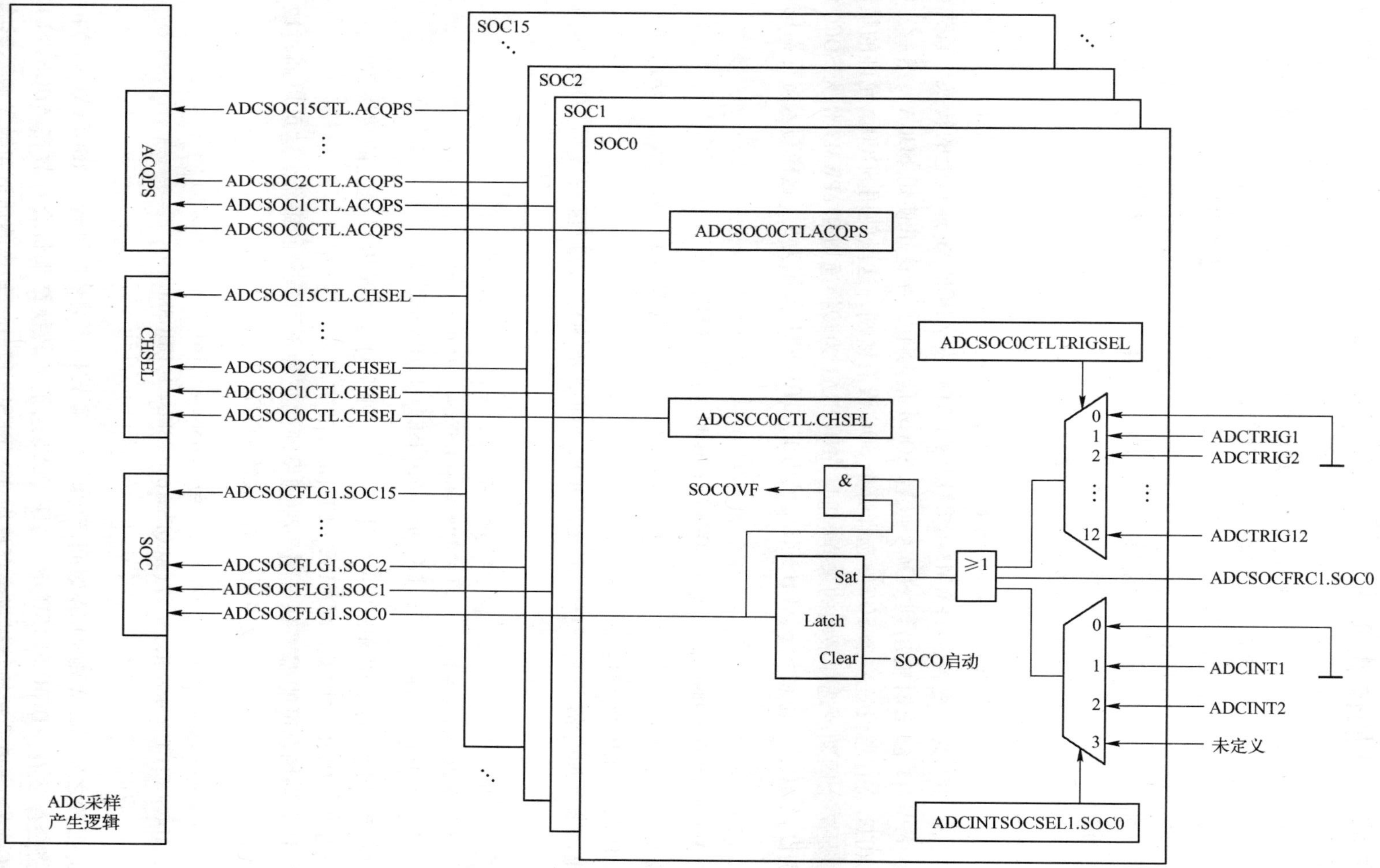
ADC采样
产生逻辑
ACQPS
CHSEL
SOC
ADCSOC15CTL.ACQPS
ADCSOC2CTL.ACQPS
ADCSOC1CTL.ACQPS
ADCSOC0CTL.ACQPS
ADCSOC15CTL.CHSEL
ADCSOC2CTL.CHSEL
ADCSOC1CTL.CHSEL
ADCSOC0CTL.CHSEL
ADCSOCFLG1.SOC15
ADCSOCFLG1.SOC2
ADCSOCFLG1.SOC1
ADCSOCFLG1.SOC0
SOC15
SOC2
SOC1
SOC0
ADCSOC0CTLACQPS
ADCSCC0CTL.CHSEL
ADCSOC0CTLTRIGSEL
SOCOVF
&
≥1
Sat
Latch
Clear
SOCO启动
ADCTRIG1
ADCTRIG2
ADCTRIG12
ADCSOCFRC1.SOC0
ADCINT1
ADCINT2
未定义
ADCINTSOCSEL1.SOC0

图5-2　SOC框图

注意：这些例子并不完整，ADC 必须通过 PCLKCR0 寄存器使能且 ADC 必须上电才能正常工作。

1. 采样保持窗口

外部驱动器驱动模拟信号的速度和效率不同。一些电路需要更长时间传送到 ADC 的采样电容。为了满足这个需求，ADC 支持控制每个单独的 SOC 配置的采样窗口的大小。每个 ADCSOCxCTL 寄存器有 6 位的 ACQPS，该位域决定采样保持窗口的大小。写进该位域的值比 SOC 需要的采样窗口的周期数小 1，也就是说，一个值是 15 的 ACQPS 表示 16 个时钟周期的采样时间。允许的最小的采样周期值是 7（ACQPS = 6）。将采样时间和 ADC 的转换时间（13 个 ADC 时钟）加起来得到整个采样时间。表 5-1 给出了几个采样时间的例子。

表 5-1　具有不同 ACQPS 值的采样时间

ADC 时钟/MHz	ACQPS	采样窗口/ns	转换时间(13 个周期)/ns	处理模拟电压总时间/ns
40	6	175	325	500.00
40	25	625	325	950.00
60	6	116.67	216.67	333.33
60	25	433.67	216.67	650

如图 5-3 所示，ADCIN 引脚可以用 RC 电路模型表示。将 V_{REFLO} 接地，ADCIN 引脚上的变化范围在 0 ~ 3.3 V 的电压需要典型的 2 ns 的 *RC* 时间常数。图中电路元件的典型参数为开关电阻 R_{on} = 3.4 kΩ；采样电容 C_h = 1.6 pF；寄生电容 C_p = 5 pF；电源电阻 R_s = 50 Ω。

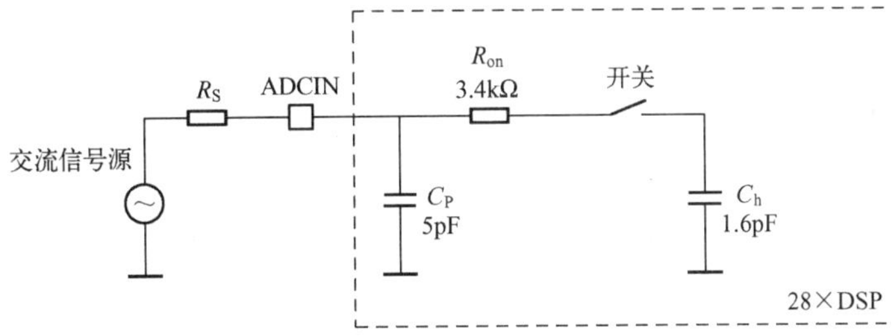

图 5-3　ADCINx 输入电路模型

2. 触发操作

每一个 SOC 都可以配置成使用诸多输入触发源中的一个来启动转换。如果需要的话，多个 SOC 可以配置同一个通道。下面为可能的输入触发源：

- 软件。
- CPU 定时器 0/1/2 中断。
- XINT2 SOC。
- ePWM1 ~ 8、SOCA、SOCB。

这些触发源的配置详细信息见 ADCSOCxCTL 寄存器位定义。

另外 ADCINT1 和 ADCINT2 可以反馈回来触发其他的转换。这种配置由 ADCINTSOCSEL1/2 寄存器控制。如果需要连续转换，这种模式非常有用。

3. 通道选择

每个 SOC 都可以配置成用来转换任何有效的 ADCIN 输入通道。当 SOC 配置成顺序采样模式时，ADCSOCxCTL 寄存器四位的 CHSEL 定义了需要转换的通道。当 SOC 配置成同时采样模式时，CHSEL 的最高位无效，低三位定义了需要转换的通道对。

ADCINA0 与 V_{REFHI} 共享同一引脚，因此当使用外部参考电压模式时 ADCINA0 不能作为可变的输入源。

4. 单发（ONESHOT）单转换支持

这种模式允许执行一次轮询组中的下一个待触发 SOC 的单次触发。单触发模式仅仅对于处在轮询链（Round Robin Wheel）中的通道有效。没有在轮询组中配置为待触发的通道将按照 ADCSOCPRIORITYCTL 寄存器中的 SOCPRIORITY 域中的内容获得优先级。单发（ONESHOT）单次转换框图如图 5-4 所示。

单发模式在顺序模式和同时转换模式下的作用叙述如下：

1）顺序模式。仅仅 RR（Round Robin，轮询）模式中的下一个有效的 SOC（当前 RR 指针加 1）允许产生 SOC，所有其他的 SOC 触发源将会被忽略。

2）同时模式。如果当前 RR 指针有使能的同时转换 SOC，有效的 SOC 将会在当前 RR 指针的基础上加 2。这是因为同时采样模式将产生 SOCx 和SOCx + 1 的结果，并且 SOCx + 1 永远不会被用户触发。

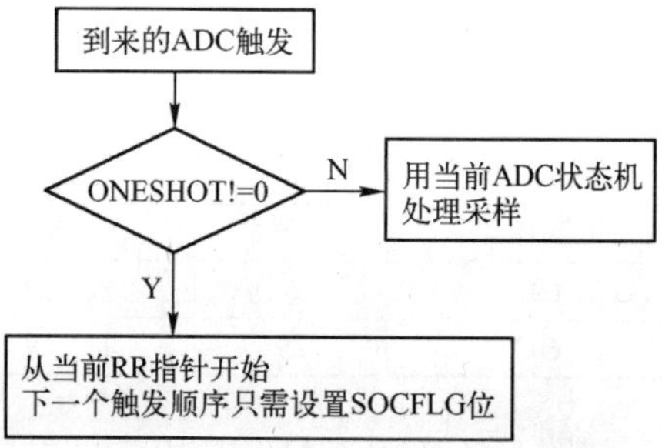

图 5-4　单发单次转换框图

注意：ONESHOT = 1 和 SOCPRIORITY = 11111 不是一个有效的组合，这种模式在任何情况下用户都不应该需要。上面所述的局限性是下一个 SOC 最终必须被触发，否则 ADC 将不会为其他无序的触发源产生新的 SOC。任何不相关通道都应该被放在不能被 ONESHOT 模式影响的优先级模式。

5.3　ADC 转换优先级

当多个 SOC 标志同时被设置时，两种优先级形式之一决定了它们转换的顺序。默认的优先级顺序是轮询。在这种方式中，优先级由轮询指针（RRPOINTER）决定。映射在 ADC-SOCPRIORITYCTL 寄存器中的 RRPOINTER 指向下一个要转换的 SOC。最高的优先级被给予指针指向值的下一个值，超过 SOC15 后回绕到 SOC0。因为 0 代表一个转换已经发生，所以复位时值设为 32。当 RRPOINTER 等于 32 时，最高的优先级属于 SOC0。当 ADCCTL1. RESET 位设为 1 时，或者当 SOCPRICTL 寄存器被写入时，RRPOINTER 通过器件复位进行复位。

图 5-5 为轮询优先级的一个例子。

ADCSOCPRIORITYCTL 寄存器的 SOCPRIORITY 位域可以设定一个到所有的 SOC 的优先级。当配置为高优先级时，轮询链将会在任何当前的转换结束后被打断，并且将该 SOC 嵌入轮询链作为下一次转换。当该 SOC 转换完毕后，轮询链将从它断开的地方继续。如果两个高优先级 SOC 同时触发，优先级值更低的 SOC 将会优先转换。

高优先级模式中最初设定为 SOC0 最高，然后递增数值。写入 SOCPRIORITY 位域的值定义了第一个不是高优先级的 SOC。换句话说，如果 4 写入了 SOCRRIORITY 位域，那么 SOC0、SOC1、SOC2 和 SOC3 被定义为高优先级，其中 SOC0 最高。图 5-6 为用高优先级 SOC 的例子。

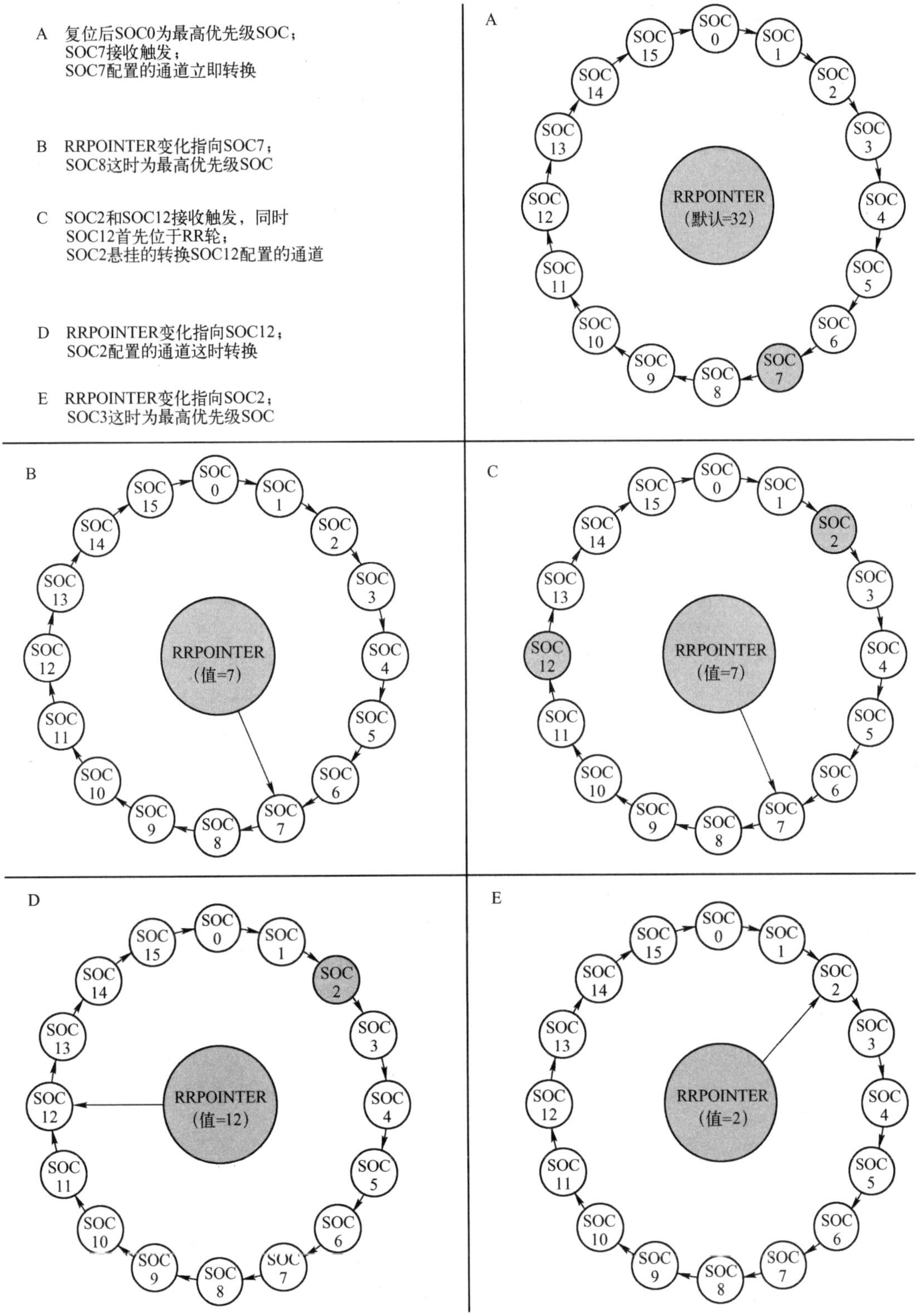

图 5-5　轮询优先级的例子

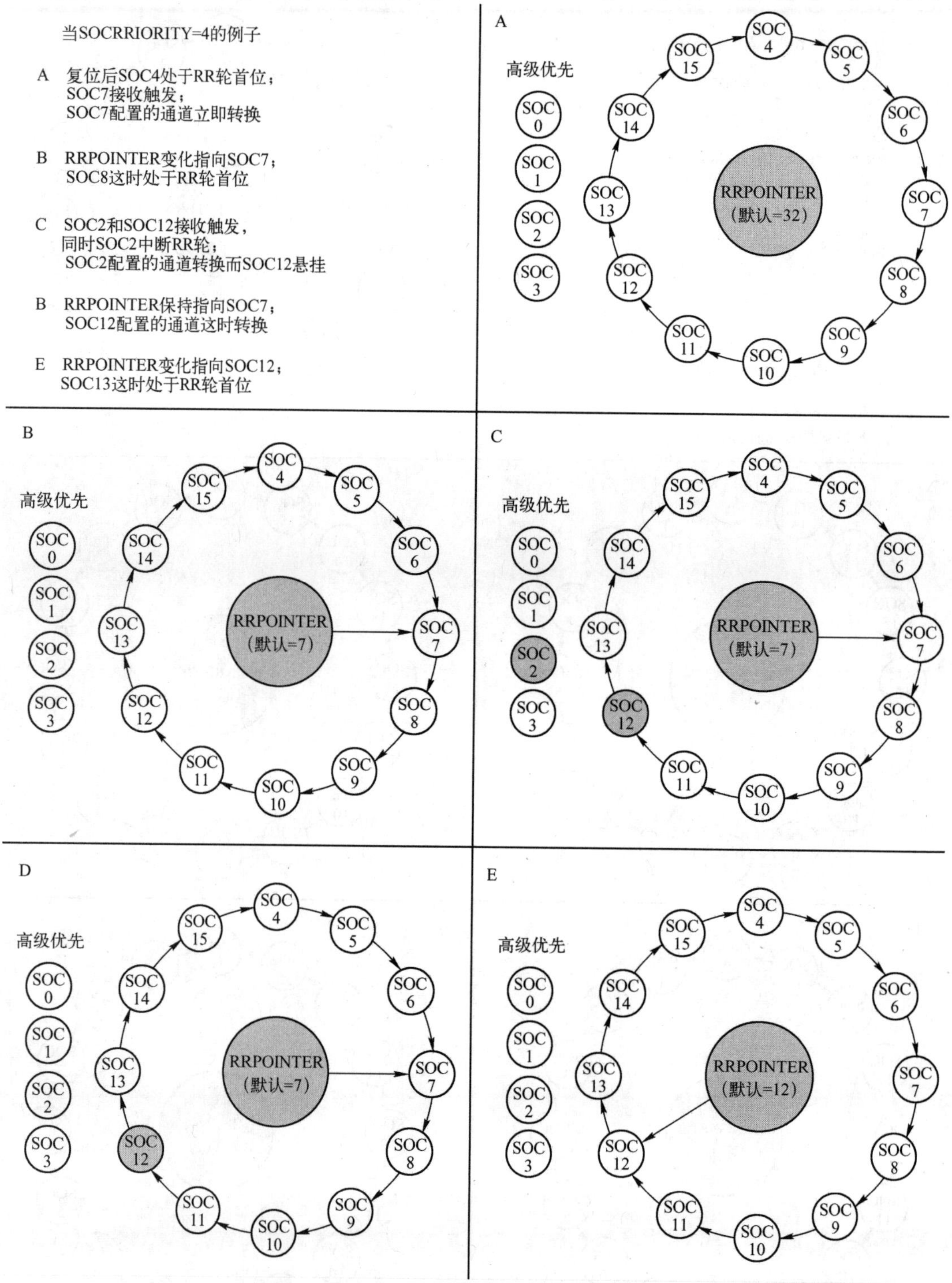

图 5-6 用高优先级 SOC 的例子

5.4 同时采样模式

有些应用中需要保证两个信号采样的最小间隔。ADC 包含双通道采样保持电路来保证两个通道同时采样。同时采样模式通过 ADCSAMPLEMODE 寄存器配置一对 SOCx。偶数号的 SOCx 和紧跟着的奇数号的 SOCx（例如 SOC0 和 SOC1）通过一个使能位耦合在一起（这里是 SIMULEN0）。耦合行为描述如下：

- 任何一个 SOCx 的触发源将触发一对转换。
- 转换的通道对相应于 SOCx 的 CHSEL 位域的值，由 A 通道和 B 通道组成。该模式下有效的值是 0 ~7。
- 两个通道将会同时采样。
- 偶数 EOCx 脉冲基于 A 通道的转换产生，奇数 EOCx 脉冲基于 B 通道的转换产生。
- A 通道的转换结果存入偶数的 ADCRESULTx 寄存器，B 通道的转换结果存入奇数的 ADCRESULTx 寄存器。

例如，如果 ADCSAMPLEMODE. SIMULEN0 位置位，并且 SOC0 配置如下：

CHSEL = 2（ADCINA2/ADCINB2）
TRIGSEL = 5（ADCTRIG5 = ePWM1. ADCSOCA）

当 ePWM1 发出 ADCSOCA 触发，ADCINA2 和 ADCINB2 将会被同时采样。很快，ADCINA2 通道将被转换，转换结果存入 ADCRESULT0 寄存器。根据 ADCCTL1. INTPULSEPOS 的设置，EOC0 脉冲将会在 ADCINA2 开始转换或者完成时产生。然后 ADCINB2 通道将被转换并且它的值将存入 ADCRESULT1 寄存器中。根据 ADCCTL1. INTPULSEPOS 的设置，EOC0 脉冲将会在 ADCINB2 转换开始或者完成时产生。

通常一个应用程序中，希望转换对中只有偶数的 SOCx 有效。但是也可以使用奇数的 SOCx 来代替，或者二者都用。在后者的情况下，两个 SOCx 触发源都将启动一次转换。因此，必须注意，因为 SOCx 的结果存入同样的 ADCRESULTx 寄存器，可能导致相互覆盖结果值。

SOCx 的优先级规则和顺序采样模式相同。

5.5 转换结束与中断运行

正如有 16 个独立的 SOCx 配置设置一样，也有 16 个 EOCx（End of Conversion，转换结束）脉冲。在顺序采样模式中，EOCx 直接与 SOCx 相关联。在同时采样模式中，偶数和紧跟着的奇数 EOCx 对与偶数和紧跟的奇数 SOCx 对相关联。根据 ADCCTL1. INTPULSEPOS 位的设置情况，EOCx 脉冲将在转换的开始或者结束时产生。

ADC 包含 9 个可以设立标志和/或传递到 PIE 的中断。这些中断的每一个都可以配置来接收任何有效的 EOCx 信号作为中断源。配置 EOCx 的中断源是通过 INTSELxNy 寄存器操作的。并且，ADCINT1 和 ADCINT2 信号能够配置产生 SOCx 触发源。这有利于连续转换。

图 5-7 给出了 ADC 中断结构框图。

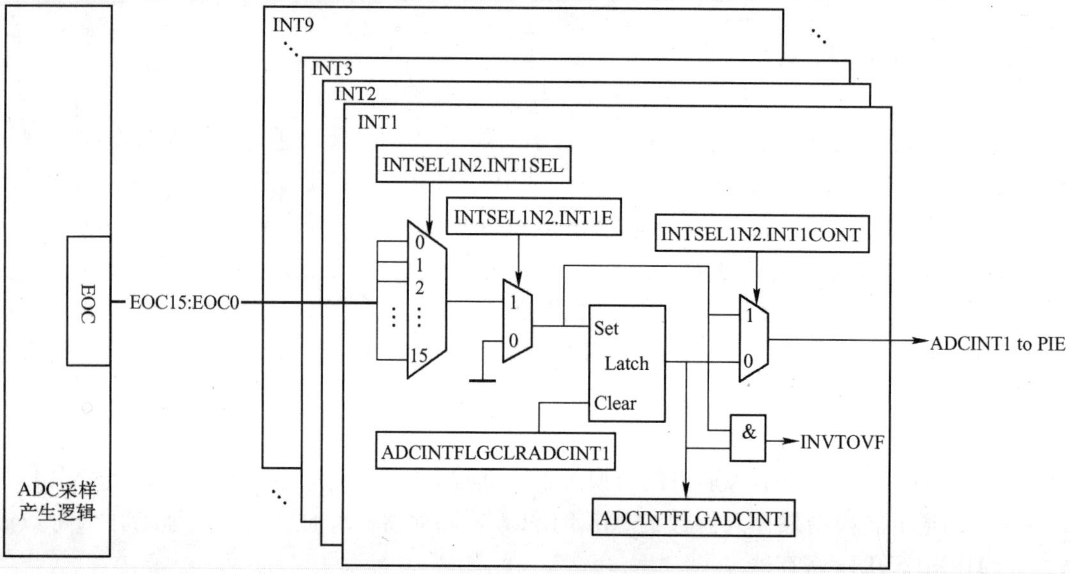

图 5-7　ADC 中断结构框图

5.6　ADC 上电顺序与 ADC 校准

1. ADC 上电顺序

ADC 复位状态为 ADC 关闭状态。在向任何 ADC 写入数值之前，PCLKCR0 寄存器的 ADCENCLK 位必须置位。当上电 ADC 时，使用如下的顺序：

1）如果要使用外部参考电压，在 ADCCTL1 寄存器的位 3 使能这种模式。

2）使用 ADCCTL1 寄存器的位 7 ~ 5 来同时上电参考电压、带隙和模拟电路（ADCPWDN、ADCBGPWD、ADCREFPWD）。

3）通过 ADCCTL1 寄存器的位 14（ADCENABLE）使能 ADC。

4）在执行第一次转换之前，步骤 2）之后需要 1 ms 的延时。

步骤 1） ~3）也可以同时执行。

当要 ADC 掉电时，步骤 2）中的位 5 ~7 都同时清零。ADC 电源必须通过软件控制并且它们不依赖器件电源模式的状态。

注意：这种类型的 ADC 在所有的电路上电之后需要 1 ms 的延时。这不同于之前类型的 ADC。

2. ADC 校准

TI 公司已经使用软件校准，使用应用程序时调用 Device_cal( ) 函数，具体参考原文手册[4]。

5.7　内部与外部参考电压选择

1. 内部参考电压

ADC 能够运行在两种不同参考电压模式，可以通过 ADCCTL1. ADCREFSEL 位选择。默认情况下 ADC 参考电压选择由内部带隙电路产生。这时待转换模拟电压按 0～3.3 V 固定比例转换，转换关系由下式给出

数字值＝0，当输入≤0V

数字值＝4096×[（输入－V_{REFLO}）/3.3 V]，当 0 V＜输入＜3.3 V

数字值＝4095，当输入≥3.3 V

注意这种情况下，V_{REFLO}应当接地。有些器件已内部接地。

2. 外部参考电压

为将模拟电压输入信号按比例转换，应选择外部 V_{REFHI}/V_{REFLO}引脚产生参考电压。相对于内部带隙模式的 0～3.3 V 的固定输入电压，按比例模式的输入电压范围是 V_{REFLO}～V_{REFHI}。转换数值依此为比例。例如，如果 V_{REFLO}设为 0.5 V，而 V_{REFHI}是 3 V，那么一个1.75 V 的电压转换为数字量的结果为 2048。

注意参考器件的说明书中允许的 V_{REFLO}和 V_{REFHI}电压范围。有些器件 V_{REFLO}已内部接地，即限制到 0 V。这种方式下转换关系由下式给出

数字值＝0，当输入≤V_{REFLO}

数字值＝4096×[（输入－V_{REFLO}）/（V_{REFHI}－V_{REFLO}）]，当 V_{REFLO}＜输入＜V_{REFHI}

数字值＝4095，当输入≥V_{REFHI}

5.8 ADC 寄存器

本节介绍 ADC 寄存器及其位定义。除了 ADC 结果寄存器（ADCRESULT0～15）位于外设帧 0 外，其他 ADC 寄存器位于外设帧 2。ADC 配置与控制寄存器见表 5-2。

表 5-2 ADC 配置与控制寄存器

寄存器	地址偏移	长度（×16 位）	说明
ADCCTL1	0x00	1	ADC 控制寄存器 1①
ADCCTL2	0x01	1	ADC 控制寄存器 2①
ADCINTFLG	0x04	1	ADC 中断标志寄存器
ADCINTFLGCLR	0x05	1	ADC 中断标志清除寄存器
ADCINTOVF	0x06	1	ADC 中断溢出寄存器
ADCINTOVFCLR	0x07	1	ADC 中断溢出清除寄存器
INTSEL1N2	0x08	1	中断 1 和 2 选择寄存器①
INTSEL3N4	0x09	1	中断 3 和 4 选择寄存器①
INTSEL5N6	0x0A	1	中断 5 和 6 选择寄存器①
INTSEL7N8	0x0B	1	中断 7 和 8 选择寄存器①
INTSEL9N10	0x0C	1	中断 9 选择寄存器（中断 10 保留）①
SOCPRICTL	0x10	1	SOC 优先级控制寄存器①
ADCSAMPLEMODE	0x012	1	采样模式寄存器①
ADCINTSOCSEL1	0x14	1	中断 SOC 选择寄存器 1（用于 8 通道）①
ADCINTSOCSEL2	0x15	1	中断 SOC 选择寄存器 2（用于 8 通道）①
ADCSOCFLG1	0x18	1	SOC 标志寄存器 1（用于 16 通道）
ADCSOCFRC1	0x1A	1	SOC 强制寄存器 1（用于 16 通道）
ADCSOCOVF1	0x1C	1	SOC 溢出寄存器 1（用于 16 通道）

（续）

寄　存　器	地址偏移	长度（×16 位）	说　　明
ADCSOCOVFCLR1	0x1E	1	SOC 溢出清除寄存器 1（用于 16 通道）
ADCSOC0CTL ~ ADCSOC15CTL	0x20 ~ 0x2F	1	SOC0 ~ SOC15 的控制寄存器①
ADCREFTRIM	0x40	1	参考修整寄存器①
ADCOFFTRIM	0x41	1	偏移修整寄存器①
ADCREV	0x4F	1	版本寄存器
ADCRESULT0 ~ 15	0x00 ~ 0x0F	1	ADC 结果寄存器 0 ~ 15

注：① 该寄存器是受 EALLOW 保护的。ADC 结果寄存器（ADCRESULT0 ~ 15）的基地址与其他 ADC 寄存器的基地址是不同的。在头文件中，ADC 结果寄存器在 AdcResult 寄存器文件中，而不在 AdcRegs 中。

1. ADC 控制寄存器 1（ADC Control Register 1，ADCTRL1）

15	14	13	12～8
RESET	ADCENABLE	ADCBSY	ADCBSYCHN
R-0/W-1	R/W-0	R-0	R-0

7	6	5	4	3	2	1	0
ADCPWN	ADCBGPWD	ADCREFPWD	Reserved	ADCREFSEL	INTPULSEPOS	VREFLOCONV	TEMPCONV
R/W-0	R/W-0	R/W-0	R-0	R/W-0	R/W-0	R/W-0	R/W-0

该寄存器受 EALLOW 保护。

位 15，RESET：模 - 数转换模块软件复位位。这一位引起对整个 ADC 模块的主复位。所有的寄存器位和状态机都复位到上电复位或者复位引脚被拉低时的初始状态。该位设置为 1 后马上自动清零。读该位则总是返回 0。该复位有 2 个时钟周期的反应时间（即在复位指令执行后的 2 个时钟周期内不能对其他模 - 数转换控制寄存器进行改动）。

- 0：无效。
- 1：复位整个模 - 数转换模块（由模 - 数转换逻辑自动设置回 0）。

位 14，ADCENABLE：ADC 使能位。

- 0：ADC 禁止（不要使 ADC 掉电）；
- 1：ADC 使能。在 ADC 转换前必须设置（建议设置完 ADC 上电位后直接设置该位）。

位 13，ADCBSY：ADC 忙位。当 ADC SOC 产生时置 1，在下述情况清零，用于 ADC 状态机确定是否可以采样。

顺序模式：在采样保持脉冲负边沿后清除 4 个 ADC 时钟。

同时模式：在采样保持脉冲负边沿后清除 14 个 ADC 时钟。

- 0：ADC 可以采样下一个通道。
- 1：ADC 正忙而不能采样下一个通道。

位 12 ~ 8，ADCBSYCHN：当前通道 ADC SOC 产生设置位。当 ADCBSY = 0 时，保持上次转换通道值；当 ADCBSY = 1 时，反映当前处理的通道。

- 00h：ADCINA0 为正处理或上次转换通道。
- 01h：ADCINA1 为正处理或上次转换通道。

…

- 07h：ADCINA7 为正处理或上次转换通道。

- 08h：ADCINB0 为正处理或上次转换通道。

…

- 0Fh：ADCINB7 为正处理或上次转换通道。
- 1xh：无效值

位 7，ADCPDWN：ADC 模块掉电控制位（低有效）。控制除了内部参考电压源电路外的所有内核模拟电路的上电和断电。

- 0：除内部参考电压源电路外内核模拟电路断电。
- 1：内核模拟电路上电。

位 6，ADCBGPWD：ADC 模块内部带隙（Bandgap）电路断电（低有效）。

- 0：带隙电路断电。
- 1：内核的带隙缓冲器电路上电。

位 5，ADCREFPWD：参考缓冲器电路断电（低有效）。

- 0：参考缓冲器电路断电。
- 1：内核的参考缓冲器电路上电。

位 4，保留位。

位 3，ADCREFSEL：内部/外部参考选择。

- 0：内部带隙产生参考电压。
- 1：外部 V_{REFHI}/V_{REFLO} 引脚用于产生参考电压。在某些器件 V_{REFHI} 引脚与 ADCINA0 共享，这种情况下 ADCINA0 这种方式的转换不可用。在某些器件 V_{REFLO} 引脚与 V_{SSA} 共享，这种情况下 V_{REFLO} 电压不能改变。

位 2，INTPULSEPOS：中断脉冲产生控制。

- 0：当 ADC 开始转换时产生中断脉冲。
- 1：产生中断脉冲，1 个周期后 ADC 锁存到结果寄存器。

位 1，VREFLOCONV：V_{REFLO} 转换位。使能该位时，内部连接 V_{REFLO} 到 ADC 的通道 B5，断开 ADCINB5 与 ADC 的连接。是否存在 ADCINB5 引脚，不影响该功能。ADCINB5 引脚的外部电路对这种模式无影响。

- 0：ADCINB5 正常连接到 ADC 模块，V_{REFLO} 不连接到 ADCINB5。
- 1：V_{REFLO} 内部连接到 ADC 模块用于采样。

位 0，TEMPCONV：温度传感器转换位。使能该位时，内部连接一个内部温度传感器到 ADC 的通道 A5，断开 ADCINA5 与 ADC 的连接。是否有 ADCINA5 引脚存在不影响该功能。ADCINA5 引脚的外部电路对这种模式无影响。

- 0：ADCINA5 正常连接到 ADC 模块，内部温度传感器不连接到 ADCINA5。
- 1：温度传感器内部连接到 ADC 模块用于采样。

2. ADC 控制寄存器 2（ADC Control Register 2，ADCTRL2）

15–3	2	1	0
Reserved	CLKDIV4EN	ADCNONOVERLAP	CLKDIV2EN
R-0	R/W-0	R/W-0	R/W-0

位 15 ~ 3，保留位。

位 2，CLKDIV4EN：使能时 ADC 输入时钟 4 分频。

● 0：ADC 时钟 = CPU 时钟。

● 1：ADC 时钟 = CPU 时钟/4。

位 1，ADCNONOVERLAP：控制位。

● 0：允许采样与转换重叠。

● 1：不允许采样重叠。

位 0，CLKDIV2EN：使能时 ADC 输入时钟 2 分频。当运行 2 分频 ADCCLK 时，根据 116.6 ns 定标采样最小持续时间。

● 0：ADC 时钟 = CPU 时钟。

● 1：ADC 时钟 = CPU 时钟/2。

3. ADC 中断标志寄存器（ADC Interrupt Flag Register，ADCINTFLG）

15–9	8
Reserved	ADCINT9
R-0	R-0

7	6	5	4	3	2	1	0
ADCINT8	ADCINT7	ADCINT6	ADCINT5	ADCINT4	ADCINT3	ADCINT2	ADCINT1
R-0	R-0	R-0	R-0	R-0	R-0	R-0	R-0

位 15 ~9，保留位。

位 8 ~0，ADCINTx（x =9 ~1）：ADC 中断标志位。读该位指明 ADCINT 脉冲是否产生。

● 0：没有 ADCINT 脉冲产生。

● 1：有 ADCINT 脉冲产生。

如果中断设为连续模式（INTSELxNy 寄存器），那么无论什么时间一个选取的 EOC 事件发生就使标志位置 1，进一步的中断脉冲会产生。如果连续模式未使能，那么直到用户使用 ADCINTFLGCLR 寄存器清除该标志，没有进一步的中断脉冲产生，而是在 ADCINTOVF 寄存器有一个 ADC 中断溢出事件产生。

4. ADC 中断标志清除寄存器（ADC Interrupt Flag Clear Register，ADCINTFLGCLR）

15–9	8
Reserved	ADCINT9
R-0	W1C-0

7	6	5	4	3	2	1	0
ADCINT8	ADCINT7	ADCINT6	ADCINT5	ADCINT4	ADCINT3	ADCINT2	ADCINT1
R-0	R-0	R-0	R-0	R-0	R-0	R-0	R-0

位 15 ~9，保留位。

位 8 ~0，ADCINTx（x =9 ~1）：ADC 中断标志清除位。读该位返回 0。

● 0：无动作。

● 1：有 ADCINT 脉冲产生。

如果中断设为连续模式（INTSELxNy 寄存器），那么无论在什么时间只要有一个选取的 EOC 事件发生就使标志位置 1，产生中断脉冲。如果连续模式未使能，那么直到用户使用 ADCINTFLGCLR 寄存器清除该标志，没有中断脉冲产生，而是在 ADCINTOVF 寄存器中有一个 ADC 中断溢出事件产生。

清除/设置标志位的边界条件是：如果硬件试图设置该位，而软件在同一个周期正试图清除该位，将会发生：

1）软件有优先权，将清除标志。

2）放弃硬件置位，没有信号会从锁存器传到 PIE。

3）产生溢出标志/条件。

5. ADC 中断溢出寄存器（ADC Interrupt Overflow Register，ADCINTOVF）

15 9	8
Reserved	ADCINT9
R-0	R-0

7	6	5	4	3	2	1	0
ADCINT8	ADCINT7	ADCINT6	ADCINT5	ADCINT4	ADCINT3	ADCINT2	ADCINT1
R-0	R-0	R-0	R-0	R-0	R-0	R-0	R-0

位 15 ~9，保留位。

位 8 ~0，ADCINTx（x =9 ~1）：ADC 中断溢出位。表明当产生 ADCINT 脉冲时，是否有溢出发生。如果相应的 ADCINTFLG 位置 1，而且产生了选择的附加 EOC 触发，那么将发生溢出条件。

- 0：没有检测到中断溢出事件。
- 1：检测到中断溢出事件。

溢出位与连续模式位状态无关，溢出条件产生与该模式选择无关。

6. ADC 中断溢出清除寄存器（ADC Interrupt Overflow Clear Register，ADCINTOVF-CLR）

15 9	8
Reserved	ADCINT9
R-0	W1C-0

7	6	5	4	3	2	1	0
ADCINT8	ADCINT7	ADCINT6	ADCINT5	ADCINT4	ADCINT3	ADCINT2	ADCINT1
W1C-0	W1C-0	W1C-0	W1C-0	W1C-0	W1C-0	W1C-0	W1C-0

位 15 ~9，保留位。

位 8 ~0，ADCINTx（x =9 ~1）：ADC 中断溢出清除位。读该位返回 0。

- 0：无动作。
- 1：清除相应的 ADCINTOVF 中的溢出位。

如果软件试图设置该位，而硬件在同一个周期试图设置 ADCINTOVF 寄存器的溢出位，那么硬件有优先权，ADCINTOVF 将会置 1。

7. 中断选择寄存器

5 个中断选择寄存器分别为 INTSEL1N2、INTSEL3N4、INTSEL5N6、INTSEL7N8 和 INT-SEL9N10。

中断 1 和 2 选择寄存器（Interrupt Select 1 And 2 Register，INTSEL1N2）

15	14	13	12 8
Reserved	INT2CONT	INT2E	INT2SEL
R-0	R/W-0	R/W-0	R/W-0

7	6	5	4 0
Reserved	INT1CONT	INT1E	INT2SEL
R-0	R/W-0	R/W-0	R/W-0

中断 3 和 4 选择寄存器（Interrupt Select 3 And 4 Register，INTSEL3N4）

15	14	13	12～8
Reserved	INT4CONT	INT4E	INT4SEL
R-0	R/W-0	R/W-0	R/W-0

7	6	5	4～0
Reserved	INT3CONT	INT3E	INT3SEL
R-0	R/W-0	R/W-0	R/W-0

中断 5 和 6 选择寄存器（Interrupt Select 5 And 6 Register，INTSEL5N6）

15	14	13	12～8
Reserved	INT6CONT	INT6E	INT6SEL
R-0	R/W-0	R/W-0	R/W-0

7	6	5	4～0
Reserved	INT5CONT	INT5E	INT5SEL
R-0	R/W-0	R/W-0	R/W-0

中断 7 和 8 选择寄存器（Interrupt Select 7 And 8 Register，INTSEL7N8）

15	14	13	12～8
Reserved	INT8CONT	INT8E	INT8SEL
R-0	R/W-0	R/W-0	R/W-0

7	6	5	4～0
Reserved	INT7CONT	INT7E	INT7SEL
R-0	R/W-0	R/W-0	R/W-0

中断 9 选择寄存器（中断 10 保留）（Interrupt Select 9 And 10 Register，INTSEL9N10）

15～8
Reserved
R-0

7	6	5	4～0
Reserved	INT CONT	INT E	INT9SEL
R-0	R/W-0	R/W-0	R/W-0

位 15，保留位。

位 14，INTyCONT：ADCINTy 连续模式使能位。

- 0：直到 ADCINTy 标志（在 ADCINTFLG 寄存器）由用户清除，无进一步的 ADCINTy 脉冲产生。
- 1：无论什么时候产生 EOC 脉冲，产生 ADCINTy 脉冲，与标志位是否清除无关。

位 13，INTyE：ADCINTy 中断使能位。

- 0：ADCINTy 禁止。
- 1：ADCINTy 使能。

位 12～8，INTySEL：ADCINTy EOC 源选择。

- 00h：EOC0 为 ADCINTy 的触发。
- 01h：EOC1 为 ADCINTy 的触发。
- 02h：EOC2 为 ADCINTy 的触发。

…

- 0Eh：EOC14 为 ADCINTy 的触发。
- 0Fh：EOC15 为 ADCINTy 的触发。
- 1xh：无效值。

位 7，保留位。

位 6，INTxCONT：ADCINTx 连续模式使能位。

- 0：直到 ADCINTx 标志（在 ADCINTFLG 寄存器）由用户清除，无进一步的 ADCINTx 脉冲产生。
- 1：无论什么时候产生 EOC 脉冲，产生 ADCINTx 脉冲，与标志位是否清除无关。

位 5，INTxE：ADCINTx 中断使能位。

- 0：ADCINTy 禁止。
- 1：ADCINTy 使能。

位 4～0，INTxSEL：ADCINTx EOC 源选择。

- 00h：EOC0 为 ADCINTx 的触发。
- 01h：EOC1 为 ADCINTx 的触发。
- 02h：EOC2 为 ADCINTx 的触发。

…

- 0Eh：EOC14 为 ADCINTx 的触发。
- 0Fh：EOC15 为 ADCINTx 的触发。
- 1xh：无效值。

8. SOC 优先级控制寄存器（ADC Start of Conversion Priority Control Register，SOCPRICTL）

15～11	10～5	4～0
Reserved	RRPOINTER	SOCPRIORITY
R-0	R-20h	R/W-0

位 15～11，保留位。

位 10～5，RRPOINTER：轮询指针（Round Robin Pointer）。包含上一次转换的轮询 SOCx 数值，用于轮询系统确定转换次序。

- 00h：SOC0 是上一次轮询转换的 SOC。SOC1 具有最高轮询优先级。
- 01h：SOC1 是上一次轮询转换的 SOC。SOC2 具有最高轮询优先级。
- 02h：SOC2 是上一次轮询转换的 SOC。SOC3 具有最高轮询优先级。
- 03h：SOC3 是上一次轮询转换的 SOC。SOC4 具有最高轮询优先级。
- 04h：SOC4 是上一次轮询转换的 SOC。SOC5 具有最高轮询优先级。
- 05h：SOC5 是上一次轮询转换的 SOC。SOC6 具有最高轮询优先级。

…

- 0Eh：SOC14 是上一次轮询转换的 SOC。SOC15 具有最高轮询优先级。
- 0Fh：SOC15 是上一次轮询转换的 SOC。SOC0 具有最高轮询优先级。
- 1xh：无效值。
- 20h：复位值，表明没有已转换的 SOC。SOC0 具有最高轮询优先级。当复位、ADCCTL1. RESET 位置 1 或写入 SOCPRICTL 寄存器时，设为该值。随后，如果转换已开始，在完成后新的优先级有效。

其他值：无效选择。

位 4～0，SOCPRIORITY：SOC 优先级。为 SOCx 优先级模式和轮询仲裁确定断开点。

- 00h：所有通道的 SOC 优先级按轮询模式处理。
- 01h：SOC0 具有高优先级，其他通道为轮询模式。
- 02h：SOC0 ~ SOC1 具有高优先级，SOC2 ~ SOC15 为轮询模式。
- 03h：SOC0 ~ SOC2 具有高优先级，SOC3 ~ SOC15 为轮询模式。
- 04h：SOC0 ~ SOC3 具有高优先级，SOC4 ~ SOC15 为轮询模式。
- 05h：SOC0 ~ SOC4 具有高优先级，SOC5 ~ SOC15 为轮询模式。
- 06h：SOC0 ~ SOC5 具有高优先级，SOC6 ~ SOC15 为轮询模式。

…

- 0Dh：SOC0 ~ SOC12 具有高优先级，SOC13 ~ SOC15 为轮询模式。
- 0Eh：SOC0 ~ SOC13 具有高优先级，SOC14 ~ SOC15 为轮询模式。
- 0Fh：SOC0 ~ SOC14 具有高优先级，SOC15 为轮询模式。
- 10h：所有 SOC 具有高优先级，由 SOC 数值仲裁。
- 其他值：无效选择。

9. 采样模式寄存器（ADC Sample Mode Register，ADCSAMPLEMODE）

15 ~ 8
Reserved
R-0

7	6	5	4	3	2	1	0
SIMULEN14	SIMULEN12	SIMULEN10	SIMULEN8	SIMULEN6	SIMULEN4	SIMULEN2	SIMULEN0
R/W-0	R/W-0	R/W-0	R/W-0	R/W-0	R/W-0	R/W-0	R/W-0

位 15 ~ 8，保留位。

位 7，SIMULEN14：SOC14/SOC15 同时采样模式使能位。同时采样模式的 SOC14 和 SOC15 相联。当正在转换 SOC14 或 SOC15 时，不要设置该位。

- 0：SOC14 和 SOC15 单采样模式设置。所有 CHSEL 位域定义待转换的通道。EOC14 与 SOC14 相联，EOC15 与 SOC15 相联。SOC14 的结果存放到 ADCRESULT14 寄存器。SOC15 的结果存放到 ADCRESULT15 寄存器。
- 1：SOC14 和 SOC15 同时采样。CHSEL 位域的低 3 位定义待转换的通道对。EOC14、EOC15 与 SOC14、SOC15 对相联。SOC14、SOC15 的结果将分别存放在 ADCRESULT14 、ADCRESULT15 寄存器。

位 6，SIMULEN12：SOC12/SOC13 同时采样模式使能位。

位 5，SIMULEN10：SOC10/SOC11 同时采样模式使能位。

位 4，SIMULEN8：SOC8/SOC9 同时采样模式使能位。

位 3，SIMULEN6：SOC6/SOC7 同时采样模式使能位。

位 2，SIMULEN4：SOC4/SOC5 同时采样模式使能位。

位 1，SIMULEN2：SOC2/SOC3 同时采样模式使能位。

位 0，SIMULEN0：SOC0/SOC1 同时采样模式使能位。

10. 中断触发 SOC 选择寄存器 1（ADC Interrupt Trigger SOC Select 1 Register，ADCINTSOCSEL1）

15 ~ 14	13 ~ 12	11 ~ 10	9 ~ 8	7 ~ 6	5 ~ 4	3 ~ 2	1 ~ 0
SOC7	SOC6	SOC5	SOC4	SOC3	SOC2	SOC1	SOC0
RW-0	RW-0	RW-0	RW-0	RW-0	RW-0	RW-0	RW-0

位 15 ~0，SOCx（x =7 ~0）：SOCx 的 ADC 中断触发选择。这些位域覆盖 ADCSOCxCTL 寄存器的 TRIGSEL 位域。

- 00：没有 ADCINT 触发 SOCx。TRIGSEL 位域确定 SOCx 触发。
- 01：ADCINT1 触发 SOCx。忽略 TRIGSEL 位域。
- 10：ADCINT2 触发 SOCx。忽略 TRIGSEL 位域。
- 11：无效选择。

11. 中断触发 SOC 选择寄存器 2（ADC Interrupt Trigger SOC Select 2 Register，ADCINTSOCSEL2）

15 14	13 12	11 10	9 8	7 6	5 4	3 2	1 0
SOC15	SOC14	SOC13	SOC12	SOC11	SOC10	SOC9	SOC8
RW-0	RW-0	RW-0	RW-0	RW-0	RW-0	RW-0	RW-0

位 15 ~0，SOCx（x =15 ~8）：SOCx 的 ADC 中断触发选择。这些位域覆盖 ADCSOCx-CTL 寄存器的 TRIGSEL 位域。

- 00：没有 ADCINT 触发 SOCx。TRIGSEL 位域确定 SOCx 触发。
- 01：ADCINT1 触发 SOCx。忽略 TRIGSEL 位域。
- 10：ADCINT2 触发 SOCx。忽略 TRIGSEL 位域。
- 11：无效选择。

12. SOC 标志寄存器 1（ADC SOC Flag 1 Register，ADCSOCFLG1）

15	14	13	12	11	10	9	8
SOC15	SOC14	SOC13	SOC12	SOC11	SOC10	SOC9	SOC8
R-0	R-0	R-0	R-0	R-0	R-0	R-0	R-0
7	6	5	4	3	2	1	0
SOC7	SOC6	SOC5	SOC4	SOC1	SOC1	SOC1	SOC0
R-0	R-0	R-0	R-0	R-0	R-0	R-0	R-0

位 5 ~0，SOCx（x =15 ~0）：SOCx 转换启动标志。表明具体 SOC 转换的状态。

- 0：没有 SOCx 的采样悬挂。
- 1：已接收到触发，有 SOCx 的采样悬挂。

当相应的 SOCx 转换启动时，该位被自动清除。若存在竞争，即在同一个周期该位接收到置 1 和清除请求，不管来源，该位将被置 1 而清除请求被忽略。这种情况下 ADCSO-COVF1 寄存器的溢出位不受影响，而不论该位原来是否置 1。

13. SOC 强制寄存器 1（ADC SOC Force 1 Register，ADCSOCFRC1）

15	14	13	12	11	10	9	8
SOC15	SOC14	SOC13	SOC12	SOC11	SOC10	SOC9	SOC8
R/W-0	R/W-0	R/W-0	R/W-0	R/W-0	R/W-0	R/W-0	R/W-0
7	6	5	4	3	2	1	0
SOC7	SOC6	SOC5	SOC4	SOC1	SOC1	SOC1	SOC0
R/W-0	R/W-0	R/W-0	R/W-0	R/W-0	R/W-0	R/W-0	R/W-0

位 15 ~0，SOCx（x =15 ~0）：SOCx 强制转换启动标志。写入 1 将 ADCSOCFLG1 寄存器的相应 SOCx 强制设置为 1。可以用于引起一个软件启动的转换。写入 0 被忽略。

- 0：无动作。
- 1：强制 SOCx 标志为 1。这样一旦 SOCx 赋予优先级，将引起一个转换的启动。

如果软件试图设置该位，而硬件在同一个周期试图清除 ADCSOCFLG1 寄存器的 SOCx 位，那么硬件有优先权，ADCSOCFLG1 位将会置 1。这种情况下 ADCSOCOVF1 的溢出位不受影响，而不论 ADCSOCFLG1 位原来是否置 1。

14. SOC 溢出寄存器 1（ADC SOC Overflow 1 Register，ADCSOCOVF1）

15	14	13	12	11	10	9	8
SOC15	SOC14	SOC13	SOC12	SOC11	SOC10	SOC9	SOC8
R-0	R-0	R-0	R-0	R-0	R-0	R-0	R-0
7	6	5	4	3	2	1	0
SOC7	SOC6	SOC5	SOC4	SOC1	SOC1	SOC1	SOC0
R-0	R-0	R-0	R-0	R-0	R-0	R-0	R-0

位 5 ~ 0，SOCx：SOCx 启动转换溢出标志。表明在一个 SOCx 事件已经悬挂时，有一个 SOCx 事件产生。

- 0：无 SOCx 事件溢出。
- 1：有 SOCx 事件溢出。

一个溢出条件不能停止处理 SOCx 事件。它只是丢失一个触发的指示。

15. SOC 溢出清除寄存器 1（ADC SOC Overflow Clear 1 Register，ADCSOCOVFCLR1）

15	14	13	12	11	10	9	8
SOC15	SOC14	SOC13	SOC12	SOC11	SOC10	SOC9	SOC8
W1C-0	W1C-0	W1C-0	W1C-0	W1C-0	W1C-0	W1C-0	W1C-0
7	6	5	4	3	2	1	0
SOC7	SOC6	SOC5	SOC4	SOC1	SOC1	SOC1	SOC0
W1C-0	W1C-0	W1C-0	W1C-0	W1C-0	W1C-0	W1C-0	W1C-0

位 15 ~ 0，SOCx（x = 15 ~ 0）：SOCx 清除启动转换溢出标志。写入 1 将清除 ADCSOCOVF1 寄存器的相应 SOCx 溢出标志。写入 0 被忽略。读返回 0。

- 0：无动作。
- 1：清除 SOCx 溢出标志。

如果软件试图设置该位，而硬件在同一个时钟周期试图设置 ADCSOCOVF1 寄存器的溢出位，那么硬件有优先权，ADCSOCOVF1 相应位将会置 1。

16. SOC0 ~ SOC15 控制寄存器（ADC SOC0 ~ SOC15 Control Registers，ADCSOCxCTL）

15–11	10	9–6	5–0
TRIGSEL	Reserved	CHSEL	ACQPS
R/W-0	R-0	R/W-0	R/W-0

位 15 ~ 11，TRIGSEL：SOCx 触发源选择。配置哪一个触发将设置 ADCSOCFLG1 寄存器相应 SOCx 标志，在给定 SOCx 优先级时引起一个转换启动。该设置可以由 ADCINTSOCSEL1 或 ADCINTSOCSEL2 寄存器的相应 SOCx 位域覆盖。

- 00h：ADCTRIG0 – 只用软件。
- 01h：ADCTRIG1 – CPU 定时器 0，TINT0n。
- 02h：ADCTRIG2 – CPU 定时器 1，TINT1n。
- 03h：ADCTRIG3 – CPU 定时器 2，TINT2n。
- 04h：ADCTRIG4 – XINT2，XINT2SOC。
- 05h：ADCTRIG5 – ePWM1，ADCSOCA。

- 06h：ADCTRIG6 – ePWM1，ADCSOCB。
- 07h：ADCTRIG7 – ePWM2，ADCSOCA。
- 08h：ADCTRIG8 – ePWM2，ADCSOCB。
- 09h：ADCTRIG9 – ePWM3，ADCSOCA。
- 0Ah：ADCTRIG10 – ePWM3，ADCSOCB。
- 0Bh：ADCTRIG11 – ePWM4，ADCSOCA。
- 0Ch：ADCTRIG12 – ePWM4，ADCSOCB。
- 0Dh：ADCTRIG13 – ePWM5，ADCSOCA。
- 0Eh：ADCTRIG14 – ePWM5，ADCSOCB。
- 0Fh：ADCTRIG15 – ePWM6，ADCSOCA。
- 10h：ADCTRIG16 – ePWM6，ADCSOCB。
- 11h：ADCTRIG17 – ePWM7，ADCSOCA。
- 12h：ADCTRIG18 – ePWM7，ADCSOCB。

其他值：无效选择。

位 9～6，CHSEL：SOCx 通道选择，选择当 ADC 接收到 SOCx 时待转换的通道。

顺序采样模式（SIMULENx = 0）下：

- 0h：ADCINA0。
- 1h：ADCINA1。

…

- 6h：ADCINA6。
- 7h：ADCINA7。
- 8h：ADCINB0。
- 9h：ADCINB1。

…

- Eh：ADCINB6。
- Fh：ADCINB7。

同步采样模式（SIMULENx = 1）下：

- 0h：ADCINA0/ADCINB0 对。
- 1h：ADCINA1/ADCINB1 对。

…

- 6h：ADCINA6/ADCINB6 对。
- 7h：ADCINA7/ADCINB7 对。
- 8h～Fh：无效选择。

位 5～0，ACQPS：SOCx 采样预定标，为 SOCx 控制采样保持窗口，最小值为 6。

- 00h～05h：无效选择。
- 06h：采样窗为 7 个周期长（6 + 1 时钟周期）。
- 07h：采样窗为 8 个周期长（7 + 1 时钟周期）。
- 08h：采样窗为 9 个周期长（8 + 1 时钟周期）。
- 09h：采样窗为 10 个周期长（9 + 1 时钟周期）。

...

- 3Fh：采样窗为 64 个周期长（63 +1 时钟周期）。
- 其他无效选择：10h ~14h，1Dh ~1Fh，20h，21h，2Ah ~2Dh，2Eh，37h ~3Bh。

17. 参考修整寄存器（ADC Reference/Gain Trim Register，ADCREFTRIM）

15–14	13–9	8–5	4–0
Reserved	EXTREF_FINE_TRIM	BG_COARSE_TRIM	BG_FINE_TRIM
R-0	R/W-0	R/W-0	R/W-0

位 15 ~14，保留位。

位 13 ~9，EXTREF_FINE_TRIM：ADC 外部参考电压精修整。这些位由厂家修整设定的器件启动代码装入后，不应进行修改。

位 8 ~5，BG_COARSE_TRIM：ADC 内部带隙粗修整。这些位由厂家修整设定的器件启动代码装入后，不应进行修改。

位 4 ~0，BG_FINE_TRIM ADC：ADC 内部带隙精修整，支持的最大值为 30。这些位由厂家修整设定的器件启动代码装入后，不应进行修改。

18. 偏移修整寄存器（ADC Offset Trim Register，ADCOFFTRIM）

15–9	8–0
Reserved	OFFTRIM
R-0	R/W-0

位 15 ~9，保留位。

位 8 ~0，OFFTRIM：ADC 偏移修整，ADC 偏移的补码，数值范围 -256 ~ +255。这些位由厂家修整设定的器件启动代码装入。为校正电路板产生的偏移可以进行默认设定修改。

19. 版本寄存器（ADC Revision Register，ADCREV）

15–8
REV
R-x

7–0
TYPE
R-3h

位 15 ~8，REV：ADC 版本，表明差别，第一个版本标示为 00h。

位 7 ~0，TYPE：ADC 类型，数值为 3。本类型 ADC 设置为 3。

20. ADC 结果寄存器（ADC Result Register，x =0 ~15，ADCRESULTx）

15–12	11–0
Reserved	RESULT
R-0	R-0

位 15 ~12，保留位。

位 11 ~0，RESULT：12 位右对齐转换结果。

对于顺序采样模式（SIMULENx =0）：在 ADC 完成一次 SOCx 转换后，数字结果放在相应的 ADCRESULTx 寄存器。例如，如果配置 SOC4 采样 ADCINA1，则转换完成后的结果将放到 ADCRESULT4。

对于同时采样模式（SIMULENx =1）：在 ADC 完成一对通道转换后，数字结果放在相应的 ADCRESULTx 和 ADCRESULTx +1 寄存器（假设为 x 偶数）。例如，如果配置 SOC4 采样，则转换完成后的结果将放到 ADCRESULT4 和 ADCRESULT5。

5.9　内部温度传感器

内部温度传感器可以测量器件的结温。通过一个由 ADCCTL1. TEMPCONV 位控制的开关，传感器输出可以用 ADC 的通道 A5 采样。该开关可以使通道 A5 连接到外部 ADC 输入引脚或内部温度传感器输出。当采样温度传感器时，ADCINA5 引脚的外部电路对采样无影响。

随着器件结温升高，温度传感器的输出及 ADC 转换值增大。偏移值定义为 0℃时对应的转换值 LSB 值如图 5-8 所示。该信息可用于将 ADC 传感器采样值转换为温度值。确定温度的传输函数为

温度值 =（传感器采样值 - 偏移值）× 斜率

对于 2803x 可以使用位于下述存储单元的函数，获得厂家对每个器件校准的斜率与偏移值：

- 0x3D7E82：斜率（℃/LSB，定点 Q15 格式）。
- 0x3D7E85：偏移值（0℃时 LSB 值）。

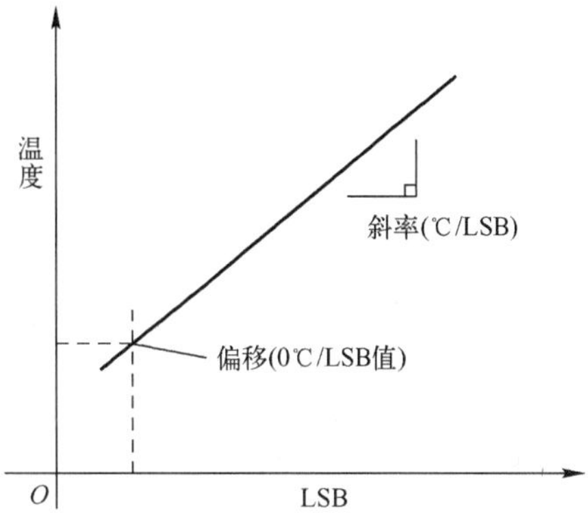

图 5-8　温度传感器传输函数

给出的数值是假定 3.3 V 全量程范围的，使用内部参考模式自动采用该固定范围。但是如果使用外部模式，温度传感器值必须调整以适应外部参考电压。

TI 的头文件包含实例工程，可以方便地采样温度传感器，并将结果转换为两种不同的温度单位。使用该温度传感器有如下 3 步：

1）为采样温度传感器，配置 ADC。

2）采样温度传感器。

3）将结果转换为温度单位，如℃。

下面是一个实例。

```
//为采样温度传感器,配置 ADC
EALLOW;
AdcRegs. ADCCTL1. bit. TEMPCONV = 1;                  //温度传感器连接到 A5
AdcRegs. ADCSOC0CTL. bit. CHSEL = 5;                  //设置 SOC0 采样 A5
AdcRegs. ADCSOC1CTL. bit. CHSEL = 5;                  //设置 SOC1 采样 A5
AdcRegs. ADCSOC0CTL. bit. ACQPS = 6;                  //设置 SOC0 ACQPS 到 7 ADCCLK
AdcRegs. ADCSOC1CTL. bit. ACQPS = 6;                  //设置 SOC1 ACQPS 到 7 ADCCLK
AdcRegs. INTSEL1N2. bit. INT1SEL = 1;                 //连接 ADCINT1 到 EOC1
AdcRegs. INTSEL1N2. bit. INT1E = 1;                   //使能 ADCINT1
EDIS;
//采样温度传感器
AdcRegs. ADCSOCFRC1. all = 0x03;                      //采样温度传感器
while( AdcRegs. ADCINTFLG. bit. ADCINT1 = = 0){}      //等待 ADCINT1
AdcRegs. ADCINTFLGCLR. bit. ADCINT1 = 1;              //清除 ADCINT1
sensorSample = AdcResult. ADCRESULT1;                 //获得温度传感器采样结果
//将原始温度传感器输出转换为温度(℃)
```

```
//DegreesC = (sensorSample - TempSensorOffset) * TempSensorSlope;
//对于2803x,调用下述厂家存储斜率与偏移的函数
//温度传感器斜率 TempSensorSlope (℃/LSB,定点 Q15 格式)
#define getTempSlope() (*(int (*)(void))0x3D7E82)()
//温度传感器偏移 TempSensorOffset (0℃温度传感器输出)
#define getTempOffset() (*(int (*)(void))0x3D7E85)()
```

例 5-1 通过片内温度传感器与 A-D 转换器测量芯片摄氏温度。温度值在变量 temp 和 degC 中，degC 为摄氏温度。

```
#include "DSP2803x_Device.h"                    //包含 DSP2803x 头文件
#define CPU_RATE   16.667L                      //60 MHz CPU 时钟(SYSCLKOUT)
#define DELAY_US(A)  DSP28x_usDelay(((((long double) A * 1000.0L) / (long double)CPU_
RATE) - 9.0L) / 5.0L)
#define Device_cal (void  (*)(void))0x3D7C80   //指向内部 ADC 与振荡器校准函数
#define ADC_usDELAY  1000L
extern void DSP28x_usDelay(Uint32 Count);       //延时函数
#define FP_SCALE 32768                          //Q15 定点数的定标系数(2^15)
#define FP_ROUND FP_SCALE/2                     //在转换到整数时加到 Q15 数,进行数的圆整
#define KELVIN 273
#define KELVIN_OFF FP_SCALE * KELVIN            //加到 Q15 定点数,从摄氏温度到开氏温度变换
#define getTempSlope() (*(int (*)(void))0x3D7E82)()  //温度传感器斜率,Q15 格式
#define getTempOffset() (*(int (*)(void))0x3D7E85)()
                                                     //温度传感器偏移 TempSensorOffset
                                                     //(0℃时温度传感器输出)
int16 GetTemperatureC(int16 sensorSample)       //将温度传感器初始测量值转换为摄氏温度
                                                //的函数
{
    return ((sensorSample - getTempOffset()) * (int32)getTempSlope() + FP_ROUND + KEL-
VIN_OFF)/ FP_SCALE - KELVIN;
}

int16 temp;                                     //温度传感器初始读数
int16 degC;                                     //摄氏温度

void main()
{
    InitSysCtrl();                              //初始化系统时钟,包括 PLL、看门狗时钟、外
                                                //设时钟
    EALLOW;
    GpioCtrlRegs.GPAMUX2.bit.GPIO18 = 3;        //使能 XCLOCKOUT,以监测振荡器
    SysCtrlRegs.XCLK.bit.XCLKOUTDIV = 2;        //XCLOCKOUT = SYSCLK
    DINT;                                       //禁止 CPU 总中断
    InitPieCtrl();                              //给 PIE 寄存器赋初值
```

```
    IER = 0x0000;                                  //禁止 CPU 的中断
    IFR = 0x0000;                                  //清中断标志
    InitPieVectTable();                            //初始化中断向量表,在 DSP2803x_PieVect.c 中
    EALLOW;
    SysCtrlRegs.PCLKCR0.bit.ADCENCLK = 1;
    (*Device_cal)();
    EDIS;
    EALLOW;
    AdcRegs.ADCCTL1.bit.ADCBGPWD   = 1;            //带隙电路上电
    AdcRegs.ADCCTL1.bit.ADCREFPWD = 1;             //参考电压上电
    AdcRegs.ADCCTL1.bit.ADCPWDN    = 1;            //ADC 上电
    AdcRegs.ADCCTL1.bit.ADCENABLE = 1;             //使能 ADC
    AdcRegs.ADCCTL1.bit.ADCREFSEL = 0;             //选择内部带隙产生参考电压
    EDIS;
    DELAY_US(ADC_usDELAY);                         //第一次 ADC 转换前延时
    EALLOW;
    AdcRegs.ADCCTL1.bit.TEMPCONV   = 1;            //将通道 A5 内部连接到温度传感器
    AdcRegs.ADCSOC0CTL.bit.CHSEL    = 5;           //SOC0 选择 ADCINA5
    AdcRegs.ADCSOC1CTL.bit.CHSEL    = 5;           //SOC1 选择 ADCINA5
    AdcRegs.ADCSOC0CTL.bit.ACQPS    = 6;           //设置 SOC0 采样时间为 7 个 ADC 时钟
    AdcRegs.ADCSOC1CTL.bit.ACQPS    = 6;           //设置 SOC1 采样时间为 7 个 ADC 时钟
    AdcRegs.INTSEL1N2.bit.INT1SEL = 1;             //将 ADCINT1 连接到 EOC1
    AdcRegs.INTSEL1N2.bit.INT1E   =   1;           //使能 ADCINT1
    FlashRegs.FOTPWAIT.bit.OTPWAIT = 1;
                                                   //设置 flash OTP 等待状态为最小,以保证温
                                                   //度转换函数的性能
    for(;;)                                        //循环采样温度
    {
    AdcRegs.ADCSOCFRC1.all = 0x03;                 //强制 SOC0 和 SOC1 转换启动
    while(AdcRegs.ADCINTFLG.bit.ADCINT1 == 0){}    //等待 ADCINT1,转换结束
    AdcRegs.ADCINTFLGCLR.bit.ADCINT1 = 1;          //清除 ADCINT1
    temp = AdcResult.ADCRESULT1;                   //由 SOC1 得到温度传感器采样结果
    degC = GetTemperatureC(temp);                  //将温度传感器初始测量值转换为摄氏温度
    }
}
```

5.10 ADC 的 C 语言编程实例

例 5-2 A-D 转换程序。对两个模拟输入通道 ADCINA2 和 ADCINA4 的电压信号进行转换。使用 ADC 模块的中断方式。选择 ePWM1 触发 A-D 采样，当 PWM 定时器计数值到达以后将触发一个 A-D 中断。在中断服务程序中，读取模拟量的转换结果并存储到两个长度为 10 的数组 Voltage1 和 Voltage2 中。

```
#include "DSP2803x_Device.h"                //包含 DSP2803x 头文件
//函数声明
interrupt void adc_isr(void);
//变量声明
Uint16 ConversionCount;
Uint16 Voltage1[10];
Uint16 Voltage2[10];

void main(void)
{
Uint16 i=0;
InitSysCtrl();                              //初始化系统时钟,包括 PLL、看门狗时钟、外设时钟
DINT;                                       //禁止 CPU 总中断
InitPieCtrl();                              //给 PIE 寄存器赋初值
IER=0x0000;                                 //禁止 CPU 的中断
IFR=0x0000;                                 //清中断标志
InitPieVectTable();                         //初始化中断向量表
EALLOW;
PieVectTable.ADCINT1=&adc_isr;              //A-D 中断入口
EDIS;
EALLOW;
AdcRegs.ADCCTL1.bit.ADCBGPWD   =1;  //带隙电路上电
AdcRegs.ADCCTL1.bit.ADCREFPWD =1;  //参考电压上电
AdcRegs.ADCCTL1.bit.ADCPWDN    =1;  //ADC 上电
AdcRegs.ADCCTL1.bit.ADCENABLE =1;  //ADC 使能
AdcRegs.ADCCTL1.bit.ADCREFSEL =0;  //选择内部带隙产生参考电压
EDIS;

//在 PIE 中使能 ADCINT1
PieCtrlRegs.PIEIER1.bit.INTx1 =1;           //使能 PIE 的 INT1.1
IER |=M_INT1;                               //使能 CPU 中断 1
EINT;                                       //使能全局中断 INTM
ERTM;                                       //使能全局实时中断 DBGM
ConversionCount=0;
//配置 AD 通道和采样时钟
EALLOW;
AdcRegs.ADCCTL1.bit.INTPULSEPOS=1;
AdcRegs.INTSEL1N2.bit.INT1E       =1;  //使能 ADCINT1
AdcRegs.INTSEL1N2.bit.INT1CONT    =0;  //禁止连续转换模式
AdcRegs.INTSEL1N2.bit.INT1SEL=1;
AdcRegs.ADCSOC0CTL.bit.CHSEL=4;     //SOC0 使用 ADCINA4
AdcRegs.ADCSOC1CTL.bit.CHSEL=2;     //SOC1 使用 ADCINA2
AdcRegs.ADCSOC0CTL.bit.TRIGSEL=5;  //设置 SOC0 触发→EPWM1A
```

```
AdcRegs. ADCSOC1CTL. bit. TRIGSEL = 5;   //设置 SOC1 触发→EPWM1A
AdcRegs. ADCSOC0CTL. bit. ACQPS = 6;     //设置采样时间为 7 个 ADC 时钟
AdcRegs. ADCSOC1CTL. bit. ACQPS = 6;     //设置采样时间为 7 个 ADC 时钟
EDIS;

//配置 EPWM1
EPwm1Regs. ETSEL. bit. SOCAEN = 1;         //使能 SOC
EPwm1Regs. ETSEL. bit. SOCASEL = 4;        //选择计数器增并相等时为 SOC
EPwm1Regs. ETPS. bit. SOCAPRD = 1;         //在第 1 个事件产生脉冲
EPwm1Regs. CMPA. half. CMPA = 0x0080;      //设置比较寄存器 A 值
EPwm1Regs. TBPRD = 0xFFFF;                 //设置 PWM1 周期
EPwm1Regs. TBCTL. bit. CTRMODE = 0;        //向上计数

while(1)
{
    if(i < 10)
    {
        i ++ ;
    }
    else
    {
        i = 0;
    }
    Delay_nMS(100);
}
}

interrupt void   adc_isr(void)
{
Voltage1[ConversionCount] = AdcResult. ADCRESULT0;
Voltage2[ConversionCount] = AdcResult. ADCRESULT1;
if(ConversionCount == 9)                     //存 10 对数据
{
    ConversionCount = 0;
}
else
{
    ConversionCount ++ ;
}
AdcRegs. ADCINTFLGCLR. bit. ADCINT1 = 1;          //为下一个 SOC 清除中断标志 ADCINT1
PieCtrlRegs. PIEACK. all = PIEACK_GROUP1;         //写中断应答
return;
}
```

该实例的模拟输入通道 ADCINA2 和 ADCINA4 信号如果为正弦波、方波等波形，可以通过 CCS 的数据图形显示功能，执行菜单命令“View→Graph→Time/Frequency”，设置弹出的“Graph Property”对话框，其中“Start Adress”分别设为 Voltage1 和 Voltage2，可以观察到相应的信号波形。另外，DSP 的 A－D 转换模块也可以采用查询与延时方式编程。

5.11 比较器模块

2803x 的比较器模块是一个真正的模拟电压比较器。模块的模拟部分包括比较器、输入、输出及内部 DAC 参考电压。数字电路这里称为“外包（Wrapper)”，包括 DAC 控制、与其他片内逻辑的接口、输出限定模块和控制信号。

图 5-9 给出了比较器模块框图及其与系统其他部分的联系。

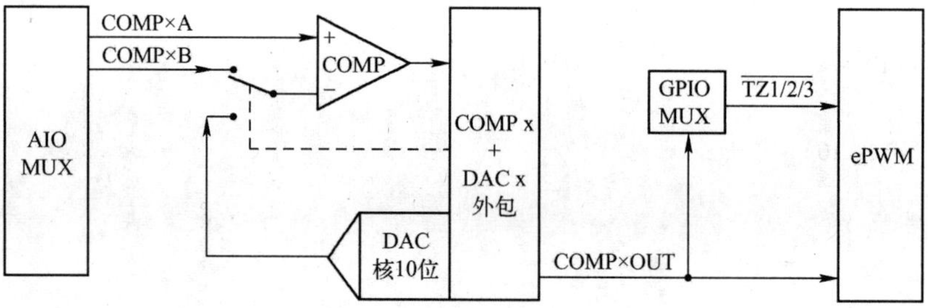

图 5-9　比较器模块框图

1. 比较器特点

比较器模块可以使用两个外部模拟输入或一个外部模拟输入和内部 DAC 参考电压作为另一个输入，如图 5-10 所示。比较器的输出可以异步传送或以系统时钟周期限定和同步。比较器的输出既连接到 ePWM 脱开区（Trip Zone)，又连接到 GPIO 输出。

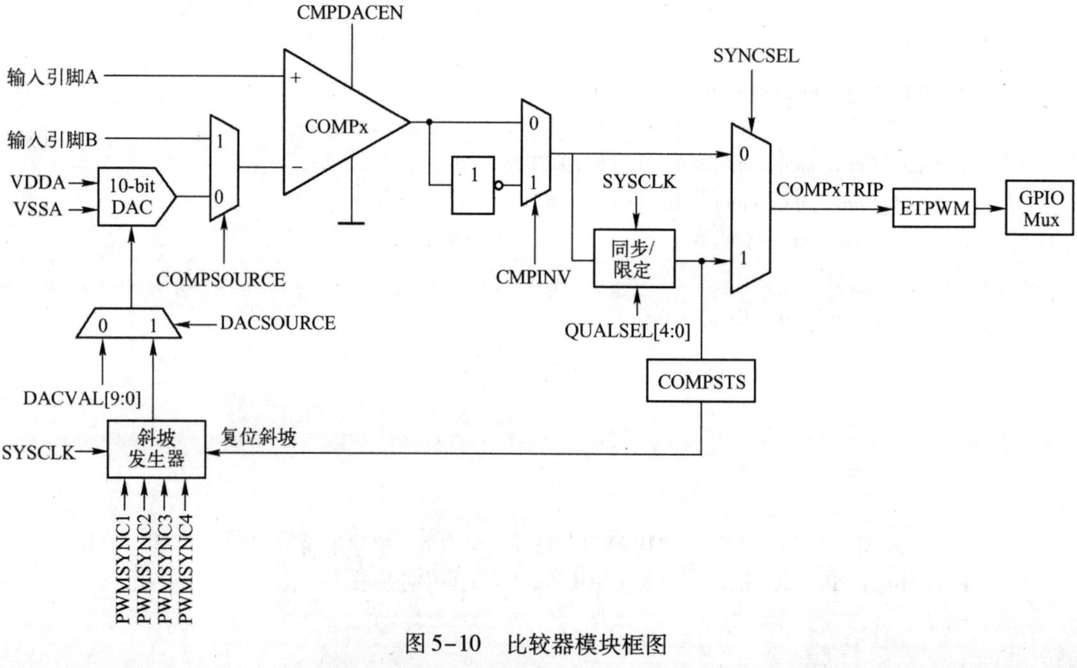

图 5-10　比较器模块框图

2. 比较器的功能

比较器模块中的每一个比较器都是模拟比较器，其电路如图 5-11 所示。比较器的输出与系统时钟是异步的。

比较器输入与输出的关系是这样的：当 A 点电压大于 B 点电压时，输出为 1；当 A 点电压小于 B 点电压时，输出为 0。当 A 点电压等于 B 点电压时输出没有定义，这是因为比较器输出的反应存在迟滞（Hysteresis）。具体迟滞的大小可参考器件的手册。迟滞也限制了比较器输出对输入电压噪声的敏感性。

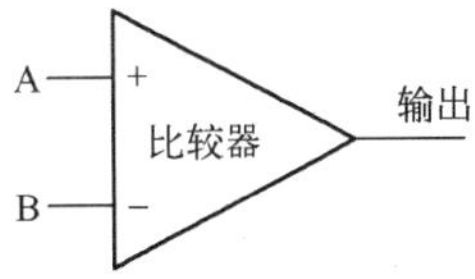

图 5-11　比较器电路

通过限定后比较器输出反映在 COMPSTS 寄存器的 COMPSTS 位。因为该位是数字外包的一部分，所以为了表示比较器的状态，通向比较器模块的时钟应当使能。

3. DAC 参考电压

每一个比较器模块包含一个 10 位 DAC 参考电压，它可以作为比较器的反相输入（B 端）。DAC 的电压输出可由 DACVAL 寄存器或一个下行斜波发生器（Ramp Down Generator）控制。

因为 DAC 也在模拟范围，所以为保持其输出电压不需要时钟。然而，为更改由 DAC 控制的数字输入需要时钟。

（1）DACVAL 输入

当 DACVAL 寄存器被选为 DAC 输入时，DAC 输出 V 由下式给出

$$V=\frac{DACVAL*(VDDA-VSSA)}{1023}$$

式中，VDDA、VSSA 为模拟电源电压值。

（2）斜波发生器输入

当选择斜波发生器输入时，斜波发生器可以产生一个下斜（Falling - ramp）的 DAC 输出信号。在该模式下，DAC 采用 16 位向下计数寄存器 RAMPSTS 的高 10 位作为其输入。斜波发生器的框图如图 5-12 所示。

当接收到一个被选择的 PWMSYNC 信号时，RAMPSTS 寄存器设置为 RAMPMAXREF_SHDW 的值，且从此后在每一个 SYSCLK 周期 RAMPDECVAL_ACTIVE 的值减去 RAMPSTS。当通过设置 DACSOURCE = 1 斜波发生器被刚一使能时，RAMPSTS 寄存器的值由 RAMPMAXREF_SHDW 装入，且直到首次接到 PWMSYNC 信号时寄存器保持不变。

当斜波发生器活跃时，如果 COMPSTS 为被比较器置 1，RAMPSTS 寄存器将复位到 RAMPMAXREF_ACTIVE 的值，且直到下一次接到 PWMSYNC 信号时保持不变。如果 RAMPSTS 的值到 0，RAMPSTS 寄存器保持 0 不变直到接到下一次 PWMSYNC 信号。

为减少在更新斜波发生器的 RAMPMAXREFA 和 RAMPDECVALA 值时出现竞争情况，只有影子寄存器 RAMPMAXREF_SHDW 和 RAMPDECVAL_SHDW 可以允许写入。在下一个 PWMSYNC 信号影子寄存器的复制到活跃寄存器。在同一个 PWMSYNC 信号周期，用户软件应避免再次写入影子寄存器，否则影子寄存器的值可能丢失。

为保证斜波发生器能够检测 PWMSYNC 信号，该信号的宽度必须大于 SYSCLK。

斜波发生器行为如图 5-13 所示。

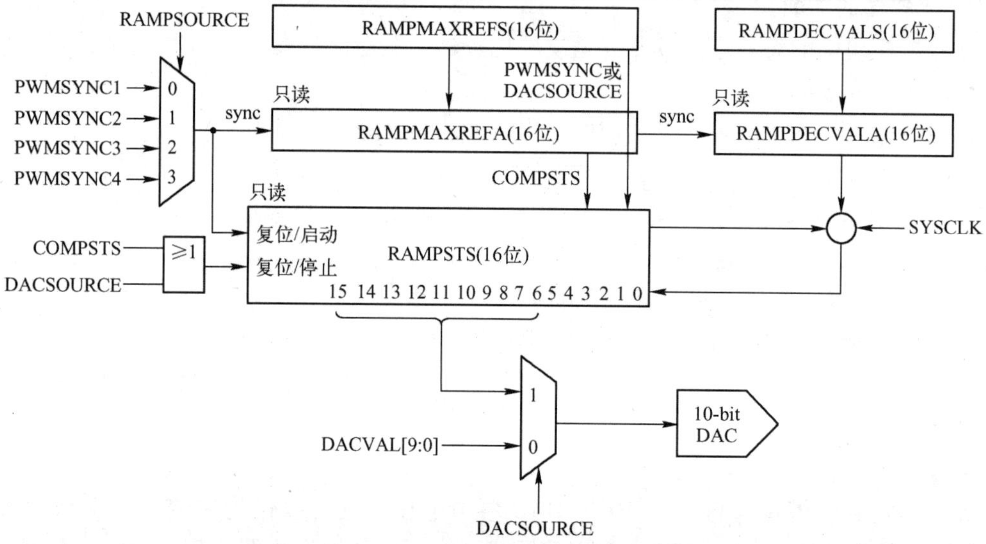

图 5-12　斜波发生器的框图

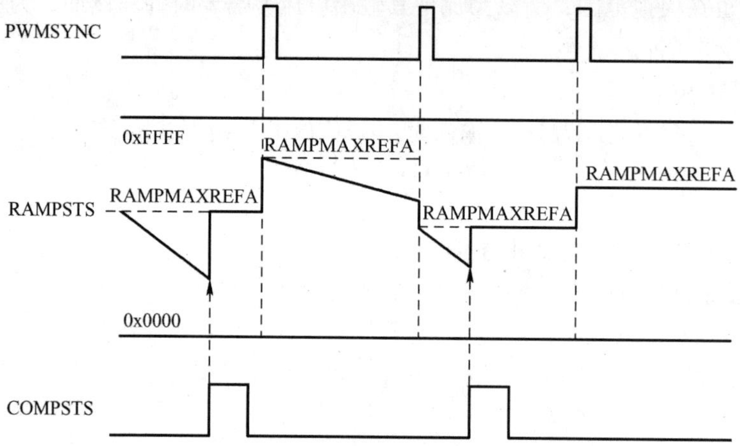

图 5-13　斜波发生器行为

4. 初始化

在使用比较器模块前，应完成以下两步：

1）通过向 ADCTRL1 寄存器的 ADCBGPWD 位写 1，使能 ADC 模块的带隙（Band Gap）。

2）通过向 COMPCTL 寄存器的 COMPDACEN 位写 1，使能比较器模块。

5. 数字范围的操作

还有两个功能模块可以用于影响比较器的输出，它们分别是：

1）反相器电路。反相器由 COMPCTL 寄存器的 CMPINV 位控制，将为比较器输出增加一个逻辑非。当为了改变数值需要提供一个控制时钟时，其功能是异步的。

2）限定模块。它由 COMPCTL 寄存器的 QUALSEL 位域控制，且由 COMPCTL 寄存器的 SYNCSEL 位门控。当由系统时钟同步时，该模块可作为一个简单的过滤器，只让比较器的输出通过，同时由定义在 QUALSEL 位域的系统时钟数限定。

6. 比较器模块的寄存器

比较器模块的寄存器见表 5-3。

表 5-3 比较器模块的寄存器

寄存器	地址偏移	长度（×16 位）	说　明
COMPCTL	0x00	1	比较器控制寄存器
COMPSTS	0x02	1	比较器输出状态寄存器
DACCTL	0x04	1	DAC 控制寄存器
DACVAL	0x06	1	DAC 数值寄存器
RAMPMAXREF_ACTIVE	0x08	1	斜波发生器最大参考值寄存器（活跃）
RAMPMAXREF_SHDW	0x0A	1	斜波发生器最大参考值寄存器（影子）
RAMPDECVAL_ACTIVE	0x0C	1	斜波发生器减量数值寄存器（活跃）
RAMPDECVAL_SHDW	0x0E	1	斜波发生器减量数值寄存器（影子）
RAMPSTS	0x10	1	斜波发生器状态寄存器

下面介绍比较器模块寄存器的定义。

（1）比较器控制寄存器（Comparator Control Register，COMPCTL）

15～9	8
Reserved	SYNCSEL
R-0	R/W-0

7～3	2	1	0
QUALSEL	CMPINV	COMPSOURCE	COMPDACE
R/W-0	R/W-0	R/W-0	R/W-0

位 15～9，保留。

位 8，SYNCSEL：在通过 ETPWM/GPIO 模块前比较器输出的同步选择。

- 0：比较器输出异步通过。
- 1：比较器输出同步通过。

位 7～3，QUALSEL：比较器同步输出的限定周期选择。

- 0h：通过比较器的同步值。
- 1h：在限定模块输出变化前，模块输入必须在 2 个连续时钟一致。
- 2h：在限定模块输出变化前，模块输入必须在 3 个连续时钟一致。

…

- Fh：在限定模块输出变化前，模块输入必须在 16 个连续时钟一致。

位 2，CMPINV：比较器反相选择。

- 0：通过比较器输出。
- 1：通过比较器反相输出。

位 1，COMPSOURCE：比较器反相输入的源选择。

- 0：比较器反相输入连接到内部 DAC。
- 1：比较器反相输入连接到外部引脚。

位 0，COMPDACE：比较器/DAC 使能。

- 0：比较器/DAC 逻辑掉电。

• 1：比较器/DAC 逻辑上电。

（2）比较器输出状态寄存器（Compare Output Status Register，COMPSTS）

15～1	0
Reserved	COMPSTS
R-0	R-0

位 15～1，保留。

位 0，COMPSTS：比较器的逻辑锁存值。

（3）DAC 控制寄存器（DAC Control Register，DACCTL）

15～14	13～8
FREE:SOFT	Reserved
R/W-0	R-0

7～5	4～1	0
Reserved	RAMPSOURCE	DACSOURCE
R-0	R/W-0	R/W-0

位 15～14，FREE：SOFT：仿真模式行为。选择斜波发生器在仿真悬挂时的行为。

• 00：立即停止。

• 01：完成当前斜波，在下一个 PWMSYNC 信号时停止。

• 10，11：自由运行。

位 13～8、位 7～5，保留。

位 4～1，RAMPSOURCE：斜波发生器源同步选择。

• 0：PWMSYNC1 为源同步信号。

• 1：PWMSYNC2 为源同步信号。

• 2：PWMSYNC3 为源同步信号。

• 3：PWMSYNC4 为源同步信号。

• 4～15：保留。

位 0，DAC 源控制。选择 DACVAL 或斜波发生器 DAC。

• 0：DAC 由 DACVAL 控制。

• 1：DAC 由斜波发生器控制。

（4）DAC 数值寄存器（DAC Value Register，DACVAL）

15～10	9～0
Reserved	DACVAL
R-0	R/W-0

位 15～10，保留。

位 9～0，DACVAL：DAC 数值位，按比例输出 DAC 值 0～1023（0～3FFh）。

（5）斜波发生器最大参考值活跃寄存器（Ramp Generator Maximum Reference Active Register，RAMPMAXREF_ACTIVE）

15～0
RAMPMAXREFA
R-0

位 15～0，RAMPMAXREFA：下行斜波发生器的 16 位最大参考值活跃值（0～FFFFh）。

当接收到 PWMSYNC 信号时，该值由 RAMPMAXREF_SHDW 装入。

(6) 斜波发生器最大参考值影子寄存器（Ramp Generator Maximum Reference Shadow Register，RAMPMAXREF_SHDW）

15～0
RAMPMAXREFS
R/W-0

位 15～0，RAMPMAXREFS：下行斜波发生器的 16 位最大参考值影子值（0～FFFFh）。

(7) 斜波发生器减量数值活跃寄存器（Ramp Generator Decrement Value Shadow Register，RAMPDECVAL_SHDW）

15～0
RAMPDECVALA
R-0

位 15～0，RAMPDECVALA：下行斜波发生器的 16 位减量活跃值（0～FFFFh）。当接收到 PWMSYNC 信号时，该值由 RAMPDECVAL_SHDW 装入。

(8) 斜波发生器减量数值影子寄存器（Ramp Generator Decrement Value Shadow Register，RAMPDECVAL_SHDW）

15～0
RAMPDECVALS
R/W-0

位 15～0，RAMPDECVALS：下行斜波发生器的 16 位减量影子值（0～FFFFh）。

(9) 斜波发生器状态寄存器（Ramp Generator Status Register，RAMPSTS）

15～0
RAMPVALUE
R-0

位 15～0，RAMPVALUE：下行斜波发生器的 16 位值（0～FFFFh）。

5.12 思考题与习题

1. 简述 2803x DSP 控制器的 A－D 转换器的特点。
2. 简述 2803x 的 A－D 转换器的转换优先级。
3. 2803x ADC 模块的时钟是如何确定的？
4. 2803x A－D 转换器有哪些寄存器？如何使用？
5. 简述 2803x 的比较器模块的原理。
6. 编程对两个模拟输入通道 ADCINA5 和 ADCINA6 的电压信号进行转换。使用 ADC 模块的中断方式。选择 ePWM1 触发 A－D 采样，当 PWM 定时器计数到达以后将触发一个 A－D 中断。在中断服务程序中，读取模拟量的转换结果并存储到两个长度为 100 的数组 Voltage1 和 Voltage2 中。设 CPU 时钟频率为 60 MHz。

第 6 章　控制律加速器

本章主要内容:

1）控制律加速器概述（Control Law Accelerator Overview）。

2）CLA 与主 CPU 接口（CLA Interface with Main CPU）。

3）CLA 配置与调试（CLA Configuration and Debug）。

4）寄存器集合（Register Set）。

5）流水线（Pipeline）。

6）指令系统（Instruction Set）。

6.1　控制律加速器概述

28035 芯片具有一个控制律加速器（Control Law Accelerator，CLA），它是一个独立的 32 位浮点数学处理器，它为 C28x CPU 控制环的执行扩展了并行处理能力。CLA 具有自己的总线结构、取指机制与流水线。可以指定 8 个 CLA 任务或子程序。每一个任务由软件或一个外设如 ADC、ePWM 或 CPU 定时器 0 启动。CLA 在某一时间执行一个任务，任务完成时，由到 PIE 的中断通知主 CPU，然后 CLA 自动开始下一个最高级的悬挂任务。CLA 能直接访问 ADC 结果寄存器、ePWM + HRPWM 寄存器。专门的消息 RAM 提供一个在主 CPU 和 CLA 之间传递附加数据的方法。通过将 CLA 用于时间要求严格的控制环，主 CPU 可以有更多的时间完成通信、诊断等系统任务。通过 CLA 可以实现更快的系统反应与更高的控制环频率。

控制律加速器有以下主要特点：

1）运行频率与主 CPU 一致（SYSCLKOUT）。

2）独立的、可编程 32 位浮点协处理器。

- 它具完整的总线结构，包括程序地址总线、程序数据总线，数据地址总线、数据读总线、数据写总线。
- 独立的 8 级流水线。
- 12 位程序计数器（MPC）。
- 4 个 32 结果寄存器（MR0 ~ MR3）。
- 两个 16 辅助寄存器（MAR0，MR1）。
- 状态寄存器（MSTF）。

3）丰富的指令。

- IEEE 单精度（32 位）浮点数学运算。
- 带有并行装入或存储的浮点数学运算。
- 带有并行加法或减法的浮点乘法运算。
- 1/x、1/sqrt（x）估算。
- 数据类型转换。

● 条件分支与调用。
● 数据装入或存储操作。

4）CLA 程序代码可以由多达 8 个任务或中断服务程序组成。

● 每个任务的开始地址由 MVECT 寄存器指定。
● 只要可以放入 CLA 程序存储器空间，任务大小无限制。
● 某一时间只能执行一个任务直到完成，不能进行任务嵌套。
● 任务完成后，外设中断扩展模块 PIE 中设置相应的中断标志。
● 在一个任务完成后，下一个最高优先级的悬挂任务自动开始。

5）任务触发机制。

● C28x CPU 通过 IACK 指令。
● 任务 1 ~ 任务 7：相应的 ADC 或 ePWM 模块中断。例如，任务 1：ADCINT1 或 EPWM1_INT，任务 2：ADCINT2 或 EPWM2_INT，任务 7：ADCINT7 或 EPWM7_INT。
● 任务 8：ADCINT8 或 CPU 定时器 0。

6）存储器与共享外设。

● 两块专门的消息 RAM 用于主 CPU 和 CLA 之间的通信。
● C28x CPU 可以将 CLA 程序和数据存储器映射到主 CPU 空间或 CLA 空间。
● CLA 能直接访问 ePWM + HRPWM 寄存器、比较器和 ADC 结果寄存器。

CLA 的结构框图如图 6-1 所示。

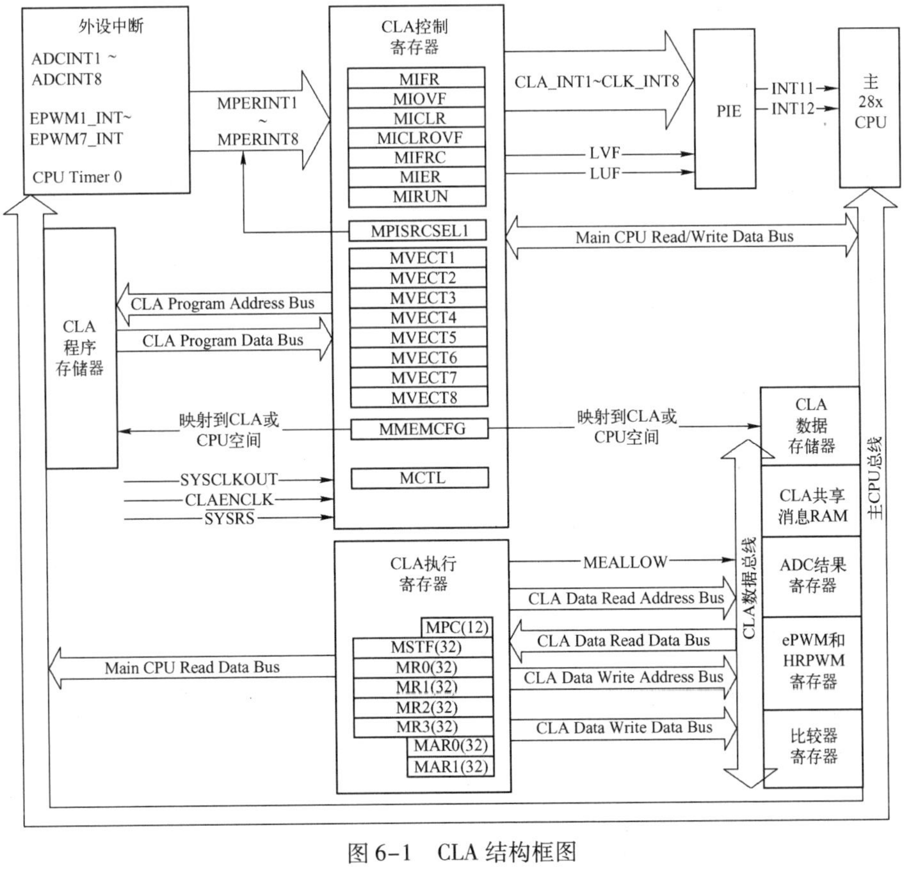

图 6-1　CLA 结构框图

6.2 CLA 与主 CPU 接口

1. CLA 存储器

CLA 可以访问三种类型的存储器：程序、数据和消息 RAM。

（1）CLA 程序存储器

复位时，为 CLA 程序设计的存储器被映射到主 CPU 存储器，与其他存储器块一样看待。在被映射到 CPU 空间时，主 CPU 可以将 CLA 程序代码复制到存储器块。也可以在调试时，由 CCS 软件直接装入存储器块。

一旦存储器由 CLA 代码初始化后，主 CPU 通过写 1 到 MMEMCFG［PROGE］位将其映射到 CLA 程序空间。映射到 CLA 程序空间之后，只能由 CLA 取代码访问该存储器块。主 CPU 只能在 CLA 停止或空闲时进行调试。如果 CLA 正在执行代码，将阻止所有的调试且存储器读返回 0x0000。

CLA 程序存储器由代码安全模块保护。所有的 CLA 程序取操作是 32 位读，而且操作码必须是偶地址对齐。这是由于所有 CLA 操作码是 32 位的，这种对齐是自然产生的。

（2）CLA 数据存储器

器件内有两个 CLA 数据存储器块。复位时，它们被映射到主 CPU 存储器空间，与其他存储器块一样看待。在被映射到 CPU 空间时，主 CPU 可以为 CLA 将存储器用数据表和常数初始化。

一旦存储器由 CLA 数据初始化后，主 CPU 将其映射到 CLA 空间。每一个存储器块可以通过 MMEMCFG［RAM0E］位和 MMEMCFG［RAM1E］位单独映射。映射到 CLA 数据空间之后，存储器只能由 CLA 为数据操作访问。主 CPU 只能在此模式进行调试访问。

两个 CLA 数据 RAM 都受代码安全模块和仿真代码安全逻辑保护。

（3）CLA 共享的消息 RAM

在 CLA 与主 CPU 之间有两个小存储器块用于数据共享与通信。消息 RAM 总是同时映射到 CPU 和 CLA 空间，而且都受代码安全模块保护。消息 RAM 只允许数据访问，不能取程序。

1）CLA 到 CPU 的消息 RAM。CLA 能够使用这个存储器块将数据传到主 CPU。该块可以由 CLA 读和写。该块可以由主 CPU 读，但是主 CPU 写被忽略。

2）CPU 到 CLA 的消息 RAM。主 CPU 能够使用这个存储器块将数据和消息传送到 CLA。该块可以由主 CPU 读和写。该块可以由 CLA 读，但是 CLA 写被忽略。

2. CLA 存储器总线

CLA 具有与 C28x CPU 相似的专门的总线结构，包括程序读、数据读和写总线。在单周期内，可以同时有取指令、数据读和写。像 C28x CPU 一样，CLA 将 32 位读写对齐到偶数地址。如果地址产生逻辑产生一个偶数地址，CLA 将从先前的偶数地址开始读写。这种对齐不影响地址产生逻辑产生的地址值。

（1）CLA 程序总线

CLA 程序总线可以访问 2048 范围的 32 位指令。因为所有 CLA 指令都是 32 位的，该总线一次取 32 位，操作码必须是偶数字对齐。CLA 程序空间的容量取决于不同器件，可参见相应的器件数据手册。

（2）CLA 数据读总线

CLA 数据读总线具有 64 K × 16 位地址范围。总线可以完成 16 或 32 位读，如果有访问冲突会自动停止。数据读总线可以访问两块消息 RAM、CLA 数据存储器及 ePWM、HRPWM、比较器和 ADC 结果寄存器。

（3）CLA 数据写总线

CLA 数据写总线具有 64 K × 16 位地址范围。总线可以完成 16 或 32 位写。如果有访问冲突会自动停止。数据写总线可以访问 CLA 到 CPU 消息 RAM、CLA 数据存储器及 ePWM、HRPWM 和比较器寄存器。

3. 共享的外设与 EALLOW 保护

ePWM、HRPWM、比较器和 ADC 结果寄存器可以由 CLA 或主 CPU 访问。同时由 CLA 和主 CPU 访问这些寄存器的仲裁可以参考英文手册。

一些外设寄存器由 EALLOW 保护机制保护不被 28x CPU 虚假写入。这些寄存器同样受保护不被 CLA 虚假写入。主 CPU 的状态寄存器 1（ST1）的 EALLOW 位表明主 CPU 的保护状态。同样，CLA 的状态寄存器（MSTF）的 MEALLOW 位表明 CLA 的保护状态。CLA 的 MEALLOW 指令使得 CLA 可以写入受 EALLOW 保护的寄存器。同样，CLA 的 MEDIS 指令将禁止写入。这样 CLA 可以独立于主 CPU 使能或禁止写入。

2803x 的 ADC 可以选择当 ADC 开始转换后产生一个提前的中断脉冲。如果这种选择用于启动一个 ADC 触发的 CLA 任务，那么转换结束后第 8 条指令可以读取结果。

4. CLA 任务与中断向量

CLA 程序代码被分为任务或中断服务程序。任务没有固定的开始单元或长度。CLA 程序存储器可以按需要划分。CLA 通过相应的中断向量（MVECT1 ~ MVECT8）的内容知道一个任务从哪里开始，任务的结束由 MSTOP 指令表明。

CLA 支持 8 个任务。任务 1 具有最高优先级，任务 8 具有最低优先级。一个任务可以由外设中断或由软件请求。

（1）外设中断触发

每一个任务具有可以触发该任务的特定中断源。配置 MPISRCSEL1 寄存器以选择可能的中断源。例如，任务 1（MVECT1）可以通过由 MPISRCSEL1[PERINT1SEL]位指定的 ADCINT1 或 EPWM1_INT 触发。如果需要使用 EPWM2_INT 触发一个任务，最好选择任务 2（MVECT2）。另一个可能的方案是主 CPU 使用 EPWM2_INT，且用软件触发一个任务。

将 PERINT1SEL 位域设置为无中断，可以禁止外设向 CLA 发送中断请求。

（2）软件触发

任务也可以由主 CPU 软件向 MIFRC 寄存器写入或由 IACK 指令启动。使用 IACK 指令更有效，这是因为不需要使用 EALLOW 设置 MIFR 位。设置 MCTL［IACKE］位可以使能 IACK 特性。IACK 指令操作数的每一位对应一个任务。例如，IACK #0x0001 将置位 MIFR 寄存器的位 0 而启动任务 1。同样 IACK #0x0003 将置位 MIFR 寄存器的位 0 和位 1 而启动任务 1 和任务 2。

CLA 具有自己的取指令机制，可以运行任务而独立于主 CPU。

CLA 某一时间只能服务一个任务，不能进行任务嵌套。当前运行的任务由 MIRUN 寄存器指明。已经收到但是尚未服务的中断由标志寄存器（MIFR）指明。如果收到一个外设中断请求且一个相同的任务已经设置了标志，那么将置位溢出标志。溢出标志一直保持置位直到由主 CPU 清除。

如果 CLA 空闲（当前没有运行任务），那么将启动设置标志（MIFR）和使能（MIER）的且具有最高优先级的中断请求。流程如下：

1）相应的 RUN 寄存器位被置 1（MIRUN）而且标志位（MIFR）被清除。

2）CLA 从相应中断向量（MVECTx）指示的单元开始执行。MVECT 为与第一个程序存储器单元的偏移量。

3）CLA 执行指令直到遇到 MSTOP 指令，即任务结束。

4）清除 MIRUN 位。

5）发出指定任务的中断到 PIE。这样通知主 CPU 任务已完成。

6）CLA 返回空闲。

一旦任务完成，下一个高优先级的悬挂任务自动得到服务，重复上述步骤。

6.3 CLA 配置与调试

1. 建立一个 CLA 应用程序

控制律加速器使用 CLA 汇编语言编程。CLA 汇编代码与 C28x 代码应放在同一个项目。唯一的限制是 CLA 代码必须放在自己的汇编段。可以使用 . sect 汇编命令实现这个要求。这样在链接命令文件并不能阻止 CLA 与 C28x 代码链接到同样的存储器区域。

系统与 CLA 初始化由主 CPU 完成。这样通常以 C 或 C ++ 也可以包含 C28x 汇编代码实现。主 CPU 也将 CLA 代码复制到程序存储器，且必要时初始化 CLA 数据 RAM。一旦系统初始化完成，应用程序开始执行，CLA 通过 CLA 汇编代码（或任务）进行中断服务。同时主 CPU 可以完成其他任务。

当设置下述开关时：-- cla_support = cla0，C2000 代码产生工具 V5. 2. x 及更高版本支持 CLA 指令。

2. 典型 CLA 初始化顺序

由主 CPU 完成的典型 CLA 初始化顺序如下：

（1）将 CLA 代码复制到程序 RAM

CLA 代码可以来源于 Flash 存储器、外设通信的数据流以及其他主 CPU 能够访问的地方。在开发时，调试器也可以用于直接将代码装入 CLA 程序 RAM。

（2）需要时初始化 CLA 数据 RAM

用要求的数据常数填写 CLA 数据 RAM。

（3）配置 CLA 寄存器

配置 CLA 寄存器，并保持中断禁止（MIER = 0）：

- 使能 PCLKCR3 寄存器中的 CLA 时钟。
- 填写 CLA 任务中断向量：MVECT1 ~ MVECT8。

每个向量需要用任务的开始地址初始化，当 CLA 收到相应中断时从该地址执行。该地址是 CLA 程序存储器相对于开始地址的一个偏移量。例如，0x0000 对应于 CLA 程序存储器的第一个地址。

1）选择任务中断源。对于每一个任务在 PERINT1SEL 寄存器中选择中断源。如果任务由软件产生，那么不需要选择中断。

2）根据需要使能 IACK 由软件启动任务。设置 MCTL[IACKE]位，可以使能 IACK 指令而启动一个任务。使用 IACK 指令可以避免设置和清除 EALLOW 位。

3）根据需要将 CLA 数据 RAM 映射到 CLA 空间。通过写 1 到 MMEMCFG[RAM0E]和 MMEMCFG[RAM1E]位可以将两块数据 RAM 映射到 CLA 空间。存储器被映射到 CLA 空间后，主 CPU 不能访问它。在更改存储器映射配置与访问它之间，要留出两个 SYSCLKOUT 时钟周期。

4）将 CLA 程序 RAM 映射到 CLA 空间。通过写 1 到 MMEMCFG[PROGE]位可以将程序 CLA RAM 映射到 CLA 空间。在存储器被重新映射到 CLA 空间后，主 CPU 只能对存储器块进行调试访问。在更改存储器的映射配置与访问它们之间，要留出两个 SYSCLKOUT 时钟周期。

（4）初始化 PIE 向量表和寄存器

当一个 CLA 任务完成后，PIE 中相应的中断会设置标志。CLA 上溢和下溢标志在 PIE 中也有相应的中断。

（5）使能 CLA 任务/中断

在中断使能寄存器（MIER）设置合适的位，以允许 CLA 中断服务。

（6）初始化其他外设

初始化任何外设（ePWM、ADC 等），会向 CLA 产生一个中断且由 CLA 任务服务。

这时 CLA 准备好中断服务且消息 RAM 可以用于 CPU 和 CLA 传递数据。只有在初始化过程中才进行 CLA 程序与数据 RAM 的典型映射。如果某时需要将这些存储器重新映射回 CPU 空间，然后禁止中断，应通过检查 MIRUN 寄存器，保证所有任务已完成。在更改存储器的映射配置与访问它们之间，要留出两个 SYSCLKOUT 时钟周期。

3. 调试 CLA 代码

调试 CLA 代码是一个简单过程，它独立于主 CPU。

（1）在 CLA 代码中插入断点

在希望 CLA 暂停代码的地方，插入一个 CLA 断点（MDEBUGSTOP 指令），然后编译生成并重装代码。因为单步时 CLA 不能刷新流水线，MDEBUGSTOP 指令必须作为代码的一部分插入。调试器不能在需要时插入。

如果没有使能 CLA 断点，那么 MDEBUGSTOP 被忽略而被处理为 MNOP。只要不在三条指令即 MBCNDD、MCCNDD 或 MRCNDD 指令之中，MDEBUGSTOP 指令可以放置到 CLA 代码的如何地方。

（2）使能 CLA 断点

首先，在调试器中使能 CLA 断点。在 CCS V3.3 中，可以通过连接 CLA 调试窗口（debug - >connect）实现。当窗口断开时，断点被禁止。

（3）启动任务

启动任务有三种方法：

- 外设可以声明一个中断。
- 主 CPU 执行一条 IACK 指令。
- 在调试器窗口手工写入 MIFRC 寄存器。

当任务启动时，CLA 将执行指令直到 MDEBUGSTOP 指令在流水线的 D2 阶段。在该点，CLA 暂停而流水线被冻结。MPC 寄存器将反映 MDEBUGSTOP 指令的地址。

（4）单步执行 CLA 代码

一旦暂停，可以一次一周期单步执行 CLA 代码。CLA 单步的行为与主 C28x 不同。当发出一个 CLA 单步时，流水线只在一个周期提供时钟，然后冻结。对于 28x CPU，每一个单步刷新流水线。

也可以运行到下一条 MDEBUGSTOP 或到任务的结束。如果有另外悬挂的任务，它将在本任务结束后自动启动执行。

注：当 CLA 程序存储器映射到 CLA 存储器空间时，CLA 取指令比 CPU 调试读具有更高的优先级。因此，如果 CLA 正在执行一个循环，CLA 有可能长久阻止 CPU 调试访问。当最初开发 CLA 代码，由于程序缺陷产生无限循环时，可能出现这种情况。为避免锁死主 CPU，当 CLA 运行时，CPU 调试读程序存储器将都返回 0x0000。当 CLA 暂停或空闲时，可以完成对 CLA 程序存储器正常 CPU 调试读和写访问。

如果 CLA 陷入无限循环，可以用软件或硬件复位退出这种情况。调试器复位也可以退出这种情况。

当单步执行任务时可能出现特殊情况，例如程序计数器（MPC）在任务结束遇到 MSTOP 指令。

1）有一个任务已经悬挂时，MPC 暂停在 MSTOP 或其后。

如果任务 A 正在单步或暂停，而任务 B 在 MPC 到达 MSTOP 前到来，继续单步通过 MSTOP 指令，那么任务 B 将启动。如果在任务 A 中，MPC 到达 MSTOP 前，任务 B 正在悬挂，那么任务 B 启动没有问题且不需要特殊动作。

- 没有任务悬挂时 MPC 暂停在 MSTOP 或其后

这种情况下，在任务 A 单步或暂停且 MPC 到达 MSTOP 而没有任务悬挂。这时如果任务 B 到来，MIFR 寄存器将设置标志，但是如果继续单步通过任务 A 中的 MSTOP 指令，任务 B 可能启动也可能不启动。这取决于新任务何时准确到达。为可靠地启动任务 B，应实行软件复位并重新配置 MIER 位。完成后，可以开始单步任务 B。

如果当任务 B 到来时有控制转换（例如使用 IACK 指令启动任务），这种情况可以稍作不同处理。在此情况下，在任务 A 单步或暂停且没有任务悬挂，MPC 到达 MSTOP。在强制执行任务 B 之前，自由运行使得 CLA 退出调试状态。此后，可以强制执行任务 B 并继续调试。

（5）禁止 CLA 断点

在 CCS V3.3 软件环境中，通过断开 CLA 调试窗口，可以禁止 CLA 断点。确认首先发出运行或复位，不然 CLA 会暂停且不启动其他任务。

4. CLA 非法代码行为

如果 CLA 取出的操作码不是合法指令，处理如下：

在非法操作码流水线的 D2 阶段，CLA 将暂停，好像有一个断点一样。无论 CLA 断点是否使能都一样发生这种情况。

- CLA 将发出指定任务中断到 PIE。
- 任务的 MIRUN 位将保持置 1。

一旦由于非法操作码执行暂停，将忽略进一步的单步执行。为退出这种情况，应发出一个 CLA 软件或硬件复位。

5. 复位 CLA

有时需要复位 CLA。例如，在代码调试时 CLA 由于代码缺陷可能进入无限循环。CLA 有两种类型的复位：硬件复位和软件复位。两种复位都可以由复位调试器或主 CPU 完成。

（1）硬件复位

向 MCTL[HARDRESET]位写 1，可以实现 CLA 硬件复位。硬件复位的行为与系统复位（通过 XRS 复位引脚或调试器）一样。这种情况下所有 CLA 配置与执行寄存器将被设置为它们的默认状态且 CLA 执行暂停。

（2）软件复位

向 MCTL[SOFTRESET]位写 1，可以实现 CLA 软件复位。如果正在执行一个任务，它将暂停且相应的 MIRUN 位被清除。中断使能寄存器（MIER）中的所有位也被清除，这样不启动新任务。

6.4 寄存器集合

1. 寄存器映射

表 6-1 给出了 CLA 模块控制与状态寄存器集合。

表 6-1 CLA 模块控制与状态寄存器集合

名称	偏移	字（×16）	EALLOW	CSM 保护	寄存器描述
任务中断向量					
MVECT1	0x0000	1	是	是	任务 1 中断向量
MVECT2	0x0001	1	是	是	任务 2 中断向量
MVECT3	0x0002	1	是	是	任务 3 中断向量
MVECT4	0x0003	1	是	是	任务 4 中断向量
MVECT5	0x0004	1	是	是	任务 5 中断向量
MVECT6	0x0005	1	是	是	任务 6 中断向量
MVECT7	0x0006	1	是	是	任务 7 中断向量
MVECT8	0x0007	1	是	是	任务 8 中断向量
配置寄存器					
MCTL	0x0010	1	是	是	控制寄存器
MMEMCFG	0x0011	1	是	是	存储器配置寄存器

（续）

名　称	偏移	字（×16）	EALLOW	CSM 保护	寄存器描述
MPISRCSEL1	0x0014	2	是	是	外设中断源选择寄存器 1
MIFR	0x0020	1	是	是	中断标志寄存器
MIOVF	0x0021	1	是	是	中断溢出标志寄存器
MIFRC	0x0022	1	是	是	中断强制寄存器
MICLR	0x0023	1	是	是	中断标志清除寄存器
MICLROVF	0x0024	1	是	是	中断溢出标志清除寄存器
MIER	0x0025	1	是	是	中断使能寄存器
MIRUN	0x0026	1	是	是	中断运行状态寄存器
执行寄存器					
MPC	0x0028	1	-	是	CLA 程序计数器
MAR0	0x0029	1	-	是	CLA 辅助寄存器 0
MAR1	0x002A	1	-	是	CLA 辅助寄存器 1
MSTF	0x002E	2	-	是	CLA 浮点状态寄存器
MR0	0x0030	2	-	是	CLA 浮点结果寄存器 0
MR1	0x0034	2	-	是	CLA 浮点结果寄存器 1
MR2	0x0038	2	-	是	CLA 浮点结果寄存器 2
MR3	0x003C	2	-	是	CLA 浮点结果寄存器 3

注：主 C28x CPU 只能为调试目的读访问 CLA 执行寄存器。主 CPU 不能完成 CPU 或调试器对这些寄存器的写访问。

2. 任务中断向量寄存器

每一个 CLA 中断具有自己的中断向量（MVECT1 ~ MVECT8）。该中断向量指向相应任务的第一条指令。当任务开始时，CLA 从相应的 MVECT 寄存器指定的单元开始取指令。

任务中断向量寄存器（Task Interrupt Vector Register，MVECT1 ~8）的格式如下。

15　　　　12	11　　　　　　　　0
Reserved	MVECT
R-0	R-0

位 15 ~12，保留位。

位 11 ~0，MVECT：数值为 0000 ~0FFFh，相应任务的第一条指令与 CLA 程序空间开始位置的偏移量。当指定任务开始时，CLA 将从该单元取指令。

例如，如果 CLA 程序存储器空间从 CPU 地址 0x009000 开始，而任务 5 从 CPU 地址 0x009120 开始，那么 MVECT5 应当初始化为 0x0120。

每一个任务都有一个 MVECT 寄存器。中断 1 使用 MVECT1，中断 2 使用 MVECT2 等。

3. 配置寄存器

（1）控制寄存器（Configuration Control Register，MCTL）

控制寄存器的格式如下。

15–8
Reserved
R-0

7–3	2	1	0
Reserved	IACKE	SOFTRESET	HARDRESET
R/W-0	R/W-0	R/W-0	R/W-0

位 15 ~3，保留位。

位 2，IACKE：IACK 使能。

- 0：CLA 忽略 IACK 指令（默认）。
- 1：使用 IACK #16 位指令设置 MIFR 位，使能主 CPU 与向 MIFRC 寄存器写入相同。16 位操作数中的每一位对应于 MIFRC 寄存器的一位。使用 IACK 具有不用首先设置 EALLOW 位的优点。这样允许主 CPU 通过软件高效率触发一个 CLA 任务。

例如，IACK #0x0001　向 MIFRC 位 0 写 1，将强制任务 1。

　　　IACK #0x0003　向 MIFRC 位 0 和 1 写 1，将强制任务 1 和任务 2。

位 1，SOFTRESET：软件复位。

- 0：该位总是读出时为 0，写入 0 被忽略。
- 1：写 1 引起 CLA 软件复位。这将停止当前任务，清除 MIRUN 标志且清除 MIER 寄存器的所有位。在软件复位后，必须在重新配置 MIER 位之前等待至少 1 个 SYSCLK-OUT 周期。如果紧接着进行这两种操作，那么 MIER 位不会被置位。

位 0，HARDRESET：硬件复位。

- 0：该位总是读出时为 0，写入 0 被忽略。
- 1：写 1 引起 CLA 硬件复位。将所有 CLA 寄存器设置为默认状态。

（2）存储器配置寄存器（Memory Configuration Register，MMEMCFG）

存储器配置寄存器（MMEMCFG）用于将 CLA 程序和数据 RAM 映射到 CPU 或 CLA 存储器空间。CLA 程序和数据 RAM 的典型映射一般只出现在初始化过程中。如果后来需要将这些存储器重新映射回 CPU 空间然后禁止中断，应通过检查 MIRUN 寄存器保证所有任务已完成。在更改存储器的映射配置与访问它们之间，留出两个 SYSCLKOUT 时钟周期。

存储器配置寄存器的格式如下。

15–8
Reserved
R-0

7–6	5	4	3–1	0
Reserved	RAM1E	RAM0E	Reserved	PROGE
R-0	R/W-0	R/W-0	R-0	R/W-0

位 15 ~6、位 3 ~1，保留位。

位 5，RAM1E：CLA 数据 RAM 1 使能。在更改该位与访问存储器之间，要留出两个 SY-SCLKOUT 周期。

0：CLA 数据 SARAM 块 1 被映射到主 CPU 程序与数据空间。CLA 读返回 0（默认）。

1：CLA 数据 SARAM 块 1 被映射到 CLA 数据空间。主 CPU 只能通过调试访问该块。

位 4，RAM0E：CLA 数据 RAM 0 使能。在更改该位与访问存储器之间，留出两个 SY-SCLKOUT 周期。

0：CLA 数据 SARAM 块 0 被映射到主 CPU 程序与数据空间。CLA 读返回 0（默认）。

1：CLA 数据 SARAM 块 0 被映射到 CLA 数据空间。主 CPU 只能通过调试访问该块。

位 0，PROGE：CLA 程序空间使能。在更改该位与访问存储器之间，要留出两个 SYSCLKOUT 周期。

0：CLA 程序 SARAM 被映射到主 CPU 程序与数据空间。如果 CLA 试图取程序指令，将会有与非法取操作码相同的结果（默认）。

1：CLA 程序 SARAM 被映射到 CLA 程序空间。主 CPU 只能通过调试访问该块。

在此状态下，CLA 取指令比 CPU 调试读具有更高的优先级。

因此，如果 CLA 正在执行一个循环，CLA 有可能长久阻止 CPU 调试访问。当最初开发 CLA 代码由于程序缺陷产生无限循环时，可能出现这种情况。为避免这个问题，当运行时，CLA CPU 调试读程序存储器将都返回 0x0000（忽略写）。当 CLA 暂停或空闲时，那么可以完成正常的 CPU 调试读和写访问。

（3）CLA 外设中断源选择寄存器 1（CLA Peripheral Interrupt Source Select 1 Register，MPISRCSEL1）

每个任务都具有特定的可以启动它的外设。例如，任务 2 可以由 ADCINT2 或 EPWM2_INT 启动。配置 MPISRCSEL1 寄存器，可以设置哪一个可能的外设将启动任务。选择无中断源选项表示只能由 CPU 软件启动给定任务。该寄存器的格式如下。

31　　28	27　　24	23　　20	19　　16
PERINT8SEL	PERINT7SEL	PERINT6SEL	PERINT5SEL
R/W-0	R/W-0	R/W-0	R/W-0
15　　12	11　　8	7　　4	3　　0
PERINT4SEL	PERINT3SEL	PERINT2SEL	PERINT1SEL
R/W-0	R/W-0	R/W-0	R/W-0

位 31～28，PERINT8SEL：任务 8 外设中断输入选择。

0000：ADCINT8 是任务 8 的中断输入（默认）。

0010：CPU 定时器 0 是任务 8 的中断输入。

xxx1：任务 8 无中断源。

位 27～24，PERINT7SEL：任务 7 外设中断输入选择。

0000：ePWM7 是任务 7 的中断输入（默认）。

0010：CPU 定时器 0 是任务 7 的中断输入。（EPWM7_ INT）

xxx1：任务 7 无中断源。

位 23～20，PERINT6SEL：任务 6 外设中断输入选择。

0000：ADCINT6 是任务 6 的中断输入（默认）。

0010：ePWM6 是任务 6 的中断输入。（EPWM6_ INT）

xxx1：任务 6 无中断源。

位 19～16，PERINT5SEL：任务 5 外设中断输入选择。

0000：ADCINT5 是任务 5 的中断输入（默认）。

0010：ePWM5 是任务 5 的中断输入。（EPWM5_ INT）

xxx1：任务 5 无中断源。

位 15～12，PERINT4SEL：任务 4 外设中断输入选择。

0000：ADCINT4 是任务 4 的中断输入（默认）。

0010：ePWM4 是任务 4 的中断输入。(EPWM4_INT)

xxx1：任务 4 无中断源。

位 11 ~8，PERINT3SEL：任务 3 外设中断输入选择。

0000：ADCINT3 是任务 3 的中断输入（默认）。

0010：ePWM3 是任务 3 的中断输入。(EPWM3_INT)

xxx1：任务 3 无中断源。

位 7 ~4，PERINT2SEL：任务 2 外设中断输入选择。

0000：ADCINT2 是任务 2 的中断输入（默认）。

0010：ePWM2 是任务 2 的中断输入。(EPWM2_INT)

xxx1：任务 2 无中断源。

位 3 ~0，PERINT1SEL：任务 1 外设中断输入选择。

0000：ADCINT1 是任务 1 的中断输入（默认）。

0010：ePWM1 是任务 1 的中断输入。(EPWM1_INT)

xxx1：任务 1 无中断源。

(4) 中断使能寄存器（Interrupt Enable Register，MIER）

设置中断使能寄存器 MIER 的位，可使得到来的中断或主 CPU 软件启动相应的 CLA 任务。写入 0 将阻止任务，但是中断请求仍然被锁存到标志寄存器（MIFLG）。在相应任务正在执行时，将 MIER 寄存器设置为 0 对任务无影响。任务继续运行直到遇到 MSTOP 指令。

当发出软件复位时，MIER 位被清除。在发出软件复位与重新配置 MIER 位之间，至少要有 1 个 SYSCLKOUT 周期延迟。

中断使能寄存器 MIER 的格式如下。

15 ~ 8
Reserved
R-0

7	6	5	4	3	2	1	0
INT8	INT7	INT6	INT5	INT4	INT3	INT2	INT1
R/W-0	R/W-0	R/W-0	R/W-0	R/W-0	R/W-0	R/W-0	R/W-0

位 15 ~8，保留位。

位 7，INT8：任务 8 中断使能位。

- 0：任务 8 中断禁止（默认）。
- 1：任务 8 中断使能。

位 6 ~0，INT7 ~INT1：任务 7 ~1 的中断使能位，类似于任务 8。

(5) 中断标志寄存器（Interrupt Flag Register，MIFR）

中断标志寄存器的每一位对应一个 CLA 任务。当从外设中断接收到中断请求时，相应位自动置 1。该位也可以通过主 CPU 写入 MIFRC 寄存器或 IACK 指令启动任务。为使用 IACK 指令开始一个任务，首先应在 MCTL 寄存器使能该特征。如果当接收到一个新的中断时该位已置 1，那么 MIOVF 寄存器中的相应的溢出位将置 1。

当任务开始执行时，相应的 MIFR 位自动清 0。如果 MIER 寄存器的中断已使能且没有悬挂的更高级的任务，就出现这种情况。也可以通过写入 MICLR 寄存器手动清除这些位。

写入 MIFR 寄存器被忽略。

中断标志寄存器 MIFR 的格式如下。

15							8
Reserved							
R-0							
7	6	5	4	3	2	1	0
INT8	INT7	INT6	INT5	INT4	INT3	INT2	INT1
R-0	R-0	R-0	R-0	R-0	R-0	R-0	R-0

位 15 ~ 8，保留位。

位 7，INT8：任务 8 中断标志位。

- 0：任务 8 中断当前没有置位标志（默认）。
- 1：任务 8 中断已经收到且悬挂执行。

位 6 ~ 0，INT7 ~ INT1：任务 7 ~ 1 的中断标志位，类似于任务 8。

（6）中断溢出标志寄存器（Interrupt Overflow Flag Register，MIOVF）

中断溢出标志寄存器的每一位对应一个 CLA 任务。当发生指定任务中断溢出事件时，相应位置 1。当 MIFR 寄存器已经置 1 且从外设源接收到一个新的中断时，产生一个溢出事件。MIOVF 位只受外设中断事件影响。它们对由主 CPU IACK 指令或直接设置 MIFR 位的任务请求无反应。中断溢出标志将保持锁存且只能通过写入溢出标志清除寄存器（MICLROVF）进行清零。写入 MIOVF 寄存器被忽略。

中断溢出标志寄存器 MIOVF 的格式如下。

15							8
Reserved							
R-0							
7	6	5	4	3	2	1	0
INT8	INT7	INT6	INT5	INT4	INT3	INT2	INT1
R-0	R-0	R-0	R-0	R-0	R-0	R-0	R-0

位 15 ~ 8，保留位。

位 7，INT8：任务 8 中断溢出标志位。

- 0：任务 8 中断溢出没有发生（默认）。
- 1：任务 8 中断溢出已经发生。

位 6 ~ 0，INT7 ~ INT1：任务 7 ~ 1 的中断溢出标志位，类似于任务 8。

（7）中断运行状态寄存器（Interrupt Run Status Register，MIRUN）

中断运行状态寄存器（MIRUN）指明当前哪一个任务正在运行。在任何时间 MIRUN 只有 1 位被设置为 1。当任务完成且相应中断送到外设中断扩展（PIE）模块后，对应位被自动清零。这使得主 CPU 知道什么时候任务已完成。通过写入 MCTL [SOFTRESET] 位，主 CPU 能够停止一个正在运行的任务。这种情况下中断不送到 PIE。

中断运行状态寄存器 MIRUN 的格式如下。

15							8
Reserved							
R-0							
7	6	5	4	3	2	1	0
INT8	INT7	INT6	INT5	INT4	INT3	INT2	INT1
R-0	R-0	R-0	R-0	R-0	R-0	R-0	R-0

位 15 ~8，保留位。

位 7，INT8：任务 8 运行状态位。

- 0：任务 8 没有执行（默认）。
- 1：任务 8 正在执行。

位 6 ~0，INT7 ~INT1：任务 7 ~1 的运行状态位，类似于任务 8。

（8）中断强制寄存器（Interrupt Force Register，MIFRC）

中断强制寄存器可以用于由主 CPU 通过软件启动任务。向 MIFRC 位写入 1 将设置 MIFR 寄存器的相应位。写 0 被忽略，读总返回 0。IACK #16 指令操作也可以用于启动任务且与 MIFRC 寄存器有同样的效果。为使能 IACK 设置 MIFR 位，应首先设置 MCTL［IACKE］位。使用 IACK 具有不需要首先设置 EALLOW 位的优点。这使得主 CPU 可以通过软件有效触发 CLA 任务。

中断强制寄存器 MIFRC 的格式如下。

15 ~ 8
Reserved
R-0

7	6	5	4	3	2	1	0
INT8	INT7	INT6	INT5	INT4	INT3	INT2	INT1
R/W-0	R/W-0	R/W-0	R/W-0	R/W-0	R/W-0	R/W-0	R/W-0

位 15 ~8，保留位。

位 7，INT8：任务 8 中断强制位。

- 0：该位读总返回 0，写 0 无效。
- 1：写 1 强制任务 8 中断。

位 6 ~0，INT7 ~INT1：任务 7 ~1 的中断强制位，类似于任务 8。

（9）中断标志清除寄存器（Interrupt Flag Clear Register，MICLR）

通常 MIFR 寄存器的位在任务开始时自动清除。中断标志清除寄存器可以用于取代手动清除中断标志寄存器（MIFR）的位。向 MICLR 位写入 1 将清除 MIFR 寄存器的相应位。写 0 被忽略，读总返回 0。

中断标志清除寄存器 MICLR 的格式如下。

15 ~ 8
Reserved
R-0

7	6	5	4	3	2	1	0
INT8	INT7	INT6	INT5	INT4	INT3	INT2	INT1
R/W-0	R/W-0	R/W-0	R/W-0	R/W-0	R/W-0	R/W-0	R/W-0

位 15 ~8，保留位。

位 7，INT8：任务 8 中断标志清除位。

- 0：该位读总返回 0，写 0 无效。
- 1：写 1 清除任务 8 中断标志。

位 6 ~0，INT7 ~INT1：任务 7 ~1 的中断标志清除位，类似于任务 8。

（10）中断溢出标志清除寄存器（Interrupt Overflow Flag Clear Register，MICLROVF）

MIOVF 寄存器的溢出标志位被锁存直到采用 MICLROVF 寄存器手动清除。向 MI-

CLROVF 位写入 1，将清除 MIOVF 寄存器的相应位。写 0 被忽略，读总返回 0。

中断溢出标志清除寄存器 MICLROVF 的格式如下。

15～8
Reserved
R-0

7	6	5	4	3	2	1	0
INT8	INT7	INT6	INT5	INT4	INT3	INT2	INT1
R/W-0	R/W-0	R/W-0	R/W-0	R/W-0	R/W-0	R/W-0	R/W-0

位 15～8，保留位。

位 7，INT8：任务 8 中断溢出标志清除位。

- 0：该位读总返回 0，写 0 无效。
- 1：写 1 清除任务 8 中断溢出标志。

位 6～0，INT7 ～INT1：任务 7～1 的中断溢出标志清除位，类似于任务 8。

4. 执行寄存器

（1）程序寄存器 MPC

当接收到一个中断且任务开始执行时，CLA 程序寄存器由合适的 MVECTx 寄存器初始化。MPC 指示 CLA 流水线译码 2（D2）阶段的当前指令。在 MSTOP 运行后，如果没有任务悬挂，MPC 将保持指示 MSTOP 指令。

程序计数器（Program Counter，MPC）的格式如下。

15～12	11～0
Reserved	MPC
R-0	R-0

位 15～12，保留位。

位 11～0，MPC：数值范围 0000～0FFFh，它指示 CLA 流水线译码 2 阶段的当前指令。数值为从 CLA 程序空间第一个地址的偏移量。

该寄存器受代码安全模块保护。主 CPU 可以为调试目的读该寄存器但不能写入它。

（2）状态寄存器 MSTF

CLA 状态寄存器（MSTF）反映不同操作的结果。标志的基本规则如下：

- 零标志与负标志的清零与置 1 依据是：向寄存器浮点传送；比较、最小、最大、求负和绝对值运算的结果；运算如 MMOV16、MAND32、MOR32、MXOR32、MCMP32、MASR32 及 MLSR32 的整数结果。
- 上溢与下溢标志由浮点数学指令如乘法、加法、减法和 1/x 设置。这些标志也可能与器件的外设中断扩展（PIE）模块相连接。这对于调试应用程序中的上溢与下溢条件是有用的。

状态寄存器（MSTF）的格式如下。

31～24	23～16
Reserved	RPC
R/W-0	R/W-0

15～12	11	10	9	8～7	6	5～4	3	2	1	0
RPC	MEALLOW	Reserved	RND32	Reserved	TF	Reserved	ZF	NF	LUF	LVF
R/W-0	R/W-0	R-0	R/W-0	R-0	R/W-0	R-0	R/W-0	R/W-0	R/W-0	R/W-0

位31～24、位10、位8～7、位5～4，保留位。

位23～12，RPC：返回程序计数器。RPC用于由MCCNDD和MRCNDD操作保存与恢复MPC地址。

位11，MEALLOW：该位使能与禁止CLA写访问EALLOW保护的寄存器。它独立于主CPU状态寄存器中EALLOW位的状态。该状态位能由MMOV32 STF指令保存与恢复。

0：CLA不能写入EALLOW保护的寄存器。该位由MEDIS CLA指令清零。

1：CLA允许写入EALLOW保护的寄存器。该位由MEALLOW CLA指令置1。

位9，RND32：圆整32位浮点模式。使用MSETFLG和MMOV32 MSTF指令改变圆整模式。

0：若该位为0，MMPYF32，MADDF32和MSUBF32指令将圆整到0（截取）。

1：若该位为1，MMPYF32，MADDF32和MSUBF32指令将圆整到最近的偶数值。

位6，TF：测试标志。TESTTF指令能按测试条件修改此标志。MSETFLG和MMOV32 MSTF，mem32指令也可以用于修改此标志。

0：TESTTF指令测试的条件为假。

1：TESTTF指令测试的条件为真。

位3，ZF：零标志。

- 基于目的寄存器浮点值存储的修改此标志的指令：MMOV32、MMOVD32、MOVDD32、ABSF32、MNEGF32。
- 基于浮点运算结果的修改此标志的指令：MCMPF32、MMAXF32、MMINF32。
- 基于整数运算结果的修改此标志的指令：MMOV16、MAND32、MOR32、MXOR32、MCMP32、MASR32、MLSR32、MLSL32。

MSETFLG和MMOV32 MSTF、mem32指令也可以用于修改此标志。

0：值不为0。

1：值为0。

位2，NF：负标志。

- 基于目的寄存器浮点值存储的修改此标志的指令：MMOV32、MMOVD32、MOVDD32、ABSF32、MNEGF32。
- 基于浮点运算结果的修改此标志的指令：MCMPF32、MMAXF32、MMINF32。
- 基于整数运算结果的修改此标志的指令：MMOV16、MAND32、MOR32、MXOR32、MCMP32、MASR32、MLSR32、MLSL32。

MSETFLG和MMOV32 MSTF、mem32指令也可以用于修改此标志。

0：值不为负。

1：值为负。

位1，LUF：锁存下溢标志。

如果发生下溢，下述指令将设置该标志为1：MMPYF32、MADDF32、MSUBF32、MMACF32、MEINVF32、MEISQRTF32。

MSETFLG和MMOV32 MSTF、mem32指令也可以用于修改此标志。

0：没有锁存下溢条件。

1：已锁存一个下溢条件。

位 0，LVF：锁存上溢标志。

如果发生上溢下述指令将设置该标志为 1：MMPYF32、MADDF32、MSUBF32、MMACF32、MEINVF32、MEISQRTF32。

MSETFLG 和 MMOV32 MSTF、mem32 指令也可以用于修改此标志。

0：没有锁存上溢条件。

1：已锁存一个上溢条件。

6.5 流水线

1. 流水线概述

CLA 流水线与 C28x CPU 流水线非常相似。流水线有 8 个阶段：

- 取指令 1（F1）。在 F1 阶段程序读地址放于 CLA 程序地址总线。
- 取指令 2（F2）。在 F2 阶段用程序数据总线读指令。
- 译码 1（D1）。在 D1 阶段指令译码。
- 译码 2（D2）。产生数据读总线。由于增量后使用间接寻址到 MAR0 和 MAR1 的变化发生在 D2 阶段。基于 MSTF 寄存器标志条件分支决策也在此阶段做出。
- 读 1（R1）。将数据读地址放于 CLA 数据读地址总线。如果存在存储器冲突，R1 阶段停止。
- 读 2（R2）。使用 CLA 数据读数据总线读取数据值。
- 执行（EXE）。执行操作。由于装载立即数或存储器值到 MAR0 和 MAR1 的变化发生在此阶段。
- 写（W）。将数据写地址和写数据放于 CLA 数据写数据总线。如果存在存储器冲突，W 阶段停止。

2. CLA 流水线对齐

多数 CLA 指令不需要特殊考虑的流水线。下面列出几种少数需要特殊考虑的操作。

（1）写接着读

在两种 CLA 流水线下都是读发生在写之前。即如果读紧跟在写之后，那么读将首先完成。在多数情况下这样并不会引起问题，因为一个存储器单元的内容并不依靠另一个单元的状态。对于写一个单元能影响另一个单元数值的外设，程序代码必须等待写完成后再进行读。这种行为与 28x CPU 不同。对于 28x CPU，任何写跟着读同一个单元是受保护的，称之为写跟着读保护。这种保护自动停止流水线，写将在读之前完成。另外一些外设也受保护，这样 28x CPU 在帧内写单元总是在读该帧之前完成。CLA 没有这种保护机制，而代码必须等待以完成读。

（2）延迟的条件指令：MBCNDD、MCCNDD 和 MRCNDD

参考下述例 6-1，延迟的条件指令执行过程如下：

1）I1。I1 是对分支、调用或返回指令影响的最近的指令。CNDF 标志在流水线的 D2 阶段测试。即当 MBCNDD，MCCNDD 或 MRCNDD 在 D2 阶段做出决策而不管是否分支。

2）I2、I3 和 I4。MBCNDD 前的这三条指令可以改变 MSTF 标志，但是对 MBCNDD 指令是否分支没有影响。这是因为标志修改发生在分支、调用或返回指令的 D2 阶段之后。这三条指令要排除 MSTOP、MDEBUGSTOP、MBCNDD、MCCNDD 或 MRCNDD 指令。

3）I5、I6 和 I7。分支、调用或返回后面三条指令总是被执行而不论条件是否为真。这些指令要排除 MSTOP、MDEBUGSTOP、MBCNDD、MCCNDD 或 MRCNDD 指令。

例 6-1 MBCNDD、MCCNDD 或 MRCNDD 代码片段。

```
<指令 1> ；I1 对分支、调用或返回操作影响标志的上一条指令
<指令 2> ；I2 不能停止、分支、调用或返回
<指令 3> ；I3 不能停止、分支、调用或返回
<指令 4> ；I4 不能停止、分支、调用或返回
<分支/调用/返回> ；MBCNDD、MCCNDD 或 MRCNDD
；I5 ~ I7：后面三条指令总是被执行而不论分支、调用或返回是否被拿走
<指令 5> ；I5 不能停止、分支、调用或返回
<指令 6> ；I6 不能停止、分支、调用或返回
<指令 7> ；I7 不能停止、分支、调用或返回
<指令 8> ；I8
<指令 9> ；I9
....
```

（3）停止或暂停一个任务：MSTOP 和 MDEBUGSTOP

MSTOP 和 MDEBUGSTOP 指令不能放到分支、调用或返回指令（MBCNDD、MCCNDD 或 MRCNDD）之前或之后的三条指令的位置。参考例 6-1。

为了单步通过一条分支、调用或返回指令，应在至少退后 4 条指令插入 MDEBUGSTOP，并由此单步。

（4）装入 MAR0 或 MAR1

装入辅助寄存器 MAR0 或 MAR1 将发生在流水线的执行阶段。任何使用间接寻址的 MAR0 或 MAR1 的后增量将发生在流水线的 D2 阶段。

参照下述例 6-2，装入辅助寄存器有如下过程：

1）I1 和 I2。紧跟装入指令的两条指令将使用 MAR0 或 MAR1 更新发生前的值。

2）I3。辅助寄存器装入发生在执行阶段，而由于后增量寻址的更新发生在 D2 阶段。这样 I3 不能使用辅助寄存器，否则将会有冲突。在冲突的情况下，由于寻址模式后增量的更新将取胜，辅助寄存器不会更新为#_X。

3）I4。从第 4 条指令开始 MAR0 或 MAR 将具有新值。

例 6-2 装入 MAR0 或 MAR1 代码片段。

```
;假设 MAR0 为 50 而 #_X 是 20
MMOVI16 MAR0,#_X ;用 X (20)的地址装入 MAR0
<指令 1> ；I1 使用 MAR0 (50)的旧值
<指令 2> ；I2 使用 MAR0 (50)的旧值
<指令 3> ；I3 不能使用 MAR0
<指令 4> ；I4 使用 MAR0 (20)的新值
<指令 5> ；I5 使用 MAR0 (20)的新值
....
```

3. ADC 提前中断到 CLA 反应

2803x ADC 提供了一种选项，当 ADC 开始转换时产生一个提前中断脉冲。该选项通过设置 ADCCTL1[INTPULSEPOS]位进行选择。如果该选项用于启动一个 CLA 任务，那么 CLA 将能在转换完成时读取结果，且更新 ADC 结果寄存器。这种准时采样和 CLA 快速中断反应，使得控制系统具有快速系统反应和高频率控制环。

ADC 转换的时序可以参照 ADC 参考手册。从 CLA 流水线活动来看，第 8 条指令在 R2 阶段正好可以读取结果寄存器。当任务中前 7 条（I1 ~ I7）指令将进入流水线的 R2 阶段但还不到时间能读取转换结果时，这段时间能被有效地用于任务所需的预处理计算。

4. 并行指令

并行指令为单个操作码并行完成两种操作。有下述类型的并行指令：数学运算并行传送操作，或两种数学运算并行。两种操作在单周期内完成而没有特殊的流水线对齐要求。

例 6-3 数学运算带并行装入。

```
; MADDF32 || MMOV32 指令: 32 位浮点加带并行传送
; MADDF32 是单周期操作
; MMOV32 是单周期操作
MADDF32 MR0,MR1,#2 ; MR0 = MR1 + 2,
|| MMOV32 MR1,@ Val ; MR1 获得 Val 的内容
; <-- MMOV32 在这里完成(MR1 有效)
; <-- DDF32 在这里完成(MR0 有效)
MMPYF32 MR0,MR0,MR1 ;任何指令能使用 MR1 和/或 MR0
```

例 6-4 乘法带并行加法。

```
; MMPYF32 || MADDF32 指令:32 位浮点乘法带并行加法
; MMPYF32 是单周期操作
; MADDF32 是单周期操作
MMPYF32 MR0,MR1,MR3 ; MR0 = MR1 * MR3
|| MADDF32 MR1,MR2,MR0 ; MR1 = MR2 + MR0 (在 MMPYF32 之前使用 MR0 值)
; <-- MMPYF32 和 MADDF32 在这里完成(MR0 和 MR1 有效)
MMPYF32 MR1,MR1,MR0 ;任何指令能使用 MR1 和/或 MR0
```

6.6 指令系统

本节介绍控制律加速器的汇编语言指令，并介绍并行操作、条件操作、资源限制和寻址方式。这里给出的指令独立于 C28x 及 C28x + FPU 指令系统。

1. 指令描述

CLA 指令与 C28x CPU 采用相同的格式，源操作数总是放在右面，而目的操作数放在左面。指令描述中操作数符号说明见表 6-2。

表 6-2 操作数符号说明

符　　号	说　　明
#16FHi	表示 IEEE 32 位浮点值高 16 位的 16 位立即数（十六进制或浮点） 尾数低 16 位假定为 0
#16FHiHex	表示 IEEE 32 位浮点值高 16 位的 16 位立即数（十六进制） 尾数低 16 位假定为 0
#16FLoHex	表示 IEEE 32 位浮点值低 16 位的 16 位立即数（十六进制）
#32Fhex	代表 IEEE 32 位浮点值的 32 位立即数
#32F	以浮点表示的立即数浮点值
#0. 0	立即数 0
#SHIFT	用于算术与逻辑移位的立即数（1～32）
addr	表示寻址方式的操作码域
CNDF	MSTF 寄存器中的测试标志条件
FLAG	MSTF 寄存器选择的标志（或）表明哪一个浮点状态标志变化的 8 位屏蔽
MAR0	辅助寄存器 0
MAR1	辅助寄存器 1
MARx	MAR0 或 MAR1
mem16	使用直接或间接寻址模式访问的 16 位存储器单元
mem32	使用直接或间接寻址模式访问的 32 位存储器单元
MRa	寄存器 MR0～MR3
MRb	寄存器 MR0～MR3
MRc	寄存器 MR0～MR3
MRd	寄存器 MR0～MR3
MRe	寄存器 MR0～MR3
MRf	寄存器 MR0～MR3
MSTF	CLA 浮点状态寄存器
shift	表明移位位数的操作码位域
VALUE	选择标志的 0 或 1 标志值（或）表明标志值 8 位屏蔽；0 或 1

2. 寻址方式与编码

CLA 和主 CPU 使用同一地址访问数据与寄存器。例如，如果主 CPU 访问地址为 0x00 6800 的 ePWM 寄存器，那么 CLA 也用 0x6800 地址访问它。因为所有 CLA 可以访问的存储器与寄存器都在存储器的低 64K×16，只有地址的低 16 位由 CLA 使用。

为了寻址 CLA 数据存储器、消息 RAM 和共享外设，CLA 支持两种寻址方式：

- 直接寻址方式：直接使用变量或寄存器的地址。
- 具有 16 位后增量的间接寻址方式。该模式使用 XAR0 或 XAR1。

CLA 不使用数据页面指针或堆栈指针。两种寻址方式的编码见表 6-3。

表 6-3 寻址方式

寻址方式	地址操作码域编码	描述
@ dir	0000	直接寻址方式 例 1：MMOV32 MR1 ,@ _VarA 例 2：MMOV32 MR1 ,@ _EPwm1Regs. CMPA. all 在此情况下'mmmm mmmm mmmm mmmm'操作码域将用变量的 16 位地址填充。它正是主 CPU 访问变量地址的低 16 位 例如@ _VarA 将填充变量 VarA 的地址，而 @ _EPwm1Regs. CMPA. all 将填充 CMPA 寄存器的地址
* MAR0[#imm16] ++	0001	MAR0 间接寻址并具有 16 位立即后增量
* MAR1[#imm16] ++	0010	MAR1 间接寻址并具有 16 位立即后增量 addr = MAR0（或 MAR1）使用存储在 MAR0（或 MAR1） 访问存储器 MAR0（或 MAR1） += 进而后以 #imm16 增量 MAR0（或 MAR1）#imm16 例 1：MMOV32 MR0， * MAR0 [2] ++ 例 2：MMOV32 MR1，* MAR1[-2] ++ 对于后增量 0 的情况，汇编器将接受 * MAR0 和 * MAR0[0] ++ 'mmmm mmmm mmmm mmmm操作码域将用带符号 16 位指针偏移量填充。若#imm16 为 2，那么操作码域为 0x0002。同样，若#imm16 为 -2，那么操作码域为 0xFFFE 另外 16 位立即数引起溢出，那么数值数值会以 16 位边界绕回

表 6-4 给出了条件指令例如 MNEGF、MSWAPF、MBCNDD、MCCNDD 和 MRCNDD 的条件域编码。

表 6-4 条件域编码

编码	CNDF	描述	MSTF 测试的标志
0000	NEQ	不等于 0	ZF == 0
0001	EQ	等于 0	ZF == 1
0010	GT	大于 0	ZF == 0 且 NF == 0
0011	GEQ	大于或等于 0	NF == 0
0100	LT	小于 0	NF == 1
0101	LEQ	小于或等于 0	ZF == 1 或 NF == 1
1010	TF	测试标志为 1	TF == 1
1011	NTF	测试标志为 0	TF == 0
1100	LU	锁存的下溢	LUF == 1
1101	LV	锁存的上溢	LVF == 1
1110	UNC	无条件	无
1111	UNCF	具有标志修改的无条件	无

3. 指令

表 6-5 给出了按字母顺序列出的指令表。

表 6-5 按字母顺序列出的指令表

指令	描述
MABSF32 MRa，MRb	32 位浮点绝对值

（续）

指　　令	描　　述
MADD32 MRa，MRb，MRc	32 位整数加
MADDF32 MRa，#16FHi，MRb	32 位浮点加
MADDF32 MRa，MRb，MRc	32 位浮点加
MADDF32 MRd，MRe，MRf || MMOV32 mem32，MRa	32 位浮点加带并行传送
MADDF32 MRd，MRe，MRf || MMOV32 MRa，mem32	32 位浮点加带并行传送
MAND32 MRa，MRb，MRc	位与
MASR32 MRa，#SHIFT	算术右移
MBCNDD 16BitDest {,CNDF}	条件延迟分支
MCCNDD 16BitDest {,CNDF}	条件延迟调用
MCMP32 MRa，MRb	用于相等、小于或大于的 32 位整数比较
MCMPF32 MRa，MRb	用于相等、小于或大于的 32 位浮点比较
MCMPF32 MRa，#16FHi	用于相等、小于或大于的 32 位浮点比较
MDEBUGSTOP	调试停止任务
MEALLOW	使能 EALLOW 保护寄存器的 CLA 写访问
MEDIS	禁止 EALLOW 保护寄存器的 CLA 写访问
MEINVF32 MRa，MRb	32 位浮点倒数逼近
MEISQRTF32 MRa，MRb	32 位浮点方根倒数逼近
MF32TOI16 MRa，MRb	转换 32 位浮点数到 16 位整数
MF32TOI16R MRa，MRb	转换 32 位浮点数到 16 位整数并圆整
MF32TOI32 MRa，MRb	转换 32 位浮点数到 32 位整数
MF32TOUI16 MRa，MRb	转换 32 位浮点数到 16 位无符号整数
MF32TOUI16R MRa，MRb	转换 32 位浮点数到 16 位无符号整数并圆整
MF32TOUI32 MRa，MRb	转换 32 位浮点数到 16 位无符号整数
MFRACF32 MRa，MRb	32 位浮点数的小数部分
MI16TOF32 MRa，MRb	转换 16 位整数到 32 位浮点数
MI16TOF32 MRa，mem16	转换 16 位整数到 32 位浮点数
MI32TOF32 MRa，mem32	转换 32 位整数到 32 位浮点数
MI32TOF32 MRa，MRb	转换 32 位整数到 32 位浮点数
MLSL32 MRa，#SHIFT	逻辑左移
MLSR32 MRa，#SHIFT	逻辑右移
MMACF32 MR3，MR2，MRd，MRe，MRf || MMOV32 MRa，mem32	32 位浮点乘且累加带并行传送
MMAXF32 MRa，MRb	32 位浮点最大值
MMAXF32 MRa，#16FHi	32 位浮点最大值
MMINF32 MRa，MRb	32 位浮点最小值

（续）

指　　令	描　　述
MMINF32 MRa，#16FHi	32 位浮点最小值
MMOV16 MARx，mem16	用 16 数装入 MAR1
MMOV16 mem16，MARx	传送 16 位辅助寄存器内容到存储器
MMOV16 mem16，MRa	传送 16 位浮点寄存器内容到存储器
MMOV32 mem32，MRa	传送 32 位浮点寄存器内容到存储器
MMOV32 mem32，MSTF	传送 32 位 MSTF 寄存器到存储器
MMOV32 MRa，mem32 {，CNDF}	32 位条件传送
MMOV32 MRa，MRb {，CNDF}	32 位条件传送
MMOV32 MSTF，mem32	传送 32 位数从存储器到 MSTF 寄存器
MMOVD32 MRa，mem32	传送 32 位数从存储器用数据复制
MMOVIZ MRa，#16FHi	装入 32 位浮点寄存器的高 16 位
MMOVZ16 MRa，mem16	用 16 数装入 MARx
MMPYF32 MRa，MRb，MRc	32 位浮点乘
MMPYF32 MRa，#16FHi，MRb	32 位浮点乘
MMPYF32 MRa，MRb，#16FHi	32 位浮点乘
MMPYF32 MRa，MRb，MRc || MADDF32 MRd，MRe，MRf	32 位浮点乘带并行加
MMPYF32 MRd，MRe，MRf || MMOV32 MRa，mem32	32 位浮点乘带并行传送
MMPYF32 MRd，MRe，MRf || MMOV32 mem32，MRa	32 位浮点乘带并行传送
MMPYF32 MRa，MRb，MRc || MSUBF32 MRd，MRe，MRf	32 位浮点乘带并行传送减
MN EGF32 MRa，MRb {，CNDF}	条件取反
MNOP	空操作
MOR32 MRa，MRb，MRc	位或
MRCNDD {CNDF}	条件延迟返回
MSETFLG FLAG，VALUE	设置或清除浮点状态标志
MSTOP	停止任务
MSUB32 MRa，MRb，MRc	32 位整数减
MSUBF32 MRa，MRb，MRc	32 位浮点减
MSUBF32 MRa，#16FHi，MRb	32 位浮点减
MSUBF32 MRd，MRe，MRf || MMOV32 MRa，mem32	32 位浮点减带并行传送
MSUBF32 MRd，MRe，MRf || MMOV32 mem32，MRa	32 位浮点减带并行传送
MSWAPF MRa,MRb {,CNDF}	条件交换
MTESTTF CNDF	测试 MSTF 寄存器标志条件
MUI16TOF32 MRa，mem16	转换无符号 16 整数到 32 位浮点数

（续）

指　　令	描　　述
MUI16TOF32 MRa，MRb	转换无符号 16 整数到 32 位浮点数
MUI32TOF32 MRa，mem32	转换无符号 32 整数到 32 位浮点数
MUI32TOF32 MRa，MRb	转换无符号 32 整数到 32 位浮点数
MXOR32 MRa，MRb，MRc	位异或

6.7　思考题与习题

1. 简述 CLA 的特点。
2. CLA 可以访问哪几种类型的存储器？
3. CLA 模块有哪些寄存器？作用分别是什么？

第 7 章　脉宽调制模块

本章主要内容：

1）ePWM 模块概述（Induction to ePWM Module）。

2）时基子模块（Time - Base Submodule，TB）。

3）计数比较子模块（Counter - Compare Submodule，CC）。

4）动作限定子模块（Action - Qualifier Submodule，AQ）。

5）死区生成子模块（Dead - Band Generator Submodule，DB）。

6）PWM 斩波子模块（PWM - Chopper Submodule，PC）。

7）脱开区子模块（Trip - Zone Submodule，TZ）。

8）事件触发子模块（Event - Trigger Submodule，ET）。

9）数字比较子模块（Digital Compare Submodule，DC）。

10）ePWM 模块的寄存器（ePWM Registers）。

11）ePWM 模块在功率电路中的应用（ePWM Applications to Power Topologies）。

12）高分辨率脉宽调制器（High Resolution Pulse Width Modulator，HRPWM）。

281x DSP 的两个事件管理器模块（EVA 和 EVB）提供了强大的控制功能，非常适用于运动控制和电机控制等领域。每个事件管理器包括通用定时器（GPT）、比较器、PWM 单元、捕获单元以及正交编码脉冲（QEP）电路。两个模块有相同的外设，可以实现多轴运动控制。在电机控制应用中，当功率管需要互补控制时，每个事件管理器能够控制一个三相桥式电路（6 路 PWM 输出），同时每个事件管理器还提供另外 2 路单独的 PWM 信号。

281x DSP 的事件管理器模块在 2803x 器件中已不存在，按功能取而代之的是三个新型控制外设（Control Peripherials），即增强型 PWM 模块 ePWM、增强型捕获模块 eCAP 和增强型正交编码脉冲模块 eQEP。ePWM 模块的 A 通道输出具有高分辨率脉宽调制器（High Resolution Pulse Width Modulator，HRPWM）功能。

高性能的 PWM 外设能够用尽可能少的 CPU 时间来产生复杂的 PWM 波形，而且使用非常简单方便。本章介绍的 ePWM 模块和高分辨率脉宽调制器能满足这样的要求。

7.1　ePWM 模块概述

增强型脉宽调制器（ePWM）外设是许多商用与工业电力电子系统控制的关键元素。这些系统包括数字电机控制、开关模式电源控制、不间断电源（UPS）及其他形式的电力转换装置。ePWM 外设完成数字到模拟变换（DAC）功能，这里占空比（Duty cycle）相当于 DAC 的模拟值，它有时也被称为电力 DAC（数/模转换器）。

ePWM 模块包含 8 个子模块：时基子模块、计数器比较子模块、动作限定子模块、死区生成子模块、PWM 输出斩波子模块、脱开区子模块以及事件触发子模块以及数字比较子模块。

2803x 的 ePWM 模块为 ePWM 类型 1，与类型 0 完全兼容。类型 1 还具有以下增强特性：

- 增加的死区分辨率。增强的死区时钟允许半周期到双分辨率周期。
- 增强的中断与转换启动（SOC）产生。中断与 ADC 转换启动可以在时基计数器 TBCTR 为 0 和等于周期事件时产生。该特点允许双沿 PWM 控制。另外 ADC 转换启动可以由数字比较子模块定义的事件产生。
- 高分辨率周期能力（HRPWM）。
- 数字比较子模块。该子模块通过提供滤波、消隐与改进的数字比较信号的脱开（Trip）功能增强了事件触发与脱开区功能。这个特点对于峰值电流模式控制与模拟比较器的支持是必要的。

每个 ePWM 模块都具有以下一些特点：

- 专门的 16 位时间基准计数器，具有周期和频率控制。
- ePWMxA 和 ePWMxB（对于 28035，x =1 ~7，有 7 个通道 14 路 PWM 波输出）可以配置成下面的方式：单沿操作的两组独立的 PWM 输出、双沿对称操作的两组独立的 PWM 输出或双沿非对称操作的一组独立的 PWM 输出。
- 可以通过软件控制 PWM 信号。
- 可编程控制相位相对于其他 ePWM 模块滞后和超前。
- 以每周期为基础硬件锁定相位。
- 通过对信号的上升沿和下降沿延迟控制来生成死区。
- 脱开区对周期性脱开和一次性脱开，有保护功能。
- 一个脱开条件可以将 PWM 输出强制为高电平、低电平和高阻态输出。
- 比较器模块输出、脱开区输入能产生事件、过滤事件或脱开条件。
- 所有事件都可以触发 CPU 中断和启动 A – D 转换（SOC）。
- 中断发生时，可编程的事件分频可以减少 CPU 的占用率。
- 通过高频载波信号的斩波，可以用于脉冲变换器的门驱动。

2803x 的每个 ePWM 模块包含 2 组完整的 ePWM 通道：ePWMxA 和 ePWMxB，如图 7-1 的 ePWM 模块的总框图所示。这些 ePWM 模块通过一个同步时钟信号联系在一起，需要时可以将这些模块看作是分开独立的系统。另外这个同步时钟信号也用于 eCAP 模块。

对于图 7-1 有以下几点需要说明：

- PWM 输出信号（ePWMxA 和 ePWMxB）。PWM 信号通过 GPIO 外设模块输出。
- 脱开区脱开信号。当外部条件出错时，这些信号对 PWM 模块预警。每个 PWM 模块都可以配置为使用或忽视脱开信号。$\overline{TZ1}$ ~ $\overline{TZ6}$信号可以通过 GPIO 模块配置为异步输入信号。
- 时基的同步输入（ePWMxSYNCI）和输出（ePWMxSYNCO）。同步信号将 PWM 模块联系在一起，每个模块可以配置为使用和忽视同步信号输入。
- ADC 转换启动信号（EPWMxSOCA 和 EPWMxSOCB）。每个 ePWM 模块有 2 个 ADC 转换启动信号，任何一个 ePWM 模块都可以触发 A – D 转换。
- 比较器输出信号（COMPxOUT）。从比较模块输出的信号结合脱开区信号能够产生数

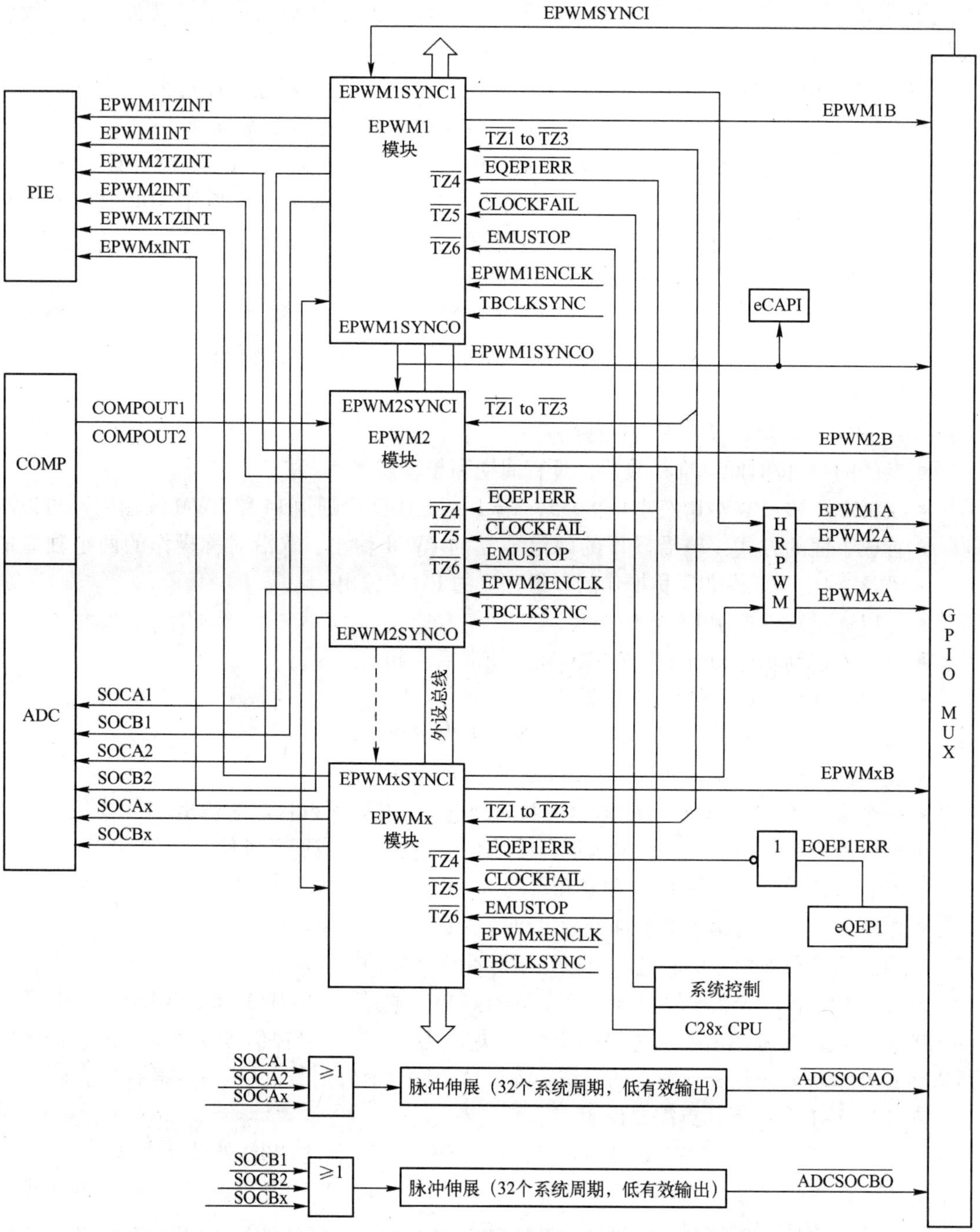

图 7-1　PWM 模块总框图

字比较事件。

- 外设总线。外设总线为 32 位宽度，它允许以 16 位和 32 位的的宽度写入 ePWM 寄存器。

每个 ePWM 模块的子模块与信号连接电路如图 7-2 所示。

所有 ePWM 模块的控制寄存器和状态寄存器列于表 7-1 中。对于每一个 ePWM 模块实例，其每一个寄存器集合是重复的，每一个寄存器集合的开始地址由具体的器件手册指定。

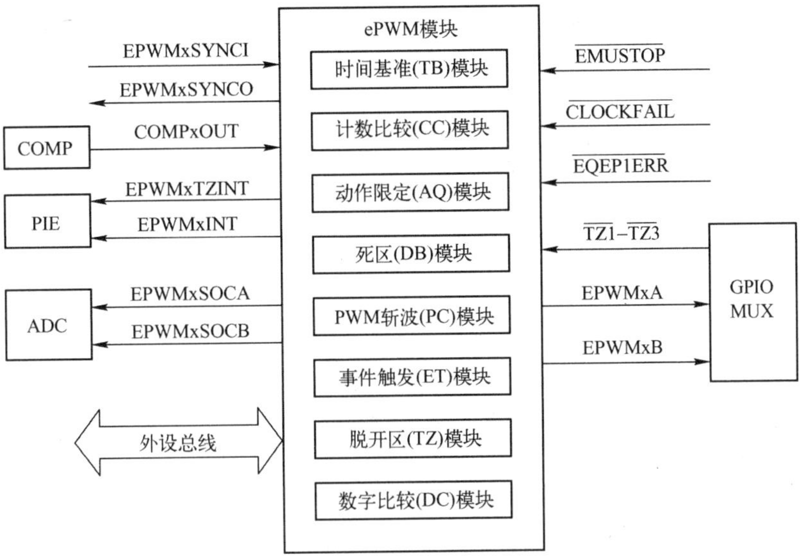

图 7-2　每个 ePWM 模块的子模块与信号连接电路

表 7-1　ePwM 模块的控制寄存器和状态寄存器

名称	偏移地址	字（×16）	影子	EALLOW	寄存器描述
时间基准子模块寄存器					
TBCTL	0x0000	1	无		时间基准控制寄存器
TBSTS	0x0001	1	无		时间基准状态寄存器
TBPHSHR	0x0002	1	无		HRPWM 相位高分辨率寄存器
TBPHS	0x0003	1	无		时基相位寄存器
TBCTR	0x0004	1	无		时基计数器寄存器
TBPRD	0x0005	1	有		时基周期寄存器
TBPRDHR	0x0006	1	有		时基周期高分辨率寄存器
计数器比较子模块寄存器					
CMPCTL	0x0007	1	无		计数器比较控制寄存器
CMPAHR	0x0008	1	是		HRPWM 计数比较寄存器 A
CMPA	0x0009	1	是		计数比较寄存器 A
CMPB	0x000A	1	是		计数比较寄存器 B
动作限定子模块寄存器					
AQCTLA	0x000B	1	无		EPWMxA 输出动作限定控制寄存器
AQCTLB	0x000C	1	无		EPWMxB 输出动作限定控制寄存器
AQSFRC	0x000D	1	无		动作限定软件强制寄存器
AQCSFRC	0x000E	1	是		动作限定连续软件强制预设寄存器
死区产生子模块寄存器					
DBCTL	0x000F	1	无		死区产生控制寄存器
DBRED	0x0010	1	无		死区上升沿延时计数寄存器

（续）

名称	偏移地址	字（×16）	影子	EALLOW	寄存器描述
DBFED	0x0011	1	无		死区下降沿延时计数寄存器
脱开区（Trip－Zone）子模块寄存器					
TZSEL	0x0012	1		是	脱开区选择寄存器
TZDCSEL	0x0013	1		是	脱开区数字比较选择寄存器
TZCTL	0x0014	1		是	脱开区控制寄存器
TZEINT	0x0015	1		是	脱开区中断使能寄存器
TZFLG	0x0016	1			脱开区标志寄存器
TZCLR	0x0017	1		是	脱开区清除寄存器
TZFRC	0x0018	1		是	脱开区强制寄存器
事件触发子模块寄存器					
ETSEL	0x0019	1			事件触发选择寄存器
ETPS	0x001A	1			事件触发预分频计数寄存器
ETFLG	0x001B	1			事件触发标志寄存器
ETCLR	0x001C	1			事件触发清除寄存器
ETFRC	0x001D	1			事件触发强制寄存器
PWM 斩波子模块寄存器					
PCCTL	0x001E	1			PWM 斩波控制寄存器
高分辨率脉宽调制器（HRPWM）扩展子模块寄存器					
HRCNFG	0x0020	1		是	HRPWM 配置寄存器
HRPWR	0x0021	1		是	HRPWM 电源寄存器
HRMSTEP	0x0026	1		是	HRPWM 微步寄存器
HRPCTL	0x0028	1		是	高分辨率周期控制寄存器
TBPRDHRM	0x002A	1	写入		时基周期高分辨率镜像寄存器
TBPRDM	0x002B	1	写入		时基周期镜像寄存器
CMPAHRM	0x002C	1	写入		比较 A 镜像寄存器
CMPAM	0x002D	1	写入		比较 A 镜像寄存器
数字比较事件寄存器					
DCTRIPSEL	0x0030	1		是	数字比较脱开选择寄存器
DCACTL	0x0031	1		是	数字比较 A 控制寄存器
DCBCTL	0x0032	1		是	数字比较 B 控制寄存器
DCFCTL	0x0033	1		是	数字比较滤波控制寄存器
DCCAPCTL	0x0034	1		是	数字比较捕获控制寄存器
DCFOFFSET	0x0035	1	写入		数字比较滤波偏移寄存器
DCFOFFSETCNT	0x0036	1			数字比较滤波偏移计数器寄存器
DCFWINDOW	0x0037	1			数字比较滤波窗口寄存器
DCFWINDOWCNT	0x0038	1			数字比较滤波窗口计数器寄存器
DCCAP	0x0039	1	是		数字比较计数器捕获寄存器

7.2 时基子模块

每个 ePWM 模块都有自己的独立时基（Time Base）子模块，这些时基子模块确定了每个 ePWM 模块的事件时间。这些 ePWM 模块在同步时钟下是独立的系统。同步逻辑允许多个 ePWM 模块的时间基准作为一个系统一起工作。每个 ePWM 模块的功能框图如图 7-3 所示。图中左上角位置为时基子模块。

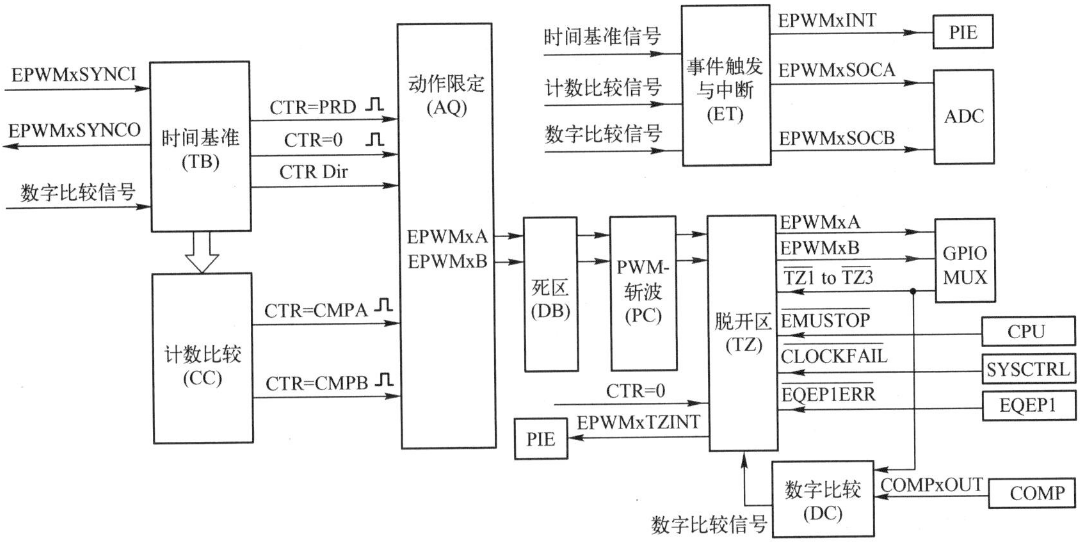

图 7-3　每个 ePWM 模块的功能框图

1. 时间基准子模块的功能

- 确定 ePWM 时基计数器（TBCTR）的频率和周期，从而控制发生事件的时刻。
- 处理与其他 ePWM 模块的同步问题。
- 提供一个与其他 ePWM 模块之间的相位关系。
- 将计数器设置为增计数模式、减计数模式或增减计数模式。
- 产生下列事件：

CTR＝PRD，时基计数器（TBCTR）的值等于时基周期寄存器（TBPRD）的值。

CTR＝0，时基计数器（TBCTR）的值等于 0。

- 配置时基时钟频率，可以配置 CPU 系统时钟进行预分频，实现时基计数器（TBCTR）以比较慢的速率增加或减小。

时基子模块中关键信号和寄存器如图 7-4 所示。

2. PWM 的周期和频率

PWM 的周期和频率由时基周期寄存器（TBPRD）的值和时基计数器（TBCTR）的模式共同确定，图 7-5 说明了当时基周期寄存器（TBPRD）的值为 4 时，时基计数器（TBCTR）的模式分别为增计数、减计数、增减计数时 PWM 的周期（T_{PWM}）和频率（F_{PWM}）值。

可以通过对时基控制寄存器（TBCTL）进行设置来选择时基计数器（TBCTR）的计数方式。

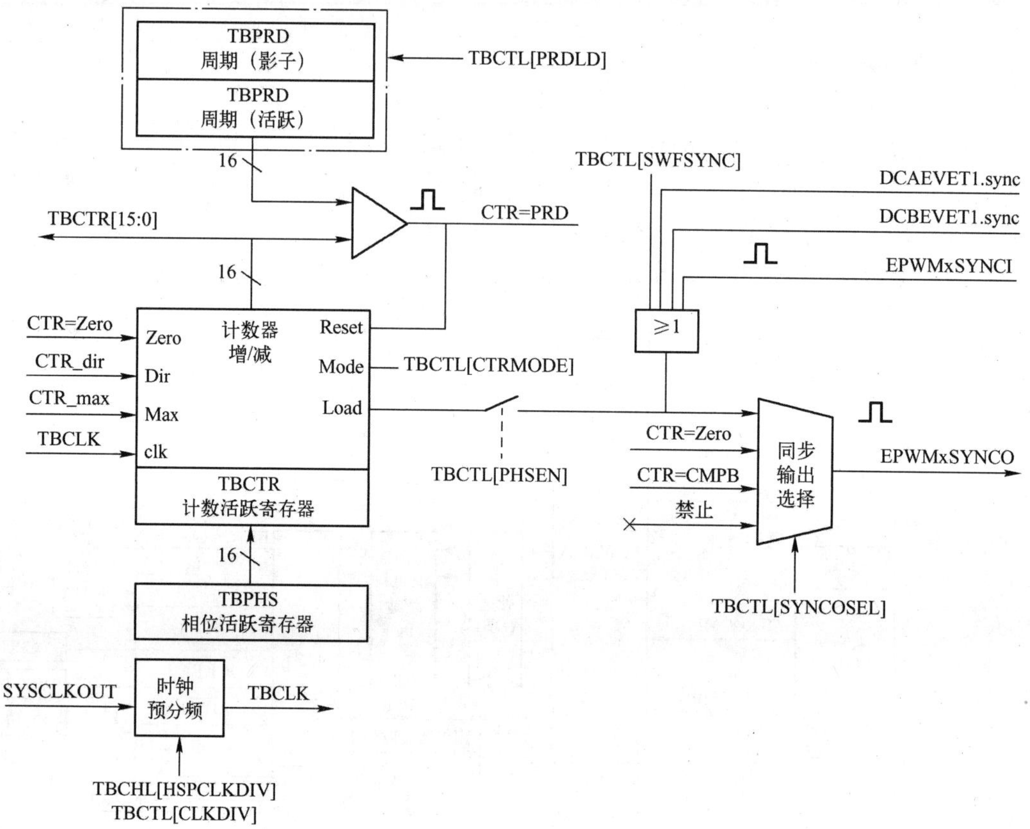

图 7-4　时基子模块中关键信号和寄存器

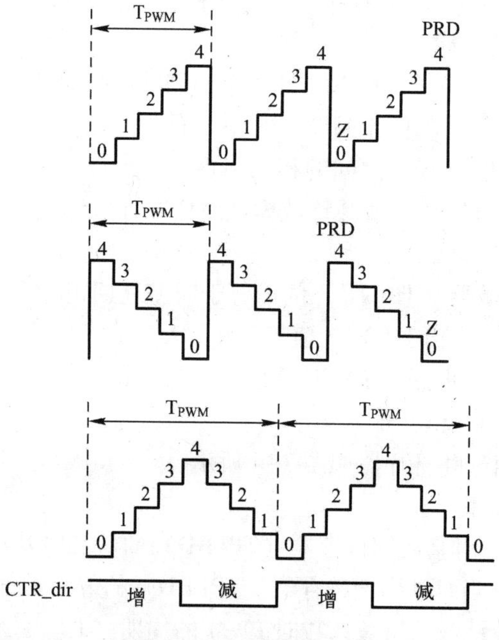

图 7-5　时基频率和周期

- 增减计数方式。在该方式下，时基计数器（TBCTR）的值从0开始计数，直到等于时基周期寄存器（TBPRD）的值。当到达时基周期寄存器（TBPRD）的值后，时基计数器（TBCTR）开始减计数直到0。然后又增计数，如此循环下去。
- 增计数方式。在该方式下，时基计数器（TBCTR）的值从0开始增加，直到等于时基周期寄存器（TBPRD）的值。当时基计数器（TBCTR）的值达到时基周期寄存器（TBPRD）的值之后，计数器的值变为0，然后又开始增计数，如此循环下去。
- 减计数方式。在该方式下，时基计数器（TBCTR）从时基周期寄存器（TBPRD）的值开始减计数，直到其值为0。然后计数器的值又重置为时基周期寄存器（TBPRD）的值开始减计数，如此循环下去。

在增计数和减计数方式下：周期 $T_{PWM} = (TBPRD + 1) \times T_{TBCLK}$

在连续增减计数方式下：　周期 $T_{PWM} = 2 \times TBPRD \times T_{TBCLK}$

而频率：　　　　　　　　$F_{PWM} = 1/T_{PWM}$

式中，T_{TBCLK}为时基时钟 TBCLK 的周期。

3. 时基周期影子寄存器

每个时基周期寄存器（TBPRD）都有一个时基周期影子寄存器。

- 时基周期影子寄存器不能直接控制任何硬件，它的作用是存储数值以传送给活跃寄存器使用。这样可以防止软件异步修改寄存器造成的错误操作。
- 时基周期影子寄存器的存储地址与活跃寄存器的地址是一样的，可以通过寄存器 TBCTL 的 PRDLD 位来选择读写活跃或影子寄存器。该位使能或禁止时基周期影子寄存器。

当 TBCTL. PRDLD = 0 时，将使能时基周期影子寄存器，对时基周期寄存器（TBPRD）的读和写将转移到时基周期影子寄存器中。当时基计数器（TBCTR）的值为0时，时基周期影子寄存器的值将转移到活跃寄存器中。

当 TBCTL. PRDLD = 1 时，对时基周期寄存器（TBPRD）的时基周期影子寄存器的读和写将直接对活跃寄存器进行读和写。

4. ePWM 模块时基时钟同步

寄存器 PCLKCR0 的 TBCLKSYNC 位能够使能或禁止 ePWM 外设模块的高速时钟。当 TBCLKSYNC = 0 时，停止 ePWM 模块的时基时钟；当 TBCLKSYNC = 1 时，使能 ePWM 模块的时基时钟。

例 7-1　采用 ePWM 定时器中断定时，实现连接到 GPIO26 引脚的 LED 每 500 ms 亮/灭切换一次。

```
#include "DSP2803x_Device.h"                //头文件包含
#define PWM1_INT_ENABLE   1
#define PWM1_TIMER_TBPRD    0x176F          //定时器周期 0.2 ms
//函数声明
interrupt void epwm1_timer_isr(void);
void InitEPwmTimer(void);
//全局变量
Uint32   EPwm1TimerIntCount;
```

```
void main(void)
{
int i;
InitSysCtrl();                                  //初始化系统时钟,60 MHz,包括:PLL,看门狗时
                                                //钟,外设时钟
                                                //该函数位于 DSP2803x_SysCtrl.c
DINT;                                           //关闭 CPU 总中断
InitPieCtrl();                                  //PIE 寄存器赋初值
IER = 0x0000;                                   //禁止 CPU 中断
IFR = 0x0000;                                   //清除 CPU 中断标志
InitPieVectTable();                             //初始化中断向量表
EALLOW;
PieVectTable.EPWM1_INT = &epwm1_timer_isr; //中断函数入口地址
EDIS;
EALLOW;
GpioCtrlRegs.GPAMUX2.bit.GPIO26 = 0;            //GPIO26 作为普通 IO
GpioCtrlRegs.GPADIR.bit.GPIO26 = 1;             //GPIO26 方向为输出
GpioDataRegs.GPADAT.bit.GPIO26 = 1;             //GPIO26 输出高电平
EDIS;
InitEPwmTimer();                                //EPWM 定时器初始化函数
EPwm1TimerIntCount = 0;
IER |= M_INT3;                                  //使能 CPU INT3,它连接到 EPWM1-6 中断
PieCtrlRegs.PIEIER3.bit.INTx1 = PWM1_INT_ENABLE;      //使能 PIE 组 3 的中断 1
EINT;                                           //使能全局中断 INTM
ERTM;                                           //使能全局实时中断 DBGM
for(;;)
{
    asm("   NOP");
    for(i = 1;i <= 10;i++)
    {}
}
}
void InitEPwmTimer()                            //EPWM 定时器初始化函数
{
EALLOW;
SysCtrlRegs.PCLKCR0.bit.TBCLKSYNC = 0;          //停止所有时基时钟
EDIS;
EPwm1Regs.TBCTL.bit.SYNCOSEL = 0;               //设置同步时钟直接通过,时基控制寄存器 TBCTL
EPwm1Regs.TBCTL.bit.PHSEN = 1;
EPwm1Regs.TBPHS.half.TBPHS = 100;               //时基相位寄存器 TBPHS
EPwm1Regs.TBPRD = PWM1_TIMER_TBPRD;
//时基周期寄存器 TBPRD,6000 * 1/60 * 2 = 200 us,TBCLK = 30 MHz
```

```
EPwm1Regs.TBCTL.bit.CTRMODE = 0;                //增计数
EPwm1Regs.ETSEL.bit.INTSEL = 1;                 //选择0事件产生中断,事件触发选择寄存器 ETSEL
EPwm1Regs.ETSEL.bit.INTEN = PWM1_INT_ENABLE;    //使能中断
EPwm1Regs.ETPS.bit.INTPRD = 1;                  //在第1个事件产生中断,事件触发分频寄存器 ETPS
EALLOW;
SysCtrlRegs.PCLKCR0.bit.TBCLKSYNC = 1;          //启动所有同步的定时器
EDIS;
}

interrupt void epwm1_timer_isr(void)            //中断函数
{
if ( EPwm1TimerIntCount == 2500)                //500 ms = 2500 * 0.2 ms
{
GpioDataRegs.GPATOGGLE.bit.GPIO26 = 1;          //LED 亮/灭切换
EPwm1TimerIntCount = 0;
}
EPwm1TimerIntCount ++;
EPwm1Regs.ETCLR.bit.INT = 1;                    //清除该定时器中断标志
PieCtrlRegs.PIEACK.all = PIEACK_GROUP3;         //为接收下一次中断而响应本次中断
}
```

7.3 计数比较子模块

计数比较子模块在每个 ePWM 模块的功能框图中的位置如上述图 7-3 所示。计数比较子模块框图如图 7-6 所示。

1. 计数比较子模块的作用

计数比较子模块将时基计数器（TBCTR）的值与计数比较寄存器 A（CMPA）和计数比较寄存器 B（CMPB）的值进行比较，当时基计数器（TBCTR）的值与计数比较寄存器的值相等时，计数比较模块将产生相应的事件。

- 通过计数比较寄存器 A（CMPA）的值和计数比较寄存器 B（CMPB）的值产生事件。

CTR = CMPA，时基计数器（TBCTR）的值等于计数比较寄存器 A（CMPA）的值。

CTR = CMPB，时基计数器（TBCTR）的值等于计数比较寄存器 B（CMPB）的值。

- 控制 PWM 的占空比。
- 通过时基周期影子寄存器，在活跃 PWM 周期更新计数比较值避免出错。

2. 计数比较子模块的操作介绍

计数比较子模块通过两个比较寄存器来产生两个独立的比较事件：

- CTR = CMPA，时基计数器（TBCTR）的值等于计数比较寄存器 A（CMPA）的值（TBCTR = CMPA）。
- CTR = CMPB，时基计数器（TBCTR）的值等于计数比较寄存器 B（CMPB）的值

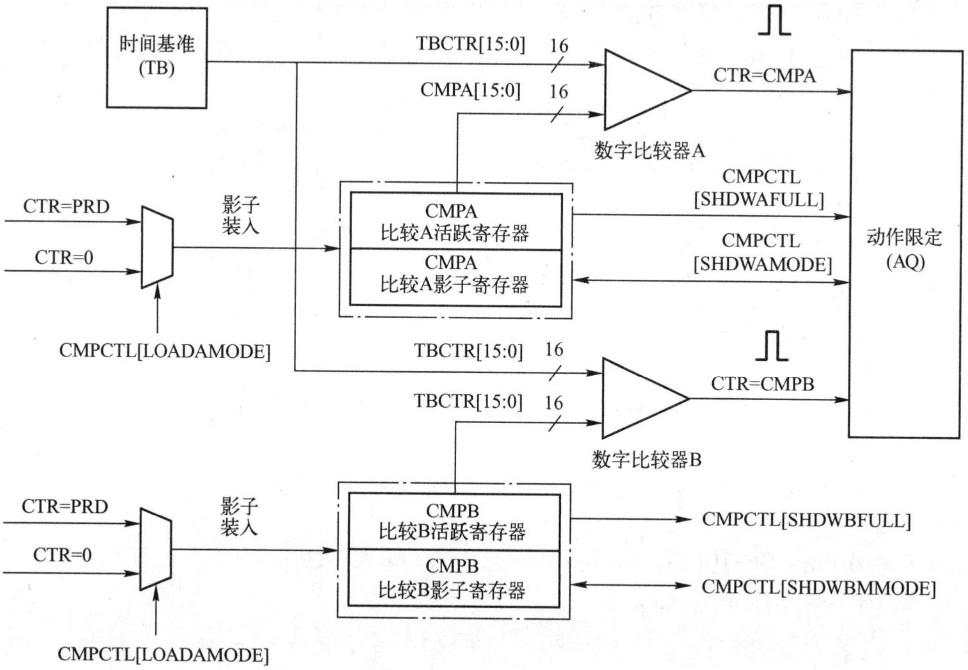

图 7-6 计数比较子模块框图

（TBCTR = CMPB）。

对于增计数和减计数模式，每个周期只发生一次比较事件。对于增减计数模式，当计数比较寄存器值在 0x0000 ~ TBPRD 之间时，每个周期发生两次比较事件。当计数比较寄存器的值为 0x0000 或 TBPRD 时，每个周期只发生一次比较事件。这些事件将送到动作限定子模块去。

计数比较寄存器 A（CMPA）和计数比较寄存器 B（CMPB）各自都有一个影子寄存器，这样可以实现寄存器与硬件的同步。计数比较寄存器和对应的时基周期影子寄存器地址是一样的。通过对 CMPCTL[SHDWAMODE] 和 CMPCTL[SHDWBMODE] 位操作来使能或禁止时基周期影子寄存器。

- 影子模式。清除 CMPCTL［SHDWAMODE］位可以使能计数比较寄存器 A（CMPA）影子模式，清除 CMPCTL［SHDWBMODE］位可以使能计数比较寄存器 B（CMPB）影子模式。当计数比较寄存器 A（CMPA）和计数比较寄存器 B（CMPB）影子寄存器都使能时将出错。当影子寄存器使能时，影子寄存器中的值在下列事件发生时将写到计数比较寄存器中：

✓ CTR = PRD 时基计数器（TBCTR）的值等于周期值。

✓ CTR = 0（Zero）时基计数器（TBCTR）的值等于 0。

✓ 两者 CTR = PRD 和 CTR = 0。

被送到动作限定子模块的事件，只能通过计数比较寄存器的值来产生，而不能通过影子寄存器来产生。

- 立即装载模式。该模式寄存器的写和读操作不用通过影子寄存器实现。

计数比较子模块在 3 种计数方式即增计数方式、减计数方式及增减计数方式下，都可以产生比较事件。

7.4 动作限定子模块

动作限定子模块对 PWM 波形的产生有重要作用，它将不同的事件转换为不同的动作，在 EPWMxA 和 EPWMxB 输出不同的波形。

1. 动作限定子模块的功能

动作限定子模块有以下一些功能：

- 在下列事件发生时，设置、清零、切换 PWM 输出：

CTR = PRD 时基计数器（TBCTR）的值等于周期值（TBCTR = TBPRD）。

CTR = 0 时基计数器（TBCTR）的值等于零（TBCTR = 0x0000）。

CTR = CMPA 时基计数器（TBCTR）的值等于计数比较寄存器 A（CMPA）的值（TBCTR = CMPA）。

CTR = CMPB 时基计数器（TBCTR）的值等于计数比较寄存器 B（CMPB）的值（TBCTR = CMPB）。

- 当这些事件同时发生时，由优先权控制确定响应的事件。
- 当计数器处于增计数和减计数时，可以分别提供独立的事件控制。

当一个特殊事件发生时，动作限定子模块控制 ePWMxA 和 ePWMxB 的输出状态。计数比较子模块将根据计数方向将 ePWMxA 和 ePWMxB 的输出状态进行如下设置：

- 置为高电平：将 ePWMxA 和 ePWMxB 的输出置为高电平。
- 置为低电平：将 ePWMxA 和 ePWMxB 的输出置为低电平。
- 取反切换输出：如果 ePWMxA 和 ePWMxB 的当前输出为高电平，则将输出置为低电平；如果当前状态为低电平，则将输出置为高电平。
- 什么都不做：保持当前状态不变。可以启动 A－D 转换。

ePWMxA 和 ePWMxB 的输出状态是相互独立的，任何事件都对 PWM 的输出起作用，例如 CTR = CMPA 和 CMPB 都可作用于 PWM 的输出。

2. 动作限定子模块事件的优先权

ePWM 的动作限定子模块可能在同一时间接收到多个事件。在这种情况下，通过硬件来分配优先权。通常情况下是越后发生的事件，优先权越高，或者可以通过软件设置来使事件拥有最高的优先权。表 7-2 列出了在增减计数方式下优先权的分配情况，表 7-3 列出了增计数方式下优先权的分配情况，表 7-4 列出了减计数方式下优先权分配情况，其中 1 表示有最高的优先权，7 表示有最低的优先权。

表 7-2 增减计数方式下优先权的分配

优先权等级	当计数器处于增计数时	当计数器处于减计数时
1（最高）	软件强制	软件强制
2	计数器值等于 CMPB（CBU）	计数器值等于 CMPB（CBD）
3	计数器值等于 CMPA（CAU）	计数器值等于 CMPA（CBD）
4	计数器值等于 0	计数器值等于周期值

（续）

优先权等级	当计数器处于增计数时	当计数器处于减计数时
5	计数器值等于 CMPB（CBD）	计数器值等于 CMPB（CBU）
6（最低）	计数器值等于 CMPA（CAU）	计数器值等于 CMPA（CBU）

表 7-3　增计数方式下优先权的分配

优先权等级	事　件
1（最高）	软件强制
2	计数器值等于时基周期寄存器的（TBPRD）值
3	计数器值等于 CMPB（CBU）
4	计数器值等于 CMPA（CAU）
5（最低）	计数器值等于 0

表 7-4　减计数方式下优先权的分配

优先权等级	事　件
1（最高）	软件强制
2	计数器值等于 0
3	计数器值等于 CMPB（CBD）
4	计数器值等于 CMPA（CAD）
5（最低）	计数器值等于时基周期寄存器的（TBPRD）值

在增计数方式下，当计数比较寄存器的值大于时基周期寄存器（TBPRD）的值时，将永远不会发生匹配事件。在增减计数方式下，当计数比较寄存器 A（CMPA）或计数比较寄存器 B（CMPB）大于时基周期寄存器（TBPRD）的值时，在 TBCTR = TBPRD 时发生事件。在减计数方式下，当计数比较寄存器的值大于时基周期寄存器（TBPRD）的值时，在 TBCTR = TBPRD 时发生事件。

3. 动作限定子模块控制 PWM 波形产生

动作限定子模块控制 PWM 波形产生的几种可能的情况见表 7-5。

表 7-5　动作限定子模块控制 PWM 波形产生的几种可能的情况

软件强制	时基计数器的值等于				动　作
	0	CMPA	CMPB	周期	
SW ×	Z ×	CA ×	CB ×	P ×	无动作
SW ↓	Z ↓	CA ↓	CB ↓	P ↓	清 0
SW ↑	Z ↑	CA ↑	CB ↑	P ↑	置 1
SW T	Z T	CA T	CB T	P T	取反

在增减计数方式下产生的波形情况如图 7-7 所示。

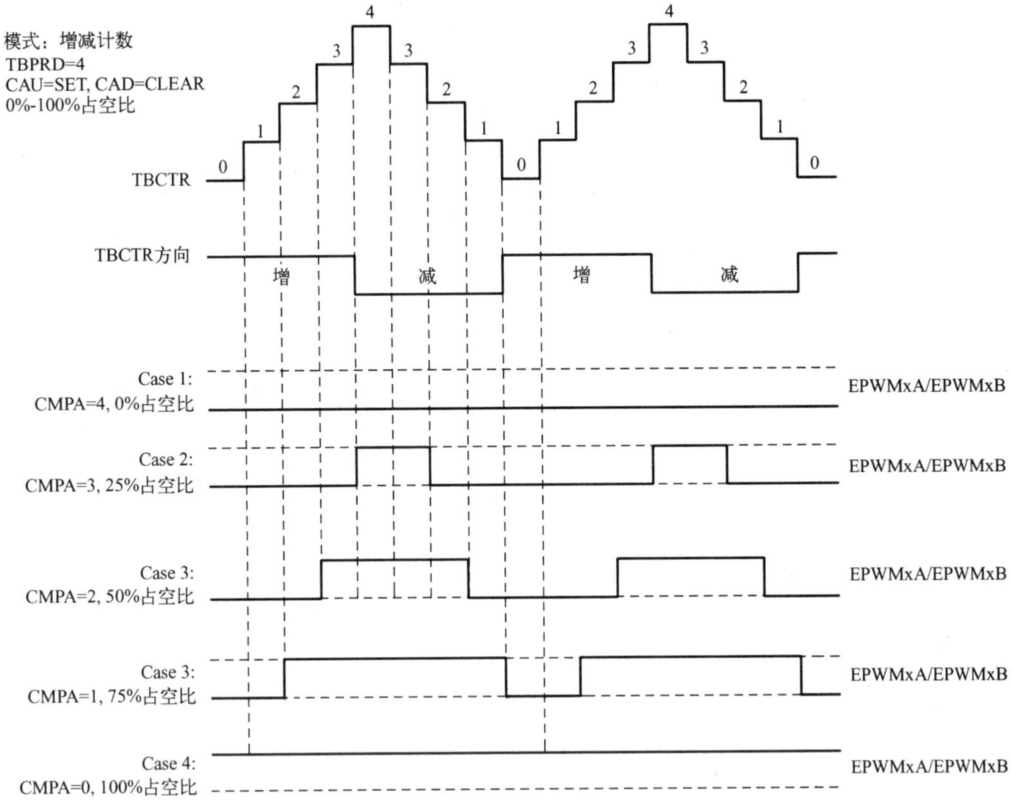

图 7-7　增减计数方式下产生的波形

例 7-2　利用 ePWM 增减计数模式产生 PWM 波形。EPWM1A 在 GPIO0，EPWM1B 在 GPIO1 引脚，比较值 CMPA 和 CMPB 在 ePWM 的中断服务程序（ISR）中修改。

```
#include "DSP2803x_Device.h"                     //包含头文件
typedef struct
{
volatile struct EPWM_REGS *EPwmRegHandle;
Uint16 EPwm_CMPA_Direction;
Uint16 EPwm_CMPB_Direction;
Uint16 EPwmTimerIntCount;
Uint16 EPwmMaxCMPA;
Uint16 EPwmMinCMPA;
Uint16 EPwmMaxCMPB;
Uint16 EPwmMinCMPB;
}EPWM_INFO;
//函数声明
void InitEPwm1Example(void);
interrupt void epwm1_isr(void);
void update_compare(EPWM_INFO *);
```

```
//全局变量
EPWM_INFO epwm1_info;
//配置各定时器的周期
#define EPWM1_TIMER_TBPRD    2000        //周期寄存器
#define EPWM1_MAX_CMPA       1950
#define EPWM1_MIN_CMPA       50
#define EPWM1_MAX_CMPB       1950
#define EPWM1_MIN_CMPB       50
//跟踪比较值变化方向
#define EPWM_CMP_UP   1
#define EPWM_CMP_DOWN 0

void main(void)
{
InitSysCtrl();
//初始化系统时钟,60MHz, 包括:PLL, 看门狗时钟, 外设时钟,在 DSP2803x_SysCtrl.c 文件中
EALLOW;
GpioCtrlRegs.GPAPUD.bit.GPIO0 = 1;          //禁止 GPIO0 (EPWM1A)的上拉电阻
GpioCtrlRegs.GPAPUD.bit.GPIO1 = 1;          //禁止 GPIO1 (EPWM1B)的上拉电阻
GpioCtrlRegs.GPAMUX1.bit.GPIO0 = 1;         //将 GPIO0 配置为 EPWM1A
GpioCtrlRegs.GPAMUX1.bit.GPIO1 = 1;         //将 GPIO1 配置为 EPWM1B
EDIS;
DINT;                                       //关闭 CPU 总中断
InitPieCtrl();                              //PIE 寄存器赋初值
IER = 0x0000;                               //禁止 CPU 中断
IFR = 0x0000;                               //清除 CPU 中断标志
InitPieVectTable();                     //初始化中断向量表,在 DSP2803x_PieVect.c 中
EALLOW;
PieVectTable.EPWM1_INT = &epwm1_isr;        //中断函数入口地址
EDIS;
EALLOW;
SysCtrlRegs.PCLKCR0.bit.TBCLKSYNC = 0;
EDIS;
InitEPwm1Example();
EALLOW;
SysCtrlRegs.PCLKCR0.bit.TBCLKSYNC = 1;
EDIS;
IER |= M_INT3;                              //使能 CPU INT3,它连接到 EPWM1 中断
PieCtrlRegs.PIEIER3.bit.INTx1 = 1;          //使能 PIE 组 3 的中断 1
EINT;                                       //使能全局中断 INTM
ERTM;                                       //使能全局实时中断
for(;;)
{
```

```
        asm("              NOP");
    }
}

interrupt void epwm1_isr(void)
{
    update_compare(&epwm1_info);                       //更新 CMPA 和 CMPB 值
    EPwm1Regs.ETCLR.bit.INT = 1;                       //清除该定时器中断标志
    PieCtrlRegs.PIEACK.all = PIEACK_GROUP3;            //为接收下一次中断而响应本次中断
}

void InitEPwm1Example()
{
    //设置 TBCLK
    EPwm1Regs.TBPRD = EPWM1_TIMER_TBPRD;               //设置定时器周期
    EPwm1Regs.TBPHS.half.TBPHS = 0x0000;               //相位为 0
    EPwm1Regs.TBCTR = 0x0000;                          //清零计数器
    //设置比较值
    EPwm1Regs.CMPA.half.CMPA = EPWM1_MIN_CMPA;   //设置比较 A 值
    EPwm1Regs.CMPB = EPWM1_MAX_CMPB;                   //设置比较 B 值
    //设置计数方式
    EPwm1Regs.TBCTL.bit.CTRMODE = 0x2;                 //增减计数
    EPwm1Regs.TBCTL.bit.PHSEN = 0x0;                   //禁止相位装入
    EPwm1Regs.TBCTL.bit.HSPCLKDIV = 0x0;               //时钟分频系数设置
    EPwm1Regs.TBCTL.bit.CLKDIV = 0x0;
    //设置影子
    EPwm1Regs.CMPCTL.bit.SHDWAMODE = 0x0;
    EPwm1Regs.CMPCTL.bit.SHDWBMODE = 0x0;
    EPwm1Regs.CMPCTL.bit.LOADAMODE = 0x0;              //为 0 时装入
    EPwm1Regs.CMPCTL.bit.LOADBMODE = 0x0;

    //设置动作
    EPwm1Regs.AQCTLA.bit.CAU = 0x2;                    //在事件 A 增计数,置位 PWM1A
    EPwm1Regs.AQCTLA.bit.CAD = 0x1;                    //在事件 A 减计数,清零 PWM1A
    EPwm1Regs.AQCTLB.bit.CBU = 0x2;                    //在事件 B 增计数,置位 PWM1B
    EPwm1Regs.AQCTLB.bit.CBD = 0x1;                    //在事件 B 减计数,清零 PWM1B
    //设置中断
    EPwm1Regs.ETSEL.bit.INTSEL = 0x1;                  //选择在零事件中断
    EPwm1Regs.ETSEL.bit.INTEN = 0x1;                   //使能中断
    EPwm1Regs.ETPS.bit.INTPRD = 0x3;                   //在第 3 个事件产生中断
    epwm1_info.EPwm_CMPA_Direction = EPWM_CMP_UP;   //以增大 CMPA 减小 CMPB 开始
    epwm1_info.EPwm_CMPB_Direction = EPWM_CMP_DOWN;
                                                       //跟踪比较值 CMPA/CMPB 变化方向
```

```
    epwm1_info. EPwmTimerIntCount = 0;                  //清零中断计数器
    epwm1_info. EPwmRegHandle = &EPwm1Regs;             //设置 ePWM 模块指针
    epwm1_info. EPwmMaxCMPA = EPWM1_MAX_CMPA;//设置 CMPA/CMPB 最大最小值
    epwm1_info. EPwmMinCMPA = EPWM1_MIN_CMPA;
    epwm1_info. EPwmMaxCMPB = EPWM1_MAX_CMPB;
    epwm1_info. EPwmMinCMPB = EPWM1_MIN_CMPB;
}

void update_compare(EPWM_INFO  * epwm_info)
{
        //每 10 个中断，改变 CMPA/CMPB 值
    if(epwm_info -> EPwmTimerIntCount == 10)
    {
        epwm_info -> EPwmTimerIntCount = 0;
        //如果正增大 CMPA，检查是否达到最大值
        //如果未达到最大值,增加 CMPA
        //到最大值，则改变方向,减小 CMPA
    if(epwm_info -> EPwm_CMPA_Direction == EPWM_CMP_UP)
    {
        if(epwm_info -> EPwmRegHandle -> CMPA. half. CMPA < epwm_info -> EPwmMaxCMPA)
        {
            epwm_info -> EPwmRegHandle -> CMPA. half. CMPA ++ ;
        }
        else
        {
            epwm_info -> EPwm_CMPA_Direction = EPWM_CMP_DOWN;
                epwm_info -> EPwmRegHandle -> CMPA. half. CMPA -- ;
        }
    }
        //如果正减小 CMPA，检查是否达到最小值
        //如果未达到最小值,减小 CMPA
        //到最小值，则改变方向,增大 CMPA
    else
    {
        if(epwm_info -> EPwmRegHandle -> CMPA. half. CMPA == epwm_info -> EPwmMinCMPA)
        {
            epwm_info -> EPwm_CMPA_Direction = EPWM_CMP_UP;
            epwm_info -> EPwmRegHandle -> CMPA. half. CMPA ++ ;
        }
        else
        {
            epwm_info -> EPwmRegHandle -> CMPA. half. CMPA -- ;
        }
```

```
}
    //如果正增大 CMPB，检查是否达到最大值
    //如果未达到最大值,增加 CMPB
    //到最大值，则改变方向,减小 CMPB
if(epwm_info->EPwm_CMPB_Direction==EPWM_CMP_UP)
{
    if(epwm_info->EPwmRegHandle->CMPB<epwm_info->EPwmMaxCMPB)
    {
        epwm_info->EPwmRegHandle->CMPB++;
    }
    else
    {
        epwm_info->EPwm_CMPB_Direction=EPWM_CMP_DOWN;
        epwm_info->EPwmRegHandle->CMPB--;
    }
}
    //如果正减小 CMPB，检查是否达到最小值
    //如果未达到最小值,减小 CMPB
    //到最小值，则改变方向,增大 CMPB
else
{
    if(epwm_info->EPwmRegHandle->CMPB==epwm_info->EPwmMinCMPB)
    {
        epwm_info->EPwm_CMPB_Direction=EPWM_CMP_UP;
        epwm_info->EPwmRegHandle->CMPB++;
    }
    else
    {
        epwm_info->EPwmRegHandle->CMPB--;
    }
}
}
else
{
    epwm_info->EPwmTimerIntCount++;
}
return;
}
```

7.5 死区生成子模块

1. 死区生成子模块的作用

动作限定子模块部分讨论的是使用计数比较寄存器的值来控制 PWM 的输出，并不涉及

PWM 上升沿或下降沿延迟的情况，而死区生成子模块将讨论这些情况。死区生成子模块的主要功能是产生一对有死区的 PWM 信号。

- 上升沿延迟。
- 下降沿延迟。
- 下降沿延迟取反。
- 上升沿延迟取反。

2. 死区生成子模块的控制和操作

死区生成子模块的控制寄存器有死区控制寄存器 DBCTL、死区上升沿延迟寄存器 DBRED 和死区下降沿延迟寄存器 DBFED。

死区生成子模块有两组独立的开关 S4、S5 和 S2、S3，如图 7-8 所示。

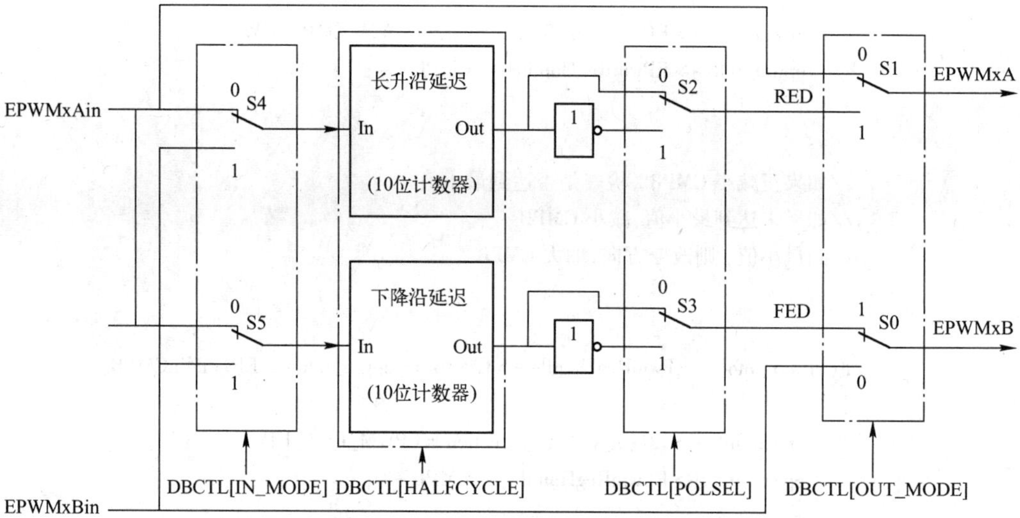

图 7-8　死区生成子模块配置选择

- 输入信号源选择。死区生成子模块的输入信号来自动作限定子模块输出的 ePWMxA 和 ePWMxB 信号，在此将指定哪个信号作为死区生成子模块的输入信号。通过 DBCTL [IN_MODE]控制位，可以选择输入信号的延迟、上升沿（RED）、下降沿（FED）：
  - ✓ ePWMxA 输入信号为上升沿或下降沿延迟输入，这是系统复位时的默认模式。
  - ✓ ePWMxA 输入信号为下降沿延迟输入，ePWMxB 输入信号为上升沿延迟输入。
  - ✓ ePWMxA 输入信号为上升沿延迟输入，ePWMxB 输入信号为下降沿延迟输入。
  - ✓ ePWMxB 输入信号为上升沿或下降沿延迟输入均可。
- 输出模式控制。输出模式控制位 DBCTL[OUT_MODE]确定上升沿延迟、下降沿延迟，还是不延迟。
- 极性控制。极性控制位 DBCTL[POLSEL]确定上升沿延迟或下降沿延迟信号在送出死区生成子模块前是否取反。

死区波形如图 7-9 所示。

死区生成子模块支持独立的上升沿和下降沿延迟。其延迟时间由 DBRED 寄存器和 DBFED 寄存器的值确定，这两个寄存器为 10 位宽度，其值表示时基时钟的个数，上升沿和

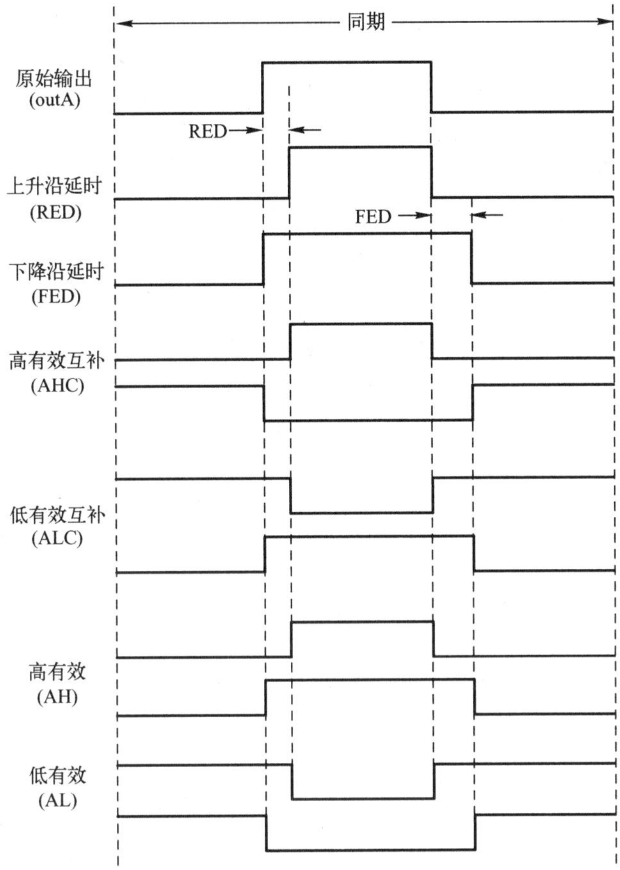

图 7-9　典型的死区波形（0% < 占空比 < 100%）

下降延迟时间的计算公式分别为

$$FED = DBFED \times T_{TBCLK}$$
$$RED = DBRED \times T_{TBCLK}$$

式中，T_{TBCLK}是时基时钟 TBCLK 的周期值，由系统时钟分频得到。

7.6　PWM 斩波子模块

PWM 斩波子模块在每个 ePWM 模块的功能框图中的位置如前述图 7-3 所示。PWM 斩波子模块框图如图 7-10 所示。斩波子模块用一个高频载波信号来修改从动作限定子模块和死区生成子模块出来的 PWM 波形。

1. 斩波子模块的作用

斩波子模块的主要作用如下：

- 设置载波频率。
- 对单发脉冲宽度进行控制。
- 控制第 2 个和第 2 个以后脉冲宽度的占空比。

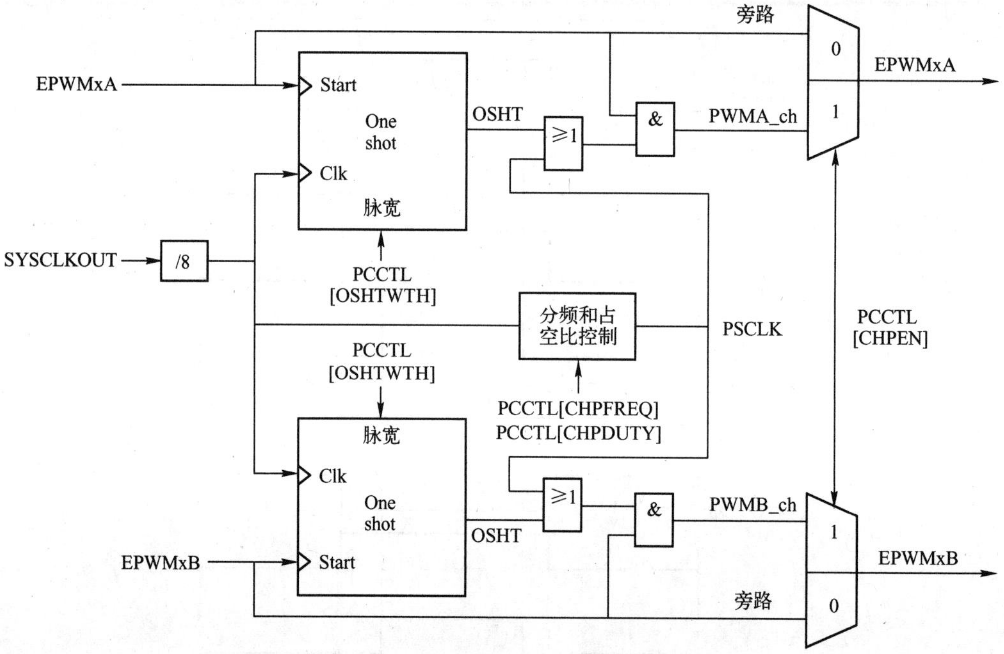

图 7-10　PWM 斩波子模块框图

● 直接跳过斩波子模块。

2. 斩波子模块的控制

在图 7-10 中，斩波子模块由斩波控制寄存器 PCCTL 来控制，由系统时钟驱动载波时钟。载波频率和占空比通过寄存器 PCCTL 的 CHPFREQ 位和 CHPDUTY 位来控制。单发脉冲模块用来为功率开关器件的开通提供足够的驱动能力，接下来的脉冲保证开关保持导通。由 OSHTWTH 位来控制单发脉冲的宽度，当不用斩波时可以通过设置来旁路斩波子模块。

3. PWM 斩波子模块波形图

PWM 斩波子模块波形图如图 7-11 所示。

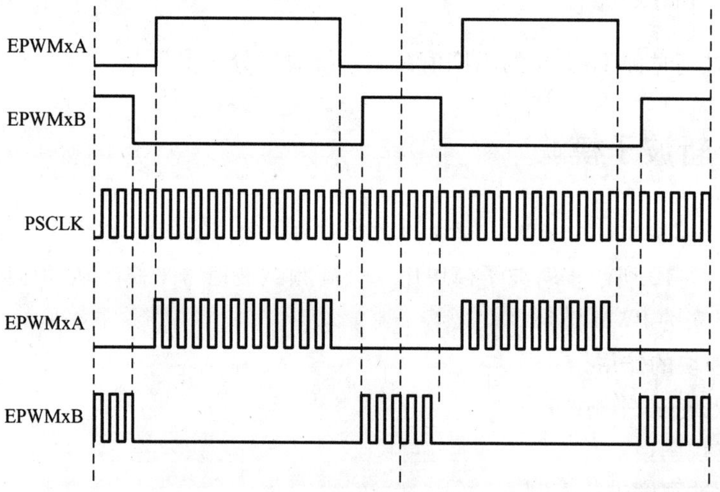

图 7-11　PWM 斩波子模块波形图

4. 单发脉冲

单发脉冲波形如图 7-12 所示。单发脉冲的宽度可以设置为 16 种脉冲宽度之一，单发脉冲的计算公式为

$$T_{1stpulse} = T_{SYSCLKOUT} \times 8 \times OSHTWT$$

其中，$T_{SYSCLKOUT}$是系统时钟（SYSCLOCK）的周期，OSHTWTH 为寄存器 PCCTL 中的脉冲宽度设定值。图 7-12 是 SYSCLOCK = 100 MHz 时的波形图。

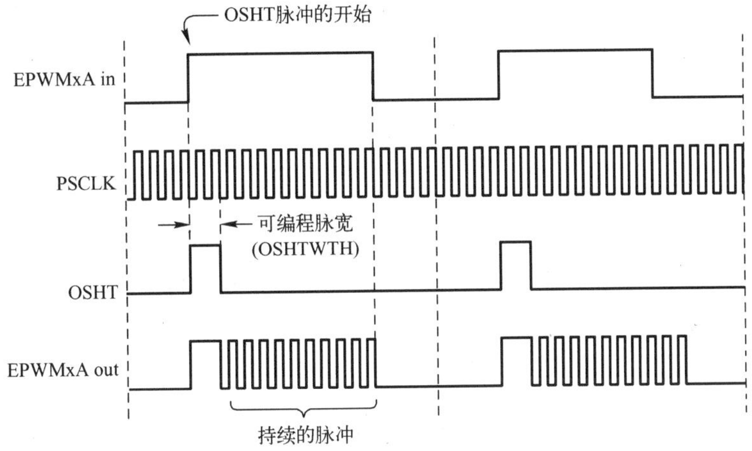

图 7-12　单发脉冲波形

7.7 脱开区子模块

每个 ePWM 模块都连接 6 个$\overline{TZn}$信号（$\overline{TZ1}$ ~ $\overline{TZ6}$），$\overline{TZ1}$ ~ $\overline{TZ3}$来自于 GPIO 模块。$\overline{TZ4}$来自于具有 EQEP1 模块器件的 EQEP1ERR 信号的反相信号。$\overline{TZ5}$连接于系统时钟失效逻辑电路，$\overline{TZ6}$来源于 CPU 的 EMUSTOP 输出。这些信号反映外部的故障状况或脱开条件，可以编程控制当故障发生时 ePWM 输出如何响应这些信号。

1. 脱开区（Trip - Zone）子模块的作用

脱开区子模块的主要作用如下：

- 脱开输入信号可以映射到任何一个 ePWM 模块。
- 在发生故障的情况下，ePWMxA 输出和 ePWMxB 输出可以强制设置为高电平、低电平、高阻态、不动作。
- 当外部电路发生短路和过流故障时，支持单发（One - shot Trip，OSHT）脱开保护。
- 支持当前限制操作的周期（Cycle - by - cycle，CBC）脱开。
- 支持基于片内模拟比较模块输出和/或$\overline{TZ1}$ ~ $\overline{TZ3}$信号的数字比较保护功能。
- 每一个脱开区输入和数字比较子模块 DCAEVT1/2 或 DCBEVT1/2 强制事件可以单发或周期运行。
- 任何脱开输入信号引脚都可以触发中断。
- 支持软件强制脱开保护功能。

● 可以旁路脱开区子模块。

2. 脱开区子模块的控制和操作

脱开区子模块由以下寄存器来进行控制：脱开区选择寄存器 TZSEL、脱开区控制寄存器 TZCTL、脱开区中断使能寄存器 TZEINT、脱开区标志寄存器 TZFLAG、脱开区清除寄存器 TZCLR 和脱开区强制寄存器 TZFRC。所有的脱开区寄存器都是受 EALLOW 保护的。

$\overline{\text{TZn}}$（$\overline{\text{TZ1}}$ ~ $\overline{\text{TZ6}}$）信号低有效，当这些信号中的一个信号为低时表明发生了一个脱开事件。每个 ePWM 模块都可以设置为忽略和使用这些信号，哪个脱开输入信号引脚与 ePWM 模块相关联由 TZSEL 寄存器确定。脱开信号可以与系统时钟同步，也可以不与系统时钟同步。

对于一个 ePWM 模块，每个$\overline{\text{TZn}}$输入都可以配置为一个周期事件或单发脉冲事件。通过 TZSEL（CBCn）和 TZSEL（OSHTn）控制位来进行配置。

（1）周期（Cycle - by - cycle，CBC）脱开

当一个周期脱开事件发生时，TZSEL 寄存器确定了应该采取什么动作来控制 ePWMxA 和 ePwMxB 的输出，表 7-6 列出了可能的几种动作。另外，周期脱开事件标志寄存器将置位，如果 TZEINT 和 PIE 外设已经使能，将发生中断。

如果脱开事件已经消失，当 ePWM 的时基计数器（TBCTR）计数到 0 时，将自动清除故保护引脚上的状态。因此在这种模式下，脱开保护事件将在每个 PWM 的周期清除。TZ-FLG［CBC］标志位将保持置位，直到人为清除。当标志位清除时，如果周期脱开故障仍然存在，标志位将立刻置位。

（2）单发（One - shot，OSHT）脉冲脱开

当一个单发脉冲脱开故障发生时，TZSEL 寄存器确定了应该采取什么动作来控制 eP-WMxA 和 ePWMxB 的输出，见表 7-6 所列，单发脉冲脱开事件标志位将置位，如果 TZEIN 和 PIE 使能将发生中断。单发脉冲脱开状态必须通过 TZCLR［OST］位人为清除。

表 7-6 脱开事件的可能动作

TZCTL［TZA］和 TZCTL［TZB］	ePWMxA 和 ePWMxB	解　释
0，0	高阻态	脱开
0，1	强制输出为高电平	脱开
1，0	强制输出为低电平	脱开
1，1	不改变	什么也不做，输出不改变

3. 数字比较事件（DCAEVT1/2 和 DCBEVT1/2）

数字比较事件 DCAEVT1/2 或者 DCBEVT1/2 是基于由 TZDCSEL 寄存器选择的 DCAH/DCAL 和 DCBH/DCBL 信号的组合产生的。DCAH/DCAL 和 DCBH/DCBL 的信号源由 DC-TRISEL 寄存器选择，并且可以是脱开区输入引脚或者模拟比较器 COMPxOUT 信号。

当数字比较事件发生时，由 TZCTL[DCAEVT1/2]和 TZCTL[DCBEVT1/2]位描述的动作立即在 EPWMxA 和 EPWMxB 输出上实现。而且，相关的数字比较脱开区事件标志（TZFLG[DCAEVT1/2]/TZFLG[DCBEVT1/2]）置位，如果 TZEINT 寄存器和 PIE 外设使能了中断，那么 EPWMx_TZINT 中断就会产生。

当数字比较脱开区事件不再存在时，引脚上描述的条件就会自动清除。如果不手动向 TZCLR[DCAEVT1/2]或者 TZCLTR[DCBEVT1/2]写入清除标志位，那么 TZFLG[DCAEVT1/2]或者 TZFLG[DCBEVT1/2]标志位就保持置位。当 TZFLG[DCAEVT1/2]或者 TZFLG[DCBEVT1/2]标志清除时，如果数字比较脱开区事件仍然存在，那么它会立即置位。

每个 ePWM 输出引脚的脱开区事件发生时的动作可以通过 TZCTL 寄存器位域配置。脱开区事件可能发生的四种动作见表 7–7。

表 7–7　脱开区事件可能的动作

TZCTL 寄存器位设置	ePWMxA 和 ePWMxB	解释
0，0	高阻态	脱开
0，1	强制输出为高电平	脱开
1，0	强制输出为低电平	脱开
1，1	不改变	什么也不做，输出不改变

7.8　事件触发子模块

1. 事件触发子模块的作用

事件触发（Event – Trigger，ET）子模块的基本作用：

- 接收由时基子模块、计数比较和数字比较子模块产生的事件输入。
- 通过时基的方向来限定事件。
- 通过预分频逻辑来分配中断请求和启动 A – D 转换按以下方式进行：每 1 个事件、每 2 个事件或每 3 个事件。
- 通过事件发生计数器和相应的标志来详细记录事件。
- 允许软件强制中断和启动 A – D 转换。

事件触发子模块管理时基子模块和计数比较子模块产生的事件。当一个预先选定的事件发生时，产生一个中断或者启动 A – D 转换。

2. 事件触发子模块的控制和操作

每个 ePWM 模块都有一个与 PIE 有联系的中断请求和 2 路 A – D 转换启动信号。事件触发子模块可以监测各种不同的事件状态，而且在发生中断和 A – D 转换启动前能够进行配置。逻辑预分频可以发生中断和启动 A – D 转换按以下方式进行：每 1 个事件、每 2 个事件或每 3 个事件。

事件触发子模块的主要控制寄存器见表 7–8。

表 7–8　事件触发子模块的主要控制寄存器

寄存器名	偏移地址	描　述	功　能
ETSEL	0x0019	事件触发选择寄存器	选择哪个事件将触发中断或启动 A – D 转换
ETPS	0x001A	事件触发预分频寄存器	确定当选择的事件总共发生几次中断和启动 A – D 转换
ETFLG	0x001B	事件触发标志寄存器	选择事件和预分频的事件标志
ETCLR	0x001C	事件触发清除寄存器	在这个寄存器中可清除中断标志
ETFRC	0x001D	事件触发强制寄存器	在这个寄存器中设置软件强制事件

中断周期位（ETPS[INTPRD]）确定产生一个中断所需要的事件数量：

- 不产生中断。
- 当选定的事件发生 1 次时产生中断。
- 选定的事件发生 2 次时产生中断。
- 选定的事件发生 3 次时产生中断。

哪一个事件会触发中断，由中断选择位（ETSEL[INTSEL]）确定，事件可以是：

- 时基计数器（TBCTR）值等于 0。
- 时基计数器（TBCTR）值等于周期值（TBCTR = TBPRD）。
- 当增计数时，时基计数器（TBCTR）值等于计数比较寄存器 A（CMPA）值。
- 当减计数时，时基计数器（TBCTR）值等于计数比较寄存器 A（CMPA）值。
- 当增计数时，时基计数器（TBCTR）值等于计数比较寄存器 B（CMPB）值。
- 当减计数时，时基计数器（TBCTR）值等于计数比较寄存器 B（CMPB）值。

选定事件已经发生的次数可以从中断事件计数寄存器 ETPS[INTCNT]位读出，当选定的事件发生时，ETPS[INTCNT]位域将增加，直到达到 ETPS[INTPRD]。当中断被送到 PIE 模块后，中断事件计数器将清零，当 ETPS[INTCNT]位域达到 ETPS[INTPRD]时，将发生以下动作：

- 如果中断已经使能(ETSEL[INTEN] = 1)，且中断标志位已经清除(ETFLG[INT] = 0)，这时将产生一个中断，中断标志将置位(ETFLG[INT] = 1)，事件发生计数器将清 0，事件发生计数器将重新开始计数。
- 如果中断未使能(ETSEL[INTEN] = 0)，或者中断标志未清零(ETFLG[INT] = 1)，事件发生计数器值达到 ETPS[INTPRD]后，事件发生计数器将停止计数。
- 如果中断已经使能，但是中断标志置位，计数器将使输出为高电平直到标志位为 0，ETFLG[INT] = 0。

对 INTPRD 的写操作将清除事件发生计数器(INTCNT = 0)，计数输出将复位。写 1 到 ETFRC[INT]将增加 INTCNT 的值。当 INTPRD = 0 时，禁用事件发生计数器，因此不会监测事件，忽略 ETFRC[INT]。

当选定的事件发生 1 次、2 次或 3 次时，可以产生一个中断。发生 4 次或以上时，将不产生中断。

7.9 数字比较子模块

图 7-13 给出了数字比较子模块框图。数字比较（Digital Compare，DC）子模块将外部信号（例如来自模拟比较器的 COMPxOUT 信号）与 ePWM 模块比较，直接产生 PWM 事件/动作，再提供给事件触发器、脱开区及时基子模块。另外，支持消隐窗（Blanking Window）功能以滤除来自数字比较事件信号的噪声或不希望的脉冲。

1. 数字比较子模块的作用

数字比较子模块的主要作用如下：

- 模拟比较器（COMP）模块输出及 $\overline{TZ1}$、$\overline{TZ2}$ 和 $\overline{TZ3}$ 输入产生数字比较 A 高/低（DCAH，DCAL）和数字比较 B 高/低（DCBH，DCBL）信号。

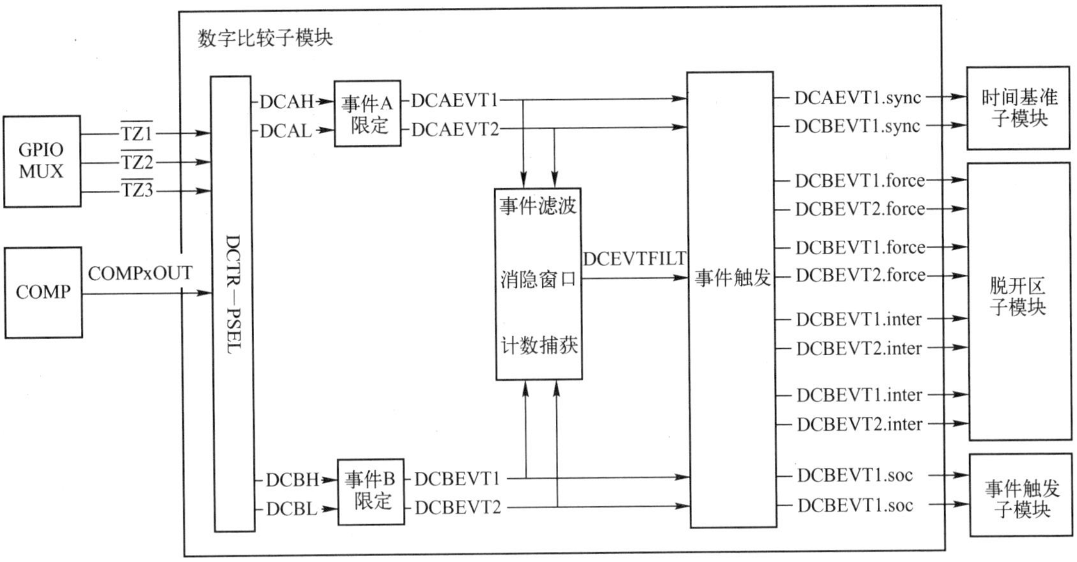

图 7-13　数字比较子模块框图

- DCAH/L 和 DCBH/L 信号触发事件既可以被滤波，也可以直接提供给脱开区、事件触发器和时基子模块：
  - ✓ 产生一个脱开区中断。
  - ✓ 产生一个 ADC 转换启动。
  - ✓ 强制一个事件。
  - ✓ 产生一个用于同步 ePWM 模块 TBCTR 的同步事件。
- 事件滤波（消隐窗逻辑）可以选择性地消隐输入信号以除去噪声。

2. 数字比较子模块的运行

数字比较子模块的运行由相应的寄存器控制与监测。这些寄存器包括：数字比较脱开选择寄存器 DCTRIPSEL、数字比较 A 控制寄存器 DCACTL、数字比较 B 控制寄存器 DCBCTL、数字比较滤波控制寄存器 DCFCTL、数字比较捕获控制寄存器 DCCAPCTL、数字比较滤波偏移寄存器 DCFOFFSET、数字比较滤波偏移计数器寄存器 DCFOFFSETCNT、数字比较滤波窗口寄存器 DCFWINDOW、数字比较滤波窗口计数器寄存器 DCFWINDOWCNT 以及数字比较计数器捕获寄存器 DCCAP。

（1）数字比较事件

如前所述，脱开区输入和来自模拟比较器模块(COMP)的 COMPxOUT 信号可以通过 DCTRIPSEL 位选择来产生数字比较器 A 高和低(DCAH/L)和数字比较器 B 高和低（DCBH/L）信号。那么 TZDCSEL 寄存器的配置限定了对选择的 DCAH/L 和 DCBH/L 信号的动作，该动作产生 DCAEVT1/2 和 DCBEVT1/2 事件（事件限定 A 和 B）。

注意：当TZn信号被用作 DCEVT 脱开区功能时，被作为一个普通的输入信号并且可以定义为高有效或者低有效。当$\overline{TZn}$、DCAEVTx. force、DCBEVTx. force 信号有效时，EPWM 输出异步触发脱开。为了使条件被锁存，至少需要 3 个 TBCLK 脉冲宽度。如果小于该宽度，脱开条件不一定能被 CBC 或者 OST 锁存器锁存。

DCAEVT1/2 和 DCBEVT1/2 事件可以被过滤，过滤后的事件就变成 DCEVTFILT。过滤功能也可以旁路掉。DCAEVT1/2 和 DCBEVT1/2 事件信号或者过滤得到的 DCEVTFILT 事件信号都可以产生强制信息到脱开区子模块、脱开区中断、ADC 转换启动或者 PWM 同步信号。

1）强制信号。DCAEVT1/2. force 信号是强制脱开条件，该条件可能直接影响 EPWMxA 引脚的输出（通过 TZCTL[DCAEVT1 或者 DCAEVT2]配置），如果 DCAEVT1/2 信号被选择作为单触发或者周期脱开源（通过 TZSEL 寄存器），DCAEVT1/2. force 信号能够通过 TZCTL[TZA]配置影响脱开的动作。DCBEVT1/2. force 信号的动作相似，但是它影响 EPWMxB 输出脚而不是 EPWMxA。

TZCTL 寄存器中冲突的动作的优先级如下（高优先级打断低优先级）：

EPWMxA 输出：TZA（最高） -> DCAEVT1 -> DCAEVT2（最低）。

EPWMxB 输出：TZB（最高） -> DCBEVT1 -> DCBEVT2（最低）。

2）中断信号。DCAEVT1/2. interrupt 信号产生到 PIE 的脱开中断。为了使能中断，用户必须置位 TZEINT 寄存器中的 DCAEVT1、DCAEVT2、DCBEVT1 或者 DCBEVT2 位。一旦这些事件有一个发生时，EPWMxTZINT 中断就会被触发，TZCLR 寄存器中相应的位必须置位才能清零中断。

3）SOC 信号。DCAEVT1. soc 信号与事件触发子模块连接并且可以通过 ETSEL[SOCASEL]位作为产生 ADC – A 转换起始脉冲的事件。同样，DCBEVT1. soc 信号可以通过 ETSEL[SOCBSEL]位作为产生 ADC – B 转换起始脉冲的事件。

4）同步信号。DCAEVT1. sync 和 DCBEVT1. sync 事件通过或门连接到 EPWMxSYNCI 输入信号并且 TBCTL[SWFSYNC]信号产生到时基计数器的同步脉冲。

如图 7-14 所示给出了 DCAEVT1 信号如何产生数字比较器 A 强制事件、中断、SOC 和同步信号的框图。DCAEVT2、DCEVTFLT 信号与 DCAEVT1 类似。

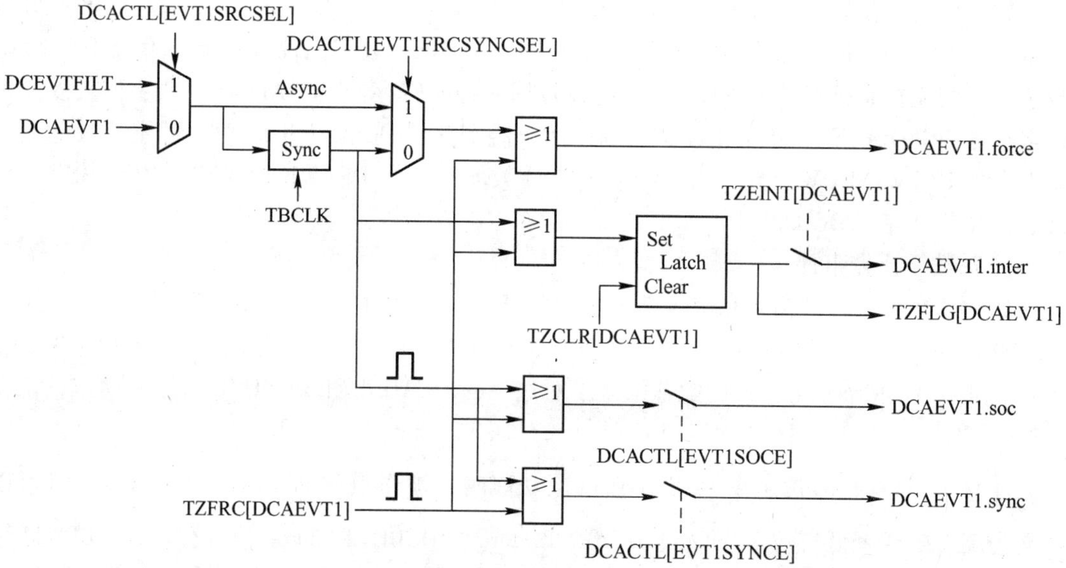

图 7-14　DCAEVT1 信号事件触发框图

（2）事件滤波

DCAEVT1/2 和 DCBEVT1/2 事件可以由事件过滤逻辑通过可选的消隐事件一定的周期数来除去噪声。当模拟比较器的输出被选择来触发 DCAEVT1/2 和 DCBEVT1/2 事件时，事件过滤很有用，消隐逻辑在驱动 PWM 输出或者产生中断或者 ADC 起始信号之前，可以过滤掉信号中潜在的噪声。事件过滤也可以捕获脱开事件的 TBCTR 值。图 7-15 给出了事件过滤逻辑的框图。

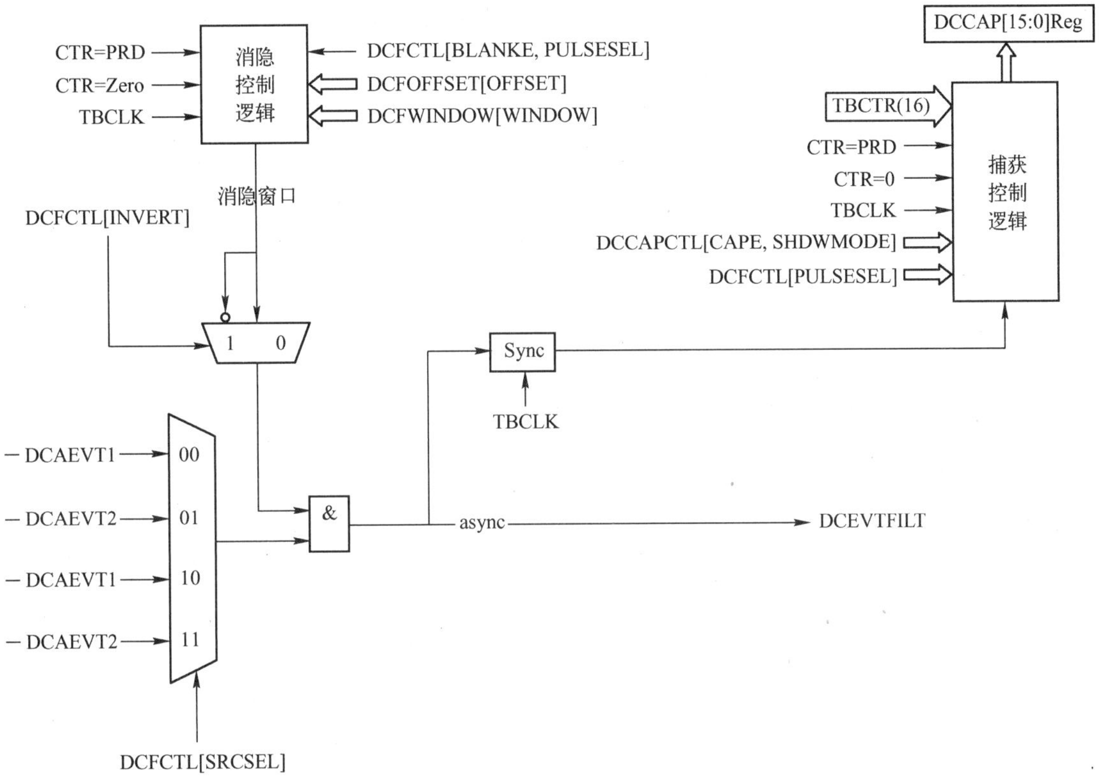

图 7-15　事件过滤逻辑框图

如果消隐逻辑使能，数字比较事件 DCAEVT1、DCAEVT2、DCBEVT1、DCBEVT2 中的一个被选择要过滤。过滤掉所有的事件发生信号的消隐窗口将会和 CTR = PRD 脉冲或者 CTR = 0 脉冲对齐（由 DCFCTL[PULSESEL] 位）。TBCLK 计数的偏移值通过 DCFOFFSET 寄存器设置，该值决定了在 CTR = PRD 或者 CTR = 0 脉冲之后的哪个点上启动裁剪窗口。裁剪窗口的持续时间，也就是偏移计数器记满之后的 TBCLK 计数值，由 DCFWINDOW 寄存器配置。在消隐窗口期间，所有的事件被忽略。在消隐窗口结束前后，事件可以像之前一样产生 SOC（启动转换）、同步、中断和强制信号。

图 7-16 给出了几种偏移（Offset）和消隐窗口（Blank Window）的时序。注意，如果消隐窗口在 CTR = 0 或者 CTR = PRD 边界交叉，下一个窗口仍然会在 CTR = 0 或者 CTR = PRD 脉冲之后以同样的偏移值开始。

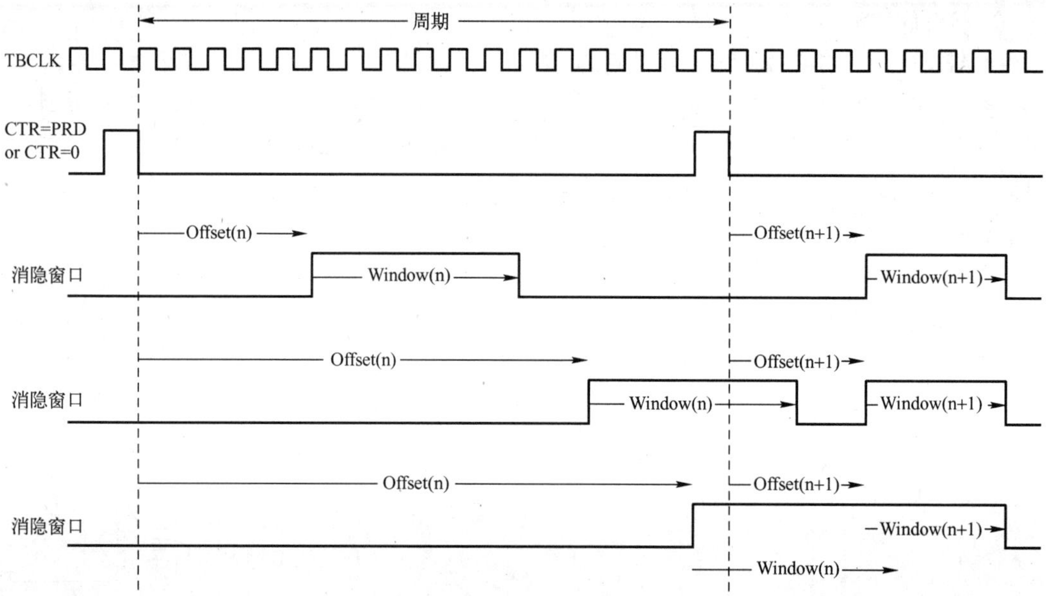

图 7-16　消隐窗口时序

7.10　ePWM 模块的寄存器

1. 时基周期寄存器（Time－Base Period Register，TBPRD）

16 位时基周期寄存器确定时基计数器（TBCTR）的周期（0000～FFFFh），即确定 PWM 的输出频率。

如果 TBCTL[PRDLD]=0，影子寄存器使能，对时基周期寄存器（TBPRD）的读写将自动转到影子寄存器，活跃寄存器将从影子寄存器装载新值。如果 TBCTL[PRDLD]=1，禁止影子寄存器。

2. 时基相位寄存器（Time－Base Phase Register，TBPHS）

16 位时基相位寄存器设置时基计数器（TBCTR）对应的相位（0000～FFFFh）。

如果 TBCTL[PHSEN]=0，禁止同步时钟事件，时基计数器（TBCTR）将不装载时基相位寄存器（TBPHS）的值；如果 TBCTL[PHSEN]=1，TBCTR 将在同步信号事件发生时，装载时基相位寄存器（TBPHS）的值。

3. 时基计数器（Time－Base Counter Register，TBCTR）

时基计数器为 16 位，读该寄存器的值可以得到时基计数器（TBCTR）的值。写该寄存器可以设置时基计数器的值。

4. 时基控制寄存器（Time－Base Control Register，TBCTL）

15	14	13	12	11	10	9	8
FREE, SOFT		PHSDIR	CLKDIV			HSPCLKDIV	
R/W-0		R/W-0	R/W-0			R/W-0,0,1	

7	6	5	4	3	2	1	0
HSPCLKDIV	SWFSYNC	SYNCOSEL		PRDLD	PHSEN	CTRMODE	
R/W-0,0,1	R/W-0	R/W-0		R/W-0	R/W-0	R/W-11	

位 15 ~ 14，FREE，SOFT：仿真模式位。设置时基计数器在仿真时的行为。

- 00：在下一个增计数或减计数后停止。
- 01：当计数一个周期后停止。
- 1x：自由运行。

位 13，PHSDIR：相位方向位。当时基计数器（TBCTR）设置为增减计数模式时，该位起作用。

- 0：当同步事件发生时减计数；
- 1：当同步事件发生时增计数。

位 12 ~ 10，CLKDIV：时基时钟分频位。该位域确定时基时钟的分频值。

TBCLK = SYSCLKOUT/（HSPCLKDIV × CLKDIV）

- 000：/1（复位默认值）
- 001：/2
- 010：/4
- 011：/8
- 100：/16
- 101：/32
- 110：/64
- 111：/128

位 9 ~ 7，HSPCLKDIV：高速时基时钟分频位。

- 000：/1
- 001：/2（复位默认值）
- 010：/4
- 011：/6
- 100：/8
- 101：/10
- 110：/12
- 111：/14

位 6，SWFSYNC：软件强制同步脉冲位。

- 0：写 0 无效。
- 1：强制产生 1 次同步脉冲。

位 5 ~ 4，SYNCOSEL：同步输出选择位。

- 00：ePWMxSYNC。
- 01：CTR = 0。
- 10：CTR = CMPB。
- 11：禁止 ePWMxSYNCO 信号。

位 3，PRDLD：时基周期寄存器（TBPRD）是否从影子寄存器装载值选择位。

- 0：当时基计数器（TCBTR）值为 0 时，时基周期寄存器（TBPRD）从影子寄存器装载值。
- 1：时基周期寄存器（TBPRD）不装载值。

位 2，PHSEN：计数器从相位寄存器装载值使能位。

- 0：不从相位寄存器装载值。
- 1：当 ePWMxSYNC 信号输入时，计数器从相位寄存器中装载值。

位 1 ~0，CTMODE：计数模式选择位。

- 00：增计数模式。
- 01：减计数模式。
- 10：增减计数模式。
- 11：禁止计数器动作（复位时默认）。

5. 时基状态寄存器（Time - Base Status Register，TBSTS）

7 　　　　3	2	1	0
Reserved	CTRMAX	SYNCI	CTRDIR
R-0	R/W1C-0	R/W1C-0	R-1

位 15 ~3，保留位。

位 2，CTRMAX：时基计数器（TBCTR）最大值状态位。

- 0：表示时基计数器（TBCTR）从未达到最大值，写 0 无效。
- 1：表示时基计数器（TBCTR）达到过最大值 0xFFFF，写 1，将清除该位。

位 1，SYNCI：同步输入状态位。

- 0：表示没有同步事件发生过，写 0 无效。
- 1：表示发生过同步事件，写 1 清除该位。

位 0，CTRDIR：时基计数器（TBCTR）方向位。

- 0：表示时基计数器（TBCTR）处于减计数。
- 1：表示时基计数器（TBCTR）处于增计数。

6. 计数比较寄存器 A（Counter - Compare A Register，CMPA）

该寄存器为 16 位寄存器。该字的值连续与时基计数器（TBCTR）的值相比较，当它们值相等时产生一个事件，这个事件将被送到动作限定控制寄存器来产生相应的动作，这些动作可以是：什么都不做、将 ePWMxA 和 ePWMxB 置低、将 ePWMxA 和 ePWMxB 置高、将 ePWMxA 和 ePWMxB 取反。

7. 计数比较寄存器 B（Counter - Compare B Register，CMPB）

该寄存器为 16 位寄存器。该字的值连续与时基计数器（TBCTR）的值相比较，当它们值相等时产生一个事件，这个时间将被送到动作限定控制寄存器来产生相应的动作，这些动作可以是：什么都不做、将 ePWMxA 和 ePWMxB 置低、将 ePWMxA 和 ePWMxB 置高、将 ePWMxA 和 ePWMxB 取反。

8. 计数比较控制寄存器（Counter - Compare Control Register，CMPCTL）

15 　　　　10	9	8
Reserved	SHDWBFULL	SHDWAFULL
R-0	R-0	R-0

7	6	5	4	3 　2	1 　0
Reserved	SHDWBMODE	Reserved	SHDWAMODE	LOADBMODE	LOADAMODE
R-0	R/W-0	R-0	R/W-0	R/W-0	R/W-0

位 15 ~10、位 7、位 5 ，保留位。

位9，SHDWBFULL：计数比较寄存器B（CMPB）影子寄存器满状态标志位，当里面的数据被装载后，自动清零。

- 0：计数比较寄存器B（CMPB）影子FIFO未满。
- 1：计数比较寄存器B（CMPB）影子FIFO满，写数据将覆盖原来的数据。

位8，SHDWAFULL：计数比较寄存器A（CMPA）影子寄存器满状态标志位，当一个32位的数据写入时将置位该位，当里面的数据被装载后，自动清零。

- 0：计数比较寄存器A（CMPA）影子FIFO未满。
- 1：计数比较寄存器A（CMPA）影子FIFO满，写数据将覆盖原来的数据。

位6，SHDWBMODE：计数比较寄存器B（CMPB）操作模式选择位。

- 0：影子模式。
- 1：立即装载模式。

位4，SHDWAMODE：计数比较寄存器A（CMPA）操作模式选择位。

- 0：影子模式。
- 1：立即装载模式。

位3~2，LOADBMODE：计数比较寄存器B（CMPB）从影子寄存器装载选择模式位。立即装载模式下该位无效。

- 00：在CTR=0时装载。
- 01：在CTR=PRD时装载。
- 10：在CTR=0或CTR=PRD时装载。
- 11：不装载。

位1~0，LOADAMODE：计数比较寄存器A（CMPA）从影子寄存器装载模式选择位。在立即装载模式下该位无效。

- 00：在CTR=0时装载。
- 01：在CTR=PRD时装载。
- 10：在CTR=0或CTR=PRD时装载。
- 11：不装载。

9. 输出动作限定控制寄存器A（Action－Qualifier Output A Control Register，AQCTLA）

15–12	11–10	9–8
Reserved	CBD	CBU
R-0	R/W-0	R/W-0

7–6	5–4	3–2	1–0
CAD	CAU	PRD	ZRO
R/W-0	R/W-0	R/W-0	R/W-0

位15~12，保留位。

位11~10，CBD：当时基计数器（TBCTR）的值等于计数比较寄存器B（CMPB）的值，且计器处于减计数时，控制输出动作。

- 00：什么也不做。
- 01：强制ePWMxA输出为低电平。
- 10：强制ePWMxA输出为高电平。

• 11：强制 ePWMxA 输出取反，即低电平变高电平，高电平变低电平。

位 9 ~ 8，CBU：当时基计数器（TBCTR）的值等于计数比较寄存器 B（CMPB）的值，且计器处于增计数时，控制输出动作。

• 00：什么也不做。
• 01：强制 ePWMxA 输出为低电平。
• 10：强制 ePWMxA 输出为高电平。
• 11：强制 ePWMxA 输出取反，即低电平变高电平，高电平变低电平。

位 7 ~ 6，CAD：当时基计数器（TBCTR）的值等于计数比较寄存器 A（CMPA）的值，且数器处于减计数时，控制输出动作。

• 00：什么也不做。
• 01：强制 ePWMxA 输出为低电平。
• 10：强制 ePWMxA 输出为高电平。
• 11：强制 ePWMxA 输出取反，即低电平变高电平，高电平变低电平。

位 5 ~ 4，CAU：当时基计数器（TBCTR）的值等于计数比较寄存器 A（CMPA）的值，且数器处于增计数时，控制输出动作。

• 00：什么也不做。
• 01：强制 ePWMxA 输出为低电平。
• 10：强制 ePWMxA 输出为高电平。
• 11：强制 cPWMxA 输出取反，即低电平变高电平，高电平变低电平。

位 3 ~ 2，PRD：当时基计数器（TBCTR）的值等于周期值时，控制输出动作。

• 00：什么也不做。
• 01：强制 ePWMxA 输出为低电平。
• 10：强制 ePWMxA 输出为高电平。
• 11：强制 ePWMxA 输出取反，即低电平变高电平，高电平变低电平。

位 1 ~ 0，ZRO：当时基计数器（TBCTR）的值为 0 时，控制输出动作。

• 00：什么也不做。
• 01：强制 ePWMxA 输出为低电平。
• 10：强制 ePWMxA 输出为高电平。
• 11：强制 ePWMxA 输出取反，即低电平变高电平，高电平变低电平。

10. 输出动作限定控制寄存器 B（Action – Qualifier Output A Control Register，AQCTLB）

15–12	11–10	9–8
Reserved	CBD	CBU
R-0	R/W-0	R/W-0

7–6	5–4	3–2	1–0
CAD	CAU	PRD	ZRO
R/W-0	R/W-0	R/W-0	R/W-0

该寄存器类似于输出动作限定控制寄存器 A，只不过将 ePWMxA 输出改为 ePWMxB 输出即可。

11. 动作限定软件强制寄存器（Action – Qualifier Software Force Register，AQSFRC）

15～8
Reserved
R-0

7～6	5	4～3	2	1～0
RLDCSF	OTSFB	ACTSFB	OTSFA	ACTSFA
R/W-0	R/W-0	R/W-0	R/W-0	R/W-0

位 15～8，保留位。

位 7～6，RLDCSF：AQSFRC 寄存器从影子寄存器重新装载值。

- 00：在时基计数器（TBCTR）值等于 0 时装载。
- 01：在时基计数器（TBCTR）等于周期值时装载。
- 10：在时基计数器（TBCTR）等于 0 或等于周期值时装载。
- 11：立即装载。

位 5，OTSFB：B 输出一次软件强制事件。

- 0：写 0 无效，读为 0。
- 1：开始一次软件强制事件。

位 4～3，ACTSFB：当 B 输出一次软件强制事件发生时，对输出的影响。

- 00：什么也不做。
- 01：强制 ePWMxB 输出为低电平。
- 10：强制 ePWMxB 输出为高电平。
- 11：强制 ePWMxB 输出取反，即低电平变高电平，高电平变低电平。

位 2，OTSFA：A 输出一次软件强制事件。

- 0：写 0 无效，读为 0。
- 1：开始一次软件强制事件。

位 1～0，ACTSFA：当 A 输出一次软件强制事件发生时，对动作的影响。

- 00：无动作。
- 01：清零（低）。
- 10：置 1（高）。
- 11：取反。

12. 动作限定连续软件强制寄存器（Action – Qualifier Continuous Software Force Register，AQCSFRC）

15～8
Reserved
R-0

7～4	3～2	1～0
Reserved	CSFB	CSFA
R-0	R/W-0	R/W-0

位 15～4，保留位。

位 3～2，CSFB：连续软件强制事件输出。在立即模式下，连续的软件强制事件在下一个 TBCLK 的边沿有效；在影子模式下，在影子寄存器的值装入活跃寄存器后的下一个 TB-

CLK 的边沿有效。

- 00：无效。
- 01：强制 ePWMxB 输出为低电平。
- 10：强制 ePWMxB 输出为高电平。
- 11：无效。

位 1～0，CSFA：连续软件强制事件输出。在立即模式下，连续的软件强制事件在下一个 TBCLK 的边沿有效；在影子模式下，在影子寄存器的值装入活跃寄存器后的下一个 TB-CLK 的边沿有效。

- 00：无效。
- 01：强制 ePWMxA 输出为低电平。
- 10：强制 ePWMxA 输出为高电平。
- 11：无效。

13. 死区生成控制寄存器（Dead－Band Generator Control Register，DBCTL）

15	14～8
HALFCYCLE	Reserved
R/W-0	R-0

7～6	5～4	3～2	1～0
Reserved	IN_MODE	POLSEL	OUT_MODE
R-0	R/W-0	R/W-0	R/W-0

位 15，HALFCYLE：半周期时钟使能位。

- 0：全周期时钟使能。死区计数器由 TBCLK 提供时钟。
- 1：半周期时钟使能。死区计数器由 TBCLK ＊2 提供时钟。

位 14～6，保留位。

位 5～4，IN_MODE：死区输入模式控制位。位 5 控制开关 S5，位 4 控制开关 S4，如上述图 7-8 所示。

- 00：ePWMxA（来自动作限定子模块）作为上升沿和下降沿延迟的输入。
- 01：ePWMxB（来自动作限定子模块）作为上升沿延迟的输入，ePWMxA（来自动作限定子模块）作为下降沿延迟的输入。
- 10：ePWMxB（来自动作限定子模块）作为下降沿延迟的输入，ePWMxA（来自动作限定子模块）作为上升沿延迟的输入。
- 11：ePWMxB（来自动作限定子模块）作为上升沿和下降沿延迟的输入。

位 3～2，POLSEL：极性选择控制位。位 3 控制开关 S3，位 2 控制开关 S2，如图 7-8 所示。这两位允许选择输出被取反后再送出死区生成子模块。

- 00：ePWMxA 和 ePWMxB 都不取反（默认值）。
- 01：ePWMxA 和 ePWMxB 两者都取反。

位 1～0，OUT_MODE：死区输出模式控制位。位 1 控制开关 S1 位。位 0 控制开关 S0，如图 7-8 所示。通过这两位的设置可以使能或禁止死区生成子模块。

- 00：跳过死区生成子模块，从动作限定子模块出来的 ePWMxA 和 ePWMxB 信号将不经过死区生成子模块延迟，而直接送到斩波子模块。在这种模式下，POLSEL 和 OUT_MODE 位无效。

- 01：禁止上升沿延迟，ePWMxA 信号直接送到斩波子模块，ePWMxB 信号下降沿延迟，输入的信号由 DBCTL[INT_MODE]位确定。
- 10：禁止下降沿延迟，ePWMxA 信号上升沿延迟，ePWMxB 直接送到斩波子模块，输入的信号由 DBCTL[INT_MODE]位确定。
- 11：上升沿和下降沿均延迟，ePWMxA 上升沿延迟和 ePWMxB 下降沿延迟，输入的信号由 DBCTL[INT_MODE]位确定。

14. 死区生成上升沿寄存器（DBRED）

15–10	9–8
Reserved	DEL
R-0	R/W-0

7–0
DEL
R/W-0

位 15～10，保留位。

位 9～0，DEL：该位域设置上升沿延迟时间。

15. 死区生成下降沿寄存器（Dead – Band Generator Rising Edge Delay Register, DBFED）

15–10	9–8
Reserved	DEL
R-0	R/W-0

7–0
DEL
R/W-0

位 15～10，保留位。

位 9～0，DEL：该位域设置下降沿延迟时间。

16. PWM 斩波控制寄存器（PWM – Chopper Control Register, PCCTL）

15–11	10–8
Reserved	CHPDUTY
R-0	R/W-0

7–5	4–1	0
CHPFREQ	OSHTWTH	CHPEN
R/W-0	R/W-0	R/W-0

位 15～11，保留位。

位 10～8，CHPDUTY：斩波时钟占空比。

- 000：占空比 1/8。
- 001：占空比 2/8。
- 010：占空比 3/8。
- 011：占空比 4/8。

- 100：占空比 5/8。
- 101：占空比 6/8。
- 110：占空比 7/8。
- 111：占空比 8/8。

位 7 ~ 5，CHPFREQ：斩波时钟频率。

- 000：不分频，系统时钟频率为 100 MHz 时，斩波频率为 12.5 MHz。
- 001：除以 2，系统时钟频率为 100 MHz 时，斩波频率为 6.5 MHz。
- 010：除以 3，系统时钟频率为 100 MHz 时，斩波频率为 4.16 MHz。
- 011：除以 4，系统时钟频率为 100 MHz 时，斩波频率为 3.12 MHz。
- 100：除以 5，系统时钟频率为 100 MHz 时，斩波频率为 2.5 MHz。
- 101：除以 6，系统时钟频率为 100 MHz 时，斩波频率为 2.08 MHz。
- 110：除以 7，系统时钟频率为 100 MHz 时，斩波频率为 1.78 MHz。
- 111：除以 8，系统时钟频率为 100 MHz 时，斩波频率为 1.56 MHz。

位 4 ~ 1，OSHTWTH：单发脉冲宽度。

- 0000：1 × SYSCLKOUT/8。
- 0010：2 × SYSCLKOUT/8。
- 0001：3 × SYSCLKOUT/8。
- 0100：4 × SYSCLKOUT/8。
- 0101：5 × SYSCLKOUT/8。
- 0110：6 × SYSCLKOUT/8。
- 0111：7 × SYSCLKOUT/8。
- 1000：8 × SYSCLKOUT/8。

位 0，CHPEN：斩波使能位。

- 0：禁止 PWM 斩波功能。
- 1：使能 PWM 斩波功能。

17. 脱开区选择寄存器（Trip - Zone Select Register，TZSEL）

15	14	13	12	11	10	9	8
DCBEVT1	DCAEVT1	OSHT6	OSHT5	OSHT4	OSHT3	OSHT2	OSHT1
R-0	R-0	R/W-0	R/W-0	R/W-0	R/W-0	R/W-0	R/W-0

	6	5	4	3	2	1	0
DCAEVT2	DCAEVT2	CBC6	CBC5	CBC4	CBC3	CBC2	CBC1
R-0		R/W-0	R/W-0	R/W-0	R/W-0	R/W-0	R/W-0

位 15，DCBEVT1：数字比较输出 B 事件 1 选择。

- 0：禁止 DCBEVT1 作为 ePWM 模块的单发脱开源。
- 1：允许 DCBEVT1 作为 ePWM 模块的单发脱开源。

位 14，DCAEVT1：数字比较输出 A 事件 1 选择。

- 0：禁止 DCAEVT1 作为 ePWM 模块的单发脱开源。
- 1：允许 DCAEVT1 作为 ePWM 模块的单发脱开源。

位 13，OSHT6：$\overline{TZ6}$选择位。

- 0：禁止$\overline{\text{TZ6}}$作为单发脉冲脱开信号源，即当$\overline{\text{TZ6}}$引脚为低时，表示未发生单发脉冲脱开。
- 1：使能$\overline{\text{TZ6}}$作为单发脉冲脱开信号源，即当$\overline{\text{TZ6}}$引脚为低时，表示发生单发脉冲脱开。

位 12，OSHT5：$\overline{\text{TZ5}}$选择位。

- 0：禁止$\overline{\text{TZ5}}$作为单发脉冲脱开信号源，即当$\overline{\text{TZ5}}$引脚为低时，表示未发生单发脉冲脱开。
- 1：使能$\overline{\text{TZ5}}$作为单发脉冲脱开信号源，即当$\overline{\text{TZ5}}$引脚为低时，表示发生单发脉冲脱开。

位 11，OSHT4：$\overline{\text{TZ4}}$选择位。

- 0：禁止$\overline{\text{TZ4}}$作为单发脉冲脱开信号源，即当$\overline{\text{TZ4}}$引脚为低时，表示未发生单发脉冲脱开。
- 1：使止$\overline{\text{TZ4}}$作为单发脉冲脱开信号源，即当$\overline{\text{TZ4}}$引脚为低时，表示发生单发脉冲脱开。

位 10，OSHT3：$\overline{\text{TZ3}}$选择位。

- 0：禁止$\overline{\text{TZ3}}$作为单发脉冲脱开信号源，即当$\overline{\text{TZ3}}$引脚为低时，表示未发生单发脉冲脱开。
- 1：使止$\overline{\text{TZ3}}$作为单发脉冲脱开信号源，即当$\overline{\text{TZ3}}$引脚为低时，表示发生单发脉冲脱开。

位 9，OSHT2：$\overline{\text{TZ2}}$选择位。

- 0：禁止$\overline{\text{TZ2}}$作为单发脉冲脱开信号源，即当$\overline{\text{TZ2}}$引脚为低时，表示未发生单发脉冲脱开。
- 1：使能$\overline{\text{TZ2}}$作为单发脉冲脱开信号源，即当$\overline{\text{TZ2}}$引脚为低时，表示发生单发脉冲脱开。

位 8，OSHT1：$\overline{\text{TZ1}}$选择位。

- 0：禁止$\overline{\text{TZ1}}$作为单发脉冲脱开信号源，即当$\overline{\text{TZ1}}$引脚为低时。表示未发生单发脉冲脱开。
- 1：使能$\overline{\text{TZ1}}$作为单发脉冲脱开信号源，即当$\overline{\text{TZ1}}$引脚为低时，表示发生单发脉冲脱开。

位 7，DCBEVT2：数字比较输出 B 事件 2 选择。

- 0：禁止 DCBEVT2 作为 ePWM 模块的单发脱开源。
- 1：允许 DCBEVT2 作为 ePWM 模块的单发脱开源。

位 6，DCAEVT2：数字比较输出 A 事件 2 选择。

- 0：禁止 DCAEVT2 作为 ePWM 模块的单发脱开源。
- 1：允许 DCAEVT2 作为 ePWM 模块的单发脱开源。

位 5，CBC6：$\overline{\text{TZ6}}$选择位。

• 0：禁止$\overline{TZ6}$作为重复脱开信号源，即当$\overline{TZ6}$引脚为低时，表示未发生重复脱开。

• 1：使能$\overline{TZ6}$作为重复脱开信号源，即当$\overline{TZ6}$引脚为低时，表示发生重复脱开。

位 4，CBC5：$\overline{TZ5}$选择位。

• 0：禁止$\overline{TZ5}$作为重复脱开信号源，即当$\overline{TZ5}$引脚为低时，表示未发生重复脱开。

• 1：使能$\overline{TZ5}$作为重复脱开信号源，即当$\overline{TZ5}$引脚为低时，表示发生重复脱开。

位 3，CBC4：$\overline{TZ4}$选择位。

• 0：禁止$\overline{TZ4}$作为重复脱开信号源，即当$\overline{TZ4}$引脚为低时，表示未发生重复脱开。

• 1：使能$\overline{TZ4}$作为重复脱开信号源，即当$\overline{TZ4}$引脚为低时，表示发生重复脱开。

位 2，CBC3：$\overline{TZ3}$选择位。

• 0：禁止$\overline{TZ3}$作为重复脱开信号源，即当$\overline{TZ3}$引脚为低时，表示未发生重复脱开。

• 1：使能$\overline{TZ3}$作为重复脱开信号源，即当$\overline{TZ3}$引脚为低时，表示发生重复脱开。

位 1，CBC2：$\overline{TZ2}$选择位。

• 0：禁止$\overline{TZ2}$作为重复脱开信号源，即当$\overline{TZ2}$引脚为低时，表示未发生重复脱开。

• 1：使能$\overline{TZ2}$作为重复脱开信号源，即当$\overline{TZ2}$引脚为低时，表示发生重复脱开。

位 0，CBCl：$\overline{TZ1}$选择位。

• 0：禁止$\overline{TZ1}$作为重复脱开信号源，即当$\overline{TZ1}$引脚为低时，表示未发生重复脱开。

• 1：使能$\overline{TZ1}$作为重复脱开信号源，即当$\overline{TZ1}$引脚为低时，表示发生重复脱开。

18. 脱开区控制寄存器（Trip – Zone Control Register，TZCTL）

15–12	11–10	9–8
Reserved	DCBEVT2	DCBEVT1
R-0	R/W-0	R/W-0

7–6	5–4	3–2	1–0
DCAEVT2	DCAEVT1	TZB	TZA
R/W-0	R/W-0	R/W-0	R/W-0

位 15 ~ 12，保留位。

位 11 ~ 10，DCBEVT2：数字比较输出 B 事件 2 在 EPWMxB 的动作。

• 00：强制（EPWMxB 为高阻态）。

• 01：强制 EPWMxB 为高状态。

• 10：强制 EPWMxB 为低状态。

• 11：无动作，禁止脱开动作。

位 9 ~ 8，DCBEVT1：数字比较输出 B 事件 1 在 EPWMxB 的动作。

• 00：强制（EPWMxB 为高阻态）。

• 01：强制 EPWMxB 为高状态。

• 10：强制 EPWMxB 为低状态。

• 11：无动作，禁止脱开动作。

位 7 ~6，DCAEVT2：数字比较输出 A 事件 2 在 EPWMxA 的动作。

- 00：高阻（EPWMxA 为高阻态）。
- 01：强制 EPWMxA 为高状态。
- 10：强制 EPWMxA 为低状态。
- 11：无动作，禁止脱开动作。

位 5 ~4，DCAEVT1：数字比较输出 A 事件 1 在 EPWMxA 的动作。

- 00：强制 EPWMxA 为高阻态。
- 01：强制 EPWMxA 为高状态。
- 10：强制 EPWMxA 为低状态。
- 11：无动作，禁止脱开动作。

位 3 ~2，TZB：当一个脱开事件发生时，如何控制 ePWMxB 输出信号，哪个引脚产生的脱开事件由 TZSEL 寄存器确定。

- 00：强制 ePWMxB 为高阻态。
- 01：强制 ePWMxB 为高电平。
- 10：强制 ePWMxB 为低电平。
- 11：什么也不做。

位 1 ~0，TZA：当一个脱开事件发生时，如何控制 ePWMxA 输出信号，哪个引脚产生的脱开事件由 TZSEL 寄存器确定。

- 00：强制 ePWMxA 为高阻态。
- 01：强制 ePWMxA 为高电平。
- 10：强制 ePWMxA 为低电平。
- 11：什么也不做。

19. 脱开区中断使能寄存器（Trip - Zone Enable Interrupt Register，TZEINT）

15 ~ 8
Reserved
R-0

7	6	5	4	3	2	1	0
Reserved	DCBEVT2	DCBEVT1	DCBEVT2	DCBEVT1	OST	CBC	Reserved
R-0	R/W-0	R/W-0	R/W-0	R/W-0	R/W-0	R/W-0	R-0

位 15 ~7，保留位。

位 6 DCBEVT2：数字比较输出 B 事件 2 中断使能位。

- 0：禁止。
- 1：使能。

位 5，DCBEVT1：数字比较输出 B 事件 1 中断使能位。

- 0：禁止。
- 1：使能。

位 4，DCAEVT2：数字比较输出 A 事件 2 中断使能位。

- 0：禁止。
- 1：使能。

位 3，DCAEVT1：数字比较输出 A 事件 1 中断使能位。

- 0：禁止。
- 1：使能。

位 2，OST：单发脉冲脱开保护中断使能位。

- 0：禁止单发脉冲脱开中断。
- 1：使能单发脉冲脱开中断。

位 1，CBC：重复脱开保护中断使能位。

- 0：禁止重复脱开中断。
- 1：使能重复脱开中断。

位 0，保留位。

20. 脱开区标志寄存器（Trip－Zone Flag Register，TZFLG）

15–8
Reserved
R-0

7	6	5	4	3	2	1	0
Reserved	DCBEVT2	DCBEVT1	DCBEVT2	DCBEVT1	OST	CBC	INT
R-0	R-0	R-0	R-0	R-0	R-0	R-0	R-0

位 15～7，保留位。

位 6，DCBEVT2：数字比较输出 B 事件 2 锁存状态标志。

- 0：表明 DCBEVT2 无脱开事件发生。
- 1：表明 DCBEVT2 有脱开事件发生。

位 5，DCBEVT1：数字比较输出 B 事件 1 锁存状态标志。

- 0：表明 DCBEVT1 无脱开事件发生。
- 1：表明 DCBEVT1 有脱开事件发生。

位 4，DCAEVT2：数字比较输出 A 事件 2 锁存状态标志。

- 0：表明 DCAEVT2 无脱开事件发生。
- 1：表明 DCAEVT2 有脱开事件发生。

位 3，DCAEVT1：数字比较输出 A 事件 1 锁存状态标志。

- 0：表明 DCAEVT1 无脱开事件发生。
- 1：表明 DCAEVT1 有脱开事件发生。

位 2，OST：单发脉冲脱开事件标志位。

- 0：没有单发脉冲脱开事件。
- 1：单发脉冲脱开事件发生，写数据到 TZCLR 位将清除该位。

位 1，CBC：重复脱开事件标志位。

- 0：没有重复脱开事件。
- 1：发生重复脱开事件。

位 0，INT：脱开事件中断标志位。

- 0：没有产生脱开事件中断。
- 1：发生脱开事件中断，如果标志位未清除将不会再产生中断。

21. 脱开区清除寄存器（Trip – Zone Clear Register，TZCLR）

15–8
Reserved
R-0

7	6	5	4	3	2	1	0
Reserved	DCBEVT2	DCBEVT1	DCAEVT2	DCAEVT1	OST	CBC	INT
R-0	R/W1C-0	R/W1C-0	R/W1C-0	R/W1C-0	R/W-0	R/W-0	R/W-0

位 15 ~7，保留位。

位 6，DCBEVT2：清除数字比较输出 B 事件 2 标志。

- 0：写 0 无效。
- 1：写 1 清除 DCBEVT2 事件脱开条件。

位 5，DCBEVT1：清除数字比较输出 B 事件 1 标志。

- 0：写 0 无效。
- 1：写 1 清除 DCBEVT1 事件脱开条件。

位 4，DCAEVT2：清除数字比较输出 A 事件 2 标志。

- 0：写 0 无效。
- 1：写 1 清除 DCAEVT1 事件脱开条件。

位 3，DCAEVT1：清除数字比较输出 A 事件 1 标志。

- 0：写 0 无效。
- 1：写 1 清除 DCAEVT1 事件脱开条件。

位 2，OST：清单发脉冲脱开事件标志位。

- 0：写 0 无效。
- 1：写 1 清单发脉冲脱开事件标志位。

位 1，CBC：清重复脱开标志位。

- 0：写 0 无效。
- 1：写 1 清重复脱开事件标志位。

位 0，INT：INT 中断标志位。

- 0：写 0 无效。
- 1：写 1 清 INT 中断标志位，如果未清除该位将不会产生任何中断，如 TZFLG[INT]为 0，其他标志位置位，则产生另一个中断，清所有标志将不产生中断。

22. 脱开区强制寄存器（Trip – Zone Force Register，TZFRC）

15–8
Reserved
R-0

7	6	5	4	3	2	1	0
Reserved	DCBEVT2	DCBEVT1	DCBEVT2	DCBEVT1	OST	CBC	Reserved
R-0	R/W-0	R/W-0	R/W-0	R/W-0	R/W-0	R/W-0	R-0

位 15 ~7，保留位。

位 6，DCBEVT2：数字比较输出 B 事件 2 强制标志。

- 0：写 0 无效。
- 1：写 1 强制 DCBEVT2 事件脱开条件并设置 TZFLG[DCBEVT2]位。

位 5，DCBEVT1：数字比较输出 B 事件 1 强制标志。

- 0：写 0 无效。
- 1：写 1 强制 DCBEVT1 事件脱开条件并设置 TZFLG[DCBEVT1]位。

位 4，DCAEVT2：数字比较输出 A 事件 2 强制标志。

- 0：写 0 无效。
- 1：写 1 强制 DCAEVT2 事件脱开条件并设置 TZFLG[DCAEVT2]位。

位 3，DCAEVT1：数字比较输出 A 事件 1 强制标志。

- 0：写 0 无效。
- 1：写 1 强制 DCAEVT1 事件脱开条件并设置 TZFLG[DCAEVT1]位。

位 2，OST：强制产生一个单发脉冲脱开事件位。

- 0：写 0 无效。
- 1：写 1 强制一个单发脉冲脱开事件产生，同时置位单发脉冲脱开事件标志位。

位 1，CBC：强制产生重复脱开位。

- 0：写 0 无效。
- 1：写 1 强制一个重复脱开事件产生，同时置位重复脱开事件标志位。

位 0，保留位。

23. 事件触发选择寄存器（Event - Trigger Selection Register，ETSEL）

15	14–12	11	10–8
SOCBEN	SOCBSEL	SOCAEN	SOCASEL
R/W-0	R/W-0	R/W-0	R/W-0

7–4	3	2–0
Reserved	INTEN	INTSEL
R-0	R/W-0	R/W-0

位 15，SOCBEN：当有 ePWMxSOCB 脉冲时启动 A - D 转换。

- 0：禁止 ePWMxSOCB 脉冲启动 A - D 转换。
- 1：使能 ePWMxSOCB 脉冲启动 A - D 转换。

位 14 ~12，SOCBSEL：ePWMxSOCB 脉冲选择位。该位域确定什么时候产生一个 ePWMxSOCB 脉冲。

- 000：保留。
- 001：当时基计数器（TBCTR）的值等于 0 时，产生 ePWMxSOCB 脉冲。
- 010：当时基计数器（TBCTR）的值等于周期值时，产生 ePWMxSOCB 脉冲。
- 011：保留。
- 100：当时基计数器（TBCTR）的值等于计数比较寄存器 A（CMPA），同时时基计数器（TBCTR）处于增计数时，产生 ePWMxSOCB 脉冲。
- 101：当时基计数器（TBCTR）的值等于计数比较寄存器 A（CMPA），同时时基计数器（TBCTR）处于减计数时，产生 ePWMxSOCB 脉冲。

- 110：当时基计数器（TBCTR）的值等于计数比较寄存器 B（CMPB），同时时基计数器（TBCTR）处于增计数时，产生 ePWMxSOCB 脉冲。
- 111：当时基计数器（TBCTR）的值等于计数比较寄存器 B（CMPB），同时时基计数器（TBCTR）处于减计数时，产生 ePWMxSOCB 脉冲。

位 11，SOCAEN：当有 ePwMxSOCA 脉冲时启动 A－D 转换。

- 0：禁止 ePWMxSOCA 脉冲启动 A－D 转换。
- 1：使能 ePWMxSOCA 脉冲启动 A－D 转换。

位 10～8，SOCASEL：ePWMxSOCA 脉冲选择位。该位域确定什么时候产生一个 ePWMxSOCA 脉冲。

- 000：保留。
- 001：当时基计数器（TBCTR）值等于 0 时，产生 ePWMxSOCA 脉冲。
- 010：当时基计数器（TBCTR）值等于周期值时，产生 ePWMxSOCA 脉冲。
- 011：保留。
- 100：当时基计数器（TBCTR）的值等于计数比较寄存器 A（CMPA），同时时基计数器（TBCTR）处于增计数时，产生 ePWMxSOCA 脉冲。
- 101：当时基计数器（TBCTR）的值等于计数比较寄存器 A（CMPA），同时时基计数器（TBCTR）处于减计数时，产生 ePWMxSOCA 脉冲。
- 110：当时基计数器（TBCTR）的值等于计数比较寄存器 B（CMPB），同时时基计数器（TBCTR）处于增计数时，产生 ePWMxSOCA 脉冲。
- 111：当时基计数器（TBCTR）的值等于计数比较寄存器 B（CMPB），同时时基计数器（TBCTR）处于减计数时，产生 ePWMxSOCA 脉冲。

位 7～4，保留位。

位 3，INTEN：ePWM 中断使能位。

- 0：禁止 ePWM 中断。
- 1：使能 ePWM 中断。

位 2～0，INTSEL：产生中断选择位。该位域确定什么时候产生中断。

- 000：保留。
- 001：当时基计数器（TBCTR）值等于 0 时产生中断。
- 010：当时基计数器（TBCTR）值等于周期值时产生中断。
- 011：保留。
- 100：当时基计数器（TBCTR）的值等于计数比较寄存器 A（CMPA），同时时基计数器（TBCTR）处于增计数时，产生中断。
- 101：当时基计数器（TBCTR）的值等于计数比较寄存器 A（CMPA），同时时基计数器（TBCTR）处于减计数时，产生中断。
- 110：当时基计数器（TBCTR）的值等于计数比较寄存器 B（CMPB），同时时基计数器（TBCTR）处于增计数时，产生中断。
- 111：当时基计数器（TBCTR）的值等于计数比较寄存器 B（CMPB），同时时基计数器（TBCTR）处于减计数时，产生中断。

24. 事件触发分频寄存器（Event – Trigger Prescale Register，ETPS）

15–14	13–12	11–10	9–8
SOCBCNT	SOCBPRD	SOCACNT	SOCAPRD
R-0	R/W-0	R-0	R/W-0

7–4	3–2	1–0
Reserved	INTCNT	INTPRD
R-0	R-0	R/W-0

位 15 ~ 14，SOCBCNT：ePWMxSOCB 脉冲启动 A – D 转换计数寄存器。这两位记录 ETSEL[SOCBSEL]中选择的事件已经发生多少次。

- 00：1 次都未发生。
- 01：发生 1 次。
- 10：发生 2 次。
- 11：发生 3 次。

位 13 ~ 12，SOCBPRD：PWMxSOCB 脉冲启动 A – D 转换时基周期寄存器（TBPRD）。这两位确定当 ETSEL[SOCBSEL]中选择的事件发生多少次时就产生 PWMxSOCB 脉冲，即启动 A – D 转换。

- 00：禁止 SOCB 计数器，不会产生 ePWMxSOCB 脉冲。
- 01：发生 1 次就产生 PWMxSOCB 脉冲。
- 10：发生 2 次就产生 PWMxSOCB 脉冲。
- 11：发生 3 次就产生 PWMxSOCB 脉冲。

位 11 ~ 10，SOCACNT：ePWMxSOCA 脉冲启动 A – D 转换计数寄存器。这两位记录 ETSEL[SOCASEL]中选择的事件已经发生多少次。

- 00：1 次都未发生。
- 01：发生 1 次。
- 10：发生 2 次。
- 11：发生 3 次。

位 9 ~ 8，SOCAPRD：PWMxSOCA 脉冲启动 A – D 转换时基周期寄存器（TBPRD）。这两位确定当 ETSEL[SOCASEL]中选择的事件发生多少次时就产生 PWMxSOCA 脉冲，即启动 A – D 转换。

- 00：禁止 SOCB 计数器，不会产生 ePWMxSOCB 脉冲。
- 01：发生 1 次就产生 PWMxSOCB 脉冲。
- 10：发生 2 次就产生 PWMxSOCB 脉冲。
- 11：发生 3 次就产生 PWMxSOCB 脉冲。

位 7 ~ 4，保留位。

位 3 ~ 2，INTCNT：ePWM 模块中断事件计数器。这两位记录 ETSEL[INTSEL]中选择的事件已经发生多少次。当产生中断时，这些位自动清 0。如果中断禁止（ETSEL[INT] = 0）或者中断标志位置位，中断事件计数器将停止计数。

- 00：没有中断事件发生。
- 01：中断事件发生 1 次。

- 10：中断事件发生 2 次。
- 11：中断事件发生 3 次。

位 1 ~0，INTPRD：ePWM 中断周期选择位。这两位确定当 ETSEL[INTSEL] 中选择的中断事件发生几次时将产生中断，如果中断标志位被以前的中断置位，将不会产生中断。

- 00：禁止中断事件计数器，将不会产生中断。
- 01：发生 1 次（INTCNT = 01）就产生中断。
- 10：发生 2 次（INTCNT = 10）就产生中断。
- 11：发生 3 次（INTCNT = 11）就产生中断。

25. 事件触发标志寄存器（Event - Trigger Flag Register，ETFLG）

15 ~ 8
Reserved
R-0

7 ~ 4	3	2	1	0
Reserved	SOCB	SOCA	Reserved	INT
R-0	R-0	R-0	R-0	R-0

位 15 ~4，保留位。

位 3，SOCB：ePWMxSOCB 启动 A - D 转换标志位。

- 0：没有 ePWMxSOCB 事件。
- 1：发生 ePWMxSOCB 事件。

位 2，SOCA：ePWMxSOCA 启动 A - D 转换标志位。

- 0：没有 ePWMxSOCA 事件。
- 1：发生 ePWMxSOCA 事件。

位 1，保留位。

位 0，INT：中断标志位。

- 0：没有发生中断。
- 1：已发生中断，如果该位置位，不会再产生下一个中断。

26. 事件触发清除寄存器（Event - Trigger Clear Register，ETCLR）

15 ~ 8
Reserved
R=0

7 ~ 4	3	2	1	0
Reserved	SOCB	SOCA	Reserved	INT
R-0	R/W-0	R/W-0	R-0	R/W-0

位 15 ~4，保留位。

位 3，SOCB：ePWMxSOCB 启动 A - D 转换标志清除位。

- 0：无效。
- 1：写 1 清除 ETFLG[SOCB]位。

位 2，SOCA：ePWMxSOCA 启动 A - D 转换标志清除位。

- 0：无效。

• 1：写 1 清除 ETFLG[SOCA]位。

位 1，保留位。

位 0，INT：中断标志清除位。

• 0：无效。

• 1：写 1 清除中断标志位。

27. 数字比较脱开选择寄存器（Digital Compare Trip Select Register，DCTRIPSEL）

15～12	11～8
DCBLCOMPSEL	DCBHCOMPSEL
R/W-0	R/W-0

7～4	3～0
DCALCOMPSEL	DCAHCOMPSEL
R/W-0	R/W-0

位 15～12，DCBLCOMPSEL：数字比较 B 低输入选择，为 DCBL 输入定义来源。TZ（脱开区）信号用作脱开信号时，按正常输入处理并可定义高有效或低有效。

• 0000：$\overline{TZ1}$输入。

• 0001：$\overline{TZ2}$输入。

• 0010：$\overline{TZ3}$输入。

• 1000：COMP1OUT 输入。

• 1001：COMP2OUT 输入。

• 1010：COMP3OUT 输入。

其他数值保留。如果器件没有特定的比较器，相应的选择保留。

位 11～8，DCBHCOMPSEL：数字比较 B 高输入选择，为 DCBH 输入定义来源。TZ（脱开区）信号用作脱开信号时，按正常输入处理并可定义高有效或低有效。

• 0000：$\overline{TZ1}$输入。

• 0001：$\overline{TZ2}$输入。

• 0010：$\overline{TZ3}$输入。

• 1000：COMP1OUT 输入。

• 1001：COMP2OUT 输入。

• 1010：COMP3OUT 输入。

其他数值保留。如果器件没有特定的比较器，相应的选择保留。

位 7～4，DCALCOMPSEL：数字比较 A 低输入选择，为 DCAL 输入定义来源。TZ（脱开区）信号用作脱开信号时，按正常输入处理并可定义高有效或低有效。

• 0000：$\overline{TZ1}$输入。

• 0001：$\overline{TZ2}$输入。

• 0010：$\overline{TZ3}$输入。

• 1000：COMP1OUT 输入。

• 1001：COMP2OUT 输入。

• 1010：COMP3OUT 输入。

位 3～0，DCAHCOMPSEL：数字比较 A 高输入选择，为 DCAH 输入定义来源。TZ（脱开区）信号用作脱开信号时，按正常输入处理并可定义高有效或低有效。

• 0000：$\overline{\text{TZ1}}$输入。
• 0001：$\overline{\text{TZ2}}$输入。
• 0010：$\overline{\text{TZ3}}$输入。
• 1000：COMP1OUT 输入。
• 1001：COMP2OUT 输入。
• 1010：COMP3OUT 输入。

其他数值保留。如果器件没有特定的比较器，相应的选择保留。

28. 数字比较 A 控制寄存器（Digital Compare A Control Register，DCACTL）

15～10	9	8
Reserved	EVT2FRC SYNCSEL	EVT2SRCSEL
R-0	R/W-0	R/W-0

7～4	3	2	1	0
Reserved	EVT1SYNCE	EVT1SOCE	EVT1FRC SYNCSEL	EVT1SRCSEL
R-0	R/W-0	R/W-0	R/W-0	R/W-0

位 15～10，保留位。

位 9，EVT2FRCSYNCSEL：DCAEVT2 强制同步信号选择。

• 0：信号源为同步信号。
• 1：信号源为异步信号。

位 8，EVT2SRCSEL：DCAEVT2 信号源信号选择。

• 0：信号源为 DCAEVT2 信号。
• 1：信号源为 DCEVTFILT 信号。

位 7～4，保留位。

位 3，EVT1SYNCE：DCAEVT1 SYNC 使能/禁止位。

• 0：SYNC 产生禁止。
• 1：SYNC 产生使能。

位 2，EVT1SOCE：DCAEVT1 SOC 使能/禁止位。

• 0：SOC 产生禁止。
• 1：SOC 产生使能。

位 1，EVT1FRCSYNCSEL：DCAEVT1 强制同步信号选择。

• 0：信号源为同步信号。
• 1：信号源为异步信号。

位 0，EVT1SRCSEL：DCAEVT1 信号源信号选择。

• 0：信号源为 DCAEVT1 信号。
• 1：信号源为 DCEVTFILT 信号。

29. 数字比较 B 控制寄存器（Digital Compare B Control Register，DCBCTL）

15~10	9	8
Reserved	EVT2FRC SYNCSEL	EVT2SRCSEL
R-0	R/W-0	R/W-0

7~4	3	2	1	0
Reserved	EVT1SYNCE	EVT1SOCE	EVT1FRC SYNCSEL	EVT1SRCSEL
R-0	R/W-0	R/W-0	R/W-0	R/W-0

位 15 ~10，保留位。

位 9，EVT2FRCSYNCSEL：DCBEVT2 强制同步信号选择。

- 0：信号源为同步信号。
- 1：信号源为异步信号。

位 8，EVT2SRCSEL：DCBEVT2 信号源信号选择。

- 0：信号源为 DCBEVT2 信号。
- 1：信号源为 DCEVTFILT 信号。

位 7 ~4，保留位。

位 3，EVT1SYNCE：DCBEVT1 SYNC 使能/禁止位。

- 0：SYNC 产生禁止。
- 1：SYNC 产生使能。

位 2，EVT1SOCE：DCBEVT1 SOC 使能/禁止位。

- 0：SOC 产生禁止。
- 1：SOC 产生使能。

位 1，EVT1FRCSYNCSEL：DCBEVT1 强制同步信号选择。

- 0：信号源为同步信号。
- 1：信号源为异步信号。

位 0，EVT1SRCSEL：DCBEVT1 信号源信号选择。

- 0：信号源为 DCBEVT1 信号。
- 1：信号源为 DCEVTFILT 信号。

30. 数字比较滤波控制寄存器（Digital Compare Filter Control Register，DCFCTL）

15~13	12~8
Reserved	Reserved
R-0	R-0

7	6	5~4	3	2	1~0
Reserved	Reserved	PULSESEL	BLANKINV	BLANKE	SRCSEL
R-0	R-0	R/W-0	R/W-0	R/W-0	R/W-0

位 15 ~6，保留位。

位 5 ~4，PULSESEL：消隐和捕获对齐的脉冲选择。

- 00：时基计数器等于周期（TBCTR = BPRD）。
- 01：时基计数器等于零（TBCTR =0x0000）。
- 10、11：保留。

位 3，BLANKINV：消隐窗取反。

• 0：消隐窗不取反。
• 1：消隐窗取反。

位 2，BLANKE：消隐窗使能/禁止。
• 0：消隐窗禁止。
• 1：消隐窗使能。

位 1～0，SRCSEL：滤波模块信号源选择。
• 00：信号源为 DCAEVT1 信号。
• 01：信号源为 DCAEVT2 信号。
• 10：信号源为 DCBEVT1 信号。
• 11：信号源为 DCBEVT2 信号。

31. 数字比较捕获控制寄存器（Digital Compare Capture Control Register，DCCAPCTL）

15～8
Reserved
R-0

7～2	1	0
Reserved	SHDWMODE	CAPE
R-0	R/W-0	R/W-0

位 15～2，保留位。

位 1，SHDWMODE：TBCTR 计数器捕获影子选择模式。
• 0：使能影子模式。在由 DCFCTL［PULSESEL］定义的 TBCTR = TBPRD 或 TBCTR = 0 时，DCCAP 活跃寄存器复制到影子寄存器。CPU 读 DCCAP 寄存器将返回影子寄存器内容。
• 1：活跃模式。此模式禁止影子寄存器。CPU 读 DCCAP 寄存器总是返回活跃寄存器内容。

位 0，CAPE：TBCTR 计数器捕获使能/禁止位。
• 0：禁止时基计数器捕获。
• 1：使能时基计数器捕获。

32. 数字比较计数器捕获寄存器（Digital Compare Counter Capture Register，DCCAP）

这是一个 16 位只读寄存器，数值范围 0000～FFFFh，为数字比较计数器捕获值。为使能数字比较计数器捕获，应将 DCCAPCLT［CAPE］位设为 1。使能时，它反映了在滤波（DCEVTFLT）事件低到高边沿变化时基计数器（TBCTR）值。忽略后面的捕获事件，直到下一个周期或由 DCFCTL［PULSESEL］选择的零点。

DCCAP 寄存器的影子寄存器可以由 DCCAPCTL［SHDWMODE］位使能或禁止。默认情况使能影子寄存器。

• 若 DCCAPCTL［SHDWMODE］= 0，那么使能影子寄存器。这种方式下，在由 DCFCTL［PULSESEL］定义的 TBCTR = TBPRD 或 TBCTR = 0 时，活跃寄存器复制到影子寄存器。CPU 读此寄存器将返回影子寄存器值。
• 若 DCCAPCTL［SHDWMODE］= 1，那么禁止影子寄存器。这种方式下，CPU 读将返回活跃寄存器值。活跃和影子寄存器具有同样的存储器地址。

33. 数字比较滤波偏移寄存器（Digital Compare Filter Offset Register，DCFOFFSET）

这是一个 16 位只读寄存器，数值范围 0000～FFFFh，为消隐窗偏移值。它指定从消隐窗参考点到消隐窗应用点的 TBCLK 周期数。消隐窗参考点可以是由 DCFCTL[PULSESEL]定义的周期或零点。

该偏移寄存器有影子寄存器，在由 DCFCTL[PULSESEL]定义的参考点装入活跃寄存器。偏移计数器也在活跃寄存器装入时初始化并开始向下计数。当计数器终止时，应用消隐窗。如果消隐窗正在工作，消隐窗计数器重新启动。

34. 数字比较滤波偏移计数器寄存器（Digital Compare Filter Offset Counter Register，DCFOFFSETCNT）

这是一个 16 位只读寄存器，数值范围 0000 ~ FFFFh，指明偏移计数器的当前值。计数器计数到 0 后停止，直到在下一个周期重新装入或 DCFCTL[PULSESEL]定义的到 0 事件发生。

偏移计数器不受自由/软件仿真位的影响，即当器件由仿真停止而暂停时，它总是继续向下计数。

35. 数字比较滤波窗口寄存器（Digital Compare Filter Window Register，DCFWINDOW）

15~8
Reserved
R-0

7~0
WINDOW
R/W-0

位 15 ~ 8，保留位。

位 7 ~ 0，WINDOW：数值 00 ~ FFh，消隐窗宽度。

- 00h：不产生消隐窗。
- 01 ~ FFh：以 TBCLK 周期指定消隐窗宽度。当偏移计数器终止时消隐窗开始。这时，窗计数器装入并开始向下计数。如果消隐窗正在工作而偏移计数器终止，那么消隐窗计数器重新启动。消隐窗可以跨过 PWM 周期边界。

36. 数字比较滤波窗口计数器寄存器（Digital Compare Filter Window Counter Register，DCFWINDOWCNT）

15~8
Reserved
R-0

7~0
WINDOWCNT
R-0

位 15 ~ 8，保留位。

位 7 ~ 0，WINDOWCNT：数值 00 ~ FFh，消隐窗计数器。该 8 位为只读位，表明窗计数器当前值。计数器计数到 0 后停止，直到当偏移计数器重新到 0 时重新装入。

7.11 ePWM 模块在功率电路中的应用

一个 ePWM 模块具有所有必要的资源，使得其可以作为一个完全独立模块运行，也可以与其他相同的 ePWM 模块同步运行。

1. 多模块概述

本章上述讨论主要是针对单个模块的运行。为了有助于理解多个模块在一个系统的工作，图 7-17 给出了 ePWM 模块简化框图。该图只是给出了当采用多个 ePWM 模块联合工作时，如何理解多开关功率拓扑电路所需要的关键资源。

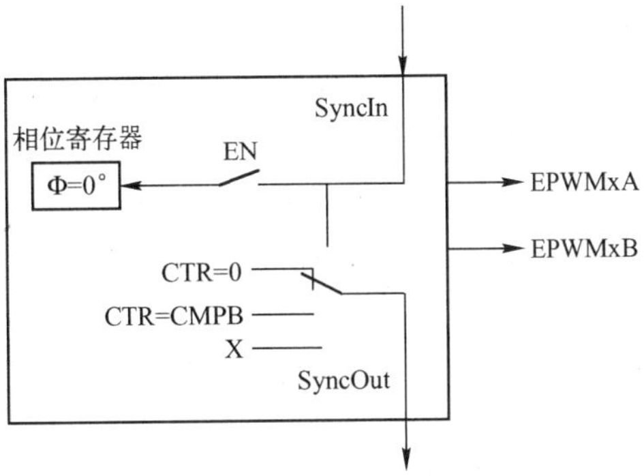

图 7-17　ePWM 模块简化框图

2. 主要配置能力

对于每一个模块都有许多可用的选择。

对于同步输入 SyncIn 的选择有：

- 在到来的同步选通时，用相位计数器装入自身的计数器，即使能（EN）开关闭合。
- 不动作或忽略到来的同步选通，即使能（EN）开关打开。
- 同步流通，即同步输出 SyncOut 连接到同步输入 SyncIn。
- 主模式，在 PWM 边界提供一个同步，即同步输出 SyncOut 连接到 CTR = PRD。
- 主模式，在任意可编程时间点提供一个同步，即 SyncOut 连接到 CTR = CMPB。
- 模块为独立工作模式，不为其他模块提供同步信号，即 SyncOut 连接到 X（禁止）。

对于同步输出 SyncOut 的选择有：

- 同步流通，即同步输出 SyncOut 连接到同步输入 SyncIn。
- 主模式，在 PWM 边界提供一个同步，即同步输出 SyncOut 连接到 CTR = PRD。
- 主模式，在任意可编程时间点提供一个同步，即 SyncOut 连接到 CTR = CMPB。
- 模块为独立工作模式，不为其他模块提供同步信号，即 SyncOut 连接到 X（禁止）。

对于 SyncOut 的每一个选择，一个模块可以选择在到来的同步选通输入时，用相位计数器装入自身的计数器，或者选择通过使能开关忽略它。尽管有多种可能的组合，最常见的主模块和从模块模式由图 7-18 给出。

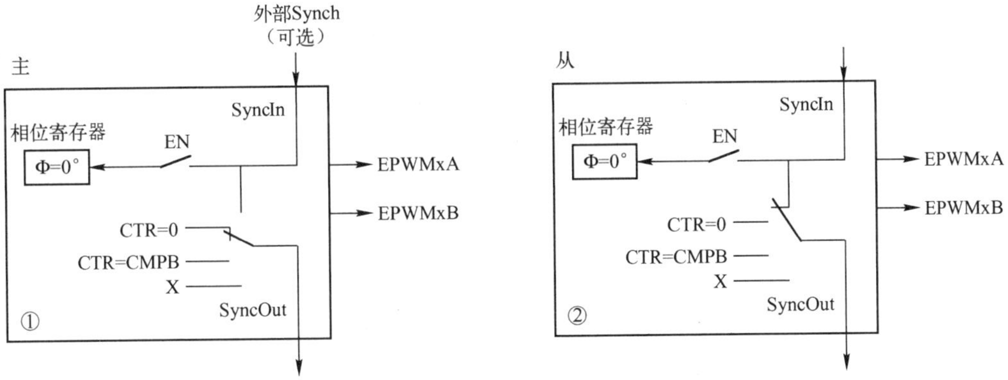

图 7-18　EPWM1 配置为典型的主模块、EPWM2 配置为从模块

3. 用独立频率控制多个降压逆变器

一个最简单的功率逆变器拓扑电路是降压（Buck）逆变器，如图 7-19 所示。一个配置为主模式 ePWM 模块，可以控制两个相同 PWM 频率的降压逆变器。如果每一个降压逆变器需要一个独立的控制频率，那么每一个

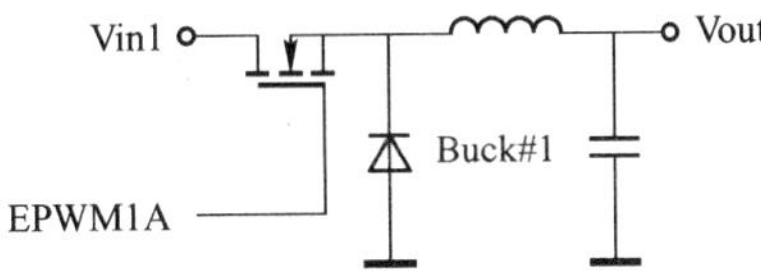

图 7-19　降压逆变拓扑电路

降压逆变器需要一个 ePWM 模块控制。这时，每一个 ePWM 模块配置都为主模式，不需要同步。

4. 用同一频率控制多个降压逆变器

如果需要同步，ePWM 模块 2 可以配置为从模式，以模块 1 的整数倍（N）频率运行。从主模块到从模块的同步信号保证锁定这些模块。

5. 控制多个半 H 桥（HHB）逆变器

也可以将相同的 ePWM 模块用于需要多开关元件的拓扑电路。使用单个 ePWM 模块可控制一个半 H 桥（HHB）电路模块，并可以扩展到多个半 H 桥。

6. 控制三相电动机逆变器

三相电动机可以是感应电动机（ACI）或永磁同步电动机（PMSM）。多个 ePWM 模块控制单相功率模块的思想可以扩展到三相逆变器的情况。这种情况下，采用 3 个 PWM 模块可以控制 6 个开关元件，每一个 PWM 模块控制逆变器的一个桥臂。所有桥臂应具有同样的频率且必须同步。一个主模块加两个从模块的结构可以满足这种要求。图 7-20 给出了 3 个 PWM 模块控制一个三相逆变器的电路。

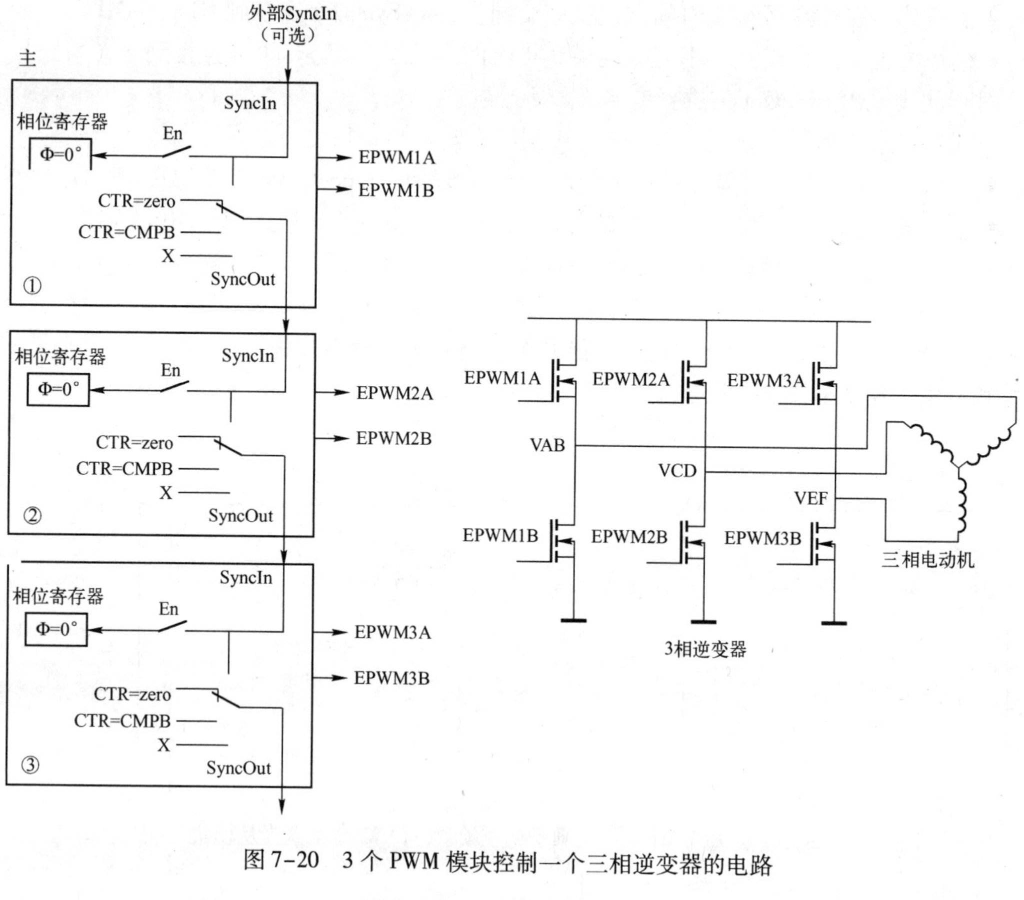

图 7-20　3 个 PWM 模块控制一个三相逆变器的电路

图 7-21 给出了三相逆变器的信号波形。

下面给出图 7-21 中三相逆变器电路的部分代码。

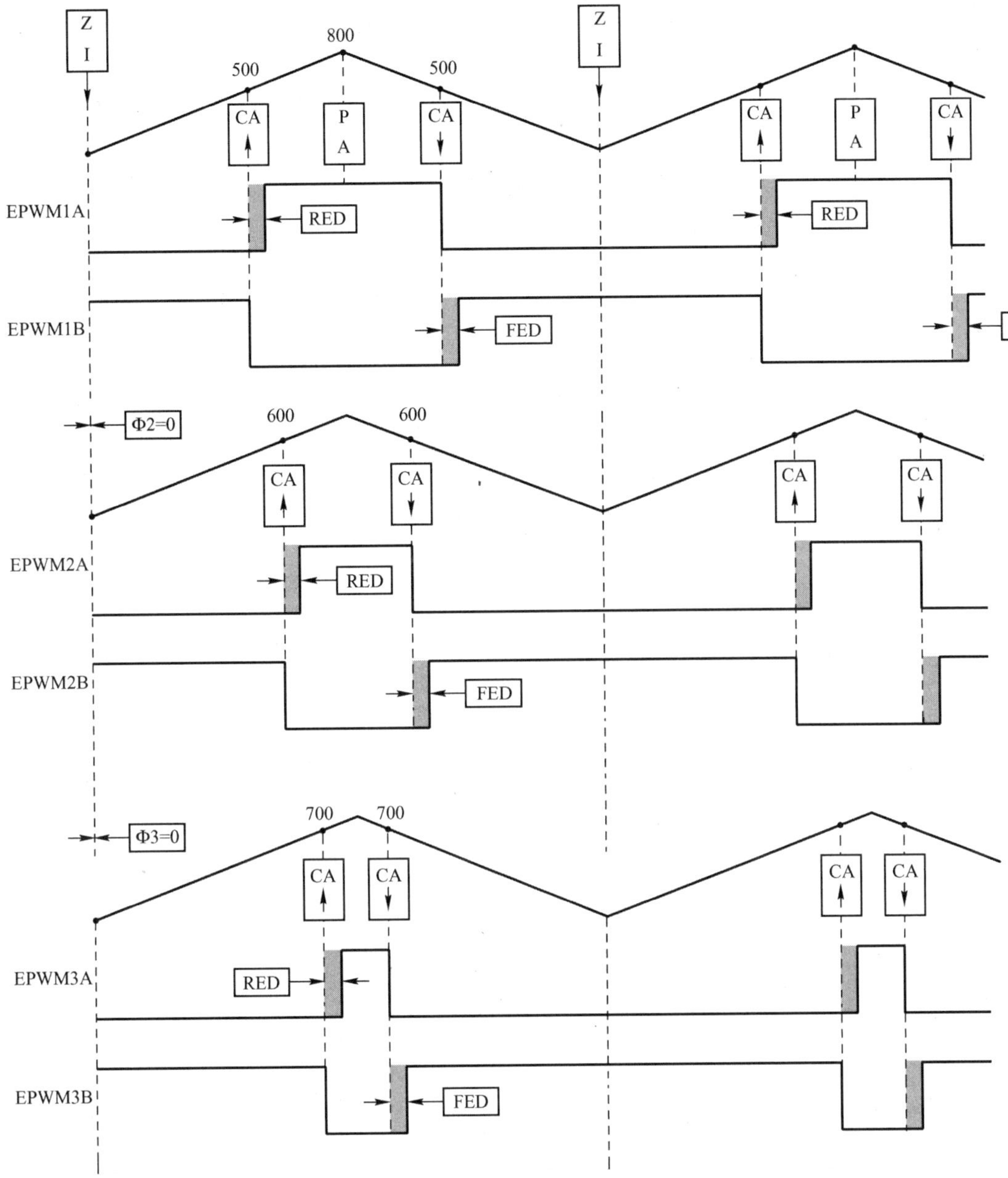

图 7-21　三相逆变器的信号波形

```
//初始化时间
//EPWM 模块 1 配置
EPwm1Regs.TBPRD = 800;                                   //Period = 1600 TBCLK 计数
EPwm1Regs.TBPHS.half.TBPHS = 0;                          //将相位寄存器设置为 0
EPwm1Regs.TBCTL.bit.CTRMODE = TB_COUNT_UPDOWN;           //对称模式
EPwm1Regs.TBCTL.bit.PHSEN = TB_DISABLE;                  //主模式
EPwm1Regs.TBCTL.bit.PRDLD = TB_SHADOW;
EPwm1Regs.TBCTL.bit.SYNCOSEL = TB_CTR_ZERO;              //同步信号下传
EPwm1Regs.CMPCTL.bit.SHDWAMODE = CC_SHADOW;
```

```
EPwm1Regs. CMPCTL. bit. SHDWBMODE = CC_SHADOW;
EPwm1Regs. CMPCTL. bit. LOADAMODE = CC_CTR_ZERO;     //在 CTR =0 时装入
EPwm1Regs. CMPCTL. bit. LOADBMODE = CC_CTR_ZERO;     //在 CTR =0 时装入
EPwm1Regs. AQCTLA. bit. CAU = AQ_SET; //set actions for EPWM1A
EPwm1Regs. AQCTLA. bit. CAD = AQ_CLEAR;
EPwm1Regs. DBCTL. bit. OUT_MODE = DB_FULL_ENABLE;    //使能死区模块
EPwm1Regs. DBCTL. bit. POLSEL = DB_ACTV_HIC;         //激活高互补
EPwm1Regs. DBFED = 50;//FED = 50 TBCLKs
EPwm1Regs. DBRED = 50;//RED = 50 TBCLKs
//EPWM 模块 2 配置
EPwm2Regs. TBPRD = 800;//Period = 1600 TBCLK 计数
EPwm2Regs. TBPHS. half. TBPHS = 0;                   //将相位寄存器设置为 0
EPwm2Regs. TBCTL. bit. CTRMODE = TB_COUNT_UPDOWN;    //对称模式
EPwm2Regs. TBCTL. bit. PHSEN = TB_ENABLE;            //从模式
EPwm2Regs. TBCTL. bit. PRDLD = TB_SHADOW;
EPwm2Regs. TBCTL. bit. SYNCOSEL = TB_SYNC_IN;        //同步流通
EPwm2Regs. CMPCTL. bit. SHDWAMODE = CC_SHADOW;
EPwm2Regs. CMPCTL. bit. SHDWBMODE = CC_SHADOW;
EPwm2Regs. CMPCTL. bit. LOADAMODE = CC_CTR_ZERO;     //在 CTR =0 时装入
EPwm2Regs. CMPCTL. bit. LOADBMODE = CC_CTR_ZERO;     //在 CTR =0 时装入
EPwm2Regs. AQCTLA. bit. CAU = AQ_SET;                //set actions for EPWM2A
EPwm2Regs. AQCTLA. bit. CAD = AQ_CLEAR;
EPwm2Regs. DBCTL. bit. OUT_MODE = DB_FULL_ENABLE;    //使能死区模块
EPwm2Regs. DBCTL. bit. POLSEL = DB_ACTV_HIC;         //激活高互补
EPwm2Regs. DBFED = 50; //FED = 50 TBCLKs
EPwm2Regs. DBRED = 50;//RED = 50 TBCLKs
//EPWM 模块 3 配置
EPwm3Regs. TBPRD = 800;//Period = 1600 TBCLK 计数
EPwm3Regs. TBPHS. half. TBPHS = 0;                   //将相位寄存器设置为 0
EPwm3Regs. TBCTL. bit. CTRMODE = TB_COUNT_UPDOWN;    //对称模式
EPwm3Regs. TBCTL. bit. PHSEN = TB_ENABLE;            //从模式
EPwm3Regs. TBCTL. bit. PRDLD = TB_SHADOW;
EPwm3Regs. TBCTL. bit. SYNCOSEL = TB_SYNC_IN;        //同步流通
EPwm3Regs. CMPCTL. bit. SHDWAMODE = CC_SHADOW;
EPwm3Regs. CMPCTL. bit. SHDWBMODE = CC_SHADOW;
EPwm3Regs. CMPCTL. bit. LOADAMODE = CC_CTR_ZERO;     //在 CTR =0 时装入
EPwm3Regs. CMPCTL. bit. LOADBMODE = CC_CTR_ZERO;     //在 CTR =0 时装入
EPwm3Regs. AQCTLA. bit. CAU = AQ_SET;                //设置 EPWM3A 的动作
EPwm3Regs. AQCTLA. bit. CAD = AQ_CLEAR;
EPwm3Regs. DBCTL. bit. OUT_MODE = DB_FULL_ENABLE;    //使能死区模块
EPwm3Regs. DBCTL. bit. POLSEL = DB_ACTV_HIC;         //激活高互补
EPwm3Regs. DBFED = 50;//FED = 50 TBCLKs
EPwm3Regs. DBRED = 50;//RED = 50 TBCLKs
```

```
//运行时间(注:运行时刻的代码执行)
EPwm1Regs.CMPA.half.CMPA = 500;                    //为输出 EPWM1A 调整占空比
EPwm2Regs.CMPA.half.CMPA = 600;                    //为输出 EPWM2A 调整占空比
EPwm3Regs.CMPA.half.CMPA = 700;                    //为输出 EPWM3A 调整占空比
```

7. 在 PWM 模块之间采用相位控制的实际应用

前面的例子未使用相位寄存器（TBPHS），要么将其设为 0 或者不在意其数值。然而，通过编程给 TBPHS 赋予合适的数值，多个 PWM 模块之间实现一类功率拓扑结构电路，这些电路依靠桥臂（或模块级）间的相位关系才能正确运行。如时基子模块部分所述，一个 PWM 模块可以通过配置允许 SyncIn 脉冲引起 TBPHS 寄存器装入到 TBCTR 寄存器。图 7-22 表示了这种相位控制的思想，图中主从模块有 120°的相位关系，即从模块领先主模块。

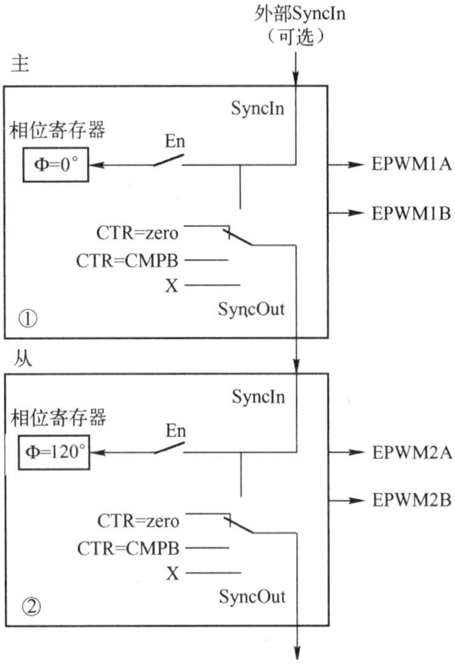

图 7-22　配置两个 PWM 模块用于相位控制

8. 控制三相交叉 DC/DC 逆变器

一种常见的在模块间使用相位偏移的功率拓扑结构如图 7-23 所示。该系统使用 3 个 PWM 模块，配置模块 1 为主模块。为了正常工作，相邻模块的相位关系应当是 F = 120°。通过分别将通过从模块寄存器 2 和 3 设置为周期值的 1/3 和 2/3 实现此要求。例如，如果周期寄存器装入的值为 600，那么 TBPHS（从模块 2）= 200，TBPHS（从模块 3）= 400。两个从模块都与主模块 1 同步。

这种思想可以通过合理设置 TBPHS 寄存器值，扩展到 4 相或更多相。下式给出了 N 相的 TBPHS 寄存器值

$$\text{TBPHS}(N,M) = (\text{TBPRD}/N) \times (M-1)$$

式中，N 为相数；M 为 PWM 模块数。

例如，对于三相情况，N = 3，TBPRD = 600，TBPHS(3,2) = (600/3) × (2 − 1) = 200（即从模块 2 的相位值），TBPHS(3,3) = 400（即从模块 3 的相位值）。

9. 控制零电压开关全桥（ZVSFB）逆变器

图 7-24 给出了一个全 H 桥模块控制电路，并假定桥臂（模块）间的相位关系为静态或常数。这种情况下，通过调制占空比实现控制。也可以在每个周期动态改变相位值。这种特点使得它可以控制一类被称为相移全桥或零电压开关全桥的功率拓扑电路。这里控制参数不是占空比（保持大约为 50% 的常数），而是桥臂之间的相位关系。这种系统可以通过分配两个 PWM 模块的资源控制一个功率模块（轮流控制 4 个开关元件）来实现。

图 7-24 为主从模块同步控制，且主从模块需要同样的 PWM 频率。相位由从模块相位寄存器 TBPHS 控制。主模块相位寄存器不用，因此可以初始化为 0。

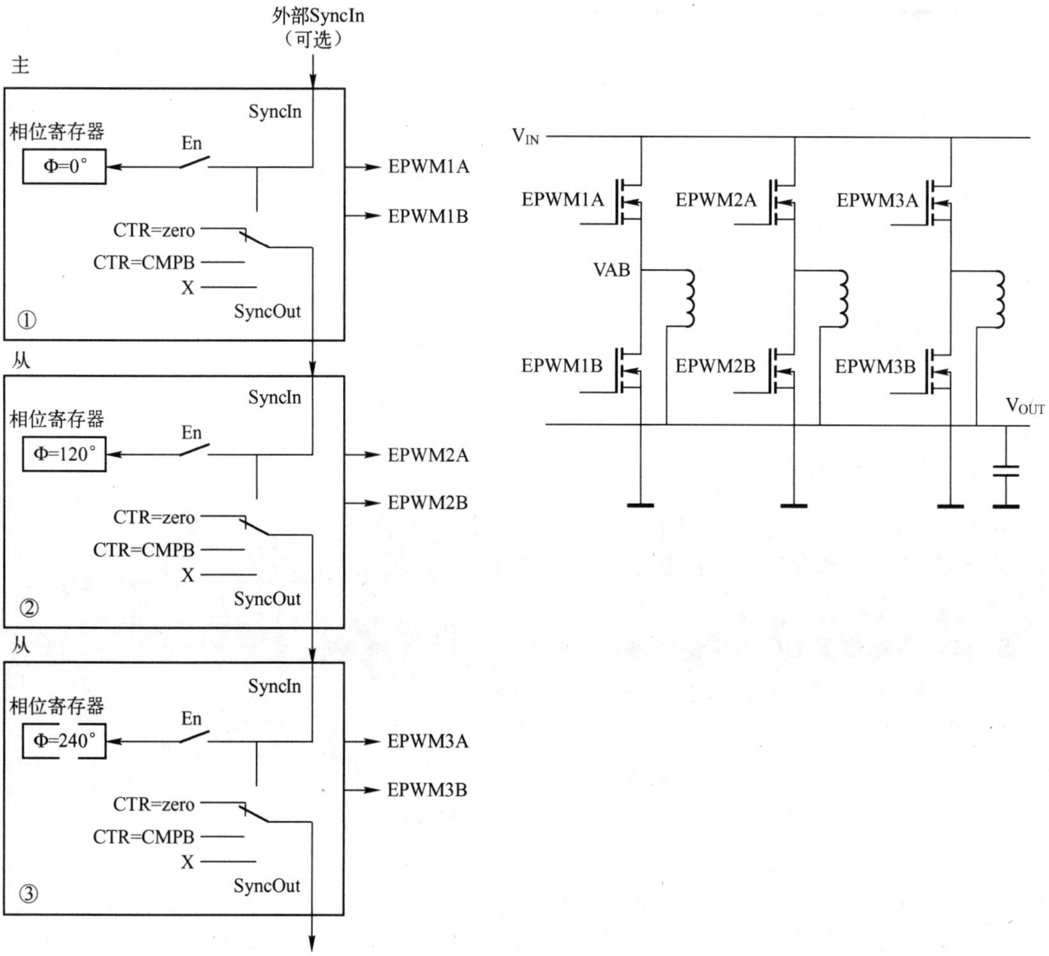

图 7-23　3 相交叉 DC/DC 逆变器控制

10. 控制峰值电流模式控制的降压逆变器模块

峰值电流控制技术具有许多优点，例如自动越过电流极限、输入电压变化快速校正、降低磁饱和。图 7-25 给出了降压逆变器峰值电流模式控制电路。它给出了 ePWM1A 与片内模拟比较器在降压逆变器拓扑电路的应用。输出电流由电阻传感器检测获得，并提供给片内比较器的正端。内部可编程的 10 位 DAC 可以用于为比较器的负端提供一个参考峰值电流。也可以在该输入端连接一个外部参考。比较器输出作为数字比较子模块的一个输入。ePWM 配置实现只要检测的电流达到峰值参考值，就脱开 ePWM1A 输出。采用每个周期脱开机制。

11. 控制 H 桥 LLC 谐振逆变器

多年来各种拓扑结构的谐振逆变器已在电力电子领域广为人知。另外，在许多需要高效、高功率密度的消费电子领域，H 桥 LLC 谐振逆变器拓扑结构近来获得了普及。图 7-26 为双谐振逆变器模块控制电路。图中使用了 ePWM1 的单通道配置，不难扩展到多通道。这里控制参数不是占空比（保持大约 50% 的常数），而是频率。死区未进行控制而是保持 300 ns的常数（即 30，TBCLK = 100 MHz），由用户决定实时更新该值，通过为软开关调整足够的时间延迟提高效率。

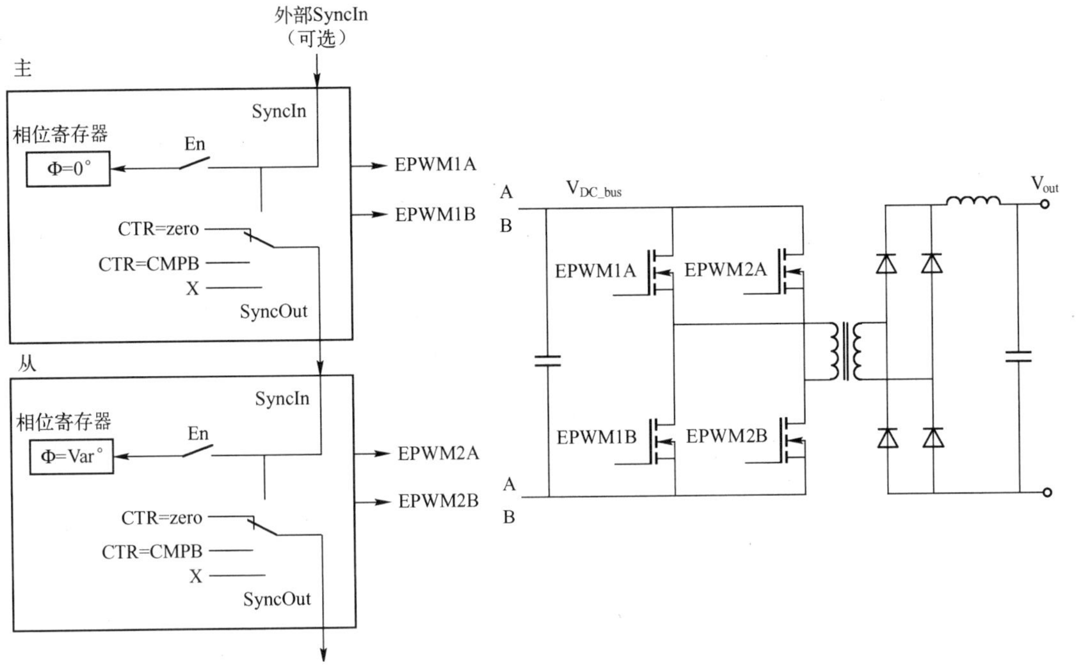

图 7-24　全 H 桥模块控制（$F_{PWM2}=F_{PWM1}$）

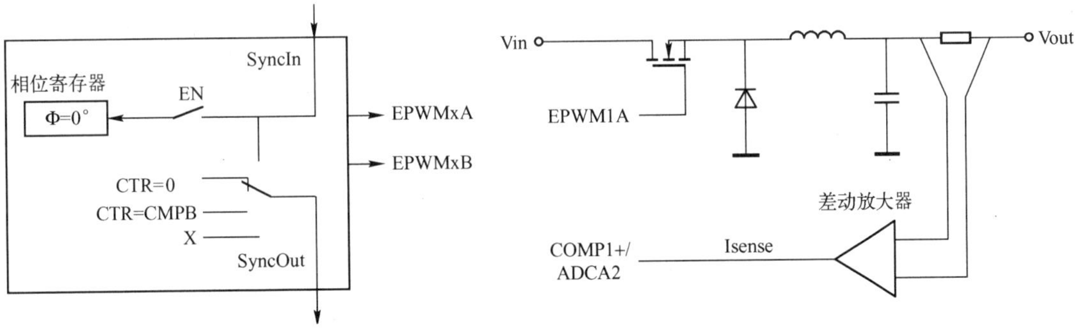

图 7-25　降压逆变器峰值电流模式控制

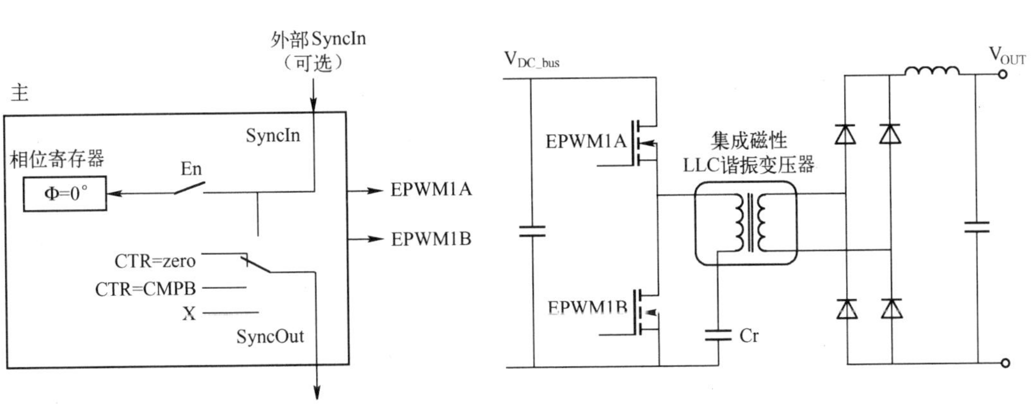

图 7-26　双谐振逆变器模块控制

7.12 高分辨率脉宽调制器

高分辨率脉宽调制器（High Resolution PWM，HRPWM）模块扩展了常规的数字脉宽调制器（PWM）的时间分辨能力。HRPWM 通常在 PWM 分辨率降到 9 ~ 10 位以下使用，其主要特征包括：

- 扩展时间分辨能力。
- 用于占空比和相位偏移控制方法。
- 采用比较 A 和相位寄存器，实现更精细的时间间隔控制或边沿定位。
- 通过 PWM 的 A 信号通路即 EPWMxA 实现。
- 具有自检诊断软件模式，以检查微边沿定位器（Micro Edge Positioner，MEP）逻辑是否在优化运行。
- 通过 PWM 的 A 和 B 通道互换，可以在 PWM 的 B 信号通路实现高分辨率输出。
- 通过 PWM 的 A 信号输出取反，可以在 PWM 的 B 信号通路实现高分辨率输出。
- 对于具有类型 1 的 ePWM 模块的器件，实现 ePWMxA 输出的高分辨率周期控制。

注意要确定所选器件是否具有类型 1 的 ePWM 模块，以支持高分辨率周期。这种方式下，ePWMxB 输出具有 ±1 ~2 周期的抖动。

1. HRPWM 概述

ePWM 外设用于实现数学上等效于数模转换器（DAC）的功能。如图 7-27 所示，常规产生的 PWM 的有效分辨率是 PWM 频率（或周期）和系统时钟频率的函数。

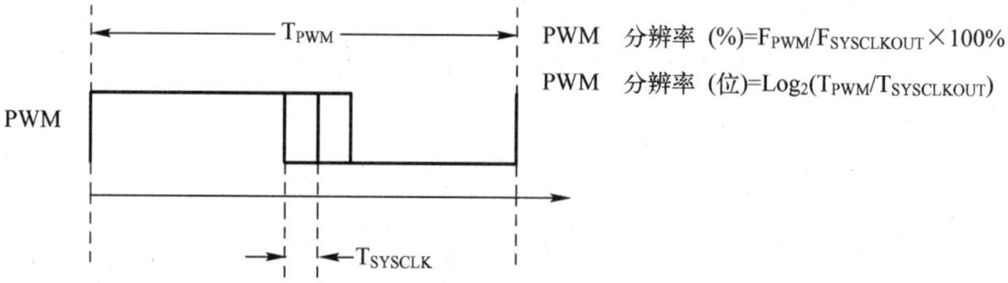

图 7-27　常规产生 PWM 的分辨率计算

如果普通 PWM 方式的 PWM 运行频率不能提供足够的分辨率，可以考虑 HRPWM。表 7-9 给出了 PWM 和 HRPWM 分辨率的对比情况，可以看出各种 PWM 频率下以位表示的 HRPWM 改进的分辨率。这些数值假定 MEP 步大小为 180 ps（皮秒）。

表 7-9　PWM 和 HRPWM 分辨率

PWM 频率（kHz）	常规分辨率（PWM）				高分辨率（HRPWM）	
	60 MHz SYSCLKOUT		50 MHz SYSCLKOUT		位	%
	位	%	位	%		
20	11.6	0.0	11.3	0	18.1	0.000
50	10.2	0.1	10	0.1	16.8	0.001

（续）

PWM 频率（kHz）	常规分辨率（PWM）				高分辨率（HRPWM）	
	60 MHz SYSCLKOUT		50 MHz SYSCLKOUT		位	%
	位	%	位	%		
100	9.2	0.2	9	0.2	15.8	0.002
150	8.6	0.3	8.4	0.3	15.2	0.003
200	8.2	0.3	8	0.4	14.8	0.004
250	7.9	0.4	7.6	0.5	14.4	0.005
500	6.9	0.8	6.6	1	13.4	0.009
1000	5.9	1.7	5.6	2	12.4	0.018
1500	5.3	2.5	5.1	3	11.9	0.027
2000	4.9	3.3	4.6	4	11.4	0.036

尽管各种应用不同，典型低频 PWM 运行（低于 250 kHz）可以不需要 HRPWM。HRPWM 性能对于如下有高频 PWM 需求的功率转换拓扑电路是非常有用的。

- 单相降压、升压、回扫（flyback）。
- 多相降压、升压、回扫。
- 相位偏移全桥。
- D 类功率放大器直接调制。

2. HRPWM 模块运行

HRPWM 是基于微边沿定位器（MEP）技术的。MEP 逻辑电路通过细分常规 PWM 发生器的粗系统时钟，能够很精细地定位一个边沿。时间步的精度是 150 ps 的数量级。对具体的器件，典型的 MEP 步大小需参考相应的手册来确定。HRPWM 还具有一个自检软件诊断模式，以检测在各种运行条件下 MEP 逻辑是否最优运行。

图 7-28 给出了粗系统时钟与以 MEP 步表示的边沿位置的关系，该边沿位置可以由比较 A 寄存器（CMPAHR）的 8 位域控制。图中，MEP 步数 = 取小数(PWM 负荷 * PWM 周期) *(MEP 定标系数) +0.5(圆整)，对于 MEP 范围与圆整调整，Q8 格式为 0x0080。而且有

16 位 CMPA 寄存器值 = 粗步数。

16 位 CMPAHR 寄存器值 = MEP 步数 ≪8（高 8 位）。

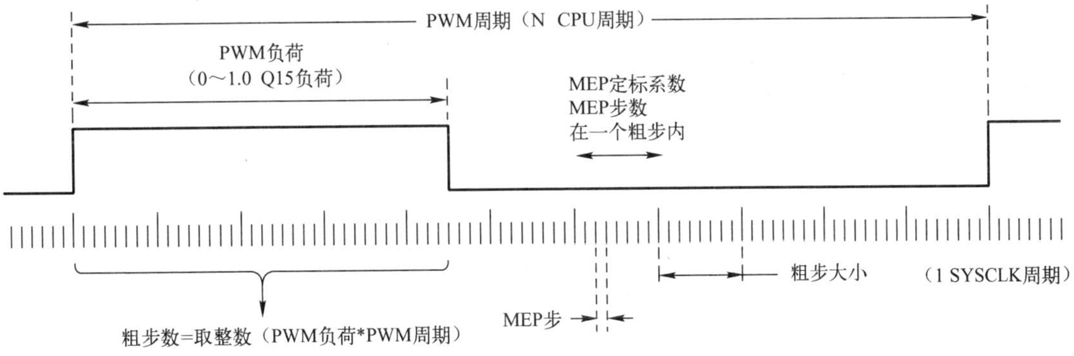

图 7-28 采用 MEP 的运行逻辑关系

为产生一个给定频率与极性的 HRPWM 波形，与对于需要配置寄存器 TBM、CCM 和 AQM。这与产生常规 PWM 波形一样。HRPWM 与这些寄存器配合，扩展边沿分辨率并作相应的配置。尽管有多种可能的编程组合，但是只需要其中很少且实用的组合。

HRPWM 的运行由表 7-10 所示的寄存器控制与监测。

表 7-10　HRPWM 模块的寄存器

名　称	偏移地址	影　子	寄存器描述
TBPHSHR	0x0002	无	HRPWM 相位扩展寄存器（8 位）
TBPRDHR	0x0006	是	HRPWM 周期扩展寄存器（8 位）
CMPAHR	0x0008	是	HRPWM 周期负荷寄存器（8 位）
HRCNFG	0x0020	无	HRPWM 配置寄存器
HRPWR	0x0021	无	HRPWM 电源寄存器
HRMSTEP	0x0026	无	HRPWMMEP 微步寄存器
TBPRDHRM	0x002A	是	HRPWM 扩展周期镜像寄存器（8 位）
CMPAHRM	0x002C	是	HRPWM 负荷扩展镜像寄存器（8 位）

（1）控制 HRPWM 能力

HRPWM 的微边沿定位器（MEP）能力由三个扩展寄存器扩展，它们都是 8 位宽度。这些 HRPWM 寄存器与 16 位寄存器 TBPHS、TBPRD 和 CMPA 联合一起控制 PWM 运行。

- TBPHSHR，时基相位高分辨率寄存器。
- CMPAHR，计数比较 A 高分辨率寄存器。
- TBPRDHR，时基周期高分辨率寄存器（某些器件可用）。

图 7-29 给出了 HRPWM 扩展寄存器与存储器配置。图中上标带 A 的寄存器有镜像，能写到两个不同的存储器单元（镜像寄存器带有后缀“M”，例如 CMPA 镜像即 CMPAM）。读高分辨率镜像寄存器会有不确定的值。另外，TBPRDHR 和 TBPRD 只有在镜像地址可以按 32 位值写入，不是所有器件都有这两个寄存器。

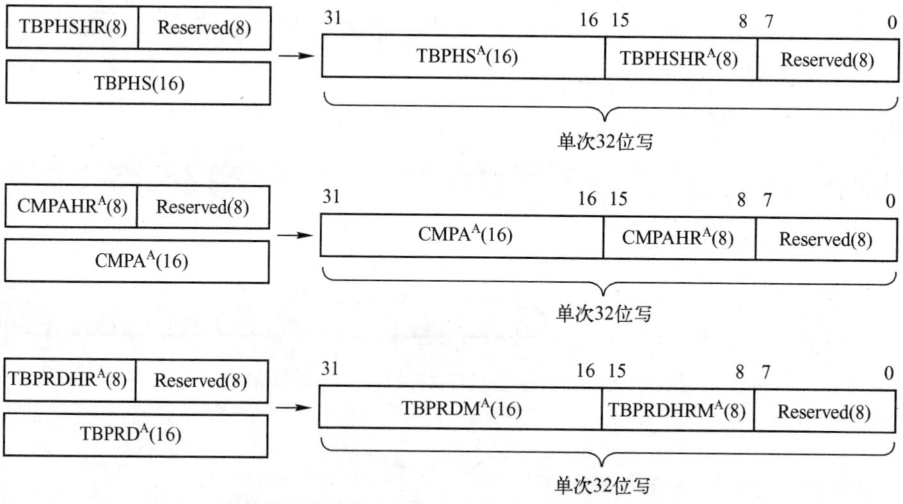

图 7-29　HRPWM 扩展寄存器与存储器配置

采用通道 A 的 PWM 信号通路控制 HRPWM 能力。通过合适配置 HRCNFG 寄存器，可以在通道 B 的 PWM 信号通路支持 HRPWM。图 7-30 给出了 HRPWM 模块框图，其中的寄存器 TBPHSHR、TBPRDHR 来自于时基子模块，寄存器 CMPAHR 来自于计数比较子模块。

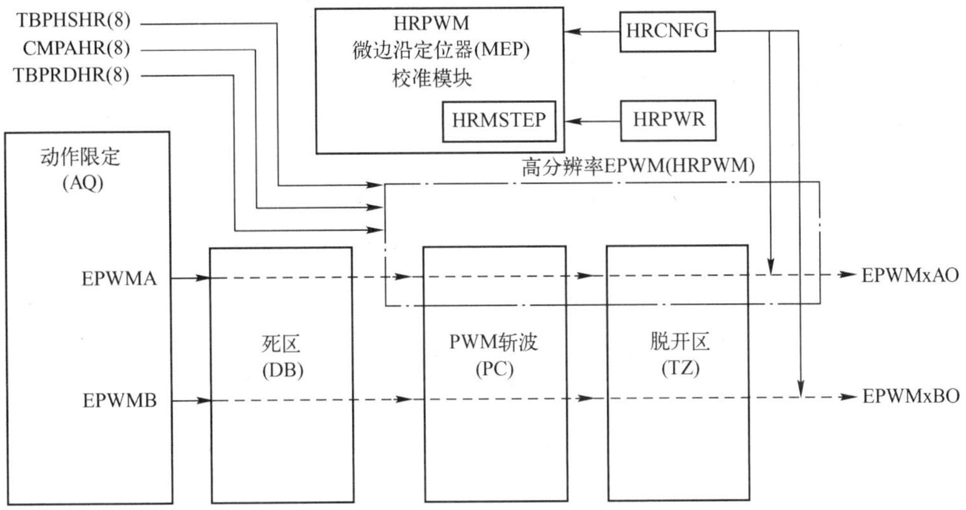

图 7-30　HRPWM 模块框图

（2）配置 HRPWM

一旦 ePWM 对于一个给定的频率与极性配置为提供常规 PWM，HRPWM 就可以通过编程 HRCNFG 寄存器进行配置。该寄存器有如下配置选择：

1）边沿模式。可以编程 MEP 以提供上升沿（RE）、下降沿（FE）或同时双沿（BE）的精密的位置控制。FE 与 RE 用于需要占空比控制（CMPA 高分辨率控制）的功率拓扑电路，而 BE 用于需要相位偏移控制的功率拓扑电路，例如相移全桥（TBPHS 或 TBPRD 高分辨率控制）。

2）控制模式。MEP 编程控制既可以采用 CMPAHR 寄存器（占空比控制），也可以采用 TBPHSHR 寄存器（相位控制）。RE 或 FE 控制模式应与 CMPAHR 寄存器一起使用。BE 控制模式应与 TBPHSHR 寄存器一起使用。当 MEP 由 TBPRDHR 寄存器（周期）控制时，占空比与相位也可以通过其相应的高分辨率寄存器控制。

3）影子模式。该模式与常规 PWM 模式提供一样的影子（双缓冲）选择。只有通过 CMPAHR 与 TBPRDHR 寄存器运行，这种选择才有效，而且应当与 CMPA 寄存器常规装入选择相同。若选择 TBPHSHR，那么该选项无效。

4）高分辨率 B 信号控制。ePWM 通道的 B 信号通路可以产生一个高分辨率输出，该输出可以是交换 A、B 输出（高分辨率信号出现在 ePWMxB 而不是 ePWMxA），或者在 ePWMxB 引脚输出高分辨率 ePWMxA 信号的反相信号。

5）自动转换模式。该模式只与定标系数优化软件联合使用。对于类型 1 的 HRPWM 模块，如果使能自动转换模式，CMPAHR = 取小数（PWM 占空比 * PWM 周期） <<8。定标系数优化软件通过背景代码计算定标系数 MEP，并用每粗步的 MEP 计算步数自动更新 HRM-

STEP 寄存器。MEP 校准模块将使用寄存器 HRMSTEP、CMPAHR 的值，自动计算由小数占空比表示的合适的 MEP 步数，并按此移动高分辨率 ePWM 信号边沿。如果自动转换被禁止，CMPAHR 寄存器就像一个类型 0 的 HRPWM 模块，且 CMPAHR =（取小数（PWM 占空比 * PWM 周期）* MEP 定标系数 +0.5）≪8）。此模式所有的这些计算需要由用户代码完成，并忽略 HRMSTEP 寄存器。高分辨率周期自动转换与高分辨率占空比的自动转换有相同的行为。对于高分辨率周期模式，自动转换必须总是使能。

（3）HRPWM 运行原理

MEP 逻辑能够在 255（8 位）个离散时间步之一设置边沿。MEP 配合 TBM、CCM 寄存器，以保证应用最优的时间步而且在宽范围的 PWM 频率、系统时钟频率及其他运行条件下保持边沿设置精度。表 7-11 给出了 HRPWM 支持的运行频率的典型范围。

表 7-11　MEP 步、PWM 频率与分辨率的关系

系统 MHz	MEP 步 每 SYSCLKOUT	PWM MIN /Hz	PWM MAX /MHz	最大频率的 分辨率/位
50.0	111	763	2.50	11.1
60.0	93	916	3.00	10.9
70.0	79	1068	3.50	10.6
80.0	69	1221	4.00	10.4
90.0	62	1373	4.50	10.3
100.0	56	1526	5.00	10.1

对表 7-11 有以下说明。

- 系统频率为 SYSCLKOUT 即 CPU 时钟。TBCLK = SYSCLKOUT。
- 数据以 180 ps 的 MEP 时间分辨率为基础，具体器件对 MEP 的限制需要查手册。
- 本例 MEP 步为 $T_{SYSCLKOUT}$/180 ps。
- PWM 最小频率基于最大周期值，即 TBPRD = 65535。PWM 模式为非对称增计数。
- 对于最大 PWM 频率给出以位表示的分辨率。

1）边沿定位。在一个典型的功率控制循环中，例如，开关模式数字电机控制（DMC）、不间断电源（UPS）、数字控制器（PID，2 极点/2 零点，滞后/超前）等，通常以单位制或百分制发出一个占空比命令。假设在某一个运行点，要求的占空比为 0.405 或 40.5%，需要的逆变器 PWM 频率为 1.25 MHz。在系统时钟为 60 MHz 的常规 PWM 发生系统中，选择的占空比在 40.5% 附近。图 7-6 是占空比为 40.5% 需要的 PWM 波形图。图中，计数比较值 19（即占空比 39.6%）是可以获得的最接近 40.5% 的数值。这相当于 316.7 ns 的边沿位置，而不是希望的 324 ns。数据如图 7-31 所示。

通过应用 MEP，可以获得更接近 324 ns 理想点的边沿位置。见表 7-12，除了 CMPA 值外，MEP 值 44 步（CMPAHR 寄存器）将边沿定位在 323.92 ns，几乎为零误差。本例假定 MEP 具有 180 ps 的步分辨率。

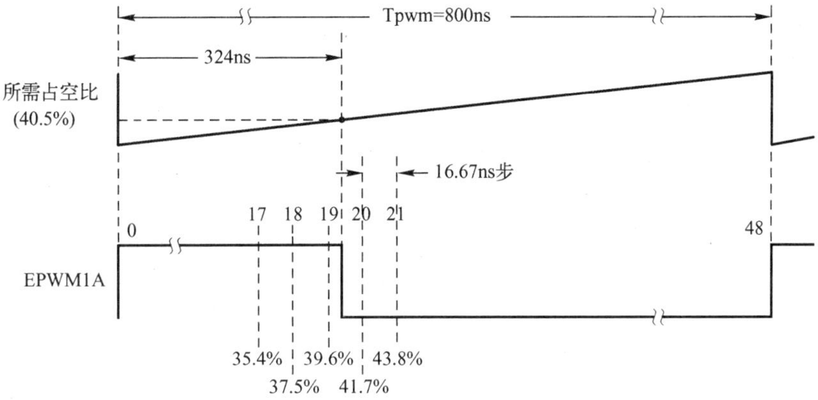

图 7-31　占空比为 40.5%需要的 PWM 波形

表 7-12　CMPA 与占空比（左）及[CMPA:CMPAHR]与占空比（右）的关系

CMPA（计数值）	占空比 %	高精时间 /ns	CMPA（计数值）	CMPAHR（计数值）	占空比 %	高精时间 /ns
15	31.25%	250	19	40	40.40%	323.2
16	33.33%	267	19	41	40.42%	323.38
17	35.42%	283	19	42	40.45%	323.56
18	37.50%	300	19	43	40.47%	323.74
19	39.58%	316	19	44	40.49%	323.92
20	41.67%	333	19	45	40.51%	324.1
21	43.75%	350	19	46	40.54%	324.28
			19	47	40.56%	324.46
			19	48	40.58%	324.64
19.4	40.50%	324	19	49	40.60%	324.82

表 7-12 中，采用的系统时钟 SYSCLKOUT 和 TBCLK 为 60 MHz，16.67 ns。对于 PWM 周期寄存器的计数值 48，PWM 周期 = 48 * 16.67 ns = 800 ns，PWM 频率 = 1/800 ns = 1.25 MHz。假定 MEP 大小为 180 ps，具体器件的 MEP 典型与最大值可参照英文手册。

2）定标考虑。前面已说明了采用标准 CMPA 和 MEP（CMPAHR）寄存器资源在时间上精密定位边沿的机制。然而在实际应用中，有必要无缝地提供从标幺（小数）占空比到最终的整数（非小数）表示的映射函数，该整数要写到［CMPA：CMPAHR］寄存器组合。下面只从标幺占空比的角度描述该映射。

为此，首先检查涉及的定标或映射步。控制软件通常用标幺值或百分值表示占空比。这样具有不需要关心最终的绝对占空比（以时钟计数或以 ns 表示的高分辨率时间表示）而完成所需的数学计算的优点。而且，也使得代码便于移植到运行于不同 PWM 频率的多种逆变器类型。

为实现映射方案，需要一个两步的定标过程。

下面以实例说明。

本例假定，系统时钟 SYSCLKOUT = 16.7 ns（60 MHz），PWM 频率 = 1.25 MHz(1/800 ns)，

要求的 PWM 占空比 PWMDuty = 0.405（40.5%）。

以粗步表示的 PWM 周期 PWMperiod(800 ns/16.67 ns) = 48。

若 MEP 大小为 180 ps，每一个粗步的 MEP 步数(16.67 ns/180 ps) = 93。

MEP_ScaleFactor = 0.5（0.080h，Q8 格式），保持 1 ~ 255 范围的 CMPAHR 和小数圆整常数（默认值）。在取小数(PWMDuty * PWMperiod) * MEP_ScaleFactor，得到数值的小数部分≥0.5 时，该圆整常数将圆整 CMPAHR 值到 1MEP 步。

第 1 步：用于 CMPA 寄存器的百分比整数占空比值转换。

CMPA 寄存器值 = int(PWMDuty * PWMperiod)，int 表示取整数部分

= int(0.405 * 48) = 19(13h)。

第 2 步：用于 CMPAHR 寄存器的百分比小数部分转换。

CMPAHR 寄存器值 = (frac(PWMDuty * PWMperiod) * MEP_ScaleFactor + 0.5)≪8，frac 表示取小数部分。

CMPAHR 寄存器值 = (frac(19.4) * 93 + 0.5≪8，数值移位到 CMPAHR 高字节

= ((0.4 * 93 + 0.5)≪8) = (37.2 + 0.5)≪8

= 37.7 * 256，左移 8 位相当于乘以 256 = 9651 = 25B3h，硬件忽略低 8 位。

说明：

如果 AUTOCONV 位（HRCNFG.6）置 1 且 MEP_ScaleFactor 在 HRMSTEP 寄存器，那么 CMPAHR 寄存器值 = 取小数 PWMDuty * PWMperiod << 8。其他的转换运算由硬件自动完成，且正确的 MEP 定标信号边沿出现在 ePWM 通道输出。如果 AUTOCONV 位未置 1，上述运算必须由软件完成。

MEP 定标系数（MEP_ ScaleFactor）随系统时钟与 DSP 运行条件变化。TI 提供 MEP 定标系数优化（SFO）软件 C 函数，它采用 HRPWM 内建的诊断功能对于给定的运行点返回最佳的定标系数。定标系数在一定范围变化缓慢，这样优化（SFO）C 函数可以在背景循环中缓慢运行。

CMPA 和 CMPAHR 寄存器配置在存储器，这样 28x CPU 的 32 位数据能力可以作为一个联合数值即［CMPA：CMPAHR］写入。TBPRDM 与 TBPRDHRM（镜像）寄存器也相似地配置在存储器。

映射方案已经由 C 或汇编代码实现，本节中随后的实例由 C 或汇编代码实现了上述方案。实例代码采用了 28x 系列 32 位 CPU 的优点。对于时间要求严格（Tme critical）的控制环，建议采用汇编语言。它是一个采用 Q15 占空比值作为输入并写入单一［CMPA：CMPAHR］值的周期优化函数（11 个 SYSCLKOUT 周期）。

3）占空比范围限制。在高分辨率模式，MEP 不在 100% 的 PWM 周期内有效，是可选的。

- 当高分辨率周期（TBPRDHR）控制不使能周期开始后 3 个 SYSCLK 周期。
- 当高分辨率周期（TBPRDHR）控制通过 HRPCTL 寄存器使能时：

对于增计数模式，周期开始后 3 个 SYSCLK 周期直到周期结束前的 3 个 SYSCLK 周期。

对于减计数模式，增计数时，CTR = 0 后 3 个周期直到 CTR = PRD 的 3 个周期，减计数时，CTR = PRD 后的 3 个周期直到 CTR = 0 前的 3 个周期。

占空比范围限制示于图 7-32 ~ 图 7-35。该限制在 MEP 上施加了占空比限制。例如，精

密边沿控制并非是一直到0%的占空比都可用。当高分辨率控制禁止时，尽管头3个周期，HRPWM能力不可用，但是通常PWM占空比控制仍然是完全可以向下运行到0%的占空比。在大部分情况下，这不是问题，因为控制器的调节点通常不会设计到接近0%的占空比。为更好地理解可用的占空比范围，可以参见表7-13。当高分辨率周期控制使能时（HRPCTL[HRPE]=1），占空比不能落到受限范围，否则，在ePWMxA输出会有未定义的行为情况。

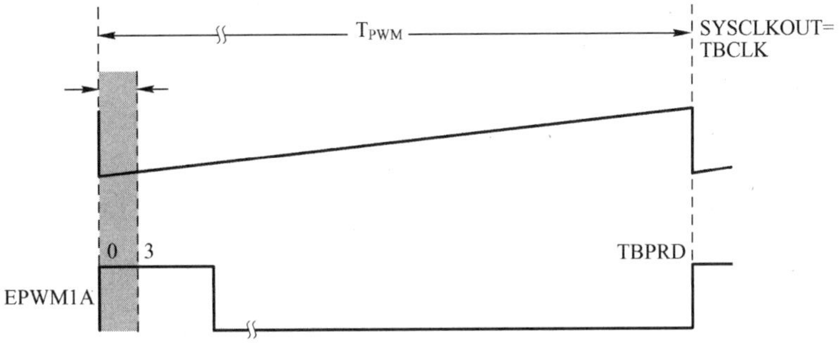

图7-32　低占空比范围限制示例（HRPCTL[HRPE]=0）

表7-13　3个SYSCLK/TBCLK周期占空比范围限制

PWM频率/kHz	3个周期最小占空比	3个周期最大占空比
200	1.00%	99.00%
400	2.00%	98.00%
600	3.00%	97.00%
800	4.00%	96.00%
1000	5.00%	95.00%
1200	6.00%	94.00%
1400	7.00%	93.00%
1600	8.00%	92.00%
1800	9.00%	91.00%
2000	10.00%	90.00%

对于表7-13，系统时钟TBCLK=60MHz，系统时钟周期$T_{SYSCLKOUT}=16.67$ns。只有高分辨率周期（TBPRDHR）控制使能时，才有周期最大占空比限制。

如果应用中需要HRPWM运行在低占空比区域，那么HRPWM可以配置在减计数模式，这时高分辨率周期禁止（HRPCTL[HRPE]=0），上升沿位置（REP）由MEP控制，如图7-33所示。这种情况下，低占空比限制不再是一个问题。然而，将会有一个具有同样百分比的最大占空比限制问题，见表7-13。

注意：当高分辨率周期控制使能时（HRPCTL[HRPE]=1），占空比不能落到受限范围，否则，在ePWMxA输出会有未定义的行为情况。

4）高分辨率周期。具有类型1的ePWM模块的器件支持通过TBPRDHR（M）寄存器支持采用MEP逻辑的高分辨率周期控制。

注意：当使能高分辨率周期控制时，ePWMxB输出在增计数模式具有±1个TBCLK周期抖动，而减计数模式具有±2个TBCLK周期抖动。

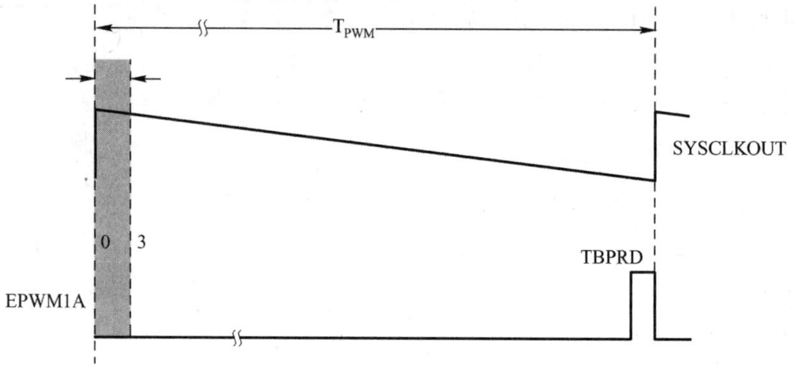

图 7-33　高占空比范围限制示例（HRPCTL[HRPE]=0）

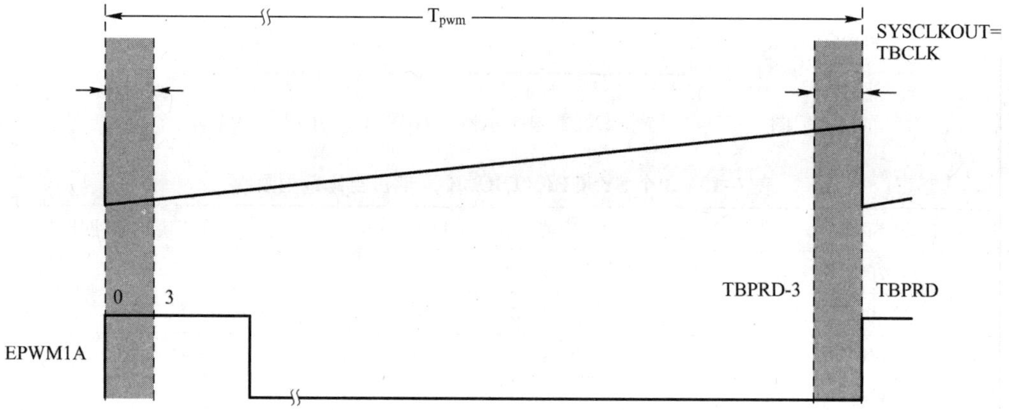

图 7-34　增计数占空比范围限制示例（HRPCTL[HRPE]=1）

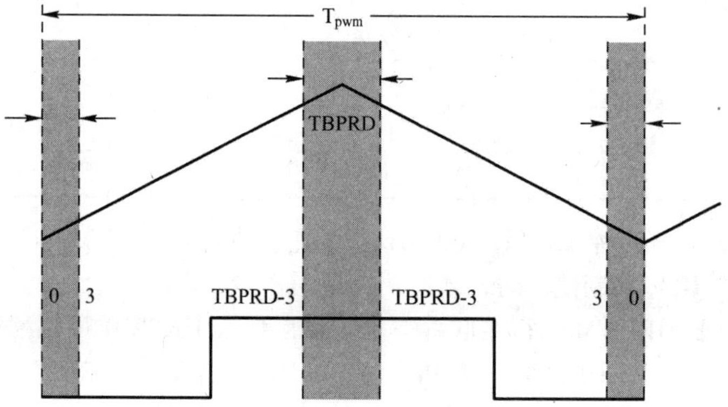

图 7-35　减计数占空比范围限制示例（HRPCTL[HRPE]=1）

上述对于占空比的定标过程也可用于高分辨率周期。

本例假定：

系统时钟 SYSCLKOUT	=16.67 ns（60 MHz）
要求的 PWM 频率	=175 kHz（周期 342.857）
每一个 180 ps 粗步的 MEP 步数 (MEP_ScaleFactor)	=93（16.67 ns/180 ps）

在 1 ~ 255 范围内保持的 TBPRDHR　　=0.5（0080h Q8 格式）
值和小数圆整常数（默认值）
问题：
在增计数模式：
若TBPRD = 342，那么 PWM 频率　　= 174.93 kHz（周期 = (342 + 1) * TTBCLK）
TBPRD = 341，那么 PWM 频率　　= 175.44 kHz（周期 = (341 + 1) * TTBCLK）
在减计数模式：
若TBPRD = 172，那么 PWM 频率 = 174.42 kHz（周期 = (172 * 2) * TTBCLK）
TBPRD = 171，那么 PWM 频率 = 175.44 kHz（周期 = (171 * 2) * TTBCLK）
解决方案：
每一个 180 ps 粗步有 93 个 MEP 步：
第一步：TBPRD 寄存器的百分比整数周期值
整数周期值　　$= 342 * T_{TBCLK}$
$= int (342.857) * T_{TBCLK}$
$= int (PWMperiod) * T_{TBCLK}$
在增计数模式：
TBPRD 寄存器值　　= 341（TBPRD = 周期值 - 1）
= 0155h
在减计数模式：
TBPRD 寄存器值　　= 171（TBPRD = 周期值/ 2）
= 00ABh
第一步：TBPRD 寄存器的百分比小数值
TBPRDHR 寄存器值　　= (frac(PWMperiod) * MEP_ScaleFactor + 0.5)
（移位 TBPRDHR 高字节）
如果使能自动转换且 HRMSTEP =
MEP_ScaleFactor 值(93)：　　= frac (PWMperiod) << 8
TBPRDHR 寄存器值　　= frac (342.857) << 8
= 0.857 × 256
= DB00h
自动转换将自动完成计算　　= ((TBPRDHR(15:0) >> 8) × HRMSTEP + 80h) >> 8
这样 TBPRDHR MEP 延迟
由硬件定标：
= (00DBh × 93 + 80h) >> 8
= (500Fh) >> 8
周期 MEP 延迟　　= 0050h MEP 步
对高分辨率周期进行如下配置。
为使用高分辨率周期，ePWMx 模块应当按下述严格顺序初始化：
① 使能 ePWMx 时钟。
② 禁止 TBCLKSYNC。

③ 配置 ePWMx 寄存器 AQ、TBPRD、CC 等。

• ePWMx 可以配置为增计数或减计数模式。高分辨率周期不兼容减计数模式。

• TBCLK 必须等于 SYSCLKOUT。

• TBPRD 与 CC 寄存器必须配置影子装入。

• CMPCTL[LOADAMODE]。

• 增计数模式：CMPCTL[LOADAMODE] = 1（在 CTR = PRD 时装入）。

在减计数模式：CMPCTL[LOADAMODE] = 2（在 CTR = 0 或 CTR = PRD 时装入）。

④ 配置 HRPWM 寄存器：

• HRCNFG[HRLOAD] = 2（在 CTR = 0 或 CTR = PRD 时装入）。

• HRCNFG[AUTOCONV] = 1（使能自动转换）。

• HRCNFG[EDGMODE] = 3（双沿 MEP 控制）。

⑤ 对于 TBPHS：TBPHSHR 用高分辨率周期同步，设置 HRPCTL[TBPSHRLOADE] = 1 和 TBCTL[PHSEN] = 1。在减计数模式不论 TBPHSHR 的内容，这两位都设为 1。

⑥ 使能高分辨率周期控制（HRPCTL[HRPE] = 1）。

⑦ 使能 TBCLKSYNC。

⑧ TBCTL[SWFSYNC] = 1。

⑨ 由于自动使能自动转换，HRMSTEP 必须包含一个精确的 MEP 定标系数（每一个 SYSCLKOUT 粗步的 MEP 步数）。MEP 定标系数能通过 SFO（）函数获得。

⑩ 为控制高分辨率周期，写入 TBPRDHR（M）寄存器。

注意：当使能高分辨率周期时，一个 EPWMxSYNC 脉冲会为 PWM 引入 ±1 ~ 2 个周期的抖动（增计数模式下 ±1 周期，减计数模式下 ±2 周期）。因此，TBCTL[SYNCOSEL]不应设为 1（CTR = 0 是 EPWMxSYNCO 的源）或 2（CTR = CMPB 是 EPWMxSYNCO 的源）。不然，抖动会随同步脉冲发生在每一个 PWM 周期。

当 TBCTL[SYNCOSEL] = 0（EPWMxSYNCI 是 EPWMxSYNCO 的源），一个软件同步脉冲将在高分辨率周期初始化时只产生一次。在 PWM 运行时，如果施加一个软件同步脉冲，在有同步脉冲时 PWM 输出将会出现抖动。

3. 定标系数优化软件（SFO）

微边沿定位器（MEP）逻辑能够在 255 个离散时间步之一设置一个边沿。如上所述，这些步的大小具有 150 ps 的数量级。

MEP 步大小随最坏情况过程参数、运行温度和电压变化。当电压减小、温度增加时，MEP 步大小增加，反之减小。使用 HRPWM 特性的应用程序应采用 TI 提供的 MEP 定标系数优化器（SFO）软件函数。SFO 函数帮助动态确定在 HRPWM 运行时每个 SYSCLKOUT 周期的 MEP 步数。

为了对[CMPA:CMPAHR]或[TBPRD(M):TBPRDHR(M)]映射函数有效利用 Q15 占空比（或周期）的能力，软件需要知道 MEP 定标系数（MEP_ScaleFactor）的正确值。为此，HRPWM 模块具有了自检与诊断能力，以确定各种运行条件的最优 MEP 定标系数值。TI 提供了包含 SFO 函数的 C 调用库，以确定最优 MEP_ScaleFactor。因此，MEP 控制与诊断寄存器为 TI 保留使用。更详细的 SFO 库资料可参考英文手册。

4. HRPWM 应用实例

下面的实例是一个采用非对称（即增加计数）高有效 PWM 简单降压逆变器。

首先初始化/配置代码，为便于理解给出其宏定义。假定 MEP 步大小为 150 ps，未使用 SFO 库。

```
//用于 HRPWM 头文件的宏定义
#define HR_Disable 0x0
#define HR_REP 0x1                    //上升沿位置
#define HR_FEP 0x2                    //下降沿位置
#define HR_BEP 0x3                    //双沿位置
#define HR_CMP 0x0                    //CMPAHR 控制
#define HR_PHS 0x1                    //TBPHSHR 控制
#define HR_CTR_ZERO 0x0               //CTR = 0 事件
#define HR_CTR_PRD 0x1                //CTR = 周期事件
#define HR_CTR_ZERO_PRD 0x2           //CTR = 0 或周期事件
#define HR_NORM_B 0x0                 //正常 ePWMxB 输出
#define HR_INVERT_B 0x1               //ePWMxB 为 ePWMxA 反相输出
```

本例中对于 SYSCLKOUT = 60 MHz，PWM 要求：

- PWM 频率为 600 kHz（即 TBPRD = 100）。
- PWM 模式为非对称，增加计数）。
- 分辨率为 12.7 位（MEP 步大小为 150 ps）。

图 7-36 所示为采用单 PWM 简单降压逆变器的电路。图 7-37 所示为简单降压逆变器的 PWM 波形。

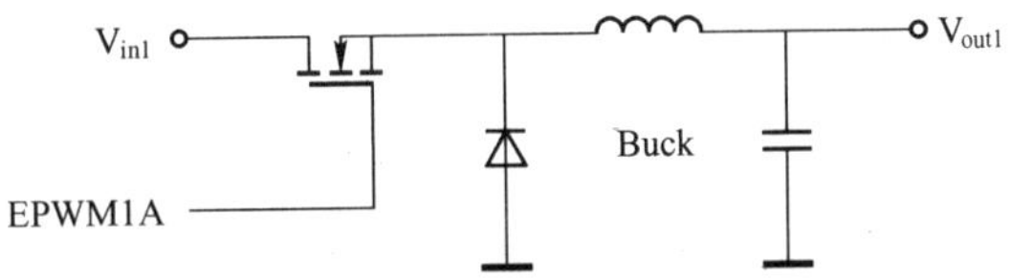

图 7-36　单 PWM 简单降压逆变器

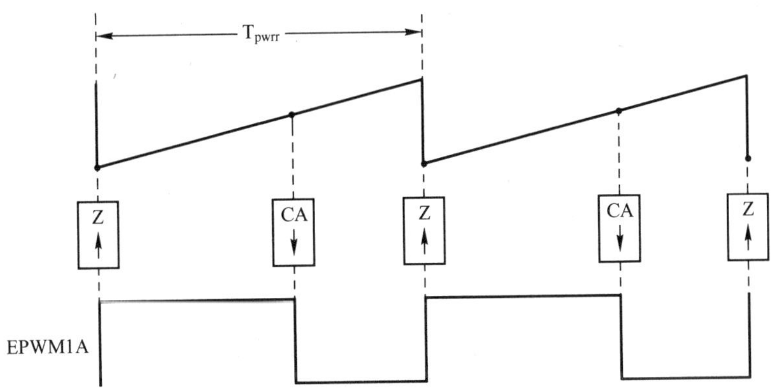

图 7-37　简单降压逆变器的 PWM 波形

对 ePWM1 模块的配置，除了需要使能和选择合适的 MEP 以外，与通常非高分辨率情况几乎一样。

实例代码由两个主要部分组成：

- 初始化代码（执行一次）。
- 运行时代码（通常在中断服务程序中执行）。

下面是 HRPWM 降压逆变器的初始化代码。首先配置常规 PWM，然后设置 HRPWM 资源。假定 MEP 步大小为 150 ps，未使用 SFO 库。

```
void HrBuckDrvCnf(void)
{
//配置常规 PWM
EPwm1Regs.TBCTL.bit.PRDLD = TB_IMMEDIATE;             //设置立即装入
EPwm1Regs.TBPRD = 100;                                //设置 600 kHz PWM 周期
hrbuck_period = 200;                                  //用于 Q15 ~Q0 定标
EPwm1Regs.TBCTL.bit.CTRMODE = TB_COUNT_UP;
EPwm1Regs.TBCTL.bit.PHSEN = TB_DISABLE;               //EPWM1 为主模块
EPwm1Regs.TBCTL.bit.SYNCOSEL = TB_SYNC_DISABLE;
EPwm1Regs.TBCTL.bit.HSPCLKDIV = TB_DIV1;
EPwm1Regs.TBCTL.bit.CLKDIV = TB_DIV1;
//此处初始化通道 B 只是为了对比，并非必须
EPwm1Regs.CMPCTL.bit.LOADAMODE = CC_CTR_ZERO;
EPwm1Regs.CMPCTL.bit.SHDWAMODE = CC_SHADOW;
EPwm1Regs.CMPCTL.bit.LOADBMODE = CC_CTR_ZERO;         //可选
EPwm1Regs.CMPCTL.bit.SHDWBMODE = CC_SHADOW;           //可选
EPwm1Regs.AQCTLA.bit.ZRO = AQ_SET;
EPwm1Regs.AQCTLA.bit.CAU = AQ_CLEAR;
EPwm1Regs.AQCTLB.bit.ZRO = AQ_SET;                    //可选
EPwm1Regs.AQCTLB.bit.CBU = AQ_CLEAR;                  //可选
//HRPWM 资源配置
EALLOW;//注意这些寄存器是受保护的且只用于通道 A
EPwm1Regs.HRCNFG.all = 0x0;                           //先清除所有的位
EPwm1Regs.HRCNFG.bit.EDGMODE = HR_FEP;                //控制下降沿位置
EPwm1Regs.HRCNFG.bit.CTLMODE = HR_CMP;                //CMPAHR 控制 MEP
EPwm1Regs.HRCNFG.bit.HRLOAD = HR_CTR_ZERO;            //在 CTR = 0 时，装入影子寄存器
EDIS;
MEP_ScaleFactor = 111 * 256;                          //用典型的 60 MHz 时定标系数启动
//注意用 SFO 函数动态更新 MEP_ScaleFactor 值
}
```

下面给出 HRPWM 降压逆变器的汇编语言运行时代码。

```
EPWM1_BASE    .set    0x6800
CMPAHR1       .set    EPWM1_BASE + 0x8
HRBUCK_DRV                    ;可以在中断服务程序或循环中执行
```

```
MOVW DP, #_HRBUCK_In
MOVL XAR2, @_HRBUCK_In              ; Pointer to Input Q15 Duty (XAR2)
MOVL XAR3, #CMPAHR1                 ; Pointer to HRPWM CMPA reg (XAR3)
; EPWM1A (HRPWM)输出
MOV T, *XAR2                        ; T <= Duty
MPYU ACC,T,@_hrbuck_period          ; Q15 ~ Q0 以周期定标
MOV T,@_MEP_ScaleFactor             ; MEP 定标系数(来自于优化软件)
MPYU P,T,@AL                        ; P <= T * AL, 优化定标
MOVH @AL,P                          ; AL <= P, 结果送 ACC
ADD ACC, #0x080                     ; MEP 范围与舍入调整
MOVL *XAR3, ACC                     ; CMPA:CMPAHR(31:8) < = ACC
; EPWM1B 输出 (常规分辨率),只用于对照
MOV *+XAR3[2],AH                    ; 将 ACCH 存到 CMPB
```

5. HRPWM 模块寄存器

(1) 时基周期高分辨率寄存器 (Time Base Period High Resolution Register, TBPRDHR)

15~8
TBPRDHR
R/W-0

7~0
Reserved
R-0

位 15 ~8, TBPRDHR: 取值 00 ~ FFh, 周期高分辨率位。这 8 位包含周期值的高分辨率部分。寄存器 TBPRDHR 不受 TBCTL [PRDLD] 位影响。读该寄存器总是反映影子寄存器。写入也同样写到影子寄存器。该寄存器只在使能高分辨率周期特征时可用。

位 7 ~0, 保留位。

(2) 时基周期高分辨率镜像寄存器(Time - Base Period High Resolution Mirror Register, TBPRDHRM)

15~8
TBPRDHR
R/W-0

7~0
Reserved
R-0

位 15 ~8, TBPRDHR: 取值 00 ~ FFh, 周期高分辨率位。这 8 位包含周期值的高分辨率部分。

TBPRD 为早期 ePWM 模块提供向后兼容性。镜像寄存器 (TBPRDM 和 TBPRDHRM) 允许一次访问 32 位写入 TBPRDHR。由于 TBPRD 寄存器奇数存储地址的原因, 不可能 32 位写入 TBPRD 和 TBPRDHR。

寄存器 TBPRDHRM 不受 TBCTL [PRDLD] 位影响。写入 TBPRDHR 和 TBPRDM 访问时基周期值的高分辨率部分 (低 8 位)。差别是不像 TBPRDHR, 读镜像寄存器 TBPRDHRM 的值是不确定的 (用于 TI 测试)。寄存器 TBPRDHRM 只在 ePWM 模块具有高分辨率周期控制且使能高分辨率周期特征时可用。

位 7 ~0，保留位。

（3）时基相位高分辨率寄存器(Time – Base Phase High Resolution Register，TBPHSHR)

15 ~ 8
TBPRDHR
R/W-0

7 ~ 0
Reserved
R-0

位 15 ~8，TBPHSHR：取值 00 ~ FEh，时基相位高分辨率位。

位 7 ~0，保留位。

（4）高分辨率周期控制寄存器(High Resolution Period Control Register，HRPCTL)

15 ~ 8
Reserved
R/W-0

7 ~ 3	2	1	0
Reserved	TBPHSHR LOADE	Reserved	HRPE
R-0	R/W-0	R-0	R/W-0

位 15 ~3、位 1，保留位。

位 2，TBPHSHR LOADE：TBPHSHR 的装载使能位。通过该位可以使 ePWM 模块与 SYNCIN，TBCTL[SWFSYNC]的高分辨率相位或数字比较时间同步。这样允许多个 ePWM 模块高分辨率相位对齐到相同频率。

- 0：禁止 ePWM 模块与 SYNCIN，TBCTL[SWFSYNC]的高分辨率相位或数字比较时间同步。
- 1：使能 ePWM 模块与 SYNCIN，TBCTL[SWFSYNC]的高分辨率相位或数字比较时间同步。使用高分辨率相位寄存器 TBPHSHR 实现相位同步。

使能在 SYNCIN 或 TBCTL[SWFSYNC]下，用 TBPHS 寄存器装入 TBCTR 寄存器的 TBCTL[PHSEN] 位是独立工作的。无论如何，用户希望同时控制相位和高分辨率周期，也需要使能该位。

注意对于增减计数模式，即使 TBPHSHR = 0x0000，当使能高分辨率周期控制时，该位及 TBCTL[PHSEN]必须设为 1。

位 0，HRPE：高分辨率周期使能位。

- 0：高分辨率周期禁止。这种模式 ePWM 模块为类型 0。
- 1：高分辨率周期使能。这种模式下 HRPWM 模块可控制高分辨率占空比与频率。当高分辨率周期使能时，不支持 BCTL[CTRMODE] =0,1（向下计数模式）。

（5）计数比较高分辨率寄存器(Compare A High Resolution Register，CMPAHR)

15 ~ 8
CMPAHR
R/W-0

7 ~ 0
Reserved
R-0

位 15 ~ 8，CMPAHR：取值 00 ~ FFh。这 8 位包含计数比较寄存器 A 的高分辨率部分（低 8 位）。CMPA：CMPAHR 可以 32 位读写访问。CMPA 寄存器的影子功能由 CMPCTL[SHDWAMODE]位使能或禁止。

位 7 ~ 0，保留位。

（6）计数比较 A 镜像寄存器（Counter - Compare A Mirror Register，CMPAM）

这是一个 16 位寄存器，取值 0000 ~ FFFFh。CMPA 和 CMPAM 都可以用于访问计数比较 A 的值。唯一差别是读镜像寄存器总是读回活跃寄存器值。默认写入到寄存器的影子寄存器。不像 CMPA 寄存器，读 CMPAM 总是返回活跃寄存器值。影子功能由 CMPCTL[SHDWAMODE]位使能或禁止。

- 若 CMPCTL[SHDWAMODE] = 0，则使能了影子寄存器，那么任何写入自动写到影子寄存器。所有读出则反映了活跃寄存器的值。这种情况下，CMPCTL[LOADAMODE]位将决定哪一个事件将由影子寄存器装入到活跃寄存器。
- 在写入前，可以读 CMPCTL[SHDWAFULL]位，以确定影子寄存器是否已满。
- 若 CMPCTL[SHDWAMODE] = 1，则禁止影子寄存器，任何写入直接写到活跃寄存器，即活跃寄存器直接控制硬件。

（7）HRPWM 配置寄存器（HRPWM Configuration Register，HRCNFG）

15 ~ 8
Reserved
R-0

7	6	5	4 ~ 3	2	1 ~ 0
SWAPAB	AUTOCONV	SELOUTB	HRLOAD	CTLMODE	EDGMODE
R/W-0	R/W-0	R/W-0	R/W-0	R/W-0	R/W-0

位 15 ~ 8，保留位。

位 7，SWAPAB：交换 ePWM A 和 B 输出信号。

- 0：ePWMxA 和 ePWMxB 输出不变。
- 1：ePWMxA 信号出现在 ePWMxB 输出，ePWMxB 信号出现在 ePWMxA 输出。

位 6，AUTOCONV：自动转换延迟线值。选择 CMPAHR/TBPRDHR/TBPHSHR 寄存器的分数占空比/周期/相位是由 HRMSTEP 寄存器的 MEP 定标系数自动定标，还是应用软件计算手动定标。

SFO 库函数用合适的 MEP 定标系自动更新数 HRMSTEP 寄存器。

- 0：自动 HRMSTEP 定标禁止。
- 1：自动 HRMSTEP 定标使能。

如果应用软件是手动定标分数占空比或相位（即对占空比软件设置 CMPAHR =（frac（PWM 占空比 * PWM 周期）* MEP 定标系数）<<8 +0x080），那么这种模式应禁止。

位 5，SELOUTB：EPWMxB 输出选择位。选择哪一个信号输出到 ePWMxB 通道。

- 0：ePWMxB 正常输出。
- 1：ePWMxB 输出为 ePWMxA 信号的反相。

位 4 ~ 3，HRLOAD：影子模式位。选择将 CMPAHR 影子值装入活跃寄存器的时间事件。

- 00：在 CTR = 0 时装入：时基计数器等于 0（TBCTR = 0x0000）。

• 01：在 CTR = PRD 时装入：时基计数器等于周期（TBCTR = TBPRD）。

• 10：在 CTR = 0 或 CTR = PRD 时装入。

• 11：保留。

位 2，CTLMODE：控制模式位。选择控制微边沿位置的寄存器（CMP/TBPRD 或 TB-PHS）。

• 0：CMPAHR（8）或 TBPRDHR（8）寄存器控制边沿位置（即占空比或周期控制模式（复位默认）；

• 1：TBPHSHR（8）寄存器控制边沿位置（即相位控制模式）。

位 1 ~ 0，EDGMODE：边沿模式位。选择由微边沿位置（Micro - edge position，MEP）逻辑控制的 PWM 边沿。

• 00：禁止 HRPWM 功能（复位默认）。

• 01：上升沿 MEP 控制（CMPAHR）。

• 10：下降沿 MEP 控制（CMPAHR）。

• 11：双降沿 MEP 控制（TBPHSHR 或 TBPRDHR）。

（8）HRPWM 电源寄存器 HRPWR（High Resolution Power Register，HRPWR）

15～10	9～6	5～0
Reserved	MEPOFF	Reserved
R/W-0	R/W-0	R/W-0

位 15 ~ 10、位 5 ~ 0，保留位。

位 9 ~ 6，MEPOFF：取值 0 ~ Fh，MEP 校准 OFF 位。当不用 MEP 校准时，将这些位置为 1，以禁止 HRPWM 的 MEP 校准逻辑，减少电源消耗。

（9）HRPWM 高分辨率 MEP 步寄存器（High Resolution Micro Step Register，HRMSTEP）

15～8	7～0
Reserved	HRMSTEP
R-0	R/W-0

位 15 ~ 8，保留位。

位 7 ~ 0，HRMSTEP：取值 00 ~ FFh，高分辨率 MEP 步。当自动转换使能时（HRCNFG [AUTOCONV] = 1），这 8 位包含 MEP_ScaleFactor 值（每一个粗步的 MEP 步数），用于硬件将寄存器 CMPAHR，TBPHSHR 或 TBPRDHR 的值自动转换到在高分辨率 ePWM 输出的按比例的微小边沿延迟。该数值由 SFO 校准软件在每次校准运行结束时写入。

例 7-3　利用 ePWM 增计数模式在 ePWM2A（GPIO2）产生高分辨率 PWM 波形（MEP 控制），在 ePWM2B（GPIO3）产生非高分辨率 PWM 波形。SYSCLK = 50 MHz，PWM 频率为 3 MHz。

```
#include "DSP2803x_Device.h"                    //DSP2803x 头文件
void HRPWM2_Config(int);                        //函数声明
Uint16 i,j,DutyFine, n,update;                  //全局变量
Uint32 temp;

void main(void)
```

```
{
InitSysCtrl( ) ;
//初始化系统时钟,60 MHz, 包括:PLL, 看门狗时钟, 外设时钟,在 DSP2803x_SysCtrl. c 文件中
EALLOW;
GpioCtrlRegs. GPAPUD. bit. GPIO2 = 1;          //禁止 GPIO2 (EPWM2A)的上拉电阻
GpioCtrlRegs. GPAPUD. bit. GPIO3 = 1;          //禁止 GPIO3 (EPWM2B)的上拉电阻
GpioCtrlRegs. GPAMUX1. bit. GPIO2 = 1;         //将 GPIO2 配置为 EPWM2A
GpioCtrlRegs. GPAMUX1. bit. GPIO3 = 1;         //将 GPIO3 配置为 EPWM2B
EDIS;
DINT;                                          //关闭 CPU 总中断
InitPieCtrl( ) ;                               //PIE 寄存器赋初值,在 DSP2803x_PieCtrl. c 中
IER = 0x0000;                                  //禁止 CPU 中断
IFR = 0x0000;                                  //清除 CPU 中断标志
InitPieVectTable( ) ;                          //初始化中断向量表,在 DSP2803x_PieVect. c 中
update = 1;
DutyFine = 0;
EALLOW;
SysCtrlRegs. PCLKCR0. bit. TBCLKSYNC = 0;
EDIS;
HRPWM2_Config(20) ;
//ePWM 和 HRPWM 初始化,Period = 20,PWM 频率 = SYSCLKOUT/Period = 30/2 = 3 MHz
EALLOW;
SysCtrlRegs. PCLKCR0. bit. TBCLKSYNC = 1;
EDIS;
while (update == 1)
        {
    for( DutyFine = 1; DutyFine < 256 ;DutyFine ++ )
    {
    EPwm2Regs. CMPA. half. CMPAHR = DutyFine << 8;
    //左移 8 位,写入高位。写入 CMPA 的 HRPWM 扩展
    //EPwm3Regs. CMPA. all = ((Uint32)EPwm3Regs. CMPA. half. CMPA << 16) + (DutyFine << 8);
    //32 位写入 CMPA:CMPAHR
    for (i = 0;i < 10000;i ++ ) { }            //在 MEP 变化间的延时
    }
}
}

void HRPWM2_Config( period)
{
//ePWM2 寄存器的 HRPWM 配置
//ePWM2A 的上升沿 MEP 控制高低切换
EPwm2Regs. TBCTL. bit. PRDLD = 0x1;            //设置直接装入
EPwm2Regs. TBPRD = period - 1;                 //PWM 频率 = 1/period
```

```
EPwm2Regs.CMPA.half.CMPA = period / 2;              //设置初始占空比50%
EPwm1Regs.CMPA.half.CMPAHR = (1 <<8);               //初始化 HRPWM 扩展
EPwm2Regs.CMPB = period / 2;                        //设置初始占空比50%
EPwm2Regs.TBPHS.all = 0;
EPwm2Regs.TBCTR = 0;
EPwm2Regs.TBCTL.bit.CTRMODE = 0x0;                  //增计数
EPwm2Regs.TBCTL.bit.PHSEN = 0x0;                    //禁止相位装入
EPwm2Regs.TBCTL.bit.SYNCOSEL = 0x3;                 //禁止 ePWMxSYNCO 信号
EPwm2Regs.TBCTL.bit.HSPCLKDIV = 0x0;                //时钟分频系数设置
EPwm2Regs.TBCTL.bit.CLKDIV = 0x0;
EPwm2Regs.CMPCTL.bit.LOADAMODE = 0x0;               //为0时装入
EPwm2Regs.CMPCTL.bit.LOADBMODE = 0x0;
EPwm2Regs.CMPCTL.bit.SHDWAMODE = 0x0;
EPwm2Regs.CMPCTL.bit.SHDWBMODE = 0x0;
EPwm2Regs.AQCTLA.bit.ZRO = 0x1;                     //PWM 高低切换．为0时输出低电平
EPwm2Regs.AQCTLA.bit.CAU = 0x2;                     //在事件A增计数,置位 PWM2A
EPwm2Regs.AQCTLB.bit.ZRO = 0x1;
EPwm2Regs.AQCTLB.bit.CBU = 0x2;
EALLOW;
EPwm2Regs.HRCNFG.all = 0x0;
EPwm2Regs.HRCNFG.bit.EDGMODE = 0x1;                 //上升沿 MEP 控制
EPwm2Regs.HRCNFG.bit.CTLMODE = 0x0;
EPwm2Regs.HRCNFG.bit.HRLOAD    = 0x0;
EDIS;
}
```

7.13 思考题与习题

1. 2803x 的 ePWM 模块有哪些子模块？它们有哪些主要用途？
2. ePWM 模块有哪些寄存器？如何使用？
3. ePWM 模块在功率电路中有哪些应用？
4. 高分辨率脉宽调制器有哪些特点？
5. HRPWM 模块有哪些寄存器？如何使用？
6. 如何将 ePWM 模块用于直流电动机控制？

第 8 章　捕 获 模 块

本章主要内容：

1）eCAP 模块概述（Introduction to the eCAP Module）。

2）捕获与 APWM 工作模式（Capture and APWM Operating Mode）。

3）捕获模式（Capture Mode）。

4）捕获模块寄存器（Capture Module Registers）。

5）eCAP 模块应用（Application of the eCAP Module）。

6）APWM 模式应用（Application of the APWM Mode）。

增强型捕获模块（Enhanced Capture Module，eCAP）用于外部事件需要精确定时的系统。当捕获引脚上出现跳变时，将触发捕获模块工作。

8.1　eCAP 模块概述

eCAP 模块的用途包括：

- 测量旋转机械的转速（例如，通过霍尔传感器测量齿轮转速）。
- 测量位置传感器之间脉冲的时间间隔。
- 测量脉冲序列信号的周期和占空比。
- 对电流或电压传感器输出的占空比编码信号解码出原始电流或电压幅值信号。

eCAP 模块有下述特性：

- 4 个事件时间标记的 32 位寄存器。
- 多达 4 个时间标记捕获事件的边沿极性选择。
- 4 个捕获事件中每个都可以产生中断。
- 单次击发可以捕获多达 4 个事件时间标记。
- 连续模式下，可以捕获时间标记达 4 级循环缓冲区。
- 绝对时间标记捕获。
- 差分（增量）模式的时间标记捕获。
- 上述所有资源都在一个输入引脚上实现。
- 当不使用捕获模式时，eCAP 模块可以作为一个单一的 PWM 输出通道使用。

eCAP 单元电路作为一个完整的捕获通道，可以测量出多个时间。eCAP 模块中有下述主要资源：

- 专用的捕获输入引脚。
- 32 位的时间基准计数器（32 - bit Time Base Counter）。
- 4 × 32 位时间标记捕获寄存器（CAP1 ~ CAP4）。
- 4 个电平等级的排序器（Mod4 计数器，0→1→2→3→0，以 4 为模），使捕获信号同步于外部事件的 eCAP 信号上升沿/下降沿。

- 4 个时间事件独立的边沿极性（上升沿/下降沿）选择。
- 对输入捕获信号进行预分频（2 ~62）。
- 单次击发比较寄存器（2 位）在 1 ~4 个时间标记事件后冻结捕获功能。
- 连续时间标记捕获模式下，使用 4 级深的循环缓冲器（CAP1 ~ CAP4）来保存捕获的时间标记值。
- 4 个捕获事件的任何一个都可以产生中断。

8.2 捕获与 APWM 工作模式

当不使用捕获功能时，可以使用 eCAP 模块的资源来实现单通道的 PWM 输出功能（32 位的分辨能力）。计数器工作在增计数模式时，能同时为不对称脉冲宽度调制波形提供一个时基信号。捕获寄存器 1（CAP1）和捕获寄存器 2（CAP2）作为周期寄存器和比较寄存器，捕获寄存器 3（CAP3）和捕获寄存器 4（CAP4）成为周期寄存器和比较寄存器的影子寄存器。图 8-1 是捕获和辅助脉冲宽度调制器（APWM）的工作模式。

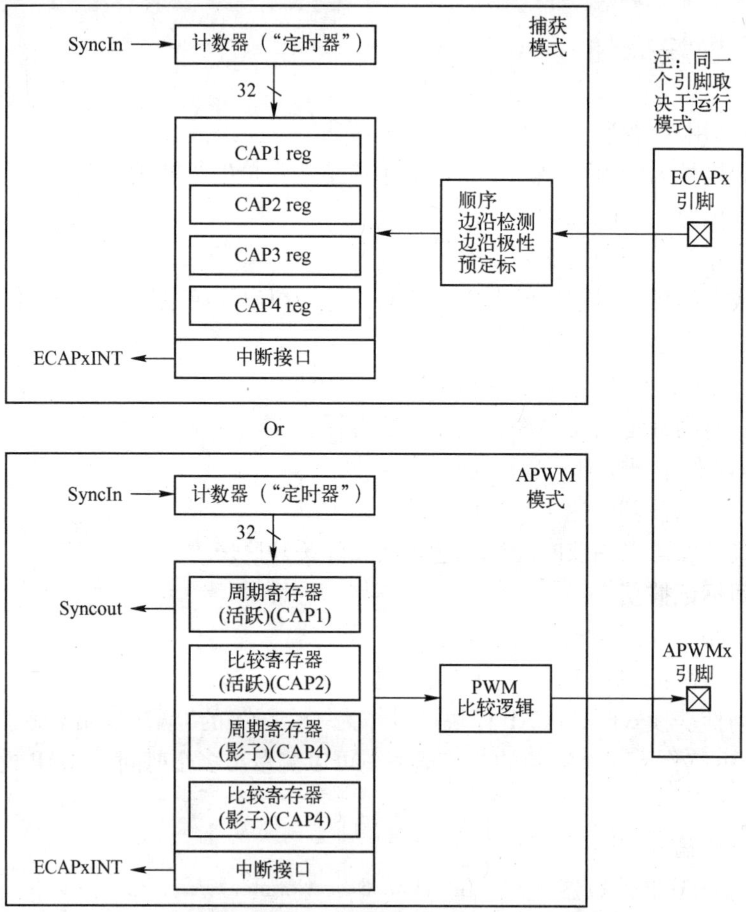

图 8-1 捕获与 APWM 工作模式

1）在 APWM 模式下，向捕获寄存器（CAP1/CAP2）写入值的同时也会向它们的影子寄存器 CAP3/CAP4 写入同样的值。

2）在捕获模式下，ECAPXINT 引脚作为输入，在 APWM 模式下，此引脚作为输出。

8.3 捕获模式

捕获模式框图如图 8-2 所示。

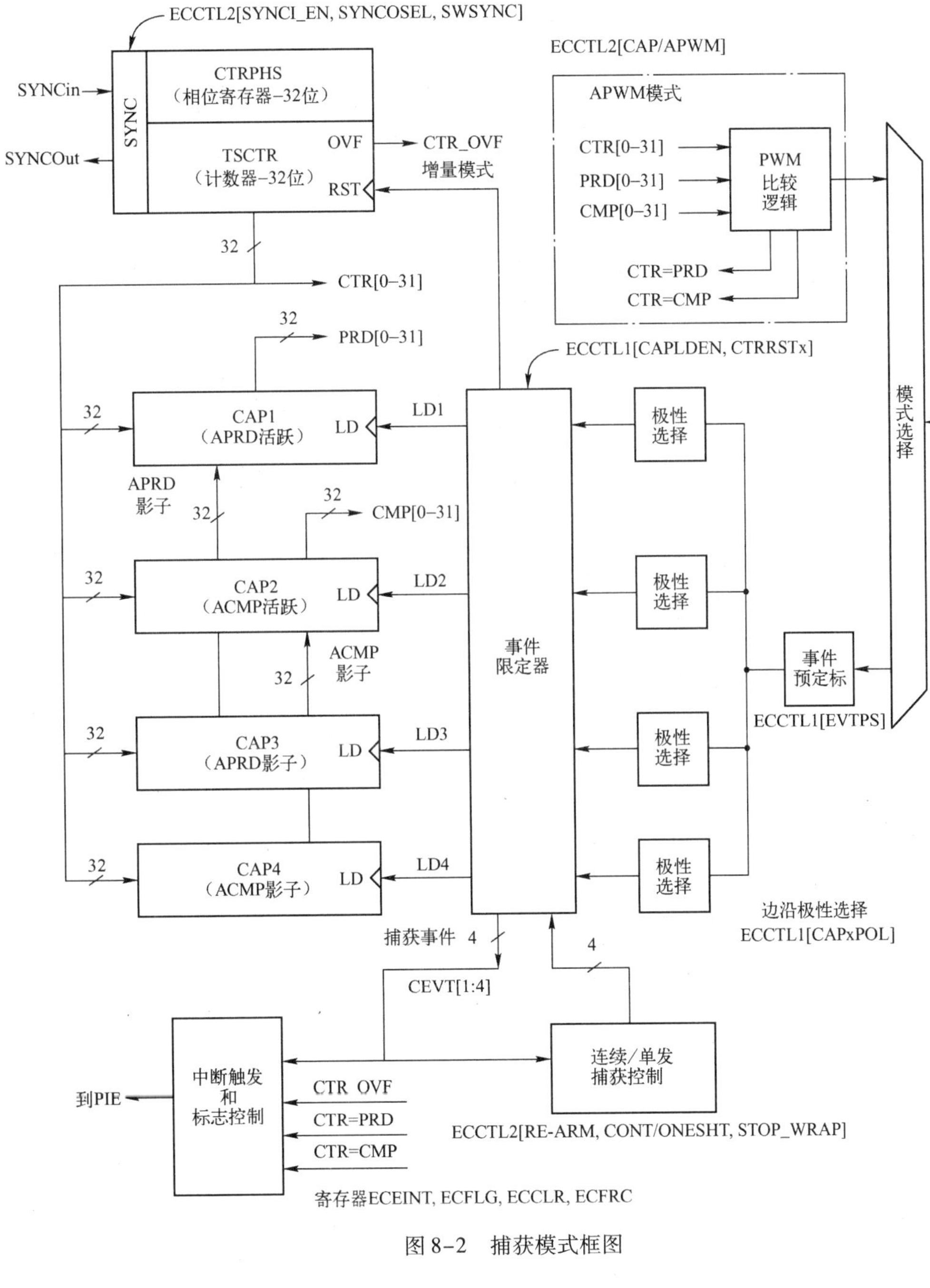

图 8-2　捕获模式框图

1. 事件预分频

输入捕获信号（脉冲序列）可以由 n=2~62（2 的整倍数）预分频后再处理，也可以将预分频器旁路。当使用非常高的频率作输入信号时，这个功能非常有用，图 8-3 为事件预分频器。

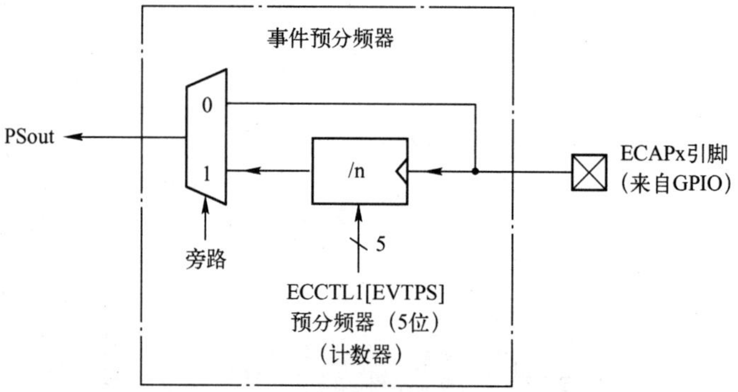

图 8-3　事件预分频器

2. 边沿极性选择和限定器

使用多路开关（MUX）选择 4 个独立的边沿极性，每个捕获事件对应一个边沿极性。

每个边沿（最多 4 个）由 Mod4 排序器判断是否达到门槛要求。

边沿事件由 Mod4 排序器设置门限值，能通过的信号将送入各自 CAPx 寄存器，下降沿时装载 CAPx 寄存器。

3. 连续捕获与单发捕获控制

连续捕获与单发捕获模式的框图如图 8-4 所示。连续捕获与单发捕获控制的工作方式叙述如下。

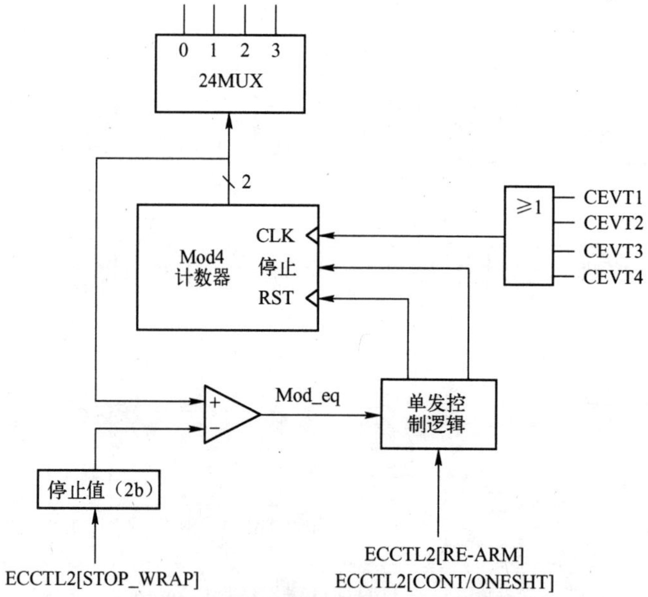

图 8-4　连续捕获与单发捕获模式框图

通过边沿限定器的事件，使 Mod4 计数器增计数（CEVT1 ~ CEVT4）。Mod4 计数器连续计数（0→1→2→3→0）一直循环直到停止。

一个 2 位的停止计数器用于比较 Mod4 计数器的输出，相等时 Mod4 计数器将停止，限制进一步的装载捕获寄存器（CAP1 ~ CAP4）。这种情况常常发生在单发捕获模式的运行中。

连续捕获与单发捕获模式控制 Mod4 计数器的开始、停止和复位，这些动作通过一个单发捕获模式起作用，能够触发得到比较器的停止值或软件控制重新捕获新值。

在 Mod4 计数器和捕获寄存器（CAP1 ~ CAP4）冻结前，eCAP 模块等待 1 ~ 4 个（由需要的捕获值个数确定）事件捕获。

若 CAPLDEN 位置位，将重新准备 eCAP 模块下一个序列的捕获，将清零 Mod4 计数器和重新使能写入捕获寄存器（CAP1 ~ CAP4）。

在连续模式下，Mod4 计数器连续计数（0→1→2→3→0，不用单发模式），捕获值连续循环地写入捕获寄存器（CA1 ~ CAP4）。

4. 32 位计数器和相位控制

计数器利用系统时钟为捕获事件提供时基。相位寄存器通过硬件与软件置位与其他计数器同步，图 8-5 所示为计数器与同步模块。在 APWM 模式下，模块之间的相位补偿非常有用。对于 4 个事件的写入，可以选择重置 32 位计数器，对于时间差的捕获非常有用。先记录 32 位计数器的值，然后由 LD1 ~ LD4 信号的任意一个将 32 位计数器复位为 0。

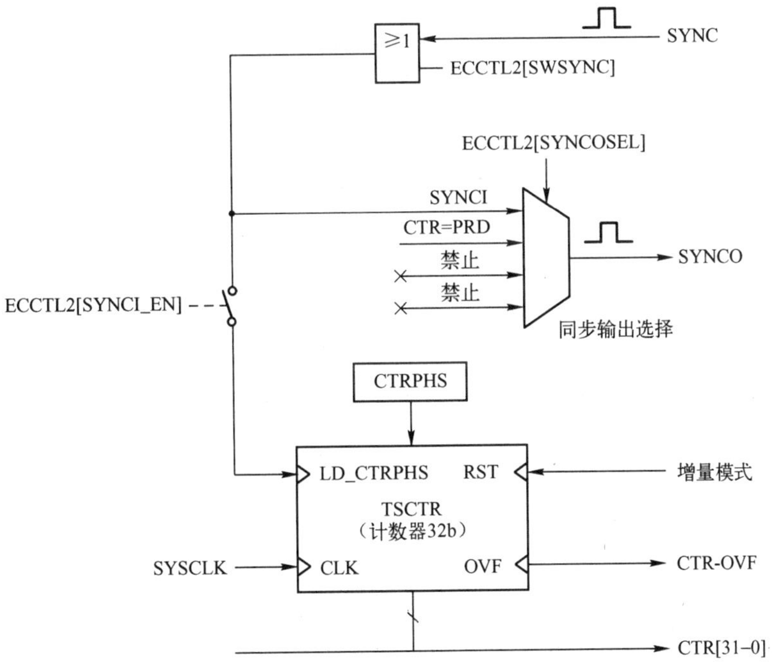

图 8-5　计数器与同步模块

5. 捕获控制寄存器

32 位的捕获寄存器（CAP1 ~ CAP4）连接到 32 位计数器定时器总线上，当各自的 LD 输入有效时写入捕获寄存器（CAP1 ~ CAP4）。通过 CAPLDEN 控制位控制装载捕获寄存器 CAP1 ~ CAP4）。

在单发模式下，当满足停止条件（如停止值与 Mod4 计数器相等）时，CAPLDEN 位自动清零，禁止装载捕获寄存器（CAP1 ~ CAP4）。

在 APWM 模式下，捕获寄存器 1（CAP1）和捕获寄存器 2（CAP2）以及各自的比较寄存器处于激活周期，捕获寄存器 3（CAP3）和捕获寄存器 4（CAP4）成为相应的影子寄存器（APRD 和 ACMP）。

6. 中断控制

捕获事件（CEVT1 ~ CEVT4、CTROVF）或 APWM 事件（CTR = PRD，CTR = CMP）能够产生中断。捕获模块的中断如图 8-6 所示。

计数器上溢出事件（FFFFFFFF→00000000）也作为一个中断源（CTROVF）。

捕获事件的边沿和时序要满足各自的极性选择和 Mod4 门控要求。

上述事件都能够作为中断源产生中断到 PIE 模块，7 个中断事件（CEVT1、CEVT2、CEVT3、CEVT4、CNTOVF、CTR = PRD 及 CTR = CMP）都能产生中断。中断使能寄存器（ECEINT）能够使能或禁止各个中断源；中断标志寄存器（ECFLG）指出是否有中断事件产生，它与全局中断（INT）有关。若任何一个中断事件使能，产生的中断脉冲将送至 PIE 模块，相应的标志位置 1，全局中断标志位为 0。在其他中断脉冲产生之前，中断服务程序必须通过清除寄存器（ECCLR）清零全局中断标志位和执行中断服务程序。此外，也可以通过中断强制寄存器（ECFRC）来产生中断事件，这种方法主要用于测试。

注：CEVT1、CEVT2、CEVT3 及 CEVT4 标志只在捕获模式（捕获控制寄存器 ECCTL2[CAP/APWM = 0]）下激活，CTR = PRD、CTR = CMP 标志只在 APWM 模式（捕获控制寄存器 ECCTL2[CAP/APWM = 1]）下有效，CNTOVF 标志在两种模式下都有效。

7. 影子寄存器装载与禁止装载控制

在捕获模式下，这种逻辑禁止任何影子寄存器的装载过程，禁止从 APRD 和 ACMP 寄存器装载到捕获寄存器 1（CAP1）和捕获寄存器 2（CAP2）。

在 APWM 模式下，使能影子寄存器可以允许两种装载方式：

- 立即方式。新值写入 APRD 和 ACMP 寄存器时立即写入捕获寄存器 1（CAP1）和捕获寄存器 2（CAP2）。
- 周期匹配方式。例如，CTR[0:3] = PRD[0:3]。

8. APWM 模式的运行

2 个 32 位的数字比较器可以与时间标记计数器比较。

当捕获寄存器（CAP1/CAP2）不用捕获模式时，即在 APWM 模式，捕寄存器（CAP1/CAP2）的值用于周期值和比较值。

通过影子寄存器 APRD 和 ACMP（CAP3/CAP4）可以实现双缓冲。随着写入操作或 CTR = PRD 事件触发，影子寄存器的值就会立即传送到捕寄存器 1（CAP1）和捕寄存器（CAP2）中。

在 APWM 模式下，向捕获寄存器（CAP1/CAP2）写入值，相应地也把同样的值写入到影子寄存器（CAP3/CAP4）中。这种模式就像立即模式一样，向捕获寄存器（CAP3/CAP4）写入会唤醒影子寄存器模式。

初始化时，必须写入激活的周期寄存器和比较寄存器，同时这些初始值也会写入到影子寄存器中。在以后的运行中更新比较器的数据时，仅仅更新影子寄存器即可。在 APWM 模式下的 PWM 波形如图 8-7 所示。

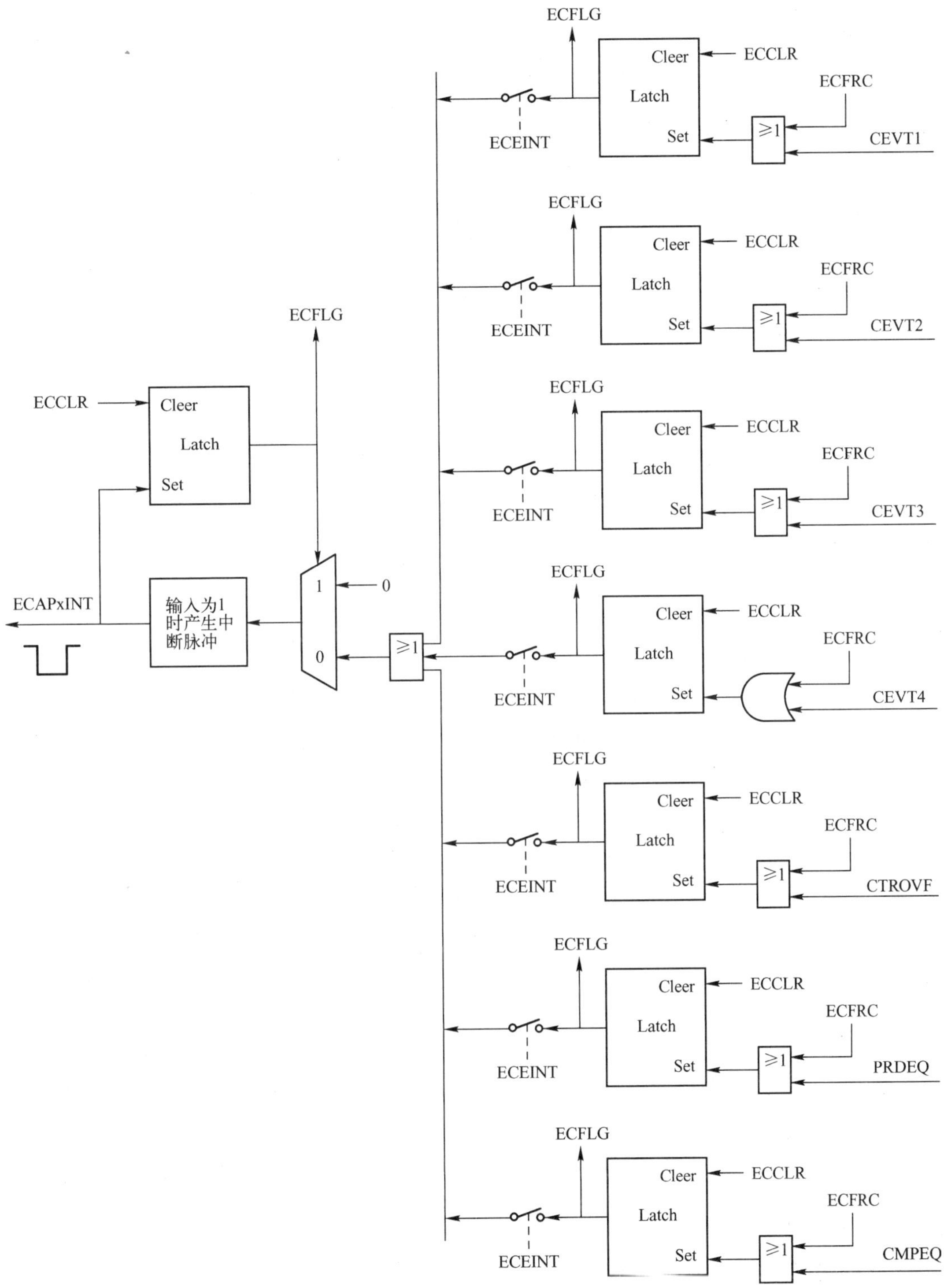

ECFLG
Cleer
Latch
Set
ECCLR
ECFRC
≥1
CEVT1
ECEINT
CEVT2
CEVT3
CEVT4
CTROVF
PRDEQ
CMPEQ
ECAPxINT
输入为1
时产生中
断脉冲
1
0

图 8-6　捕获模块的中断

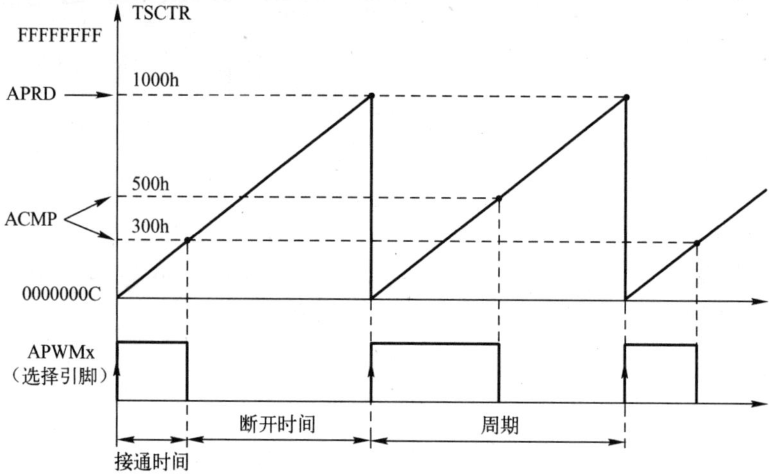

图 8-7　在 APWM 模式运行的 PWM 波形

在 APWM 模式下，要激活高电平输出（APWMPOL＝0）需按下述编程方式实现：

CMP＝0x0000 0000	持续输出低电平(0% 占空比)
CMP＝0x0000 0001	输出高电平 1 个时钟周期
CMP＝0x0000 0002	输出高电平 2 个时钟周期
CMP＝PERIOD	输出高电平超过 1 个时钟周期(＜100% 占空比)
CMP＝PERIOD＋1	全周期输出高电平(100% 占空比)
CMP＞PERIOD＋1	全周期输出高电平

在 APWM 模式下，要激活低电平输出（APWMPOL＝1）需要下述编程方式实现：

CMP＝0x0000 0000	持续输出高电平(0% 占空比)
CMP＝0x0000 0001	输出低电平 1 个时钟周期
CMP＝0x0000 0002	输出低电平 2 个时钟周期
CMP＝PERIOD	输出低电平超过 1 个时钟周期(＜100% 占空比)
CMP＝PERIOD＋1	全周期输出低电平(100% 占空比)
CMP＞PERIOD＋1	全周期输出低电平

例，对于信号上升沿触发计数器的时间测量方法。图 8-8 所示为捕获模块工作在连续捕获模式下的例子。在该图中，没有复位且捕获事件不满足边沿要求时，时间标记计数器（TSCTR）增计数，这样就能测出信号周期。

在捕获事件中，时间标记计数器（TSCTR）的内容首先被捕获，随后 Mod4 计数器进入下一个状态。当时间标记计数器（TSCTR）达到 0xFFFF FFFF 时，计数器变为 0x0000 0000，然后置位 CTROVF 标志位，接着中断产生；捕获的时间标记此时是有效的，第 4 个事件发生后，CEVT4 触发中断，CPU 很容易从捕获寄存器中读取数据。

8.4　捕获模块的寄存器

eCAP 模块控制与状态寄存器见表 8-1。

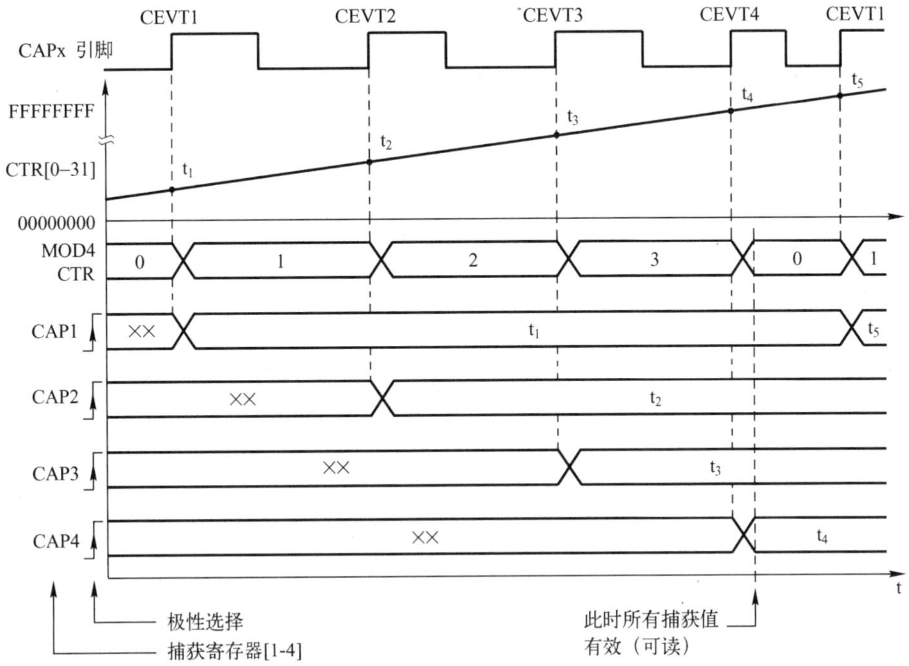

图 8-8　对于时间标记的信号上升沿/下降沿的捕获

表 8-1　eCAP 模块寄存器

名称	偏移地址	字(×16)	寄存器描述
TSCTR	0x00	2	时间标记计数器
CTRPHS	0x02	2	计数相位寄存器
CAP1	0x04	2	捕获寄存器 1
CAP2	0x06	2	捕获寄存器 2
CAP3	0x08	2	捕获寄存器 3
CAP4	0x0A	2	捕获寄存器 4
ECCTL1	0x14	1	捕获控制寄存器 1
ECCTL2	0x15	1	捕获控制寄存器 2
ECEINT	0x16	1	捕获中断使能寄存器
ECFLG	0x17	1	捕获中断标志寄存器
ECCLR	0x18	1	捕获中断清除寄存器
ECFRC	0x19	1	捕获中断强制寄存器

1. 时间标记计数器（Time – Stamp Counter Register，TSCTR）

32 位寄存器，活跃的 32 位计数寄存器用于捕获时基。

2. 计数相位寄存器（Counter Phase Control Register，CTRPHS）

32 位寄存器，可编程相位的超前与滞后，用于与另外的 eCAP 和时基同步。此寄存器是时间标记计数器（TSCTR）的影子寄存器。

3. 捕获寄存器 1（Capture – 1 Register，CAP1）

32 位寄存器，在捕获模式下，此寄存器在捕获事件发生时，会写入时间标记计数器

（TSCTR）的值；在软件方式下，用于测试目的或初始化；在 APWM 模式下，会作为 APRD 影子寄存器即 CAP3。

4. 捕获寄存器 2（Capture－2 Register，CAP2）

32 位寄存器，在捕获模式下，此寄存器在捕获事件发生时，会写入时间标记计数器；在软件方式下，用于测试目的；在 APWM 模式下，会作为 APRD 的影子寄存器即 CAP4。

5. 捕获寄存器 3（Capture－3 Register，CAP3）

32 位寄存器，在比较（CMP）模式下，此寄存器是时间标记捕获寄存器；在 APWM 模式下，它是周期影子寄存器（APRD），可以用这个寄存器更新 PWM 周期值。在这个模式下，捕获寄存器 3（CAP3 即 APRD）是捕获寄存器 1（CAP1）的影子寄存器。

6. 捕获寄存器 4（Capture－4 Register，CAP4）

32 位寄存器，在比较模式下，此寄存器是时间标记捕获寄存器；在 APWM 模式下，它是比较（ACMP）的影子寄存器，可以用这个寄存器更新 PWM 比较值。在这个模式下，捕获寄存器 4（CAP4 即 ACMP）是捕获寄存器 2（CAP2）的影子寄存器。

7. 捕获控制寄存器 1（ECAP Control Register 1，ECCTL1）

15	14	13	12	11	10	9	8
FREE/SOFT		RRESCALE					CAPLDEN
R/W-0		R/W-0					R/W-0

7	6	5	4	3	2	1	0
CTRRST4	CAP4POL	CTRRST3	CAP3POL	CTRRST2	CAP2POL	CTRRST1	CAP1POL
R/W-0	R/W-0	R/W-0	R/W-0	R/W-0	R/W-0	R/W-0	R/W-0

位 15～14，FREE/SOFT：仿真控制位。

- 00：一旦仿真悬挂，立即停止时间标记计数器（TSCTR）。
- 01：在时间标记计数器（TSCTR）运行直到为零时停止。
- 1x：时间标记计数器（TSCTR）运行不受仿真悬挂的影响。

位 13～9，PRESCALE：事件过滤器的预分频选择位。

- 00000：x/1，没有预分频，旁路。
- 00001：x/2，2 分频。
- 00010：x/4，4 分频。
- 00011：x/6，6 分频。

…

- 11110：x/60，60 分频。
- 11111：x/62，62 分频（x 为时钟）。

位 8，CAPLDEN：使能捕获事件发生时间装载到捕获寄存器（CAP1～CAP4）。

- 0：禁止捕获事件发生时间装载到捕获寄存器（CAP1～CAP4）。
- 1：使能捕获事件发生时间装载到捕获寄存器（CAP1～CAP4）。

位 7，CTRRST4：发生捕获事件 4 时计数器复位位。

- 0：在时间标记捕获后不复位计数器（绝对时间标记运行模式）。
- 1：在时间标记捕获后复位计数器（差分模式运行）。

位 6，CAP4POL：捕获事件 4 的极性选择位。

- 0：信号上升沿触发。
- 1：信号下降沿触发。

位 5，CTRRST3：发生捕获事件 3 时计数器复位位。

- 0：在捕获后不复位计数器（绝对时间标记运行模式）。
- 1：在捕获后复位计数器（差分模式运行）。

位 4，CAP3POL：捕获事件 3 的极性选择位。

- 0：信号上升沿触发。
- 1：信号下降沿触发。

位 3，CTRRST2：发生捕获事件 2 时计数器复位位。

- 0：在捕获后不复位计数器（绝对时间标记运行模式）。
- 1：在捕获后复位计数器（差分模式运行）。

位 2，CAP2POL：捕获事件 2 的极性选择位。

- 0：信号上升沿触发。
- 1：信号下降沿触发。

位 1，CTRRST1：发生捕获事件 1 时计数器复位位。

- 0：在捕获后不复位计数器（绝对时间标记运行模式）。
- 1：在捕获后复位计数器（差分模式运行）。

位 0，CAP1POL：捕获事件 1 的极性选择位。

- 0：信号上升沿触发。
- 1：信号下降沿触发。

8. 捕获控制寄存器 2（ECAP Control Register 2，ECCTL2）

15～11	10	9	8
Reserved	APWMPOL	CAP/APWM	SWSYNC
R-0	R/W-0	R/W-0	R/W-0

7～6	5	4	3	2～1	0
SYNCO_SEL	SYNCI_EN	TSCTRSTOP	REARM	STOP_WRAP	CONT/ONESHT
R/W-0	R/W-0	R/W-0	R/W-0	R/W-1	R/W-0

位 15～11，保留位。

位 10，APWMPOL：APWM 输出极性选择位，只在 APWM 模式下有效。

- 0：输出高电平有效（比较值定义高电平的时间）。
- 1：输出低电平有效（比较值定义低电平的时间）。

位 9，CAP APWM：CAP 与 APWM 模式选择位。

- 0：eCAP 模块工作于捕获模式时有以下特点：
  - ✓ 禁止时间标记计数器（TSCTR）通过 CTR－PRD 事件复位。
  - ✓ 禁止用影子寄存器装载捕获寄存器 1（CAP1）与捕获寄存器 2（CAP2）。
  - ✓ 使能用户装载捕获寄存器（CAP1～CAP4）。
  - ✓ CAPx/APWMx 引脚作为捕获输入引脚。
- 1：eCAP 模块工作于 APWM 模式时有以下特点：

✓ 使能时间标记计数器（TSCTR）通过 CTR = PRD 事件复位（达到周期边界时）。

✓ 使能用影子寄存器装载捕获寄存器 1（CAP1）与捕获寄存器 2（CAP2）。

✓ 禁止用时间标记装载捕获寄存器（CAP1 ~ CAP4）。

✓ CAPx/APWMx 引脚作为 APWM 的输出引脚。

位 8，SWSYNC：软件强制时间标记计数器（TSCTR）同步的控制位。该位提供了一种方便的软件控制所有 eCAP 时基同步的方法，在 APWM 模式下能够通过 CTR = PRD 事件来实现同步。

- 0：写入 0 无效，读该位返回 0。
- 1：在 SYNCO_SEL 为 0 的前提下，写入 1 强制当前的 eCAP 模块中时间标记计数器（TSCTR）的影子寄存器装载；写入 1 清零该位。

位 7 ~ 6，SYNCO_SEL：同步输出选择位。

- 00：选择同步输入信号作为同步输出信号（旁路）。
- 01：选择 CTR = PRD 事件作为同步输出信号。
- 1x：禁止同步输出信号。

位 5，SYNCI_EN：时间标记计数器（TSCTR）同步输入模式选择位。

- 0：禁止时间标记计数器（TSCTR）同步输入。
- 1：在 SYNCI 信号或软件信号触发下使能时间标记计数器（TSCTR）装载计数相位寄存器（CTRPHS）的值。

位 4，TSCTRSTOP：时间标记计数器（TSCTR）停止（冻结）控制位。

- 0：时间标记计数器（TSCTR）停止。
- 1：时间标记计数器（TSCTR）自由运行。

位 3，REARM：单发重装控制位。

- 0：无影响。
- 1：按以下事件重装单发序列：

✓ 复位 Mod4 计数器到 0。

✓ 不冻结 Mod4 计数器。

✓ 使能捕获寄存器装载。

位 2 ~ 1，STOP_WRAP：单发捕获模式时的停止值。在捕获寄存器（CAP1 ~ CAP4）冻结前，该位为使能捕获的数（1 ~ 4），例如，停止捕获序列；在连续捕获模式下覆盖前面的值，在停止前，捕获寄存器的值覆盖前面的值，形成一个循环缓冲器。

- 00：在单发捕获模式下捕获 1 事件后停止；在连续捕获模式下，捕获 1 事件后覆盖前面的值。
- 01：在单发捕获模式下捕获 2 事件后停止；在连续捕获模式下，捕获 2 事件后覆盖前面的值。
- 10：在单发捕获模式下捕获 3 事件后停止；在连续捕获模式下，捕获 3 事件后覆盖前面的值。
- 11：在单发捕获模式下捕获 4 事件后停止；在连续捕获模式下，捕获 4 事件后覆盖前面的值。

位 0，CONT/ONESHT：连续模式与单发模式选择位。

- 0：运行于连续捕获模式。
- 1：运行于单发捕获模式。

9. 中断使能寄存器（ECAP Interrupt Enable Register，ECEINT）

15–8
Reserved

7	6	5	4	3	2	1	0
CTR=CMP	CTR=PRD	CTROVF	CEVT4	CEVT3	CEVT2	CEVT1	Reserved
		R/W	R/W	R/W	R/W	R/W	

位 15 ~8，保留位。

位 7，CTR = CMP：计数器与比较值相等中断使能位。

- 0：禁止比较相等作为中断源。
- 1：使能比较相等作为中断源。

位 6，CTR = PRD：计数器与周期值匹配中断位。

- 0：禁止计数器与周期值匹配作为中断源。
- 1：使能计数器与周期值匹配作为中断源。

位 5，CTROVF：计数器溢出中断使能位。

- 0：禁止计数器溢出中断作为中断源。
- 1：使能计数器溢出中断作为中断源。

位 4，CEVT4：捕获 4 触发中断使能位。

- 0：禁止捕获 4 触发中断作为中断源。
- 1：使能捕获 4 触发中断作为中断源。

位 3，CEVT3：捕获 3 触发中断使能位。

- 0：禁止捕获 3 触发中断作为中断源。
- 1：使能捕获 3 触发中断作为中断源。

位 2，CEVT2：捕获 2 触发中断使能位。

- 0：禁止捕获 2 触发中断作为中断源。
- 1：使能捕获 2 触发中断作为中断源。

位 1，CEVT1：捕获 1 触发中断使能位。

- 0：禁止捕获 1 触发中断作为中断源。
- 1：使能捕获 1 触发中断作为中断源。

位 0，保留位。

10. 中断标志寄存器（ECAP Interrupt Flag Register，ECFLG）

15–8
Reserved
R-0

7	6	5	4	3	2	1	0
CTR=CMP	CTR=PRD	CTROVF	CEVT4	CEVT3	CEVT2	CETV1	INT
R-0	R-0	R-0	R-0	R-0	R-0	R-0	R-0

位 15 ~ 8，保留位。

位 7，CTR = CMP：与比较值相等的标志位，该位只有在 APWM 模式下有效。

- 0：没有该事件发生。
- 1：标志 SCTR 计数器达到比较寄存器（ACMP）的设定值。

位 6，CTR = PRD：计数器等于周期值的标志位，该位只在 APWM 模式下有效。

- 0：没有该事件发生。
- 1：标志 SCTR 计数器达到周期寄存器（APRD）的设定值并且被复位。

位 5，CTROVF：计数器溢出状态标志位，该位在 CAP 与 APWM 模式下都有效。

- 0：没有溢出事件发生。
- 1：计数器 TSCR 从 0xFFFF FFFF 回到 0x0000 0000。

位 4，CEVT4：捕获 4 状态标志位，该位只在捕获模式下有效。

- 0：没有跳变事件产生。
- 1：在 ECAPx 引脚产生捕获 4 事件。

位 3，CEVT3：捕获 3 状态标志位，该位只在捕获模式下有效。

- 0：没有跳变事件产生。
- 1：在 ECAPx 引脚产生捕获 3 事件。

位 2，CEVT2：捕获 2 状态标志位，该位只在捕获模式下有效。

- 0：没有跳变事件产生。
- 1：在 ECAPx 引脚产生捕获 2 事件。

位 1，CEVT1：捕获 1 状态标志位，该位只在捕获模式。

- 0：没有跳变事件产生。
- 1：在 ECAPx 引脚产生捕获 1 事件。

位 0，INT：全局中断标志位。

- 0：没有全局中断产生。
- 1：有全局中断产生。

11. 中断清除寄存器（ECAP Interrupt Clear Register，ECCLR）

15–8
Reserved
R-0

7	6	5	4	3	2	1	0
CTR=CMP	CTR=PRD	CTROVF	CEVT4	CEVT3	CEVT2	CETV1	INT
R/W-0	R/W-0	R/W-0	R/W-0	R/W-0	R/W-0	R/W-0	R/W-0

位 1、5 ~ 8，保留位。

位 7，CTR = CMP：与比较值相等的标志位，该位只在 APWM 模式下有效。

- 0：写入 0 无效，读该位返回 0。
- 1：写入 1 清零该标志位。

位 6，CTR = PRD：计数器等于周期值的标志位，该位只在 APWM 模式下有效。

- 0：写入 0 无效，读该位返回 0。
- 1：写入 1 清零该标志位。

位 5，CTROVF：计数器溢出状态标志位，该位在 CAP 与 APWM 模式下都有效。
- 0：写入 0 无效，读该位返回 0。
- 1：写入 1 清零该标志位。

位 4，CEVT4：捕获 4 状态标志位，该位只在捕获模式下有效。
- 0：写入 0 无效，读该位返回 0。
- 1：写入 1 清零该标志位。

位 3，CEVT3：捕获 3 状态标志位，该位只在捕获模式下有效。
- 0：写入 0 无效，读该位返回 0。
- 1：写入 1 清零该标志位。

位 2，CEVT2：捕获 2 状态标志位，该位只在捕获模式下有效。
- 0：写入 0 无效，读该位返回 0。
- 1：写入 1 清零该标志位。

位 1，CEVT1：捕获 1 状态标志位，该位只在捕获模式下有效。
- 0：写入 0 无效，读该位返回 0。
- 1：写入 1 清零该标志位。

位 0，INT：全局中断标志位。
- 0：写入 0 无效，读该位返回 0。
- 1：写入 1 清零该标志位。

12. 中断强制寄存器（ECAP Interrupt Forcing Register，ECFRC）

15	14	13	12	11	10	9	8
Reserved							
R-0							

7	6	5	4	3	2	1	0
CTR=CMP	CTR=PRD	CTROVF	CEVT4	CEVT3	CEVT2	CETV1	reserved
R/W-0	R/W-0	R/W-0	R/W-0	R/W-0	R/W-0	R/W-0	R/W-0

位 15～8，保留位。

位 7，CTR＝CMP：与比较值相等的标志位，该位只在 APWM 模式下有效。
- 0：写入 0 无效，读该位返回 0。
- 1：写入 1 该位置 1。

位 6，CTR＝PRD：计数器等于周期值的标志位，该位只在 APWM 模式下有效。
- 0：写入 0 无效，读该位返回 0。
- 1：写入 1 该位置 1。

位 5，CTROVF：计数器溢出状态标志位，该位在 CAP 与 APWM 模式下都有效。
- 0：写入 0 无效，读该位返回 0。
- 1：写入 1 该位置 1。

位 4，CEVT4：捕获 4 状态标志位，该位只在捕获模式下有效。
- 0：写入 0 无效，读该位返刚 0。
- 1：写入 1 该位置 1。

位 3，CEVT3：捕获 3 状态标志位，该位只在捕获模式下有效。

- 0：写入0无效，读该位返回0。
- 1：写入1该位置1。

位2，CEVT2：捕获2状态标志位，该位只在捕获模式下有效。

- 0：写入0无效，读该位返回0。
- 1：写入1该位置1。

位1，CEVT1：捕获1状态标志位，该位只在捕获模式下有效。

- 0：写入0无效，读该位返回0。
- 1：写入1该位置1。

位0，保留位。

8.5 eCAP模块应用

例8-1 利用捕获单元eCAP1（GPIO19）捕获PWM3A（GPIO4）输出上升沿与下降沿之间的时间。ePWM3A配置为增计数，周期由2上升到1000，由PRD切换输出。

```
#include "DSP2803x_Device.h"                    //包含DSP2803x头文件
//配置定时器的开始与结束周期
#define PWM3_TIMER_MIN     10
#define PWM3_TIMER_MAX     8000
//函数声明
interrupt void ecap1_isr(void);
void InitECapture(void);
void InitEPwmTimer(void);
void Fail(void);
//全局变量
Uint32  ECap1IntCount;
Uint32  ECap1PassCount;
Uint32  EPwm3TimerDirection;
//跟踪定时器计数器值如何移动
#define EPWM_TIMER_UP   1
#define EPWM_TIMER_DOWN 0

void main(void)
{
    InitSysCtrl();
    //系统初始化,该函数在DSP2803x_sysctrl.c中,初始化PLL、看门狗、外设时钟
    EALLOW;
    GpioCtrlRegs.GPAPUD.bit.GPIO4 = 1;         //禁止GPIO4(EPWM3A)上拉电阻
    GpioCtrlRegs.GPAPUD.bit.GPIO5 = 1;         //禁止GPIO5(EPWM3B)上拉电阻
    GpioCtrlRegs.GPAMUX1.bit.GPIO4 = 1;        //配置GPIO4为EPWM3A
    GpioCtrlRegs.GPAMUX1.bit.GPIO5 = 1;        //配置GPIO5为EPWM3B
    EDIS;
```

```
    EALLOW;
    GpioCtrlRegs. GPAPUD. bit. GPIO19 =0;              //使能 GPIO19 (CAP1)上拉电阻
    GpioCtrlRegs. GPAQSEL2. bit. GPIO19 =0;            //引脚 GPIO19 (CAP1)同步到 SYSCLKOUT
    GpioCtrlRegs. GPAMUX2. bit. GPIO19 =3;
    //将 GPIO19 配置为 CAP1,也可以将 GPIO5 或 GPIO24 配置为 CAP1
    EDIS;
    DINT;                                             //关闭 CPU 总中断,asm("   CLRC INTM");
    InitPieCtrl();                   //初始化 PIE 控制寄存器,该函数在 DSP2803x_PieCtrl. c 中
    IER =0x0000;
    IFR =0x0000;
    InitPieVectTable();                   //初始化 PIE 矢量表,该函数在 DSP2803x_PieVect. c 中
    EALLOW;
    PieVectTable. ECAP1_INT = &ecap1_isr;             //中断函数入口地址
    EDIS;
    InitEPwmTimer();                                  //初始化 ePWM 定时器
    InitECapture();                                   //初始化捕获单元
    ECap1IntCount =0;                                 //初始化计数器
    ECap1PassCount =0;
    IER | = M_INT4;                                   //使能 CPU INT4,它连接到 ECAP1 -4 中断
    PieCtrlRegs. PIEIER4. bit. INTx1 =1;              //使能 PIE 组 4 的中断 1
    EINT;                                             //使能全局中断 INTM
    ERTM;                                             //使能全局实时中断 DBGM
    for(;;)
    {
            asm("           NOP");
    }
}

void InitEPwmTimer()
{
    EALLOW;
    SysCtrlRegs. PCLKCR0. bit. TBCLKSYNC =0;
    EDIS;
    EPwm3Regs. TBCTL. bit. CTRMODE =0x0;             //增计数
    EPwm3Regs. TBPRD = PWM3_TIMER_MIN;
    EPwm3Regs. TBPHS. all =0x00000000;
    EPwm3Regs. AQCTLA. bit. PRD =0x3;                //根据 PRD 切换
    //TBCLK = SYSCLKOUT
    EPwm3Regs. TBCTL. bit. HSPCLKDIV =1;
    EPwm3Regs. TBCTL. bit. CLKDIV =0;
    EPwm3TimerDirection = EPWM_TIMER_UP;
    EALLOW;
    SysCtrlRegs. PCLKCR0. bit. TBCLKSYNC =1;
```

```
    EDIS;
}

void InitECapture()
{
    ECap1Regs.ECEINT.all = 0x0000;                //禁止捕获中断
    ECap1Regs.ECCLR.all = 0xFFFF;                 //清除捕获中断标志
    ECap1Regs.ECCTL1.bit.CAPLDEN = 0;             //禁止 CAP1 ~ CAP4 寄存器装入
    ECap1Regs.ECCTL2.bit.TSCTRSTOP = 0;           //停计数器
    //配置外设寄存器
    ECap1Regs.ECCTL2.bit.CONT_ONESHT = 1;         //单发
    ECap1Regs.ECCTL2.bit.STOP_WRAP = 3;           //4 个事件停止
    ECap1Regs.ECCTL1.bit.CAP1POL = 1;             //下降沿
    ECap1Regs.ECCTL1.bit.CAP2POL = 0;             //上升沿
    ECap1Regs.ECCTL1.bit.CAP3POL = 1;             //下降沿
    ECap1Regs.ECCTL1.bit.CAP4POL = 0;             //上升沿
    ECap1Regs.ECCTL1.bit.CTRRST1 = 1;             //差分模式运行
    ECap1Regs.ECCTL1.bit.CTRRST2 = 1;
    ECap1Regs.ECCTL1.bit.CTRRST3 = 1;
    ECap1Regs.ECCTL1.bit.CTRRST4 = 1;
    ECap1Regs.ECCTL2.bit.SYNCI_EN = 1;            //使能同步输入
    ECap1Regs.ECCTL2.bit.SYNCO_SEL = 0;           //直通
    ECap1Regs.ECCTL1.bit.CAPLDEN = 1;             //使能捕获单元
    ECap1Regs.ECCTL2.bit.TSCTRSTOP = 1;           //启动计数器
    ECap1Regs.ECCTL2.bit.REARM = 1;               //单发
    ECap1Regs.ECCTL1.bit.CAPLDEN = 1;             //使能 CAP1 ~ CAP4 寄存器装入
    ECap1Regs.ECEINT.bit.CEVT4 = 1;               //4 个事件中断
}

interrupt void ecap1_isr(void)
{
    //捕获输入同步到 SYSCLKOUT,这样可能有 +/-1 周期的变化
    if(ECap1Regs.CAP2 > EPwm3Regs.TBPRD * 2 + 1 || ECap1Regs.CAP2 < EPwm3Regs.TBPRD * 2 - 1)
    {
        Fail();
    }
    if(ECap1Regs.CAP3 > EPwm3Regs.TBPRD * 2 + 1 || ECap1Regs.CAP3 < EPwm3Regs.TBPRD * 2 - 1)
    {
        Fail();
    }
    if(ECap1Regs.CAP4 > EPwm3Regs.TBPRD * 2 + 1 || ECap1Regs.CAP4 < EPwm3Regs.TBPRD * 2 - 1)
    {
        Fail();
```

```
    }
    ECap1IntCount ++;
    if(EPwm3TimerDirection == EPWM_TIMER_UP)
    {
        if(EPwm3Regs.TBPRD < PWM3_TIMER_MAX)
        {
            EPwm3Regs.TBPRD ++;
        }
        else
        {
            EPwm3TimerDirection = EPWM_TIMER_DOWN;
            EPwm3Regs.TBPRD --;
        }
    }
    else
    {
        if(EPwm3Regs.TBPRD > PWM3_TIMER_MIN)
        {
            EPwm3Regs.TBPRD --;
        }
        else
        {
            EPwm3TimerDirection = EPWM_TIMER_UP;
            EPwm3Regs.TBPRD ++;
        }
    }
    ECap1PassCount ++;
    ECap1Regs.ECCLR.bit.CEVT4 = 1;
    ECap1Regs.ECCLR.bit.INT = 1;
    ECap1Regs.ECCTL2.bit.REARM = 1;
    PieCtrlRegs.PIEACK.all = PIEACK_GROUP4;//中断应答,以接收更多中断
}
void Fail()
{
    asm("    ESTOP0");
}
```

8.6 APWM 模式应用

例 8-2 编程在 eCAP1（GPIO19）引脚产生 3 Hz 和 6 Hz 的 PWM 波形。

```
#include "DSP2803x_Device.h"                //包含 DSP2803x 头文件
Uint16 direction = 0;                        //全局变量
```

```
void main(void)
{
InitSysCtrl();          //系统初始化,该函数在 DSP2803x_sysctrl.c 中,初始化 PLL、看门狗、外设时钟
EALLOW;
GpioCtrlRegs.GPAPUD.bit.GPIO19 = 0;             //使能 GPIO19 (CAP1)上拉电阻
GpioCtrlRegs.GPAQSEL2.bit.GPIO19 = 0;           //引脚 GPIO19 (CAP1)同步到 SYSCLKOUT
GpioCtrlRegs.GPAMUX2.bit.GPIO19 = 3;
//将 GPIO19 配置为 CAP1,也可以将 GPIO5 或 GPIO24 配置为 CAP1
EDIS;
DINT;                                           //关闭 CPU 总中断,asm("  CLRC INTM");
InitPieCtrl();                                  //初始化 PIE 控制寄存器,该函数在 DSP2803x_PieCtrl.c 中
IER = 0x0000;
IFR = 0x0000;
InitPieVectTable();                             //初始化 PIE 矢量表,该函数在 DSP2803x_PieVect.c 中
//设置 CAP1 为 APWM 模式,设置周期与比较寄存器
ECap1Regs.ECCTL2.bit.CAP_APWM = 1;              //使能 APWM 模式
ECap1Regs.CAP1 = 0x01312D00;                    //设置周期值 20 000 000
ECap1Regs.CAP2 = 0x00989680;                    //设置比较值 10 000 000
ECap1Regs.ECCLR.all = 0x0FF;                    //清除悬挂的中断
ECap1Regs.ECEINT.bit.CTR_EQ_CMP = 1;            //使能比较相等中断
ECap1Regs.ECCTL2.bit.TSCTRSTOP = 1;             //启动标记计数器
for(;;)
{
    //频率在 3 Hz 和 6 Hz 变化
    if(ECap1Regs.CAP1 >= 0x01312D00)
    {
        direction = 0;
    } else if (ECap1Regs.CAP1 <= 0x00989680)
    {
        direction = 1;
    }
}
}
```

8.7 思考题与习题

1. 捕获模块的作用是什么?
2. 捕获模块有哪些寄存器?
3. 如何应用捕获模块?

第 9 章　正交编码脉冲模块

本章主要内容：

1）eQEP 概述（Introduction to eQEP）。

2）正交解码单元（Quadrature Decoder Unit）。

3）位置计数器与控制单元（Position Counter and Control Unit）。

4）eQEP 边沿捕获单元与 eQEP 看门狗（eQEP Edge Capture Unit & eQEP Watchdog）。

5）单位定时器基准与 eQEP 中断结构（Unit Timer Base & eQEP Interrupt Structure）。

6）eQEP 寄存器（eQEP Registers）。

7）eQEP 应用实例（eQEP Application Examples）。

9.1　eQEP 概述

增强型正交编码脉冲电路（Enhanced Quadrature Encoder Pulse Circuit，eQEP）模块用于连接旋转或直线增量式编码器，以获得来自电动机的位置、方向与速度信息，用于高性能运动与位置控制系统。

1. 增量式编码器测速原理

增量式光电编码盘的结构如图 9-1 所示，它的一个轨道刻缝产生交替变化明暗光线。码盘的参数为每转产生的明暗光线对数即每转刻线数。另一轨道单个刻缝每转产生一个脉冲信号即索引信号 QEPI，该信号可以表示绝对位置。索引信号也被称为零位、原点位置或零参考信号。

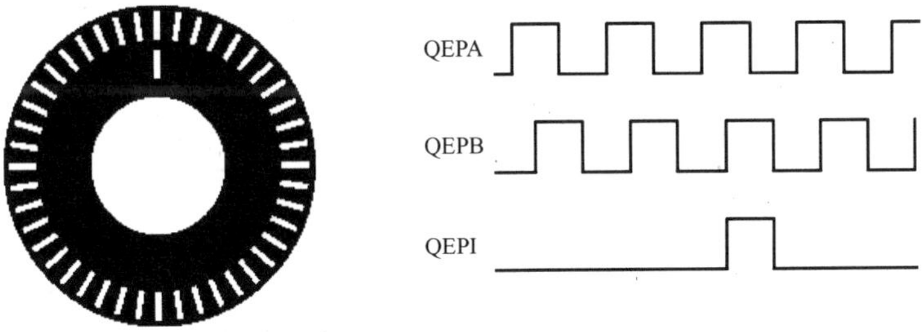

图 9-1　光电编码盘

为获得方向信息，利用两个相差 1/4 节距的光电元件读取两路相位相差 90°的脉冲信号，这两路信号被称为正交信号 QEPA、QEPB。一般定义编码器的正向（顺时针）为 QEPA 通道领先 QEPB 通道变高，反之为负向，如图 9-2 所示。图中 N 为每转的线数。

通常电动机旋转一转光电编码器的轮盘也旋转一圈，或二者有一齿轮变比。因此，来自 QEPA 和 QEPB 输出数字信号的频率随电动机的转速按比例变化。例如，将一个 2000 线的编码器直接耦合到以 5000 转/分（rpm）运行的电动机，可以得到 166.6 kHz 的频率。这样通过测量 QEPA 或 QEPB 信号的频率可以确定电动机的转速。不同厂家的正交编码器有两种不同形式的索引信号（门控或非门控），如图 9-3 所示。一种非标准的索引信号是非门控的。

在非门控结构中，索引信号边沿不需要与 A 或 B 信号一致。门控索引信号与相应的 4 个正交边沿的一个对齐。索引信号脉宽可以等于 0.25、0.5 或一个周期的正交信号。

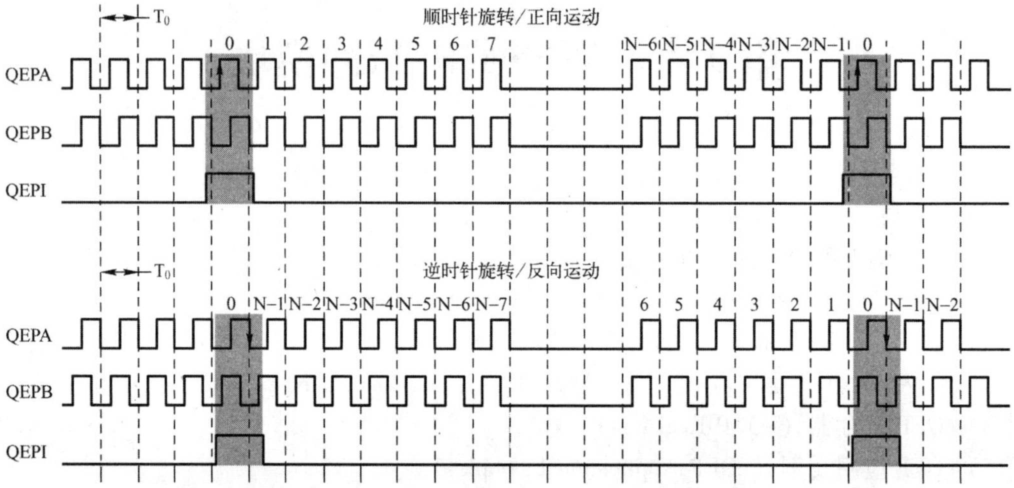

图 9-2　QEP 编码器正向/反向运动输出信号

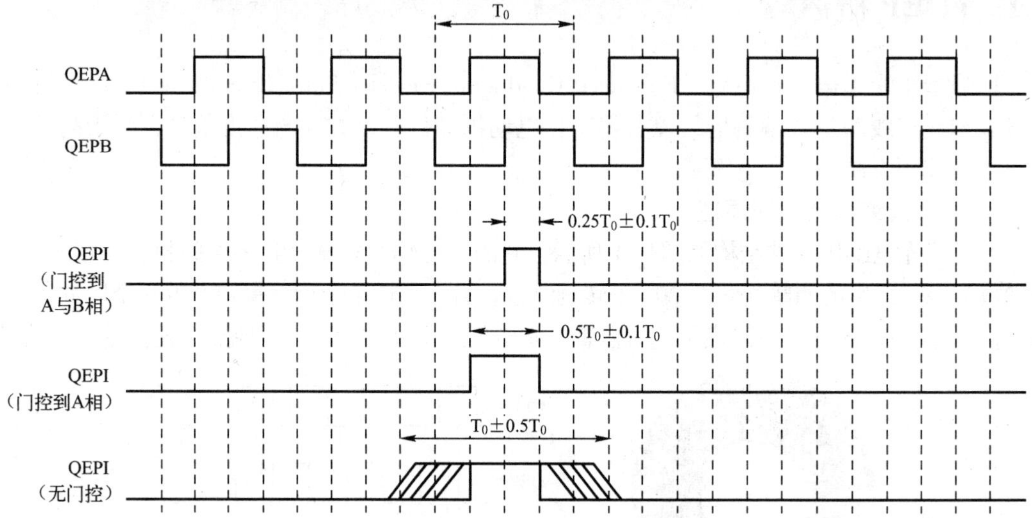

图 9-3　索引脉冲信号

轴端编码器典型的应用有机器人、计算机的鼠标等。在鼠标中，鼠标球使得一对轴（左/右轴和上/下轴）旋转，这些轴连接到光电编码器，通过编码器可以知道鼠标移动的快慢与方向。

在电动机控制中一个常规的问题是通过数字位置传感器估计转速，可以选用两种一阶方法即高速和低速估算公式。

高速估算公式为

$$v(k) \approx \frac{x(k)-x(k-1)}{T} = \frac{\Delta X}{T}$$

式中，$v(k)$为 k 时刻的速度；$x(k)$为 k 时刻的位置；$x(k-1)$为 $k-1$ 时刻的位置；T 为特定单位时间或速度计算率的倒数；ΔX 为单位时间的位置移动增量。

该公式是速度估算的常规方法，它需要一个时间基准来为速度计算提供单位时间事件。单位时间以速度计算率的倒数为基础。

每一个单位时间事件读取一次编码器计数值（位置）。将当前读数减去上一次读数可以得到$[x(k)-x(k-1)]$值。那么速度估计值可以通过乘以常数$1/T$得到。

根据该公式的估算具有一个直接与位置传感器的分辨率和单位时间周期 T 相关的固有的精度限制。例如，考虑一个每转 500 线具有 400 Hz 速度计算率的正交编码器。在用于位置计算时，正交编码器具有 4 倍频精度，本例为 2000 计数值/转。因此可以测得的最小旋转运动为 0.0005 转，相当于 400 Hz 采样时得到一个 12 rpm 速度准确度。这样的准确度在中速或高速时是令人满意的，例如 1200 rpm 有 1% 的误差。但在低速情况下是不合适的。事实上在 12 rpm 速度以下，速度估算值会错误地估计为 0。

低速估算公式为

$$v(k)\approx\frac{X}{t(k)-t(k-1)}=\frac{X}{\Delta T}$$

式中，$v(k)$为k时刻的速度；$t(k)$为时刻k；$t(k-1)$为时刻$k-1$；X为特定单位位置；ΔT为单位位置移动的时间增量。

在低速情况下，该公式可以提供一个更精确的方法。它需要一个位置传感器例如正交编码器输出一个脉冲序列。对于一个给定的传感器准确度，脉冲的宽度由电动机速度定义。该公式可以用于通过测量相邻正交脉冲边沿经过的时间计算电动机速度。然而该公式与高速估算公式具有相反的限制，相对高的电动机速度和传感器准确度使得时间间隔ΔT较小，这样受定时器准确度影响更大。由此可以引入高速估算时可观的误差。

对于较大速度范围的系统（即高速与低速估算都需要），在低速时用低速估算公式，当电动机速度超过某一指定值时，DSP 软件切换到高速估算公式。

2. eQEP 输入

eQEP 为正交时钟模式和方向计数模式提供 2 个输入引脚（QEPA/XCLK、QEPB/XDIR），1 个索引（零位）、选通脉冲输入引脚 eQPI。

（1）QEPA/XCLK 和 QEPB/XDIR 信号

这两个引脚在正交时钟模式和方向计数模式中使用。

① 正交时钟模式。正交脉冲编码器提供两个相位差 90°的方波信号，信号的相位关系用于确定旋转轴的旋转方向和相对于索引位置的 eQEP 脉冲数，脉冲数反映了相对位置。对于前进或顺时针旋转，QEPA 信号将超前 QEPB 信号，反之 QEPB 信号将超前 QEPA 信号。正交脉冲解码器使用这两个输入信号来产生正交时钟和方向信号。

② 方向计数模式。在方向计数模式下，方向和时钟信号直接由外部提供。QEPA 引脚提供时钟输入信号，QEPB 引脚提供方向输入信号。

（2）eQEPI 索引或零位信号

eQEP 编码器用一个索引信号来确定正交脉冲进行应该从哪个初始位置开始增量。

该信号引脚连接到编码器的索引输出，在一圈的初始位置处发一个脉冲，可选择在每旋转一圈到初始位置时重新复位位置计数器。

该信号可以用来在索引引脚发生期望的事件时，初始化和锁存位置计数器的值。

（3）QEPS 选通输入

该通用选通信号可以用来在选通输入引脚发生期望的事件时，初始化和锁存位置计数器的值。在实际使用这个信号通常连接到位置传感器或限位开关上来确定电动机是否已经转到一个确定位置。

3. eQEP 模块的主要功能

eQEP 模块功能结构如图 9-4 所示，包括如下几种主要功能单元：

① 对每个引脚的可编程输入限定。

② 正交解码单元（QDU）。

③ 用于位置测量的位置计数器和控制单元（PCCU）。

④ 用于低速测量的正交脉冲边沿捕获单元（QCAP）。

⑤ 用于速度/频率测量的单元时间基准（UTIME）。

⑥ 用于检测停止的看门狗定时器（QWDOG）。

4. eQEP 模块寄存器映射

eQEP 模块寄存器的存储单元、大小及复位值见表 9-1。

表 9-1 eQEP 模块寄存器的存储映射

名　称	偏移地址	字(×16)/影子	复位值	寄存器描述
QPOSCNT	0x00	2/0	0x00000000	eQEP 位置计数器
QPOSINIT	0x02	2/0	0x00000000	eQEP 初始位置计数
QPOSMAX	0x04	2/0	0x00000000	eQEP 最大位置计数
QPOSCMP	0x06	2/1	0x00000000	eQEP 位置比较
QPOSILAT	0x08	2/0	0x00000000	eQEP 索引位置锁存
QPOSSLAT	0x0A	2/0	0x00000000	eQEP 选通位置锁存
QPOSLAT	0x0C	2/0	0x00000000	eQEP 位置锁存
QUTMR	0x0E	2/0	0x00000000	QEP 单元定时器
QUPRD	0x10	2/0	0x00000000	eQEP 单元周期寄存器
QWDTMR	0x12	1/0	0x0000	eQEP 看门狗定时器
QWDPRD	0x13	1/0	0x0000	eQEP 看门狗周期寄存器
QDECCTL	0x14	1/0	0x0000	eQEP 解码器控制寄存器
QEPCTL	0x15	1/0	0x0000	eQEP 控制寄存器
QCAPCTL	0x16	1/0	0x0000	eQEP 捕获控制寄存器
QPOSCTL	0x17	1/0	0x0000	eQEP 位置比较控制寄存器
QEINT	0x18	1/0	0x0000	eQEP 中断使能寄存器
QFLG	0x19	1/0	0x0000	eQEP 中断标志寄存器
QCLR	0x1A	1/0	0x0000	eQEP 中断清除寄存器
QFRC	0x1B	1/0	0x0000	eQEP 中断强迫寄存器
QEPSTS	0x1C	1/0	0x0000	eQEP 状态寄存器
QCTMR	0x1D	1/0	0x0000	eQEP 捕获定时器
QCPRD	0x1E	1/0	0x0000	eQEP 捕获周期寄存器
QCTMRLAT	0x1F	1/0	0x0000	eQEP 捕获定时器锁存
QCPRDLAT	0x20	1/0	0x0000	eQEP 捕获周期寄存器锁存

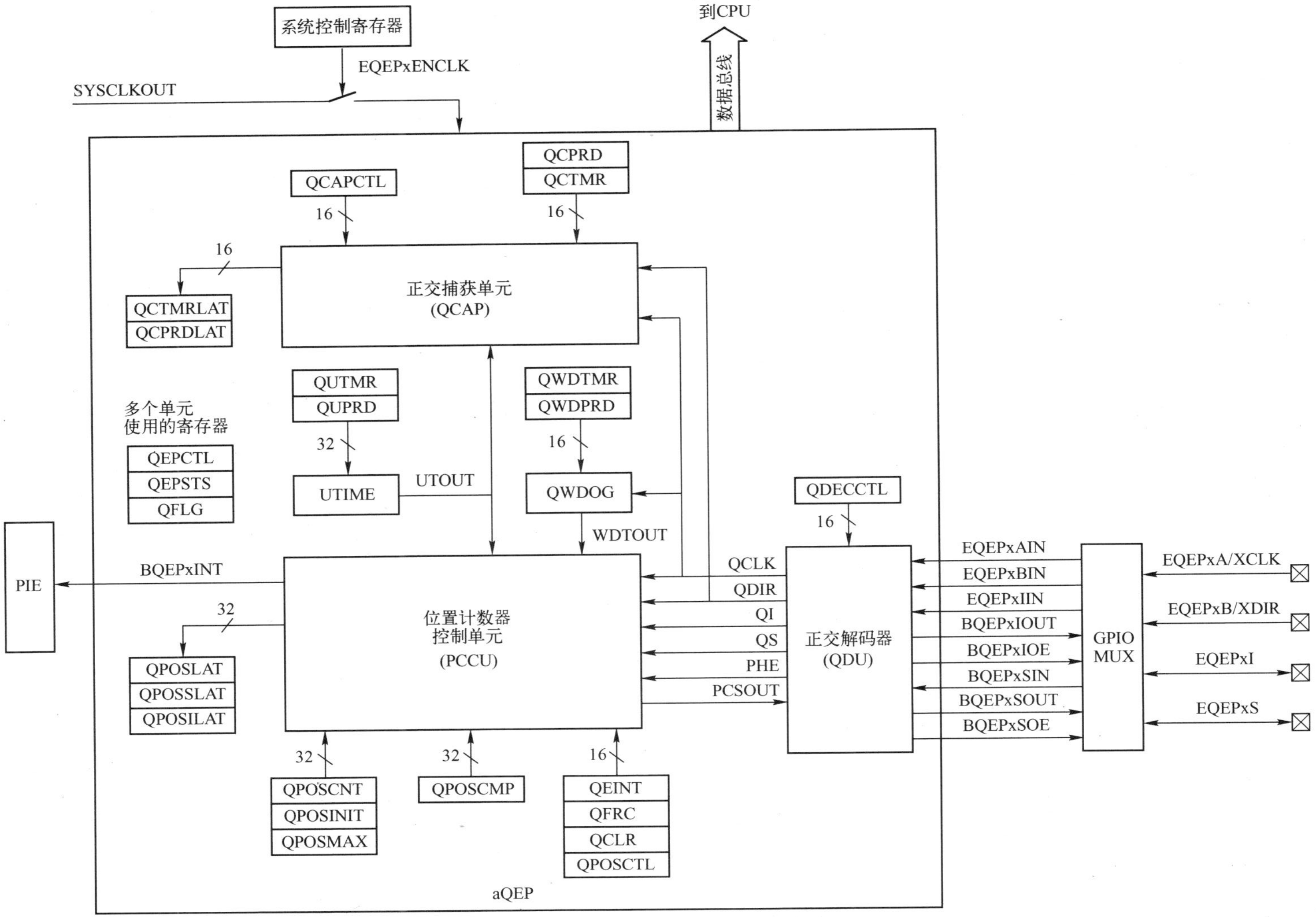

图9-4 eQEP模块功能结构

9.2 正交解码单元

图 9-5 给出了正交解码单元功能方框图。

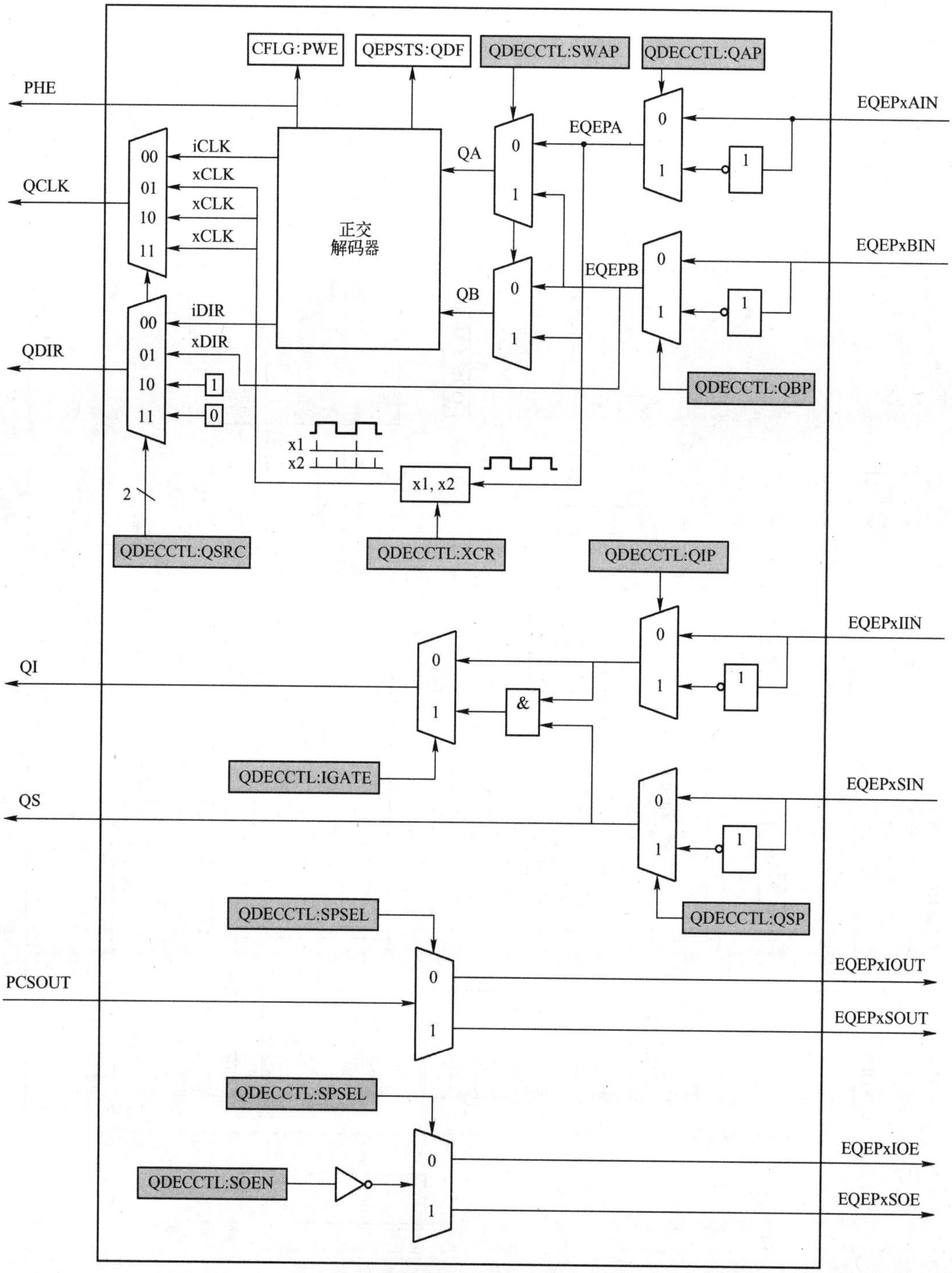

图 9-5　正交解码单元功能方框图

1. 位置计数器输入模式

位置计数器的时钟和方向输入由编码器控制寄存器 QDECCTL 的 QSRC 位确定，有以下几种工作方式：

① 正交脉冲计数方式。

② 方向计数方式。

③ 增计数方式。

④ 减计数方式。

（1）正交脉冲计数方式

在正交脉冲计数方式下，正交脉冲编码器为位置计数器提供方向和时钟脉冲信号。

方向编码：正交脉冲编码电路的方向编码逻辑可以确定 2 个脉冲序列的先后次序，通过状态寄存器（QEPSTS）的 QDF 位来更新方向信息。正交脉冲编码电路对两个边沿进行计数，因此，产生的计数脉冲频率为每个输入序列的 4 倍，如图 9-6 所示。

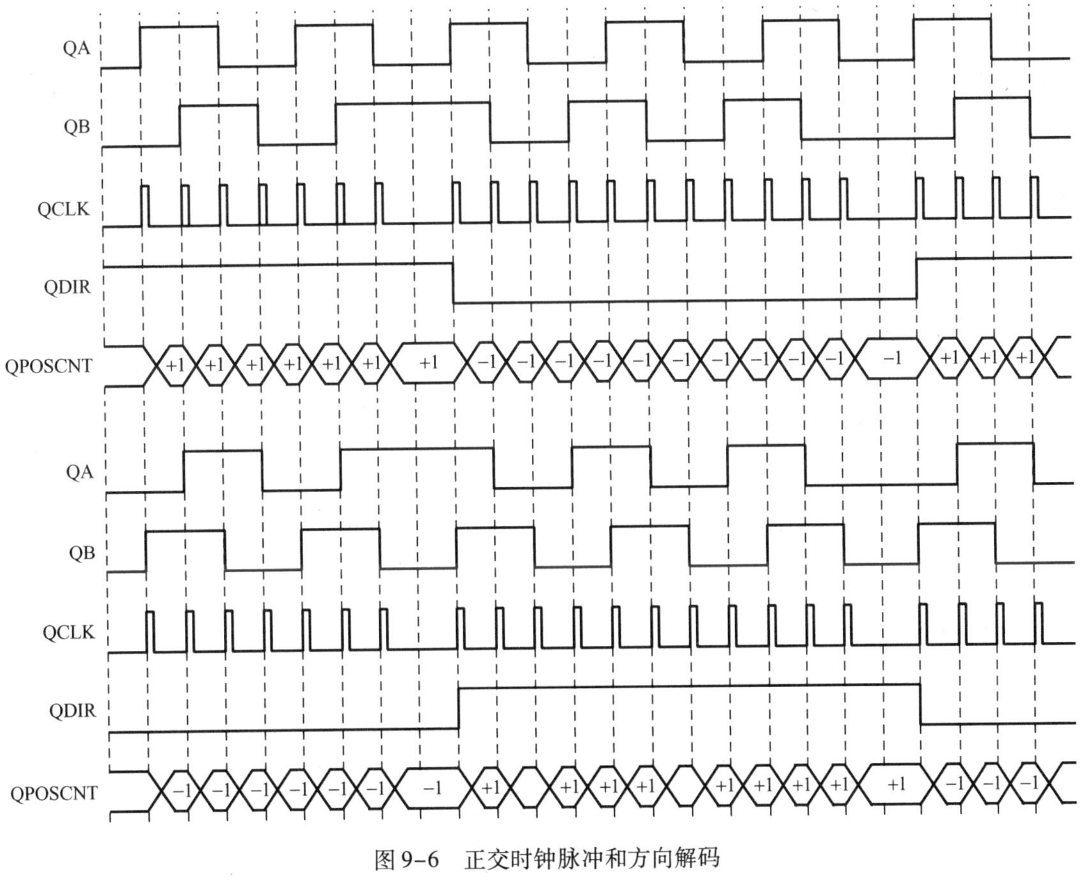

图 9-6　正交时钟脉冲和方向解码

相位错误标志：在正常情况下，两路脉冲输入序列之间差 90°，如果同时检测到两路脉冲边沿发生变化，错误标志位将置位。

反向计数：在通常的正交脉冲计数操作下，QEPA 反馈到正交脉冲编码器的 QA 输入，QEPB 反馈到正交脉冲编码器的 QB 输入。当 QDECCTL[SWAP]位置位时将使能反向计数，这将会交换正交脉冲编码器的输入，因此改变计数方向。

（2）方向计数方式

一些位置编码器可提供方向和脉冲输出代替正交脉冲输出。在这种情况下，QEPA 输入给位置计数器提供脉冲，QEPB 输入将提供方向信息。当方向输入为高电平时，位置计数器在 QEPA 的上升沿增计数；当方向输入为低电平时，位置计数器在 QEPA 的上升沿减计数。

（3）增计数方式

方向计数信号用来测量 QEPA 的输入频率，置位编码器控制寄存器（QDECCTL）的 XCR 位在 QEPA 输入的上升沿和下降沿使能脉冲产生。

（4）减计数方式

方向计数信号用来测量 QEPA 的输入频率，置位编码器控制寄存器（QDECCTL）的 XCR 位在 QEPA 输入的上升沿和下降沿使能脉冲产生。

2. eQEP 输入极性选择

通过对编码器控制寄存器（QDECCTL）的第 8～5 位的设置，可以将每个 eQEP 输入的极性都取反。

3. 位置比较同步输出

增强的 eQEP 模块有一个位置比较电路，当位置计数器（QEPSCNT）和位置比较寄存器（QPOSCMP）比较匹配时产生位置比较同步信号。这个同步信号可以通过零位输入引脚和选通引脚输出。

通过设置编码器控制寄存器 QDECCTL 的 SOEN 位可以使能位置比较同步输出，QDECCTL 的 SPSEL 位设置用哪个引脚输出同步信号。

9.3 位置计数器与控制单元

1. 位置计数器操作方式

位置计数器的值可以用不同的方式来捕获。在一些应用中，位置计数器是工作在连续累计方式。在另外一些应用中，位置计数器在每次旋转一圈结束后都重新设置。位置计数器配置为以下 4 种工作模式：

① 位置计数器在零位事件发生时重新设置。

② 位置计数器在最大位置时重新设置。

③ 位置计数器在第一个零位事件发生时重新设置。

④ 位置计数器在超时事件发生时重新没置。

在下面 4 种模式中，当上溢出时位置计数器复位到 0；当下溢出时，位置计数器值为最大位置计数寄存器（QPOSMAX）的值。

（1）位置计数器在零位事件发生时重新设置（控制寄存器 QEPCTL 的 PCRM 位为 00）

如果零位事件发生在顺时针旋转时，位置计数器将在下一个 eQEP 脉冲清零。如果零位事件发生在逆时针旋转时，在下一个 eQEP 脉冲时位置计数器将重新设置为 QPOSMAX 寄存器的值。零位脉冲边沿后的正交脉冲边沿定义为零位标记，位置计数器的值锁存到零位位置锁存器（QPOSLAT），方向信息记录到状态寄存器（QEPSTS）的 QDLF 位。当锁存值不等于 0 或者 QPOSMAX 寄存器的值时，将置位位置计数器错误标志和错误中断标志，如图 9-7 所示。

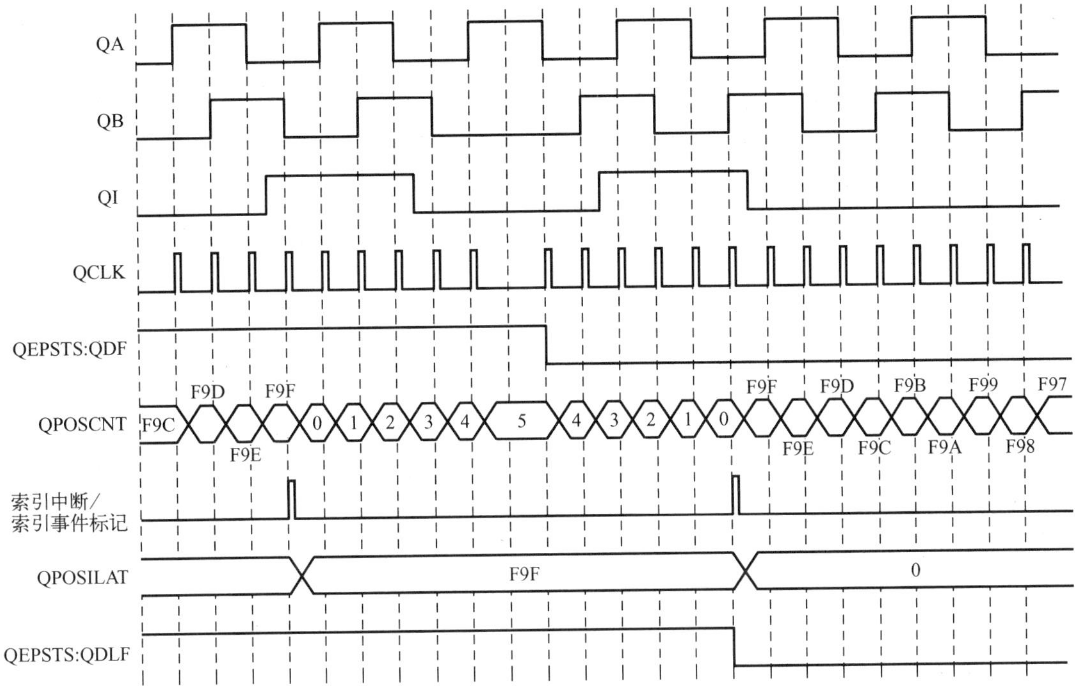

图 9-7　1000 线编码器由索引脉冲复位位置计数器（QPOSMAX＝3999 或 0xF9F）

（2）位置计数器达到最大位置时重新设置（控制寄存器 QEPCTL 的 PCRM 位为 01）

如果位置计数器的值等于最大位置计数寄存器（QPOSMAX）的值，当顺时针旋转时，在下一个 eQEP 脉冲位置计数器清为 0，置位位置计数器上溢出标志；当逆时针旋转时，位置计数器将在下一个 eQEP 脉冲时设置为最大位置计数寄存器（QPOSMAX）的值，置位位置计数器下溢出标志，如图 9-8 所示。

（3）位置计数器在第一个零位事件发生时重新设置

当零位事件发生在顺时针旋转时，位置计数器的值存下一个 eQEP 脉冲将清零。当零位事件发生在逆时针旋转时，位置计数器将在下一个 eQEP 脉冲置为 QPOSMAX 寄存器的值。

（4）位置计数器在超时事件发生时重新设置

在这种模式下，位置计数器（QPOSCNT）的值锁存到位置计数锁存器（QPOSLAT）中，位置计数器（QPOSCNT）复位（等于 0 或取最大位置计数寄存器（QPOSMAX）的值取决于旋转方向编码器控制寄存器 QDECCTL 的 QSRC 位），这在频率测量中很有用。

2. 位置计数器锁存

eQEP 零位脉冲输入信号和选通脉冲输入信号可以配置为将位置计数器（QPOSCNT）的值锁存到零位位置锁存器（QPOSILAT）和选通位置锁存器（QPOSSLAT）中。

（1）零位事件锁存

在一些应用中，不要求在每个零位事件时都重新设置位置计数器的值，而要求以 32 位模式操作位置计数器（控制寄存器 QEPCTL 的 PCRM 位域为 01 和 10），在这些应用中，位置计数器可以按以下方式锁存：

① 零位脉冲上升沿锁存。

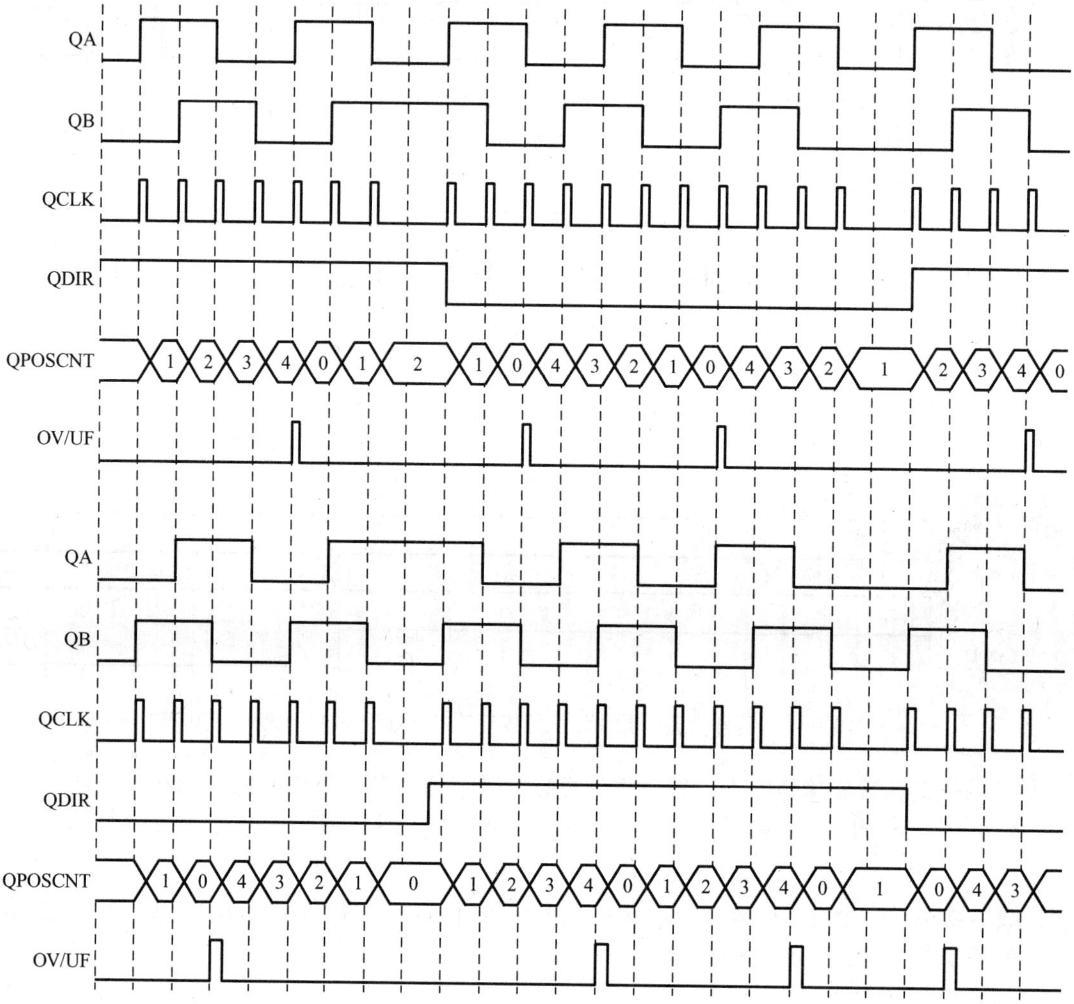

图 9-8　位置计数器下溢出和上溢出（QPSOMAX =4）

② 零位脉冲下降沿锁存。

③ 零位事件锁存。

（2）选通事件锁存

通常情况下，在选通脉冲输入信号的上升沿将位置计数器值锁存到选通位置锁存器（QPOSSLAT）中。如果控制寄存器（QEPCTL）的 SEL 位置位，在顺时针旋转时，选通脉冲输信号上升沿将位置计数器值锁存到选通位置锁存器（QPOSSLAT）中；在逆时针旋转时，选通脉冲输入信号下降沿将位置计数器值锁存到选通位置锁存器（QPOSSLAT）中。当位置计数器值锁存到选通位置锁存器（QPOSSLAT）时，中断标志将置位，如图 9-9 所示。

3. 位置计数器初始化

可以按以下事件进行初始化操作：

① 零位事件。QEPI 零位脉冲输入信号可以用来在零位脉冲输入信号的上升沿或下降沿初始化位置计数器。如果控制寄存器（QEPCTL）的 IEI 位为 10，则位置计数器

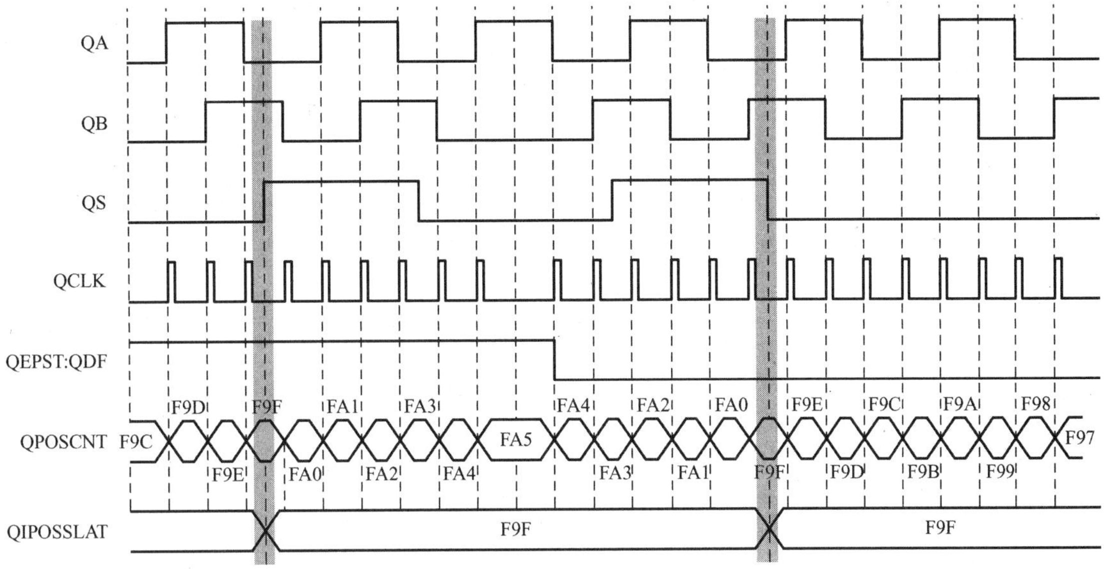

图 9-9　选通事件锁存过程

QPOSCNT 的值在零位脉冲输入信号的上升沿初始化为位置计数器初始化寄存器 QPOSINIT 的值。如果控制寄存器 QEPCTL 的 IEI 位为 11，则位置计数器 QPOSCNT 的值在零位脉冲输入信号的下降沿初始化为位置计数器初始化寄存器 QPOSINIT 的值。当位置计数器初始化为位置计数器初始化寄存器 QPOSINIT 的值后，将置位中断标志寄存器 QFLG 的 IEI 位。

② 选通事件。如果控制寄存器 QEPCTL 的 SEI 位为 10，则位置计数器（QPOSCNT）的值存零位脉冲输入的上升沿初始化为位置计数器初始化寄存器（QPOSINIT）的值。如果控制寄存器（QEPCTL 的 SEI 位为 11，则位置计数器（QPOSCNT）的值在零位脉冲输入的下降沿初始化为位置计数器初始化寄存器（QPOSINIT）的值。当位置计数器初始化为位置计数器初始化寄存器（QPOSINIT）的值后，将置位中断标志寄存器 QFLG 的 SEI 位。

③ 软件初始化。通过软件写 1 到控制寄存器（QEPCTL）的 SWI 位，也可初始化位置计数器。初始化后位置计数器自动清零。

4. 位置比较电路

eQEP 模块中有一个用于产生同步输出和比较匹配时产生中断的位置比较电路。比较寄存器带有影子寄存器，可以通过位置比较控制寄存器（QPOSCTL）的 PSSHOW 位来使能或禁止其影子寄存器。如果禁止影子模式，写操作将直接到寄存器。在影子模式下，可以通过操作位置比较控制寄存器（QPOSCTL）的 PCLOAD 位在以下事件时，装载影子寄存器的值，在相应寄存器装载值后产生位置匹配中断。

① 比较匹配时装载。

② 位置计数器的值为 0 时装载。

当位置计数器的值与位置比较寄存器的值匹配时，将置位中断标志寄存器 QFLG 的 PCM 位。

9.4 eQEP 边沿捕获单元与 eQEP 看门狗

1. eQEP 边沿捕获单元

eQEP 模块中有一个边沿捕获的集成单元电路，如图 9-10 所示。它通常用于低速测速场合：

$$v(k) \approx \frac{X}{t(k)-t(k-1)} = \frac{X}{\Delta T}$$

式中，X 为正交脉冲边沿计数的值，即固定的单位位置；ΔT 为两次单位位置移动事件用去的时间；$v(k)$为 k 时刻的速度；$t(k)$为时刻 k；$t(k-1)$为时刻 $k-1$。

eQEP 捕获定时器的值在每个位置事件都锁存到捕获周期寄存器，然后捕获定时器复位状态寄存器（QEPSTS）的 UPEVNT 标志位置位，表明一个新的值锁存到捕获周期寄存器（QCPRD）。如果未发生以下事件将不用修正两个位置事件之间的时间差 ΔT。

① 两个位置事件之间的计数少于 65 535。

② 两个位置事件之间的方向没改变。

捕获定时器和捕获周期寄存器可以在以下事件锁存：

① CPU 读 QPOSCNT 寄存器时。

② 超时事件发生时。

当清除控制寄存器（QEPCTL）的 QCLM 位时，捕获定时器和捕获周期值锁存到捕获定时锁存器（QCTMRLAT）和捕获周期锁存器（QCPRDLAT）中。当置位控制寄存器（QEPCTL）的 QCLM 位时，位置计数器、捕获定时器和捕获周期值锁存到 QPOLLAT 寄存器、捕获定时锁存器（QCTMRLAT）和捕获周期锁存器（QCPRDLAT）中。

图 9-10 给出了带位置计数器捕获的 eQEP 边沿捕获单元电路。

速度计算的公式为

$$v(k) \approx \frac{x(k)-x(k-1)}{T} = \frac{\Delta X}{T}$$

式中，$v(k)$为 k 时刻的速度；$x(k)$为 k 时刻的位置；$x(k-1)$是 $k-1$ 时刻的位置；T 为固定的单位时间或速度计算率的倒数。

单位时间 T 和单位位置 X 分别用单位周期寄存器 QUPRD 和寄存器 QCAPCTL 的 UPPS 位配置。增量的位置 ΔX 由寄存器 QPOSLAT 确定（QPOSLAT(k) - QPOSLAT($k-1$)）。增量 ΔT 由单位捕获周期锁存器（QCPRDLAT）确定。

2. eQEP 看门狗

eQEP 模块中有一个 16 位看门狗定时器监测正交脉冲，用来检测电动机控制系统的正常控制。看门狗定时器的时钟由系统时钟 64 分频后得到。用正交脉冲事件来复位看门狗。如果没有发生一个周期匹配（QWDPRD = QWDTMR），看门狗定时器将超时，则置位看门狗中断标志位。超时时间的长短用看门狗周期寄存器编程确定。eQEP 看门狗定时器结构如图 9-11 所示。

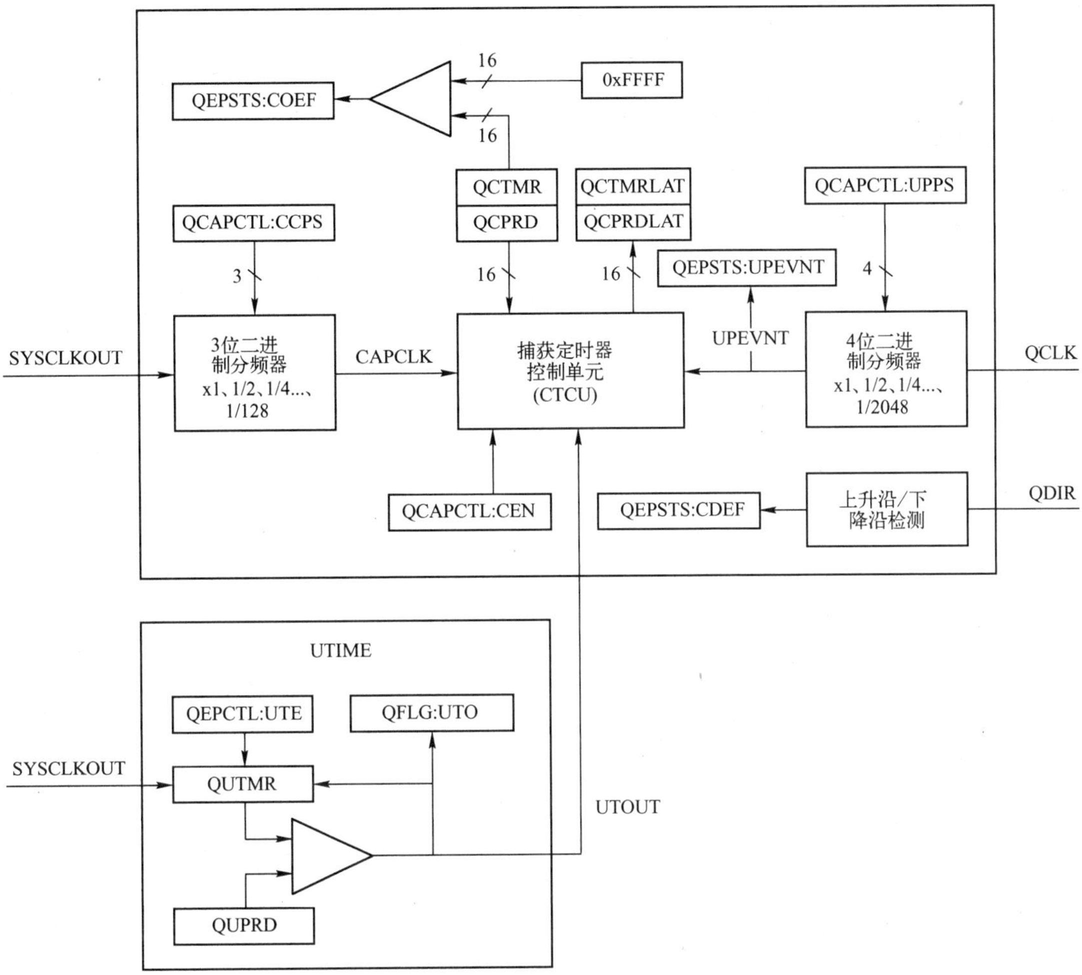

图 9-10　eQEP 边沿捕获单元

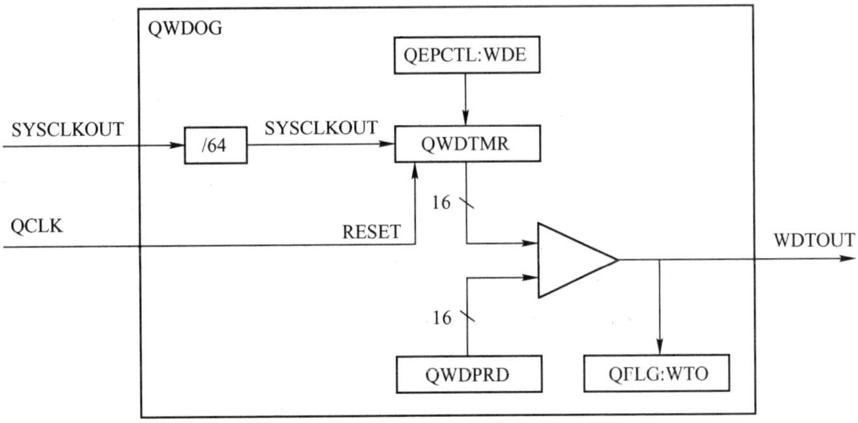

图 9-11　eQEP 看门狗定时器结构

9.5 单位定时器基准与 eQEP 中断结构

1. 单位定时器基准

eQEP 模块中有一个 32 位定时器，在速度计算时用来产生周期性的中断。当单位定时器 QUTMR 与单位周期寄存器 QUPRD 匹配时，将产生超时中断。eQEP 单位时间基准电路框图如图 9-12 所示。

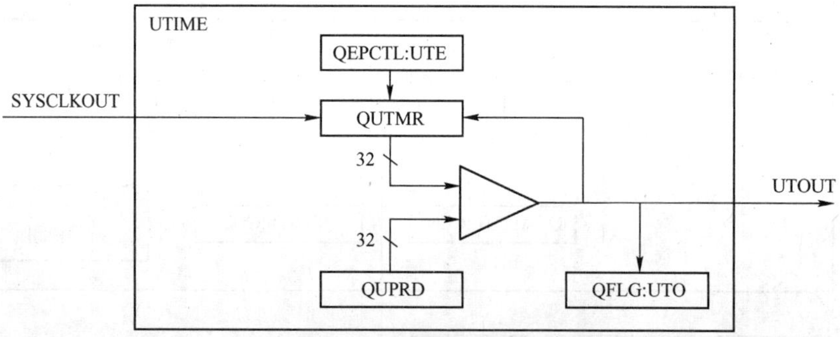

图 9-12 eQEP 单位时间基准电路

当发生超时中断事件时，可以通过配置来锁存位置计数器、捕获定时器和捕获周期寄存器的值。这些锁存的值可以用来计算速度。

2. eQEP 中断结构

eQEP 可以产生 11 个中断事件（PCE、PHE、QDC、WTO、PCU、PCO、PCR、PCM、SEL、IEL、UTO）。中断使能寄存器（QEINT）可以单独使能和禁止每个中断事件。中断标志寄存器显示是否有中断事件发生。如果使能了中断，中断脉冲将送到 PIE 模块。在产生任何其他的中断前，必须通过中断清除寄存器（QCLR）来清除全局中断标志和已发生的中断，也可以通过强制中断寄存器来强行产生一个软件中断。图 9-13 给出了 eQEP 中断结构的工作原理图。

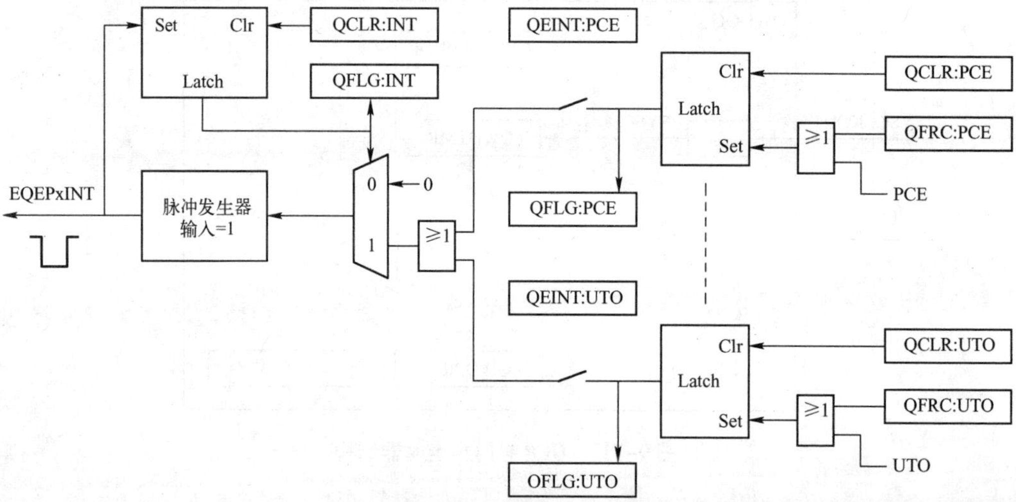

图 9-13 eQEP 中断产生结构原理

9.6 eQEP 寄存器

1. QEP 解码器控制寄存器（QEP Decoder Control Register，QDECCTL）

15–14	13	12	11	10	9	8
QSRC	SOEN	SPSEL	XCR	SWAP	IGATE	QAP
R/W-0	R/W-0	R/W-0	R/W-0	R/W-0	R/W-0	R/W-0

7	6	5	4–0
QBP	QIP	QSP	Reserved
R/W-0	R/W-0	R/W-0	R-0

位 15～14，QSRC：位置计数器源选择位。
- 00：正交脉冲计数模式（QCLK = iCLK，QDIR = iDIR）。
- 01：方向计数模式（QCLK = xCLK，QDIR = xDIR）。
- 10：增计数模式，用于频率测量（QCLK = xCLK，QDIR = 1）。
- 11：减计数模式，用于频率测量（QCLK = xCLK，QDIR = 0）。

位 13，SOEN：同步输出使能位。
- 0：禁止位置比较同步输出。
- 1：使能位置比较同步输出。

位 12，SPSEL：同步输出引脚选择位。
- 0：零位引脚作为同步输出引脚。
- 1：选通引脚作为同步输出引脚。

位 11，XCR：外设脉冲频率。
- 0：2 倍，上升沿下降沿都计数。
- 1：1 倍，只上升沿计数。

位 10，SWAP：交换正交脉冲输入，改变计数方向。
- 0：正交脉冲输入不交换。
- 1：正交脉冲输入交换。

位 9，IGATE：零位脉冲选择位。
- 0：禁止零位脉冲引脚。
- 1：使能零位脉冲引脚。

位 8，QAP：QEPA 输入极性。
- 0：无效。
- 1：QEPA 输入极性为负。

位 7，QBP：QEPB 输入极性。
- 0：无效。
- 1：QEPB 输入极性为负。

位 6，QIP：QIPI 输入极性。
- 0：无效。

● 1：QIPI 输入极性为负。

位 5，QSP：QSPS 输入极性。

● 0：无效。

● 1：QSPS 输入极性为负。

位 4～0，保留位。

2. eQEP 控制寄存器（eQEP Control Register，QEPCTL）

15 14	13 12	11 10	9 8	7	6	5 4	3	2	1	0
FREE: SOFT	PCRM	SEI	IEI	SWI	SEL	IEL	QPEN	QCLM	UTE	WDE
R/W-0	R/W-0	R/W-0	R/W-0	R/W-0	R/W-0	R/W-0	R/W-0	R/W-0	R/W-0	R/W-0

位 15～14，FREE，SOFT：仿真控制位。

位置计数器 QPOSCNT 的行为：

● 00：位置计数器停止后立刻仿真悬挂。

● 01：位置计数器继续计数直到计数器翻转。

● 1x：位置计数器不受仿真悬挂影响。

看门狗定时器 QWDTMR 的行为：

● 00：看门狗定时器立即停止。

● 01：看门狗定时器计数直到计数器翻转。

● 1x：看门狗定时器不受仿真悬挂影响。

单位定时器 QUTMR 的行为：

● 00：单位定时器立即停止。

● 01：单位定时器计数直到计数器翻转。

● 1x：单位定时器不受仿真悬挂影响。

单位捕获定时器 QCTMR 行为：

● 00：单位捕获定时器立即停止。

● 01：单位捕获定时器计数直到计数器翻转。

● 1x：单位捕获定时器不受仿真悬挂影响。

位 13～12，PCRM：位置计数器复位模式。

● 00：位置计数器在零位事件复位。

● 01：位置计数器在最大位置复位。

● 10：位置计数器在第一个零位事件复位。

● 11：位置计数器在单元时间事件复位。

位 11～10，SEI：选通事件初始化位置计数器。

● 0x：无操作。

● 10：在 QEPS 信号的上升沿初始化位置计数器。

● 11：顺时针方向在 QEPS 信号的上升沿初始化位置计数器，逆时针方向在 QEPS 信号的下降沿初始化位置计数器。

位 9～8，IEI：零位事件初始化位置计数器。

● 0x：无操作。

● 10：在 QEPI 信号的上升沿初始化位置计数器（QPOSCNT = QPOSINIT）。

• 11：在 QEPI 信号的下降沿初始化位置计数器（QPOSCNT = QPOSINIT）。

位 7，SWI：软件初始化位置计数器。

• 0：无操作。

• 1：初始化位置计数器（QPOSCNT = QPOSINIT），这个位将自动清 0。

位 6，SEL：选通事件锁存位置计数器。

• 0：在 QEPS 信号的上升沿锁存位置计数器（QPOSSLAT = QPOSCCNT）。反向的选通脉冲输入将在下降沿锁存位置计数器。

• 1：顺时针旋转：在 QEPS 选通信号的上升沿锁存位置计数器，逆时针旋转：在 QEPS 选通信号的下降沿锁存位置计数器。

位 5 ~ 4，IEL：零位事件锁存位置计数器方式选择位。

• 00：保留。

• 01：在零位信号的上升沿锁存位置计数器。

• 10：在零位信号的下降沿锁存位置计数器。

• 11：软件强制零位标记，在零位事件标记时锁存位置计数器和正交脉冲方向。

位 3，QPEN：正交脉冲位置计数器使能和软件复位。

• 0：重新设置 eQEP 模块内部操作标志和只读寄存器，软件复位对控制寄存器和配置寄存器不起作用。

• 1：使能 eQEP 位置计数器。

位 2，QCLM：eQEP 捕获锁存模式选择位。

• 0：当 CPU 读位置计数器（QPOSCNT）时，捕获定时器和捕获周期值锁存到捕获定时锁存器（QCTMRLAT）和捕获周期锁存器（QCPRDLAT）中。

• 1：超时锁存，当单元时间超时，捕获定时器和捕获周期值锁存到捕获定时锁存器（QCTMRLAT）和捕获周期锁存器（QCPRDLAT）中。

位 1，UTM：eQEP 定时器超时功能选择位。

• 0：禁止定时器。

• 1：使能定时器。

位 0，WDE：eQEP 程序监视器使能位。

• 0：禁止看门狗定时器。

• 1：使能看门狗定时器。

3. eQEP 位置比较控制寄存器（eQEP Position－compare Control Register，QPOSCTL）

15	14	13	12	11–8
PCSHDW	PCLOAD	PCPOL	PCE	PCSPW
R/W-0	R/W-0	R/W-0	R/W-0	R/W-0

7–0
PCSPW
R/W-0

位 15，PCSHDW：位置比较影子寄存器使能位。

• 0：禁止影子寄存器，立即装载。

• 1：使能影子寄存器。

位 14，PCLOAD：位置比较影子寄存器装载模式选择位。

- 0：当 QPOSCNT = 0 时装载。
- 1：当 QPOSCNT = QPOSCMP 时装载。

位 13，PCPOL：同步输出极性选择位。

- 0：高电平输出。
- 1：低电平输出。

位 12，PCE：位置比较器使能位。

- 0：禁止位置比较电路。
- 1：使能位置比较电路。

位 11 ~ 0，PCSPW：位置比较同步输出脉冲宽度选择位。

- 0x000：1 × 4 × SYSCLKOUT。
- 0x001：2 × 4 × SYSCLKOUT。

…

- 0xFFF：4096 × 4 × SYSCLKOUT。

4. eQEP 捕获控制寄存器（QCAPCTL）

15	14 ~ 7	6 ~ 4	3 ~ 0
CEN	Reserved	CCPS	UPPS
R/W-0	R-0	R/W-0	R/W-0

位 15，CEN：捕获使能位。

- 0：禁止捕获电路。
- 1：使能捕获电路。

位 14 ~ 7，保留位。

位 6 ~ 4，CCPS：捕获定时器时钟分频设置位。

- 000：CAPCLK = SYSCLKOUT/1。
- 001：CAPCLK = SYSCLKOUT/2。
- 010：CAPCLK = SYSCLKOUT/4。
- 011：CAPCLK = SYSCLKOUT/8。
- 100：CAPCLK = SYSCLKOUT/16。
- 101：CAPCLK = SYSCLKOUT/32。
- 110：CAPCLK = SYSCLKOUT/64。
- 111：CAPCLK = SYSCLKOUT/128。

位 3 ~ 0，UPPS：位置事件分频设置位。

- 0000：UPEVNT = QCLK/1。
- 0001：UPEVNT = QCLK/2。
- 0010：UPEVNT = QCLK/4。
- 0011：UPEVNT = QCLK/8。
- 0100：UPEVNT = QCLK/16。
- 0101：UPEVNT = QCLK/32。
- 0110：UPEVNT = QCLK/64。

- 0111：UPEVNT = QCLK/128。
- 1000：UPEVNT = QCLK/256。
- 1001：UPEVNT = QCLK/512。
- 1010：UPEVNT = QCLK/1024。
- 1011：UPEVNT = QCLK/2048。
- 11xx：保留。

5. eQEP 位置计数器（eQEP Position Counter Register，QPOSCNT）

32 位位置计数器。该计数器在 eQEP 脉冲边沿是增计数还是减计数，取决于方向输入。

6. eQEP 位置计数器初始化寄存器（eQEP Position Counter Initialization Register，QPOSINIT）

32 位寄存器，包含位置计数器初始化的值，也可以通过软件初始化。

7. eQEP 最大位置计数寄存器（eQEP Maximum Position Count Register，QPOSMAX）

32 位寄存器，保存计数器最大位置的值。

8. eQEP 位置比较寄存器（eQEP Position - compare Register，QPOSCMP）

32 位寄存器，保存的值与位置计数器（QPOSCNT）比较来产生同步输出或匹配中断。

9. eQEP 零位位置锁存器（eQEP Index Position Latch Register，QPOSILAT）

32 位寄存器，当一个零位事件发生时，锁存位置计数器的值到此寄存器中。

10. eQEP 选通位置锁存器（eQEP Strobe Position Latch Register，QPOSSLAT）

32 位寄存器，选通事件发生时，锁存位置计数器的值到此寄存器中。

11. eQEP 位置计数锁存器（eQEP Position Counter Latch Register，QPOSLAT）

32 位寄存器，当超时事件发生时，锁存位置计数器的值到此寄存器中。

12. eQEP 单位定时器（eQEP Unit Timer Register，QUTMR）

32 位寄存器，当此定时器的值与定时周期值相匹配时，产生时间匹配事件。

13. eQEP 单位周期寄存器（eQEP Register Unit Period Register，QUPRD）

32 位寄存器，此寄存器含有定时器产生周期性事件的周期值。

14. eQEP 看门狗定时器（eQEP Watchdog Timer Register，QWDTMR）

32 位寄存器，当此寄存器的值与看门狗周期值相匹配时，产生看门狗超时中断。

15. eQEP 看门狗周期寄存器（eQEP Watchdog Period Register，QWDPRD）

32 位寄存器，此寄存器保存看门狗周期值。

16. eQEP 中断使能寄存器（eQEP Interrupt Enable Register，QEINT）

15–12	11	10	9	8
Reserved	UTO	IEL	SEL	PCM
R-0	R/W-0	R/W-0	R/W-0	R/W-0

7	6	5	4	3	2	1	0
PCR	PCO	PCU	WTO	QDC	QPE	PCE	Reserved
R/W-0	R/W-0	R/W-0	R/W-0	R/W-0	R/W-0	R/W-0	R-0

位 15 ~ 12，保留位。

位 11，UTO：超时中断使能位。

- 0：禁止超时中断。
- 1：使能超时中断。

位10，IEL：零位事件锁存中断使能位。
- 0：禁止零位事件锁存中断。
- 1：使能零位事件锁存中断。

位9，SEL：选通事件锁存中断使能位。
- 0：禁止选通事件锁存中断。
- 1：使能选通事件锁存中断。

位8，PCM：位置比较匹配中断使能位。
- 0：禁止位置比较匹配中断。
- 1：使能位置比较匹配中断。

位7，PCR：位置比较中断使能位。
- 0：禁止位置比较中断。
- 1：使能位置比较中断。

位6，PCO：位置计数器上溢出中断使能位。
- 0：禁止位置计数器上溢出中断。
- 1：使能位置计数器上溢出中断。

位5，PCU：位置计数器下溢出中断使能位。
- 0：禁止位置计数器下溢出中断。
- 1：使能位置计数器下溢出中断。

位4，WTO：看门狗超时中断使能位。
- 0：禁止看门狗超时中断。
- 1：使能看门狗超时中断。

位3，QDC：正交脉冲方向改变中断使能位。
- 0：禁止正交脉冲方向改变中断。
- 1：使能正交脉冲方向改变中断。

位2，QPE：正交脉冲相位错误中断使能位。
- 0：禁止正交脉冲相位错误中断。
- 1：使能正交脉冲相位错误中断。

位1，PCE：位置计数器错误中断使能位。
- 0：禁止位置计数器错误中断。
- 1：使能位置计数器错误中断。

位0，保留位。

17. eQEP 中断标志寄存器（eQEP Interrupt Flag Register，QFLG）

15–12	11	10	9	8
Reserved	UTO	IEL	SEL	PCM
R-0	R-0	R-0	R-0	R-0

7	6	5	4	3	2	1	0
PCR	PCO	PCU	WTO	QDC	PHE	PCE	INT
R-0	R-0	R-0	R-0	R-0	R-0	R-0	R-0

位 15 ~ 12，保留位。

位 11，UTO：超时中断标志位。

- 0：未发生中断。
- 1：已发生中断。

位 10，IEL：零位事件锁存中断标志位。

- 0：未发生中断。
- 1：在位置计数器 QPOSCNT 的值锁存到零位位置锁存器 QPOSILAT 后置位。

位 9，SEL：选通事件锁存中断标志位。

- 0：未发生中断。
- 1：在位置计数器 QPOSCNT 的值锁存到选通位置锁存器 QPOSILAT 后置位。

位 8，PCM：比较匹配事件中断标志位。

- 0：未发生中断。
- 1：位置比较匹配后置位。

位 7，PCR：位置比较中断标志位。

- 0：未发生中断。
- 1：将影子寄存器的值装载到位置比较寄存器后置位。

位 6，PCO：位置计数器上溢出中断标志位。

- 0：未发生中断。
- 1：位置计数器上溢出后置位。

位 5，PCU：位置计数器下溢出中断标志位。

- 0：未发生中断。
- 1：位置计数器下溢出后置位。

位 4，WTO：看门狗超时中断标志位。

- 0：未发生中断。
- 1：看门狗超时后置位。

位 3，QDC：正交脉冲方向改变中断标志位。

- 0：未发生中断。
- 1：正交脉冲方向改变后置位。

位 2，QPE：正交脉冲相位错误中断标志位。

- 0：未发生中断。
- 1：QEPA 和 QEPB 同时发生跳变时置位。

位 1，PCE：位置计数器错误中断标志位。

- 0：未发生中断。
- 1：位置计数器错误后置位。

位 0，INT：全局中断状态标志位。

- 0：未发生中断。
- 1：已发生中断。

18. eQEP 中断清除寄存器（eQEP Interrupt Clear Register，QCLR）

15–12	11	10	9	8
Reserved	UTO	IEL	SEL	PCM
R-0	R/W-0	R/W-0	R/W-0	R/W-0

7	6	5	4	3	2	1	0
PCR	PCO	PCU	WTO	QDC	PHE	PCE	INT
R/W-0	R/W-0	R/W-0	R/W-0	R/W-0	R/W-0	R/W-0	R/W-0

位 15 ~ 12，保留位。

位 11，UTO：清除超时中断标志位。

- 0：无效。
- 1：清除超时中断标志。

位 10，IEL：清除零位事件锁存中断标志位。

- 0：无效。
- 1：清除零位事件锁存中断标志。

位 9，SEL：清除选通事件锁存中断标志位。

- 0：无效。
- 1：清除选通事件中断标志。

位 8，PCM：清除比较匹配事件中断标志位。

- 0：无效。
- 1：清除比较匹配事件中断标志。

位 7，PCR：清除位置比较中断标志位。

- 0：无效。
- 1：清除位置比较中断标志。

位 6，PCO：清除位置计数器上溢出中断标志位。

- 0：无效。
- 1：清除位置计数器上溢出中断标志。

位 5，PCU：清除位置计数器下溢出中断标志位。

- 0：无效。
- 1：清除位置计数器下溢出中断标志。

位 4，WTO：清除看门狗超时中断标志位。

- 0：无效。
- 1：清除看门狗超时中断标志。

位 3，QDC：清除正交脉冲方向改变中断标志位。

- 0：无效。
- 1：清除正交脉冲方向改变中断标志。

位 2，QPE：清除正交脉冲相位错误中断标志位。

- 0：无效。
- 1：清除正交脉冲相位错误中断标志。

位 1，PCE：清除位置计数器错误中断标志位。

- 0：无效。

• 1：清除位置计数器错误中断标志。

位 0，INT：清除全局中断状态标志位。

• 0：无效。

• 1：清除全局中断标志。

19. eQEP 强制中断寄存器（eQEP Interrupt Force Register，QFRC）

15–12	11	10	9	8
Reserved	UTO	IEL	SEL	PCM
R-0	R/W-0	R/W-0	R/W-0	R/W-0

7	6	5	4	3	2	1	0
PCR	PCO	PCU	WTO	QDC	PHE	PCE	Reserved
R/W-0	R/W-0	R/W-0	R/W-0	R/W-0	R/W-0	R/W-0	R-0

位 15 ~ 12，保留位。

位 11，UTO：强制超时中断。

• 0：无效。

• 1：强制超时中断。

位 10，IEL：强制零位事件锁存中断。

• 0：无效。

• 1：强制零位事件锁存中断。

位 9，SEL：强制选通事件锁存中断。

• 0：无效。

• 1：强制选通事件锁存中断。

位 8，PCM：强制位置比较匹配中断。

• 0：无效。

• 1：强制位置比较匹配中断。

位 7，PCR：强制位置比较中断。

• 0：无效。

• 1：强制位置比较中断。

位 6，PCO：强制位置计数器上溢出中断。

• 0：无效。

• 1：强制位置计数器上溢出中断。

位 5，PCU：强制位置计数器下溢出中断。

• 0：无效。

• 1：强制位置计数器下溢出中断。

位 4，WTO：强制看门狗超时中断。

• 0：无效。

• 1：强制看门狗超时中断。

位 3，QDC：强制正交脉冲方向改变中断。

• 0：无效。

• 1：强制正交脉冲方向改变中断。

位 2，QPE：强制正交脉冲相位错误中断。

● 0：无效。

● 1：强制正交脉冲相位错误中断。

位 1，PCE：强制位置计数器错误中断。

● 0：无效。

● 1：强制位置计数器错误中断。

位 0，保留位。

20. eQEP 状态寄存器（eQEP Status Register，QEPSTS）

7	6	5	4	3	2	1	0
UPEVNT	FIDF	QDF	QDLF	COEF	CDEF	FIMF	PCEF
R-0	R-0	R-0	R-0	R/W-1	R/W-1	R/W-1	R-0

位 15 ~ 8，保留位。

位 7，UPEVNT：位置事件标志位。

● 0：未检测到位置事件。

● 1：检测到位置事件。

位 6，FIDF：第一个零位标记时的方向位。

● 0：逆时针旋转。

● 1：顺时针旋转。

位 5，QDF：正交脉冲方向标志位。

● 0：逆时针旋转。

● 1：顺时针旋转。

位 4，QDLF：方向锁存标志位，在每个零位事件标记时的方向。

● 0：逆时针旋转。

● 1：顺时针旋转。

位 3，COEF：捕获上溢出错误标志位。

● 0：写入 1 清零。

● 1：捕获定时器发生上溢出。

位 2，CDEF：捕获方向错误标志位。

● 0：写入 1 清零。

● 1：捕获位置事件之间方向发生改变。

位 1，FIMF：第一个零位标记标志位。

● 0：写入 1 清零。

● 1：出现第一个零位脉冲时置位。

位 0，PCEF：位置计数器错误标志位，在每个零位事件后更新。

● 0：没有发生错误。

● 1：位置计数器错误置位。

21. eQEP 捕获定时器（eQEP Capture Timer Register，QCTMR）

16 位寄存器，为边沿捕获提供时间基准。

22. eQEP 捕获周期寄存器（eQEP Capture Period Register，QCPRD）

16 位寄存器，保存两个连续的 eQEP 事件之间的周期计数值。

23. eQEP 捕获定时锁存器（eQEP Capture Timer Latch Register，QCTMRLAT）

16 位寄存器，当超时事件和读 eQEP 位置计数器时，锁存此寄存器值。

24. eQEP 捕获周期锁存器（eQEP Capture Period Latch Register，QCPRDLAT）

16 位寄存器，当超时事件和读 eQEP 位置计数器时，锁存此寄存器值。

9.7 eQEP 应用实例

例 9-1 利用 eQEP 模块来测量电动机转速和位置，其中编码器 A 相和 B 相脉冲序列由 28035 芯片的 EPWM1A、EPWM1B 来模拟提供，通过判断 A 相和 B 相脉冲的相位关系来判断电动机的转动方向。例子中需要将 GPIO0 与 GPIO20 连接在一起，GPIO21 与 GPIO01 连接在一起，GPIO23 与 GPIO04 连接在一起。用 GPIO4 来模拟 eQEP 模块的索引即零位输入信号，GPIO1 与 GPIO0 作为编码器的模拟输出信号，送入 eQEP 模块。本例还需用到 TI 的 IQ-Math 库。

本例中最高转速配置为 6000 r/min，最低转速为 10 r/min，QEP 解码器转一圈时产生 4000 个脉冲。本例中高速时速度计算公式为

$$V=(X_1-X_2)/T$$

式中，X_1-X_2为位置计数器（QPOSCNT）计数差值；T 在本例中为 10 ms。低速计算公式为

$$\text{SpeedRpm\_pr}=X/(t_2-t_1)$$

式中，SpeedRpm_pr 为低速时的转速；X = QCAPCTL [UPPS]/4000；t_2-t_1为捕获周期锁存（QCPRDLAT）中的值。

```
#include "DSP2803x_Device. h"                    //包含头文件
#include "DSP2803x_Examples. h"
#include "Example_posspeed. h"
#define CPU_CLK    60e6                          //CPU 时钟
#define PWM_CLK    5e3                           //EPWM1 频率 5 kHz (300 r/min)
#define SP         CPU_CLK/(2 * PWM_CLK)
#define TBCTLVAL   0x200E
void initEpwm();
interrupt void prdTick(void);
void InitEQep1Gpio(void);
POSSPEED qep_posspeed = POSSPEED_DEFAULTS;
Uint16 Interrupt_Count = 0;

void main(void)
{
InitSysCtrl();
//系统初始化,该函数在 DSP2803x_sysctrl. c 中,初始化 PLL、看门狗、外设时钟
InitEQep1Gpio();                                 //初始化 eQEP
EALLOW;                                          //初始化 ePWM1
GpioCtrlRegs. GPAPUD. bit. GPIO0 = 1;             //禁止 GPIO0 (EPWM1A)的上拉电阻
```

```
GpioCtrlRegs. GPAPUD. bit. GPIO1 = 1;           //禁止 GPIO1 (EPWM1B)的上拉电阻
GpioCtrlRegs. GPAMUX1. bit. GPIO0 = 1;          //将 GPIO0 配置为 EPWM1A
GpioCtrlRegs. GPAMUX1. bit. GPIO1 = 1;          //将 GPIO1 配置为 EPWM1B
EDIS;
EALLOW;
GpioCtrlRegs. GPADIR. bit. GPIO4 = 1;           //GPIO4 作为输出模拟索引信号
GpioDataRegs. GPACLEAR. bit. GPIO4 = 1;         //通常为低
EDIS;
DINT;                                           //关闭 CPU 总中断
InitPieCtrl( );                                 //给 PIE 寄存器赋初值
IER = 0x0000;                                   //禁止 CPU 的中断
IFR = 0x0000;                                   //清中断标志
InitPieVectTable( );                            //初始化中断向量表
EALLOW;
PieVectTable. EPWM1_INT = &prdTick;             //重新分配中断入口函数
EDIS;
initEpwm( );                                    //初始化 ePWM1,在文件 Example_EPwmSet-
                                                //up. c 中
IER| = M_INT3;                                  //使能 CPU INT3,它连接到 CPU 定时器 0
PieCtrlRegs. PIEIER3. bit. INTx1 = 1;           //使能 PIE 组 3 的中断 1
EINT;                                           //使能全局中断 INTM
ERTM;                                           //使能全局实时中断 DBGM
qep_posspeed. init( &qep_posspeed);
for( ; ; ) { }
}

interrupt void prdTick( void)                   //每 4 个 QCLK 计数(1 个周期)EPWM1 中断
                                                //一次
{  Uint16 i;
qep_posspeed. calc( &qep_posspeed);             //位置与速度测量
//位置与速度控制
Interrupt_Count ++ ;
if (Interrupt_Count == 1000)                    //每 1000 次中断(4000 QCLK 计数或 1 转)
{
        EALLOW;
        GpioDataRegs. GPASET. bit. GPIO4 = 1;//脉冲索引信号 (1 脉冲/转)
        for (i = 0; i < 700; i ++ ){
    }
        GpioDataRegs. GPACLEAR. bit. GPIO4 = 1;
        Interrupt_Count = 0;                    //清零计数值
    EDIS;
}
PieCtrlRegs. PIEACK. all = PIEACK_GROUP3;       //为接收下一次中断而响应本次中断
```

```
EPwm1Regs. ETCLR. bit. INT = 1;
}

void initEpwm( )
{
EPwm1Regs. TBSTS. all = 0;
EPwm1Regs. TBPHS. half. TBPHS = 0;
EPwm1Regs. TBCTR = 0;
EPwm1Regs. CMPCTL. all = 0x50;              //CMPA 和 CMPB 的立即装入模式
EPwm1Regs. CMPA. half. CMPA = SP/2;
EPwm1Regs. CMPB = 0;
EPwm1Regs. AQCTLA. all = 0x60;
                                  //CTR = CMPA 当增计数时 EPWM1A = 1,当减计数时
                                  //EPWM1A = 0
EPwm1Regs. AQCTLB. all = 0x09;    //CTR = PRD 时,EPWM1B = 1,C   TR = 0 时, EPWM1B = 0
EPwm1Regs. AQSFRC. all = 0;
EPwm1Regs. AQCSFRC. all = 0;
EPwm1Regs. TZSEL. all = 0;
EPwm1Regs. TZCTL. all = 0;
EPwm1Regs. TZEINT. all = 0;
EPwm1Regs. TZFLG. all = 0;
EPwm1Regs. TZCLR. all = 0;
EPwm1Regs. TZFRC. all = 0;
EPwm1Regs. ETSEL. all = 0x0A;               //等于周期值时产生中断
EPwm1Regs. ETPS. all = 1;
EPwm1Regs. ETFLG. all = 0;
EPwm1Regs. ETCLR. all = 0;
EPwm1Regs. ETFRC. all = 0;
EPwm1Regs. PCCTL. all = 0;
EPwm1Regs. TBCTL. all = 0x0010 + TBCTLVAL; //使能定时器
EPwm1Regs. TBPRD = SP;
}

void InitEQep1Gpio( void)
{
EALLOW;
GpioCtrlRegs. GPAPUD. bit. GPIO20 = 0;          //GPIO20 (EQEP1A)使能上拉电阻
GpioCtrlRegs. GPAPUD. bit. GPIO21 = 0;          //GPIO21 (EQEP1B)使能上拉电阻
GpioCtrlRegs. GPAPUD. bit. GPIO22 = 0;          //GPIO22 (EQEP1S)使能上拉电阻
GpioCtrlRegs. GPAPUD. bit. GPIO23 = 0;          //GPIO23 (EQEP1I)使能上拉电阻
GpioCtrlRegs. GPAQSEL2. bit. GPIO20 = 0;        //GPIO20 (EQEP1A)同步到 SYSCLKOUT
GpioCtrlRegs. GPAQSEL2. bit. GPIO21 = 0;        //GPIO21 (EQEP1B)同步到 SYSCLKOUT
GpioCtrlRegs. GPAQSEL2. bit. GPIO22 = 0;        //GPIO22 (EQEP1S)同步到 SYSCLKOUT
```

```
    GpioCtrlRegs.GPAQSEL2.bit.GPIO23 = 0;          //GPIO23（EQEP1I)同步到 SYSCLKOUT
    GpioCtrlRegs.GPAMUX2.bit.GPIO20 = 1;           //配置 GPIO20 为 EQEP1A
    GpioCtrlRegs.GPAMUX2.bit.GPIO21 = 1;           //配置 GPIO21 为 EQEP1B
    GpioCtrlRegs.GPAMUX2.bit.GPIO22 = 1;           //配置 GPIO22 为 EQEP1S
    GpioCtrlRegs.GPAMUX2.bit.GPIO23 = 1;           //配置 GPIO23 为 EQEP1I
    EDIS;
}

void  POSSPEED_Init(void)
{
EQep1Regs.QUPRD = 600000;          //60 MHz 系统时钟 SYSCLKOUT 时,单元定时器为 100 Hz
EQep1Regs.QDECCTL.bit.QSRC = 00;               //QEP 正交计数模式
EQep1Regs.QEPCTL.bit.FREE_SOFT = 2;
EQep1Regs.QEPCTL.bit.PCRM = 00;            //PCRM = 00 模式,在索引事件时 QPOSCNT 复位
EQep1Regs.QEPCTL.bit.UTE = 1;                  //单元定时器使能
EQep1Regs.QEPCTL.bit.QCLM = 1;                 //单元定时超出时锁存
EQep1Regs.QPOSMAX = 0xffffffff;
EQep1Regs.QEPCTL.bit.QPEN = 1;                 //QEP 使能
EQep1Regs.QCAPCTL.bit.UPPS = 5;                //位置计数 32 分频
EQep1Regs.QCAPCTL.bit.CCPS = 7;                //CAP 时钟 128 分频
EQep1Regs.QCAPCTL.bit.CEN = 1;                 //QEP 捕获使能
}

void POSSPEED_Calc(POSSPEED *p)
{
long tmp;
unsigned int pos16bval,temp1;
_iq Tmp1,newp,oldp;

// **** 位置计算 - 机械与电气角度 ****//
p->DirectionQep = EQep1Regs.QEPSTS.bit.QDF;          //方向:0 = CCW/反转,1 = CW/正转
 pos16bval = (unsigned int)EQep1Regs.QPOSCNT;        //捕获位置信息
p->theta_raw = pos16bval + p->cal_angle;             //角度 = 当前位置 + 角度偏移
//计算机械与电气角度 p->theta_mech ~ = QPOSCNT/mech_scaler [当前计数/(每转总计数)]
//mech_scaler = 4000/转
tmp = (long)((long)p->theta_raw * (long)p->mech_scaler);     //Q0 * Q26 = Q26
tmp & = 0x03FFF000;
p->theta_mech = (int)(tmp >> 11);                    //Q26 -> Q15
p->theta_mech & = 0x7FFF;
p->theta_elec = p->pole_pairs * p->theta_mech;       //Q0 * Q15 = Q15
p->theta_elec & = 0x7FFF;
//检查是否发生索引事件
if (EQep1Regs.QFLG.bit.IEL == 1)
```

```
{
p -> index_sync_flag = 0x00F0;
EQep1Regs. QCLR. bit. IEL = 1;                    //清中断标志
}
// **** 高速时转速计算 ****//
//检查单元定时器超时事件,单元定时器配置为 100Hz
if( EQep1Regs. QFLG. bit. UTO == 1)            //如果发生超时事件 (100 Hz 周期 1 次)
{
    //计算 (x2 - x1)/4000 (每转的位置)
    pos16bval = ( unsigned int) EQep1Regs. QPOSLAT;    //锁存 POSCNT 值
    tmp = ( long) ( ( long) pos16bval * ( long) p -> mech_scaler) ;    //Q0 * Q26 = Q26
    tmp & = 0x03FFF000;
    tmp = ( int) ( tmp >> 11) ;                    //Q26 -> Q15
    tmp & = 0x7FFF;
    newp = _IQ15toIQ( tmp) ;
    oldp = p -> oldpos;
    if( p -> DirectionQep == 0)                    //POSCNT 减计数
    {
    if ( newp > oldp)
            Tmp1 = - ( _IQ( 1) - newp + oldp) ;    //x2 - x1 应为负
    else
        Tmp1 = newp - oldp;
    }
    else if ( p -> DirectionQep == 1)              //POSCNT 增计数
    {
    if ( newp < oldp)
        Tmp1 = _IQ( 1) + newp - oldp;
    else
        Tmp1 = newp - oldp;                        //x2 - x1 应为正
    }
    if ( Tmp1 > _IQ( 1) )
        p -> Speed_fr = _IQ( 1) ;
    else if ( Tmp1 < _IQ( - 1) )
        p -> Speed_fr = _IQ( - 1) ;
    else
        p -> Speed_fr = Tmp1;
    //更新电气角度
    p -> oldpos = newp;
    //将转速转换到 RPM( 转/分( Q15 -> Q0)
    //Q0 = Q0 * GLOBAL_Q => _IQXmpy( ) ,X = GLOBAL_Q
    p -> SpeedRpm_fr = _IQmpy( p -> BaseRpm, p -> Speed_fr) ;
    EQep1Regs. QCLR. bit. UTO = 1;                 //清中断标志
}
```

```
// **** 低速时转速计算 ****//
if(EQep1Regs.QEPSTS.bit.UPEVNT == 1)                    //单元位置事件
{
    if(EQep1Regs.QEPSTS.bit.COEF == 0)                  //没有捕获溢出
        temp1 = (unsigned long)EQep1Regs.QCPRDLAT;      //temp1 = t2 - t1
    else                                                //捕获溢出,结果饱和
        temp1 = 0xFFFF;
    p -> Speed_pr = _IQdiv(p -> SpeedScaler,temp1);     //p -> Speed_pr = p -> SpeedScaler/temp1
    Tmp1 = p -> Speed_pr;
    if (Tmp1 > _IQ(1))
        p -> Speed_pr = _IQ(1);
    else
        p -> Speed_pr = Tmp1;
    //将转速转换到 RPM(转/分)
    if (p -> DirectionQep == 0)                         //反向为负
        p -> SpeedRpm_pr = -_IQmpy(p -> BaseRpm,p -> Speed_pr);
        //Q0 = Q0 * GLOBAL_Q => _IQXmpy(),X = GLOBAL_Q
    else                                                //正向为正
        p -> SpeedRpm_pr = _IQmpy(p -> BaseRpm,p -> Speed_pr);
        //Q0 = Q0 * GLOBAL_Q => _IQXmpy(),X = GLOBAL_Q
    EQep1Regs.QEPSTS.all = 0x88;                        //清中断标志
}
}
```

9.8 思考题与习题

1. 增量式编码器是如何测量转速与位置的?
2. 如何使用高速下和低速下转速估算公式?
3. 简述 eQEP 电路的工作原理。

第 10 章　串行通信接口

本章主要内容：

1）SCI 模块概述（Introduction to SCI）。

2）SCI 模块的结构（Architecture of SCI Module）。

3）SCI 的寄存器（SCI Registers）。

4）SCI 应用实例（SCI Application Examples）。

10.1　SCI 模块概述

串行通信接口（Serial Communication Interface，SCI）是一个两线异步串行接口，也就是通常所说的 UART（Universal Asynchronous Receiver and Transmitter，通用异步接收器与发送器）。SCI 模块支持 CPU 和其他使用非归零（Non – Return – to – Zero，NRZ）格式的外部设备之间的异步数据通信。为了减少 CPU 的开销，2803x 的串行通信接口的接收器和发送器都有一个 4 级深的 FIFO（First In First Out，先入先出）堆栈（注：281x 器件为 16 级深的 FIFO），且具有各自的使能位和中断位。它们能够在半双工模式下分时工作或者在全双工模式下同时工作。

为了保证数据的完整性，SCI 模块会对接收数据进行间断（Break）检测、奇偶校验、溢出和帧信息错误检测等。通过一个 16 位的波特率选择寄存器，可以对波特率进行编程。

串行通信接口电路如图 10-1 所示。

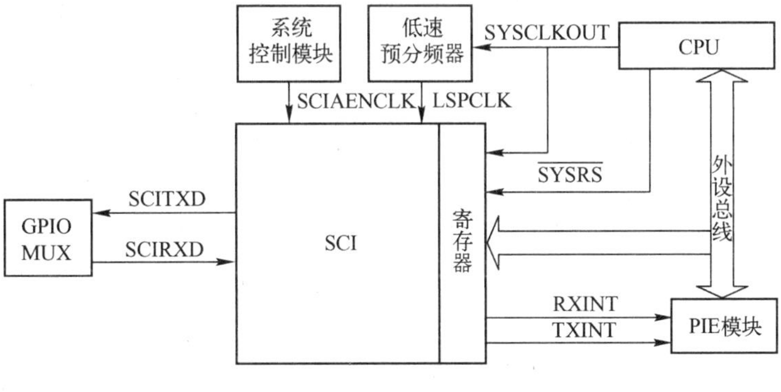

图 10-1　SCI 模块与 CPU 接口框图

串行通信接口模块的特性如下：

1）两个外部引脚：SCI 发送输出引脚（SCITXD）和 SCI 接收输入引脚（SCIRXD）。在不使用 SCI 的情况下，这两个引脚可以用作通用输入/输出（GPIO）功能。

2）波特率可编程，可选择最高达 64 Kbit/s（Bit per second，位/秒）的不同速率。

3）数据格式：

- 一个起始位。
- 数据长度（1 ~8 位）可编程。
- 可选的奇校验、偶校验和无奇偶校验工作模式。
- 可选择一个或者两个停止位。

4）4 个错误检测标志：奇偶校验、溢出（Overrun）、帧同步和间断检测。

5）两个唤醒多处理器模式：空闲线（Idle – line）模式和地址位（Address bit）模式。

6）半双工和全双工工作模式。

7）双缓冲器接收和发送功能。

8）通过中断或者查询标志位可以完成发送或接收操作。

9）独立的发送器和接收器中断使能位。

10）非归零（NRZ）格式。

11）13 个控制寄存器位于开始地址为 7050H 的外设寄存器帧中。这些寄存器实际上都是 8 位寄存器，位于外设模块帧 2。对这些寄存器进行访问时，数据存在低字节中（位 7 ~0），高字节（位 15 ~8）读出值为 0，写高字节无效。

相对于 24x DSP 的串行通信接口模块，增强的功能如下：

1）自动波特率检测硬件逻辑。

2）发送、接收各有 4 级的 FIFO 寄存器。

10.2 SCI 模块的结构

串行通信接口 SCI 在全双工工作模式下的结构框图如图 10-2 所示，包括如下部分：

1）发送器（TX）及其寄存器。

- SCITXBUF：发送数据缓冲寄存器，保存需要发送的数据（由 CPU 装载）。
- TXSHF：发送移位寄存器。从 SCITXBUF 寄存器中接收数据，并且每次一位将数据移至 SCITXD 引脚上。

2）接收器（RX）及其寄存器。

- RXSHF：接收移位寄存器。每次一位将数据从 SCIRXD 引脚上移至 RXSHF 寄存器中。
- SCIRXBUF：接收数据缓冲寄存器。它保存 CPU 读取的接收数据。这些数据是由其他的处理器发出，通过串行通信接口移入 RXSHF 寄存器，然后加载至 SCIRXBUF 和 SCIRX – EMU 寄存器中。

3）一个可编程波特率发生器。

4）映射到数据存储器空间的控制和状态寄存器。

SCI 的接收器和发送器既可以独立工作，也可以同时工作。

1. 串行通信接口的信号

串行通信接口 SCI 模块的信号有外部信号、控制信号和中断信号 3 种，见如表 10-1。

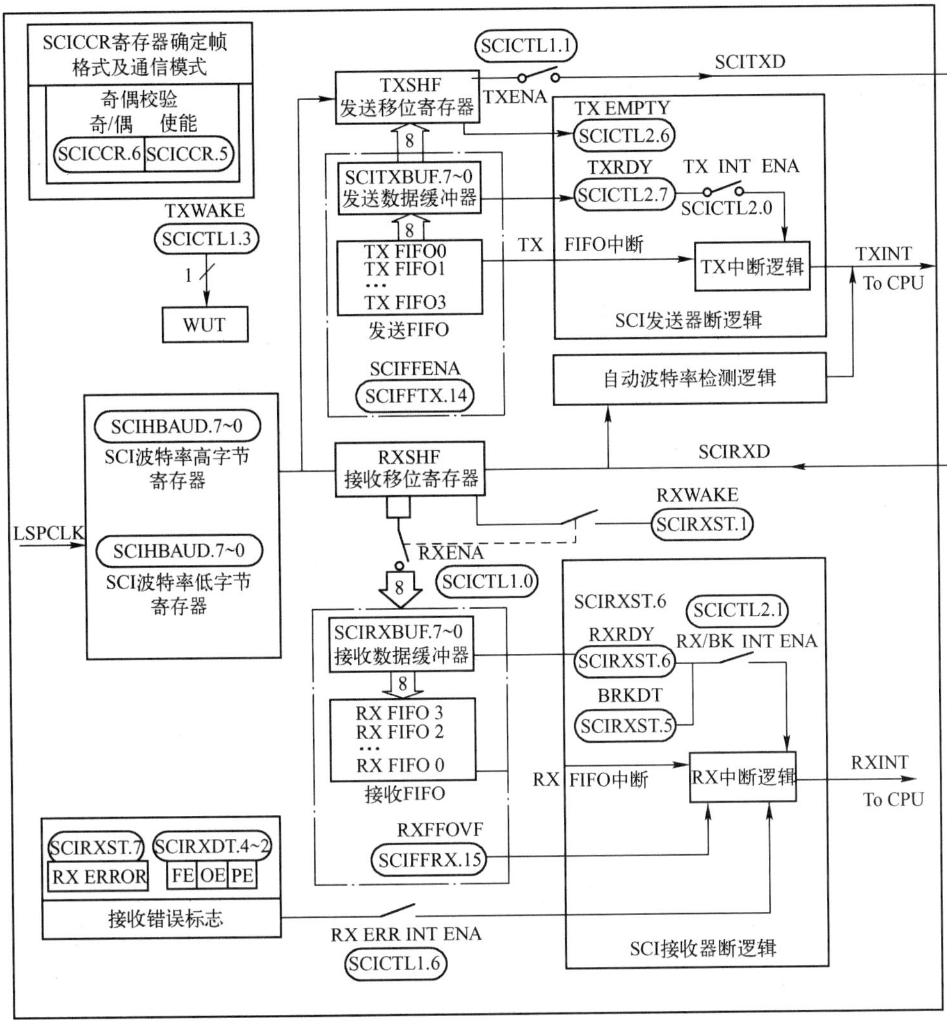

图 10-2 串行通信接口（SCI）模块框图

表 10-1 SCI 模块信号

分类	信号名称	说明
外部信号	RXD	SCI 异步串行接口接收数据
	TXD	SCI 异步串行接口发送数据
控制信号	波特率时钟	LSPCLK 预分频时钟
中断信号	TXINT	发送中断
	RXINT	接收中断

2. 多处理器和异步通信模式

串行通信接口 SCI 有两个多处理器协议，它们分别是空闲线多处理器模式和地址位多处理器模式。这些协议允许在多处理器之间进行有效的数据传输。

串行通信接口 SCI 提供一种通用异步接收/发送（UART）通信模式，以便与许多通用外部设备接口。当与使用 RS－232C 格式的标准器件（如终端和打印机等）接口时，异步模式只需要两根通信线。

3. 串行通信接口可编程数据格式

串行通信接口 SCI 接收和发送数据都是非归零（NRZ）格式。这种数据格式包括以下部分：

- 一个起始位（Start）。
- 1～8 位数据（Data）。
- 一个奇偶校验位或者无奇偶校验位（Parity）。
- 一个或者两个停止位（Stop）。
- 一个额外的位用于区别数据和地址（只用于地址位模式）。

数据的基本单位为字符，它的长度是 1～8 位。数据的每个字符包括一个起始位、一个或者两个停止位、一个可选的奇偶校验位和一个地址位。数据的一个字符和它的格式信息组成一个帧，如图 10-3 所示。图中，数据最低位为 LSB，最高位为 MSB。

图 10-3　SCI 的数据帧格式

4. SCI 多处理器通信

多处理器通信格式允许一个处理器在同一串行线上与其他的处理器进行有效的数据块传输。在一个串行线上，在同一时刻只允许存在一个发送器。即在任一时刻，在同一串行线上只允许有一个发送者（Talker）存在。

地址字节：发送者发送的信息块的第一个字节包括所有接收者可以读到的一个地址字节。只有地址正确的接收者才可以被地址字节之后的数据字节产生中断。地址不正确的接收者则保持不中断状态直到下一个地址字节。

SLEEP 位：串行线上的所有处理器都将 SCI SLEEP 位（SCICTL1 寄存器的位 2）设为 1，这样它们就可以仅仅在检测到地址字节时才会产生中断。当处理器读到的块地址与应用程序设置的 CPU 器件地址相同时，用户程序必须清除 SLEEP 位，使 SCI 模块在接收每个数据字节时都能产生中断。

虽然 SLEEP 位置 1 时接收器会继续工作，但是，除了检测到地址字节和接收帧中的地址位置为 1（用于地址位模式）的情况外，SCI 模块不会将 RXRDY、RXINT 或者接收错误状态位置为 1。SCI 模块不会改变 SLEEP 位，所以它只能由用户程序更改。

处理器对地址字节的确认会根据多处理器模式选择的不同而改变。例如：

- 空闲线模式在地址位前留下一个适当的空间。这种模式没有额外的地址/数据位，所以当需处理的容量大于 10 个字节时，它的效率要比地址位模式高。空闲线模式应该用于典型的非多处理器 SCI 通信。
- 为了辨别数据和地址，地址位模式在每个字节中增加了一个额外位（地址位）。与空闲线模式不同，由于地址线模式在数据块之间没有等待状态，所以它在处理多个小数据块时的效率比空闲线模式高。然而，在高传输速度下，由于程序的速度限制，不可避免地会在数据流中产生 10 位空闲状态。

可以通过 ADDR/IDLE MODE 位（SCICCR 寄存器的位 3）来选择多处理器模式。两种模式都使用 TXWAKE 标志位（SCICTL1 寄存器的位 3）、RXWAKE 标志位（SCIRXST 寄存器的位 1）和 SLEEP 标志位（SCICTL1 寄存器的位 2）来控制 SCI 发送器和接收器。

两种多处理器模式的接收顺序如下：

1）接收一个地址块时，SCI 端口唤醒并且申请中断（此时必须将 SCICTL2 寄存器的 RX/BK INT ENA 位置 1，使能中断）。然后，它将读取该块的第一帧，这个帧包含有目标地址。

2）执行中断服务程序，测试输入地址，将这个地址字节与存在存储器中的器件地址字节相比较。

3）如果测试结果表示该块地址与存储的器件地址相同，则清除 SLEEP 位，并且读取该块余下的内容。反之，则保持 SLEEP 位为 1，退出程序，并且不接受中断直到下一个地址块开始。

5. 空闲线多处理器模式

在空闲线（Idle - Line）多处理器协议中（ADDR/IDLE MODE = 0），数据块与数据块之间通过较长的空闲时间分开，而且这个空闲时间比数据块内部帧与帧之间的空闲时间长得多。空闲线协议通过在某一帧之后使用 10 位或更多的空闲时间来指示一个新数据块的开始。其中，每一位的时间可以直接从波特率算得。空闲线多处理器数据格式如图 10-4 所示。

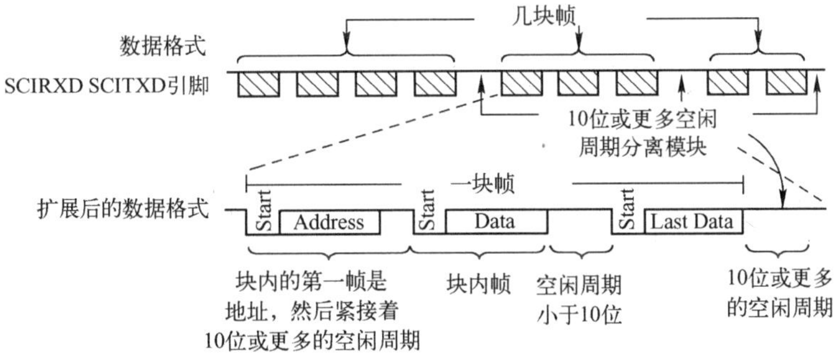

图 10-4　空闲线多处理器模式的数据格式

（1）空闲线模式的执行步骤

空闲线模式的执行步骤如下：

1）收到块起始信号后唤醒 SCI。

2）处理器识别下一个 SCI 中断。

3）中断服务程序将接收到的地址和自己存储的地址进行比较。

- 如果地址相同，即本设备被寻址到，则服务程序清除 SLEEP 位，并且接收该地址块余下的数据部分。
- 如果地址不相同，即本设备未被寻址，则保持 SLEEP 位为 1。这将允许在 SCI 端口检测到下一个地址块开始信号前，CPU 继续执行主程序，而不会中断。

（2）块起始信号

传送块起始信号可以有两种模式：

1）通过延长上一块的最后一个数据帧与下一块的地址帧之间的时间，人为地产生一段10位或更长的空闲时间。

2）SCI在向SCITXBUF寄存器写数据之前先将TXWAKE位（SCICTL1寄存器的位3）置1，这样会发送一个准确的11位空闲时间。在这种模式中，串行通信线就不会产生不必要的空闲时间（在设置TXWAKE位之后，发送地址之前，需要将一个任意的字节写到SCITXBUF寄存器中以便SCI端口送出空闲时间）。

（3）唤醒临时标志（WUT）

WUT（Wake - up Temporary）与TXWAKE位相关。WUT是一个内部标志，并且与TXWAKE一起构成双缓冲器。当TXSHF从SCITXBUF中加载数据时，TXWAKE的内容就会加载至WUT中，同时TXWAKE被清为零。

发送块起始信号：为了在数据块发送顺序中送出一个长度为一帧的起始信号，需要按如下步骤操作：

1）向TXWAKE位写入1。

2）为了发送块起始信号，必须向SCITXBUF寄存器（发送数据缓冲器）写入一个数据字，数据内容可以是任何值。当块起始信号发出时，所写的第一个数据字无效被忽略。当释放TXSHF（发送移位寄存器）后，SCITXBUF的内容就会移入TXSHF，也将TXWAKE的值复制至WUT，最后清除TXWAKE。由于将TXWAKE设成1，所以起始位、数据位和奇偶校验位将会紧跟在上一帧停止位后由发送的11位空闲周期替代。

3）向SCITXBUF寄存器写入一个新的地址值。为了使TXWAKE位的值能够移入WUT，则需要将一个无用的数据字先写入到SCITXBUF寄存器中。由于TXSHF和WUT都是双缓冲器结构，所以当这个无效的数据字移入TXSHF寄存器后，用户可以向SCITXBUF（或TXWAKE）寄存器再写入需要发送的数据。

（4）接收器操作

串行通信接口SCI接收器的工作不依赖于SLEEP位的状态。然而，除非检测到地址帧，否则接收器既不会设置RXRDY位和其他错误状态位，也不会申请接收中断。

6. 地址位多处理器模式

在地址位通信协议（SCICCR寄存器的位3即ADDR/IDLE MODE = 1）中，帧信息的最后一个数据位后紧跟着一个称之为地址位的附加位。在数据块中，第一个帧的地址位设为1，其他帧的地址位都要设成0。地址位多处理器模式数据格式如图10-5所示。

TXWAKE位的值将会放置到地址位中。在数据发送过程中，当SCITXBUF寄存器和TXWAKE中的值分别加载至TXSHF寄存器和WUT后，TXWAKE会复位为0，而WUT中的值就是当前帧的地址位。所以，为了发送一个地址，按以下步骤操作：

1）置TXWAKE位为1，同时向SCITXBUF寄存器写入适当的地址值。当这个地址值送到TXSHF寄存器并且发送出去时，它的地址位就会设成1。此时会通知在串行线上的其他处理器读取地址值。

2）TXSHF寄存器和WUT标志加载后，向SCITXBUF寄存器和TXWAKE标志写入新值（由于TXSHF和WUT都是双缓冲器结构，所以可以立即更新SCITXBUF和TXWAKE）。

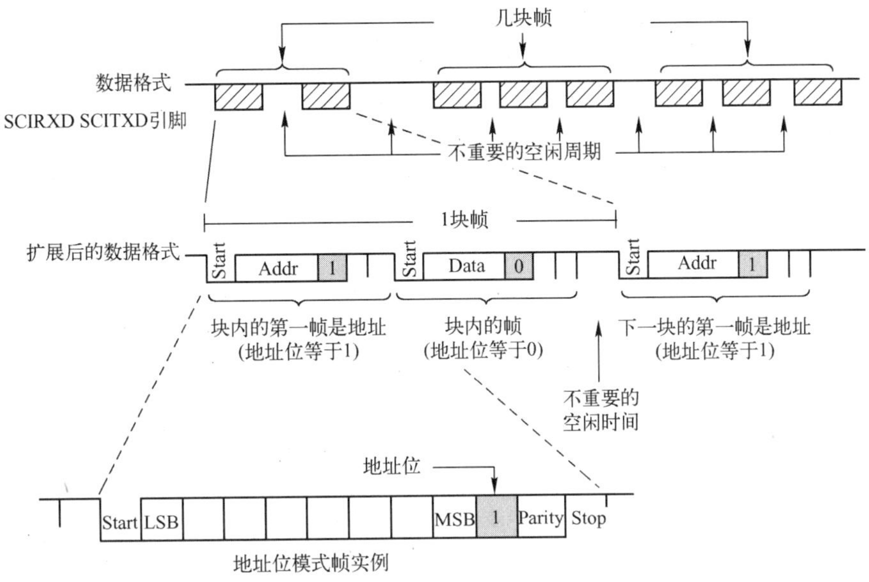

图 10-5　地址位多处理器模式的数据格式

3）将 TXWAKE 位置为 0，以便发送该块的数据帧。

在一般情况下，地址位格式用于传送 11 字节或者更少的数据帧。这种格式需要在发送的所有数据字节中加入一个额外位（1 对应于地址帧，0 对应于数据帧）。空闲线格式通常用于发送 12 字节或者更多的数据帧。

7. SCI 通信格式

SCI 异步通信格式既可以使用单线通信（单路），也可以使用两线通信（双路）。在这种模式下，每一帧都由一个起始位、1 ~ 8 个数据位、一个可选的奇偶校验位和 1 ~ 2 个停止位组成。每个数据位有 8 个 SCICLK 周期。

收到一个有效的起始信号后，接收器开始工作。一个有效的起始信号是通过 4 个连续的内部 SCICLK 周期的零位来识别，如图 10-6 所示。如果任何一位不是 0，则处理器停止启动过程，并且开始寻找下一个起始位。

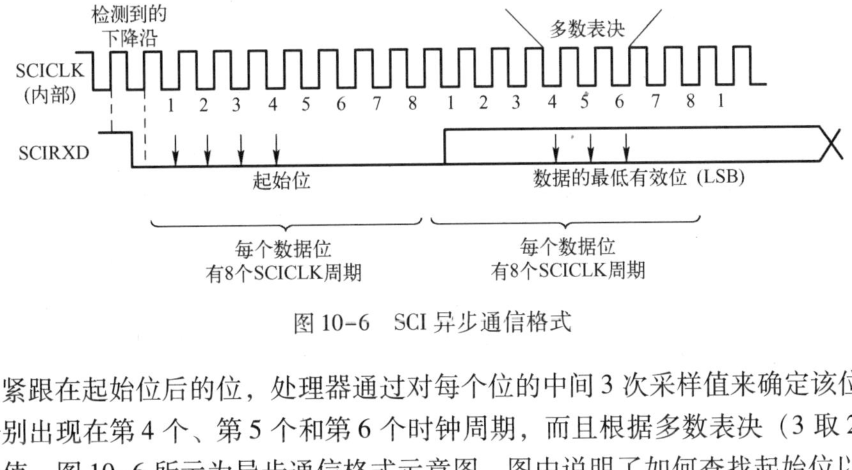

图 10-6　SCI 异步通信格式

对于紧跟在起始位后的位，处理器通过对每个位的中间 3 次采样值来确定该位的值。这些采样分别出现在第 4 个、第 5 个和第 6 个时钟周期，而且根据多数表决（3 取 2）原则确定该位的值。图 10-6 所示为异步通信格式示意图，图中说明了如何查找起始位以及多数表决原则执行的位置。

由于接收器自动与帧同步，所以外部发送和接收器件都不需要使用同步串行时钟。同步串行时钟可以由器件各自产生。

图 10-7 所示为接收器信号时序的一个例子，条件是：

1）地址位唤醒模式（地址位不出现在空闲线模式中）。

2）每个字符由 6 位组成。

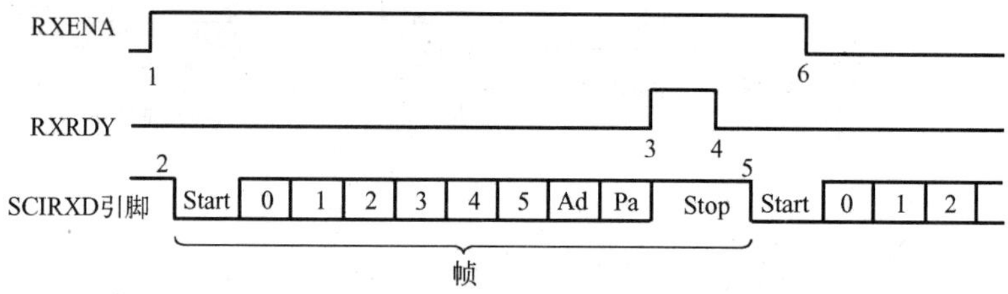

图 10-7　通信模式中 SCIRX 信号时序图

说明：

1）RXENA 标志位（SCICTL1 寄存器的位 0）置 1，使能接收器。

2）数据到达 SCIRXD 引脚，检测到起始位。

3）数据从 RXSHF 移至接收缓冲器（SCIBRXUF），申请中断。RXRDY 标志位（SCIRXST. 6）置 1 表示接收到一个新的字符。

4）程序读 SCIRXBUF 寄存器，RXRDY 标志自动清零。

5）SCIRXD 引脚接收到新的数据字节，检测到起始位，然后清除。

6）RXENA 清零，禁止接收器。RXSHF 寄存器继续组合数据，但是不会将数据传送到接收缓冲寄存器。

图 10-8 所示是发送器信号时序图的一个例子。条件是：

1）地址位唤醒模式（地址位不会出现在空闲线模式中）。

2）每个字符包含 3 个位。

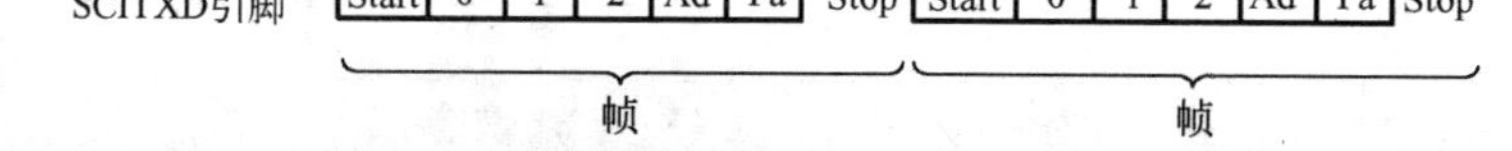

图 10-8　通信模式中 SCITX 信号时序图

说明：

1）TXENA 位（SCICTL1 寄存器的位 1）置 1，使能发送器，发送数据。

2）写 SCITXBUF，发送器非空，TXRDY 标志清零。

3）SCI 发送器将数据传送到移位寄存器（TXSHF），发送器准备接收第二个字符（置

TXRDY 为 1)，并且申请中断（当置 TXINT ENA 位为 1，使能中断）。

4）在 TXRDY 置 1 后，程序将第二个字符写入 SCITXBUF 寄存器（当第二个字符写入到 SCITXBUF 寄存器后，会再次清除 TXRDY）。

5）第一个字符发送完毕，开始传第二个字符传送至移位寄存器 TXSHF。

6）TXENA 位清零，禁止发送器，SCI 完成当前字符的发送。

7）第二个字符发送完毕，发送器空，并已经为发送新的字符做好准备。

8. 串行通信接口中断

串行通信接口 SCI 接收器和发送器都能产生中断。SCICTL2 寄存器中包含有一个标志位（TXRDY），它用于指示当前中断的状态，同时 SCIRXST 寄存器也包含两个中断标志位（RXRDY 和 BRKDT）和一个 RX ERROR 中断标志（由 FE、OE 和 PE 等条件进行逻辑或产生）。发送器和接收器分别拥有各自的中断使能位。当禁止中断时，虽然 SCI 模块不会向 CPU 申请中断，但中断标志仍然有效，中断标志可以反映发送或接收的状态。

串行通信接口 SCI 接收器和发送器都有各自的中断向量。中断申请既可设置为高优先级也可以设置为低优先级，这由 SCI 模块向 PIE 控制器送出的优先级标志位决定。当 RX 和 TX 中断都分配在同一个优先级时，为了减小发生接收溢出的概率，接收器中断总是比发送器中断的优先级高。

1）如果 RX/BK INT ENA 位（SCICTL2 寄存器的位 1）置 1，则当以下事件之一发生时，接收器会发出中断请求：

- SCI 收到一个完整的帧，并且将 RXSHF 寄存器中的数据送到 SCIRXBUF 寄存器，将 RXRDY 标志位（SCIRXST. 6）置 1，申请一个中断。
- 通信中断检测条件产生（在丢失停止位后，SCIRXD 变低超过 10 个位周期），将 BRKDT 标志位（SCIRXST. 5）置 1，申请一个中断。

2）如果 TXINT ENA 位（SCICTL2. 0）置 1，无论什么时候将 SCITXBUF 寄存器中的数据传送到 TXSHF 寄存器中，发送器就会发出中断申请，此时表示现在 CPU 可以将新数据写入到 SCITXBUF 中。这个操作将 TXRDY 标志位（SCICTL2. 7）置 1，申请一个中断。

可以由 RX/BK INT ENA 位（SCICTL3. 1）控制 RX RDY 和 BRKDT 引起的中断，由 RX ERR INT ENA 位（SCICTL1. 6）控制 RX ERROR 位引起的中断。

9. SCI 波特率计算

内部生成的串行时钟由低速外设模块时钟（LSPCLK）和波特率选择寄存器决定。在给定的 LSPCLK 下，SCI 通过波特率选择寄存器组成的 16 位值从 64K 个不同的串行时钟波特率中选择一个。

SCI 模块的波特率按下式计算：

$$BAUD=\frac{LSPCLK}{(BRR+1)\times 8}$$

所以，16 位波特率选择寄存器（SCIHBAUD，SCILBAUD）中的值 BRR 为

$$BRR=\frac{LSPCLK}{BAUD\times 8}-1$$

上面的公式只在 $1\leqslant BRR\leqslant 65535$ 时成立，如果 BRR =0，则

$$BAUD=\frac{LSPCLK}{16}$$

10.3 SCI的寄存器

通过设置SCI相关寄存器可以设置通信格式，包括工作模式和协议、波特率、字符长度、奇偶校验位、停止位的位数以及中断使能等。SCI模块有如下寄存器：

- SCI通信控制寄存器：SCICCR。
- SCI控制寄存器1：SCICTL1。
- 波特率选择寄存器：SCIHBAUD、SCILBAUD。
- SCI控制寄存器2：SCICTL2。
- SCI接收状态寄存器：SCIRXST。
- SCI接收数据缓冲寄存器：SCIRXBUF。
- SCI发送数据缓冲寄存器：SCITXBUF。
- SCI优先级控制寄存器：SCIPRI。
- SCI FIFO发送寄存器：SCIFFTX。
- SCI FIFO接收寄存器：SCIFFRX。
- SCI FIFO控制寄存器：SCIFFCT。

1. SCI通信控制寄存器（SCICCR）

SCI通信控制寄存器（SCI Communication Control Register，SCICCR）定义了用于SCI的字符格式、协议和通信模式。

7	6	5	4	3	2	1	0
STOP BITS	EVEN/ODD PARITY	PARITY ENABLE	LOOPBACK ENA	ADDR/IDLE MODE	SCICHAR2	SCICHAR1	SCICHAR0
R/W-0	R/W-0	R/W-0	R/W-0	R/W-0	R/W-0	R/W-0	R/W-0

位7，STOP BITS：设置SCI停止位的个数，它指定发送的停止位的个数。接收器只检测一个停止位。

- 1：两个停止位。
- 0：一个停止位。

位6，EVEN/ODD PARITY：SCI奇偶校验选择位。当位5（PARITY ENABLE）置1时，本位选择是偶校验还是奇校验，即发送和接收的字符中1的个数是偶数还是奇数。

- 1：偶校验。
- 0：奇校验。

位5，PARITY ENABLE：SCI奇偶校验使能位。该位禁止或使能奇偶校验功能。如果SCI处于地址位多处理器模式（通过本寄存器的位3设置），则地址位也包含在奇偶性计算范围内。对于少于8位的字符，余下未用的位不包含在奇偶性计算范围内。

- 1：使能奇/偶校验功能。
- 0：禁止奇/偶校验（在发送或接收过程中不产生奇偶校验位）。

位4，LOOP BACK ENA：自测模式使能位。使能后，发送（Tx）引脚在内部连接到接收（Rx）引脚。

- 1：使能自测模式。

- 0：禁止自测模式。

位 3，ADDR/IDLE MODE：SCI 多处理器模式选择位。该位选择多处理器通信协议。多处理器通信和其他通信模式是不同的，因为它使用了 SLEEP 和 TXWAKE 功能（分别是 SCICTL1 寄存器的位 2 和位 3）。由于地址位模式在每帧中增加了一个额外的位，所以一般的通信常用空闲线模式。空闲线模式还与 RS-232 通信兼容。

- 1：选择地址位模式。
- 0：选择空闲线模式。

位 2～0，SCICHAR2～0：字符长度选择位。这些位选择 SCI 的字符长度，从 1～8 位可选。长度少于 8 位的字符在 SCIRXBUF 和 SCIRXEMU 中是以右对齐且在 SCIRXBUF 中不需要用 0 填补。字符的长度选择情况见表 10-2。

表 10-2　字符的长度选择

SCICHAR2	SCICHAR1	SCICHAR0	字符长度/位数
0	0	0	1
0	0	1	2
0	1	0	3
0	1	1	4
1	0	0	5
1	0	1	6
1	1	0	7
1	1	1	8

2. SCI 控制寄存器 1（SCICTL1）

SCI 控制寄存器 1（SCI Control Register 1，SCICTL1）控制接收/发送的使能、TXWAKE 和 SLEEP 功能以及 SCI 软件重启动。

7	6	5	4	3	2	1	0
Reserved	RX ERR INT ENA	SW RESET	Reserved	TXWAKE	SLEEP	TXENA	RXENA
R-0	R/W-0	R/W-0	R-0	R/S-0	R/W-0	R/W-0	R/W-0

位 7，保留位。

位 6，RX ERR INT ENA：SCI 接收错误中断使能位。如果该位置 1，当接收发生错误时置位 RX ERROR 位（SCIRXST. 7），并使能接收错误中断。

- 1：使能接收错误中断。
- 0：禁止接收错误中断。

位 5，SW RESET：SCI 软件复位位（低电平有效）。该位写入 0 可初始化 SCI 状态和复位标志（寄存器 SCICTL2 和 SCIRXST）到复位条件。SW RESET 位不影响配置位。受影响的所有逻辑都保持固定的复位状态直至写入 1 到 SW RESET 位。因此，系统复位后，应将该位置为 1 来重新使能 SCI。当接收间断检测（BRKDT 标志位，SCIRXST. 5）位置位后，将清除该位。SW RESET 影响 SCI 的标志，但它既不影响配置位，也不恢复复位位。一旦 SW RESET 清零，标志位就被固定直到该位置 1。影响 SCI 标志的位见表 10-3。

表 10-3 影响 SCI 标志的位

SCI 标志	寄存器位	SW RESET 后的值
TXRDY	SCICTL2，位 7	1
TX EMPTY	SCICTL2，位 6	1
RXWAKE	SCIRXST，位 1	0
PE	SCIRXST，位 2	0
OE	SCIRXST，位 3	0
FE	SCIRXST，位 4	0
BRKDT	SCIRXST，位 5	0
RXRDY	SCIRXST，位 6	0
RX ERROR	SCIRXST，位 7	0

位 4，保留位。

位 3，TXWAKE：SCI 发送器唤醒方法选择位。TXWAKE 位控制了数据发送特性的选择，而这取决于由 ADDR/IDLE MODE 位（SCICCR. 3）指定的发送模式（空闲线模式或地址位模式）。

- 0：没有选定发送特性。
- 1：选定的发送特性取决于空闲线模式或地址位模式。

在空闲线模式下：写入 1 到 TXWAKE，然后将数据写入 SCITXBUF 寄存器来产生一个 11 个数据位的空闲周期。

在地址位模式下：写入 1 到 TXWAKE，然后将数据写入 SCITXBUF 寄存器并设置该帧的地址位为 1。

TXWAKE 位不能通过 SW RESET 位来清除，可以通过系统复位或发送 TXWAKE 位到 WUT 标志来清除。

位 2，SLEEP：SCI 休眠位。在多处理器配置中，此位控制了接收器的休眠功能。清除该位将使 SCI 脱离休眠模式。SLEEP 位置 1 时，接收器继续工作。但是，不会更新接收器缓冲就绪位（SCIRXST. 6，RXRDY）或错误状态位（SCIRXST 寄存器的位 5 ~ 2，BRKDT，FE，OE 和 PE），除非检测到地址字节。当检测到地址字节时，不会清除 SLEEP 位。

- 0：禁止休眠模式。
- 1：使能休眠模式。

位 1，TXENA：SCI 发送使能位。仅当 TXENA 置位时，数据才能从 SCITXD 引脚上发送出去。如果复位，则把已写入到 SCITXBUF 寄存器中的数据发送完后才停止发送。

- 0：禁止发送。
- 1：使能发送。

位 0，RXENA：SCI 接收使能位。从 SCIRXD 引脚上接收到的数据送到接收移位寄存器，然后再送到接收缓冲器。该位使能或禁止接收器（发送到缓冲器）。清除 RXENA 就停止了将接收到的数据传送到两个接收缓冲器的操作，还停止了接收中断的产生。但是，接收移位寄存器（RXSHF）仍可以继续组合 SCIRXD 引脚上的数据。因此，如果在接收一个字符期间对 RXENA 置位，则完整的字符将传送到接收缓冲器 SCIRXBUF 和 SCIRXEMU 中。

- 0：禁止将接收到的字符传送到 SCIRXBUF 和 SCIRXEMU 接收缓冲器。
- 1：使能将接收到的字符传送到 SCIRXBUF 和 SCIRXEMU 接收缓冲器。

3. 波特率选择寄存器（SCIHBAUD，SCILBAUD）

波特率选择寄存器（SCI Baud - Select Registers）包括波特率选择高字节寄存器 SCIHBAUD 和低字节寄存器 SCILBAUD。二者内的数值确定了 SCI 的波特率。

位 15 ~ 0，BAUD15 ~ 0：SCI 的 16 位波特率选择位。SCIHBAUD（高字节）和 SCILBAUD（低字节）连接在一起形成 16 位波特率值，即 BRR。

内部产生的串行时钟由外设低速时钟（LSPCLK）和这两个波特率选择寄存器决定。对于不同的通信模式，SCI 用这些寄存器中的 16 位数值来从 64K 个串行时钟速率中进行选择。SCI 波特率的计算公式如上所述（10. 2 节）。

4. SCI 控制寄存器 2（SCI Control Register 2，SCICTL2）

7	6	5 ~ 2	1	0
TXRDY	TX EMPTY	Reserved	RX/BK INT ENA	TX INT ENA
R-1	R-1	R-0	R/W-0	R/W-0

位 7，TXRDY：发送缓冲寄存器准备就绪标志位。当该位置 1，表示发送数据缓冲寄存器 SCITXBUF 已准备好接收另一个字符。写数据到 SCITXBUF 寄存器的操作将自动清除该位。如果中断使能位 TX INT ENA 被置位，则当 TXRDY 置位时，将发出一个发送器中断请求。通过使能 SW RESET 位或系统复位来置位 TXRDY 位。

- 0：SCITXBUF 满。
- 1：SCITXBUF 空，准备接收下一个待发送的数据。

位 6，TXEMPTY：发送器空标志位。该标志位表示 SCITXBUF 和 TXSHF 的内容情况。一个有效的 SW RESET 或系统复位会将该位置 1。该位不会产生中断请求。

- 0：SCITXBUF 寄存器、TXSHF 寄存器或两者都装入了数据。
- 1：SCITXBUF 寄存器和 TXSHF 寄存器都空。

位 5 ~ 2，保留位。

位 1，RX/BK INT ENA：接收缓冲器/间断中断使能位。该位控制着由 RXRDY 或 RBKDT 标志位置位引起的中断请求。然而，RX/BK INT ENA 并不阻止这些标志位置位。

- 0：禁止 RXRDY/BRKDT 中断。
- 1：使能 RXRDY/BRKDT 中断。

位 0，TX INT ENA：发送缓冲寄存器（SCITXBUF）中断使能位。该位控制着 TXRDY 标志位引起的中断，但是，并不阻止 TXRDY 标志位置位。

- 0：禁止 TXRDY 中断。
- 1：使能 TXRDY 中断。

5. SCI 接收状态寄存器：SCIRXST

SCI 接收状态寄存器（SCI Receiver Status Register，SCIRXST）包含了 7 位接收器的状态标志（其中两个可以产生中断请求）。每当一个完整的字符传送到接收缓冲器（SCIRXEMU 和 SCIRXBUF）时，这此标志位都将及时更新。

7 ~ 5	4	3	2 ~ 0
Reserved	SCI SOFT	SCI FREE	Reserved
R-0	R/W-0	R/W-0	R-0

位7，RX ERROR：SCI 接收器错误标志位。RX ERROR 标志位置位表示接收状态寄存器中的一个错误。RX ERROR 是间断检测、帧错误、溢出和奇偶校验错误使能等标志位的逻辑或。如果 RX ERR INT ENA（SCICTL1.6）为1，则该位置1时，将产生中断。这一位可用来在中断服务程序中快速检测错误条件。不能直接清除该错误标志位，由 SW RESET 位（SCICTL1.5）或系统复位来清除。

- 0：无错误置位标志。
- 1：有错误置位标志。

位6，RXRDY：SCI 接收器准备就绪标志位。当 SCIRXBUF 中的一个新字符已准备好并读出时，接收器对该位置1，这时如果 RX/BK INT ENA 位（SCICTL2.1）是1，则产生接收中断。可通过读 SCIRXBUF 寄存器、SW RESET 位或系统复位来清除 RXRDY 位。

位5，BRKDT：SCI 间断检测标志位。产生间断条件时，该位置位。当 SCI 的接收数据引脚 SCIRXD 在失去第1个停止位后连续保持低电平至少10位的时间时，就满足了间断条件。如果 RX/BK INT ENA 位是1，则产生接收中断，但是这并不会装载接收缓冲器。即使接收器的 SLEEP 位置为1，也将产生 BRKDT 中断。可通过 SW RESET 位或系统复位来清除该位。而不能通过检测到间断后接收一个字符来清除该位。只有通过触发 SW RESET 位或系统复位来重新开始串行通信 SCI，才能接收后面的字符。

- 0：不满足间断条件。
- 1：满足间断条件。

位4，FE：SCI 帧错误（Frame Error）标志位。当没有找到预期的停止位时，该位置1。丢失的停止位表示起始位的同步性已丢失，数据帧格式错误，可通过 SW RESET 位或系统复位来清除该位。

- 0：未检测到帧错误。
- 1：检测到帧错误。

位3，OE：SCI 溢出错误标志位。CPU 或 DMAC（DMA 控制器）读完当前一个数据之前，下一个数据又传送到 SCIRXEMU 和 SCIRXBUF 寄存器中，该位置为1，表示以前的数据被重写并丢失。可通过 SW RESET 位或系统复位来清除该位。

- 0：未检测到溢出错误。
- 1：检测到溢出错误。

位2，PE：SCI 奇/偶校验错误标志位。当收到的数据中1的个数与它的奇/偶校验不匹配时，该位置位。地址位也包括在计算之内，如果奇/偶校验位的产生和检测未使能时，则 PE 标志位禁止并且读出总为0。可通过 SW RESET 位或系统复位来清除该位。

- 0：未检测到奇/偶校验错误。
- 1：检测到奇/偶校验错误。

位1，RXWAKE：SCI 接收器唤醒检测标志位。该位为1时表示检测到接收器唤醒条件。在地址位多处理器模式中，RXWAKE 反映了保存 SCIRXBUF 寄存器中的地址位的值。在空闲线多处理器模式中，如果检测到 SCIRXD 数据线空闲就置位 RXWAKE。该位为只读位，可通过下列模式之一来清除该位：

- 在地址字节送至 SCIRXBUF 后传送第1个字节。
- 读取 SCIRXBUF 寄存器的值。

● 有效的 SW RESET 位操作。

● 系统复位。

位 0，保留位。

6. SCI 接收数据缓冲寄存器（SCIRXEMU，SCIRXBUF）

接收数据缓冲寄存器（SCIRXEMU，SCIRXBUF）用于接收数据，将数据从寄存器 RXSHF 转移到 SCIRXEMU 和 SCIRXBUF 中。当转移过程完成后，RXRDY 标志位（SCIRXST. 6）置位，表示接收到的数据已经准备好。两个寄存器中存放着相同的数据；它们有各自的地址但在物理上是同一个缓冲器。它们的区别是：SCIRXEMU 寄存器主要是由仿真器（EMU）使用，读 SCIRXEMU 操作并不清除 RXRDY 标志位，而读 SCIRXBUF 操作会清除该标志位。

（1）仿真数据缓冲寄存器

在正常状态下，SCI 数据接收操作就是读取 SCIRXBUF 寄存器里接收的数据。而仿真数据缓冲寄存器（Emulation Data Buffer Register，SCIRXEMU）主要用于仿真器，因为它可以连续读取不断更新的数据而不必清除 RXRDY 标志位。系统复位时 SCIRXEMU 清零。

仿真数据缓冲器应用于仿真观测窗口，以便了解 SCIRXBUF 寄存器的内容。

SCIRXEMU 不是物理独立存在的，它只是同一个物理地址的不同寻址地址，可以同样访问 SCIRXBUF 寄存器，而不会清除 RXRDY 标志位。

7	6	5	4	3	2	1	0
ERXDT7	ERXDT6	ERXDT5	ERXDT4	ERXDT3	ERXDT2	ERXDT1	ERXDT0
R-0	R-0	R-0	R-0	R-0	R-0	R-0	R-0

（2）接收数据缓冲寄存器

当前接收的数据从 RXSHF 转移到接收缓冲器时，RXRDY 标志位置位且数据处于待读状态。如果 RX/BK INT ENA 位（SCICTL2. 1）置位，这一转移过程完成时也会产生一个中断。当读取接收数据缓冲寄存器（SCI Receive Data Buffer Register，SCIRXBUF）后，RXRDY 标志位复位。SCIRXBUF 由系统复位清零。

15	14	13 ~ 8
SCIFFFE	SCIFFPE	Reserved
R-0	R-0	R-0

7	6	5	4	3	2	1	0
RXDT7	RXDT6	RXDT5	RXDT4	RXDT3	RXDT2	RXDT1	RXDT0
R-0	R-0	R-0	R-0	R-0	R-0	R-0	R-0

位 15，SCIFFFE：SCI FIFO 帧错误标志位。该位与 FIFO 的顶端数据有关。

● 1：当在位 7 ~ 0 上接收数据时，出现一个帧错误。

● 0：当在位 7 ~ 0 上接收数据时，不出现帧错误。

位 14，SCIFFPE：SCI FIFO 奇偶校验错误标志位。该位与 FIFO 的顶端数据有关。

● 1：当在位 7 ~ 0 上接收数据时，出现一个奇偶校验错误。

● 0：当在位 7 ~ 0 上接收数据时，不出现奇偶校验错误。

位 13 ~ 8，保留位。

位 7 ~ 0，RXDT7 ~ 0：接收数据位。

7. SCI 发送数据缓冲寄存器（SCITXBUF）

将要发送的数据写入发送数据缓冲寄存器（SCITXBUF），这个数据必须是右对齐，因为如果少于 8 位将忽略最左边的那一位数据。将这个寄存器的数据转移到发送移位寄存器 TXSHF 时将设置 TXRDY 标志位（SCICTL2. 7），表示 SCITXBUF 准备好接收后一组要发送的数据。如果 TX INT ENA 位（SCICTL2. 0）置位，此转移过程时会产生一个中断。

8. SCI 优先级控制寄存器（SCI Priority Control Register，SCIPRI）

7 5	4	3	2 0
Reserved	SCI SOFT	SCI FREE	Reserved
R-0	R/W-0	R/W-0	R-0

位 7 ~5，保留位。

位 4 ~3，SCI SOFT 和 SCI FREE：当一个仿真悬挂事件产生时（例如，当仿真器遇到了一个断点），这两位决定其后如何操作：

位 4	位 3	
0	0	一旦仿真悬挂，立即停止。
1	0	一旦仿真悬挂，在完成当前的接收/发送操作后停止。
x	1	SCI 操作不受仿真挂起影响。

位 2 ~0，保留位。

该寄存器只是沿用了以前 SCI 模块的名字，实际上不包括优先级控制位。

9. SCI 增强功能的寄存器

SCI 增强功能的寄存器包括：SCI FIFO 发送寄存器（SCI FIFO Transmit Register，SCIFF-TX）、SCI FIFO 接收寄存器（SCI FIFO Receive Register，SCIFFRX）、SCI FIFO 控制寄存器（SCI FIFO Control Register，SCIFFCT），它们的详细定义可以参考相关英文资料[9]。

10. 4 SCI 应用实例

例 10-1 要求 28035 DSP 通过 RS-232 接口与 PC 进行串行通信。请设计硬件接口电路与通信软件。

DSP 通常采用 +3. 3 V 电源，而 RS-232C 电平采用 ±12 V 电源。可以采用 MAX232 等芯片实现 RS-232C 的电平转换，硬件接口电路如图 10-9 所示，图中的 Vcc 为 3. 3 V 电源。

通信软件包括 PC 通信软件和 DSP 的通信程序。PC 通信软件可以采用 VC、VB 及 C 等编写，也可以利用一些免费工具软件如串口调试助手或 Windows 自带的“附件 - 通信”中的“超级终端”来调试串口。

PC 采用串口调试工具软件，将 PC 键盘的输入发送给 DSP，DSP 收到 PC 发来的数据后，回送同一数据给 PC，并在 PC 屏幕上显示出来。只要屏幕上显示的字符与所键入的字符相同，说明二者之间的通信正常。

设通信波特率为 9600 bit/s。数据格式为 1 位起始位、8 位数据位、一个停止位及无奇偶校验位。

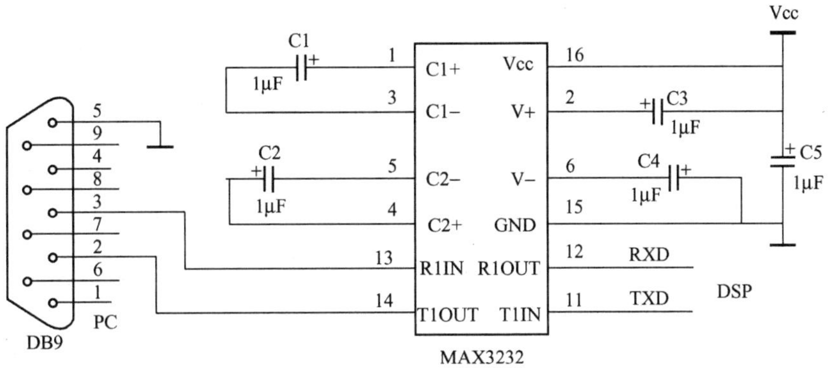

图 10-9　DSP 通过 MAX3232 电平转换电路与 PC 串行通信

下面是采用查询方式编写的 DSP 通信程序。

```
#include "DSP2803x_Device.h"
unsignedint RecieveChar;
void Scia_init()                                          //SCIA 初始化程序
{
EALLOW;
GpioCtrlRegs.GPAQSEL2.bit.GPIO28  = 3;                   //设置 GPIO28 (SCIRXDA)异步
GpioCtrlRegs.GPAMUX2.bit.GPIO28  = 1;                    //设置 GPIO28 引脚为 SCIRXDA
GpioCtrlRegs.GPAMUX2.bit.GPIO29  = 1;                    //设置 GPIO29 引脚为 SCITXDA
EDIS;
SciaRegs.SCICTL2.all  = 0x0000;                           //禁止接收和发送中断
SciaRegs.SCILBAUD  = 0x00C2;                              //波特率 =9600 bit/s,(LSPCLK =60/4 =15 MHz)
SciaRegs.SCIHBAUD  = 0x0000;                              //BRR =0x00C2 =194
SciaRegs.SCICCR.all  = 0x0007;                            //1 个停止位,无校验,8 位字符
                                                          //禁止自测试,异步空闲线协议
SciaRegs.SCICTL1.all  = 0x0023;                           //脱离复位状态,使能接收发送
}

void main(void)
{
InitSysCtrl();                                            //系统初始化
DINT;                                                     //禁止和清除所有的 CPU 中断
IER  = 0x0000;
IFR  = 0x0000;
Scia_init();                                              //SCIA 初始化
while (1)
{
    while(SciaRegs.SCIRXST.bit.RXRDY != 1) {;}            //RXRDY =1 表示接收到数据
    RecieveChar =SciaRegs.SCIRXBUF.all;
    SciaRegs.SCITXBUF  = RecieveChar;                     //接收到的字符 RecieveChar 送回
```

```
        while(SciaRegs.SCICTL2.bit.TXRDY ==0)  {;}
        while(SciaRegs.SCICTL2.bit.TXEMPTY ==0) {;}
    }
    }
```

下面是采用中断方式编写的 DSP 通信程序。

```
#include "DSP2803x_Device.h"
interrupt void scirxinta_isr(void);                //SCIA 串行接收中断服务程序
unsigned int RecieveChar;
void Scia_init()                                   //SCIA 初始化程序同查询方式
    {…}
void main(void)
{
    InitSysCtrl();                                 //系统初始化
    DINT;                                          //禁止和清除所有的 CPU 中断
    IER = 0x0000;
    IFR = 0x0000;
    Scia_init();                                   //SCIA 初始化
    InitPieCtrl();                                 //PIE 初始化
    InitPieVectTable();                            //中断向量表初始化
    EALLOW;
    PieVectTable.RXAINT = &scirxinta_isr;          //SCIA 中断向量
    EDIS;
    PieCtrlRegs.PIEIER9.bit.INTx1 = 1;             //使能 SCIRXINTA 中断
    IER| = M_INT9;
    EINT;
    ERTM;                                          //开放全局实时调试中断 DBGM
    while (1) {;}
}

interrupt voidscirxinta_isr(void)                  //SCIA 串行接收中断服务程序
{
    EINT;                                          //允许中断嵌套
    RecieveChar = SciaRegs.SCIRXBUF.all;
    SciaRegs.SCITXBUF = RecieveChar;               //接收到的字符 RecieveChar 送回
    while(SciaRegs.SCICTL2.bit.TXRDY ==0)  { }
    PieCtrlRegs.PIEACK.all = PIEACK_GROUP9;
}
```

10.5 思考题与习题

1. C28x DSP 的串行通信接口有哪些特点？

2. 简述 SCI 发送和接收数据的过程。
3. 异步串行通信的数据格式有哪些？如何设置？
4. 如何设置异步串行通信的波特率？
5. SCI 的寄存器有哪些？如何使用？
6. 如何设计 DSP 与 PC 串行通信的硬件电路与软件？

第 11 章　串行外设接口

本章主要内容：

1）SPI 模块的结构（Structure of SPI Module）。

2）SPI 的操作（SPI Operation）。

3）SPI 的设置（SPI Setting）。

4）SPI 的寄存器（SPI Registers）。

5）SPI 应用实例（SPI Application Examples）。

11.1　SPI 模块的结构

SPI（Serial Peripheral Interface）是一种串行总线外设接口，为高速同步串行输入/输出端口，其传送速率和数据长度可编程。它只需 3 根引脚线（发送、接收与时钟）就可以与外部设备相连。SPI 是一种同步通信接口，两台通信设备在同一个时钟下工作。

SPI 通常用于 DSP 芯片与外部设备或其他控制器之间的通信，通过 SPI 可以构成多机通信系统，还可以扩展芯片。许多芯片如 A－D、D－A、移位寄存器、显示控制驱动器、日历时钟、I/O、E^2PROM 及语音电路等可以采用 SPI 接口扩展，例如 MAX5121 为具有 SPI 接口的 12 位 D－A 转换器芯片。

SPI 模块与 CPU 的接口如图 11-1 所示。

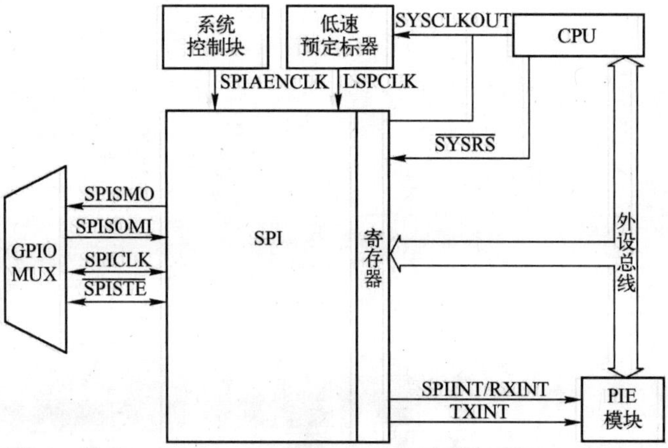

图 11-1　SPI 模块与 CPU 的接口

SPI 模块有 4 个引脚：

- SPISIMO——SPI 从输入/主输出（Slave In，Master Out）引脚。SPI 工作在主模式下为发送（输出），从模式下为接收（输入）。

- SPISOMI——SPI 从输出、主输入（Slave Out，Master In）引脚。SPI 工作在主模式下为接收（输入），从模式下为发送（输出）。
- SPICLK——SPI 时钟引脚。SPI 工作在主模式下为输出时钟，从模式下为输入时钟。
- $\overline{\text{SPISTE}}$——SPI 从发送使能引脚。主模式下，该引脚为通用 I/O 引脚。从模式下该引脚可作为 I/O 功能也可作为选通功能。作为选通功能时，若为高电平，将使 SPI 移位寄存器停止工作且输出引脚为高阻态；若为低电平，将使能 SPI 的传送功能。

不使用 SPI 模块时，这些引脚可用作通用 I/O 引脚。

SPI 模块结构框图如图 11-2 所示。

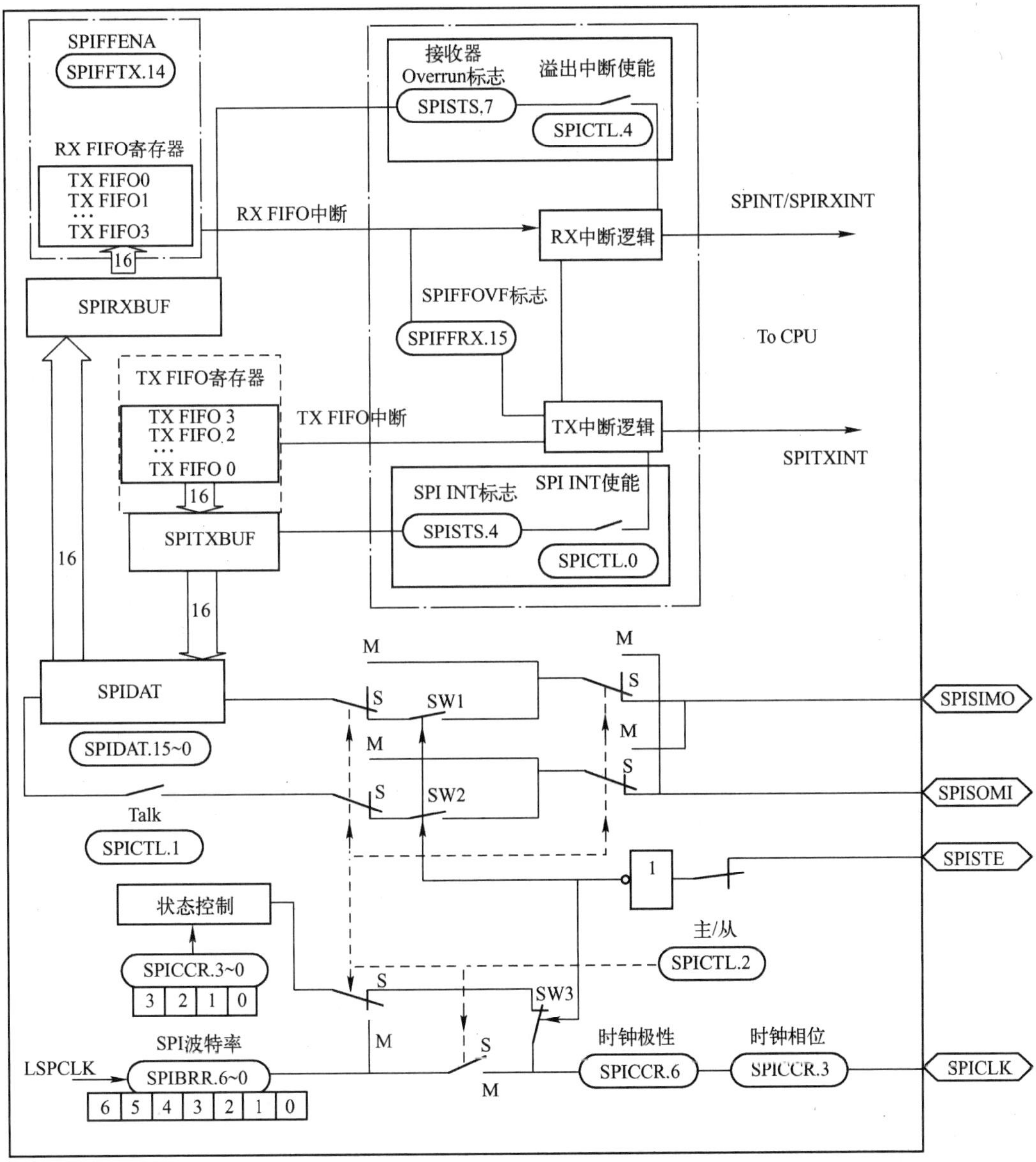

图 11-2　SPI 模块结构框图

SPI 模块的主要特性如下：

1）两种工作模式：主模式和从模式。

2）波特率：支持 125 种不同的波特率。

3）数据长度：1 ~ 16 个数据位。

4）有 4 种 SPICLK 时钟方式。

5）同时接收和发送操作（发送功能可以用软件禁止）。

6）同时接收和发送操作可以通过中断或查询方式来完成。

7）SPI 模块的 12 个控制寄存器位于寄存器帧 2 中。这些控制寄存器均为 16 位。

SPI 寄存器有：SPI 配置控制寄存器 SPICCR（包含用于 SPI 配置的控制位）、SPI 控制寄存器 SPICTL（包含用于数据发送的控制位）、SPI 状态寄存器 SPISTS（包含了接收器和发送器状态位）、SPI 波特率寄存器 SPIBRR（确定传送速率）、SPI 接收仿真缓冲寄存器 SPIRXEMU、SPI 接收缓冲寄存器 SPIRXBUF、SPI 发送缓冲寄存器 SPITXBUF、SPI 串行数据寄存器 SPIDAT、SPI FIFO 发送寄存器 SPIFFTX、SPI FIFO 接收寄存器 SPIFFRX、SPI FIFO 控制寄存器 SPIFFCT 以及 SPI 优先级控制寄存器 SPIPRI，它们用于控制 SPI 的操作。其中的 SPI 串行数据寄存器 SPIDAT 用作发送/接收移位寄存器。

28x 系列芯片增加了 4 级深的接收与发送 FIFO 以减少 CPU 的负担。其他增强特性如下：

- 延迟的传送控制。
- 三线 SPI 方式。
- $\overline{\text{SPISTE}}$的反信号，以支持双 SPI 数字音频接收模式。

11.2 SPI 的操作

SPI 可工作于主模式或从模式，操作模式由 SPICTL.2 位（MASTER/SLAVE 位）决定。图 11-3 是由两个 DSP 器件的 SPI 组成的主控制器和从控制器串行通信典型连接图。两个控制器可以同时发送和接收数据。主控制器通过输出串行时钟 SPICLK 信号来启动数据传送。

数据的发送方式有三种：

1）主控制器发送数据，从控制器发送虚数据（Dummy data）。

2）主控制器发送数据，从控制器发送数据。

3）主控制器发送虚数据，从控制器发送数据。

由于硬件不支持少于 16 位的数据进行传送，所以发送的数据必须以左对齐格式写入，而接收的数据必须以右对齐格式读取。

1. 主模式

当 SPI 控制寄存器 SPICTL 的 MASTER/SLAVE 位为 1 时，SPI 工作于主模式。此时，主 SPI 通过引脚 SPICLK 提供整个串行通信网络的串行时钟。SPI 波特率设置寄存器 SPIBRR 决定发送和接收的位传输速率。通过 SPIBRR 可选择 125 种不同的波特率。

发送数据时，主控制器先送出 SPICLK 信号（频率应不超过器件系统时钟的 1/4），然后向寄存器 SPIDAT 或 SPTXBUF 写数据即可以启动 SPISIMO 引脚上的数据发送（先发送最高有效位）。同时从控制器通过引脚 SPISIMO 将接收到的数据移入 SPIDAT 的最低有效位。当选定数量的位发送完时，则整个数据发送完毕。接收的数据按照右对齐格式存放于 SPIRX-BUF 中，以备 CPU 读取，同时，使状态寄存器 SPISTS 中的中断标志位 SPI INT FLAG 置 1，如果寄存器 SPICTL 的中断使能位 SPI NT ENA =1，则产生中断。

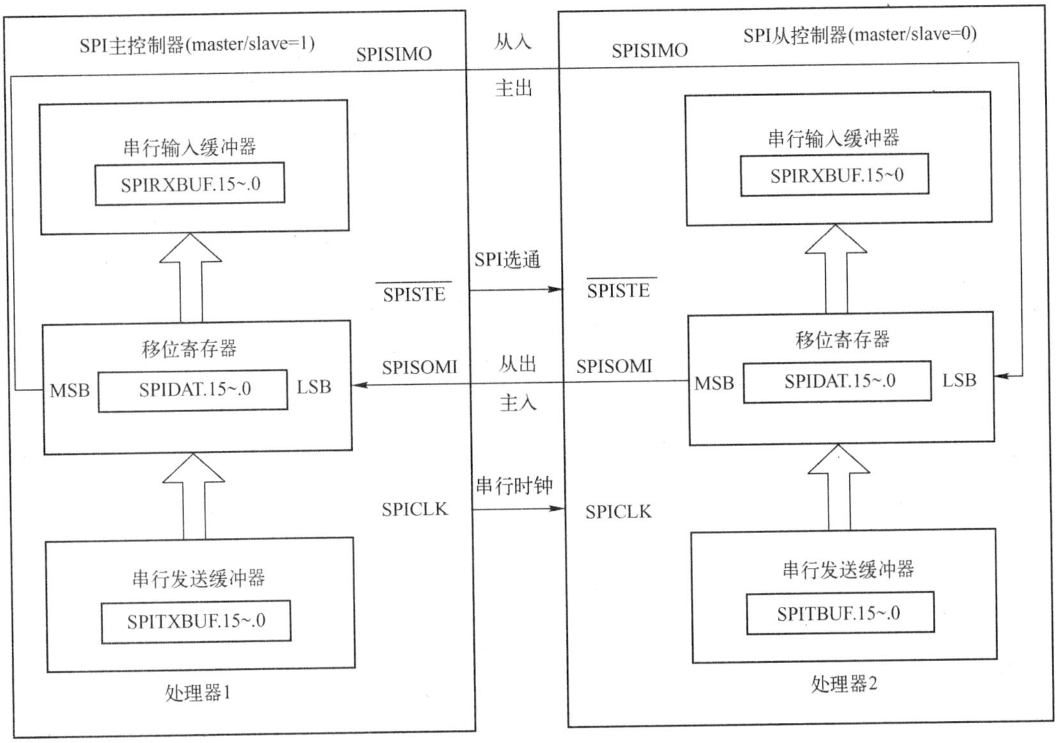

图 11-3　SPI 主控制器/从控制器连接

在典型应用中，$\overline{\text{SPISTE}}$引脚作为从控制器的片选信号，在接收主控制器的数据前将$\overline{\text{SPISTE}}$引脚置低，接收数据后再置为高。

将主控制器的数据传送给从控制器，数据传送完毕，申请中断。主控制器通过发出 SPI-CLK 信号启动数据发送，从控制器则通过检测 SPICLK 信号接收数据。一个主控制器可以连接多个从控制器，但是一次只允许一个从控制器给主控制器发送数据。

2. 从模式

当寄存器 SPICTL 的 MASTER/SLAVE 位为 0 时，SPI 工作在从模式，数据从 SPISOMI 引脚输出，由 SPISIMO 引脚输入。SPICLK 引脚作为串行移位时钟的输入，该时钟由 SPI 网络主控制器提供。

SPI 的从控制器接收数据时，首先等待网络主控制器送出 SPICLK 信号，然后将 SPISI-MO 引脚上的数据传送到寄存器 SPIDAT。当接收到 SPICLK 信号时，写入寄存器 SPIDAT 或 SPITXBUF 的数据就被传送到网络。如果从控制器同时也发送数据，则必须在 SPICLK 信号到来之前将数据与入寄存器 SPIDAT 或 SPITXBUF 中。当 SPIDAT 中的所有位全部移出后，SPITXBUF 的数据才能传送到 SPIDAT 中。如果当前不是正在发送数据，则写入 SPITXBUF 的数据将立即传送到 SPIDAT 中。

当寄存器 SPICTL 的位 TALK =0 时，禁止数据传送，从控制器输出引脚 SPISOMI 被置成高阻状态（但正在发送的数据还将全部发送完毕）。

当$\overline{\text{SPISTE}}$引脚作为从控制器片选信号时，$\overline{\text{SPISTE}}$为低选中从控制器，可进行数据传输，而$\overline{\text{SPISTE}}$为高将禁止数据传送且 SPISOMI 为高阻态。从而使一个网络可以有多个从器件，并保证在同一时刻只能有一个从器件起作用。

将从控制器的数据传送给主控制器，数据传送完毕，申请中断。

3. SPI 的中断

有 5 个控制位和标志位用于串行外设接口的中断：

1）SPI 中断使能位：SPI INT ENA（SPICTL. 0）。

2）SPI 中断标志位：SPI INT FLAG（SPISTS. 6）。当整个字符被移入或移出寄存器 SPIDAT 后，该位被置 1。如果中断使能，则产生中断请求。

以下情况之一发生时可以使中断标志位清零：

- 中断被响应。
- CPU 读取寄存器 SPIRXBUF（读取寄存器 SPIRXEMU 并不清除中断标志位）。
- 用一条 IDLE 指令使器件进入 IDLE2 低功耗模式或 HALT 模式。
- 写 0 到 SPI SW RESET 位（SPICCR. 7）。
- 系统复位。

3）SPI 超限中断使能位：OVERRUN INT ENA（SPICTL. 4）。在 SPIRXBUF 中的字符被读出前，如果一个新的字将被接收，装入 SPIRXBUF 寄存器中并覆盖旧数据，则该位置位。

该位可由以下 3 种操作清零：写 1 到该位、写 0 到 SPI SW RESET 位、系统复位。

由 SPI 超时中断标志位（SPISTS. 7）和 SPI 中断标志位（SPISTS. 6）产生的中断共用同一个中断矢量。在 OVERRUN INT ENA 位被置位时，SPI 将在第一次 RECEIVER OVERRUN FLAG 置位时产生 1 次中断请求。为了保证 SPI 能够响应下一个超时中断，必须在中断服务子程序中将 RECEIVER OVERRUN FLAG 标志位清零。

4）SPI 接收器超限中断标志位：RECEIVER OVERRUN FLAG（SPISTS. 7）。

5）SPI 中断优先级选择位：SPI PRIORITY（SPIPRI. 6）。该位的值决定来自于 SPI 的中断请求的级别。

11.3 SPI 的设置

SPI 的数据格式、波特率和时钟方式都是可编程的，通过对寄存器进行初始化，可以选择不同的配置。

1. 数据格式

SPICCR 寄存器有 4 位（SPICCR. 3 ~ 0）用来指定数据字符位数（1 ~ 16 位）。当数据位数少于 16 位时，必须按下列要求存放在寄存器中：

- 当写入寄存器 SPIDAT 或 SPITXBUF 时，数据必须是左对齐的。
- 数据从寄存器 SPIRXBUF 读出时是右对齐的。
- 寄存器 SPIRXBUF 中存放最近接收到的（右对齐）字符和已经移到左边的前次传送留

下的位。

SPI 通信时，要发送的数据从寄存器 SPIDAT 的最高位（MSB）依次移出，接收的数据则从 SPIDAT 的最低位（LSB）依次移入。假设发送字符的长度为 1，SPIDAT 寄存器的当前值为 737BH，则主模式下发送前后寄存器 SPIDAT 和 SPIRXBUF 的数据存储格式如图 11-4 所示。如果引脚 SPISOMI 设置为高电平，则图中的 x = 1，否则 x = 0。

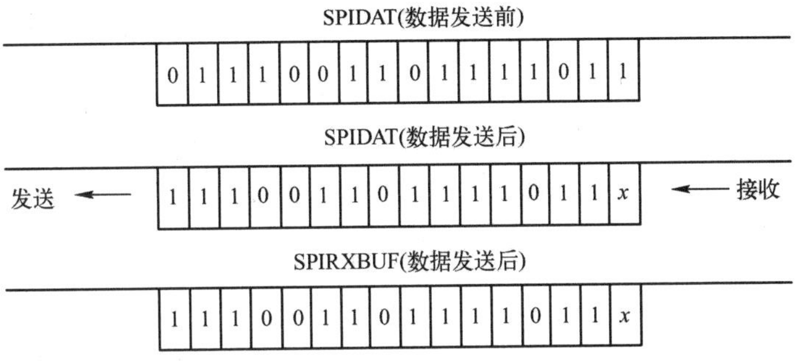

图 11-4　SPIRXBUF 的位发送

2. SPI 波特率

SPI 模块支持 125 种不同的波特率，由寄存器 SPIBRR 确定。SPI 最大波特率为低速外设时钟频率 LSPCLK 的四分之一。SPI 的时钟信号引脚 SPICLK 在主模式下为输出（DSP 内部提供的 SPI 时钟），在从模式下为输入。在每一个 SPICLK 周期只移位一个数据位。

SPI 的波特率取决于时钟 LSPCLK 和寄存器 SPIBRR 的值，由下面的公式计算。

1）对于 SPIBRR = 3 ~ 127

SPI 波特率 = LSPCLK/(SPIBRR + 1)

2）对于 SPIBRR = 0 ~ 2

SPI 波特率 = LSPCLK/4

3. SPI 的时钟模式

SPI 有 4 种时钟模式，由寄存器 SPICCR 中的时钟极性位 CLOCK POLARITY（SPICCR.6）和寄存器 SPICTL 的时钟相位位 CLOCK PHASE（SPICTL.3）控制。CLOCK POLARITY 位选择时钟的有效沿是上升沿还是下降沿；CLOCK PHASE 位选择是否有半个时钟周期的延时。4 种不同的时钟模式如下：

1）下降沿，无延时：SPI 在时钟 SPICLK 下降沿发送数据，在时钟的上升沿接收数据。

2）下降沿，有延时：SPI 在时钟 SPICLK 下降沿前半个周期发送数据，在时钟的下降沿接收数据。

3）上升沿，无延时：SPI 在时钟 SPICLK 上升沿发送数据，在下降沿接收数据。

4）上升沿，有延时：SPI 在时钟 SPICLK 上升沿前半个周期发送数据，在上升沿接收数据。

SPI 时钟模式选择方法见表 11-1，与发送和接收数据相对应的 4 种时钟模式如图 11-5 所示。

表 11-1 SPI 时钟模式选择方法

SPICLK 的信号模式	CLOCK POLARITY（SPICCR. 6）	CLOCK PHASE（SPICTL. 3）
上升沿，无延时	0	0
上升沿，有延时	0	1
下降沿，无延时	1	0
下降沿，有延时	1	1

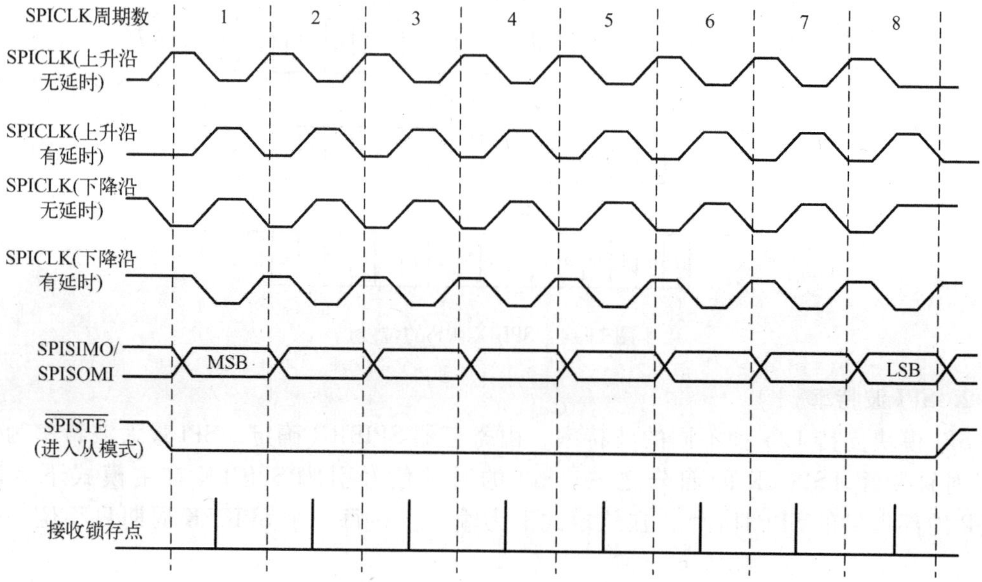

图 11-5 SPI 时钟模式选择

对于 SPI，时钟 SPICLK 仅在（SPIBRR +1）的值为偶数时保持对称。当（SPIBRR +1）为奇数并且 SPIBRR 大于 3 时，SPICLK 就会变为非对称，如图 11-6 所示。当 CLOCK POLARITY 位被清零时，SPICLK 的低电平比其高电平脉冲多一个 CLKOUT（即 LSPCLK）时钟周期；当 CLOCK POLARITY 位被置 1 时，SPICLK 的高电平比其低电平脉冲多一个 CLKOUT 时钟周期。

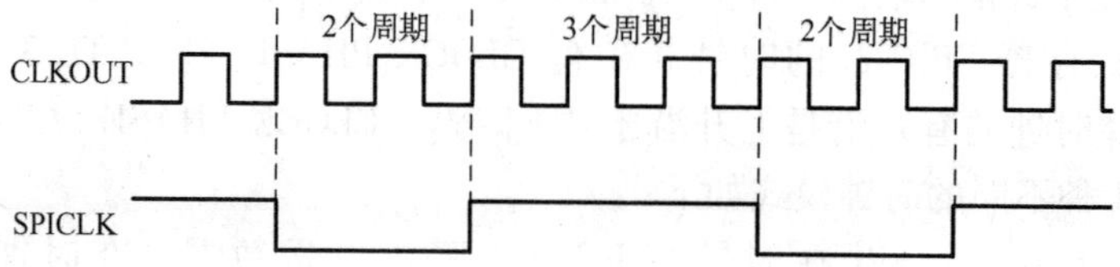

图 11-6 时钟 SPICLK 引脚的非对称特性

4. SPI 的初始化

系统复位时，SPI 模块进入以下默认配置：

1）该模块被配置为一个从模块（位 MASTER/SLAVE =0）。

2）发送功能被禁止（位 TALK =0）。

3）在 SPICLK 信号的下降沿到来时，输入数据被锁存。

4）字符长度设定为 1 位。

5）SPI 中断被禁止。

6）寄存器 SPIDAT 的数据复位为 0。

7）SPI 的 4 个引脚被设置为通用 I/O 功能。

为了改变 SPI 模块在复位后的这种设置，需要在复位后，进行如下初始化操作：

① 设置 SPI SW RESET 位（SPICCR.7）的值为 0，强制 SPI 复位。

② 初始化 SPI 的配置、格式、波特率和引脚功能为期望值。

③ 设置 SPI SW RESET 位为 1，从复位状态释放 SPI。

④ 向寄存器 SPIDAT 或 SPITXBUF 写数据，这将初始化主器件的通信过程。

⑤ 数据发送完成后（位 SPISTS.6 =1），读取寄存器 SPIRXBUF 以确定接收的数据。

5. SPI FIFO 概述

与 24x 芯片的 SPI 模块相比，2803x 的 SPI 发送和接收各具有一个 4 级深的 FIFO，并增加了延时发送控制。SPI FIFO 中断标志和使能逻辑如图 11-7 所示。下面说明 FIFO 的特点以及 SPI 中断。

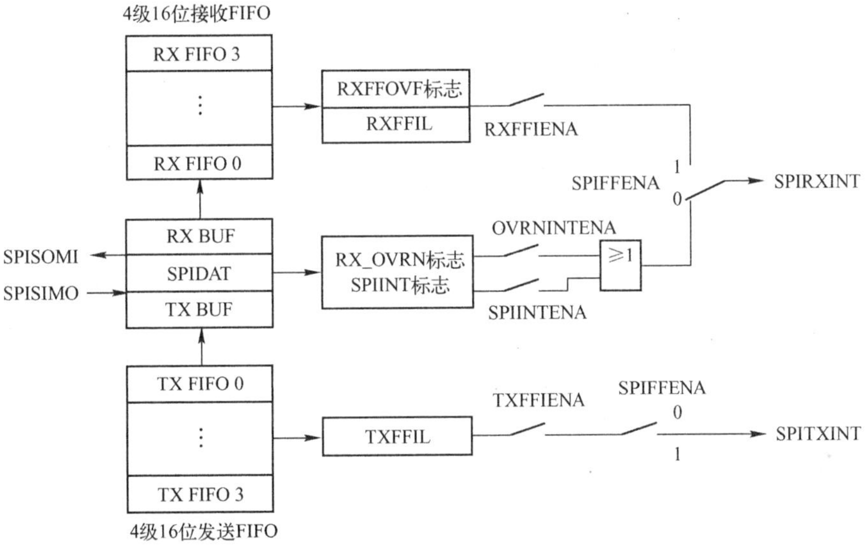

图 11-7　SPI FIFO 中断标志和使能逻辑

1）DSP 复位时 FIFO 状态。在标准的 SPI 模式中，SPI 上电复位时 FIFO 功能被禁止。FIFO 的 SPIFFTX、SPIFFRX 和 SPIFFCT 寄存器都保持在无效状态。

2）标准 SPI。标准 SPI 模式以 SPIINT/SPIRXINT 作为中断源进行工作。

3）模式改变。将 SPIFFTX 寄存器的 SPIFFEN 位置 1 可以使能增强型 SPI FIFO 模式。SPIRST 可以在其操作的任何阶段复位 FIFO 模式。

4）激活寄存器。激活所有的 SPI 寄存器和 SPI FIFO 寄存器 SPIFFTX、SPIFFRX 及 SPIFFCT。

5）中断。SPI 中断有 4 个相关的控制或标志位：SPI 中断使能位 SPIINTENA（SPICTL.0）、SPI 中断标志位 SPIINT（SPISTS.6）、溢出中断使能位 OVERRUNENA（SPICTL.4）和接收溢出标志位 OVERRUN（SPISTS.7）。

标准 SPI 接收到数据或者发送数据结束使用同一个标志位 SPIINT，因为接收和发送由同一个移位寄存器 SPIDAT 完成。同时，SPIINT 和接收溢出 RX OVRN 共用一个向 CPU 申请中断的请求线。FIFO 模式具有两个中断请求线：一个用于发送 FIFO 的 SPITXINT；另一个用于接收 FIFO 的 SPIRXINT。SPIRXINT 用于 SPI FIFO 的接收、接收错误和接收 FIFO 溢出等情况的中断。一旦使能 FIFO 模式（SPIFFENA = 1），用于标准 SPI 发送和接收的 SPLINT 及溢出 RX_OVRN 中断将被禁止。

当一个完整的字符移入或移出 SPIDAT 时，SPIINT 中断标志位置位，如果中断使能则产生中断，中断确认可以清除标志位。CPU 读 SPIRXBUF、软件清 0 以及系统复位清除标志位。

6）缓冲器。发送和接收缓冲器将由两个 4 级 16 位的 FIFO 完成。标准 SPI 的 1 个字的发送缓冲器（SPITXBUF）作为发送 FIFO 和移位寄存器之间的过渡缓冲器。1 个字的发送缓冲器只有在移位寄存器的最后一位被移出后才能被发送 FIFO 加载。

7）延迟传送。FIFO 中的发送字被传输到发送移位寄存器的速度是可编程的。寄存器 SPIFFCT 中的 FFXDLY7 ~ FFXDLY0 定义字传送之间的延迟。该延迟被定义为 SPI 串行时钟周期的数目。8 位的寄存器可以定义最小延迟 0 而最大延迟为 256 个串行时钟周期。0 延迟使 SPI 模块可以利用 FIFO 字以连续方式发送数据。可编程 SPI 的延迟简化了到各种慢速 SPI 外围的接口电路，如慢速 EEPROM、ADC 和 DAC 等。

8）FIFO 状态位。发送和接收 FIFO 都有状态位 TXFFST 和 RXFFST 反映 FIFO 中可用字的数目。当发送 FIFO 复位位 TXFIFO 和接收 FIFO 复位位 RXFIFO 置 1 时，可将 FIFO 指针复位为 0。当这些位清零时，FIFO 将重新开始工作。

9）可编程中断级别。发送和接收都可以向 CPU 申请中断。当发送 FIFO 状态位 TXFFST（位 12 ~ 8）与中断触发级位 TXFFIL（位 4 ~ 0）相匹配（小于或等于）时，中断触发就会产生。这为 SPI 的发送和接收提供了一个可编程的中断级别。这些触发级别位的默认值对于接收是 0x11111，而对于发送是 0x00000。

SPI 中断标志模式见表 11-2。

表 11-2　SPI 中断标志模式

FIFO 模式	SPI 中断源	中断标志	中断使能	FIFO 使能 SPIFFENA	中断
无 FIFO 的 SPI 模式	接收过冲	RXOVRN	OVRNINTENA	0	SPIRXINT
	数据接收	SPIINT	SPIINTENA	0	SPIRXINT
	无发送数据	SPIINT	SPIINTENA	0	SPIRXINT
有 FIFO 的 SPI 模式	FIFO 接收	RXFFIL	RXFFIENA	1	SPIRXINT
	无发送数据	TXFFIL	TXFFIENA	1	SPITXINT

11.4　SPI 的寄存器

SPI 模块有如下 12 个相关寄存器：

- SPI 配置控制寄存器：SPICCR。

- SPI 控制寄存器：SPICTL。
- SPI 状态寄存器：SPISTS。
- SPI 波特率寄存器：SPIBRR。
- SPI 接收仿真缓冲寄存器：SPIRXEMU。
- SPI 接收缓冲寄存器：SPIRXBUF。
- SPI 发送缓冲寄存器：SPITXBUF。
- SPI 串行数据寄存器：SPIDAT。
- SPI FIFO 发送寄存器 SPIFFTX。
- SPI FIFO 接收寄存器 SPIFFRX。
- SPI FIFO 控制寄存器 SPIFFCT。
- SPI 优先级控制寄存器：SPIPRI。

在这些寄存器中，数据类寄存器 SPIRXEMU、SPIRXBUF、SPITXBUF 及 SPIDAT 为 16 位，其他的寄存器属于控制类寄存器。下面详细介绍这些寄存器。

1. SPI 配置控制寄存器 SPICCR

寄存器 SPICCR（SPI Configuration Control Register）用于配置 SPI 的初始状态、时钟极性及字符长度等。格式如下。

7	6	5-4	3	2	1	0
SPI SW RESET	CLOCK POLARITY	Reserved	SPI CHAR3	SPI CHAR2	SPI CHAR1	SPI CHAR0
RW-0	RW-0	R-0	RW-0	RW-0	RW-0	RW-0

位 7，SPI SW RESET：SPI 软件复位。用户在改变配置前，应该把该位清零，并在恢复操作前把该位置 1。

- 0：初始化 SPI 操作标志位到复位条件。此时清除了 RECEIVER OVERRUN 标志位（SPISIS. 7）、SPI INT FLAG 位（SPISTS. 6）和 TXBUF FULL 标志位（SPISTS. 5），SPI 的其他位保持不变。若该模块用作主模块，则 SPICLK 信号的输出为无效电平。
- 1：准备发送或接收下一个字符。

如果 SPI SW RESET 位为 0，则将该位置位时写入发送器的字符不会被移出，必须向串行数据寄存器写入新字符。

位 6，CLOCK POLARITY：时钟极性。该位控制着 SPICLK 时钟信号的极性。该位和相位位 CLOCK PHASE（SPICTL. 3）共同控制着 SPICLK 引脚的 4 种时钟配置方案。

- 0：数据在上升沿输出、下降沿输入。当没有数据传送时，SPICLK 为低电平。数据的输入、输出边沿取决于时钟相位位 CLOCK PHASE（SPICTL. 3）。
  - ✓ CLOCK PHASE = 0：在 SPICLK 的上升沿输出数据，而在下降沿将输入数据锁存。
  - ✓ CLOCK PHASE = 1：在 SPICLK 信号的第一个上升沿之前的半个周期和随后的下降沿输出数据，而在它的上升沿将输入数据锁存。
- 1：数据在下降沿输出、上升沿输入。当没有数据传送时，SPICLK 为高电平。数据的输入、输出边沿取决于时钟相位位 CLOCK PHASE（SPICTL. 3）。

✓ CLOCK PHASE = 0：在 SPICLK 的下降沿输出数据，而在上升沿将输入数据锁存。

✓ CLOCK PHASE = 1：在 SPICLK 信号的第一个下降沿之前的半个周期和随后的上升沿输出数据，而在它的下降沿将输入数据锁存。

位 5 ~ 4，保留。

位 3 ~ 0，SPICHAR3 ~ SPICHA0：字符长度控制位 3 ~ 0。这 4 位的数值 0 ~ 15 加 1 就是在一个移位序列中作为一个字符被移入或移出的位数，即字符长度可以选择为 1 ~ 16。

2. SPI 控制寄存器 SPICTL

寄存器 SPICTL（SPI Operation Control Register）用于控制数据传送、中断产生、时钟 SPICLK 相位和操作模式等。格式如下。

7-5	4	3	2	1	0
Reserved	OVERRUN INT ENA	CLOCK PHASE	MASTER/ SLAVE	TALK	SPIINA ENA
R-0	RW-0	RW-0	RW-0	RW-0	RW-0

位 7 ~ 5，保留。

位 4，OVERRUN INT ENA：超限中断使能。当 RECEIVER OVERRUN 标志位（SPISTS. 7）由硬件置位时，置位该位导致中断产生。由 RECEIVER OVERRUN 标志位和 SPI INT FLAG 位（SPISTS. 6）产生的中断共用一个中断向量。

- 0：禁止 RECEIVER OVERRUN 标志位（SPISTS. 7）中断。
- 1：允许 RECEIVER OVERRUN 标志位中断。

位 3，CLOCK PHASE：时钟相位选择。该位控制 SPICLK 信号的相位。

- 0：普通 SPI 时钟配置，具体配置取决于 CLOCK POLARITY 位（SPICTL. 6）。
- 1：SPICLK 信号延迟半个周期，其极性由 CLOCK POLARITY 位决定。

CLOCK PHASE 位和 CLOCK POLARITY 位形成了 4 种时钟配置方案。当工作于 CLOCK PHASE 为高时，无论使用何种串行外设接口模式（主或从），SPI 都将在写入 SPIDAT 之后和 SPICLK 信号的第一个边沿之前得到数据的第一位。

位 2，MASTER/SLAVE：SPI 主/从模式选择。该位决定了 SPI 是网络主模块还是从模块。在复位初始化期间，SPI 自动配置成从模块。

- 0：SPI 配置成从模块。
- 1：SPI 配置成主模块。

位 1，TALK：主/从发送使能。该位可以通过将串行数据输出置成高阻态来禁止数据数据传输（主或从）。若在发送期间该位被禁止，发送移位寄存器继续运行直到前面的字符全部移除。当该位被禁止时，SPI 仍可以接收字符和更新状态标志位。该位由系统复位来清除。

- 0：禁止传送。在主模式下，若以前没被配置成通用 I/O 引脚，则引脚 SPISOMI 将置成高阻态。在从模式下，若以前已被配置成通用 I/O 引脚，则引脚 SPISIMO 将置成高阻态。
- 1：允许发送。

位 0，SPI INT ENA：SPI 中断使能。该位控制 SPI 产生中断的能力。该位不影响 SPI INT FLAG 位（SPISTS. 6）。

● 1：禁止中断。
● 0：允许中断。

3. SPI 状态寄存器 SPISTS

状态寄存器 SPISTS（SPI Status Register）包含了接收及发送缓冲器的状态位。

7	6	5	4-0
RECEIVER OVERRUN FLAG	SPI INT FLAG	TX BUF FULL FLAG	Reserved
RC-0	RC-0	RC-0	R-0

位 7，RECEIVER OVERRUN FLAG：SPI 接收越限标志位，该位是一个只读/清除标志位。当前一个数据从缓冲器中读出之前，又完成了下一个数据的接收或发送操作时，硬件将该位置 1，表示接收到的最后一个数据被覆盖写入而丢失。如果 OVERRUN INT ENA 位（SPICTL.4）已被置 1，则该位每次置位时 SPI 就发生一次中断请求。向该位写 1、向 SPI SW RESET（SPICCR.7）写 0 或系统复位都将清除该位。

● 0：无中断请求。
● 1：有中断请求。

位 6，SPI INT FLAG：SPI 中断标志位。当 SPI 发送或接收完最后一位数据时，该位置 1，同时收到的字符被放置在接收缓冲器中。如果 SPI INT ENA 位（SPICTL.0）已被置位，则该标志将引起个断请求。通过读取 SPIRXBUF、将 1 写入 SPI SW RESET，系统复位都将清除该位。

● 0：无中断请求。
● 1：有中断请求。

位 5，TX BUF FULL FLAG：发送缓冲器满标志位。当向 SPITXBUF 寄存器写入数据时，将该位置 1。当 SPIDAT 寄存器中的前一个数据移出后，SPITXBUF 寄存器中的数据就自动移入到 SPIDAT 寄存器中，同时将该位清零。

● 0：空。
● 1：发送缓冲器中有数据。

位 4 ~ 0，保留位。

4. SPI 波特率寄存器 SPIBRR

波特率寄存器 SPIBRR（SPI Baud Rate Register）包含用于波特率计算的各位。

7	6	5	4	3	2	1	0
Reserved	SPI BIT RATE 6	SPI BIT RATE 5	SPI BIT RATE 4	SPI BIT RATE 3	SPI BIT RATE 2	SPI BIT RATE 1	SPI BIT RATE 0
R-0	RW-0	RW-0	RW-0	RW-0	RW-0	RW-0	RW-0

位 7，保留位。

位 6 ~ 0，SPI BIT RATE6 ~ SPI BIT RATE0：SPI 波特率设置位。如果 SPI 是网络的主设备，则这些位决定了传输速率，有 125 种传输速率。每个 SPI 周期只移位一个数据位。如果 SPI 是网络的从设备，该模块从 SPICLK 引脚接收来自网络主设备的时钟。主设备输入的时钟频率不应超过从设备 SPI 的 SPICLK 信号的 1/4。

在主模式下，SPI 时钟由 SPI 模块产生并在引脚 SPICLK 输出。

SPI 波特率取决于低速外设时钟 LSPCLK 和寄存器 SPIBRR 的值。计算公式如下。

1）对于 SPIBRR = 3 ~ 127，SPI 波特率 = LSPCLK/（SPIBRR + 1）。

2）对于 SPIBRR = 0 ~ 2， SPI 波特率 = LSPCLK/4。

5. SPI 接收仿真缓冲寄存器 SPIRXEMU

寄存器 SPIRXEMU（SPI Emulation Buffer Register）是一个 16 位的数据类寄存器，存放接收的数据。该寄存器是一个镜像寄存器，其内容与寄存器 SPIRXBUF 相同。其地址是一个虚设地址，在仿真操作时读取该寄存器的值，但不清除 SPI INT FLAG 位（SPISTS.6）。

SPIRXEMU 中的 16 位数为仿真缓冲接收的数据。除了读 SPIRXEMU 操作不会清除 SPI INT FLAG 位以外，SPIRXEMU 的功能与 SPIRXBUF 的功能相同。一旦 SPIDAT 接收到完整的数据，就把该数据传送到 SPIRXEMU 和 SPIRXBUF 寄存器中。SPIRXEMU 镜像寄存器的作用是为了支持仿真，SPIRXEMU 寄存器允许仿真器更准确地模拟 SPI 的真实操作，建议在正常的仿真器工作方式下读取 SPIRXEMU 寄存器中的值。

6. SPI 接收缓冲寄存器 SPIRXBUF

寄存器 SPIRXBUF（SPI Serial Receive Buffer Register）是一个 16 位数据类寄存器，存放接收的数据。读取该寄存器的值，则清除 SPI INT FLAG 位（SPISTS.6）。

寄存器 SPIRXBUF 中的 16 位数为接收到的数据。一旦 SPIDAT 接收到完整的字符，就将该数据传送到 SPIRXBUF 寄存器中。由于数据首先被移到 SPI 的最高有效位中，所以寄存器 SPIRXBUF 中的数据采用右对齐方式存储。

7. SPI 发送缓冲寄存器 SPITXBUF

16 位寄存器 SPITXBUF（SPI Serial Transmit Buffer Register）存放下一个要发送的数据，向该寄存器写入会把 TX BUF FLAG 标志位置 1，在当前数据发送完成之后，该寄存器中的内容会自动装入 SPIDAT 中，然后自动清除 TX BUF FLAG 标志位。如果没有正在进行的发送，则数据将直接装入 SPIDAT，TX BUF FLAG 标志位不会被置 1。

在主模式下，如果当前没有正在进行的发送，则往 SPITXBUF 寄存器中的写入将启动一个发送过程，这种发送过程与向寄存器 SPIDAT 写入启动的发送过程相同。

8. SPI 串行数据寄存器 SPIDAT

16 位寄存器 SPIDAT（SPI Serial Data Register）是发送/接收移位寄存器，内容为串行数据。写入 SPIDAT 的数据在连续的 SPICLK 周期中被移出。每左移出一个最高位（MSB），就会有一位被移入到该寄存器的最低有效位（LSB）。

写入 SPIDAT 的操作可以执行两种功能：

1）如果 TALK 位（SPICTL.1）被置位，则该寄存器提供了输出到串行输出引脚的数据。

2）当 SPI 工作于主模式时，数据开始发送。发送数据时的时钟方式取决于 CLOCK POLARITY 位（SPICCR.6）和 CLOCK PHASE 位（SPICTL.3）的设置。

9. SPI FIFO 发送寄存器 SPIFFTX

该寄存器的格式如下。

15	14	13	12	11	10	9	8
SPIRST	SPIFFENA	TXFIFO	TXFFST4	TXFFST3	TXFFST2	TXFFST1	TXFFST0
R/W-1	R/W-0	R/W-1	R-0	R-0	R-0	R-0	R-0

7	6	5	4	3	2	1	0
TXFFINT Flag	TXFFINT CLR	TXFFIENA	TXFFIL4	TXFFIL3	TXFFIL2	TXFFIL1	TXFFIL0
R/W-0	W-0	R/W-0	R/W-0	R/W-0	R/W-0	R/W-0	R/W-0

位 15，SPIRST：SPI 复位。

• 0：写入 0 复位 SPI 发送与接收通道，SPI FIFO 寄存器配置位保持不变。

• 1：SPI FIFO 可以重新发送或接收，而不影响 SPI 寄存器的位。

位 14，SPIFFENA：SPI FIFO 增强功能使能位，复位值为 0。

• 0：禁止 SPI FIFO 增强功能，FIFO 处于复位状态。

• 1：使能 SPI FIFO 增强功能。

位 13，TXFIFO 复位位，复位值为 1。

• 0：写入 0 复位 FIFO 指针到 0 并保持复位状态。

• 1：重新使能 FIFO 发送操作。

位 12 ~ 8，TXFFST4 ~ TXFFST0：FIFO 发送状态位，复位值为 00000。

• 00000：发送 FIFO 为空。

• 00001：发送 FIFO 内有 1 个字。

• 00010：发送 FIFO 内有 2 个字。

• 00011：FIFO 发送内有 3 个字。

• 00100：FIFO 发送内有 4 个字。

位 7，TXFFINT FLAG：TXFIFO 中断标志位，复位值为 0，该位为只读位。

• 0：TXFIFO 中断未发生。

• 1：TXFIFO 中断发生。

位 6，TXFFINT CLR：TXFFINT 标志清零位。

• 0：写入 0 时，对 TXFFINT 标志位无效，读出值为 0。

• 1：写人 1 时，清除位 7 的 TXFFINT 标志。

位 5，TXFFIENA：TX FIFO 中断使能位。

• 0：禁止基于 TXFFIVL 匹配（小于或等于）的 TX FIFO 中断。

• 1：使能基于 TXFFIVL 匹配（小于或等于）的 TX FIFO 中断。

位 4 ~ 0，TXFFIL4 ~ TXFFIL0：默认值为 0x00000，FIFO 发送中断触发档位。当 FIFO 状态位（TXFFST4 ~ 0）与 FIFO 中断触发档位（TXFFIL4 ~ 0）匹配（大于或等于）时，FIFO 发送将产生中断。

10. SPI FIFO 接收寄存器 SPIFFRX

该寄存器的格式如下。

15	14	13	12	11	10	9	8
RXFFOVF Flag	RXFFOVF CLR	RXFIFO Reset	RXFFST4	RXFFST3	RXFFST2	RXFFST1	RXFFST0
R-0	W-0	R/W-1	R-0	R-0	R-0	R-0	R-0

7	6	5	4	3	2	1	0
RXFFINT Flag	RXFFINT CLR	RXFFIENA	RXFFIL4	RXFFIL3	RXFFIL2	RXFFIL1	RXFFIL0
R-0	W-0	R/W-0	R/W-1	R/W-1	R/W-1	R/W-1	R/W-1

位 15，RXFFOVF FLAG：复位值为 0，该位为只读位。

• 0：FIFO 接收没有溢出。

• 1：FIFO 接收溢出，FIFO 接收的字多于 4 个，且最先接收的第一个字已经丢失。

位 14，RXFFOVF CLR：复位值为 0。

• 0：写入 0 时，对 RXFFOVF 标志位无效，读出值为 0。

- 1：写入1时，清除 RXFFOVF 标志。

位13，RXFIFO RESET：复位值为1。

- 0：写入0复位 FIFO 指针到0并保持在复位状态。
- 1：重新使能 FIFO 发送操作。

位12～8 RXFFST4～RXFFST0：复位值为00000。

- 00000：FIFO 接收为空。
- 00001：FIFO 接收内有1个字。
- 00010：FIFO 接收内有2个字。
- 00011：FIFO 接收内有3个字。
- 00100：FIFO 接收内有4个字。

位7，RXFFINT FLAG：复位值为0，该位为只读位。

- 0：未发生 RXFIFO 中断。
- 1：发生了 RXFIFO 中断。

位6，RXFFINT CLR：复位值为0。

- 0：写入0时，对 RXFFINT 标志位无效，读出值为0。
- 1：写入1时，清除 RXFFINT 标志。

位5，RXFFIENA：复位值为0。

- 0：禁止基于 RXFFIVL 匹配（小于或等于）的 RX FIFO 中断。
- 1：使能基于 RXFFIVL 匹配（小于或等于）的 RX FIFO 中断。

位4～0，RXFFIL4～RXFFIL0：复位值为11111，FIFO 接收中断触发档位域。

当 FIFO 状态位域（RXFFST4～0）与 FIFO 优先级位域（RXFFIL4～0）匹配（大于或等于）时，将产生 FIFO 接收中断。复位后的默认值为11111，这样可以避免由于复位后 FIFO 接收在大多数时间内为空而产生频繁的中断的情况。

11. SPI FIFO 控制寄存器 SPIFFCT

该寄存器的格式如下。

15～8							
Reserved							
R-0							

7	6	5	4	3	2	1	0
FFTXDLY7	FFTXDLY6	FFTXDLY5	FFTXDLY4	FFTXDLY3	FFTXDLY2	FFTXDLY1	FFTXDLY0
R/W-0	R/W-0	R/W-0	R/W-0	R/W-0	R/W-0	R/W-0	R/W-0

位15～8，保留位。

位7～0，FFTXDLY7～0：FIFO 发送延时位。这几位定义了 FIFO 发送缓冲器到移位寄存器之间的延时。延时的定义在数值上以 SPI 串行时钟周期为单位，8位寄存器可以定义0～255个串行时钟周期。

在 FIFO 模式下，移位寄存器与 FIFO 之间的缓冲器（TXBUF）应该只有在移位寄存器中所有的位完全移出后才能填满，这就要求在发送的数据流之间要有延时。

12. SPI 优先级控制寄存器 SPIPRI

寄存器 SPIPRI（SPI Priority Control Register）主要用于 SPI 中断优先级选择和仿真器仿真中，当程序被挂起（例如碰到断点）时，用来选择 SPI 的中断优先级和控制 SPI 的操作。

7	6	5	4	3-0
Reserved	SPI PRIORITY	SPI SUSP SOFT	SPI SUSP FREE	Reserved
R-0	RW	RW	RW-0	R-0

位 7，位 3 ~ 0，保留位。

位 6，SPI PRIORITY：SPI 中断优先级选择位。

- 0：高优先级中断请求。
- 1：低优先级中断请求。

位 5、位 4，SPI SUSP SOFT、SPI SUSP FREE：SPI 仿真挂起时的操作控制位。这两位决定当出现仿真挂起（例如遇到断点）时的工作模式。在自由运行模式下，SPI 可以继续正在进行的任何操作。在停止模式下，它可以立即停止操作或在当前的操作完成之后再停止。

- 00：当仿真挂起时，立即停止。
- 01：当仿真挂起时，在当前的接收或发送完成之后停止。
- 10：SPI 操作与仿真挂起无关。
- 11：SPI 操作与仿真挂起有关。

11.5　SPI 应用实例

SPI 可以用于 DSP 芯片与外部设备或其他控制器之间的通信，通过 SPI 可以构成多机通信系统，还可以扩展芯片。SPI 总线用于芯片扩展，尤其适合没有并行总线扩展能力的芯片，可以推动“单片方案”的应用，使 DSP 芯片引脚可以设计得更少，系统结构更加简单可靠。串行总线接口扩展多用于传输速率不高的场合。

对于没有 SPI 接口的 DSP 或单片机芯片，可以使用软件模拟 SPI 的总线操作，包括串行时钟、数据输入和输出。

许多芯片如 D－A、A－D、移位寄存器、显示控制驱动器、日历时钟、I/O、E^2PROM 以及语音电路等都可以采用 SPI 接口扩展。例如，SPI 接口 D－A 转换芯片：8 位 D－A 转换芯片 TLC5620、10 位电压输出型 D－A 转换器 TLC5615、12 位 D－A 转换器 MAX5742、MAX5121、13 位 D－A 转换器 MAX5153 及 16 位 D－A 转换器 DAC714 等。再如 SPI 接口的 8 位逐次逼近 A－D 转换器 TLC549、E^2PROM 芯片 MCM2814、键盘显示接口芯片 CH451、8 位 7 段数码管驱动芯片 MAX7219 及数字温度传感器 ADT7301 等。

例 11－1　通过 SPI 接口扩展 D－A 转换器 TLC5620。

（1）TLC5620 D－A 转换芯片的特点

TI 公司的 TLC5620 为 SPI 串行接口的 4 路 8 位 D－A 转换芯片，具有上电复位功能。工作频率为 1 MHz。采用 +5 V 电源，可产生一倍或二倍于基准电压与地之间的电压。芯片为 14 引脚表贴封装，如图 11-8 所示。引脚的功能见表 11-3。

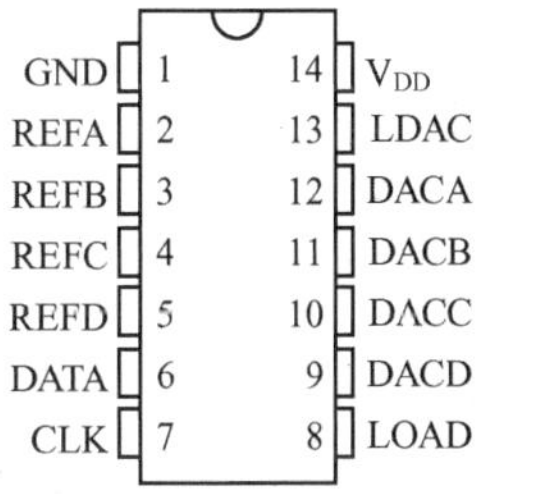

图 11-8　TLC5620 的引脚

表 11-3　TLC5620 引脚功能说明

引脚名称	引脚编号	I/O	功能说明
CLK	7	I	串行接口时钟，下降沿有效
DACA	12	O	DAC A 模拟输出
DACB	11	O	DAC B 模拟输出
DACC	10	O	DAC C 模拟输出
DACD	9	O	DAC D 模拟输出
DATA	6	I	串行数据输入端
GND	1	I	地与参考端
LDAC	13	I	DAC 更新锁存控制，由高变低更新
LOAD	8	I	串行接口装载控制，当 LDAC 为低，LOAD 下降沿时锁存数据
REFA	2	I	DAC A 基准电压输入
REFB	3	I	DAC B 基准电压输入
REFC	4	I	DAC C 基准电压输入
REFD	5	I	DAC D 基准电压输入
V_{DD}	14	I	正电源

(2) 串行数据输入格式和输出电压

数据输入共有 11 位（A1 A0 RNG D7 D6 D5 D4 D3 D2 D1 D0），其中 A1 A0 的组合状态（00，01，10，11）用来选择通道（A，B，C，D），RNG（Range）选择 DAC 输出范围，D7～D0 位为数据位。当 RNG 位为 0 时，输出范围在所加的基准电压与 GND 之间；当 RNG 位为 1 时，输出范围在所加基准电压的两倍与 GND 之间。上电时，DAC 被复位至代码 0，此时 D－A 输出为 0 V。

每一通道输出电压 V_o 由下式计算：

$$V_o = \text{REF} \times (\text{CODE}/256) \times (1 + \text{RNG})$$

式中，REF 为相应通道的基准电压；CODE 是从数据位 D7～D0 计算出的十进制数；RNG 取 0 或 1。

(3) 数据接口

串行数据从数据输入端 DATA 输入时，最高有效位在前。有两种方式控制 TLC5620 输出电压的更新：LOAD 引脚控制更新和 LDAC 引脚控制更新。本例采用 LOAD 引脚控制更新方式，此时，LDAC 引脚需接低电平。开始控制 LOAD 为高电平，数据在 CLK 每一下降沿由时钟同步从 DATA 引脚输入。一旦所有的数据传送完毕，控制 LOAD 引脚跳至低电平，所选择的 D－A 通道的输出电压即得到更新。

(4) DSP 与 TLC5620 的接口电路

DSP 与 D－A 转换芯片 TLC5620 的接口电路如图 11-9 所示。由于 TLC5620 内部的 D－A 输出已经有了电压跟随电路，所以可以不用外加电压跟随器。28035 DSP 在引脚 SPISIMO 上输出数据，与之相对应的是 TLC5620 的 DATA 数据接收引脚。TLC5620 的 CLK 引脚与 28035 的 SPICLK 引脚相对应，二者共用串行时钟。由 28035 的引脚 GPIO26 控制 TLC5620 的 LOAD

引脚电平，以锁存数据、更新输出电压。4 路基准电压都采用 3.3 V 电源电压的二分压即 1.6 V，必要时可采用专门的基准电压。

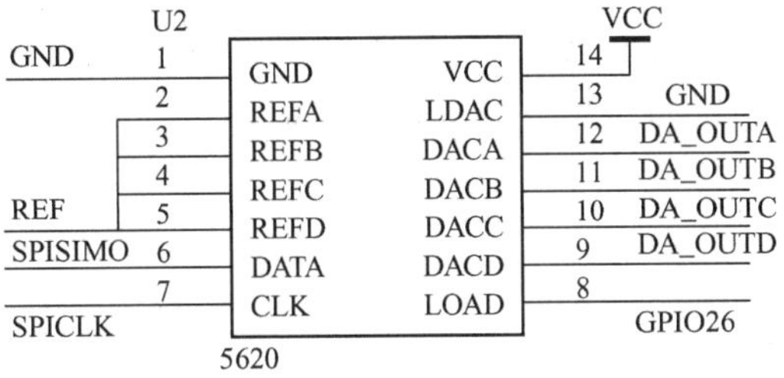

图 11-9　DSP 与 TLC5620 的接口电路

（5）软件设计

28035 的 CPU 频率为 60 MHz，为主机工作方式，发送数据。当 SPICTL 的使能发送允许位 TALK 位为 1 时，写数据到 SPIDAT 或 SPITXBUF 就启动了 SPISIMO 引脚的数据发送。数据从 SPIDAT 的最高位依次发送出去。在数据移出 SPIDAT 时，将置位 SPI 的接口状态寄存器 SPISTS 的中断标志位 SPI INT FLAG。若中断使能，将发生中断事件。28035 发送数据的状态可以用两种方法检测：一是中断方式，二是查询方式。查询方式查询 SPI 中断标志位 SPI INT FLAG 是否为 1，若为 1，则数据发送完毕，清除中断标志。

由于 TLC5620 的通信最大波特率为 1 MHz，所以可以将 28035 SPI 的波特率设置为 1 MHz。C 语言程序如下。

```
#include "DSP2803x_Device.h"                    //包含头文件
//函数声明
voidspi_init(void);                             //SPI 初始化

void main(void)
{
unsigned int i = 0,voltage = 0;
InitSysCtrl();              //初始化系统时钟,包括 PLL,看门狗时钟,外设时钟
//初始化 GPIO,设置 SPI - A 功能
GpioCtrlRegs. GPAPUD. bit. GPIO16  = 0;          //GPIO16 (SPISIMOA)使能上拉电阻
GpioCtrlRegs. GPAPUD. bit. GPIO17  = 0;          //GPIO17 (SPISOMIA)使能上拉电阻
GpioCtrlRegs. GPAPUD. bit. GPIO18  = 0;          //GPIO18 (SPICLKA)使能上拉电阻
GpioCtrlRegs. GPAPUD. bit. GPIO19  = 0;          //GPIO19 (SPISTEA)使能上拉电阻
GpioCtrlRegs. GPAQSEL2. bit. GPIO16  = 3;        //GPIO16 (SPISIMOA)异步输入
GpioCtrlRegs. GPAQSEL2. bit. GPIO17  = 3;        //GPIO17 (SPISOMIA)异步输入
GpioCtrlRegs. GPAQSEL2. bit. GPIO18  = 3;        //GPIO18 (SPICLKA)异步输入
GpioCtrlRegs. GPAQSEL2. bit. GPIO19  = 3;        //GPIO19 (SPISTEA)异步输入
GpioCtrlRegs. GPAMUX2. bit. GPIO16  = 1;         //GPIO16 配置为 SPISIMOA
GpioCtrlRegs. GPAMUX2. bit. GPIO17  = 1;         //GPIO17 配置为 SPISOMIA
GpioCtrlRegs. GPAMUX2. bit. GPIO18  = 1;         //GPIO18 配置为 SPICLKA
GpioCtrlRegs. GPAMUX2. bit. GPIO19  = 1;         //GPIO19 配置为 SPISTEA
```

```
EDIS;
EALLOW;
GpioCtrlRegs. GPAMUX2. bit. GPIO26  =  0;             //GPIO26 作为普通 IO
GpioCtrlRegs. GPADIR. bit. GPIO26  =  1;              //GPIO26 方向为输出
GpioDataRegs. GPADAT. bit. GPIO26  =  1;              //GPIO26 输出高电平,允许接收数据的引脚
LOAD = 1
EDIS;
DINT;                                                 //禁止 CPU 中断
//InitPieCtrl( );                                     //给 PIE 寄存器赋初值
IER  =  0x0000;                                       //禁止 CPU 中断
IFR  =  0x0000;                                       //清除 CPU 中断标志
//InitPieVectTable( );                                //初始化中断向量表
spi_init( );                                          //初始化 SPI
for( ; ; )
{
SpiaRegs. SPITXBUF = (1 << 14) | (voltage << 5);      //发送数据,通道 A
while(SpiaRegs. SPISTS. bit. INT_FLAG! = 1);          //等待发送完毕
SpiaRegs. SPIRXBUF = SpiaRegs. SPIRXBUF;              //虚读寄存器,以清除中断标志
GpioDataRegs. GPADAT. bit. GPIO26  =  0;              //LOAD = 0,更新模拟信号输出
    for (i = 0;i < 5;i ++ );                          //延时
    GpioDataRegs. GPADAT. bit. GPIO26  =  1;          //LOAD = 1,锁存数据
    for (i = 0;i < 10;i ++ );                         //延时
    voltage ++ ;
if(voltage == 0xff) voltage = 0;                      //通道 A 产生一个锯齿波
}
}

voidspi_init( )
{
SpiaRegs. SPICCR. all  = 0x004A;                      //SPI 复位,SPI 下降沿输出数据,11 位数据
SpiaRegs. SPICTL. all  = 0x0006;                      //主控模式,通常相位,使能 TALK,禁止 SPI
中断
SpiaRegs. SPIBRR  = 0x000E;     //配置波特率 = 1 MHz,SPIBRR = 14,TLC5620 的工作频率 1 MHz
SpiaRegs. SPICCR. all  = 0x008A;                      //退出复位状态,进入正常工作模式
SpiaRegs. SPIPRI. bit. FREE  =  1;                    //全速运行
}
```

例 11-2　SPI 模块采用内部循环返回自测模式自测试。不断重复发送的数据为 0000，0001，0002，.... FFFE，FFFF，接收的数据与发送的数据进行比较。

```
#include "DSP2803x_Device. h"                         //包含头文件
//函数声明
voiddelay_loop(void);
voidspi_xmit(Uint16 a);
```

```
voidspi_fifo_init(void);
voidspi_init(void);
void error(void);

void main(void)
{
Uint16sdata;                                    //发送的数据
Uint16rdata;                                    //接收的数据
InitSysCtrl();                  //初始化系统时钟,包括 PLL,看门狗时钟,外设时钟
//初始化 GPIO,设置 SPI-A 功能
GpioCtrlRegs.GPAPUD.bit.GPIO16 = 0;             //GPIO16 (SPISIMOA)使能上拉电阻
GpioCtrlRegs.GPAPUD.bit.GPIO17 = 0;             //GPIO17 (SPISOMIA)使能上拉电阻
GpioCtrlRegs.GPAPUD.bit.GPIO18 = 0;             //GPIO18 (SPICLKA)使能上拉电阻
GpioCtrlRegs.GPAPUD.bit.GPIO19 = 0;             //GPIO19 (SPISTEA)使能上拉电阻
GpioCtrlRegs.GPAQSEL2.bit.GPIO16 = 3;           //GPIO16 (SPISIMOA)异步输入
GpioCtrlRegs.GPAQSEL2.bit.GPIO17 = 3;           //GPIO17 (SPISOMIA)异步输入
GpioCtrlRegs.GPAQSEL2.bit.GPIO18 = 3;           //GPIO18 (SPICLKA)异步输入
GpioCtrlRegs.GPAQSEL2.bit.GPIO19 = 3;           //GPIO19 (SPISTEA)异步输入
GpioCtrlRegs.GPAMUX2.bit.GPIO16 = 1;            //GPIO16 配置为 SPISIMOA
GpioCtrlRegs.GPAMUX2.bit.GPIO17 = 1;            //GPIO17 配置为 SPISOMIA
GpioCtrlRegs.GPAMUX2.bit.GPIO18 = 1;            //GPIO18 配置为 SPICLKA
GpioCtrlRegs.GPAMUX2.bit.GPIO19 = 1;            //GPIO19 配置为 SPISTEA
EDIS;

DINT;                                           //禁止 CPU 中断
InitPieCtrl();                                  //给 PIE 寄存器赋初值
IER = 0x0000;                                   //禁止 CPU 的中断并清除中断标志
IFR = 0x0000;
InitPieVectTable();                             //初始化中断向量表

spi_fifo_init();                                //初始化 Spi FIFO
spi_init();                                     //初始化 SPI
sdata = 0x0000;
for(;;)
{
spi_xmit(sdata);                                //发送数据
while(SpiaRegs.SPIFFRX.bit.RXFFST !=1) { }      //等待接收到数据
rdata = SpiaRegs.SPIRXBUF;
if(rdata != sdata) error();                     //检测是否与发送数据一致
sdata++;
}
}
```

```
voiddelay_loop()                              //延时函数
{
    long    i;
    for (i = 0;i < 1000000;i ++ ) {}
}

void error(void)                              //测试出错,停止
{
asm("     ESTOP0");
for (;;);
}

voidspi_init()                                //SPI 初始化
{
SpiaRegs. SPICCR. all  =0x000F;               //SPI 复位,上升沿,16 位数据
SpiaRegs. SPICTL. all  =0x0006;               //主控模式,通常相位,使能 talk,禁止 SPI 中断
SpiaRegs. SPIBRR  =0x007F;                    //配置波特率
SpiaRegs. SPICCR. all  =0x009F;               //退出复位状态,SPICCR. 4 = SPILBK = 1,自测
                                              //模式
SpiaRegs. SPIPRI. bit. FREE  =  1;            //全速运行
}

voidspi_xmit(Uint16 a)                        //发送数据
{
SpiaRegs. SPITXBUF = a;
}

voidspi_fifo_init()                           //初始化 SPI FIFO 寄存器
{
SpiaRegs. SPIFFTX. all = 0xE040;
SpiaRegs. SPIFFRX. all = 0x2044;
SpiaRegs. SPIFFCT. all = 0x0;
}
```

11.6 思考题与习题

1. 什么是串行外设接口 SPI?
2. SPI 有哪些用途?
3. 如何使用 SPI?
4. 如何通过 SPI 接口扩展 D - A 转换芯片?

第 12 章　CAN 控制器模块

本章主要内容：

1）CAN 总线概述（Introduction to CAN bus）。

2）eCAN 控制器模块结构（Structure of eCAN Controller Module）。

3）eCAN 模块的寄存器（Registers of eCAN Module）。

4）eCAN 控制器的配置（Configration of eCAN Controller）。

5）eCAN 模块的应用（Application of eCAN Module）。

12.1　CAN 总线概述

控制器局域网（Controller Area Network，CAN）总线最初是由德国 Bosch 公司为实现汽车内部测量与执行部件之间的数据通信而设计的现场总线（Field Bus），它是一种多主机局部网络系统，逐渐发展成一种国际公认的现场总线协议。它支持分布式控制和实时控制串行通信网络，具有 CAN 控制器网卡的计算机与片内带有 CAN 控制器的硬件模块可以方便地连接到同一 CAN 总线上。

1. CAN 总线特点

CAN 总线以高效率、低成本和快速性等特点在控制系统、汽车电子、测量仪器等领域得到了广泛应用。CAN 协议一般用来管理控制器、传感器、执行器和人机接口之间的数据传输。由于协议本身的优点，总线上的数据不会发生冲突、数据遗失等现象，使得 CAN 总线广泛用于环境恶劣的工业现场和自动化生产线。通信介质可以是双绞线、同轴电缆或光导纤维。CAN 协议对于许多领域的分布式测控很有吸引力，目前 CAN 已成为 ISO11898 国际标准。

CAN 总线具有如下主要特点：

- CAN 网络能以多主方式工作，网络上任意一个节点均可以在任意时刻主动地向其他节点发送信息，而不分主从，通信方式灵活。
- CAN 网络能以点对点、一点对多点及全局广播等几种方式传送和接收数据。
- CAN 网络上的节点可分成不同的优先级，以满足不同的实时要求。
- CAN 总线采用短帧结构，每帧字节数最多为 8 个，可满足通常工业领域中控制命令、工作状态及测试数据的要求。传输时间短，受干扰少。
- 采用不归零（NRZ）编码/解码方式。
- 采用循环冗余码校验（CRC）、帧检测、信号出错检测、总线监控、位填充等错误监测和纠错措施，从而达到很高的可靠性。
- 使用简单方便。许多 CAN 控制器芯片如 PCA82C200、SJA1000 等及一些 DSP、微控制器的片内 CAN 控制器模块实现了 CAN 的物理层及数据链路层的大部分工作，用户只需要对 CAN 控制器进行初始化和对 CAN 总线上的数据进行收发操作。

- 采用独特的位仲裁技术，具有很高的实时性。
- 传输速率可达 1 Mbit/s，传输距离可达 40 m。速率 5 kbit/s 时，距离可达 10 km。
- 配置灵活，系统可扩充性好。CAN 总线是基于发送数据的编码，而不是对 CAN 控制节点进行编码，故增删 CAN 的控制节点不会对系统造成太大的影响。
- 可采用廉价的双绞线作通信介质，接口简单，安装方便，组网成本低。

2. CAN 总线帧格式

CAN 总线系统中，数据可以在节点间发送和接收四种不同类型的帧（Frame）。

1）数据帧。从发送节点到接收节点传送数据。

2）远程帧。远程帧主要用于请求信息。当节点 A 向节点 B 发送一个远程帧时，如果节点 B 中的数据帧信息与节点 A 有相同的标识符，节点 B 将做出应答，并发送相应的数据帧到总线上。

3）出错帧。当检测到总线错误时，任意一个节点所发送的帧。

4）超载（Overload）帧。在前后两个数据或远程帧之间提供一个额外的延时。

每种帧有其相应的帧格式。一个有效的 CAN 数据帧由帧起始、仲裁域、控制域、数据域、校验域、应答域和帧结束等构成，如图 12-1 所示。DSP 的 CAN 控制器支持两种不同的帧格式，即标准格式和扩展格式，它们的主要区别在于仲裁域格式不同，标准仲裁域由 11 位标识符（Identifier，ID）和一个远程发送请求位（Remote Transmission Request，RTR）组成。扩展仲裁域由 29 位标识符、替代远程请求位（Substitute Remote Request，SRR）、标志位和远程发送请求位 RTR 组成。数据帧包括：

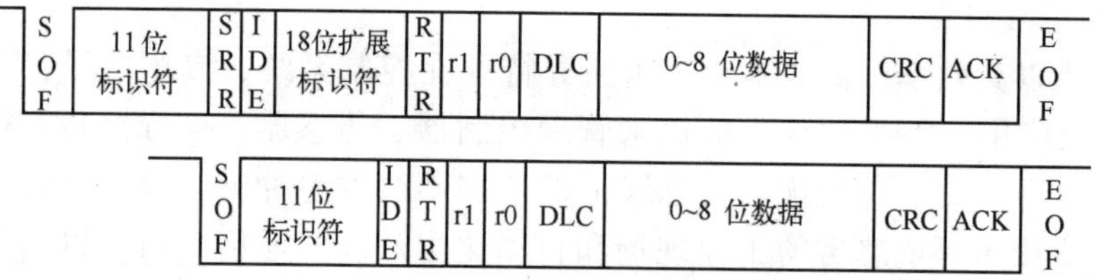

图 12-1　扩展格式与标准格式数据帧

1）帧起始（Start of the Frame，SOF）。包含一个显性位（Dominant bit，逻辑 0），用于硬件同步。

2）仲裁域（Arbitration Filed）。标准格式包含 11 位标识符和一个 RTR 位。标识符是作为信息（Message，也称为消息、报文）的名称，在仲裁过程期间，它首先被送到总线。在接收器的验收判断中和仲裁过程确定访问优先权中都要用到。RTR 位用于区分数据帧和远程帧，数据帧为“0”，远程帧为“1”。标识位作为信息的名称，在仲裁过程中，首先被送到总线。这 12 位提供提供信息的优先权。总线通过这 12 位进行总线仲裁，数值越小，优先权越高。扩展格式还包括 18 位扩展标识位及替代远程请求位 SRR。

3）标识扩展位（Identifier Extension，IDE）。用于区分标准帧与扩展帧。

4）控制域（Control Field）。包括两位备用位 r1、r0 和 4 位数据长度位 DLC（Data Length Code）。DLC 用来确定每帧要发送几个字节的数据，最多为 8 B。

5）数据域（Data Field）。包括多达 8 B 的数据。

6）循环冗余校验（Cyclic Redundancy Check，CRC）域。包括15位CRC序列和1位界定符。

7）应答（Acknowledge，ACK）域。包含应答间隙和应答界定符，应答间隙为隐性位（Recessive bit，逻辑1）。CAN总线上所有收到信息的CAN控制器将隐性位改为显性位，发送者借此确认它已发送一条完整和正确的信息。若信息有误，或被仲裁退出（由于优先级较低），发送者将会重发信息。

8）帧结束（End of Frame，EOF）。包括7个隐性位。

远程帧用于请求与其有相同标识符的数据帧，它与数据帧的区别在于RTR位、数据域。

CAN标准数据帧包含44～108位，CAN扩展数据帧包含64～128位。另外，高达23个填充位可以插入标准数据帧，高达28个填充位可以插入扩展数据帧，这取决于数据流的编码。数据帧的最大长度是标准帧131位，扩展帧156位。

12.2 eCAN控制器模块结构

1. eCAN模块

28x DSP的片内eCAN（Enhanced Controller Area Network）模块为用户设计分布式或网络化运动控制系统提供了方便。该CAN控制器模块具有如下特性：

1）全面兼容CAN2.0B协议。具有标准和扩展标识符且有数据帧和远程帧。

2）支持高达1 Mbit/s的数据传输速率。

3）有32个邮箱，每一个都具有以下特点：

- 可配置为发送或接收邮箱。
- 可配置为标准或扩展标识符。
- 具有可编程的接收过滤屏蔽。
- 支持数据帧和远程帧。
- 数据帧可有0～8 B。
- 在接收与发送信息时有32位时间标志（Time Stamp，也称为时间邮戳）。
- 具有信息对旧信息覆盖的保护。
- 允许对所发送信息的优先级动态编程。
- 采用两个中断级别的可编程中断方案。
- 对于发送或接收超时采用可编程中断。

4）低功耗模式。

5）可编程的CAN总线唤醒功能。

6）自动回复远程请求。

7）当发送时出错或仲裁时丢失数据，CAN控制器有自动重发送功能。

8）32位局域网络时间标志计数器与指定信息（与邮箱16通信）同步。

9）具有自测试模式和网络模式。

10）两引脚通信，即CANTX和CANRX引脚。

CAN模块的框图与接口电路如图12-2所示。CAN控制器需要通过驱动芯片即收发器与其他的CAN控制器进行通信。

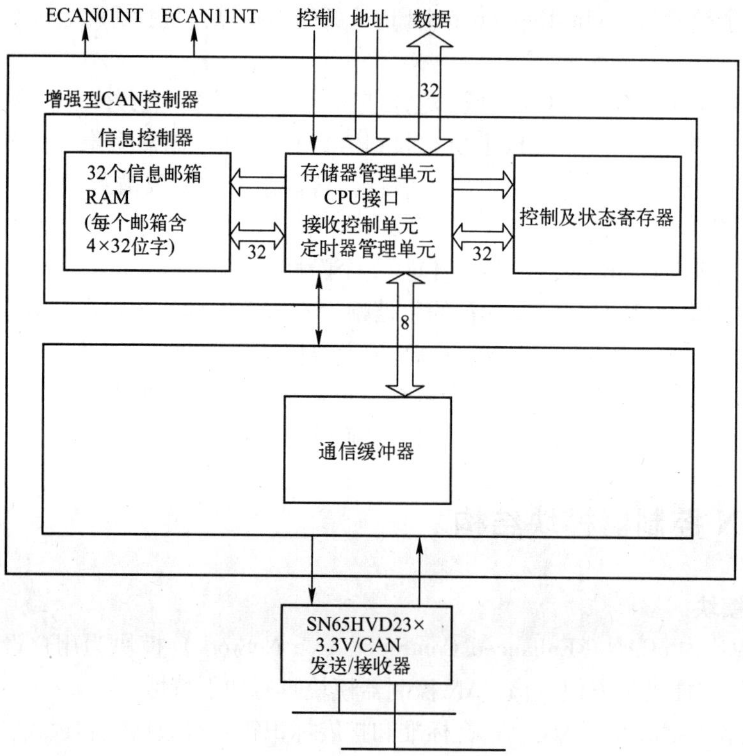

图 12-2　eCAN 模块框图与接口电路

eCAN 模块的结构如图 12-3 所示，它由 CAN 协议内核（CPK）及信息控制器两部分组成。

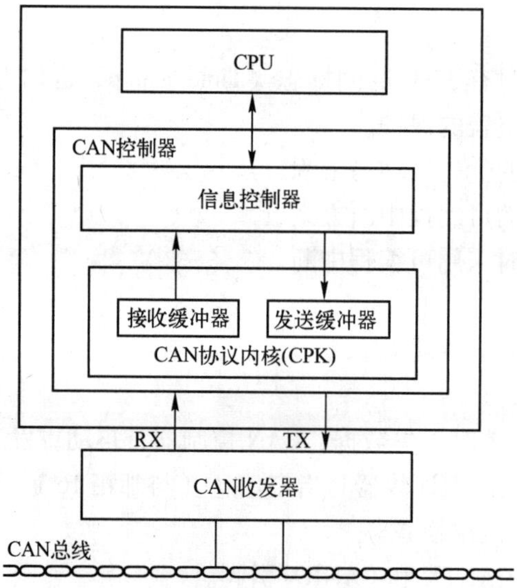

图 12-3　eCAN 模块的结构

内核 CPK 有两个功能：对所有 CAN 总线上接收到的符合 CAN 协议的信息进行译码，并把这些信息发送至接收缓冲器；CPK 的另外一个功能是按照 CAN 协议发送信息到 CAN 总线上。

通过 CPK 接收到的信息是否应保存用于 CPU 读取还是丢弃，由 CAN 的信息控制器决定。在初始化阶段，应用程序将标识符送到信息控制器。信息控制器按照信息的优先级将下一条要发送的信息送入 CPK。

2. eCAN 控制器

eCAN 是具有 32 位内部结构的 CAN 控制器。eCAN 控制器模块包括：CAN 协议核心（CPK）和信息控制器。信息控制器包括：

- 存储器管理单元（MMU），包括 CPU 接口、接收控制单元（接收滤波）和定时器管理单元。
- 能存储 32 条信息的邮箱 RAM。
- 控制和状态寄存器。

当 CPK 接收到一条有效信息后，信息控制器的接收控制单元决定是否将接收到的信息存入 32 个 RAM 邮箱之一。接收控制单元检测所有信息对象的状态、标识符和屏蔽，然后决定存入合适的邮箱。接收的信息存入通过接收滤波认可后的第一个邮箱。如果接收控制单元不能找到认可的邮箱，就将信息丢弃。

一条信息由 11 位或 29 位的标识符、控制域和高达 8 B 数据组成。

当必须发送一条信息时，信息控制器发送该信息到 CPK 的发送缓存器，这样就可以在下一个总线空闲周期开始发送信息。当需要发送多条信息时，信息控制器将把准备好要发送的最高优先级的信息送入 CPK。如果两个邮箱具有相同的优先级，则序号较大的邮箱将优先发送。

定时管理单元包含一个时间标志定时器，对所有接收或发送的信息进行时间标定。当使能的时钟周期结束后，如果一个信息没有接收或发送出去，则产生中断。时间标志特性只存在于 eCAN 模式中。

对于初始化数据发送，相应控制寄存器的发送请求位必须置 1。整个发送过程和可能出现的错误处理都将独立进行而不需要 CPU 参与。如果配置一个邮箱为接收信息，使用 CPU 读指令可以很容易读到它的数据寄存器的内容。可以设置邮箱为在每一次成功发送或接收信息后产生中断。

（1）CAN 控制器标准模式（SCC）与 eCAN 模式

标准模式（Standard CAN Controller，SCC）是 eCAN 的简化功能模式。在该模式下，只使用了 16 个邮箱（0 ~ 15），时间标志特性不可用且减少了可用的接收屏蔽寄存器的数目。该模式为默认模式。使用 SCB 位（CANMC. 13）可以选择是标准模式还是全功能的 eCAN 模式。

（2）存储器映射

eCAN 模块映射到 28x 的存储器中两个不同的地址段。第一个地址段用于访问信息对象的控制寄存器、状态寄存器、接收屏蔽寄存器、时间标志寄存器以及超时寄存器。对控制寄存器和状态寄存器的访问限制为 32 位宽的模式。局部接收屏蔽寄存器、时间标志寄存器和超时寄存器可以以 8 位、16 位和 32 位宽的方式访问。第二个地址段用于访问邮箱。该存储器范围也可以用 8 位、16 位和 32 位宽的方式来访问。CAN 控制器的这两个存储区如图 12-4 所示，它们占用了 512 B 的地址空间。

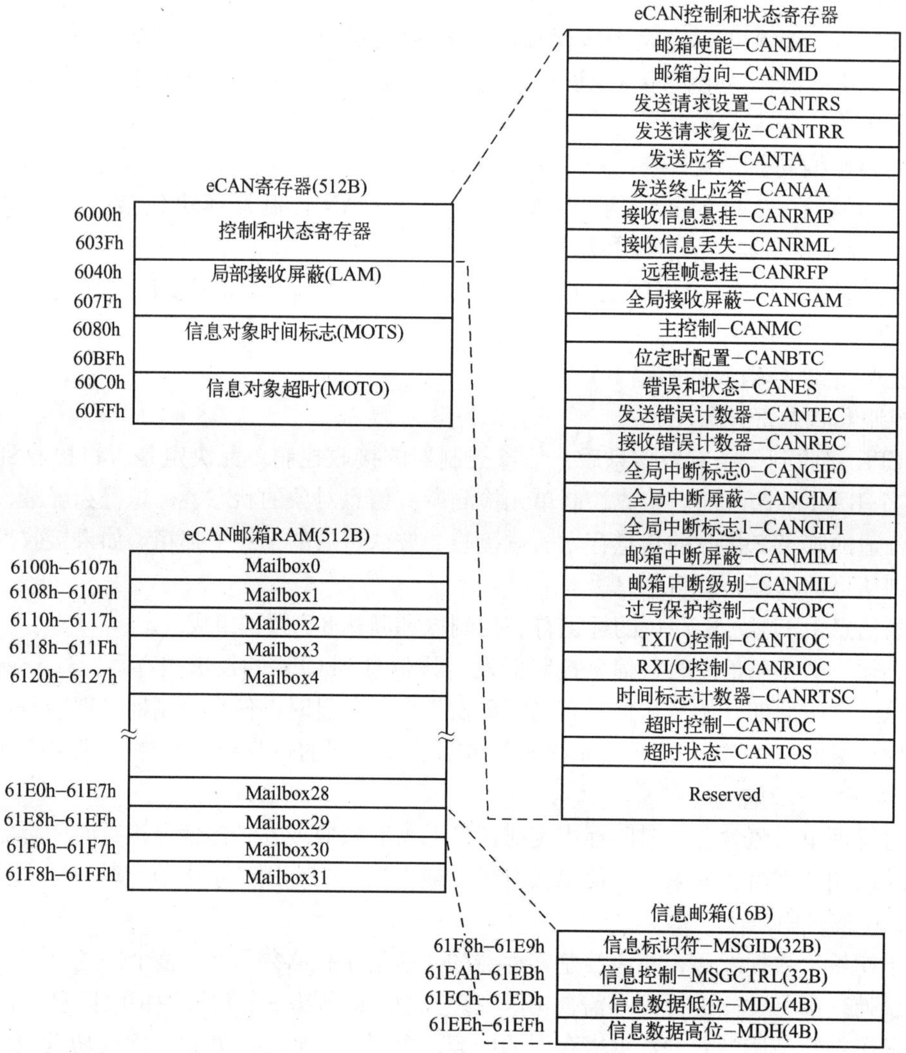

图 12-4　eCAN 模块存储器映射

信息存储在 RAM 中，可通过 CAN 控制器或 CPU 寻址 RAM。CPU 通过修改 RAM 中的各个邮箱或附加寄存器来控制 CAN 控制器。存储单元的不同内容对应于执行接收滤波、信息发送和中断处理的功能。

eCAN 中的邮箱模块提供了 32 个 8 B 数据、29 位标识符和几个控制位的信息邮箱。每一个邮箱都可以配置为发送或接收方式。在 eCAN 模块中，每个邮箱都有对应的接收屏蔽寄存器。

注意如果在应用中有未使用的 LAMn、MOTSn 和 MOTOn 寄存器和邮箱（被 CANME 禁止）区域，则用户可以把它们当作通用数据存储器使用。

eCAN 控制和状态寄存器的地址及描述见表 12-1，CPU 使用这些寄存器来配置和控制

CAN 控制器及信息对象。控制和状态寄存器只允许进行 32 位的访问，而邮箱 RAM 则无此限制。

表 12-1　CAN 模块寄存器地址与描述

寄存器名称	地　址	描　述
CANME	0x6000	邮箱使能寄存器
CANMD	0x6002	邮箱方向寄存器
CANTRS	0x6004	发送请求置位寄存器
CANTRR	0x6006	发送请求复位寄存器
CANTA	0x6008	发送应答寄存器
CANAA	0x600A	发送终止应答寄存器
CANRMP	0x600C	接收信息寄存器
CANRML	0x600E	接收信息丢失寄存器
CANRFP	0x6010	远程帧悬挂寄存器
CANGAM	0x6012	全局接收屏蔽寄存器
CANMC	0x6014	主控制寄存器
CANBTC	0x6016	位时间配置寄存器
CANES	0x6018	错误及状态寄存器
CANTEC	0x601A	发送错误计数器
CANREC	0x601C	接收错误计数器
CANGIF0	0x601E	全局中断标志 0 寄存器
CANGIM	0x6020	全局中断屏蔽寄存器
CANGIF1	0x6022	全局中断标志 1 寄存器
CANMIM	0x6024	邮箱中断屏蔽寄存器
CANMIL	0x6026	邮箱中断优先级别寄存器
CANOPC	0x6028	过写保护寄存器
CANTIOC	0x602A	TX 发送 I/O 控制寄存器
CANRIOC	0x602C	RX 接收 I/O 控制寄存器
CANTSC	0x602E	时间标志计数器（在标准模式中保留）
CANTOC	0x6030	超时控制寄存器（在标准模式中保留）
CANTOS	0x6032	超时状态寄存器（在标准模式中保留）

3. 信息对象

eCAN 模块有 32 个信息对象（Message Object），每一个信息对象都可以配置为发送或接收方式。每一个信息对象都有独立的接收屏蔽。

每个信息对象包括一个信息邮箱和以下各项：

- 29 位信息标识符。
- 信息控制寄存器。
- 8 B 数据信息。

• 29 位接收屏蔽寄存器。

• 32 位时间标志寄存器。

• 32 位超时寄存器。

另外，寄存器中相应的控制位和状态位可以对信息对象进行控制。

4. 信息邮箱

信息邮箱是一块 RAM 区域，在接收后或在发送前的 CAN 信息都存放在该区域。CPU 可以像访问通用数据存储器那样，来使用未存储信息邮箱的 RAM 区域。

每一个邮箱包括：

1）信息标识符。

• 扩展标识符为 29 位。

• 标准标识符为 11 位。

2）标识符扩展位，IDE（MSGID. 31）。

3）接收屏蔽使能位，AME（MSGID. 30）。

4）自动应答模式位，AAM（MSGID. 29）。

5）远程发送请求位，RTR（MSGCTRL. 4）。

6）数据长度代码，DLC（MSGCTRL. 3 ~0）。

7）高达 8 B 的数据域。

8）发送优先级，TPL（MSGCTRL 寄存器的位 12 ~8）。

每一个邮箱都可以配置为 4 种信息对象类型之一，见表 12-2。发送和接收的信息对象用于一个发送者和多个接收者间的数据交换（1 ~n 个通信链接），而请求和回复信息对象用于一对一的通信链接方式。

表 12-2　信息对象配置

信息对象行为	邮箱方向寄存器（CANMD）	自动应答模式位（AAM）	远程发送请求位（RTR）
发送信息对象	0	0	0
接收信息对象	1	0	0
请求信息对象	1	0	1
回复信息对象	0	1	0

表 12-3 列出了邮箱 RAM 的分布。每个邮箱由信息标识寄存器（MSGID）、信息控制寄存器（MSGCTRL）及 4 ×16 位的存储空间组成。这些空间用于存储发送的数据帧或接收到的数据帧，每个邮箱最大可存储 8 B 数据（两个 32 位寄存器 CANMDL、CANMDH 分别存储低 4 B 和高 4 B）。

表 12-3　邮箱 RAM 的分布

邮　箱	MSGID MSGIDL – MSGIDH	MSGCTRL MSGCTRL – Rsvd	CANMDL CANMDL_L – CANMDL_H	CANMDH CANMDH_L – CANMDH_H
0	6100 –6101	6102 –6103	6104 –6105	6106 –6107
1	6108 –6109	610A –610B	610C –610D	610E –610F
2	6110 –6111	6112 –6113	6114 –6115	6116 –6117

（续）

邮　箱	MSGID MSGIDL - MSGIDH	MSGCTRL MSGCTRL - Rsvd	CANMDL CANMDL_L - CANMDL_H	CANMDH CANMDH_L - CANMDH_H
…				
29	61E8 - 61E9	61EA - 61EB	61EC - 61ED	61EE - 61EF
30	61F0 - 61F1	61F2 - 61F3	61F4 - 61F5	61F6 - 61F7
31	61F8 - 61F9	61FA - 61FB	61FC - 61FD	61FE - 61FF

（1）发送邮箱

CPU 将要发送的数据存储在配置为发送邮箱的邮箱中。如果已经通过设置相应的 CANME 寄存器的位 n 而将该邮箱使能，且相应的 CANTRS. n 位已置 1，那么在向邮箱 RAM 写入数据和标识符后就会发送信息。

如果多个邮箱配置为发送邮箱，并且相应的 CANTRS. n 位都置 1，则信息按邮箱优先级的顺序从高到低逐个发送。

在标准模式下，邮箱发送的优先级按邮箱的序号排列。最高邮箱序号（ = 15）代表最高发送优先级。

在 eCAN 模式中，邮箱发送的优先级取决于信息控制寄存器（MSGCTRL）中 TPL 位域的设置，最先发送 TPL 为最大值的邮箱。当两个邮箱的 TPL 寄存器中的值相同时，邮箱序号大的先发送。

如果由于失去仲裁或出错而导致发送失败，将重新发送信息。在重新发送前，CAN 模块要检测是否有其他发送要求，然后发送最高优先级的邮箱的内容。

（2）接收邮箱

接收到的每一条信息的标识符都要通过屏蔽验证，将其与保存在接收邮箱中的标识符相比较。当两个标识符相同时，接收的标识符、控制位及数据字节都写入匹配的邮箱的 RAM 中。同时，相应的接收信息悬挂位 CANRMP. n（CANRMP. 31 ~ 0）置位，并且如果中断已使能就将产生一个接收中断。如果标识符没有匹配，信息则不存储。

当接收到一条信息时，信息控制器开始寻找一个匹配的邮箱序号最大的邮箱。在标准模式下 eCAN 的邮箱 15 有最高接收优先级；在 eCAN 模式下，eCAN 的邮箱 31 有最高接收优先级。

在读数据后，必须通过 CPU 复位 CANRMP. n（CANRMP. 31 ~ 0）。如果该信箱接收到第二条信息，并且接收信息悬挂位已经置位，则相应的信息丢失位 CANRML. n（CANRML. 31 ~ 0）会置位。在这种情况下，如果过写保护位 CANOPC. n（CANOPC. 31 ~ 0）清零，则新的数据将覆盖已经存储的信息。否则，将寻找下一个邮箱。

如果一个邮箱配置为接收邮箱并且已置位 RTR 位，则该邮箱可以发送一个远程帧。一旦发送远程帧，CAN 模块将清零该邮箱的 CANTRS 位。

12.3　eCAN 模块的寄存器

eCAN 模块的寄存器有 26 个，介绍如下：

1. 邮箱使能寄存器 CANME（Mailbox Enable Register）

该寄存器使能或禁止相应的邮箱。

31 ~ 0
CANME[31:0]
R/W-0

位 31～0，CANME［31：0］：邮箱使能/禁止位。上电复位时清零。每一个邮箱（31～0）对应一个使能位，在初始化时必须禁止相应邮箱的使能位。

- 1：使能邮箱。
- 0：禁止邮箱。

2. 邮箱方向寄存器 CANMD（Mailbox Direction Register）

该寄存器决定邮箱的方向，即是配置为发送邮箱还是接收邮箱。

31 ~ 0
CANMD[31:0]
R/W-0

位 31～0，CANMD［31：0］：邮箱发送/接收配置位。上电时复位为 0。

- 1：配置为接收邮箱。
- 0：配置为发送邮箱。

3. 发送请求置位寄存器 CANTRS（Transmission－Request Set Register）

当邮箱 n（0～31）准备好了发送，CPU 就设置发送请求置位寄存器的 CANTRS. n 位为 1 来启动发送。

一般来说，CPU 置位这些位，而被 CAN 模块逻辑复位。CAN 模块也可以为一个远程帧请求而设置这些位。当发送成功或终止时复位这些位。如果一个邮箱配置为接收邮箱，则将忽略 CANTRS 寄存器中对应的位，除非该接收邮箱用于处理远程帧。如果置位 RTR 位，则不会忽略接收邮箱的 CANTRS. n 位。因此，如果一个接收邮箱（置位 RTR 位）的 CANTRS 位置 1，则将发送一个远程帧。一旦远程帧发送出去，CAN 模块就清零 CANTRS. n 位。所以，同一个邮箱可以向另一个节点请求一个数据帧。如果 CPU 要对该位置位而 eCAN 模块要对它清零，则将该位置位。

置 CANTRS. n 位将引起发送特定信息 n，也可以同时设置几个位。因此，置位 CANTRS 位的所有信息将依次发送，从有最高序号的邮箱（对应于最高优先级）开始，除非有的邮箱的优先级 TPL 位未置位。

CPU 通过向 CANTRS 寄存器写入 1 来置位，写入 0 无效。上电之后，所有的位都清零。

31 ~ 0
TRS[31:0]
RS-0

位 31～0，TRS［31：0］：发送请求置位位。

- 1：CAN 控制器将发送相应邮箱的信息帧。可以同时设置几位而依次发送信息帧。
- 0：无操作。

4. 发送请求复位寄存器 CANTRR（Transmission－Request－Reset Register）

只有 CPU 可以置位发送请求复位寄存器，而由内部逻辑电路对其复位。当发送成功或终止时，复位这些位。如果 CPU 要对某位置位而 CAN 模块要对它清零，则将置位该位。

如果信息发送是由对应位（CANTRS. n）启动，但是还没有开始处理，则设置信息对象 n 的 CANTRR. n 位可以取消发送请求。如果相应的信息当前正在处理，则当发送成功（正常操作时）或在 CAN 总线上探测到因为失去仲裁或出现错误而停止发送时，将复位该位。当发送被终止时，置位相应的状态位（CANAA. 31 ~ 0）。当发送成功时，置位状态位（CANTA. 31 ~0）。发送请求复位的状态可以从 CANTRR. 31 ~0 中读到。

通过 CPU 向 CANTRR 寄存器中的位写入 1 可以将它们置位。

31 ~ 0
TRR[31:0]
RS-0

位 31 ~0，TRR［31：0］：发送请求复位位。复位为 0。

当某位 TRR. n 被置位 1 时将取消发送请求，为 0 时，无操作。

5. 发送应答寄存器 CANTA（Transmission – Acknowledge Register）

如果成功发送邮箱 n 的信息，则将置位发送应答寄存器的 CANTA. n 位。如果 CANMIM 寄存器中相应的中断屏蔽位置位，则信息的成功发送也会将 GMIF0/ GMIF1（CANGIF0. 15/ CANGIF1. 15）位置位。而 GMIF0/GMIF1 位可以启动中断。

CPU 通过向 CANTA 寄存器的位写入 1 来复位。如果产生了中断，复位也将清除中断。写入 0 无效。如果 CPU 要对某位复位而 CAN 模块要对它置位，则将置位该位。上电后，所有的位都将清零。

31 ~ 0
TA[31:0]
RC-0

位 31 ~0，TA［31：0］：发送应答位。

- 1：如果成功发送邮箱 n 的信息，则将置位该寄存器的位 n。
- 0：信息没发送。

6. 发送终止应答寄存器 CANAA（Abort – Acknowledge Register）

如果终止了邮箱 n 中信息的发送，将置位发送终止应答寄存器的 CANAA. n 位，也将置位 AAIF 位（GIF. 14），这样，如果中断使能将会产生一个中断。

CPU 通过向 CANAA 寄存器的位写入 1 来复位。写入 0 无效。如果 CPU 要对这些位复位而 CAN 模块要对它们置位，则将置位这些位。上电后，所有的位都将清零。

31 ~ 0
AA[31:0]
RC-0

位 31 ~0，AA［31：0］：发送终止应答位。

- 1：如果终止邮箱 n 的信息发送，则将置位该寄存器的位 n。
- 0：发送没终止。

7. 接收信息悬挂寄存器 CANRMP（Received Message Pending Register）

如果邮箱 n 有一条已经接收到的信息，则将置位接收信息悬挂寄存器的 CANRMP. n 位。仅能由 CPU 复位该位，而由内部逻辑置位。如果 CANOPC. n（CANOPC. 31 ~ 0）位清零，则新进入的信息将覆盖已存储的信息，否则将寻找下一个邮箱是否匹配。在这种情况下，将置位相应的状态位 CANRML. n。通过对 CANRMP 寄存器的基地址进行写操作可以将 CANRMP 和 CANRML 寄存器的位清零，写操作是向对应的位域写入 1。如果 CPU 要对这些位复位而 CAN 模块同时要对它们置位，则将置位这些位。

如果置位 CANMIM 寄存器中相应的中断屏蔽位，则 CANRMP 寄存器可以将 GMIF0/GMIF1（CANGIF0. 15/CANGIF1. 15）置位。GMIF0/GMIF1 位可以启动中断。

31 ~ 0
RMP[31:0]
RC-0

位 31 ~ 0，RMP［31：0］：接收信息悬挂位。

- 1：如果邮箱 n 已有一条接收信息，则将置位该寄存器的 CANRMP. n 位。
- 0：邮箱没有信息。

8. 接收信息丢失寄存器 CANRML（Received – Message – Lost Register）

如果在信息对象 n 中，一条旧信息被一条新信息覆盖，则接收信息丢失寄存器 CANRML 的 CANRML. n 位将置位。仅 CPU 能复位该位，而由内部逻辑置位。通过对 CANRMP 寄存器的相应位进行写操作可将这些位清零，写操作是向对应的位域写入 1。如果 CPU 要对这些位复位而 CAN 模块同时要对它们置位，则将置位这些位。如果置位 CANOPC. n（CANOPC. 31 ~ 0）位，CANRML 寄存器不会改变。

如果寄存器 CANRML 的一个或多个位置位，则也会置位 RMLIF（CANGIF0. 11/ CANGIF1. 11）位。如果置位 RM LIM（CANGIM. 11）位，则上述操作将启动中断。

31 ~ 0
RML[31:0]
R-0

位 31 ~ 0，RML［31：0］：接收到的信息丢失位。

- 1：邮箱中一条旧的未读信息被一条新信息覆盖了。
- 0：没有信息丢失。

9. 远程帧悬挂寄存器 CANRFP（Remote – Frame – Pending Register）

不论 CAN 模块何时接收到一个远程帧请求，将置位远程帧悬挂寄存器相应的 CANRFP. n 位。如果存放远程帧到一个接收邮箱（AAM = 0，CANMD = 1），将不置位 CANRFP. n 位。

要防止自动应答邮箱应答远程帧请求，CPU 必须通过将相应的发送请求复位位 CANTRR. n 置位来清除 CANRFP. n 标志位和 CANTRS. n 位。也可以通过 CPU 将 AAM 位清零来阻止模块发送信息。

如果 CPU 要对这些位复位而 CAN 模块同时要对它们置位，则将置位这些位。CPU 不能中断一个正在进行的发送过程。

31 ~ 0
RFP[31:0]
RC-0

位 31 ~ 0，RFP［31：0］：远程帧悬挂位。对于接收邮箱，如果接收了一个远程帧，将置位 CANRFP. n 位，而 CANTRS. n 位将不受影响。

对于发送邮箱，如果接收一个远程帧，将置位 CANRFP. n 位，并且如果邮箱的 AAM 为

1，则将置位 CANTRS. n 位。邮箱的 ID 必须与远程帧 ID 相匹配。

- 1：接收到远程帧请求。
- 0：没有接收到远程帧请求。CPU 清零寄存器。

关于远程帧的处理：

如果接收到远程帧（进入信息的 RTR 位（MSGCTRL. 4）为 1），则 CAN 模块将用对应的屏蔽寄存器将它的标识符与所有邮箱的标识符进行比较，比较的顺序是从最高的邮箱序号向下递减。

在标识符匹配的情况下（信息对象配置为发送邮箱且信息对象的 AAM 即 MSGID. 29 位置位），标记该信息对象为准备发送（置位 CANTRS. n 位）。

在接收信息标识符与配置为发送邮箱的标识符相匹配但该发送邮箱的 AAM 位未置位的情况下，该邮箱将不会接收信息。

当在一个发送邮箱中找到匹配的标识符后将不再进行下一步的比较。

在标识符匹配且信息对象配置为接收邮箱的情况下，信息将像数据帧一样处理，并且接受信息悬挂寄存器（CANRMP）的对应位将置位。届时，CPU 将决定如何处理这种情况。

为了使 CPU 能改变配置为远程帧邮箱（AAM 置位）中的数据，必须首先设置邮箱序号和寄存器 CANMC 中的改变数据请求位 CDR（CANMC. 8）。然后 CPU 可以进行访问并清除 CDR 位来告诉 eCAN 模块访问已经完成。在清除 CDR 位以前，禁止该邮箱发送。要改变该邮箱的标识符，首先必须将邮箱禁止（CANME. n = 0）。

要使 CPU 能从 CAN 总线网络上的其他节点请求获得数据，需要将邮箱配置为接收邮箱并且将寄存器 CANTRS 相应位置位。在这种情况下，模块发出一个远程帧请求并且使用发送该请求的那个邮箱来接收数据帧。因此，进行远程请求仅需一个邮箱。注意，要使能远程帧发送，CPU 必须将 RTR（MSGCTRL. 4）置位。一旦发送远程帧，CAN 将清零邮箱的 CANTRS 位。在这种情况下，不会置位该邮箱的 CANTA. n 位。

信息对象 n 的行为由 CANMD. n（CANMD. 31 ~ 0）、AAM（MSGID. 29）和 RTR（MSGCTRL. 4）的配置设定。它们说明了要如何根据所期望的行为来配置信息对象。

可以配置信息对象为 4 种不同的情况：

1）发送信息对象仅能发送信息。

2）接收信息对象仅能接收信息。

3）请求信息对象可以发送远程帧并且等待相应数据帧。

4）回复信息对象可以在接收到相同标识符的远程帧时发送数据帧。

注：当一个配置为请求模式的信息对象成功发送了一个远程帧发送请求时，CANTA 寄存器不会置位，并且不产生中断。当接收到远程回复信息时，信息对象的行为与配置为接收模式的信息对象相同。

10. 全局接收屏蔽寄存器 CANGAM（Global Acceptance Mask Register）

全局接收屏蔽寄存器用于 eCAN 模块的标准模式。如果置位相应邮箱的 AME 位（MSGID. 30），则对邮箱 6 ~ 15 使用全局接收屏蔽。接收的信息将存放在标识符匹配的第一个邮箱中。

全局接收屏蔽寄存器用于标准模式下的邮箱 6 ~ 15。

31	30 29	28 ~ 16
AMI	Reserved	GAM[28:16]
RWI-0	R-0	RWI-0

15 ~ 0
GAM[28:16]
RWI-0

位 31，AMI：接收屏蔽标识符扩展位。

- 1：可接收标准帧和扩展帧。在扩展帧的情况下，标识符的所有 29 位都存放到邮箱中，全局接收屏蔽寄存器的所有 29 位都用于滤波器。在标准帧的情况下，仅使用标识符的前 11 位（位 28 ~ 18）和全局接收屏蔽。

接收邮箱的 IDE 位不起作用，并且被发送信息的 IDE 位覆盖。为了接收信息，必须满足滤波条件。比较位的数量是发送信息 IDE 位值的函数。

- 0：存放在邮箱中的标识符扩展位设定哪些信息应该接收。接收邮箱的 IDE 位设定比较位的数量，不使用滤波。为了接收信息，MSGID 必须逐位匹配。

位 30 ~ 29，保留位。

位 28 ~ 0，CANGAM 寄存器的位 28 ~ 0：全局接收屏蔽位。这些位允许屏蔽接收信息的任何标识符位。对接收标识符屏蔽的对应位接收 0 或 1 都无关紧要。接收标识符位的值必须与 MSGID 寄存器相应标识符位相匹配。

11. 主控制寄存器 CANMC（Master Control Register）

主控制寄存器用于 CAN 模块的设置。CANMC 寄存器的一些位受 EALLOW 保护。对于读/写操作，仅支持 32 位访问。

31 ~ 17	16
Reserved	SUSP
R-0	R/W-0

15	14	13	12	11	10	9	8
MBCC	TCC	SCB	CCR	PDR	DBO	WUBA	CDR
R/WP-0	SP-x	R/WP-0	R/WP-1	R/WP-0	R/WP-0	R/WP-0	R/WP-0

7	6	5	4 ~ 0
ABO	STM	SRES	MBNR
R/WP-0	R/WP-0	R/S-0	R/W-0

位 31 ~ 17，保留位。

位 16，SUSP：仿真悬挂操作位。该位决定了 CAN 模块在悬挂模式（仿真停止如断点或单步执行）下的操作。

- 1：FREE 模式，即 CAN 外设继续运行不受仿真悬挂影响。CAN 节点正常通信（发送应答、生成错误帧、发送/接收数据）。
- 0：SOFT 模式，即一旦仿真悬挂，把当前的信息完全发送完毕才关闭 CAN 外设。

位 15，MBCC：邮箱时间标志定时器清零位。该位在标准模式下保留，受 EALLOW 保护。

- 1：邮箱 16 成功发送和接收信息后，时间标志定时器复位为 0。
- 0：时间标志定时器不复位。

位 14，TCC：时间标志定时器的 MSB 清零位。该位在标准模式下保留，受 EALLOW 保护。

- 1：时间标志定时器的 MSB 复位为 0。内部逻辑的一个时钟周期后 TCC 位复位。
- 0：时间标志定时器不变。

位 13，SCB：标准模式兼容位。该位在标准模式下保留，受 EALLOW 保护。

- 1：选择 eCAN 模式。
- 0：eCAN 工作在标准模式（Standard CAN Controller，SCC）。

位 12，CCR：改变配置请求位。受 EALLOW 保护。

- 1：CPU 要求对标准模式下配置寄存器 CANBTC 和接收屏蔽寄存器（CANGAM，LAM（0）和 LAM（3））写操作。该位置位后，CPU 必须等待直到 CANES 寄存器的 CCE 标志为 1，才能对寄存器 CANBTC 操作。当 CAN 控制器处于脱离 CAN 总线状态，ABO 位为 0 时，将把该位置位。清除该位可退出脱离总线状态。
- 0：CAN 控制器请求正常工作。只有配置寄存器 CANBTC 被设置到允许值时才执行。

位 11，PDR：掉电模式请求位。该位受 EALLOW 保护。从低功耗模式唤醒后，由 eCAN 模块自动清除。

- 1：请求局部掉电模式。
- 0：未请求局部掉电模式（正常工作）。

位 10，DBO：数据字节顺序位。该位选择信息数据域的字节顺序。受 EALLOW 保护。

- 1：首先接收或发送数据的最低有效字节。
- 0：首先接收或发送数据的最高有效字节（默认）。

位 9，WUBA：总线活动唤醒位。受 EALLOW 保护。

- 1：探测到任何总线活动之后，模块将脱离掉电模式。
- 0：仅在向 PDR 位写入 0 后，模块脱离掉电模式。

位 8，CDR：改变数据域请求位。该位允许快速更新数据信息。

- 1：CPU 请求对邮箱通过 MBNR 寄存器的位 4 ~0（CANMC. 4 ~0）指定的数据域进行写操作。在访问邮箱后，CPU 必须将 CDR 位清零。当 CDR 位置位时，模块不发送该邮箱内容。在从邮箱读取数据并存放到发送缓存器之前或之后，状态机构检查 CDR 位。

注：如果置位邮箱的 CANTRS 位，然后通过 CDR 位改变邮箱中数据，则 CAN 模块发送新数据将失败，而用旧的数据来代替。要避免这种情况，使用该邮箱的 CANTRR. n 位来重新发送，并且将 CANTRS. n 位重新置位。届时，将发送新的数据。

- 0：CPU 请求正常操作。

位 7，ABO：总线自动开启位。受 EALLOW 保护。

- 1：总线关闭后，当接收到 128 ×11 个隐性位时，模块自动回到总线开启状态。
- 0：不动作。

位 6，STM：自测试模式位。受 EALLOW 保护。

- 1：模块在自测试模式。在该模式下，CAN 模块产生自己的应答信号（ACK），从而在总线不连接到模块的情况下使能操作。信息没发送，但是可以读回并存放在对应的邮箱。
- 0：模块在正常模式。

位 5，SRES：软件复位位。该位仅可以写，读出为 0。

● 1：对该寄存器的写操作将使模块被软件复位（所有参数，除了被保护的寄存器将复位为它们的默认值）。不修改邮箱内容和错误计数器。为了不使通信混乱，将取消悬挂的和正在进行的发送。

● 0：无效。

位 4～0，MBNR：邮箱序号。MBNR 的位 4 仅用于 eCAN 模式，在标准模式下保留。CPU 要求对其数据域进行写操作的邮箱序号。该数据区域用于连接 CDR 位。

CAN 模块悬挂（SUSPEND）模式下的动作：

1）如果 CAN 总线没有通信且要求悬挂模式，节点将进入悬挂模式。

2）如果 CAN 总线正在通信且要求悬挂模式，节点将在正在发送的帧完成后进入悬挂模式。

3）如果节点正在发送，当悬挂模式被要求时，在获得应答后，它将进入悬挂状态。如果它没有获得应答或有一些其他的错误，它将发送一个错误帧然后进入悬挂状态。寄存器 CANTEC 也因此被改变。在第二种情况下（也就是在发送一个错误帧之后暂停），节点将在脱离暂停状态后重新发送原始帧。在发送该帧之后 CANTEC 将被相应修改。

4）如果节点正在接收，当悬挂模式被要求时，节点将在发送了应答位之后进入悬挂状态。如果有任何错误，节点将发送一个错误帧并且进入悬挂状态。在进入悬挂状态前，寄存器 CANREC 将被相应地修改。

5）如果 CAN 总线没有通信且悬挂模式被要求取消，节点将退出悬挂状态。

6）如果 CAN 总线正在通信且悬挂模式被要求取消，节点将在总线空闲后退出悬挂状态。因此，节点不接收任何“部分”帧，它可能导致出错帧。

7）当节点处于悬挂状态时，它将不参与发送或接收任何数据。因此没有发送任何错误帧或应答位。在悬挂状态期间，不修改寄存器 CANTEC 和 CANREC。

12. 位时间配置寄存器 CANBTC（Bit－Timing Configuration Register）

位时间配置寄存器用来为 CAN 节点配置适当的网络定时参数。在使用 CAN 模块之前必须对该寄存器进行编程。该寄存器受 EALLOW 写保护，并且只能在初始化模式中写入。注意禁止配置的值：为了避免 CAN 模块不可预知的行为，CANBTC 寄存器不能配置为 CAN 协议规范和位定时规则所不允许的值。

31～24	23～16
Reserved	BRP_{reg}
R-x	RWPI-0

15～10	9～8	7	6～3	2～0
Reserved	SJW_{reg}	SAM	$TSEG1_{reg}$	$TSEG2_{reg}$
R-0	RWPI-0	RWPI-0	RWPI-0	RWPI-0

位 31～24、位 15～10，保留位。

位 23～16，BRP_{reg}：寄存器的位 7～0，位速率即波特率预分频器位。寄存器通过设置预分频器进行波特率设置。一个量化时间长度 TQ（Time Quanta）的定义为

$$TQ = (BRP_{reg} + 1)/(SYSCLKOUT/2)$$

式中 SYSCLKOUT/2 是 CAN 模块的时钟频率；BRP_{reg}代表预分频器的值，即写入到 CANBTC 寄存器的 23～16 位的值。当 CAN 模块访问它时该值自动加 1。增加后的值表示为 BRP（$BRP = BRP_{reg} + 1$）。BRP 可编程为 2～256。考虑到 CAN 协议规范，不能取 BRP = 1。

位 9 ~ 8，SJW_{reg}：同步跳转宽度（Synchronization Jump Width）。

SJW_{reg}位指示了当重新同步时，允许一位可以延长或缩短多少个 TQ 时间单元。该值在 1 ~ 4（SJW = 00b ~ 11b）之间调整。

CAN 模块访问 SJW_{reg}时，该值将增 1。增加后的值表示为 SJW（$SJW = SJW_{reg} + 1$）。SJW 可以编程为 1 ~ 4 个 TQ。SJW 的最大值为 TSEG2 和 4TQ 两者中的最小值。

$$SJW_{max} = \min[SEG2, 4TQ]$$

位 7，SAM：CAN 模块用该参数来设置采样次数，从而决定 CAN 模块的实际电平值。当 SAM 位置位时，CAN 总线根据最后 3 次的值，以“多数判别法”的结果来决定电平值。3 个采样点分别在采样点处和两次采样点前 TQ 距离处。

- 1：CAN 模块将进行 3 次采样然后选取占多数的值。仅在预分频值大于 4 时（BRP > 4），需要选择 3 次采样模式。
- 0：CAN 模块仅在采样点采样一次。

位 6 ~ 3，$TSEG1_{reg}$：时间段（Time Segment）1。

CAN 总线上一个位的长度由参数 TSEG1、TTEG2 和 BRP 设定。所有 CAN 总线上的控制器都必须有相同的波特率和位时间长度。在各个控制器的不同时钟频率下，波特率需要根据上述参数调节。

该参数以 TQ 为单位指定 TSEG1 段的长度。TSEG1 段由传播延时时间段 PROP_SEG 和相位延时时间段 PHASE_SEG1 段组成：TSEG1 = PROP_SEG + PHASE_SEG1。其中 PROP_SEG 和 PHASE_SEG1 是这两段的 TQ 个数。

$TSEG1_{reg}$是 CANBTC 寄存器位 3 ~ 0 的值。CAN 模块访问它时，该值将增 1。增加后的值表示为 TSEG1（$TSEG1 = TSEG1_{reg} + 1$）。

TSEG1 的值应大于或等于 TSEG2 和 IPT（Information Processing Time，信息处理时间）。

位 2 ~ 0，$TSEG2_{reg}$：时间段 2。

TSEG2 以 TQ 为单位定义了 PHASE_SEG1 段的长度。TSEG2 可编程为 1TQ ~ 8TQ 的范围，且必须满足以下定时规则：TSEG2 必须小于或等于 TSEG1，且必须大于或等于 IPT。

$TSEG2_{reg}$是 CANBTC 寄存器位 2 ~ 0 的值。CAN 模块访问它时，该值将增 1。增加后的值表示为 TSEG2（$TSEG2 = TSEG2_{reg} + 1$）。

13. 错误和状态寄存器 CANES（Error and Status Register）

CAN 模块的状态通过错误和状态寄存器及错误计数寄存器显示出来。

错误和状态寄存器包含 CAN 模块的实际工作状态，并可以显示总线错误标志位和错误状态标志位。总线错误标志位（FE，BE，CRCE，SE 及 ACKE）和错误状态标志位（BO，EP 及 EW）在 CANES 寄存器中的存储方式受特殊机制的影响。如果特殊机制为这些错误标志位之一置位，则所有其他错误标志位的当前状态会冻结。为了更新 CANES 寄存器错误标志位为当前值，置位了的错误标志位必须写入 1 来清零。这种特殊机制保证软件能区分出第一个错误与所有后续的错误。

31–25	24	23	22	21	20	19	18	17	16
Reserved	FE	BE	SA1	CRCE	SE	ACKE	BO	EP	EW
R-0	RC-0	RC-0	R-1	RC-0	RC-0	BO	RC-0	RC-0	RC-0

15–6	5	4	3	2	1	0
Reserved	SMA	CCE	PDA	Rsvd	RM	TM
R-0	R-0	R-1	R-0	R-0	R-0	R-0

位 31 ~25、位 15 ~6，保留位。

位 24，FE：格式错误标志位。

- 1：总线上发生格式错误。这表示总线上有一个或多个固定格式的位出现错误的电平。
- 0：没有探测到格式错误。CAN 模块可以正常地发送或接收。

位 23，BE：位错误标志位。

- 1：在仲裁域之外或在仲裁域发送期间，接收到的位与发送位不匹配，发送的为显性位，而接收到的为隐性位。
- 0：没有探测到位错误。

位 22，SA1：始终显性错误位。在硬件复位，软件复位后或总线停止的情况下，SA1 位总是为 1。当在总线上探测到隐性位时该位清零。

- 1：CAN 模块没有探测到隐性位。
- 0：CAN 模块探测到隐性位。

位 21，CRCE：CRC 错误位。

- 1：CAN 模块接收到错误的 CRC。
- 0：CAN 模块没有接收到错误的 CRC。

位 20，SE：填充错误位。

- 1：发生填充位错误。
- 0：没有发生填充位错误。

位 19，ACKE：应答错误位。

- 1：CAN 模块没有接收到应答信号。
- 0：所有的信息都有正确的应答信号。

位 18，BO：总线关闭状态位。CAN 模块处于总线关闭状态。

- 1：总线上有异常波特率的错误。这种情况发生在发送错误计数器（CANTEC）到达极限值 256 的时候。在总线关闭过程中，没有信息可以发送或接收。总线自动开始位 ABO（CANMC.7）置位且收到 128 ×11 个隐性位后将退出该状态。在脱离总线关闭状态以后，错误计数器清零。
- 0：正常操作。

位 17，EP：错误无效状态位。

- 1：CAN 模块在错误无效模式。CANTEC 已达到 128。
- 0：CAN 模块在错误有效模式。

位 16，EW：警告状态位。

- 1：两个错误计数器中的一个（CANREC 或 CANTEC）已达到警告值（96）。
- 0：两个错误计数器的值都小于 96。

位 5，SMA：悬挂模式应答位。悬挂模式激活后该位经过一个时钟周期的潜伏期（最多一个数据帧的长度）后置位。当电路不在运行模式时，调试工具激活悬挂模式。

在悬挂模式期间，冻结 CAN 模块并且不能发送或接收任何帧。尽管如此，激活悬挂模式时，如果 CAN 模块正在发送或接收一个帧，则仅在帧结束的地方才激活悬挂模式。

- 1：模块进入悬挂模式。

● 0：模块不处于悬挂模式。

位 4，CCE：改变配置使能位。该位显示了配置访问的权限。该位在一个时钟周期的潜伏期后置位。

● 1：CPU 对配置寄存器进行写操作。

● 0：CPU 不能对配置寄存器进行写操作。

位 3，PDA：掉电模式应答位。

● 1：CAN 模块进入掉电模式。

● 0：正常操作。

位 1，RM：接收模式位。CAN 模块处在接收模式。不管邮箱的配置情况如何，该位反映了 CAN 模块的实际工作状态。

● 1：CAN 模块正在接收信息。

● 0：CAN 模块没有接收信息。

位 0，TM：发送模式位。CAN 模块处在发送模式。不管邮箱的配置情况如何，该位反映了 CAN 模块的实际工作状态。

● 1：CAN 模块正在发送信息。

● 0：CAN 模块没有发送信息。

14. CAN 错误计数寄存器 CEC（CAN Error Counter Register）

CAN 模块包含两个错误计数器：接收错误计数器（CANREC）和发送错误计数器（CANTEC）。CPU 可以读取两个计数器的值。这些计数器根据 CAN 协议规范 2.0 递增或者递减。错误计数器的格式如下：

31–8	7–0
Reserved	TEC
R-x	R-0

31–8	7–0
Reserved	REC
R-x	R-0

当接收错误计数器（CANREC）的值达到或超过其最大计数值 128 后，就不再增加（错误无效模式）。此后当正确接收到一个信息时，计数器的值将设置在 119 ~ 127 之间。当总线处于关闭状态，发送错误计数器的值是不确定的，但 CANREC 将清零，其功能也会发生改变。当总线上每连续出现 11 个隐性位后，则 CANREC 加 1，这 11 位相对于总线上两帧之间的间隔。如果 CANREC 的值达到 128 后，则 CAN 模块自动回到总线开启状态（如果该特性已使能，即置位了总线开启位 ABO）。此时复位 CAN 控制器的全部内部标志位，错误计数器清零。当 CAN 控制器脱离初始化模式后，错误计数器的值也会清零。

15. 中断寄存器

中断由中断标志寄存器、中断屏蔽寄存器和邮箱中断级别寄存器控制。

（1）全局中断标志寄存器 CANGIF0/CANGIF1（Global Interrupt Flag Registers）

这些寄存器可以使 CPU 确定中断源的位置。

如果中断发生，则置位相应中断标志位。是否置位全局中断标志位取决于 CANGIM 寄存器中的 GIL 位。如果置位该位，全局中断将 CANGIF1 寄存器的位置位，否则，将把 CANGIF0 寄存器的位置位。这也适用于中断标志位 AAIF 和 RMLIF。这些位的设置取决于

CANGIM 寄存器对应的 GIL 位。

不论 CANGIM 寄存器中相应屏蔽位的状态如何，都将置位以下位：MTOFn、WDIFn 、BOIFn、TCOIFn、WUIFn、EPIFn、AAIFn、RMLIFn 及 WLIFn。

对于任何邮箱，仅当相应的邮箱中断屏蔽位（在寄存器 CANMIM 中）置位时，才置位 GMIFn 位。如果所有中断标志位都已清除，而置位了一个新的中断标志位，当置位相应的中断屏蔽位时，激活中断输出。中断将保持激活状态直到清除中断标志（CPU 向对应的位写入 1 或者取消引起中断的条件来清除中断标志）。GMIFx（x = 0 ~ 1）标志位必须通过向 CANTA 寄存器或 CANRMP 寄存器（取决于邮箱的配置）对应的位写入 1 来清除，而不能在 CANGIFx 寄存器中清除。在清除了一个或多个中断标志位后，还有一个或多个中断标志位仍然被置位时，将产生一个新的中断。中断标志位通过向对应的位域写入 1 来清除。如果置位 GMIFx，则邮箱中断向量 MIVx 表示引起 GMIFx 置位的邮箱序号。在多于一个邮箱中断悬挂的情况下，总是将最高邮箱中断向量分配到该中断。

CANGIF0 寄存器的位分布如下：

31–24
Reserved
R-x

23–18	17	16
Reserved	MTOF0	TCOF0
R-x	R-0	RC-0

15	14	13	12	11	10	9	8
GMIF0	AAIF0	WDIF0	WUIF0	RMLIF0	BOIF0	EPIF0	WLIF0
R/W-0	R-0	RC-0	RC-0	R-0	RC-0	RC-0	RC-0

7–5	4	3	2	1	0
Reserved	MIV0.4	MIV0.3	MIV0.2	MIV0.1	MIV0.0
R/W-0	R-0	R-0	R-0	R-0	R-0

CANGIF1 寄存器的位分布如下：

31–24
Reserved
R-x

23–18	17	16
Reserved	MTOF1	TCOF1
R-x	R-0	RC-0

15	14	13	12	11	10	9	8
GMIF1	AAIF1	WDIF1	WUIF1	RMLIF1	BOIF1	EPIF1	WLIF1
R/W-0	R-0	RC-0	RC-0	R-0	RC-0	RC-0	RC-0

7–5	4	3	2	1	0
Reserved	MIV0.4	MIV0.3	MIV0.2	MIV0.1	MIV0.0
R/W-0	R-0	R-0	R-0	R-0	R-0

位 31 ~ 18、位 7 ~ 5，保留位。

位 17，MTOF0/1：邮箱超时标志位。该位在标准模式（SCC）下无效。

• 1：有一个邮箱没有在指定的时间帧内发送或接收信息。

• 0：没有邮箱发生超时的情况。

位 16，TCOF0/1：时间标志定时器溢出标志位。

• 1：时间标志定时器的最高有效位 MSB 从 0 变为 1。

• 0：时间标志定时器的最高有效位 MSB 为 0。

位 15，GMIF0/1：全局邮箱中断标志位。仅在 CANMIM 寄存器的相应邮箱中断屏蔽标志位置位时，该位才置位。

• 1：有一个邮箱成功发送或接收信息。

• 0：没有发送或接收信息。

位 14，AAIF0/1：发送终止应答中断标志位。

• 1：终止发送请求。

• 0：没有终止发送。

位 13，WDIF0/1：拒绝写中断标志位。

• 1：CPU 对邮箱的写操作不成功。

• 0：CPU 对邮箱的写操作成功。

位 12，WUIF0/1：唤醒中断标志位。

• 1：在局部掉电模式下，该标志位表示模块脱离了休眠模式。

• 0：该模块仍然在休眠模式或正常工作模式。

位 11，RMLIF0/1：接收信息丢失中断标志位。

• 1：至少有一个接收邮箱发生了溢出，且 MILn 寄存器中对应的位清零。

• 0：没有丢失信息。

位 10，BOIF0/1：总线关闭中断标志位。

• 1：CAN 模块进入总线关闭模式。

• 0：CAN 模块处于总线开启模式。

位 9，EPIF0/1：错误无效中断标志位。

• 1：CAN 模块进入错误无效模式。

• 0：CAN 模块不处于错误无效模式。

位 8，WUF0/1：警告级别中断标志位。

• 1：至少有一个错误计数器达到警告级。

• 0：没有错误计数器达到警告级。

位 4 ~ 0，MIV0/1 寄存器的位 4 ~ 0：邮箱中断向量。在标准模式下仅位 3 ~ 0 有效。该向量表示将全局邮箱中断标志位置位的邮箱的序号。保持该向量直到清除对应的 MIFn 位或有一个更高优先级的邮箱中断发生，然后显示最高中断向量。邮箱 31 具有最高优先级。在标准模式，邮箱 15 具有最高优先级，不能识别邮箱 16 ~ 31。如果 CANTA/CANRMP 寄存器中没有置位标志位而且也清除了 GMIF1 或 GMIF0，则该值是不确定的。

（2）全局中断屏蔽寄存器 CANGIM（Global Interrupt Mask Register）

中断屏蔽寄存器的设置与中断标志寄存器一样。如果置位一个位则使能相应的中断。该寄存器受 EALLOW 保护。

31–18	17	16
Reserved	MTOM	TCOM
R-0	R/WP-0	R/WP-0

15	14	13	12	11	10	9	8
Reserved	AAIM	WDIM	WUIM	RMLIM	BOIM	EPIM	WLIM
R-0	R/WP-0	R/WP-0	R/WP-0	R/WP-0	R/WP-0	R/WP-0	R/WP-0

7–3	2	1	0
Reserved	GIL	I1EN	I0EN
R-0	R/WP-0	R/WP-0	R/WP-0

位 31 ~ 18、位 15 及位 7 ~ 3，保留位。

位 17，MTOM：邮箱超时中断屏蔽位。

- 1：使能。
- 0：禁止。

位 16，TCOM：时间标志定时器溢出屏蔽位。

- 1：使能。
- 0：禁止。

位 14，AAIM：发送终止应答中断屏蔽位。

- 1：使能。
- 0：禁止。

位 13，WDIM：拒绝写中断屏蔽位。

- 1：使能。
- 0：禁止。

位 12，WUIM：唤醒中断屏蔽位。

- 1：使能。
- 0：禁止。

位 11，RMLIM：接收信息丢失中断屏蔽位。

- 1：使能。
- 0：禁止。

位 10，BOIM：总线关闭中断屏蔽位。

- 1：使能。
- 0：禁止。

位 9，EPIM：错误无效中断屏蔽位。

- 1：使能。
- 0：禁止。

位 8，WLIM：警告级中断屏蔽位。

- 1：使能。
- 0：禁止。

位 2，GIL：中断 TCOF、WDIF、WUIF、BOIF、EPIF 和 WLIF 的全局中断的级别。

- 1：所有全局中断都映射到 ECANI1NT 中断。

● 0：所有全局中断都映射到 ECAN0INT 中断。

位 1，I1EN：中断 1 使能

● 1：如果置位相应屏蔽位，则该位将使能全局中断 ECAN1INT 上的所有中断。

● 0：禁止中断 ECANI1NT 上的所有中断。

位 0，I0EN：中断 0 使能。

● 1：如果置位相应屏蔽位，则该位将使能全局中断 ECAN0INT 上的所有中断。

● 0：禁止中断 ECAN0INT 上的所有中断。

GMIF 在 CANGIM 中没有对应的位，因为各邮箱在 CANMIM 寄存器中都有各自的屏蔽位。

(3) 邮箱中断屏蔽寄存器 CANMIM (Mailbox Interrupt Mask Register)

每一个邮箱都有一个中断标志位。根据邮箱的配置不同，这个中断可以是一个接收或发送中断。邮箱中断屏蔽寄存器受 EALLOW 保护。

31 ~ 0
MIM[31:0]
R/W-0

位 31 ~ 0，MIM [31：0]：邮箱 31 ~ 0 的中断屏蔽位。上电后所有的中断屏蔽位都清零，且禁止中断。这些位屏蔽各自邮箱的中断。

● 1：邮箱中断使能。如果成功发送信息（在发送邮箱的情况下）或接收到没有出现任何错误的信息（在接收邮箱的情况下），则将产生一个中断。

● 0：禁止邮箱中断。

(4) 邮箱中断级别寄存器 CANMIL (Mailbox Interrupt Level Register)

根据邮箱中断优先级寄存器的设置，32 个邮箱中的每一个都可以在两个中断（ECAN0INT 或 ECAN1INT）之一上产生中断。这也适用于 AAIFx 和 RMLIFx 标志位。

31 ~ 0
MIL[31:0]
R/W-0

位 31 ~ 0，MIL [31：0]：邮箱中断优先级寄存器。这些位使能选择邮箱的中断优先级。

● 1：在中断 1（ECAN1INT）产生邮箱中断。

● 0：在中断 0（ECAN0INT）产生邮箱中断。

16. 过写保护控制寄存器 CANOPC (Overwrite Protection Control Register)

如果邮箱 n 出现溢出的情况（CANRMP. n 置为 1 且新接收的信息又与邮箱 n 匹配），新信息的存放取决于过写保护控制寄存器的设置。如果对应的 CANOPC. n 位置位，则保护旧信息而不会被新信息所覆盖，然后将继续寻找其他 ID 匹配的邮箱。如果没有找到其他合适的邮箱，则新信息在不告知的情况下被丢失。如果 CANOPC. n 位清零，新信息将覆盖旧信息。通过设置接收信息丢失位 CANRML. n 来告知这种情况发生了。

读写操作仅支持 32 位的访问。

31 ~ 0
OPC[31:0]
R/W-0

位 31 ~ 0，OPC [31：0]：信息过写保护使能位。

- 1：如果 CANOPC. n 位为 1，则邮箱 n 中的旧信息被保护，即不能被新信息覆盖。
- 0：如果 CANOPC. n 位为 0，则邮箱 n 中的新信息将覆盖旧信息。

17. eCAN I/O 控制寄存器 CANTIOC，CANRIOC（eCAN I/O Control Registers）

CAN 模块的 CANTX 和 CANRX 引脚经过 I/O 控制寄存器（CANTIOC，CANRIOC）的配置后用于 CAN 模块。eCAN 发送 I/O 控制寄存器 CANTIOC 寄存器的位分布如下：

31–16
Reserved
R-0

15–4	3	2–0
Reserved	TXFUNC	Reserved
R-0	RWP-0	

位 3，TXFUNC：发送功能位。对于 CAN 模块该位必须置位。

- 1：CANTX 引脚用于 CAN 发送功能。
- 0：保留。

其他位为保留位。

eCAN 接收 I/O 控制寄存器 CANRIOC 的位分布如下：

31–16
Reserved
R-0

15–4	3	2–0
Reserved	RXFUNC	Reserved
R-0	RWP-0	

位 3，RXFUNC：接收功能位。对于 CAN 模块该位必须置位。

- 1：CANRX 引脚用于 CAN 接收功能。
- 0：保留。

其他位为保留位。

18. 定时管理单元寄存器

在信息发送或接收时，eCAN 模块中的几个功能可以用于监控时间。eCAN 中一个单独的状态机用来处理时间控制功能。在访问寄存器时，该状态机的优先级低于 CAN 状态机。因此，其他正在进行的动作可以推迟时间控制功能，引起一定的延时时间。

（1）时间标志功能

为了得到信息接收或发送的时间标识，在模块中用了一个独立运行的 32 位的定时器（TSC）。当存放接收到的信息或已发送一条信息时，将该定时器的值写入相应邮箱的时间标志寄存器（信息对象时间标志 MOTS）。

TSC 定时器由 CAN 总线的位时钟驱动。在初始化模式或模块处于休眠或悬挂模式时，定时器停止。在上电复位后，独立运行的定时器清零。

通过向 TCC 位（CANMC. 14）写入 1，可以将 TSC 寄存器的最高有效位清零。当邮箱 16 成功发送或接收一条信息时（取决于 CANMD. 16 的设置），TSC 寄存器也可以清零。这通过设置 MSCC 位（CANMC. 5）来使能。因此，可以用邮箱 16 使网络的全局时间同步。

CPU 可以读写独立运行的定时器。

通过 TSC 定时器溢出中断标志位 TCOFn（CANGIF0/1 寄存器的位 16）可以检测出 TSC 定时器是否溢出。当 TSC 定时器的最高位变为 1 时，溢出发生。因此，CPU 有足够的时间处理这种情况。

1）时间标志计数寄存器 CANTSC（Time - Stamp Counter Register）

时间标志计数寄存器保存着时间标志定时器（TSC）在任一时刻的值。它是一个由 CAN 总线的位时钟来提供时钟独立运行的 32 位定时器。例如，波特率为 1 Mbit/s 时，TSC 每隔 1 μs 加 1。

31 ~ 0
TSC[31:0]
R/WP-0

位 31 ~0，TSC 寄存器的位 31 ~0：时间标志定时器。用于保存针对时间标志功能和超时功能的局域网时间定时器的值。

2）信息对象时间标志寄存器 MOTS（Message Object Time Stamp Registers）

当成功发送或接收对应的邮箱数据时，信息对象中时间标志寄存器将保存有 TSC 的值。每个邮箱都有自己的 MOTS 寄存器。

31 ~ 0
MOTS[31:0]
R/W-x

位 31 ~0，MOTS［31：0］：信息对象的时间标志寄存器。其值为信息实际接收或发送完成时的 TSC 值。

（2）超时功能

要保证在预先定义的周期中发送或接收所有的信息，每一个邮箱都有自己的超时寄存器。如果在超时寄存器所指定的时间没有完成发送或接收信息，当置位 CANTOC 寄存器中对应位 CANTOC. n，则会置位超时状态寄存器（CANTOS）中的一个标志位。

对于发送邮箱，当 CANTOC. n 位清零或相应 CANTRS. n 位清零时，不管是否发送成功或终止发送请求，CANTOS. n 标志都清零。对于接收邮箱，当相应 CANTOC. n 位清零时，CANTOS. n 标志清零。

CPU 也可以通过向超时状态寄存器写入 1 来清除超时状态寄存器的标志。

信息对象超时寄存器（MOTO）可以作为 RAM 来使用。状态机扫描所有的 MOTO 寄存器并把它们与 TSC 定时器的值进行比较。如果 TSC 寄存器的值大于或等于超时寄存器的值，并且相应的 CANTRS 位（仅用于发送邮箱）和 CANTOC. n 位都置位，则会置位对应的 CANTOS. n 位。由于要依次扫描所有的超时寄存器，所以 CANTOS. n 位被置位前会有一个延时。

1）信息对象超时寄存器 MOTO（Message - Object Time - Out Registers）。信息对象超时寄存器保存着对应邮箱成功发送或接收数据的 TSC 寄存器的超时值。每个邮箱都有自己的寄存器 MOTO。

32 位的信息对象超时寄存器 MOTO 存放用于实际发送或接收信息的时间标志定时器（TSC）的值。

2）超时控制寄存器 CANTOC（Time - Out Control Register）。超时控制寄存器控制着是否

使能邮箱的超时功能。

31	0
TOC[31:0]	
R/W-0	

位 31 ~0，CANTOC 寄存器的位 31 ~0：超时控制寄存器。

- 1：CPU 置位 CANTOC. n 位使能邮箱 n 超时功能。在置位 CANTOC. n 位以前，应该用 TSC 相关的超时值装载对应的 MOTO 寄存器。
- 0：禁止超时功能。不置位 CANTOS. n 标志。

3）超时状态寄存器 CANTOS（Time – Out Status Register）

超时状态寄存器保存着已超时邮箱的状态信息。

31	0
TOS[31:0]	
R/C-0	

位 31 ~0，CANTOS 寄存器的位 31 ~0：超时状态寄存器。

- 1：邮箱 n 已超时。当 TSC 寄存器的值大于或等于对应邮箱 n 的超时寄存器的值，并且已置位 CANTOC. n 位。
- 0：没有超时发生或禁止了邮箱超时功能。

当同时满足以下 3 个条件时，置位 CANTOS. n 位：

① TSC 的值大于或等于超时寄存器（MOTOn）的值。

② 置位 CANTOC. n 位。

③ 置位 CANTRS. n 位。

超时寄存器可以作为一个 RAM 来使用。状态机扫描所有的超时寄存器，并将它们与时间标志定时器的值相比较。由于依次扫描所有的超时寄存器，所以可能出现即使发送邮箱超时而 CANTOS. n 位仍然没有置位的情况。当邮箱已发送成功，并且在状态机扫描该邮箱的超时寄存器之前就已将 CANTRS. n 清零时，上述情况就可能发生。这种情况对接收邮箱也适用。在状态机扫描该邮箱的超时寄存器时，可以设置 CANRMP. n 位为 1。但是对于接收邮箱，在到达超时寄存器指定的时间之前可能还没有接收信息。

MTOF0/1 位在用户应用程序中的作用：

在邮箱进行发送或接收时，CPK 自动清零 MTOF0/1 位和 CANTOS. n 位。也可以由用户通过 CPU 清零。在超时情况下，将置位 MTOF0/1 位和对应的 CANTOS. n 位。当数据最终成功传输后，CPK 自动清零这些位。以下是 MTOF0/1 位可能的行为：

① 超时情况发生。将置位 MTOF0/1 位和 CANTOS. n 位。通信失败，即不再发送或接收该帧，但会请求一个中断。应用程序处理该问题后最终将清除 MTOF0/1 位和 CANTOS. n 位。

② 超时情况发生。将置位 MTOF0/1 位和 CANTOS. n 位。但通信最终成功，即发送或接收了该帧。CPK 自动清除 MTOF0/1 位和 CANTOS. n 位，此时仍然会请求一个中断，因为 PIE 模块记录着中断的发生情况。当中断服务程序（ISR）扫描 CANGIF0/1 寄存器时，不会查看 MTOF0/1 位的设置情况。这是一个“假”中断，按“假”中断处理应用程序只需返回主程序，什么事情都不作。

③ 超时情况发生。将置位 MTOF0/1 位和 CANTOS. n 位。当正在执行针对超时的中断服

务程序 ISR 时，通信成功了。这种情况必须谨慎处理。当一个邮箱在发生中断和中断服务程序 ISR 准备处理之间的时段发送出去了，则该邮箱不应该重新发送。一种处理方法是检测 CANES 寄存器中的 TM/RM 位。这些位反映了 CPK 是否正在发送或正在接收。如果是正在发送或接收，应用程序应该等待通信完成后再检查 CANTOS. n 位。如果通信仍没有成功，则用户程序应该采取相应的纠正措施。

19. 邮箱设置寄存器

每个邮箱都包含下述 4 个 32 位寄存器：

- MSGID：信息标识符寄存器，存储信息 ID。
- MSGCTRL：定义字节数，发送优先级和数据帧。
- CANMDL：数据的低 4 B。
- CANMDH：数据的高 4 B。

（1）信息标识符寄存器 MSGID（Message Identifier Register）

信息标识符寄存器（MSGID）包含了邮箱的信息 ID（标识符）和其他控制位。

31	30	29	28 ~ 0
IDE	AME	AAM	ID[28:0]
R/W-x	R/W-x	R/W-x	R/W-x

位 31，IDE：标识符扩展位。字符的 IDE 位的功能将根据 AMI 位的值而变化：

- 当 AMI =1 时：接收邮箱的 IDE 位不起作用，并且将覆盖发送信息的 IDE 位。为了接收信息，必须满足滤波标准。用于比较的位的数量由发送信息 IDE 位的值决定。

IDE =1：接收的信息有扩展标识符。

IDE =0：接收的信息有标准标识符。

- 当 AMI =0 时：接收邮箱的 IDE 位设定了要进行比较的位数。为了接收信息，MSGID 必须逐位匹配。用于比较的位的数量由发送信息 IDE 位的值决定。

IDE =1：接收的信息必须有扩展标识符。

IDE =0：接收的信息必须有标准标识符。

位 30，AME：接收屏蔽使能位。AME 位仅用于接收邮箱。对于自动回复邮箱（AAM = 1，CANMD. n =0），不能置位该位，否则，邮箱的行为将是不确定的。信息接收不会改变该位。

- 1：使用相应的接收屏蔽。即接收邮箱可以接收与它的标识符不符的信息。
- 0：不使用接收屏蔽，要接收信息，所有的标识符位都必须匹配。

位 29，AAM：自动应答模式位。仅在信息邮箱配置为发送时该位有效。对于接收邮箱，该位无效，邮箱总是配置为接收。信息接收不会改变该位。

- 1：自动应答模式。如果接收到一个匹配的远程请求，CAN 模块通过发送该邮箱的内容来应答远程请求。
- 0：正常发送模式。邮箱不应答远程请求。远程帧的接收不影响信息邮箱。

位 28 ~0，ID 寄存器的位 28 ~0：信息标识符。

- 1：在标准标识符模式。如果 IDE 位（MSGID. 31）为 0，将存放信息标识符到 ID 寄存器的 28 ~18 位。此时，ID 寄存器的位 17 ~0 无意义。
- 0：在扩展标识符模式。如果 IDE 位（MSGID. 31）为 1，将存放信息标识符到 ID 寄存器的 28 ~0 位。

CPU 访问邮箱：

只有在邮箱禁止时（CANME. n =0），CPU 才能对标识符进行写入操作。在 CPU 访问数据域的时候，在 CAN 模块读取数据域时要求数据绝对不改变是不容易的。因此，禁止对接收邮箱数据域的写入操作。

对于发送邮箱，如果置位 CANTRS. n 或 CANTRR. n 标志位，通常拒绝访问。在这种情况下，可能产生中断。访问这些邮箱的方法之一是在访问邮箱数据之前将 CDR（CANMC. 8）位置位。

CPU 访问完成后，CPU 必须向 CDR 标志位写入 0 来清除它。CAN 模块在读邮箱以前或以后检查该标志位。如果 CDR 标志位在检查过程中被置位，CAN 模块将不发送信息，而是继续寻找其他发送请求。将 CDR 标志位置位也可以阻止拒绝写中断（WDI）的申请。

（2）信息控制寄存器 MSGCTRLn（Message Control Register）

对于发送邮箱，信息控制寄存器指定了要发送的字节数和发送优先级，而且也确定了远程帧的操作。作为 CAN 模块初始化过程的一部分，在初始化各个位域的值之前应该先将 MSGCTRLn 寄存器的所有位初始化为 0。

31～16
Reserved
R-0

15～13	12～8	7～5	4	3～0
Reserved	TPL	Reserved	RTR	DLC
R-0	RW-x	R-0	RW-x	RW-x

该寄存器仅在邮箱 n 配置为发送（CANMD. n =0）或禁止（CANME. n =0）时可写入。

位 31 ~13、位 7 ~5，保留位。

位 12 ~8，TPL：发送优先级（Transmit - priority level）。这 5 位定义该邮箱与其他 31 个邮箱相比较的优先级。最大邮箱序号具有最高优先级。当两个邮箱具有相同优先级时，具有更大邮箱序号的将发送。TPL 仅用于发送邮箱。在标准模式，不使用 TPL。

位 4，RTR：远程发送请求位。

- 1：对于接收邮箱，如果置位 CANTRS 位，将发送远程帧，并且对应的数据帧将被同一个邮箱接收。一旦发送远程帧，CAN 将清零邮箱的 CANTRS 位。对于发送邮箱，如果置位 CANTRS 位，将发送远程帧，但对应的数据帧将被另一个邮箱接收。
- 0：没有远程帧请求。

位 3 ~0，DLC：数据长度代码。该 4 位的二进制数字设定了发送或接收几个字节的数据。有效值范围是 0 ~8。值 9 ~15 是不允许的。

（3）信息数据寄存器 CANMDL，CANMDH（Message Data Registers）

邮箱有 8 个字节用来存储 CAN 信息的数据域。DBO 位（CANMC. 10）的设置决定被存储数据的顺序。数据从字节 0 开始通过 CAN 总线发送或接收。

- 当 DBO =1 时，数据的存储和读取都从 CANMDL 寄存器的最低有效字节开始，到 CANMDH 寄存器的最高有效字节结束。
- 当 DBO =0 时，数据的存储和读取都从 CANMDL 寄存器的最高有效字节开始，到

CANMDH 寄存器的最低有效字节结束（默认）。

仅在配置邮箱 n 为发送（CANMD. n =0）或邮箱禁止（CANME. n =0）时，可以写寄存器 CABMDLn 和 CANMDHn。如果 CANTRS. n =1，则不能写 CANMDLn 和 CANMDHn，除非 CDR =1（CANMC. 8）并且 MBNR（CANMC. 4 ~0）设为 n。这种设置也用于应答模式的信息对象配置（AAM =1）。

当 DBO =0 时，CANMDL 的字节分布如下：

31 ~ 24	23 ~ 16	15 ~ 8	7 ~ 0
Byte 0	Byte 1	Byte 2	Byte 3

当 DBO =0 时，CANMDH 的字节分布如下：

31 ~ 24	23 ~ 16	15 ~ 8	7 ~ 0
Byte 4	Byte 5	Byte 6	Byte 7

当 DBO =1 时，CANMDL 的字节分布如下：

31 ~ 24	23 ~ 16	15 ~ 8	7 ~ 0
Byte 3	Byte 2	Byte 1	Byte 0

当 DBO =1 时，CANMDH 的字节分布如下：

31 ~ 24	23 ~ 16	15 ~ 8	7 ~ 0
Byte 7	Byte 6	Byte 5	Byte 4

20. 接收屏蔽寄存器

接收信息的标识符首先要与邮箱的标识符（存放在邮箱内）相比较，然后，对应的接收屏蔽寄存器将屏蔽掉标识符中不需要比较的位。

在标准模式时，全局接收屏蔽寄存器（CANGAM）用于邮箱 15 ~6。接收信息存放在标识符匹配的最高序号邮箱中。如果在信息对象 15 ~6 中没有匹配的标识符，则接收的信息与邮箱 5 ~3 的标识符进行比较，如果还是不匹配，再与邮箱 2 ~0 的进行比较。

邮箱 5 ~3 使用标准模式寄存器的局部接收屏蔽寄存器 LAM（3）。邮箱 2 ~0 使用标准模式寄存器的局部接收屏蔽寄存器 LAM（0）。

要改变全局接收屏蔽寄存器（CANGAM）和标准模式的两个局部接收屏蔽寄存器，必须将 CAN 模块设置为初始化模式。

eCAN 模块的 32 个邮箱每一个都有自己的局部接收屏蔽寄存器，它们是 LAM（0）~ LAM（31）。eCAN 模式中没有全局接收屏蔽。

用于比较的屏蔽位的选择取决于所使用的模式（标准模式或 eCAN 模式）。

局部接收屏蔽寄存器（LAM，Local Acceptance Mask Register）允许用户局部屏蔽掉进入信息的任何标识符位。

在标准模式时，局部接收屏蔽寄存器 LAM（0）用于邮箱 2 ~0。局部接收屏蔽寄存器 LAM（3）用于邮箱 5 ~3。对于邮箱 6 ~15，使用全局接收屏蔽寄存器（CANGAM）。

在标准模式的硬件或软件复位以后，LAM（0）和 LAM（3）寄存器复位为 0。在 eCAN 模式复位以后，LAM 寄存器不修改。

在 eCAN 模式，每一个邮箱（0 ~31）都有自己的屏蔽寄存器，分别是 LAM（0）~ LAM（31）。接收的信息存放在标识符匹配的最高序号的邮箱中。

31	30 29	28 ~ 16
LAMI	Reserved	LAM*n*[28:16]
R/W-0	R/W-0	R/W-0

15 ~ 0
LAM*n*[15:0]
R/W-0

位 31，LAMI：局部接收标识符扩展屏蔽位。

- 1：可以接收标准帧和扩展帧。在扩展帧的情况下，标识符的所有 29 位存放到邮箱中，局部接收屏蔽寄存器的所有 29 位都用于接收滤波器。在标准帧的情况下，仅使用标识符和局部接收屏蔽寄存器的前 11 位（位 28 ~ 18）。
- 0：存放在邮箱中的标识符扩展位设定应该接收哪些信息。

位 30 ~ 29，保留位。

位 28 ~ 0，LAMn［28：0］。这些位对进入信息标识符任何位的屏蔽使能。

- 1：对接收标识符对应的位接收 0 或 1（无关）。
- 0：接收标识符位的值必须与 MSGID 寄存器对应标识符位的值相匹配。

12.4 eCAN 控制器的配置

12.4.1 eCAN 模块的初始化

eCAN 模块使用前必须先进行初始化。初始化只能在模块初始化模式下完成。图 12 - 5 的流程图给出了初始化的过程。

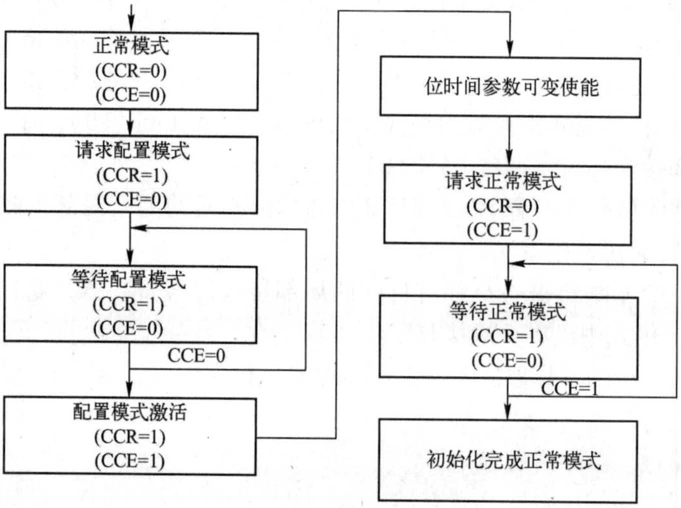

图 12-5　初始化流程图

通过编程使 CCR = 1（CANMC. 12）即设置为初始化模式。仅在 CCE = 1（CANES. 4）时可执行初始化。然后才可以写配置寄存器。

注意初始化模式、正常模式及异常模式间的转换与 CAN 网络同步，即 CAN 控制器在改变模式前一直等待，直到它探测到总线空闲（11 个隐性位）为止。如果总线固定在显性这种错误时，CAN 控制器不能探测到总线空闲，因此不能完成模式的转换。

对于标准模式而言，为了修改全局接收屏蔽寄存器（CANGAM）和标准模式的两个局部接收屏蔽寄存器（LAM（0）和 LAM（3）），也必须在初始化模式设置 CAN 模块。

通过编程使 CCR =0 后，将再次激活模块。硬件复位后，激活初始化模式。

如果 CANTBC 寄存器编程为 0 值或初始值，CAN 将再也离不开初始化模式。也就是说，当清除 CCR 位时，CCE 位（CANES. 4）将保持为 1。

1. CAN 的位时间配置

CAN 协议规范把名义上的位时间区分为 4 个不同的时间段。

SYNC_SEG：这一位时间段用来使总线上的不同节点同步。该时间段期望有一个边沿，且该时间段总有一个时间量化长度（TQ）。

PROP_SEG：这一位时间段用来补偿网络中的物理延时时间。它为信号在总线上传播时间、输入比较器延时时间及输出驱动延时时间总和的两倍。该时间段可以编程为 1 ~ 8 个 TQ。

PHASE_SEG1：这一位时间段用来补偿正边沿相位误差。该时间段可以编程为 1 ~ 8 个 TQ，并且可以通过重同步来延长该时间段。

PHASE_SEG2：这一位时间段用来补偿负边沿相位误差。该时间段可以编程为 2 ~ 8 个 TQ，并且可以通过重同步来缩短该时间段。

在 eCAN 模块中，CAN 总线一个位的长度由参数 TSEG1（CANBTC. 6 ~ 3），TSEG2（CANBTC. 2 ~0）和 BRP（CANBTC. 23 ~16）设定。CAN 的位时间分配如图 12-6 所示。

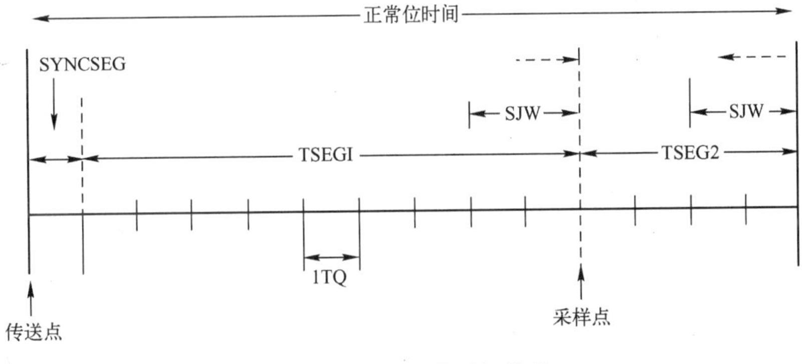

图 12-6　CAN 的位时间分配

按照 CAN 协议的定义，TSEG1 是 PROP_SEG 和 PHASE_SEG1 两个时间段的总和。TSEG2 定义时间段 PHASE_SEG2 的长度。

信息处理时间（IPT）对应着读取位操作所必需的时间，IPT 对应于 2 个 TQ。

当决定位域值的时候必须满足以下位时间规则：

- $TSEG1_{min} \geq TSEG2$。
- IPT≤TSEG1≤16 TQ。
- IPT≤TSEG2≤8 TQ。
- IPT =3/BRP（所得的 IPT 结果需要四舍五入）。
- 1TQ≤SJW≤min［4TQ，TSEG2］（SJW = 同步跳转宽度）。

- 要采用3点采样模式，必须选择 BRP≥5。

2. CAN 波特率的计算

CAN 控制器位速率即波特率用每秒传送的位数来计算，方法如下：

$$位速率 = (SYSCLKOUT/2)/(BRP \times 位时间)$$

式中，位时间（Bit Time）是每一位的时间量化长度（TQ）的值；SYSCLKOUT/2 是 eCAN 模块的时钟频率，CPU 时钟频率为 SYSCLKOUT；$BRP = BRP_{reg} + 1$，BRP_{reg}是 CANBTC 寄存器的位 23～16 的二进制值。

位时间定义如下：

$$位时间 = (TSEG1_{reg} + 1) + (TSEG2_{reg} + 1) + 1$$

式中，$TSEG1_{reg}$和$TSEG2_{reg}$代表 CANBTC 寄存器中对应位写入的值。当 CAN 模块访问参数$TSEG1_{reg}$、$TSEG2_{reg}$、SJW_{reg}和BRP_{reg}时，它们都将自动加1。所以可得下式：

$$位时间 = TSEG1 + TSEG2 + 1$$

3. 当 SYSCLK 为 60 MHz 时的时间参数选择

当 CPU 时钟频率 SYSCLKOUT＝60 MHz 时，2803x 的 eCAN 模块的时钟频率为 30 MHz。

若选择$TSEG1_{reg} = 10$，$TSEG2_{reg} = 2$，则位时间$= (TSEG1_{reg} + 1) + (TSEG2_{reg} + 1) + 1 = 15$，若分别取$BRP_{reg} + 1 = 2, 4, 40$，则可以得到位速率分别为 1 Mbit/s、500 Kbit/s、100 Kbit/s。

若选择$TSEG1_{reg} = 6$，$TSEG2_{reg} = 1$，则位时间$= (TSEG1_{reg} + 1) + (TSEG2_{reg} + 1) + 1 = 10$，若分别取$BRP_{reg} + 1 = 3, 6, 30$，则可以得到位速率分别为 1 Mbit/s、500 Kbit/s、100 Kbit/s。

4. EALLOW 保护

为了避免无意中修改操作，eCAN 模块中一些重要的寄存器和某些位受 EALLOW 保护。这些寄存器和位只有在解除 EALLOW 保护后才能修改。以下是 eCAN 模块中受 EALLOW 保护的寄存器和位：

- CANMC. 15～9 和 CANMC. 7～6。
- CANBTC。
- CANGIM。
- CANMIM. 31～0。
- CANTSC. 31～0。
- CANTIOC. 3。
- CANRIOC. 3。

12.4.2 eCAN 的配置步骤

操作 eCAN 前必须进行配置，以下步骤必须在解除 EALLOW 保护情况下进行：

1）使能 CAN 模块时钟。

2）设置 CANTX 和 CANRX 引脚来实现 CAN 功能：

- 写 CANTIOC. 3～0＝0x08。
- 写 CANRIOC. 3～0＝0x08。

3）复位以后，CCR 位（CANMC. 12）和 CCE 位（CANES. 4）置为 1。这允许用户配置位定时配置寄存器（CANBTC）。

如果 CCE 位置位，则执行下一步；否则，将 CCR 位置位并且等待直到 CCE 位置位。

4）用适当的时间值编写 CANBTC 寄存器。确保 TSEG1 和 TSEG2 的值不为 0。如果它们是 0，模块就不能脱离初始化模式。

5）对于标准模式，此时编写接收屏蔽。例如：写 LAM(3) = 0x3C0000。

6）编写主控寄存器（CANMC）如下：

CCR(CANMC. 12) = 0。

PDR(CANMC. 11) = 0。

DBO(CANMC. 10) = 0。

WUBA(CANMC. 9) = 0。

CDR(CANMC. 8) = 0。

ABO(CANMC. 7) = 0。

STM(CANMC. 6) = 0。

SRES(CANMC. 5) = 0。

MBNR(CANMC. 4 ~ 0) = 0。

7）将 MSGCTRLn 寄存器的所有位全部初始化为 0。

8）验证 CCE 位已清除（CANES. 4 = 0），表示 CAN 模块已经完成配置。

以上步骤完成了 CAN 模块基本功能的配置。

1. 配置发送邮箱

要发送信息，需要执行以下步骤以配置邮箱（以邮箱 1 为例）：

1）将 CANTRS 寄存器中对应的位清零：清 CANTRS. 1 = 0（由于向 CANTRS 写入 0 无效，所以应该置位 CANTRR. 1 并且等待直到 CANTRS 寄存器的位 1 清零）。如果置位 RTR 位，则 CANTRS 位可以发送远程帧。一旦发送远程帧，CAN 模块将清零邮箱的 CANTRS 位。同一个节点可以用来向其他节点请求数据帧。

2）通过清除邮箱使能寄存器（CANME）对应的位来禁止邮箱：CANME. 1 = 0。

3）装载邮箱的信息标识符寄存器（MSGID）：对于正常发送邮箱应清除 AME 位（MSGID. 30 = 0）和 AAM 位（MSGID. 29 = 0）。在正常运行过程中一般不修改该寄存器。它仅在邮箱禁止时才可以修改。例如：写 MSGID(1) = 0x15AC0000。

将数据长度写入信息控制域寄存器（MSGCTRL. 3 ~ 0）的 DLC 区。通常，RTR 标志（MSGCTRL. 4 = 0）清零。在正常运行过程中一般不修改 MSGCTRL 寄存器，它仅在邮箱禁止时才可以修改。

清除 CANMD 寄存器中对应的位来设置邮箱方向：CANMD. 1 = 0。

4）设置 CANME 寄存器中对应的位，从而使能邮箱：CANME. 1 = 1。

以上为配置邮箱 1 为发送模式的过程。

发送一条信息的具体步骤如下（以邮箱 1 为例）：

1）写信息数据到邮箱数据区域。由于配置时将 DBO（CANMC. 10）设置为 0，MSGCTRL(1)设置为 2，所以数据被存放在 CANMDL(1)的 2 个最高有效字节，写 CANMDL(1) = xxxx0000h。

2）将发送请求寄存器的对应标志位置1（CANTRS. 1 =1），从而启动信息的发送。CAN模块开始处理CAN信息发送的整个过程。

3）等待对应邮箱的发送应答标志位置位（CANTA. 1 =1）。成功发送之后，CAN模块置位该标志位。

4）在成功发送或发送终止后，模块复位CANTRS标志位为0（CANTRS. 1 =0）。

5）为了进行下一次发送，必须将发送应答位清零。置CANTA. 1 =1，等待，直到读到的CANTA. 1为0。

6）要用同一个邮箱发送其他信息，必须更新邮箱RAM数据。置CANTRS. 1标志位来启动下一次发送。写入邮箱RAM的数据可以为半字（16位）或全字（32位），但模块总是从偶数边界地址处返回32位值。CPU要接受所有32位或它的一部分。

2. 配置接收邮箱

要配置邮箱接收信息，需要执行以下步骤（以邮箱3为例）：

1）通过清除邮箱使能寄存器（CANME）对应的位来禁止邮箱：CANME. 3 =0。

2）将选定的标识符写到对应的信息标识符寄存器（MSGID）。标识符扩展位必须适合期望的标识符。如果使用接收屏蔽寄存器，接收屏蔽使能位AME必须置1（即MSGID. 30 =1）。例如：MSGID(3) =0x4F780000。

3）如果AME位已设置为1，则必须对对应的接收屏蔽寄存器编程：LAM(3) =0x03C00000。

4）设置邮箱方向寄存器中对应标志位（CANMD. 3 =1），把邮箱配置为一个接收邮箱。确保该操作不会影响此寄存器中的其他位。

5）如果邮箱中的数据被保护，则需对过写保护寄存器（CANOPC）进行编程，如果不允许信息丢失，则该保护非常有用。如果置位CANOPC，则需用软件确保配置一个附加邮箱（缓存邮箱）来存放“溢出”的信息；否则，信息可能在没有告知的情况下丢失，置CANOPC. 3 =1。

6）通过设置邮箱使能寄存器（CANME）中对应的标志位来使能邮箱：应该通过读CANME并回写（CANME |=0x0008）来确保没有其他标志位被意外改变。

该对象现在被设置为接收模式，任何针对该对象的输入信息将被自动处理。

接收一条信息步骤如下（以邮箱3为例）：

当接收到一条信息时，接收信息悬挂寄存器（CANRMP）的对应标志位将置为1，并且启动一个中断。届时，CPU将从邮箱RAM读取信息。在CPU从邮箱读取信息之前，应该先清零CANRMP位（写CANRMP. 3 = 1来清零）。CPU也应该检测接收信息丢失标志位（CANRML. 3 =1）。根据应用程序的要求，CPU决定如何处理这种情况。

在读数据之后，CPU需要检测CANRMP位是否被模块重新置位。如果CANRMP位置为1，则数据可能已经损坏。CPU需要重新读数据，因为在CPU读旧数据的时候接收到了一条新数据。

过载情况的处理：

如果CPU不能及时处理重要信息，则为多个邮箱配置同一标识符是明智的。以下是对象3、4及5具有相同标识符并且分享相同屏蔽寄存器的例子。对于标准模式，屏蔽寄存器是LAM（3）。对于eCAN，每一个对象都有自己的LAM：LAM(3)、LAM(4)和LAM(5)，它们每一个都需要编程为同一值。

为了确保信息不丢失，对象 4 和 5 置位 CANOPC 标志位将防止覆盖未读的信息。如果 CAN 模块需要存储一条接收到的信息，将首先检测邮箱 5。如果该信箱为空，信息将存储在那里。如果对象 5 的 CANRMP 标志位置位（即邮箱已占用），CAN 模块将检查邮箱 4 的情况。如果那个邮箱也忙，则模块将检查邮箱 3，由于邮箱 3 的 CANOPC 标志位未置位，信息将存储在其中。在此之前，如果没有读出邮箱 3 的内容，则将会置位邮箱 3 的 CANRML 标志位，而这可能启动一个中断。

一个好的方法是让对象 4 产生一个中断告诉 CPU 立即读邮箱 4 和 5。该技术对多于 8 B 的数据信息也很有用。在这种情况下，信息所需要的所有数据都可以收集到邮箱中，并且立刻读取。

12.4.3 远程帧邮箱的处理

远程帧有两种功能：一种是模块要求从其他节点获得数据，另一种是其他节点请求获得数据，模块需要应答。

1. 请求其他节点的数据

为了从其他节点得到数据，配置对象为接收邮箱。以对象 3 为例，CPU 需要进行如下操作：

1）设置信息控制寄存器（MSGCTRL）的 RTR 位为 1。

写 MSGCTRL(3) = 0x12

2）将正确的标识符写入信息标识符寄存器（MSGID）。

写 MSGID(3) = 0x4F780000

3）设置邮箱的 CANTRS 标志位。由于配置邮箱为接收邮箱，它将仅仅发送一个远程请求信息到其他节点。

CANTRS. 3 = 1

4）模块将接收到的应答信息存储在该邮箱中并且将 CANRMP 位置位。该操作可能启动一个中断。同时，要确保没有其他邮箱使用相同的 ID。

等待或判断 CANRMP. 3 = 1。

5）读接收到的邮箱信息。

2. 响应远程请求

1）把对象配置为一个发送邮箱。

2）在邮箱使能之前设置 MSGID 寄存器的自动应答模式位 AAM(MSGID. 29)。

MSGID(1) = 0x35AC0000

3）更新数据区。

CANMIL, MDH(1) = xxxxxxxxh

4）设置 CANME 标志位为 1 来使能邮箱。

CANME. 1 = 1

当从其他节点获得一个远程请求时，自动置位 CANTRS 标志位，并且发送数据至该节点。接收信息和发送信息的标识符应该是相同的。

数据发送之后，置位 CANTA 标志位，然后 CPU 才更新数据。

等待或判断 CANTA. 1 = 1

3. 更新数据

要更新自动应答模式对象的数据，需要执行以下步骤。该顺序也可用于更新 CANTRS 标志位被置位的正常发送模式的数据。

1）设置改变数据请求位（CDR）(CANMC. 8）及主控寄存器（CANMC）中对象的邮箱序号。这将告诉 CAN 模块 CPU 想要更改数据。例如，对于对象 1：

写 CANMC = 0x0000101

2）写信息数据到邮箱数据寄存器。例如：

写 CANMDL(1) = xxxx0000h

3）清除 CDR 位（CANMC. 8）从而使能对象。

写 CANMC = 0x00000000

12.4.4 中断

有两种不同的中断。一种中断是与信息对象相关的中断，例如，接收信息悬挂中断或发送终止应答中断。另一种中断是系统中断，它处理错误或系统相关的中断源，例如，错误无效中断或唤醒中断。图 12-7 所示为 CAN 中断框图。

以下事件将引起两种中断中的一种：

1）信息对象中断。

- 信息接收中断：接收了一条信息。
- 信息发送中断：成功发送一条信息。
- 发送终止应答中断：信息发送时被终止。
- 接收信息丢失中断：一条新的信息覆盖了未读的旧信息。
- 邮箱超时中断（仅在 eCAN 模式）：信息的发送或接收没有在预定义的时间帧内完成。

2）系统中断。

- 拒绝写中断：CPU 要写邮箱但却不允许。
- 唤醒中断：该中断在唤醒后产生。
- 总线关闭中断：CAN 模块进入总线关闭状态。
- 错误无效中断：CAN 模块进入错误无效模式。
- 警告级中断：一个或两个错误计数器大于或等于 96。
- 时间标志定时器溢出中断（仅在 eCAN 模式）：时间标志计数器发生溢出。

1. 中断设计

如果中断发生，则置位对应的中断标志位。系统中断标志位的置位取决于 GIL 位（CANGIM. 2）的设置。如果置位 GIL，则全局中断将寄存器 CANGIF1 中的位置位，否则，它们将寄存器 CANGIF0 中的位置位。

GMIF0/GMIF1（CANGIF0. 15/CANCIF1. 15）位的置位取决于 CANMIL. n 位的设置，而这与产生中断的信息对象相关。如果置位 CANMIL. n 位，对应信息对象中断标志位 MIFn 将把 CANGIF1 寄存器的 GMIF1 标志位置位，否则，它将置 GMIF0 的标志位。

如果清除所有中断标志，一个新的中断将置位标志，并且置位对应中断屏蔽位，则激活 CAN 模块中断输出线（ECAN0INT 或 ECAN1INT）。中断线保持激活的状态直到 CPU 清零中

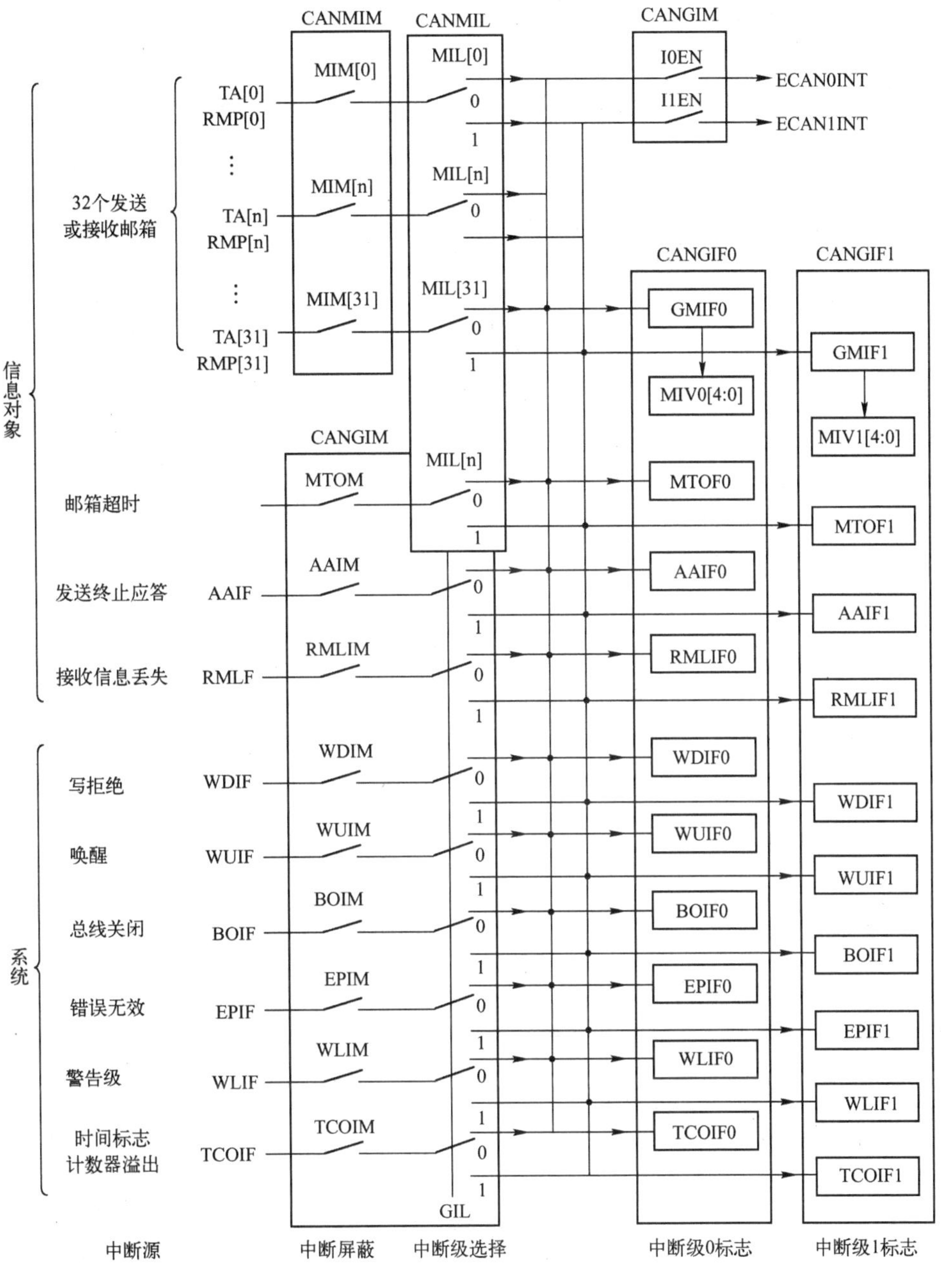

图 12-7　CAN 中断

断标志，清中断标志位是通过向对应的位写入 1 来实现的。

GMIF0 或 GMIF1 位必须通过向 CANTA 寄存器或 CANRMP 寄存器（取决于邮箱配置）对应的位写入 1 来清零，并且不能在 CANGIF0/CANGIF1 寄存器中清零。

在清除一个或多个中断标志位后，当一个或多个中断标志位仍然悬挂，将产生一个新的中断。通过向对应的位写入 1 来清除中断标志位。如果置位 GMIF0 或 GMIF1 位，则邮箱中断向量 MIV0（CANGIF0.4～0）或 MIV1（CANGIF1.4～0）将指明引起 GMIF0/1 置位的邮箱序号。它总是显示分配到该中断线的最高序号邮箱的中断向量。

2. 信息对象中断

eCAN 模式的 32 个邮箱或标准模式的 16 个邮箱中的任何一个都可以启动两条中断输出线（1 或 0）之一。根据邮箱的配置，这些中断可以是接收或发送中断。

每一个邮箱都有一个中断屏蔽位（CANMIM. n）和一个中断优先级位（CANMIL. n）。要产生一个接收/发送中断，必须置位 CANMIM 位，如果 CAN 信息被一个接收邮箱接收（CANRMP. n = 1）或从一个发送邮箱发送（CANTA. n = 1），则将产生一个中断。如果配置邮箱为一个远程请求邮箱（CANMD. n = 1，MSGCTRL 寄存器的位 RTR = 1），则当接收到回复帧时产生中断。远程回复邮箱（CANMD. n = 0，MSGID 寄存器的位 AAM = 1）在成功发送回复帧后产生中断。

如果置位对应的中断标志位，则对 CANRMP. n 位或 CANTA. n 位置位也会将 CANGIF0/CANGIF1 寄存器的 GMIF0/GMIF1 标志位置位，然后 GMIF0/GMIF1 标志位产生一个中断，并且对应邮箱向量（= 邮箱序号）可以从 CANGIF0/CANGIF1 寄存器的位域 MIV0/MIV1 读出。如果有多个邮箱中断悬挂，则 MIV0/MIV1 的实际值反映了最高优先级的中断向量。中断的产生取决于邮箱中断优先级寄存器（CANMIL）的设置。

当发送信息由于设置 CANTRR. n 位为 1 而终止时，发送终止应答标志位（CANAA. n）和终止应答中断标志位（AAIF）被置位。如果置位了 CANGIM 寄存器中的屏蔽位 AAIM，则发送终止后就会产生一个中断。清除 CANAA. n 标志位不会复位 AAIF0/AAIF1 标志位。应该单独清零中断标志位。发送终止应答中断所选择的中断线要与相关邮箱的 CANMIL. n 位一致。

接收信息的丢失通过设置接收信息丢失标志位 CANRML. n 和 CANGIF0/CANGIF1 寄存器的接收信息丢失中断标志位 RMLIF0/RMLIF1 来告知。如果要产生一个接收信息丢失事件的中断，需要置位 CANGIM 寄存器中的接收信息丢失中断屏蔽位（RMLIM）。清除 CANRML. n 标志位不会复位 RMLIF0/RMLIF1 标志位。应该单独清零中断标志位。接收信息丢失中断所选择的中断线要与相关邮箱的中断优先级 CANMIL. n 一致。

eCAN 的每一个邮箱（仅在 eCAN 模式）都连接到一个信息对象超时寄存器（MOTO）。如果一个超时事件发生（CANTOS. n = 1），且置位了 CANGIM 寄存器中的邮箱超时中断屏蔽位（MTOM），则在两条中断线的其中之一上将产生一个邮箱超时中断。清除 CANTOS. n 标志位不会复位 MTOF0/MTOF1 标志位。邮箱超时中断所选的中断线要与相关邮箱的中断优先级 CANMIL. n 一致。

3. 中断处理

CPU 的中断通过两条中断线之一来申请。中断处理完成以后（通常会清除中断源），CPU 必须清零中断标志位，即清除 CANGIF0 或 CANGIF1 寄存器的中断标志位，而该标志位的清零是通过写入 1 来实现的。也有一些例外，见表 12-4。如果没有其他的中断悬挂，将释放中断线。

表 12-4 中断的申明及清除

中断标志	中断条件	CANGIF0/1 设定位	清除机制
WLIFn	一个或两个错误计数器的值≥96	GIL	写入 1
EPIFn	CAN 模块进入‘错误无效’模式	GIL	写入 1

（续）

中断标志	中断条件	CANGIF0/1 设定位	清除机制
BOIFn	CAN 模块进入‘总线关闭’模式	GIL	写入 1
RMLIFn	某个接收邮箱发生溢出	GIL	清除 RMPn
WUIFn	CAN 模块脱离局部掉电模式	GIL	写入 1
WDIFn	对一个邮箱的写操作被拒绝	GIL	写入 1
AAIFn	一个发送请求被终止	GIL	清除 AAn
GMIFn	某个邮箱成功地发送或接收了一条信息	MILn	通过向 CANTA 或 CANRMP 寄存器对应的位写入 1
TCOFn	TSC 的 MSB 已从 0 变为 1	GIL	写入 1
MTOFn	某个邮箱没有在规定的时间帧内发送或接收	MILn	清除 TOSn

注：1. 中断标志列：适用于寄存器 CANGIF0/1 的中断标志名称。

2. 中断条件列：表中该列是引起中断的条件。

3. CANGIF0/1 设定位列：中断标志位可以在寄存器 CANGIF0 或 CANGIF1 中设置，这由 CANGIM 寄存器中的 GIL 位或 CANMIL 寄存器中的 MILn 位来决定（取决于所用的中断）。这一列显示了特定的中断是由 GIL 位决定还是 MILn 位来决定。

4. 清除机制列：这一列解释了怎样清除某个标志位。有些标志位可以通过写入 1 来清除，另一些则是通过对 CAN 控制寄存器的某些位进行操作来清除。

4. 中断处理的配置

为了对中断处理进行配置，就必须对邮箱中断优先级寄存器（CANMIL）、邮箱中断屏蔽寄存器（CANMIM）以及全局中断屏蔽寄存器（CANGIM）进行配置。具体配置步骤如下：

1）写 CANMIL 寄存器。这将确定一次成功的发送是申请中断线 0 还是中断线 1。例如，CANMIL = 0xFFFF FFFF 将设置所有的邮箱中断连接到中断线 1。

2）配置邮箱中断屏蔽寄存器（CANMIM）来指明不引起中断的邮箱。可以设置该寄存器为 0xFFFF FFFF，这将使能所有的邮箱中断。没有使用的邮箱不会引起任何中断。

3）配置 CANGIM 寄存器。应该始终置位（使能对应中断）标志位 AAIM、WDIM、WUIM、BOIM、EPIM 和 WLIM（CANGIM. 14 ~ 9）。另外，可以将 GIL 位（CANGIM. 2）置位来使全局中断处于与邮箱中断不同的中断优先级。应该置位 I1EN（CANGIM. 1）和 I0EN（CANGIM. 0）两个标志位来使能两条中断线。也可以置位 RMLIM 标志位（CANGIM. 11），这取决于 CPU 的负荷。

这样的配置将所有的邮箱中断放在中断线 1，而所有的系统中断放在中断线 0。因此，CPU 可以将所有系统中断（通常比较重要）处理为高优先级，而将所有邮箱中断（在另一个中断线上）处理为较低的优先级。可以指定所有高优先级信息连接到中断线 0 上。

5. 邮箱中断的处理

邮箱中断有 3 个中断标志位。具体描述如下：

GMIF0/GMIF1：有一个对象接收或发送了一条信息。邮箱的序号在 MIV0/MIV1（CANGIF0. 4 ~ 0/CANGIF1. 4 ~ 0）中。通常的处理办法如下：

1）在引起中断的 CANGIF0/1 寄存器上进行半字的读。如果值为负，则是邮箱引起中断。否则，检测 AAIF0/AAIF1（CANGIF0.14/CANGIF1.14，终止应答中断标志位）或 RMLIF0/RMLIF1 位（CANGIF0.11/CANGIF1.11，接收信息丢失中断标志位），不然将产生系统中断。在这种情况下，应该检测每一个系统中断标志位。

2）如果是 RMLIF（CANGIF0.11）标志位引起中断，则有一个邮箱中的信息已经被新信息覆盖了。这在正常操作下是不应该发生的事情。CPU 需要向该标志位写入 1 来清零。CPU 必须检查接收信息丢失寄存器（CANRML）来确定是哪个邮箱引起的中断。根据应用情况决定 CPU 下一步要作什么事情。该中断与 GMIF0/GMIF1 中断一起出现。

3）如果是 AAIF（GIF.14）标志位引起的中断，则 CPU 将终止发送操作。CPU 应该检查终止应答寄存器（CANAA 寄存器的位 31～0）来确定是哪个邮箱引起的中断，并且如果需要将重发信息。必须向标志位写入 1 来清零标志位。

4）如果是 GMIF0/GMIF1（CANGIF0.15/CANGIF1.15）标志位引起的中断，引起中断的邮箱序号可以从 MIV0/MIV1 位域读取。可以作为向量用来跳转到需要处理的那个邮箱位置；如果它是一个接收邮箱，则 CPU 应该读取数据，并且向 CANRMP.31～0 标志位写入 1 从而清除该标志位；如果它是一个发送邮箱，则没有更多的操作要求，除非 CPU 需要发送更多数据。在这种情况下，前面描述的正常发送程序是必要的。CPU 应该向发送应答位（CANTA.31～0）写入 1 从而清除该位。

6. 中断处理的顺序

为了让 CPU 内核识别并处理 CAN 中断，在任何 CAN 中断服务程序（ISR）中必须进行以下操作：

1）必须清除寄存器 GMIF0/GMIF1 中引起中断的标志位。这些寄存器中有两类标志位：

第一类：必须通过对标志位写入 1 来清除。包括：TCOFn、WDIFn、WUIFn、BOIFn、EPIFn 和 WLIFn。

第二类：必须通过对相关寄存器中的对应位进行写操作来清除。包括：MTOFn、GMIFn、AAIFn 和 RMLIFn。

① 通过清除 CANTOS 寄存器中的对应位来清除 MTOFn 位。例如，如果由于 MTOFn 位被置位而使 27 号邮箱发生了超时中断，ISR（在正确处理完超时条件后）需要清除 CANTOS.27 来使 MTOFn 位清零。

② 通过清除 CANTA 或 CANRMP 寄存器中的对应位来清除 GMIFn 位。例如，邮箱 19 已被配置为发送邮箱并完成了一次发送操作，则 CANTA.19 会置位，然后置位 GMIFn 位。ISR 需要清除 CANTA.19 来清除 GMIFn 位。如果邮箱 8 已被配置为接收邮箱并完成一次接收操作，则 CANRMP.8 会置位，然后置位 GMIFn 位。ISR 需要清除 CANRMP.8 来使 GMIFn 位清零。

③ 通过清除 CANAA 寄存器中的对应位来清除 AAIFn 位。例如，如果由于置位 AAIFn 位而使邮箱 13 的发送终止，则 ISR 就需要清除 CANAA.13 来使 AAIFn 位清零。

④ 通过清除 CANRMP 寄存器中的对应位来清除 RMLIFn 位。例如，如果由于邮箱 13 的信息发生过冲情况，而置位了 RMLIFn 位，则 ISR 就需要清除 CANRMP.13 来清零 RMLIFn 位。

2）与 CAN 模块对应的 PIEACK 位必须写入 1，这可以用以下的 C 语言语句来实现：

```
PieCtrlRegs.PIEACK.bit.ACK9 = 1;
```

3）必须使能 CAN 模块对应的进入 CPU 的中断线。这可以用以下的 C 语言语句来实现：

```
IER |=0x0100;    //使能 INT9
```

4）必须清除 INTM 位来使能 CPU 的全局中断。

12.4.5 CAN 模块的掉电模式

当停止 CAN 模块的内部时钟时，CAN 模块就处于局部掉电模式。

1. 进入和退出局部掉电模式

在局部掉电模式下，关闭了 CAN 模块的时钟，仅仅保证唤醒逻辑电路仍然继续工作。其他外设模块继续正常工作。

向 PDR（CANMC.11）位写入 1 可以请求进入局部掉电模式，而这允许正在进行的任何信息对象成功完成发送。在发送完成后，置位 PDA 状态位（CANES.3），这样可以确保 CAN 模块已经进入掉电模式。

从 CANES 寄存器读出的值为 0x08（置位了 PDA 位）。对所有其他寄存器读取将返回值 0x00。

当 PDR 位清零或探测到 CAN 总线上有任何总线活动（如果总线活动唤醒功能已使能），模块将脱离局部掉电模式。

总线活动自动唤醒功能可以通过 CANMC 寄存器的 WUBA 配置位来使能或禁止。如果 CAN 总线上有任何活动，模块将开始它的上电顺序。模块一直等待，直到它在 CANRX 引脚上探测到 11 个连续的隐性位，然后它进入总线正常工作状态。

注：不能收到发起 CAN 总线活动的第一帧信息。这意味着在掉电和自动唤醒模式下第一帧信息将会丢失。

在脱离休眠模式后，PDR 和 PDA 位清零，CAN 错误计数器保持不变。

如果模块在 PDR 位被置位时正在发送信息，发送将一直继续直到成功发送或丢失仲裁或 CAN 总线上发生错误条件。然后，激活 PDA 位，模块在总线上不引起错误条件。

为了执行局部掉电模式，需要在 CAN 模块中使用两路单独的时钟。一路时钟一直保持激活状态从而保证掉电时的运行，例如，唤醒逻辑和 PDA 位（CANES.3）的读/写操作。另一路时钟由 PDA 位控制。

2. 进入和退出低功耗工作模式的注意事项

28x DSP 有两种低功耗工作模式：STANDBY（备用）和 HALT（停止），在这两种模式中，外设模块时钟都被关闭。由于 CAN 模块通过一个网络与多个节点相连，所以在进入和退出低功耗工作模式时必须十分小心，保证一个 CAN 信息对象必须被所有节点完整地接收。因此，如果在发送过程中失败，失败的信息对象将违反 CAN 协议，结果将使所有的节点产生错误帧。节点在退出低功耗工作模式时不能太急促。例如，如果节点要在 CAN 总线正在通信的时候退出低功耗工作模式，它可能“看见”一个被删减了的信息对象，并且用错误帧干扰总线。

器件进入低功耗工作模式前必须先考虑以下几点：

1）CAN 模块已经完成了所要求的最后一个信息对象的发送。

2）CAM 模块已经通知 CPU 它准备进入低功耗工作模式。

换句话说，只有当 CAN 模块进入局部掉电模式后才允许 DSP 进入低功耗工作模式。

3. CAN 模块时钟的使能或禁止

只有 CAN 模块的时钟使能以后才能使用 CAN 模块。寄存器 PCLKCR 的位 14 可以使能或禁止 CAN 模块的时钟。当应用中完全不使用 CAN 模块时，该位很有用。用该位可以关闭 CAN 模块的时钟，从而降低功耗。与其他外设模块一样，复位时将关闭 CAN 模块的时钟。

12.5 eCAN 模块的应用

1. CAN 驱动电路设计

要构成 CAN 总线通信系统，除了需要上述的 CAN 控制器外，硬件电路还需要扩展驱动器芯片即收发器，作为 CAN 控制器与物理总线之间的接口，提供对总线的差分发送和接收能力。

常用的收发器芯片有 SN65HVD232、SN65HVD230、SN65HVD251、PCA82C250 和 UC5350 等。图 12-8 为采用 SN65HVD232 收发器芯片的 CAN 总线驱动器电路。为了提高抗干扰能力，保护 CAN 控制器，可以在 DSP 与收发器芯片之间加高速光隔器件，常用的光隔芯片有 HCPL-2630、6N137 等。

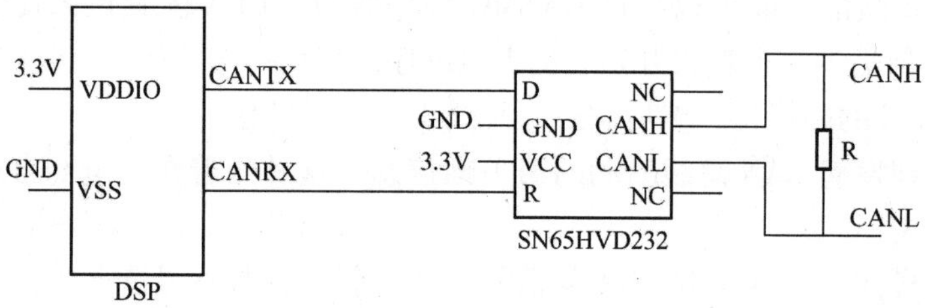

图 12-8　CAN 总线驱动器电路

SN65HVD232 是 TI 公司的 3.3 V 电源 CAN 收发器芯片。它具有较强的抗干扰能力，具有跨线保护、地损失和过压保护、过温保护及共模范围宽等特性。其通信速率可达 1 Mbit/s，高输入阻抗能使总线提供多达 120 个节点。CAN 总线的信号采用差动发送和差动接收，终端接有 120 Ω 匹配电阻 R。

2. 软件设计

CAN 模块可以工作于两种模式：自测试模式与网络模式。自测试模式将信息送往相应的邮箱。而网络模式通过 CAN 总线送往其他 CAN 节点，这时这两个或更多个 CAN 节点应有相同的定时参数，即波特率必须保持一致。CAN 模块的两个引脚 CANTXA 和 CANRXA 同时复用为 I/O 引脚（GPIO31/CANTXA，GPIO30/CANRXA），所以应首先设置 I/O 端口复用控制寄存器 GPAMUX2，以正确配置这两个引脚。注意使能 CAN 模块的时钟。

由于 28035 DSP 芯片的 CAN 控制器在自测试模式下，不需外接其他的硬件，而软件设计与正常模式下区别不大，因而特别适合学习开发调试。自测试模式与正常工作的网络模式在软件上的区别仅仅在于需要设置主控制器 CANMC 中的 STM 位为 1。将 STM 位置 1，可以使 CAN 控制器工作于自测试模式。在这种模式下 CAN 控制器能自己产生应答信号，因此不需要与 CAN 总线相连，信息帧没有真正发送出去，而是被读回，并存储在相应的邮箱中。在自测试模式下，不能进行远程帧悬挂自动应答，也不能保存被接收的信息帧的标识符。

例 12-1 带 CAN 控制器的 28035 芯片工作于自测试模式下的软件设计。使邮箱 MBX0 发送到 MBX16，MBX1 发送到 MBX17。程序以背靠背方式高速不停地发送与接收数据，并验证接收数据的正确性，指出错误情况。程序如下。

```
#include "DSP2803x_Device.h"                          //包含 DSP2803x 头文件
//函数声明
void ECanaInit(void);                                 //初始化 eCAN-A 模块
void mailbox_read(int16 i);                           //读出邮箱内容
void mailbox_check(int32 T1,int32 T2,int32 T3);       //检查邮箱内容
//全局变量
Uint32   ErrorCount;
Uint32   PassCount;
Uint32   MessageReceivedCount;
Uint32   TestMbox1 = 0;
Uint32   TestMbox2 = 0;
Uint32   TestMbox3 = 0;
void main(void)
{
    Uint16   j;
/* eCAN 控制寄存器需要 32 位访问。如果想向一个单独位进行写操作,编译器可能会使其进入
16 位访问。这里引用了一种解决方法,就是用影子寄存器迫使进行 32 位访问。将整个寄存器读
入一个影子寄存器,这个访问将是 32 位的。用 32 位写操作改变需要改的位,然后将该值复制回
eCAN 寄存器 */
  struct ECAN_REGS ECanaShadow;
    InitSysCtrl();  //系统初始化,该函数在 DSP2803x_sysctrl.c 中,初始化 PLL、看门狗、外设
                      时钟
    EALLOW;
    GpioCtrlRegs.GPAPUD.bit.GPIO30 = 0;          //GPIO30(CANRXA)使能上拉
    GpioCtrlRegs.GPAPUD.bit.GPIO31 = 0;          //GPIO31(CANTXA)使能上拉
    GpioCtrlRegs.GPAQSEL2.bit.GPIO30 = 3;        //GPIO30(CANRXA)异步限定(无滤波)
    GpioCtrlRegs.GPAMUX2.bit.GPIO30 = 1;         //设置 GPIO30/CANRXA 为外设 CANRXA
    GpioCtrlRegs.GPAMUX2.bit.GPIO31 = 1;         //设置 GPIO31/CANTXA 为外设 CANTXA
    EDIS;
    DINT;                     //关闭 CPU 总中断,asm("CLRC INTM");
    InitPieCtrl();            //初始化 PIE 控制寄存器,该函数在 DSP2803x_PieCtrl.c 中
    IER = 0x0000;             //关闭 CPU 中断
    IFR = 0x0000;             //清中断标志
    InitPieVectTable();       //初始化 PIE 矢量表,该函数在 DSP2803x_PieVect.c 中
    MessageReceivedCount = 0;
```

```
ErrorCount = 0;
PassCount = 0;
ECanaInit( );                    //初始化 eCAN - A 模块
//可以一次按 16 位或 32 位写入邮箱
//向发送邮箱 MBOX0 - 15 写入 MSGID 域
ECanaMboxes. MBOX0. MSGID. all = 0x9555AAA0;  //配置发送邮箱 0 的 ID:扩展标识符 29 位
ECanaMboxes. MBOX1. MSGID. all = 0x9555AAA1;
…
ECanaMboxes. MBOX15. MSGID. all = 0x9555AAAF;
//向接收邮箱 MBOX16 - 31 写入 MSGID 域
ECanaMboxes. MBOX16. MSGID. all = 0x9555AAA0;
ECanaMboxes. MBOX17. MSGID. all = 0x9555AAA1;
…
ECanaMboxes. MBOX31. MSGID. all = 0x9555AAAF;
ECanaRegs. CANMD. all = 0xFFFF0000;  //配置邮箱 0 ~ 15 为发送邮箱,16 ~ 31 为接收邮箱
                                     //因为要写入整个寄存器而不是位域,故不需要影子寄存器
ECanaRegs. CANME. all = 0xFFFFFFFF;  //使能所有 CAN 邮箱
//设定发送/接收 8 字节
ECanaMboxes. MBOX0. MSGCTRL. bit. DLC = 8;
ECanaMboxes. MBOX1. MSGCTRL. bit. DLC = 8;
…
ECanaMboxes. MBOX15. MSGCTRL. bit. DLC = 8;
//写到邮箱 MBOX0 - 15 的邮箱 RAM 域
ECanaMboxes. MBOX0. MDL. all = 0x9555AAA0;
ECanaMboxes. MBOX0. MDH. all = 0x89ABCDEF;
ECanaMboxes. MBOX1. MDL. all = 0x9555AAA1;
ECanaMboxes. MBOX1. MDH. all = 0x89ABCDEF;
…
ECanaMboxes. MBOX15. MDL. all = 0x9555AAAF;
ECanaMboxes. MBOX15. MDH. all = 0x89ABCDEF;
EALLOW;
ECanaRegs. CANMIM. all = 0xFFFFFFFF;    //因为要写入整个寄存器而不是位域,故勿需影
                                         子寄存器
ECanaShadow. CANMC. all = ECanaRegs. CANMC. all;
ECanaShadow. CANMC. bit. STM = 1;          //设置 CAN 为自测试模式 STM = 1
ECanaRegs. CANMC. all = ECanaShadow. CANMC. all;
EDIS;
//开始发送
for( ; ; )
{
    ECanaRegs. CANTRS. all = 0x0000FFFF;
                  //通过发送请求设置寄存器 CANTRS,设置发送邮箱的发送请求位 TRS
    while( ECanaRegs. CANTA. all ! = 0x0000FFFF ) { }  //等待应答位 TAn 置 1,即发送成功
```

```
        ECanaRegs.CANTA.all = 0x0000FFFF;                    //清除 TAn
        MessageReceivedCount ++ ;                            //接收信息计数递增
        //读取接收邮箱并检查数据
        for(j = 0;j < 16;j ++ )                              //读取并检查 16 个邮箱
        {
            mailbox_read(j);                                 //读取指定邮箱的数据
            mailbox_check(TestMbox1,TestMbox2,TestMbox3);    //检查接收的数据
        }
    }
}

void ECanaInit(void)                                         //初始化 eCAN - A 模块
{
    struct ECAN_REGS ECanaShadow;        //eCAN 控制寄存器需要 32 位访问
    EALLOW;
    //使用 eCAN 寄存器配置 eCAN 发送及接收引脚
    ECanaShadow.CANTIOC.all = ECanaRegs.CANTIOC.all;
    ECanaShadow.CANTIOC.bit.TXFUNC = 1;//TXFUNC = 1   CANTX 引脚被用于 CAN 发送功能
    ECanaRegs.CANTIOC.all = ECanaShadow.CANTIOC.all;
    ECanaShadow.CANRIOC.all = ECanaRegs.CANRIOC.all;
    ECanaShadow.CANRIOC.bit.RXFUNC = 1;//RXFUNC = 1   CANRX 引脚被用于 CAN 接收功能
    ECanaRegs.CANRIOC.all = ECanaShadow.CANRIOC.all;
    ECanaShadow.CANMC.all = ECanaRegs.CANMC.all;
    ECanaShadow.CANMC.bit.SCB = 1;        //设置为 eCAN 模式,SCB = 1
    ECanaRegs.CANMC.all = ECanaShadow.CANMC.all;
    //将信息控制寄存器 MSGCTRL 的所有位初始化为 0,因为某些位可能处于未知状态
    ECanaMboxes.MBOX0.MSGCTRL.all = 0x00000000;
    ECanaMboxes.MBOX1.MSGCTRL.all = 0x00000000;
    …
    ECanaMboxes.MBOX31.MSGCTRL.all = 0x00000000;
    ECanaRegs.CANTA.all = 0xFFFFFFFF;                        //清除所有 TAn 位
    ECanaRegs.CANRMP.all = 0xFFFFFFFF;                       //清除所有 RMPn 位
    ECanaRegs.CANGIF0.all = 0xFFFFFFFF;                      //清除所有中断标志位 */
    ECanaRegs.CANGIF1.all = 0xFFFFFFFF;
    //配置 eCANA 波特率
    ECanaShadow.CANMC.all = ECanaRegs.CANMC.all;
    ECanaShadow.CANMC.bit.CCR = 1 ;                          //设置 CCR = 1
    ECanaRegs.CANMC.all = ECanaShadow.CANMC.all;
    //当 CCE = 1 时可以对 CANBTC 进行操作
    do
    {
        ECanaShadow.CANES.all = ECanaRegs.CANES.all;
    } while(ECanaShadow.CANES.bit.CCE != 1 );                //等待直到 CCE = 1...
```

```
    ECanaShadow.CANBTC.all = 0;
    //在 SYSCLKOUT = 60 MHz 时,CAN 模块时钟为 30 MHz,位速率为 1 Mbit/s
    ECanaShadow.CANBTC.bit.BRPREG = 2;
    ECanaShadow.CANBTC.bit.TSEG2REG = 1;
    ECanaShadow.CANBTC.bit.TSEG1REG = 6;
    ECanaShadow.CANBTC.bit.SAM = 1;
    ECanaRegs.CANBTC.all = ECanaShadow.CANBTC.all;
    ECanaShadow.CANMC.all = ECanaRegs.CANMC.all;
    ECanaShadow.CANMC.bit.CCR = 0 ;              //设置 CCR = 0
    ECanaRegs.CANMC.all = ECanaShadow.CANMC.all;
    do
    {
        ECanaShadow.CANES.all = ECanaRegs.CANES.all;
    } while(ECanaShadow.CANES.bit.CCE != 0 );//等待直到 CCE = 0,这时可以改变配置寄存器
    ECanaRegs.CANME.all = 0;                      //禁止所有邮箱(在写入 MSGID 时需要)
    EDIS;
}

//该函数读出邮箱序号(MBXnbr)指示邮箱的内容
void mailbox_read(int16 MBXnbr)
{
    volatile struct MBOX *Mailbox;
    Mailbox = &ECanaMboxes.MBOX0 + MBXnbr;
    TestMbox1 = Mailbox->MDL.all;      //0x9555AAAn(n 是邮箱号)
    TestMbox2 = Mailbox->MDH.all;      //0x89ABCDEF(常数)
    TestMbox3 = Mailbox->MSGID.all;    //0x9555AAAn
}

//该函数检查发送邮箱与接收邮箱的内容
void mailbox_check(int32 T1,int32 T2,int32 T3)
{
    if((T1 != T3)||( T2 != 0x89ABCDEF))
    {
        ErrorCount++;                  //出错计数递增
    }
    else
    {
        PassCount++;                   //通过计数递增
    }
}
```

该实例的 CAN 总线的自测试实验。运行程序然后停止，可通过开发工具 CCS 的 Watch Window 功能检查邮箱的数据，观察变量 MessageReceivedCount、ErrorCount 和 PassCount 的

值。检查邮箱 16 ~ 31 是否接收到与邮箱 0 ~ 15 一致的数据。

例 12-2 带 CAN 控制器的 28035 芯片工作于正常网络模式下的软件设计。两块 28035 DSP 实验板通信，用一块开发板的开关控制另一块板的 LED 指示灯。例如，接通 A 板的开关，B 板的指示灯点亮，断开 A 板的开关，B 板的指示灯熄灭。同样 B 板也能控制 A 板。MBX0 发送作为发送邮箱，MBX16 为接收邮箱。程序如下。

```
#include "DSP2803x_Device.h"                    //包含 DSP2803x 头文件
//全局变量
Uint32  TestMbox1 =0;
Uint32  TestMbox2 =0;
Uint32  TestMbox3 =0;
//函数声明
void ECanaInit(void);                           //初始化 eCAN - A 模块
void mailbox_read(int16 MBXnbr);                //读邮箱数据

void main(void)
{
    unsigned int dis =0x1,dip;
    unsigned long t;
    Uint16   i;
    InitSysCtrl();//系统初始化,该函数在 DSP2803x_sysctrl.c 中,初始化 PLL、看门狗、外设时钟
    EALLOW;
    GpioCtrlRegs.GPAPUD.bit.GPIO30 =0;    //GPIO30(CANRXA)使能上拉,eCAN 引脚设置
    GpioCtrlRegs.GPAPUD.bit.GPIO31 =0;    //GPIO31(CANTXA)使能上拉
    GpioCtrlRegs.GPAQSEL2.bit.GPIO30 =3; //GPIO30(CANRXA)异步限定(无滤波)
    GpioCtrlRegs.GPAMUX2.bit.GPIO30 =1; //设置 GPIO30/CANRXA 为外设 CANRXA
    GpioCtrlRegs.GPAMUX2.bit.GPIO31 =1; //设置 GPIO31/CANTXA 为外设 CANTXA
    //输入输出引脚设置
    GpioCtrlRegs.GPAMUX2.bit.GPIO26 =0; //GPIO26 作为普通 I/O,连接到 LED,低电平点亮
    GpioCtrlRegs.GPADIR.bit.GPIO26 =1;    //GPIO26 方向为输出
    GpioDataRegs.GPADAT.bit.GPIO26 =0;  //GPIO26 输出低电平 0,LED 初始状态显示
    GpioCtrlRegs.GPBMUX1.bit.GPIO32 =0; //GPIO32 作为普通 I/O,连接到按键,按下为低电平
    GpioCtrlRegs.GPBDIR.bit.GPIO32 =0;    //GPIO32 方向为输入
    GpioCtrlRegs.GPBPUD.bit.GPIO32 =0;    //开启内部上拉
    EDIS;

    DINT;                     //关闭 CPU 总中断,asm("   CLRC INTM");
    //InitPieCtrl();          //初始化 PIE 控制寄存器,该函数在 DSP2803x_PieCtrl.c 中
    IER =0x0000;              //关闭 CPU 中断
    IFR =0x0000;              //清中断标志
    //InitPieVectTable();     //初始化 PIE 矢量表,该函数在 DSP2803x_PieVect.c 中
    ECanaInit();              //初始化 eCAN - A 模块
  while(1)
```

```
{
    if(GpioDataRegs.GPBDAT.bit.GPIO32 == 0)             //读取 DIP 开关状态
    {
        dip = 0x0;
    }
    else
    {
        dip = 0x1;
    }
    t = (unsigned long)dip;
    ECanaMboxes.MBOX0.MDL.all = t;                      //开关状态送到发送邮箱 0
    ECanaMboxes.MBOX0.MDH.all = 0;
        for(i = 0;i < 1000;i ++)                        //延时
      { asm(" NOP");}
        ECanaRegs.CANTRS.all = 0x00000001;
                      //设置发送邮箱 0 的发送请求位 TRS,发送请求设置寄存器 CANTRS
    while(ECanaRegs.CANTA.all != 0x00000001 ){;}  //等待应答位 TA0 置 1,即发送成功
    ECanaRegs.CANTA.all = 0x0000FFFF;        //清除应答位 TAn,发送应答寄存器 CANTA
        if(ECanaRegs.CANRMP.all == 0x00010000)
                              //若接收邮箱 16 的 RMP16 置位,表示已接收到信息
    {
        ECanaRegs.CANRMP.all = 0xFFFF0000;         //清除 RMPn 位,接收信息悬挂寄存
                                                     器 CANRMP
        mailbox_read(16);
        dis = (unsigned int)TestMbox1;             //读取接收邮箱 16 的低 4 字节 TestM-
                                                     box1,并取其低 16 位
        if(dis == 0)                               //接收的数据送 LED 显示
        {
            GpioDataRegs.GPADAT.bit.GPIO26 = 0;    //GPIO26 输出低电平
        }
        else
        {
            GpioDataRegs.GPADAT.bit.GPIO26 = 1;    //GPIO26 输出高电平
        }
    }
  }
}

void ECanaInit(void)                               //eCAN - A 模块初始化函数
{
    struct ECAN_REGS ECanaShadow;                  //eCAN 控制寄存器需要 32 位访问
/* eCAN 控制寄存器需要 32 位访问。如果想向一个单独位进行写操作,编译器可能会使其进入
16 位访问。这里引用了一种解决方法,就是用影子寄存器迫使进行 32 位访问。把整个寄存器读
```

入一个影子寄存器,这个访问将是 32 位的。用 32 位写操作改变需要改的位,然后把该值复制回 eCAN 寄存器 */

```
    EALLOW;
    //使用 eCAN 寄存器配置 eCAN 发送及接收引脚
    ECanaShadow. CANTIOC. all = ECanaRegs. CANTIOC. all;
    ECanaShadow. CANTIOC. bit. TXFUNC = 1;//TXFUNC = 1   CANTX 引脚被用于 CAN 发送功能
    ECanaRegs. CANTIOC. all = ECanaShadow. CANTIOC. all;
    ECanaShadow. CANRIOC. all = ECanaRegs. CANRIOC. all;
    ECanaShadow. CANRIOC. bit. RXFUNC = 1;//RXFUNC = 1   CANRX 引脚被用于 CAN 接收功能
    ECanaRegs. CANRIOC. all = ECanaShadow. CANRIOC. all;
    ECanaShadow. CANMC. all = ECanaRegs. CANMC. all;
    ECanaShadow. CANMC. bit. SCB = 1;                        //设置为 eCAN 模式
    ECanaRegs. CANMC. all = ECanaShadow. CANMC. all;
    EDIS;
    ECanaRegs. CANTA. all = 0xFFFFFFFF;       //清除 TAn 位,发送应答寄存器 CANTA
    //ECanaRegs. CANRMP. all = 0xFFFFFFFF; //清除 RMPn 位,接收信息悬挂寄存器 CANRMP
    //ECanaRegs. CANGIF0. all = 0xFFFFFFFF; //清除中断标志位
    //ECanaRegs. CANGIF1. all = 0xFFFFFFFF;
    //在配置邮箱 ID 值之前,CANME 对应的位必须复位,
    //如果 CANME 寄存器中对应的位被置位,则 ID 写入操作无效
    ECanaRegs. CANME. all = 0;                    //复位所有的邮箱,邮箱使能寄存器 CANME
    ECanaMboxes. MBOX0. MSGID. all = 0x15200000;       //信息标识符寄存器 MSGID
              //配置发送邮箱 0 的 ID(0x1520 0000):标准标识符 11 位:1 0101 0010 00   0x548
    ECanaMboxes. MBOX16. MSGID. all = 0x15100000;
              //确定接收邮箱 16 的 ID(0x1510 0000):标识符 11 位:1 0101 0001 00   0x544
              //自测试模式发送与接收邮箱的 ID 应一致
    //把邮箱 0 ~ 15 配置为发送邮箱 , 把邮箱 16 ~ 31 配置为接收邮箱
    ECanaRegs. CANMD. all = 0xFFFF0000;              //邮箱方向寄存器 CANMD
    ECanaRegs. CANME. all = 0xFFFFFFFF;              //CAN 模块使能对应的邮箱,
    ECanaMboxes. MBOX0. MSGCTRL. bit. DLC = 8; //把发送数据的长度定义为 8 B
    ECanaMboxes. MBOX0. MSGCTRL. bit. RTR = 0; //无远程帧请求,信息控制寄存器 MSGCTRL
    //因为 RTR 位在复位后状态不定,因此在程序进行初始化的时候必须对该位赋值
    EALLOW;
    //邮箱中断屏蔽寄存器。上电后所有的中断屏蔽位都清零且中断被停止使能
    //这些位允许独立屏蔽任何邮箱中断
    ECanaRegs. CANMIM. all = 0xFFFFFFFF;
    //CANMIM . BIT. n = 1   邮箱中断被使能(n = 1 - 31),CANMIM . BIT.  n = 0 邮箱中断被禁止
(n = 1 - 31)
    ECanaRegs. CANMC. bit. CCR = 1;   //改变配置请求位,置位 CCR,主控制寄存器 CANMC
    ECanaRegs. CANMC. bit. SCB = 1;   //eCAN 增强模式,可以使用 32 个邮箱
    EDIS;
```

/* CPU 要求对配置寄存器 CANBTC 和 SCC 的接收屏蔽寄存器(CANGAM,LAM[0]和 LAM[3])进行写操作。对该位置位后,CPU 必须等待,直到 CANES 寄存器的 CCE 标志位在送入 CANBTC 之

```
前为1 */
    do
    {
      ECanaShadow. CANES. all = ECanaRegs. CANES. all;  //错误及状态寄存器 CANES
    } while(ECanaShadow. CANES. bit. CCE ! = 1 );        //等待直到 CCE = 1...,可以对 CAN-
                                                          BTC 进行操作
//配置 eCANA 波特率
    EALLOW;
//SYSCLKOUT = 60 MHz, CAN 时钟 30 MHz, 位速率为 1 Mbit/s(BRPREG = 2, TSEG2REG = 1,
TSEG1REG = 6)
    ECanaShadow. CANBTC. bit. BRPREG = 23;
    ECanaShadow. CANBTC. bit. TSEG2REG = 1;
    ECanaShadow. CANBTC. bit. TSEG1REG = 6;
    //位速率 125 Kbit/s(BRPREG = 23, TSEG2REG = 1, TSEG1REG = 6)
    ECanaRegs. CANBTC. all = ECanaShadow. CANBTC. all;  //把配置好的寄存器值回写
    ECanaShadow. CANMC. all = ECanaRegs. CANMC. all;    //把 CANMC 读入影子寄存器
    ECanaShadow. CANMC. bit. CCR = 0 ;                  //设置 CCR = 0,请求正常模式
    ECanaRegs. CANMC. all = ECanaShadow. CANMC. all;    //把配置好的寄存器值回写
    EDIS;
    do
    {
      ECanaShadow. CANES. all = ECanaRegs. CANES. all;
    } while(ECanaShadow. CANES. bit. CCE ! = 0 ); //等待直到 CCE = 0,这时可以改变配置寄
存器
    EALLOW;
    ECanaShadow. CANMC. all = ECanaRegs. CANMC. all;
    ECanaShadow. CANMC. bit. STM = 0;      //配置 CAN 为正常网络模式
                                           //STM = 0,正常网络模式,STM = 1,自测试模式
    ECanaRegs. CANMC. all = ECanaShadow. CANMC. all;
    EDIS;
}

//该函数读出邮箱序号(MBXnbr)指示邮箱的内容.
void mailbox_read(int16 MBXnbr)
{
    volatile struct MBOX *Mailbox;
    Mailbox = &ECanaMboxes. MBOX0 + MBXnbr;
    TestMbox1 = Mailbox -> MDL. all;        //读出当前邮箱数据低 4 B
    TestMbox2 = Mailbox -> MDH. all;        //读出当前邮箱数据高 4 B
    TestMbox3 = Mailbox -> MSGID. all;      //读出当前邮箱 ID
}
```

12.6 思考题与习题

1. 什么是 CAN 总线?
2. 一个有效的数据帧由几个部分组成?
3. CAN 控制器的标准格式和扩展格式两种帧格式的主要区别是什么?
4. CAN 邮箱由几个部分组成? 每个邮箱最大能存储多少个字节?

第 13 章　I2C 模块

本章主要内容：

1）I2C 模块概述（Introduction to the I2C Module）。

2）I2C 模块的操作（I2C Module Operational Details）。

3）I2C 模块的中断请求（Interrupt Requests Generated by the I2C Module）。

4）复位/禁止 I2C 模块（Resetting/Disabling the I2C Module）。

5）I2C 模块的寄存器（I2C Module Registers）。

6）I2C 模块应用实例（I2C Module Application Examples）。

13.1　I2C 模块概述

I2C（也称为 I^2C 或 IIC：Inter－Integrated Circuit，互联 IC）总线是 Philips 公司推出的芯片间串行总线，它只有两根信号线：串行数据线 SDA（Serial Port Data）和串行时钟线 SCL（Serial Port Clock）。用这两根线实现了全双工同步数据传送，可以方便地构成多机系统和外围器件扩展系统。I2C 总线采用了器件地址的硬件设置方法，通过软件寻址完全避免了器件的片选线寻址方法，从而使硬件系统具有简单灵活的扩展方法。按照 I2C 总线规范，总线传输中的所有状态都生成相对应的状态码，主器件能够依照这些状态码自动地进行总线管理，用户只要在程序中装入这些标准处理模块，根据数据操作要求完成 I2C 总线的初始化，启动 I2C 总线就能自动完成规定的数据传送操作。

I2C 总线接口为开漏或开集电极输出，需要加上拉电阻。系统中所有的 DSP、微控制器及外围器件都将数据线 SDA 和时钟线 SCL 的同名端相连在一起。总线上的所有节点都由器件引脚给定地址。标准 I2C 总线普通模式数据传输速率为 100 kbit/s，高速模式可达 400 kbit/s。

28x 的 I2C 模块支持 I2C 兼容的主从器件。图 13-1 给出的例子是多个 I2C 模块连接在总线上实现多个器件之间的双向数据传输。

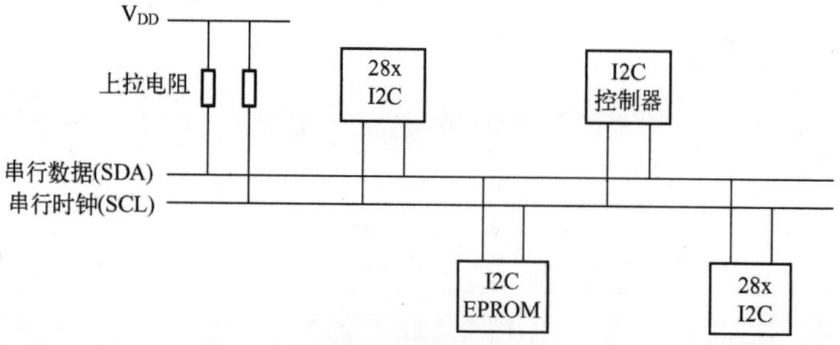

图 13-1　多个 I2C 模块连接

13.1.1 主要特征

1. I2C 总线模块的主要特征

1）与飞利浦半导体 I2C 总线标准兼容：

- 支持 8 位格式数据传输。
- 7 位和 10 位地址模式。
- 通用呼叫功能。
- 启动或起始（START）字节模式。
- 支持多个主发送器和从接收器。
- 支持多个从发送器和主接收器。
- 具有主发送/接收和接收/发送模式。
- 数据传输速率从 10 kbit/s 到 400 kbit/s（飞利浦快速模式）。

2）一个 4 级接收 FIFO 和一个 4 级发送 FIFO。

3）CPU 具有一个专用中断，该中断可以由以下条件产生：发送数据准备好、接收数据准备好、寄存器访问准备好、无应答接收、仲裁丢失、检测到停止条件以及作为从器件寻址。

4）当工作在 FIFO 模式，CPU 可以使用一个附加中断。

5）可以使能/禁止 I2C 模块。

6）自由数据格式模式。

2. I2C 总线不支持的功能

1）高速模式（Hs 模式）。

2）CBUS 兼容模式。

13.1.2 功能概述

每个连接到 I2C 总线的器件都有一个唯一的识别地址。根据器件功能的不同，每个器件都可以实现发送或接收功能。当进行数据传输时，连接到 I2C 总线的器件都可以作为主器件或从器件。主器件初始化总线上的数据传输并产生时钟信号。在传输过程中，任何由该主器件寻址的器件都可以看作是从器件。I2C 总线支持多个主器件模式，在这种模式下，能够控制 I2C 总线的一个或多个器件都可以连接到同一总线上。

在实现数据传输时，I2C 总线模块有一个数据引脚（SDA）和一个时钟引脚（SCL），如图 13-2 所示。这两个引脚在 I2C 总线的 28x 器件和其他器件的数据之间传输信息。SDA 和 SCL 引脚都可以双向传输信号，在使用时都必须通过一个上拉电阻给其施加正电源电压。当总线空闲时，两引脚均为高电平。这两个引脚都采用漏极开路配置以实现线“与”操作。

1. I2C 总线有两个主要的传输方式

标准模式：发送 n 个数据，n 指的是 I2C 模块编程的数值。

重复模式：一直发送数据直到软件产生一个停止（STOP）条件或者一个新的启动（START）条件。

2. I2C 模块的主要组成

1）一个串行接口：一个数据引脚 SDA 和一个时钟引脚 SCL。

2）数据寄存器和 FIFO：用于暂时保存 SDA 引脚和 CPU 之间接收或发送的传输数据。

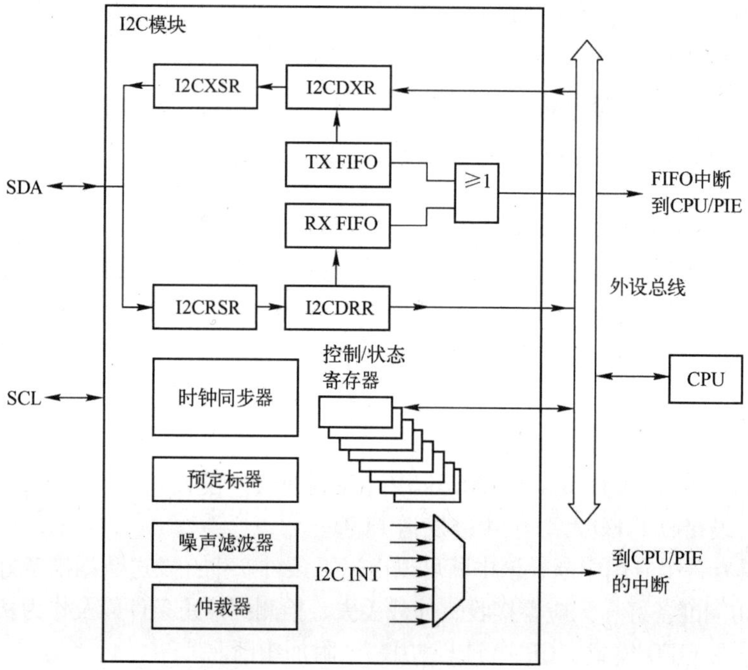

图 13-2　I2C 模块结构框图

3）控制和状态寄存器。

4）外设总线接口：用于使 CPU 访问 I2C 模块寄存器和 FIFO。

5）时钟同步器：用于完成来自器件时钟发生器的 I2C 输入时钟和 SCL 引脚的时钟同步，在不同时钟频率下实现与主器件的同步数据传输。

6）分频预定标：将输入时钟分频产生 I2C 模块时钟。

7）噪声滤波器：对 SDA 和 SCL 引脚上的信号进行滤波。

8）仲裁模块：用于完成 I2C 模块（作为主模块）与其他主模块之间的仲裁处理。

9）中断产生逻辑：用于向 CPU 发送中断信号。

10）FIFO 中断产生逻辑：可以使 FIFO 访问与 I2C 模块的数据接收和数据传输同步。

图 13-2 给出了在非 FIFO 模式下用于传输和接收的 4 个寄存器。在数据发送时，CPU 向寄存器 I2CDXR 写数据；在接收数据时，CPU 从寄存器 I2CDRR 中读数据。当 I2C 模块配置为发送器时，写入 I2CDXR 的数据被复制到寄存器 I2CXSR，并逐位地移位到 SDA 引脚。当 I2C 模块配置为接收器时，接收的数据移位到寄存器 I2CRSR，然后复制到 I2CDRR。

13.1.3　时钟产生

如图 13-3 所示，器件时钟发生器从外部时钟源接收信号，并根据程序设置的频率产生 I2C 输入时钟。I2C 输入时钟与 CPU 时钟相等，并在 I2C 模块内两次分频产生模块时钟和主时钟。

模块时钟决定了 I2C 模块运行的频率。I2C 模块内的一个可编程预定标器将 I2C 的输入时钟分频以产生模块时钟。为了确定分频值，可以初始化预定标寄存器的 IPSC 值。计算方法如下：

$$模块时钟频率 = I2C\ 输入时钟频率/(IPSC + 1)$$

注意：为符合所有 I2C 模块的时间标准，模块时钟必须配置在 7 ~ 12 MHz 范围内。

只有当 I2C 模块处于复位状态（I2CMDR 的 IRS 位 = 0）时才能初始化预定标。而只有当 IRS 由 0 变 1 时预定标产生的频率才起作用。当 IRS = 1 预定标频率无效时才能改变 IPSC 的值。

当 I2C 模块配置为 I2C 总线的主模块时，SCL 引脚输出时钟信号，该时钟控制 I2C 模块和从模块之间通信的时序。如图 13-3 所示，模块时钟经过再次分频作为主模块时钟。时钟分频器采用 I2CCLKL 寄存器的 ICCL 值对模块时钟信号的低频段进行分频，采用 I2CCLKH 寄存器的 ICCH 值对模块时钟信号的高频段进行分频。

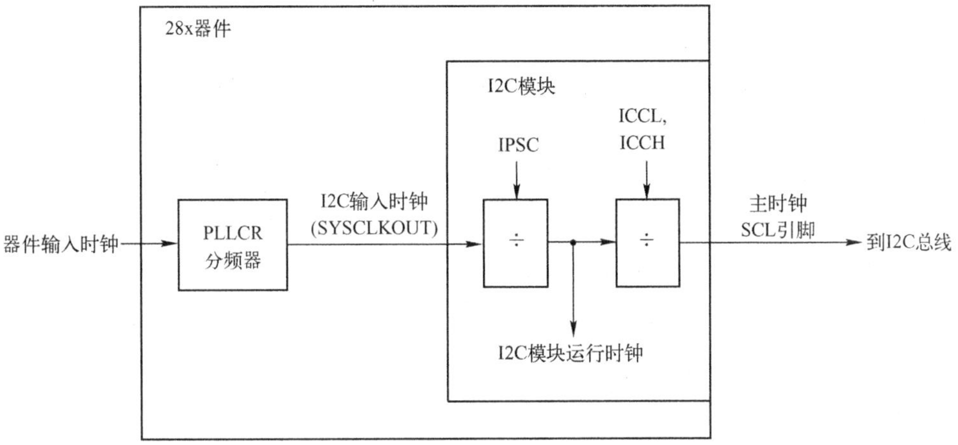

图 13-3　I2C 模块时钟产生结构图

13.2　I2C 模块的操作

13.2.1　输入和输出电平

主器件为每一个数据传输产生一个时钟脉冲。由于不同器件采用的技术标准不同，连接到 I2C 总线上的器件的逻辑 0（低电平）和逻辑 1（高电平）是不固定的，由器件的 V_{DD}值决定。

13.2.2　数据状态

在时钟信号为高电平的过程中，SDA 必须稳定。只有在 SCL 的时钟信号为低电平时才能够改变 SDA 数据信号的高/低电平状态。图 13-4 为 I2C 总线的数据传输状态。

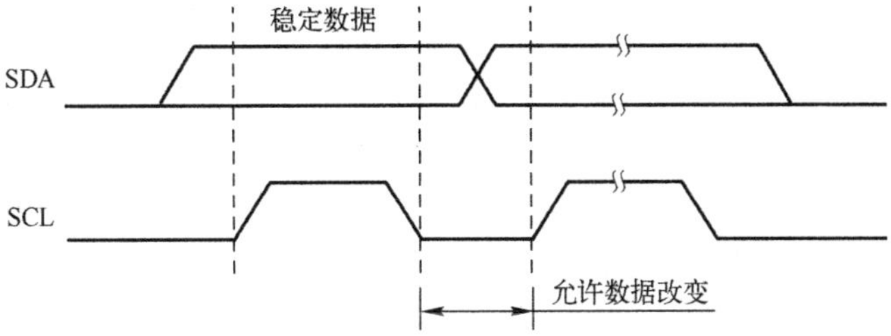

图 13-4　I2C 总线的数据传输状态

13.2.3 操作模式

I2C 模块有 4 种支持数据主、从传输的模式，见表 13-1。如果 I2C 模块工作在主模式，它作为一个主发送器通常给特定的从模块发送地址。当给从模块发送数据时，I2C 必须保持主发送器模式。当由从模块接收数据时，I2C 必须变成主接收器模式。

表 13-1 I2C 模块的工作模式

操作模式	描述
从接收器模式	I2C 模块作为从模块，从主模块接收数据 所有从模块均从该模式启动。在该模式下，SDA 上接收的串行数据根据主模块产生的时钟脉冲进行移位。作为从模块，I2C 模块不产生时钟信号，但当接收到一个字节之后请求器件干预时（I2CSTR 寄存器的位 RSFULL = 1），它可将 SCL 置低
从发送器模式	I2C 模块作为从模块，向主模块发送数据 该模式只能由从接收器模式进入，I2C 模块必须首先从主模块接收命令。当使用 7 位/10 位地址格式时，如果从地址字节与其本身地址（I2COAR）相同且主模块已发送 $R/\overline{W}=1$，I2C 模块进入从发送器模式。作为从发送器，I2C 模块根据主模块产生的时钟脉冲将串行数据移位输出到 SDA。作为从模块，I2C 模块不产生时钟信号，但当发送一个字节之后请求器件干预时（I2CSTR 寄存器的 XSMT = 0），它可将 SCL 置低
主接收器模式	I2C 模块作为主模块，由从模块接收数据 该模式只能从主发送器模式进入。I2C 必须首先向从模块发送命令。当使用 7 位/10 位寻址格式时，在发送从地址和 $R/\overline{W}=1$ 之后，I2C 模块进入主接收器模式。SDA 上的串行数据根据 SCL 的时钟脉冲移位到 I2C 模块。当接收到一个字节之后请求器件干预时（RSFULL = 1），时钟脉冲被禁止且 SCL 保持为低电平
主发送器模式	I2C 模块作为主模块，向从模块发送控制信息和数据 所有主模块由该模式启动。在该模式下，7 位/10 位寻址格式的数据将移位到 SDA。数据移位与 SCL 的时钟同步。当发送一个字节之后请求器件干预时（XSMT = 0），时钟脉冲被禁止且 SCL 保持为低电平

如果 I2C 模块工作在从模式，它作为一个从接收器，通常当从主模块识别出它的从地址时发送应答信号。如果主模块正在向 I2C 模块发送数据，该模块必须保持从接收器模式。如果主模块请求 I2C 模块发送数据，该模块必须改变成从发送器模式。

13.2.4 I2C 模块启动与停止条件

当模块配置为 I2C 总线的主模块时，由 I2C 模块产生启动（START）与停止（STOP）条件（Condition），如图 13-5 所示。

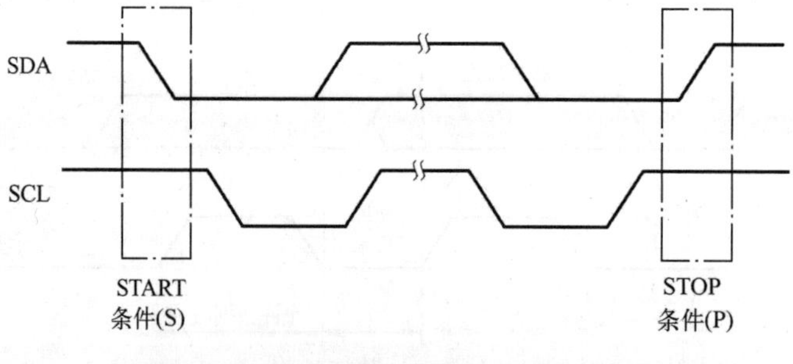

图 13-5 I2C 模块的 START 与 STOP 条件

START 条件定义为当 SCL 为高电平时，SDA 信号由高电平转换为低电平的过程。主模块输出 START 条件表示数据传输开始。

STOP 条件定义为当 SCL 为高电平时，SDA 信号由低电平转换为高电平的过程。主模块输出 STOP 条件表示数据传输结束。

在 START 条件之后，STOP 条件产生之前，I2C 总线处于繁忙状态，I2CSTR 寄存器的总线繁忙标志位（BB）为 1。在 STOP 条件之后和下一个 START 条件来临之前，I2C 总线处于空闲状态，BB 为 0。

当发出 START 条件 I2C 模块开始数据传输时，I2CMDR 中的主模式位（MST）和 START 条件位（STT）必须置 1。当发出 STOP 信号 I2C 模块结束数据传输时，STOP 条件位（STP）必须置 1。当 BB 位和 STT 位都设置为 1 时，产生重复 START 操作。

13.2.5 串行数据格式

图 13-6 给出了 I2C 总线的数据传输格式。I2C 模块支持 1 ~ 8 位数据值。数据线 SDA 上的每一位与 SCL 上的一个脉冲对应，且发送过程总是先发送最高有效位（MSB）。传输或接收的数据个数没有限制。图 13-6 中所用的串行数据格式为 7 位地址格式。I2C 模块支持图 13-7 ~ 图 13-9 给出的地址格式。

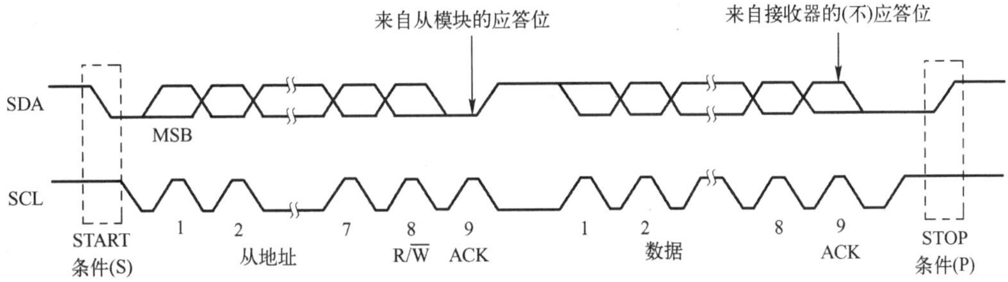

图 13-6　I2C 模块数据传输格式（7 位寻址和 8 位数据结构）

1. 7 位地址格式

在 7 位地址格式下（如图 13-7 所示），START 信号之后的第一个字节包括 7 位从地址和 1 位 $R/\overline{W}$ 位。$R/\overline{W}$ 位确定数据传输的方向：

1	7	1	1	n	1	n	1	1
S	xxxxxxx	$R/\overline{W}$	ACK	数据	ACK	数据	ACK	P
	7位从地址							

图 13-7　I2C 模块 7 位寻址格式（I2CMDR. FDF = 0，XA = 0）

① $R/\overline{W}$ = 0：主模块写数据到从地址模块。

② $R/\overline{W}$ = 1：主模块由从模块读取数据。

在每个字节传输完成之后，插入一个应答位 ACK 专用的额外时钟周期。如果主模块发送完第一个字节后从模块发送一个应答信号，根据 $R/\overline{W}$ 位的状态，在应答信号之后主模块或从模块就会发送 n 位数据，n 的数值可以是 1 ~ 8 之间的数，由寄存器 I2CMDR 的 BC 位确定。数据发送完成之后，接收器会插入一个应答位。

如果要选择7位地址格式，向I2CMDR寄存器的扩展地址写入0以使能XA位，并确认自由数据格式模式处于关闭状态（I2CMDR. FDF =0）。

2. 10位地址格式

10位地址格式与7位地址格式类似，如图13-8所示，但不同的是主模块发送从地址采用两个分离的字节传输。第一个字节由11110B、10位从地址的两个MSB和 $R/\overline{W}=0$ 组成，第二个字节是10位从地址的剩余8位地址。从模块在每两字节传输完成之后必须发送一个应答信号。当主模块将第二个字节的地址写到从模块后，主模块可以写数据或者使用START信号重复操作改变数据传输方向。

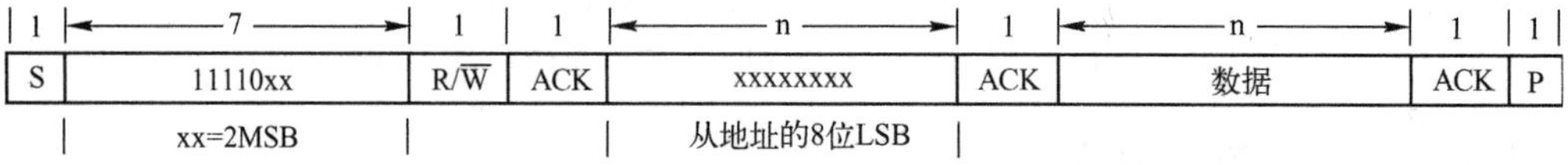

图13-8　I2C模块10位寻址格式（I2CMDR. FDF =0，XA =1）

如果要选择10位寻址格式，向I2CMDR寄存器的XA位写入1，并确认自由数据格式模式处于关闭状态（I2CMDR. FDF =0）。

3. 自由数据格式

在自由数据格式下，如图13-9所示，START之后的第一个字节是一个数据字节。在每个数据字节结束后插入一个应答位ACK，数据字节的长度根据I2CMDR寄存器的BC位可以设置为1~8位，不发送地址或数据方向信息。因此，在该方式下发送器和接收器都必须支持自由数据格式，并且在数据传输的过程中，数据传输的方向必须保持不变。

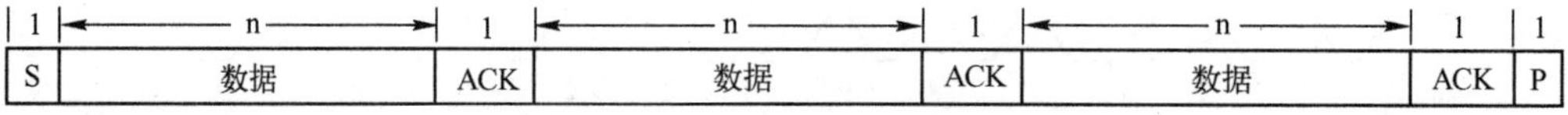

图13-9　I2C模块自由数据格式（I2CMDR寄存器的FDF =1）

如果要选择自由数据格式，向I2CMDR寄存器的自由数据格式（FDF）位写1。在数字自循环测试（Loopback）模式下，不支持自由数据格式。

4. 重复START操作

在每个数据字节传输结束时，主模块可以驱动另外的START操作。利用这一点，主模块可以与多个从地址通信而不需要通过STOP操作放弃总线控制权。数据字节的长度可以设置为1~8位，由I2CMDR寄存器BC位选择。重复START操作可以使用7位地址格式，10位地址格式和自由数据格式。图13-10给出了一个7位地址格式的重复START操作。

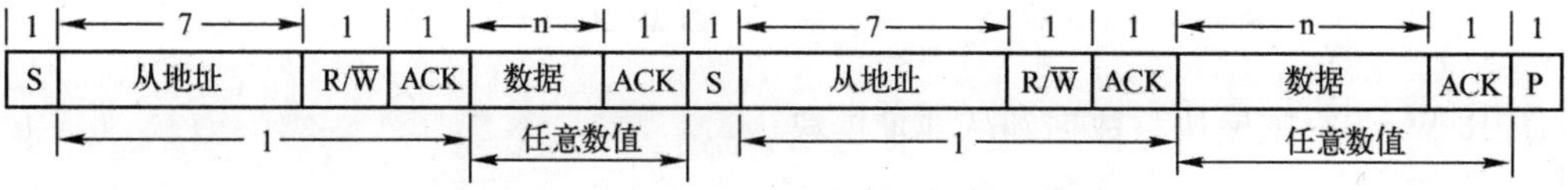

图13-10　重复START操作（7位地址格式）

13.2.6　不应答（NACK）位产生

当I2C模块作为主/从接收器时，可以应答或忽略发送器发送的位。为了忽略任何总线上发送的新信号，I2C 模块必须在总线应答过程中发送一个不应答位（NACK）。表 13-2 总结了可以产生 NACK 的各种方式。

表 13-2　产生 NACK 位的方式

I2C 模块操作	NACK 位产生选择
从接收器模式	允许产生过载（RSFULL = 1）
	复位模块（IRS = 0）
	在需要接收最后一个数据的上升沿之前置位 NACKMOD 位
主接收器模式与重复模式（ICCMDR 的 RM = 1）	产生 STOP 条件（STP = 1）
	复位模块（IRS = 0）
	在需要接收最后一个数据的上升沿之前置位 NACKMOD 位
主接收器模式与不重复模式（ICCMDR 的 RM = 0）	如果 I2CMDR 的 STP = 1，允许内部数据计数器计数到 0，并因此强制产生 STOP 条件
	如果 STP = 0，使 STP = 1 产生一个 STOP 条件
	复位模块（IRS = 0），使 STP = 1 产生一个 STOP 条件
	在需要接收最后一个数据的上升沿之前置位 NACKMOD 位

13.2.7　时钟同步

在通常情况下，只有一个主器件产生时钟信号 SCL，而在仲裁程序中可以有两个或多个主器件。为了使输出数据具有比较性，时钟必须保持同步。图 13-11 给出了时钟同步时序图。SCL 的线与意味着一旦有一个器件在 SCL 产生低电平信号，则其他器件也被强制为低电平，即在这个由高电平到低电平的过程中，其他器件产生的时钟强制置低电平，并且只要有器件的时钟信号为低则 SCL 一直保持低电平。只有总线 SCL 的低电平状态结束，其他器件时钟的低电平状态才可以结束。在变换为高电平状态之前，首先获得一个 SCL 的同步信号。该同步信号低电平状态的长度由最慢的器件时钟信号决定，高电平状态的长度由最快的器件时钟信号决定。

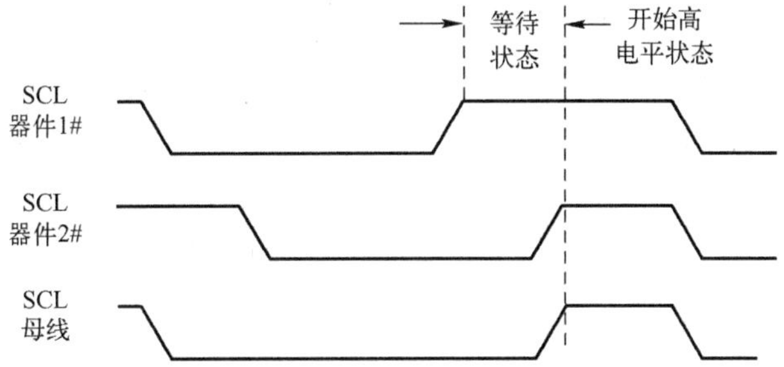

图 13-11　仲裁过程中两个 I2C 模块时钟的同步

如果有器件需要将时钟信号强制拉低并保持一个较长的时间，那么其他时钟发生器都进入等待状态。在这种工作状态下，从器件将主器件的工作时钟变慢，并为储存接收的字节或发送字节创造了足够的时间。

13.2.8 仲裁

如果两个或更多个主发送器要同时向同一个总线发送数据，就需要启动仲裁程序。通过仲裁决定如何选取串行数据总线上的数据。图 13-12 给出了两器件的仲裁过程。一个主发送器将 SDA 置高电平，被另一个将 SDA 置低电平的主发送器控制。也就是说，传输最低二进制串行数据流的器件具有优先权。如果两个或多个器件发送的数据首字节相等，则仲裁结果将继续选取随后的数据字节。

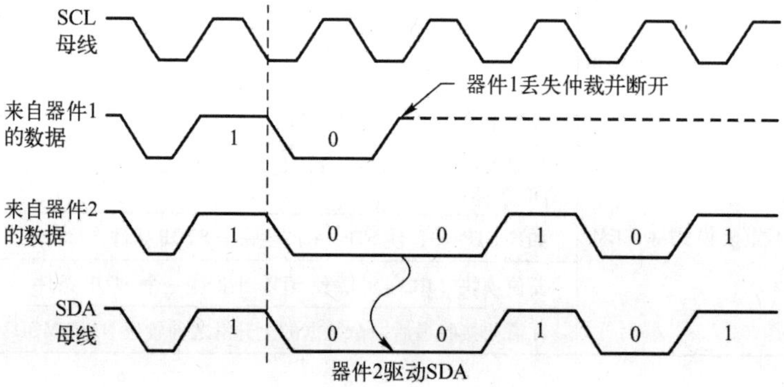

图 13-12　两个主发送器之间的仲裁过程

如果 I2C 模块丢失主模块模式，它就转变为从接收器模式，发送仲裁丢失标志（AL），并产生一个仲裁丢失中断请求。

如果在串行传输过程中，向 SDA 发送重复 START 或 STOP 操作指令时一个仲裁程序也正在运行，其主发送器必须在同一位置以固定格式发送重复 START 或 STOP 操作指令，不能在以下数据信号之间产生仲裁：

① 重复 START 条件与一个数据位之间。

② STOP 条件与一个数据位之间。

③ 重复 START 条件与 STOP 条件之间。

13.3 I2C 模块的中断请求

I2C 模块可以产生 7 种基本的中断请求，其中有两种中断用来确定 CPU 何时写入传输数据以及何时读取接收的数据。如果要 FIFO 进行传输和接收数据的操作，也可以调用 FIFO 中断。I2C 基本中断配置于 PIE 第 8 组的中断 1(I2CINT1A_ISR)，FIFO 中断配置于 PIE 第 8 组的中断 2(I2CINT2A_ISR)。

13.3.1 I2C 模块基本中断

I2C 模块产生的中断请求见表 13-3。如图 13-13 所示，所有中断请求都汇集到仲裁器，通过仲裁判断之后再向 CPU 发出一个 I2C 中断请求。在状态寄存器（I2CSTR）中给每个中断请求都分配了一个标志位，在中断使能寄存器（I2CIER）中给每个中断分配了一个使能位。当产生一个中断请求时，其标志位就置位，如果此时相应的使能位为 0，则不响应该中断请求。如果使能位为 1，则该请求作为一个 I2C 中断发送到 CPU。

表 13-3　基本 I2C 请求功能描述

I2 C 中断请求	中　断　源
XRDYINT	发送准备好条件：当前一个数据从数据发送寄存器 I2CDXR 复制到发送移位寄存器 I2CXSR 后，I2CDXR 便准备好接收新数据。 可以采用另一种方法代替使用 XRDYINT：CPU 查询 I2CSTR 状态寄存器的 XRDY 位。XRDYINT 不适用于 FIFO 模式，而采用 FIFO 中断
RRDYINT	接收准备好条件：当数据已经从接收移位寄存器 I2CRSR 复制到数据接收寄存器 I2CDRR 之后，寄存器 I2CDRR 便为读取做好准备。 可以采用另一种方法代替使用 RRDYINT：CPU 查询 I2CSTR 状态寄存器的 RRDY 位。RRDYINT 不适用于 FIFO 模式，而采用 FIFO 中断
ARDYINT	寄存器访问准备好条件：当之前的可编程地址、数据和指令值已使用之后，I2C 模块寄存器便为访问做好准备。 发生 ARDYINT 的事件与设置 I2CSTR 寄存器中的 ARDY 位等效。可以采用另一种方法代替使用 ARDYINT：CPU 查询寄存器 I2CSTR 中的 ARDY 位
NACKINT	不应答条件：I2C 模块作为主发送器模块且没有接收到从接收器的应答信号 可以采用另一种方法代替使用 NACKINT：CPU 查询 I2CSTR 中的 NACK 位
ALINT	仲裁丢失条件：I2C 模块在与另一个主发送器的竞争中丢失了仲裁权。 可以采用另一种方法代替使用 ALINT：CPU 查询 I2CSTR 中的 AL 位
SCDINT	停止（STOP）条件检测：已检测到 I2C 总线上的 STOP 条件。 可以采用另一种方法代替使用 SCDINT：CPU 查询 I2CSTR 中的 SCD 位
AASINT	地址为从器件条件：I2C 模块被 I2C 总线上的另一个主器件地址作为从器件。 可以采用另一种方法代替使用 AASINT：CPU 查询 I2CSTR 中的 AAS 位

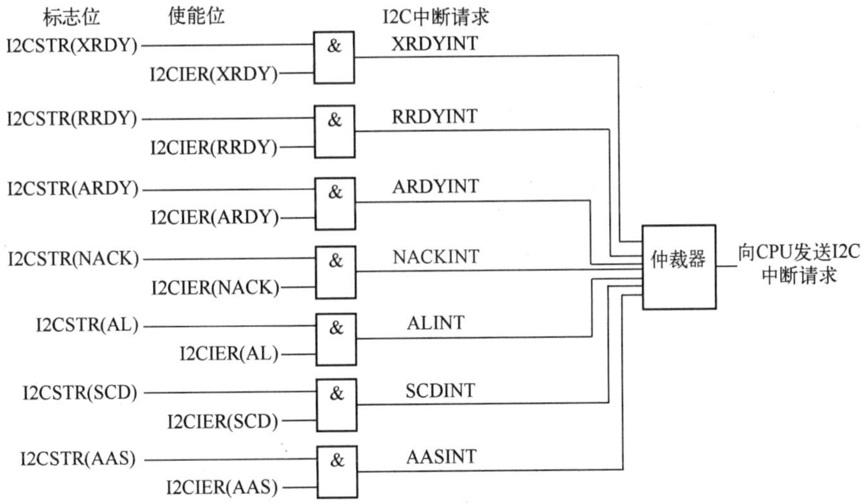

图 13-13　I2C 中断请求的工作方式

I2C 中断是 CPU 的可屏蔽中断之一。与其他可屏蔽中断一样，如果 CPU 能够响应该中断，便执行响应的中断服务程序（I2CINT1A_ISR）。I2C 中断的 I2CINT1A_ISR 通过读取中断源寄存器 I2CISRC 中的相应信息来确定中断源，然后执行中断服务子程序。

CPU 读取中断源寄存器 I2CISRC 之后，将进行以下步骤：

① 清除 I2CSTR 寄存器中相应的中断源标志位，但 I2CSTR 中的 ARDY、RRDY 及 XRDY 位不清除。当需要清除时，向该位写 1。

② 通过仲裁确定剩下的其他中断请求中哪个具有最高优先级，在寄存器 I2CISRC 中做出标记，并将该中断请求发送给 CPU。

13.3.2 I2C 模块的 FIFO 中断

除了 7 个基本 I2C 中断之外，每个发送 FIFO 与接收 FIFO 都能够产生一个中断（I2CINT2A）。可以配置发送 FIFO，使其在发送一定数量的字节之后产生一个中断，字节数最多为 16。可以配置接收 FIFO，使其在接收一定数量的字节之后产生一个中断，字节数最多为 16。这两个中断经“或”操作到一个可屏蔽 CPU 中断。中断服务子程序通过读取 FIFO 中断标志位来确定该中断属于哪个中断源。

13.4 复位/禁止 I2C 模块

可以通过以下两种方式复位/禁止 I2C 模块。

1）将 I2C 模式寄存器 I2CMDR 的 I2C 复位位 IRS 置 0。寄存器 I2CSTR 中的所有状态位均被强制恢复到其默认值，I2C 模块保持禁止状态直到 IRS 位变为 1。SDA 和 SCL 引脚均为高阻抗状态。

2）通过将$\overline{XRS}$引脚拉低初始化 DSP。该操作复位整个 DSP 并使 DSP 保持复位状态直到引脚位被拉高。当释放$\overline{XRS}$引脚时，所有 I2C 模块寄存器复位到其默认值，IRS 位被强制置 0 从而复位 I2C 模块。I2C 模块保持复位状态直至 IRS 位置 1。

在配置或重新配置 I2C 模块时 IRS 必须保持为 0。将 IRS 强制置 0 可以节省电能或清除错误状态。

13.5 I2C 模块的寄存器

I2C 模块有如下相关寄存器：

- I2C 自身地址寄存器：I2COAR。
- I2C 中断使能寄存器：I2CIER。
- I2C 状态寄存器：I2CSTR。
- I2C 时钟低时间分频器寄存器：I2CCLKL。
- I2C 时钟高时间分频器寄存器：I2CCLKH。
- I2C 数据计数寄存器：I2CCNT。
- I2C 数据接收寄存器：I2CDRR。
- I2C 数据从地址寄存器：I2CSAR。
- I2C 数据发送寄存器：I2CDXR。
- I2C 模式寄存器：I2CMDR。
- I2C 中断源寄存器：I2CISRC。

- I2C 扩展模式寄存器：I2CEMDR。
- I2C 预定标器寄存器：I2CPSC。
- I2C FIFO 发送寄存器：I2CFFTX。
- I2C FIFO 接收寄存器：I2CFFRX。
- I2C 接收移位寄存器：I2CRSR（CPU 不能访问）。
- I2C 发送移位寄存器：I2CXSR（CPU 不能访问）。

下面详细介绍这些寄存器。

1. 模式寄存器 I2CMDR

寄存器 I2CMDR（I2C Mode Register）是一个 16 位寄存器，包含 I2C 模块的所有控制位。格式如下。

15	14	13	12	11	10	9	8
NACKMOD	FREE	STT	Reserved	STP	MST	TRX	XA
R/W-0	R/W-0	R/W-0	R/W-0	R/W-0	R/W-0	R/W-0	R/W-0

7	6	5	4	3	2		0
RM	DLB	IRS	STB	FDF	BC		
R/W-0	R/W-0	R/W-0	R/W-0	R/W-0	R/W-0		

位 15，NACKMOD：NACK 模式位。该位只有当 I2C 模块为接收状态时才有效。

- 0：从接收模式。在总线的每个 ACK 周期，I2C 模块都要发送一个 ACK 位到发送器。如果设置了 NACKMOD 位，I2C 模块仅发送一个 NACK 位。

主控接收模式：在总线的每个 ACK 周期，I2C 模块都要发送一个 ACK 位到发送器，直到内部的数据计数器计数到 0 为止。数据计数器计数为 0 时，I2C 模块发送一个 NACK 位到发送器。如果设置了 NACKMOD 位，I2C 模块会早些发送一个 NACK 位。

- 1：从动接收/主控接收模式。I2C 模块在总线的下一个应答周期发送一个 NACK 位到发送器。一旦发送了 NACK 位，就清除 NACKMOD 位。

注意：为了在总线的下一个周期发出一个 NACK 位，在最后一个数据位的上升沿之前，用户必须设置 NACKMOD 位。

位 14，FREE：仿真调试控制位。当仿真调试器遇到断点时，该位控制 I2C 模块在仿真调试时所做的动作。

- 0：主模式。当中断发生时，如果 SCL 为低，I2C 模块立即停止并且保持 SCL 为低（不论 I2C 模块为接收还是发送）。如果 SCL 为高电平，I2C 模块处于等待状态直到 SCL 变为低，然后停止。

从模式：当前的发送或者接收任务完成时，断点可以强制停止 I2C 模块。

- 1：自由运行。当一个中断发生时，它仍然继续运行。

位 13，STT：启动（START）条件位，仅仅用于 I2C 模块为主模式。当 I2C 模块启动与停止数据传送时，会检测 RM、STT 及 STP 位。STT 位与 STP 位可用于终止重复模式，当 IRS = 0 时，不能写 STT 位。

- 0：在主控模式时，启动（START）条件产生后，STT 自动清除。
- 1：在主控模式时，置位 STT 为 1。引起 I2C 模块在总线上产生一个启动（START）条件。

位 12，保留位。

位 11，STP：停止（STOP）条件位，仅仅用于 I2C 模块为主控模式。在主模式下，当 I2C 模块启动与停止数据传送时，会检测 RM、STT 及 STP 位。STT 位与 STP 位可用于终止重复模式，当 IRS = 0 时，不能写 STP 位。

- 0：停止（STOP）条件产生后，STP 自动清除。
- 1：当内部的数据计数器计数到 0，DSP 产生一个停止（STOP）条件时，STP 位置为 1。

位 10，MST：主模式位。不论 I2C 模块是处于主控模式还是从动模式，都会检测 MST 位。当 I2C 模块产生一个停止（STOP）条件时，MST 位自动从 1 变到 0。

- 0：从模式。I2C 模块工作于从模式，从主器件接收串行时钟脉冲。
- 1：主模式。I2C 模块工作于主模式，在 SDL 引脚上产生串行时钟脉冲。

位 9，TRX：发送模式位。TRX 选择 I2C 模块是处于发送模式还是接收模式。

- 0：接收模式。I2C 模块为一个接收器，从 SDA 引脚接收数据。
- 1：发送模式。I2C 模块为一个发送器，从 SDA 引脚发送数据。

位 8，XA：扩展地址使能位。

- 0：7 位地址格式。I2C 模块发送 7 位从地址（从地址寄存器（I2CSAR）中位 6 ~ 0），它自身有 7 位从地址（自身地址寄存器（I2COAR）中位 6 ~ 0）。
- 1：10 位地址格式（扩展地址格式）。I2C 模式发送 10 位从地址（从地址寄存器 I2CSAR 中位 9 ~ 0），它本身有 10 位从地址（自身地址寄存器 I2COAR 中位 9 ~ 0）。

位 7，RM：重复模式位（只适用于 I2C 模块为主发送模式）。当 I2C 模块启动和停止数据传输时将检测 RM、STT、STP 位。

- 0：非重复模式。数据计数寄存器（I2CCNT）的值确定还有多少字节要通过 I2C 模块发送或接收。
- 1：重复模式。每当数据发送寄存器（I2CDXR）写入数据就启动一次字节发送，直到用户设置 STP 位为 1（或在 FIFO 模式时，发送 FIFO 寄存器为空），忽略数据计数寄存器（I2CCNT）的值。当数据发送寄存器（I2CDXR）或 FI FO 中更多的数据准备好时，使用 ARDY 位和中断，直到所有数据已经传送或者 CPU 写了停止（STP）位为止。

位 6，DLB：数字回环模式位。

- 0：禁止数字回环模式。
- 1：使能数字回环模式。为了正确使用这个模式，MST 位必须设置为 1。

在数字回环模式中，数据发送寄存器（I2CDXR）发送出去的数据在 N 个时钟周期后通过一个内部路径返回到数据接收寄存器（I2CDRR）接收。

$$N = (\text{I2C 模块输入时钟频率/模块时钟频率}) \times 8$$

发送时钟频率与接收时钟频率相等。在 SDA 引脚上发送的地址是自身地址寄存器（I2COAR）中的地址。数字回环模式位（DLB）的作用如图 13-14 所示。注意：数字回环模式不支持自由数据格式（FDF = 1）。

位 5，IRS：I2C 模块复位位。

- 0：复位/禁止 I2C 模块。当该位清 0 时，设置状态寄存器（I2CSTR）状态位为默认值。

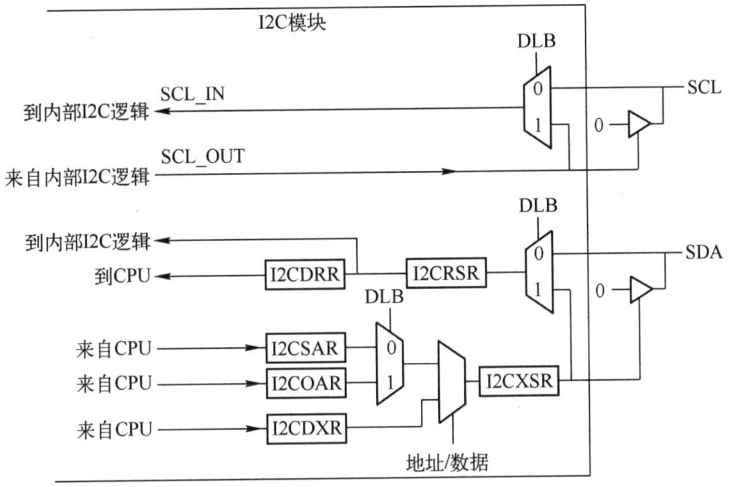

图 13-14　DLB 模式位作用框图

- 1：使能 I2C 模块。如果 I2C 外部设备悬挂，可以通过该位释放 I2C 总线。

位 4，STB：启动（START）字节模式位。只有 I2C 模块为主控模式时，该位有效。从动需要较长的时间来检测一个启动（START）条件，而启动字节可用于帮助从动来检测启动（START）条件。当 I2C 模块为从模式时，不论 STB 的值是什么，它将忽略主器件中的启动（START）字节。

- 0：I2C 模块不处于启动字节模式。
- 1：I2C 模块为启动字节模式。当用户设置启动（START）条件位（STT）时，I2C 模块开始传送比一个启动（START）条件更多的信息。

一个启动（START）条件。

一个启动（START）字节（0000 0001b）。

一个虚读应答时钟脉冲。

一个重复的启动（START）条件。

然而通常 I2C 模块发送从地址寄存器（12CSAR）中的从地址。

位 3，FDF：自由数据格式模式位。

- 0：禁止自由数据格式模式。通过 XA 位选择使用 7 位/10 位地址格式。
- 1：使能自由数据格式模式。使用自由数据格式（没有地址）。

在数字回环模式（DLB =1）中小支持自由数据格式。

位 2 ~0，BC：计数位，BC 定义下一个字节的位数。BC 选定的位数必须与其他驱动器数据位数相匹配。当 BC =000b 时，数据字节为 8 位。BC 不影响地址字节（总是 8 位）。

- 000：每字节 8 位。
- 001：每字节 1 位。
- 010：每字节 2 位。
- 011：每字节 3 位。
- 100：每字节 4 位。
- 101：每字节 5 位。

● 110：每字节 6 位。

● 111：每字节 7 位。

通过 RM、STT 和 STP（I2CMDR）配置主控接收与发送总线活动情况见表 13-4。修改 MST 和 FDF 位对 TRX 位的影响见表 13-5。

表 13-4　通过 RM、STT 和 STP（I2CMDR）配置主控接收与发送总线活动情况

RM	STT	STP	总线活动性	描　述
0	0	0	不活动	无活动性
0	0	1	P	停止状态
0	1	0	S－A－D…(n)…D	启动状态，从地址，n 数据字节（n 为数据计数寄存器 I2CCNT 中的值）
0	1	1	S－A－D…(n)…D－P	启动状态，从地址，n 数据字节，结束状态（n 为数据计数寄存器 I2CCNT 中的值）
1	0	0	不活动	无活动性
1	0	1	P	停止状态
1	1	0	S－A－D－D－D	重复模式转换，启动状态，从地址，连续数据转换直到结束状态或者下一个启动状态
1	1	1	不活动	保留位

注：S 为启动状态；A 为地址；D 为数据字节；P 为停止状态。

表 13-5　MST、FDF 位对 TRx 位的影响

MST	FDF	I2C 模块状态	TRX 作用
0	0	从模式但非自由数据格式模式	可以忽略 TRX。根据主器件的命令，选择 I2C 模块从器件作为接收器还是发送器
0	1	从模式且为自由数据格式模式	自由数据格式模式要求 I2C 模块保持为一种模式（接收模式或发送模式）。TRX 标识规则：TRX＝0 为接收器；TRX＝1 为发送器
1	0	主模式但非自由数据格式模式	TRX＝0 为接收器；TRX＝1 为发送器
1	1	主模块且为自由数据格式模式	TRX＝0 为接收器；TRX＝1 为发送器

2. I2C 模块扩展模式寄存器 I2CEMDR

寄存器 I2CEMDR（I2C Extended Mode Register）的位 15～1 位保留位。

位 0，BCM：向后兼容模式位。在从传送模式下，该位影响传送状态位［状态寄存器（I2CSTR）的 XRDY 和 XSMT 位］的时序，如图 13-15 所示。

3. I2C 模块中断使能寄存器 I2CIER

寄存器 I2CIER（I2C Interrupt Enable Register）用来使能或禁止 I2C 中断请求，其各位功能如下。

7	6	5	4	3	2	1	0
Reserved	AAS	SCD	XRDY	RRDY	ARDY	NACK	AL
R/W-0	R/W-0	R/W-0	R/W-0	R/W-0	R/W-0	R/W-0	R/W-0

位 15～7，保留位。

位 6，AAS：从地址中断使能位。

● 0：禁止中断请求。

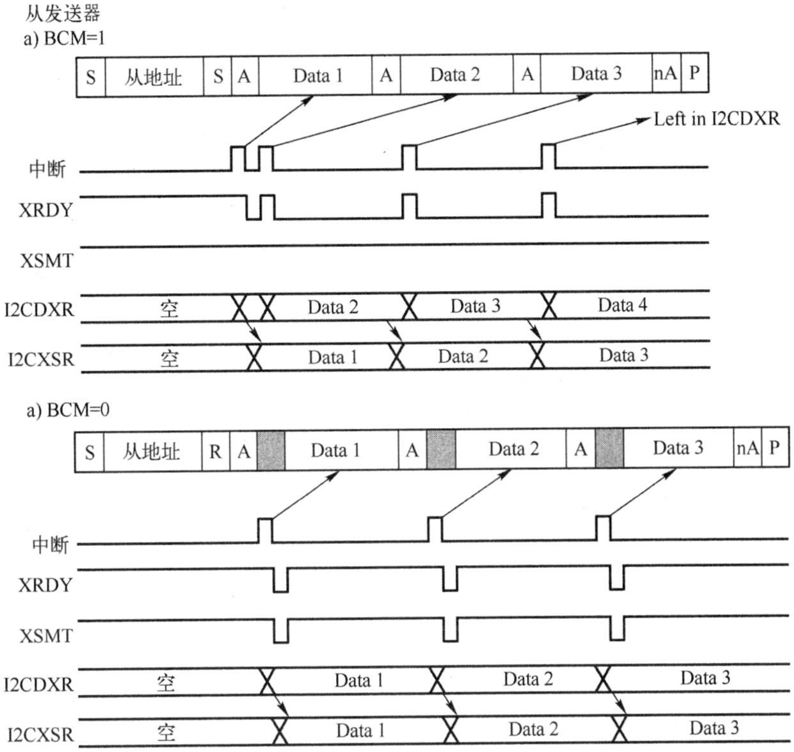

图 13-15　从传送模式下 BCM 位的影响

- 1：使能中断请求。

位 5，SCD：停止（STOP）条件检测中断使能位。

- 0：禁止中断请求。
- 1：使能中断请求。

位 4，XRDY：发送数据就绪中断使能位，该位在 FIFO 模式不能设置。

- 0：禁止中断请求。
- 1：使能中断请求。

位 3，RRDY：接收数据就绪中断使能位，该位在 FIFO 模式不能设置。

- 0：禁止中断请求。
- 1：使能中断请求。

位 2，ARDY：寄存器就绪中断使能位。

- 0：禁止中断请求。
- 1：使能中断请求。

位 1，NACK：不应答中断使能位。

- 0：禁止中断请求。
- 1：使能中断请求。

位 0，AL：丢失仲裁中断使能位。

- 0：禁止中断请求。
- 1：使能中断请求。

4. I2C 模块状态寄存器 I2CSTR

寄存器 I2CSTR（I2C Status Register）是一个 16 位寄存器，用于判定已发生的中断，并且读取状态信息。该寄存器的各位及其功能如下。

15	14	13	12	11	10	9	8
Reserved	SDIR	NACKSNT	BB	RSFULL	XSMT	AAS	AD0
R–0	R/W1C–0	R/W1C–0	R–0	R–0	R–1	R–0	R–0

7	6	5	4	3	2	1	0
Reserved		SCD	XRDY	RRDY	ARDY	NACK	AL
R–0		R/W1C–0	R–1	R/W1C–0	R/W1C–0	R/W1C–0	R/W1C–0

位 15，保留位。

位 14，SDIR：从动方向位。

• 0：I2C 模块作为从发送器不分配地址。以下事件之一都能将 SDIR 清零：

手动写入 1 清零。

数字回环模式使能。

I2C 总线上出现启动（START）或者停止（STOP）条件。

• 1：I2C 总线作为从发送器分配了地址。

位 13，NACKSNT：NACK 发送位，当 I2C 模式处于接收模式时使用该位。当使用不应答（NACK）模式时，NACKSNT 受影响。

• 0：没有发送 NACK 位。下列任何事件之一清零 NACKSNT 位：

手动写入 1 清零。

复位 I2C 模块（向 IRS 写入 0 或者器件复位）。

• 1：发送 NACK 位。在 I2C 总线上的应答周期内，发送了不应答位。

位 12，BB：总线忙位。BB 位给另外的数据传送器指明 I2C 总线是处于忙或空闲状态。写入 1 清 0 该位。

• 0：总线空闲。下列任何事件之一都能清零 BB 位。

I2C 模式接收或者发送一个停止位（总线空闲）。

手动清零 BB 位，写入 1 清零。

复位 I2C 模块。

• 1：总线忙。在 I2C 模式时，总线上已经发送或者接收一个启动位。

位 11，RSFULL：接收转换寄存器溢出位。RSFULL 表示接收时的溢出情况。当新的数据转移到接收转换寄存器（I2CRSR），且原来的数据没有从数据接收寄存器（I2CDRR）中读取时，就会发生溢出情况。

• 0：没有溢出发生。下列任何事件之一都能清零 RSFULL 位。

CPU 读数据接收寄存器（I2CDRR）寄存器。仿真器读数据接收寄存器（I2CDRR）寄存器，不会影响此位。

复位 I2C 模块。

• 1：发生了溢出。

位 10，XSMT：传送移位寄存器空。XSMT = 0 表示传送已发生下溢。若传送移位寄存器（I2CXSR）为空，而且最后一个从数据发送寄存器（I2CDXR）到 I2CXSR 的传送之后没有装载数据发送寄存器（I2CDXR），则发生下溢。直到数据发送寄存器（I2CDXR）中装载新数据时，下一个数据发送寄存器（I2CDXR）到 I2CXSR 的传送才发生。如果没有及时传送新数据，那么原来的数据可能在 SDA 引脚再次发送。

- 0：检测到下溢（空）。
- 1：未检测到下溢（不空）。通过下列事件之一能置位 XSMT 位。

写数据到数据发送寄存器（I2CDXR）。

复位 I2C 模块。

位 9，ASS：从地址位。

- 0：在 7 位地址格式时，当接收到一个 NACK、一个停止（STOP）条件或者一个启动（START）条件时，将清零 ASS 位。在 10 位地址格式中，当接收到一个 NACK、一个停止（STOP）条件或者一个与 I2C 模块外设本身从地址不同的从地址时，将清零 ASS 位。
- 1：I2C 模式有验证过的自己的从地址并且全为 0（产生一个呼叫信号）时，置位 ASS 位。在自由模式下（模式寄存器 I2CMDR 中的 FDF = 1），如果接收到第一字节，也置位 ASS 位。

位 8，ADO：地址的 0 位。

- 0：启动（START）条件或者停止（STOP）条件清零 ADO。
- 1：检测到一个全为 0 的地址（常规的呼叫）。

位 7 ~6，保留位。

位 5，SCD：停止（STOP）条件检测位。当 I2C 模块发送或接收到一个停止（STOP）条件时，置位 SCD 位。

- 0：没有检测到停止（STOP）条件，SCD 位为 0。

下列事件之一将清零 SCD 位：

当 I2CSRC 寄存器中包含 110b（检测到停止（STOP）条件）值时，CPU 读 I2CSRC 寄存器。仿真器读 I2CSRC 寄存器，不影响此位。

通过写入 1 清零 SCD 位。

复位 I2C 模块。

- 1：在 I2C 总线上检测到一个停止（STOP）条件。

位 4，XRDY：数据发送准备好中断标志位。不用 FIFO 模式中时，由于原来的数据已经从数据发送寄存器 I2CDXR 中复制到发送转换寄存器 I2CXSR 中，XRDY 表明数据发送寄存器 I2CDXR 已经准备好接收新数据。CPU 能够查询 XRDY 或使用 XRDY 中断请求。在 FIFO 模式中，可以使用 TXFFINT 来代替。

- 0：数据发送寄存器（I2CDXR）未准备好，当数据写入数据发送寄存器（I2CDXR）时，清零 XRDY 位。
- 1：数据发送寄存器（I2CDXR）准备好，数据已经从数据发送寄存器复制到 I2CXSR。当复位 I2C 模块时，强制置位 XRDY 位。

位 3，RRDY：数据接收准备好中断标志位。不用 FIFO 模式中时，闪为数据已经从接收转换寄存器（I2CRSR）复制到数据接收寄存器（I2CDRR），所以 RRDY 表明数据接收寄存器（I2CDRR）已经准备好接收数据。CPU 能够查询 RRDY 或使用 RRDY 中断请求。在 FIFO 模式中，可以使用 RXFFINT 来代替。

• 0：数据接收寄存器（I2CDRR）未准备好。下列事件之一将清零 RRDY 位：

CPU 读数据接收寄存器（I2CDRR）。仿真器读数据接收寄存器（I2CDRR）将不影响此位。

通过写入 1 清零 RRDY 位。

复位 I2C 模块。

• 1：数据接收寄存器（I2CDRR）准备好。数据已经从 12CRSR 复制到数据接收寄存器（12CDRR）。

位 2，ARDY：寄存器存取准备好中断标志位（仅当 I2C 模式为主控模式时才有效）。由于先前程序使用的地址、数据和命令值已经使用，ARDY 位表明 I2C 模块寄存器已经准备好接受访问。CPU 可以查询 ARDY 位或者使用 ARDY 中断请求。

• 0：寄存器存取未准备好。通过下列事件之一将清零 ARDY 位：

I2C 模块已经开始使用当前寄存器中的值。

一通过写入 1 清零 ARDY 位。

复位 I2C 模块。

• 1：寄存器存取准备好。

在非重启模式中（在模式寄存器 I2CMDR 中的 RM =0），如果模式寄存器（I2CMDR）中 STP =0，数据计数器减到 0，置位 ARDY 位；如果 STP =1，则 ARDY 位不会受到影响。此时，当数据计数器减到 0 时，I2C 模块产生停止（STOP）条件。

在重启模式中（在模式寄存器 I2CMDR 中的 RM =1），ARDY 位将在数据发送寄存器（I2CDXR）发送每个字节结束时置 1。

位 1，NACK：不应答中断标志位。当 I2C 模块作为一个发送器（无论是主还是从）时，将使用 NACK 位。NACK 位表示 I2C 模块是否已经从接收器查询到一个应答值（ACK）或者一个不应答位（NACK）。CPU 能查询 NACK 位或者使用 NACK 中断请求。

• 0：ACK 接收/NACK 未接收。通过下列事件之一将清零 NACK 位：

接收器已经发送了 ACK 位。

通过写入 1 清零 NACK 位。

CPU 读中断源寄存器（I2CISRC）并且该寄存器中包含 NACK 中断代码。仿真器读中断源寄存器（I2CISRC）将不影响此位。

复位 I2C 模块。

• 1：接收到 NACK 位。硬件检测到不应答位（NACK）已经接收。

注意：即使一个或者更多的从动发送器应答，当 I2C 模块执行一个常规的呼叫发送时，NACK 是 1。

位 0，AL：仲裁丢失中断标志位（仅仅当 I2C 位主发送模式时才有效）。AL 表示 I2C 模块已丢失仲裁竞争给另一个主发送器。CPU 能够查询 AIL 位或者使用 AL 中断请求。

• 0：仲裁未丢失。下列事件之一将清零 AL 位：

写入 1 清零 AL 位。

CPU 读中断源寄存器 I2CISRC 并且该寄存器中包含 AL 中断的代码。仿真器读中断源寄存器 I2CISRC 不影响此位。

复位 I2C 模块。

• 1：仲裁丢失。下列事件之一将置位 AL 位：

I2C 模块检测到几乎同时开始产生竞争的两个或多个发送器并丢失仲裁竞争。

当置位 BB 位（总线忙）时，I2C 模块将试图启动一个发送数据的过程。

当 AL 变为 1 时，将清零模式寄存器（I2CMDR）的 MST 位和 STP 位，I2C 模块转换成一个从接收器。

当 I2C 模块处于复位过程时，I2C 模块外部设备不能检测到启动（START）条件或者停止（STOP）条件，例如，设置 IRS 位为 0。因此，BB 位将保持复位时的状态，直到 I2C 模块外部设备复位完成，BB 位才会改变。例如，在 I2C 总线上检测到启动（START）条件或者停止（STOP）条件，IRS 位将置 1。

I2C 模块发送数据前的初始化，必须按下面步骤进行：

① 通过 IRS 位置 1，使 I2C 模块跳出初始化。在第一个数据发送前，等待一定的周期来扫描总线状态。设置这个周期大于数据发送最大时间。在 I2C 模块完成复位后，等待一定的时间，用户能确定 I2C 总线上至少一个启动（START）条件或者停止（STOP）条件将发生，并且由 BB 位捕获。这个时间过后，BB 位将正确反映 I2C 总线状态。

② 在动作前检查 BB 位和核实是否 BB =0（总线空闲）。

③ 开始数据发送。在发送期间不能复位 I2C 模块外部设备，此时 BB 位直接反映总线的实时状态。如果用户必须在发送期间复位 I2C 模块外部设备，重复步骤①~③，I2C 模块外部设备将完成复位过程。

5. I2C 模块中断源寄存器 I2CISRC

寄存器 I2CISRC（I2C Interrupt Source Register）是一个 16 位寄存器，表明产生中断的是哪一个事件。

15　　　　12	11　　　　8	7　　　　3	2　　　0
Reserved	Reserved	Reserved	INTCODE
R–0	R/W–0	R–0	R–0

位 15 ~3，保留位。

位 2 ~0，INTCODE：中断代码位。表示有一个 I2C 中断。

• 000：无。

• 001：仲裁丢失。

• 010：检测到不应答条件。

• 011：寄存器存取准备完成。

• 100：接收数据准备完成。

• 101：发送数据准备完成。

• 110：检测到停止（STOP）条件。

• 111：设置为从。

CPU 读取时将清零这些位。如果另外的一个低优先级中断被悬挂或者使能，将装载相应的中断值。否则，将清零该值。

在仲裁丢失的情况下，检测到不应答条件或者停止（STOP）条件，CPU 读取将清除状态寄存器（I2CSTR）中的相关中断标志位。

仿真器读取不影响状态寄存器（I2CSTR）中的状态位。

6. I2C 模块预分频寄存器 I2CPSC

I2C 模块预分频寄存器 I2CPSC（I2C Prescaler Register）是一个 16 位寄存器。它可以将 I2C 模块输入时钟分频成用户想得到的时钟频率。预分频值 IPSC 在 I2C 模块复位（IRS = 0）时将初始化。预分频仅仅在 IRS 的值跳变到 1 之后才起作用。当 IRS = 1 时，改变 IPSC 值是无效的。

15　　　　　　　　8	7　　　　　　　　0
Reserved	IPSC
R–0	R/W–0

位 15 ~ 8，保留位。

位 7 ~ 0，IPSC：I2C 模块预分频值。IPSC 确定 CPU 时钟的分频率：

模块时钟频率 = I2C 模块输入时钟频率/(IPSC + 1)。

注意：IPSC 必须在 I2C 模块复位时进行初始化。

7. I2C 模块时钟分频寄存器 I2CCLKL 和 I2CCLKH

当 I2C 模块作为主控时，使用系统时钟分频得到在 SCL 引脚上的主控时钟信号，如图 13–16 所示，主控的时钟依赖这两个分频寄存器的值。

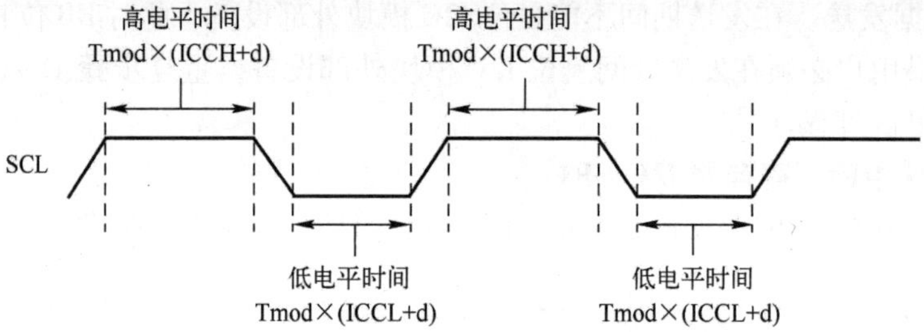

图 13–16　时钟分频值（ICCL 和 ICCH）的作用

每一个主动时钟周期中 ICCL（在时钟分频寄存器 I2CCLKL 中）确定低电平信号时间。

每一个主动时钟周期中 ICCH（在时钟分频寄存器 I2CCLKH 中）确定高电平信号时间。

（1）I2C 模块低电平时钟分频寄存器（I2CCLKL）

15　　　　　　　　　　　　　　　　0
ICCL
R/W–0

位 15 ~ 0，ICCL：CLKL 值。主控时钟的低电平持续时间，模块时钟周期与（ICCL + d）相乘。d 为 5、6 或者 7。注意：这些位必须设置为非零值，与 I2C 模块相适应。

（2）I2C 模块高电平时钟分频寄存器（I2CCLKH）

15　　　　　　　　　　　　　　　　0
ICCH
R/W–0

位 15 ~ 0，ICCH：CLKH 值。主控时钟的高电平持续时间，模块时钟周期与（ICCH + d）相乘。d 为 5、6 或者 7。注意：这些位必须设置为非零值，与 I2C 模块相适应。

（3）主时钟周期方程

主时钟周期（Tmst）是模块时钟周期的倍数。

$$Tmst = Tmod \times [(ICCL + d) + (ICCH + d)]$$

$$Tmst = (IPSC + 1)[(ICCL + d) + (ICCH + d)]/\text{I2C 输入时钟频率}$$

式中的 d 取值由 IPSC 确定，具体如下：

IPSC	d
0	7
1	6
大于 1	5

8. I2C 模块从地址寄存器 I2CSAR

寄存器 I2CSAR（I2C Slave Address Register）存储 I2C 模块主器件将要发送从器件的地址。它是一个 16 位的寄存器。从地址寄存器（I2CSAR）的 SAR 位包含一个 7 位或者 10 位的从地址。当 I2C 模块不用自由模式（FDF = 0）时，它用这个地址首先去与主控或从动进行通信。当地址为非 0 的时候，该地址是一个特定的从地址。当地址为 0 的时候，该地址是一个常规呼叫所有从器件地址。如果选择［模式寄存器（I2CMDR）中的 XA = 0］7 位地址格式，从地址寄存器（I2CSAR）仅位 0 ~ 6 有效，位 7 ~ 9 需要写入 0。

15 ~ 10	9 ~ 0
Reserved	SAR
R-0	R/W-3FFh

位 15 ~ 10，保留位。

位 9 ~ 0，SAR：从地址位。

- 00h ~ 7Fh：在 7 位地址格式（模式寄存器 I2CMDR 中的 XA = 0）时，当 I2C 模块存主发送模式时，位 6 ~ 0 给 7 位模式提供从地址。
- 000h ~ 3FFh：在 10 位地址格式（模式寄存器 I2CMDR 中的 XA = 1）时，当 I2C 模块存主发送模式时，位 9 ~ 0 给 10 位模式提供从地址。

9. I2C 模块自身地址寄存器 I2COAR

寄存器 I2COAR（I2C Own Address Register）是一个 16 位的寄存器。I2C 模块用这个寄存器给自身一个特定的地址，这个地址有别于其他 I2C 总线上的从器件地址。如果选择 7 位地址格式（XA = 0），仅仅位 6 ~ 0 有效，位 7 ~ 9 需要写入 0。

15 ~ 10	9 ~ 0
Reserved	OAR
R-0	R/W-0

位 15 ~ 10，保留位。

位 9 ~ 0，OAR：自身地址位。

- 00h ~ 7Fh：在 7 位地址格式中（模式寄存器 I2CMDR 中的 XA = 0），位 6 ~ 0 提供 I2C 模块的 7 位从地址，位 9 ~ 7 需要写入 0。
- 000h ~ 3FFh：在 10 位地址格式中（模式寄存器 I2CMDR 中的 XA = 1），位 9 ~ 0 提供 I2C 模块的 10 位从地址。

10. I2C 模块数据计数寄存器 I2CCNT

寄存器 I2CCNT（I2C Data Count Register）是一个 16 位的寄存器，当 I2C 模块配置为主发送器或者主接收器时，数据计数寄存器（I2CCNT）表示发送的数据字节数。在重启模式

（RM＝1）时，不使用数据计数寄存器（I2CCNT）。

写入到数据计数寄存器（I2CCNT）中的值会复制到内部计数器中，每发送一个数据字节，内部计数器就减1（数据计数寄存器I2CCNT保持不变）。在主模式下，如果请求一个停止（STOP）条件（模式寄存器I2CMDR的位STP＝1），那么I2C模块随着减计数完成，停止发送数据后将发送一个停止（STOP）条件。

15　　　　　　　　　　0
ICDC
R/W-0

位15～0，ICDC：数据字节计数值，表示发送或者接收数据的字节。当模式寄存器（I2CMDR）的RM位置1时，数据计数寄存器（12CCNT）的值是无效的。

- 0000h：装入内部数据计数器的值为65 536。
- 0001～FFFFh：装入内部数据计数器的值为1～65 535。

11. I2C模块数据接收寄存器I2CDRR

寄存器I2CDRR（I2C Data Receive Register）也是一个16位的寄存器，CPU通过该寄存器读取接收到的数据。I2C模块能接收一个1～8位的数据字节。该位的长度由模式寄存器（I2CMDR）中的BC位来确定。每次从SDA引脚上将一位数据传输到接收转换寄存器（I2CRSR）时，当一个完整的数据字节接收完成后，I2C模块将接收转换寄存器（I2CRSR）中的数据字节复制到数据接收寄存器（I2CDRR）中，CPU不能直接访问I2CRSR寄存器。

如果数据接收寄存器（I2CDRR）中的数据字节位数少于8位，那么字节将右对齐，并且其余位不确定。例如，如果BC＝011（传送字节有3个数据位），那么，数据接收寄存器（I2CDRR）中接收数据的位3～7不确定。

15　　　　8	7　　　　0
Reserved	DATA
R-0	R-0

位15～8，保留位。

位7～0，DATA：接收的数据。

12. I2C模块数据发送寄存器I2CDXR

寄存器I2CDXR（I2C Data Transmit Register）中写入需要发送的数据字节，这16位寄存器接收1～8位的数据字节。在向数据发送寄存器（I2CDXR）写入数据之前，必须先向模式寄存器（I2CMDR）中BC位写入合适的值来确定数据发送寄存器（I2CDXR）中应该写入的数据字节的位数。当数据字节的位数少于8位时，写入数据发送寄存器（I2CDXR）中的数据必须是右对齐格式。

向数据发送寄存器（I2CDXR）写入数据字节后，I2C模块将数据字节复制到发送转换寄存器（I2CXSR）中。CPU不能直接访问I2CXSR。I2C模块自动从I2CXSR寄存器向SDA引脚一次一位地传送数据位。

15　　　　8	7　　　　0
Reserved	DATA
R-0	R/W-0

位15～8，保留位。

位7～0，DATA：需要发送的数据。

13. I2C 模块发送 FIFO 寄存器 I2CFFTX

寄存器 I2CFFTX（I2C Transmit FIFO Register）是一个 16 位的寄存器，该寄存器包含 I2C 模块的 FIFO 模式使能位与外设操作模式的发送 FIFO 控制位和状态位。

15	14	13	12	11	10	9	8
Reserved	I2CFFEN	TXFFRST	TXFFST4	TXFFST3	TXFFST2	TXFFST1	TXFFST0
R–0	R/W–0	R/W–0	R–0	R–0	R–0	R–0	R–0
7	**6**	**5**	**4**	**3**	**2**	**1**	**0**
TXFFINT	TXFFINTCLR	TXFFIENA	TXFFIL4	TXFFIL3	TXFFIL2	TXFFIL1	TXFFIL0
R–0	R/W1C–0	R/W–0	R/W–0	R/W–0	R/W–0	R/W–0	R/W–0

位 15，保留位。

位 14，I2CFFEN：I2C 模块 FIFO 模式使能位，该位必须正确设置为发送或者接收 FIFO。

- 0：禁止 I2C 模块 FIFO 模式。
- 1：使能 I2C 模块 FIFO 模式。

位 13，TXFFRST：I2C 模块发送 FIFO 复位位。

- 0：复位发送 FIFO 指针到 0000，并保持发送 FIFO 寄存器为复位状态。
- 1：使能发送 FIFO 操作。

位 12 ~8，TXFFST4 ~0：发送 FIFO 的状态位。

- 00xxx：发送 FIFO 包括 xxx 字节。
- 00000：发送 FIFO 为空。

位 7，TXFFINT：发送 FIFO 中断标志位。通过向 TXFFINCLR 位写入 1 来清零该位。如果 TXFFIENA 位置 1，置位该位将产生一个中断。

- 0：未产生发送 FIFO 中断。
- 1：产生发送 FIFO 中断。

位 6，TXFFINTCLR：发送 FIFO 中断标志清零位。

- 0：写入 0 无效，读出为 0。
- 1：写入 1 清零 TXFFINT 标志。

位 5，TXFFIENA：发送 FIFO 中断使能位。

- 0：禁止发送 FIFO 中断，置位 TXFFINT 标志位不产生中断。
- 1：使能发送 FIFO 中断，置位 TXFFINT 标志位产生中断。

位 4 ~0，TXFFIL4 ~0：发送 FIFO 中断状态级。

通过该位域设置发送中断状态级。当 TXFFST4 ~ 0 位的值小于或等于该位域时，TXFFINT 标志位置 1，如果 TXFFIENA 位置 1，将产生一个中断。

14. I2C 模块接收 FIFO 寄存器 I2CFFRX

寄存器 I2CFFRX（I2C Receive FIFO Register）是一个 16 位寄存器，包含 2C 模块外设操作模式的接收 FIFO 控制位和状态位。

15	14	13	12	11	10	9	8
Reserved		TXFFRST	RXFFRS4	RXFFST3	RXFFST2	RXFFST1	RXFFST0
R–0		R/W–0	R–0	R–0	R–0	R–0	R–0
7	**6**	**5**	**4**	**3**	**2**	**1**	**0**
RXFFINT	RXFFINTCLR	RXFFIENA	RXFFIL4	RXFFIL3	RXFFIL2	RXFFIL1	RXFFIL0
R–0	R/W1C–0	R/W–0	R/W–0	R/W–0	R/W–0	R/W–0	R/W–0

位 15 ~ 14，保留位。

位 13，RXFFST：I2C 模块接收 FIFO 复位位。

- 0：复位接收 FIFO 指针到 0000，并保持接收 FIFO 寄存器为复位状态。
- 1：使能接收 FIFO 操作。

位 12 ~ 8，RXFFST4 ~ 0：接收 FIFO 内容的状态。

- 00xxx：接收 FIFO 包含 xxx 字节。
- 00000：接收 FIFO 位空。

位 7，RXFFINT：接收 FIFO 中断标志位。通过写入 1 到 RXFFINTCLR 位清零该位。如果 RXFFIENA 位置 1，那么置位该位将产生一个中断。

位 6，RXFFINTCCLR：接收 FIFO 中断标志清零位。

- 0：写入 0 无效，读出为 0。
- 1：写入 1 清除 RXFFINT 标志。

位 5，RXFFIENA：接收 FIFO 中断使能位。

- 0：禁止接收 FIFO 中断。置位 RXFFINT 标志位不产生中断。
- 1：使能接收 FIFO 中断，置位 RXFFINT 标志位产生中断。

位 4 ~ 0，RXFFIL4 ~ 0：接收 FIFO 中断优先级。

这些位域设置接收 FIFO 中断优先级。当 RXFFST4 ~ 0 位的值等于或小于该位域时，RXFFINT 标志位置 1。如果 RXFFIENA 位已经置 1，将产生一个中断。

注意：该位域复位时为 0，如果接收 FIFO 使能中断，且 I2C 模块完成复位过程，那么接收 FIFO 中断标志位将置 1，将产生一个接收 FIFO 中断。

13.6 I2C 模块应用实例

在 I2C 总线上可以挂接许多类型的外围器件，例如 AT24Cxx 系列 EEPROM、日历时钟芯片 PCF8563、RAM PCF8571、I/O 口 PCF8574、A - D 与 D - A 转换器 PCF8591 以及点阵式 LCD 驱动控制器模块 PCF8578 等。许多 DSP 控制器具有 I2C 总线接口，使用非常方便。一些没有 I2C 总线接口的器件，也可以可采用软件模拟 I2C 总线。

例 13-1 通过 I2C 总线扩展 EEPROM 串行存储器 AT24Cxx。

（1）AT24C 系列 EEPROM 的特点

AT24Cxx EEPROM 的特点是单电源供电，工作电压范围宽 1.8 ~ 5.5 V，低功耗 CMOS 技术（100 kHz，2.5 V 和 400 kHz，5 V 兼容），页面写周期的典型值为 2 ms，具有硬件写保护。几种不同型号 AT24Cxx 的参数见表 13-6。表中寻址字节的 1010 表示器件为存储器，$A_2A_1A_0$ 为对应引脚的片选地址，$R/\overline{W}$ 为读写控制位。

表 13-6 AT24C 系列串行 EEPROM 参数

型　号	容量/B	器件寻址字节（8 位）	页面字节数
AT24C01	128	1010 $A_2A_1A_0R/\overline{W}$	4
AT24C02	256	1010 $A_2A_1A_0R/\overline{W}$	8
AT24C04	512	1010$A_2A_1A_0R/\overline{W}$	16

（续）

型　　号	容量/B	器件寻址字节（8 位）	页面字节数
AT24C08	1K	$1010A_2A_1A_0R/\overline{W}$	16
AT24C16	2K	$1010A_2A_1A_0R/\overline{W}$	16
AT24C64	8K	$1010A_2A_1A_0R/\overline{W}$	64

AT24Cxx 的引脚如图 13-17 所示，其中 SCL 为串行时钟端。SDA 为串行数据端。WP 为写保护，当 WP 为高电平时存贮器只读；当 WP 为低电平时存贮器可读可写。A0、A1 和 A2 为多片存储器片选引脚，可以连接到电源 Vcc 或地 Vss。

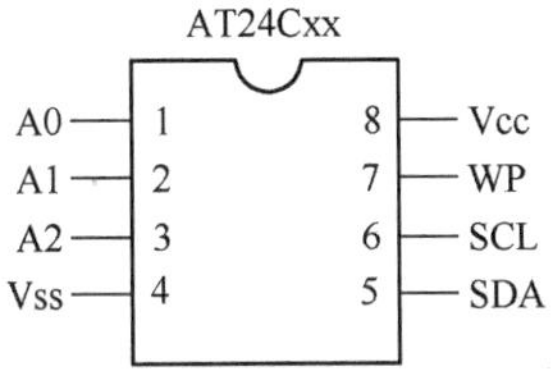

图 13-17　AT24Cxx 的引脚

SDA 为漏极开路端，需接上拉电阻。输入端内接有滤波器，能有效抑制噪声。自动擦除在每一个写周期内完成。

AT24Cxx 通过 I2C 接口与 DSP 或微控制器连接。DSP 或微控制器作为主器件，串行 EEPROM 为从器件。二者都可以工作于接收器和发送器状态。主器件产生串行时钟（SCL），控制总线的传送方向，并产生开始和停止条件。

（2）AT24C 系列 EEPROM 接口及地址选择

由于 I2C 总线可挂接多个串行接口器件，在 I2C 总线中每个器件应有唯一的器件地址，按 I2C 总线规则，器件地址为 7 位（即一个 I2C 总线系统中最多可挂接 128 个不同地址的器件），它和 1 位数据方向位构成一个器件寻址字节，最低位 D0 为方向位（读/写）。器件寻址字节中的最高 4 位（D7 ~ D4）为器件型号地址，不同的 I2C 总线接口器件的型号地址是厂家给定的，如 AT24C 系列 EEPROM 的型号地址皆为 1010，器件地址中的低 3 位为引脚地址 $A_2A_1A_0$，对应器件寻址字节中的 $A_3A_2A_1$位，由连接的引脚电平给定。

对于 EEPROM 的容量小于 256 B 的芯片（AT24C01/02），8 位片内寻址（$A_0 \sim A_7$）即可满足要求。对容量大于 256 B 的芯片，8 位片内寻址范围不够，如 AT24C16，相应的寻址位数应为 11 位（$2^{11}=2048$）。若以 256 B 为 1 页，则多于 8 位的寻址视为页面寻址。在 AT24C 系列中，对页面寻址位采取占用器件引脚地址（$A_2 \sim A_0$）的办法，如 AT24C16 将 $A_2A_1A_0$作为页地址。凡在系统中引脚地址用作页地址后，该引脚在电路中不得使用，作悬空处理。

（3）AT24C 系列 EEPROM 读写操作

对 AT24C 系列 EEPROM 的读写操作完全遵守 I2C 总线的规则。

连续写操作是对 EEPROM 连续装载 n 个字节数据的写入操作，n 随型号不同而不同，一次可装载的页面字节数参见表 13-6。SDA 线上连续写操作的数据状态如下所示，S 表示启动位 START，A 表示 ACK 应答位，P 为停止位 STOP。

S	$1010A_2A_1A_0 0$	A	Addr	A	Data1	A	Data2	A	Data n	A	P
	器件地址（写）		片内地址		数据 1				数据 n		

AT24C 系列片内地址在接收到每一个数据字节地址后自动加 1，故装载一页以内规定数据字节时，只须输入首地址，若装载字节多于规定的最多字节数，数据地址将自动翻页，新页中以前的数据被覆盖。

连续读操作时，为了指定首地址，需要“伪字节写”来给定器件地址和片内地址，重复一次启动信号和器件地址，就可读出该地址的数据。由于“伪字节写”中并未执行写操作，因此地址没有加 1。以后每读取一个字节，地址自动加 1。在读操作中，接收器接收到最后一个数据字节后不返回应答（保持 SDA 高电平），随后发停止信号。SDA 上连读操作的数据状态如下所示。

S	$1010A_2A_1A_00$	A	Addr	A	S	$1010A_2A_1A_01$	A	Data	A	P
	器件地址（写）		片内地址			器件地址（读）		读出地址		

（4）28035 和串行 EEPROM 接口电路

图 13-18 为 28035 与 4K 位（512 B）的 AT24C04 串行 EEPROM 的连接电路。GPIO29/SCLA、GPIO28/SDAA 分别连接 AT24C04 的时钟 SCL 和数据端 SDA，A2～A0 内部无连接，为无关位。WP 为 EEPROM 的写保护信号，高电平有效。为了进行写入操作，应把它接低电平。

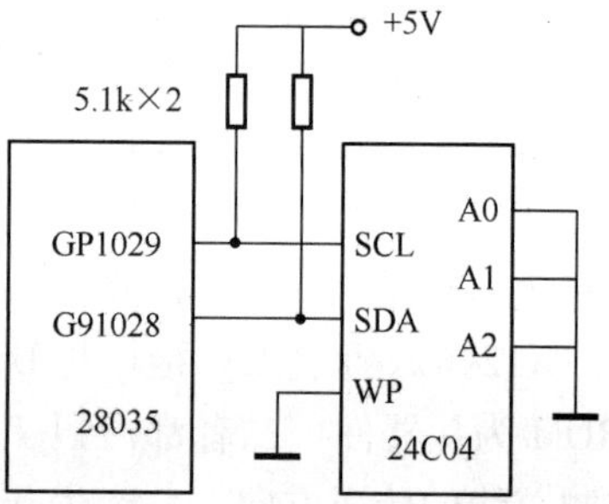

图 13-18　28035 与 AT24C04 的连接

（5）软件设计

```
//连接到 I2C 总线的外部 EEPROM 的地址为 0x50
//该程序向 EEPROM 写 1～14 字并读回
//写入的数据与 EEPROM 地址在信息结构变量 I2cMsgOut1 中
//读回的数据在信息结构变量 I2cMsgIn1 中
#include "DSP28x_Project. h"                          //包含器件与实例头文件
  //函数声明
  void    I2CA_Init(void);
  Uint16 I2CA_WriteData(struct I2CMSG  * msg);
  Uint16 I2CA_ReadData(struct I2CMSG  * msg);
  interrupt void i2c_int1a_isr(void);
  void pass(void);
  void fail(void);
  #define I2C_SLAVE_ADDR       0x50                  //从器件地址
  #define I2C_NUMBYTES        2                     //字节数
  #define I2C_EEPROM_HIGH_ADDR   0x00                //高地址
  #define I2C_EEPROM_LOW_ADDR   0x30                 //低地址
  //全局变量
  //输出地址使用两个字节,最大只设置 14 个字节
  struct I2CMSG I2cMsgOut1 = {I2C_MSGSTAT_SEND_WITHSTOP,
                          //0x0010,I2C 宏定义在文件 DSP2803x_I2C_defines. h 中
                          I2C_SLAVE_ADDR,          //0x50
                          I2C_NUMBYTES,            //2
                          I2C_EEPROM_HIGH_ADDR,    //0x00
                          I2C_EEPROM_LOW_ADDR,     //0x30
                          0x12,                    //信息字节 1
                          0x34};                   //信息字节 2
  struct I2CMSG I2cMsgIn1 = { I2C_MSGSTAT_SEND_NOSTOP,
```

```
                    I2C_SLAVE_ADDR,
                    I2C_NUMBYTES,
                    I2C_EEPROM_HIGH_ADDR,
                    I2C_EEPROM_LOW_ADDR};
struct I2CMSG *CurrentMsgPtr;                        //中断中使用
Uint16 PassCount;
Uint16 FailCount;

void main(void)
{
Uint16 Error;
Uint16 i;
CurrentMsgPtr = &I2cMsgOut1;

InitSysCtrl();
    //初始化系统时钟,包括 PLL、看门狗时钟、外设时钟,该函数在文件 DSP2803x_SysCtrl.c 中
EALLOW;
GpioCtrlRegs.GPAPUD.bit.GPIO28 = 0;          //GPIO28(SDAA)使能上拉电阻
GpioCtrlRegs.GPAPUD.bit.GPIO29 = 0;          //(SCLA)使能上拉电阻
GpioCtrlRegs.GPAQSEL2.bit.GPIO28 = 3;        //GPIO28(SDAA)异步输入
GpioCtrlRegs.GPAQSEL2.bit.GPIO29 = 3;        //GPIO29(SCLA)异步输入
GpioCtrlRegs.GPAMUX2.bit.GPIO28 = 2;         //GPIO28 配置为 SDAA
GpioCtrlRegs.GPAMUX2.bit.GPIO29 = 2;         //GPIO29 配置为 SCLA
EDIS;
DINT;                                        //禁止 CPU 中断
InitPieCtrl();              //给 PIE 寄存器赋初值,该函数在文 DSP2803x_PieCtrl.c 中
IER = 0x0000;               //禁止 CPU 中断
IFR = 0x0000;               //清除 CPU 中断标志
InitPieVectTable();         //初始化中断向量表,该函数在 DSP2803x_PieVect.c 中
EALLOW;
PieVectTable.I2CINT1A = &i2c_int1a_isr;           //中断函数地址
EDIS;
I2CA_Init();                                      //I2C 初始化
PassCount = 0;                                    //计数器清零
FailCount = 0;
for(i = 0;i < I2C_MAX_BUFFER_SIZE;i++)            //输入信息缓冲器清零
{
    I2cMsgIn1.MsgBuffer[i] = 0x0000;
}
PieCtrlRegs.PIEIER8.bit.INTx1 = 1;                //使能 I2C 中断 1,它位于组 8 中断 1
IER |= M_INT8;                                    //使能 CPU 中断 INT8
EINT;
for(;;)
```

```
{
    //向写入 EEPROM 数据
    if(I2cMsgOut1.MsgStatus == I2C_MSGSTAT_SEND_WITHSTOP)
        //检查是否需要发送输出信息,本例初始化为用停止位发送
    {
      Error = I2CA_WriteData(&I2cMsgOut1);
        //如果通信正确初始化,设置信息状态为忙,并为中断服务程序更新 CurrentMsgPtr
        //否则,不变化,进入下一个循环。一旦信息被初始化,I2C 中断将进行其他处理
        if(Error == I2C_SUCCESS)
        {
            CurrentMsgPtr = &I2cMsgOut1;
            I2cMsgOut1.MsgStatus = I2C_MSGSTAT_WRITE_BUSY;//0x0011
        }
    }
    //从 EEPROM 读取数据
      if(I2cMsgOut1.MsgStatus == I2C_MSGSTAT_INACTIVE)
                              //检查输出信息状态。如果变化则略过读取部分
    {
        if(I2cMsgIn1.MsgStatus == I2C_MSGSTAT_SEND_NOSTOP)//检查输入信息状态
        {
        //EEPROM 地址设置
        while(I2CA_ReadData(&I2cMsgIn1)! = I2C_SUCCESS)
        {
        //可能设置一个尝试计数器以跳出无限循环。在进行写操作时,EEPROM 将发回一
个 NACK
        //即使此时完成写入,EEPROM 仍然可能忙着烧写数据。因此有必要多次尝试
        }
        //更新当前信息指针与信息状态
        CurrentMsgPtr = &I2cMsgIn1;
        I2cMsgIn1.MsgStatus = I2C_MSGSTAT_SEND_NOSTOP_BUSY;
        }
        //一旦设置好 EEPROM 内部地址,就发送一个重新开始位并从 EEPROM 读取数据字节
        //完成有停止位的通信后,在中断服务程序中更新信息状态
        else if(I2cMsgIn1.MsgStatus == I2C_MSGSTAT_RESTART)
        {
            //读取数据
            while(I2CA_ReadData(&I2cMsgIn1)! = I2C_SUCCESS)
            {
                //可能设置一个尝试计数器以跳出无限循环
            }
            //更新当前信息指针与信息状态
            CurrentMsgPtr = &I2cMsgIn1;
            I2cMsgIn1.MsgStatus = I2C_MSGSTAT_READ_BUSY;
```

```
        }
    }
}
  }

  void I2CA_Init(void)                                  //I2C 初始化
  {
  I2caRegs.I2CSAR = 0x0050;                             //从器件地址 EEPROM 控制码
  I2caRegs.I2CPSC.all = 6;                              //预定标器,模块时钟需要 7 ~ 12 MHz
  I2caRegs.I2CCLKL = 10;                                //必须为非零
  I2caRegs.I2CCLKH = 5;                                 //必须为非零
  I2caRegs.I2CIER.all = 0x24;                           //使能 SCD 与 ARDY 中断
  I2caRegs.I2CMDR.all = 0x0020;                         //使 I2C 退出复位,在悬挂时停止 I2C
  I2caRegs.I2CFFTX.all = 0x6000;                        //使能 FIFO 模式和 TXFIFO
  I2caRegs.I2CFFRX.all = 0x2040;                        //使能 RXFIFO,清零 RXFFINT
  return;
  }

  Uint16 I2CA_WriteData(struct I2CMSG *msg)             //I2C 写入数据函数
  {
  Uint16 i;
  //等待直到 STP 位由先前的主器件通信清零
  //该位由模块清零会延迟直到 SCD 位置位后
  //如果在开始一个信息之前未检查该位,I2C 会混淆
  if(I2caRegs.I2CMDR.bit.STP == 1)
  {
    return I2C_STP_NOT_READY_ERROR;                     //0x5555
  }
  I2caRegs.I2CSAR = msg -> SlaveAddress;                //设置从器件地址
  if(I2caRegs.I2CSTR.bit.BB == 1)                       //检测是否总线忙
  {
    return I2C_BUS_BUSY_ERROR;
  }
  //设置发送的字节数
  //信息缓冲器 + 地址
  I2caRegs.I2CCNT = msg -> NumOfBytes + 2;
  //设置发送的数据
  I2caRegs.I2CDXR = msg -> MemoryHighAddr;
  I2caRegs.I2CDXR = msg -> MemoryLowAddr;
  //for(i = 0;i < msg -> NumOfBytes - 2;i ++)
  for(i = 0;i < msg -> NumOfBytes;i ++)
  {
  I2caRegs.I2CDXR = *(msg -> MsgBuffer + i);
```

```
}
   I2caRegs. I2CMDR. all = 0x6E20;                  //作为主发送器发送开始
return I2C_SUCCESS;
}

Uint16 I2CA_ReadData(struct I2CMSG  * msg)     //I2C 读取数据函数
{
//等待直到 STP 位由先前的主器件通信清零
//该位由模块清零会延迟直到 SCD 位置位后
//如果在开始一个信息之前未检查该位,I2C 会混淆
if(I2caRegs. I2CMDR. bit. STP == 1)
{
   return I2C_STP_NOT_READY_ERROR;
}
I2caRegs. I2CSAR = msg -> SlaveAddress;
if(msg -> MsgStatus == I2C_MSGSTAT_SEND_NOSTOP)
{
   if(I2caRegs. I2CSTR. bit. BB == 1)               //检查总线是否忙
   {
       return I2C_BUS_BUSY_ERROR;
   }
   I2caRegs. I2CCNT = 2;
   I2caRegs. I2CDXR = msg -> MemoryHighAddr;
   I2caRegs. I2CDXR = msg -> MemoryLowAddr;
   I2caRegs. I2CMDR. all = 0x2620;                  //发送数据以设置 EEPROM 地址
}
else if(msg -> MsgStatus == I2C_MSGSTAT_RESTART)
{
   I2caRegs. I2CCNT = msg -> NumOfBytes;            //设置字节数
   I2caRegs. I2CMDR. all = 0x2C20;                  //作为主接收器发送重新开始
}
return I2C_SUCCESS;
}

interrupt void i2c_int1a_isr(void)                  //I2C - A 中断函数
{
Uint16 IntSource,i;
IntSource = I2caRegs. I2CISRC. all;                 //读取中断源
if(IntSource == I2C_SCD_ISRC)                       //中断源为检测到停止条件
{
  //如果一个完成的信息正在写数据,就将信息复位到非活跃状态
  if(CurrentMsgPtr -> MsgStatus == I2C_MSGSTAT_WRITE_BUSY)
  {
```

```
        CurrentMsgPtr -> MsgStatus = I2C_MSGSTAT_INACTIVE;
    }
    else
    {
        //如果在 EEPROM 读地址设置部分期间,信息接收到一个 NACK
        //下面的寄存器访问准备好代码将产生一个停止条件
        //在这里接收到一个停止条件后,设置信息状态并再次尝试
        //用户可以限制在产生错误之前尝试的次数
        if(CurrentMsgPtr -> MsgStatus == I2C_MSGSTAT_SEND_NOSTOP_BUSY)
        {
            CurrentMsgPtr -> MsgStatus = I2C_MSGSTAT_SEND_NOSTOP;
        }
//如果一个完成的信息正在读 EEPROM 数据,就将信息复位到非活跃状态并从 FIFO 读取数据
        else if(CurrentMsgPtr -> MsgStatus == I2C_MSGSTAT_READ_BUSY)
        {
            CurrentMsgPtr -> MsgStatus = I2C_MSGSTAT_INACTIVE;
            for(i = 0;i < I2C_NUMBYTES;i ++ )
            {
              CurrentMsgPtr -> MsgBuffer[i] = I2caRegs.I2CDRR;
            }
        {
        for(i = 0;i < I2C_NUMBYTES;i ++ )//检查接收的数据
        {
            if(I2cMsgIn1.MsgBuffer[i] == I2cMsgOut1.MsgBuffer[i])
            {
                PassCount ++ ;
            }
            else
            {
                FailCount ++ ;
            }
        }
        if(PassCount == I2C_NUMBYTES)
        { pass();}          //全部通过
        else
        { fail();}          //有错误
       }
}
}
}
//中断源为寄存器访问准备好
//该中断用于确定什么时候完成 EEPROM 读取数据通信地址设置部分
//因为没有停止位,该标志告诉用户什么时候发送完信息,而不需要 SCD 标志
```

```
//如果接收到 NACK(不应答),就清零 NACK 位并发出停止位
//否则,继续读通信数据部分
else if(IntSource == I2C_ARDY_ISRC)
{
   if(I2caRegs.I2CSTR.bit.NACK == 1)
   {
        I2caRegs.I2CMDR.bit.STP = 1;
        I2caRegs.I2CSTR.all = I2C_CLR_NACK_BIT;
   }
   else if(CurrentMsgPtr -> MsgStatus == I2C_MSGSTAT_SEND_NOSTOP_BUSY)
   {
        CurrentMsgPtr -> MsgStatus = I2C_MSGSTAT_RESTART;
   }
}
else
{
//由于无效的中断源而出错
   asm("    ESTOP0");
}
//使能下一次 I2C(PIE 组 8)中断
PieCtrlRegs.PIEACK.all = PIEACK_GROUP8;//0x0080
}

void pass()
{
asm("    ESTOP0");
for(;;);
}

void fail()
{
asm("    ESTOP0");
for(;;);
}
```

13.7 思考题与习题

1. 什么是 I2C 总线?
2. I2C 总线有哪些用途?
3. 如何使用 I2C 总线?
4. 如何通过 I2C 总线扩展串行 EEPROM 芯片?
5. 编程将数字 0~9 写入 AT24C04 的 0~9 单元。

第 14 章　引导 ROM

本章主要内容：

1）引导 ROM 存储器映射（Boot ROM Memory Map）。

2）引导装载器特点（Bootloader Features）。

3）建立引导表（Building the Boot Table）。

引导 ROM 由厂家用引导装载软件编程。引导方式信号（$\overline{TRST}$和通用 I/O）告诉引导装载器软件在上电启动时用哪一种方式。引导 ROM 还包含标准的数学表格，例如用于 IQ 数学相关的算法正弦/余弦（SIN/COS）波形，算法见于被称为虚拟浮点引擎的 C28x IQ-Math 库。

本章介绍引导装载器（Bootloader）的目的与特点，描述器件上引导 ROM 的内容。

14.1　引导 ROM 存储器映射

引导 ROM 是一个位于地址 0x3F E000 ~ 0x3F FFFF 的 8K × 16 只读存储器块。该引导 ROM 由厂家编程写入引导装载程序与数学表格。它们用于 C28x IQMath 库。该引导 ROM 包括：

- 引导装载器函数。
- 版本号、发放日期与检验和。
- 复位向量。
- 非法陷阱向量（ITRAP）。
- CPU 向量表（仅用于测试目的）。
- IQmath 表。
- 选择 IQmath 函数。
- Flash API 库。

图 14-1 给出了片内 ROM 的存储器映射。该存储器块同时映射到程序与数据空间。

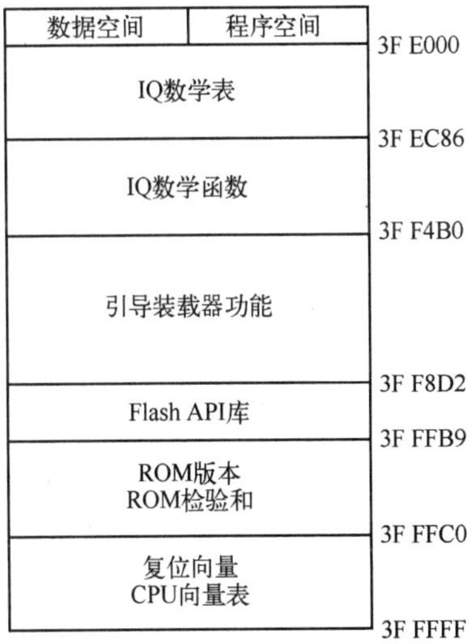

图 14-1　片内 ROM 的存储器映射

14.1.1　片内引导 ROM 的 IQmath 表

包含在引导 ROM 中的定点数学表与函数由被称为虚拟浮点引擎的 TI C28x IQMath 库使用。这个 28x IQ-Math 库是一个高度优化与高精密的数学函数集合，这些函数用于 C/C ++ 编程者将浮点算法无缝移植到 TMS320C28x 器件的定点代码。

这些程序通常用于具有大量高速高精度计算的实时应用系统。使用这些程序可以比用标准 ANSI C 语言实现更快的程序代码。另外，通过这些可以直接调用的高精度函数，TI IQ-math 库可以大大缩短 DSP 软件的开发时间。

IQmath 库通过 IQmathTables 和 IQmathTablesRam 链接器段访问表。这两类段都完全包含在引导 ROM 中。如果不希望将已经包含在 ROM 中的这些表格复制装入到器件，可以使用引导 ROM 存储器地址并将段标识为“NOLOAD”，如例 14－1。这种方法有助于使用查询表格，而不需要实际将段装入目标地址。

例 14－1 访问 IQ 表的链接器命令文件。

```
MEMORY
{
PAGE 0:
...
IQTABLES:origin = 0x3FE000,length = 0x000b50
IQTABLES2:origin = 0x3FEB50,length = 0x00008c
IQTABLES3:origin = 0x3FEBDC,length = 0x0000AA
...
}
SECTIONS
{
...
IQmathTables:load = IQTABLES,type = NOLOAD,PAGE = 0
IQmathTables2 > IQTABLES2,type = NOLOAD,PAGE = 0
{
IQmath. lib < IQNexpTable. obj > (IQmathTablesRam)
}
IQmathTables3:load = IQTABLES3,PAGE = 0
{
IQNasinTable. obj(IQmathTablesRam)
}
...
}
```

使用链接器命令文件的首选替代方法是使用 IQmath 引导 ROM 符号库。如果在 IQmath 库前该库被链接到项目，且使用链接器 - priority 选项，那么首先使用引导 ROM 的数学表与 IQmath 函数。

引导 ROM 包含如下 IQ 数学表格：

1）正余弦（Sine/Cosine）表。表长度为 1282 字，Q 格式为 Q30，内容为对 5/4 周期正弦函数的 32 位采样。它有助于精确正弦波形产生和 32 位 FFT。只需跳过一个数值，也可以用于 16 位数学运算。

2）规格化的倒数表。表长度为 528 字，Q 格式为 Q29，内容为对 32 位规格化倒数的采样并有饱和限。该表用于牛顿 - 拉夫逊反算法的初始估计。使用一个更精确的估计收敛更快，从而加快转换速度。

3）规格化的平方根表。表长度为 274 字，Q 格式为 Q30，内容为对 32 位规格化反平方根的采样并有饱和限制。该表用于牛顿－拉夫逊平方根算法的初始估计。使用一个更精确的估计收敛更快，从而加快转换速度。

4）规格化的反正切（Arctan）表。表长度为 452 字，Q 格式为 Q30，内容为最优直线拟合的 32 位二阶系数。该表用于牛顿－拉夫逊反正切迭代算法的初始估计。使用一个更精确的估计收敛更快，从而加快转换速度。

5）圆整与饱和表。表长度为 360 字，Q 格式为 Q30，内容为各种 Q 值的 32 位圆整与饱和限。

6）指数（Exp）最小值/最大值表。表长度为 120 字，Q 格式为 Q1 ~ Q30，内容为每一个 Q 值的 32 位最小值/最大值。

7）指数系数表。表长度为 20 字，Q 格式为 Q31，内容为用泰勒级数计算 exp（x）的 32 位系数。

8）反正弦/余弦表。表长度为 85 ×16，Q 格式为 Q29，内容计算公式 f（x） = c4 * x^4 + c3 * x^3 + c2 * x^2 + c1 * x + c0 的系数表。

14.1.2 片内引导 ROM 的 IQmath 函数

引导 ROM 包含如下 IQmath 函数：

- IQNatan2 N = 15，20，24，29。
- IQNcos N = 15，20，24，29。
- IQNdiv N = 15，20，24，29。
- IQisqrt N = 15，20，24，29。
- IQNmag N = 15，20，24，29。
- IQNsin N = 15，20，24，29。
- IQNsqrt N = 15，20，24，29。

可以使用包含引导 ROM 源的 IQmath 引导 ROM 符号库访问这些函数。如果在 IQmath 库前该库被链接到项目，且使用链接器 - priority 选项，那么首先使用引导 ROM 的数学表与 IQmath 函数。

14.1.3 片内 Flash API

引导 ROM 包含对 Flash 编程与擦除的 API（应用程序接口）。可以使用引导 ROM Flash API 符号库访问 Flash API。

14.1.4 CPU 向量表

CPU 向量表位于地址为 0x3F E000 - 0x3F FFFF 的引导 ROM 存储器中。当 VMAP = 1，ENPIE = 0（PIE 向量表禁止），该向量表在复位后激活。图 14-2 为向量表映射图。

VMAP 位位于状态寄存器 1（ST1），复位时 VMAP 为 1。它可以在复位后由软件改变，然而正常运行方式下会保持 VMAP = 1。ENPIE 位位于 PIECTRL 寄存器。该位复位默认状态为 0，这将禁止外设中断扩展模块（PIE）。

在内部引导 ROM 存储器通常可以使用的唯一向量为位于 0x3F FFC0 的复位向量。复位

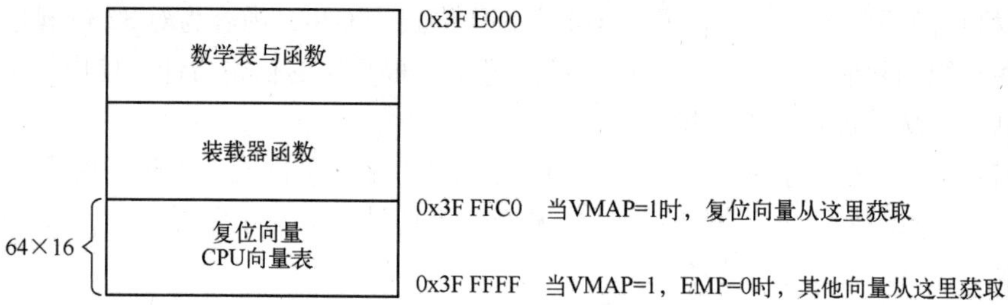

图 14-2 向量表映射

向量为厂家烧录指向存储在引导 ROM 的 InitBoot 函数。该函数启动引导装载工程。通过 $\overline{\text{TRST}}$和通用 I/O(GPIO I/O) 引脚上的一系列检查，确定使用哪种引导模式。引导 ROM 上的其他向量正常运行时并不使用，由 TI 调试使用。

14.2 引导装载器特点

14.2.1 引导装载器函数的运行

引导装载器（Bootloader）使用$\overline{\text{TRST}}$和 GPIO 信号确定使用哪种引导模式。图 14-3 给出了基本引导装载流程图。

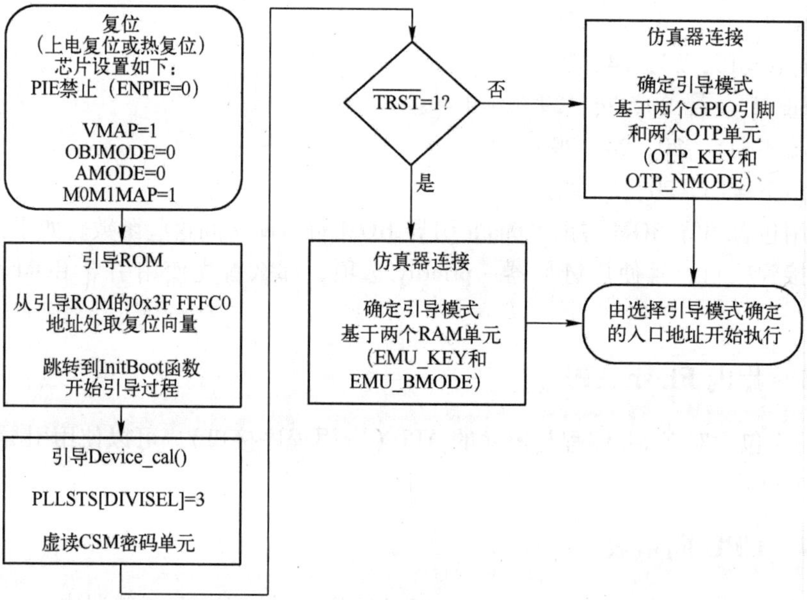

图 14-3 引导装载流程图

引导 ROM 的复位向量将程序执行指向 InitBoot 函数。完成器件初始化后，引导装载器将检测$\overline{\text{TRST}}$引脚的状态确定是否连接仿真器。

（1）仿真引导（连接仿真器且$\overline{\text{TRST}}$ = 1）

在仿真引导模式下，引导 ROM 检查两个被称为 EMU_KEY 和 EMU_BMODE 的 SARAM 单元以决定引导方式。如果任何一个单元内容无效，那么使用“等待”引导方式。进行仿真引导时，通过调试器（Debugger）修改 EMU_BMODE 值，可以选择各种引导方式。

（2）单机引导（$\overline{TRST}=0$）

若器件为单机引导模式，那么两个 GPIO 引脚的状态确定执行哪一种引导方式。引导方式的选项包括：GetMode、等待、SCI 和并行 I/O。默认的 GetMode 选项引导到 Flash，但是可以烧写 OTP 中的两个数值以选择另外的引导装载器。

在选择过程之后，如果所需的引导装载已完成，处理器将会在所选引导模式决定的入口处继续执行。如果调用引导装载器，那么由外设装载的输入流决定这一入口地址。否则，就是用户选择了直接引导到 Flash、OTP 或者 SARAM，这些存储器块的入口地址是预先定义好的。

14.2.2 引导装载器设备配置

任何基于 28xCPU 的器件复位时，都是 27x 目标兼容模式。由应用软件决定器件合适的运行方式。

当由内部引导 ROM 引导时，28x 器件由引导 ROM 软件配置为 28x 运行模式。其他配置需要用户设置。

例如，如果用户的应用程序包含 C2xLP 的源文件，那么在执行 C2xLP 源代码之前，需要配置 C2xLP 源兼容的源文件。

各种运行模式配置见表 14-1。

表 14-1 器件模式配置

	C27x 模式（复位）	28x 模式	C2xLP 源兼容模式
OBJMODE	0	1	1
AMODE	0	0	1
PAGE0	0	0	0
M0M1MAP	1	1	1
其他设置			SXM = 1，C = 1，SPM = 0

通常为了兼容 C27x，M0M1MAP 位设为 0。然而，这些器件内部连接为高电平，因此复位时，M0M1MAP 位总是配置为 28x 模式。

14.2.3 PLL 倍频器与 DIVSEL 选择

在所有引导模式下，引导 ROM 不改变 PLL 倍频器（PLLCR）。将分频器（PLLSTS[DIVSEL]）位设置为 3，即 SYSCLKOUT = CLKIN/1，这样增加装载器的速度。

注意 PLL 倍频器（PLLCR）和分频器（PLLSTS[DIVSEL]）不受调试器复位的影响。因此，由 CCS 复位初始化引导与外部复位引脚（XRS）拉低引导会有不同的速度。

另外，PLLSTS[DIVSEL]的复位值为 0，这样将器件配置为 SYSCLKOUT = CLKIN/4，引导 ROM 将其改变为 SYSCLKOUT = CLKIN/1，以提高装载器的性能。当引导 ROM 退出时，

PLLSTS[DIVSEL]会保持此状态，由应用程序确定在配置 PLLCR 之前是否改变。

14.2.4 看门狗模块

当直接转移到 Flash、OTP 或 M0 单访问 RAM（SARAM）存储器时，看门狗不受影响。对于其他引导模式，在引导前禁止看门狗，然后于转移到最终目的地址之前重新使能并清零。在向装载器传输不正确的键值的情况下，看门狗使能并将器件引导到 Flash。

14.2.5 产生 ITRAP 中断

如果取得一个非法指令码，28x 将产生一个 ITRAP（非法陷阱）中断。在引导过程中，ITRAP 使用的中断向量位于引导 ROM 的 CPU 向量表。ITRAP 向量指向引导 ROM 中名为 ITRAPIsr()的中断服务程序。中断服务程序（ISR）力图使能看门狗，然后进入无限循环直到处理器复位。该 ISR 由任何 ITRAP 使用直到用户软件初始化并使能外设中断扩展（PIE）模块。一旦 PIE 使能，将使用位于 PIE 向量表的 ITRAP 向量。

14.2.6 内部上拉电阻

每个 GPIO 引脚都有一个可以由软件使能或禁止的内部上拉电阻。

引导模式选择代码读取引脚，确定引导模式选择具有复位默认使能的上拉电阻。在噪声条件下，建议用户在引导模式选择之外配置引脚。

外设引导装载器使能所有用于控制和数据传输引脚的上拉电阻。引导装载器在退出时保持这些引脚使能的上拉电阻不变。例如，SCI - A 引导装载器使能 SCITXA、SCIRXA 引脚的上拉电阻。引导装载器在退出时，如果有需要，由用户禁止上拉电阻。

14.2.7 PIE 配置

引导模式并不使能 PIE，保持默认的禁止状态。

然而引导 ROM 确实使用 PIE 向量表的前 6 个单元，用于仿真引导模式信息和 Flash API 变量。PIE 自己并不使用这几个单元，且一般应用程序也不使用。

注意，如果用户从其他 28x 处理器移植代码，应查看代码是否初始化 PIE 向量表的前 6 个单元为某些默认值。如果确实这样，那么应考虑修改代码不写入这些单元，这样调试时仿真引导模式将不被覆盖。

14.2.8 保留的存储器

地址范围 0x0002 ~ 0x004E 的 M0 存储器块是为引导过程中堆栈和 . ebss 代码段保留的。如果将代码引导装载到这个区域，不会有防止引导 ROM 堆栈破坏的错误检查。地址 0x0000 ~ 0x0001 是引导到 M0 入口地址。当使用“引导到 SARAM”模式时，这里应当装入一条跳转指令以启动主应用程序。图 14-4 为引导 ROM 堆栈示意图。

图 14-4 引导 ROM 堆栈

较早期的 C28x 器件的引导 ROM 装载器的堆栈位于 M1 存储器。

注意，如果将代码或数据引导装载到地址为 0x0002 ~

0x004E 的区域，不会有防止引导 ROM 堆栈破坏的错误检查。

另外，引导 ROM 使用 PIE 向量表的前 6 个单元。PIE 自己并不使用这几个单元，且一般应用程序也不使用。这些单元由引导 ROM 用为 SARAM，且不影响 PIE 的行为。注意前期器件一些实例代码可能初始化这些单元，这样将覆盖用户写入的引导模式。这些单元见表 14-2。

表 14-2 引导 ROM 使用的 PIE 向量 SARAM 单元

单　元	名　称	说　明
0x0D00 ×16	EMU_KEY	由仿真引导使用
0x0D01 ×16	EMU_BMODE	由仿真引导使用
0x0D02 ×32	Flash_CPUScaleFactor	由 Flash API 使用
0x0D04 ×32	Flash_CallbackPtr	由 Flash API 使用

14.2.9 装载器模式

为适应不同的系统要求，引导 ROM 提供多种引导模式。$\overline{\text{TRST}}$与两个 GPIO 引脚的状态用于确定期望的引导模式，见表 14-3。

表 14-3 引导模式选择

模式	GPIO37/TDO	GPIO34/CMP2OUT	$\overline{\text{TRST}}$	说　明
仿真模式	x	x	1	仿真引导
模式 0	0	0	0	并行 I/O
模式 1	0	1	0	SCI
模式 2	1	0	0	等待
模式 3	1	1	0	GetMode

注意，未编程烧写过的器件 GetMode 选项的默认行为就是引导到 Flash。可以通过烧写 OTP 的两个单元来改变这种行为。另外，这些单元如果被应用软件使用，那么只要 OTP_KEY ！=0x55AA 和/或 OTP_BMODE 不是有效值，GetMode 将会跳转到 Flash。

图 14-5 给出了引导 ROM 过程概览。下面详述每一步。

当连接仿真器时，采用以下引导方式：

仿真引导。在此情况下，仿真头连接到器件（$\overline{\text{TRST}}$ =1）且引导 ROM 从 PIE 中断向量表的前两个单元得到引导方式。这两个单元被称为 EMU_KEY 和 EMU_BMODE。

Get_Mode( )使用的值见表 14-4。

EMU_KEY 值为 0x55AA 表明 EMU_BMODE 是有效的。无效的值或无效的模式会造成等待引导模式。EMU_BMODE 和 EMU_KEY 在上电时$\overline{\text{TRST}}$ =0 由引导 ROM 自动填写。EMU_BMODE 也可以通过调试器手动初始化。

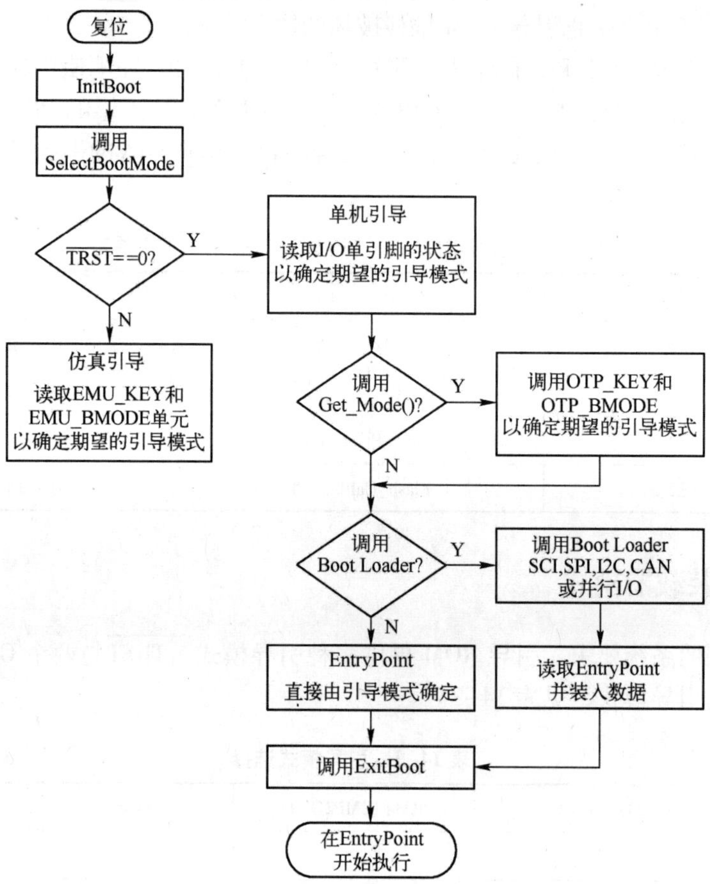

图 14-5　引导 ROM 函数概览

表 14-4　EMU_KEY 与 EMU_BMODE 的有效值

地　址	名　称	值	
0x0D00	EMU_KEY	若$\overline{TRST}$ ==1 且 EMU_KEY ==0x55AA， 那么检查 EMU_BMODE 值以确定引导模式， 不然 {无效的 EMU_KEY　引导模式为等待引导}	
0x0D01	EMU_BMODE	0x0000	并行引导
		0x0001	SCI 引导
		0x0002	等待引导
		0x0003	获取引导 (由 OTP_KEY/OTP_BMODE 获取模式)
		0x0004	SPI 引导
		0x0005	I2C 引导
		0x0006	OTP 引导
		0x0007	CAN 引导
		0x000A	SARAM 引导
		0x000B	FLASH 引导
		其他	等待引导

下面是仿真引导的两个例子。

例 14-2 通过 SCI 引导装入调试应用软件。包括如下步骤：

1）为模式 1 即 SCI 引导配置引脚，并开始上电复位。

2）引导 ROM 检查 $\overline{TRST}=0$，并用两个引脚确定 SCI 引导。

3）引导 ROM 向 EMU_KEY 填写 0x55AA，向 EMU_BMODE 填写 SCI_BOOT。

4）引导 ROM 的 SCI 装载器等待数据。

5）连接调试器，$\overline{TRST}$变高电平。

6）完成调试器复位并运行。引导装载器使用 EMU_ BMODE 并引导到 SCI。

例 14-3 用户希望连接仿真器，但是在仿真器连接之前并不希望应用代码开始执行。包括如下步骤：

1）为模式 2 即等待配置引脚 GPIO37 和 GPIO34，并开始上电复位。

2）引导 ROM 检查 $\overline{TRST}=0$，并用两个引脚确定等待引导。

3）引导 ROM 向 EMU_KEY 填写 0x55AA，向 EMU_BMODE 填写 WAIT_BOOT。

4）引导 ROM 在等待程序。

5）连接调试器，$\overline{TRST}$变高电平。

6）通过调试器修改 EMU_BMODE，引导到 FLASH 或其他希望的引导模式。

7）完成调试器复位并运行。引导装载器使用 EMU_BMODE 并引导到希望的装载器或单元。

注意，仿真器的行为会因$\overline{TRST}$而不同。有的仿真器只有在 CCS 处于连接状态时将$\overline{TRST}$拉为高电平。对于这些仿真器，若 CCS 断开连接，则$\overline{TRST}$将返回低电平状态。CCS 断开连接，GPIO34 和 GPIO37 用于确定引导模式。对于这些仿真器，即使仿真器断开物理连接，这种情况也是真实的。

一些仿真器当 CCS 连接时拉高$\overline{TRST}$，只要电源传感引脚活跃当 CCS 连接时会保持高电平。即使在 CCS 断开后$\overline{TRST}$也保持高电平。对于这些仿真器，将使用存储在 RAM 中的仿真模式，除非目标板周期上电（Power Cycled）引起$\overline{TRST}$的状态复位返回低电平状态。

如果仿真器未连接，由于引导模式引脚的状态引起的引导模式如下：

（1）等待

2803x 器件不支持其他 C2000 器件可用的硬件复位等待（Wait - in - reset）模式。“等待”引导模式可以用于模拟复位等待模式。“等待”模式对于用 CSM 密码编程（即安全）调试器件是非常重要的。在器件上电时，CPU 将开始运行且可能执行一条实现对保护仿真代码安全逻辑（ECSL）区访问的指令。如果出现了此情况，ECSL 将脱开并断开仿真器连接。“等待”模式通过在引导 ROM 循环直到连接仿真器来防止这种情况发生。这种模式将 WAIT_BOOT 写入到 EMU_BMODE。一旦连接仿真器，用户可以用调试期间所需的合适的引导模式手工写入 EMU_BMODE 。

（2）SCI

这种模式下，引导 ROM 将通过 SCI - A 端口装入要执行的代码到片内存储器。

单机模式下，引导 ROM 将 SCI_BOOT 写入 EMU_BMODE。

（3）8 位并行 I/O

并行 I/O 引导模式通常只用于产品 Flash 编程器。

（4）获取模式（GetMode）

GetMode 选项使用 OTP 的两个单元确定引导模式。未编程烧写过的器件总是引导到 Flash。通过烧写器件 OTP 的两个单元，可以改变引导行为。如果两个单元的任何一个不是期望值，引导将会跳转到 Flash。

Get_Mode( )函数使用的数值见表 14-5。

表 14-5　GetMode 用 OTP 数值

地　址	名　称	数　值	
0x3D 7BFE	OTP_KEY	如果满足下面两个条件之一，将进入获得模式（GetMode）： 情况 1：$\overline{\text{TRST}}$ = 0，GPIO34 = 1 和 GPIO37 = 1 情况 2：$\overline{\text{TRST}}$ = 1，EMU_KEY = 0x55AA 和 EMU_BMODE = GET_BOOT 获得模式首先检查 OTP_ KEY 的值： 若 OTP_KEY = 0x55AA，那么为引导模式检查 OTP_BMODE 不然｛无效值：引导模式为 FLASH 引导｝	
0x3D 7BFF	OTP_BMODE	0x0001	SCI 引导
		0x0004	SPI 引导
		0x0005	I2C 引导
		0x0006	OTP 引导
		0x0007	CAN 引导
		其他	FLASH 引导

通过仿真引导选项，可以使用下面的引导模式。一些模式在编程获取模式选项也可以使用。

（1）跳转到 M0 SARAM

该模式只能在仿真引导($\overline{\text{TRST}}$ = 1)时可用。引导 ROM 软件配置 28x 器件运行并直接跳转到地址 0x00 0000，这是 M0 存储器块的开始地址。

在这种模式下，EMU_KEY(0xD00) = 0x55AA，EMU_BMODE(0xD01) = 0x000A。通过调试器将 EMU_KEY 值写入 0xD00，EMU_BMODE 值写入 0xD01 单元，在 CCS 环境建立并装入项目，复位器件，可以运行实例。

（2）跳转到 Flash 存储器的分支指令

跳转到 Flash 是获取模式引导选项的默认行为。跳转到 Flash 作为一种仿真引导选项也是可行的。

在这种模式下，引导 ROM 软件将器件配置为 28x 运行且直接跳转到 0x3F 7FF6 单元。该单元正好在 128 位代码安全模块（CSM）密码单元前面。用户需要预先在 0x3F 7FF6 单元编程以将代码执行重新定向到定制好的引导装载器或应用程序代码。

（3）SPI EEPROM 或 SPI Flash 引导模式（SPI - A）

跳转到 SPI 在单机模式下作为编程获取模式选项是可用的。即将器件配置为单机模式 SPI 引导，OTP_KEY 和 OTP_BMODE 单元应编程为 SPI 引导且引导模式引脚配置为获取模式引导选项。SPI 引导作为仿真引导选项也是可用的。

在这种模式下，引导 ROM 将通过 SPI－A 端口从外部 SPI EEPROM 或 SPI Flash 装入代码和数据到片内存储器。

（4）I2C－A 引导模式（I2C－A）

跳转到 I2C 在单机模式下作为编程获取模式选项是可用的。即将器件配置为单机模式 I2C 引导，OTP_KEY 和 OTP_BMODE 单元应编程为 I2C 引导且引导模式引脚配置为获取模式引导选项。I2C 引导作为仿真引导选项也是可用的。

在这种模式下，引导 ROM 将通过 SPI－A 端口从 I2C－A 总线上地址 0x50 处的外部串行 EEPROM 或 Flash 装入代码和数据到片内存储器。

（5）eCAN－A 引导模式（eCAN－A）

跳转到 eCAN 在单机模式下作为编程获取模式选项是可用的。即将器件配置为单机模式 eCAN 引导，OTP_KEY 和 OTP_BMODE 单元应编程为 CAN 引导且引导模式引脚配置为获取模式引导选项。eCAN 引导作为仿真引导选项也是可用的。

在这种模式下，使用 eCAN－A 外设的邮箱 1 将代码和数据传送到片内存储器。传送为 8 位数据流，每次通信传送两个 8 位数据。

表 14-6 为仿真引导模式，表 14-7 为单机引导模式。

表 14-6　仿真引导模式（$\overline{TRST}$=1，GPIO37/TDO=x，GPIO34=x）

EMU KEY 由 0x0D00 读取	EMU BMODE 由 0x0D01 读取	OTP KEY 由 0x3D7BFE 读取	OTP BMODE 由 0x3D7BFF 读取	选择的引导模式
x ! =0x55AA	x	x	x	等待
0x55AA	0x0000	x	x	并行 I/O
	0x0001	x	x	SCI
	0x0002	x	x	等待
	0x0003	! =0x55AA	x	GetMode：Flash
		0x55AA	0x0001	GetMode：SCI
			0x0003	GetMode：Flash
			0x0004	GetMode：SPI
			0x0005	GetMode：I2C
			0x0006	GetMode：OTP
			0x0007	GetMode：CAN
			其他	GetMode：Flash
	0x0004	x	x	SPI
	0x0005	x	x	I2C
	0x0006	x	x	OTP
	0x0007	x	x	CAN
	0x000A	x	x	引导到 RAM
	0x000B	x	x	引导到 FLASH
	其他	x	x	等待

表 14-7 单机引导模式($\overline{TRST}=0$)

<table>
<tr><th>GPIO37
TDO</th><th>GPIO36</th><th>EMU KEY
由 0x0D00
读取</th><th>EMU
BMODE
由 0x0D01
读取</th><th>OTP
KEY 由
0x3D7BFE
读取</th><th>OTP
BMODE 由
0x3D7BFF
读取</th><th>选择的
引导模式</th><th>EMU KEY
写入到
0x0D00</th><th>EMU
BMODE
写入到
0x0D01</th></tr>
<tr><td>0</td><td>0</td><td>x</td><td>x</td><td>x</td><td>x</td><td>并行 I/O</td><td>0x55AA</td><td>0x0000</td></tr>
<tr><td>0</td><td>1</td><td>x</td><td>x</td><td>x</td><td>x</td><td>SCI</td><td>0x55AA</td><td>0x0001</td></tr>
<tr><td>1</td><td>0</td><td>x</td><td>x</td><td>x</td><td>x</td><td>等待</td><td>0x55AA</td><td>0x0002</td></tr>
<tr><td rowspan="8">1</td><td rowspan="8">1</td><td rowspan="8">x</td><td rowspan="8">x</td><td>! =0x55AA</td><td>x</td><td>GetMode: Flash</td><td rowspan="8">0x55AA</td><td rowspan="8">0x0003</td></tr>
<tr><td rowspan="7">0x55AA</td><td>0x0001</td><td>GetMode: SCI</td></tr>
<tr><td>0x0003</td><td>GetMode: Flash</td></tr>
<tr><td>0x0004</td><td>GetMode: SPI</td></tr>
<tr><td>x0005</td><td>GetMode: I2C</td></tr>
<tr><td>0x0006</td><td>GetMode: OTP</td></tr>
<tr><td>0x0007</td><td>GetMode: CAN</td></tr>
<tr><td>其他</td><td>GetMode: Flash</td></tr>
</table>

在表 14-6 和表 14-7 中，获取模式（GetMode）表示引导模式由 OTP_KEY 和 OTP_BMODE 单元的编程数值确定。EMU_KEY 和 EMU_BMODE 数值通过引导 ROM 写入，如果连接了调试器，用户可以直接改写数值。符号 x 表示无关。使用 GPIO32 和 GPIO33 引脚的 I2C，在某些封装形式中不可用。

14.2.10 Device_Cal

Device_cal()函数被厂家编程固化在 TI 预留的存储器中。引导 ROM 自动调用 Device_cal()函数，以特定器件的校准数据校准内部振荡器和 ADC。在通常运行期间，该过程自动进行而不需用户采取行动。

如果在开发过程中，引导 ROM 被 CCS 略过，那么应由应用程序初始化校准。

注意初始化寄存器失败会造成振荡器和 ADC 无法规范运行。下面几步说明了如何从应用程序调用 Device_cal 函数。

1）设一个指针指向函数 Device_cal。#define 命令包含在头文件中。

2）用 Device_cal()调用函数。调用前应使能 ADC 时钟。

例 14-4 调用 Device_cal()函数。

```
// Device_cal 是指向函数的指针
# define Device_cal (void( * )(void))0x3D7C80
……
EALLOW;
SysCtrlRegs. PCLKCR0. bit. ADCENCLK = 1;
( * Device_cal)();
SysCtrlRegs. PCLKCR0. bit. ADCENCLK =0;
EDIS;
…
```

14.2.11 引导装载器数据流结构

C28x 十六进制应用程序（hex2000. exe）支持引导装载器的数据流结构，该程序包含在 C2000 代码生成工具中。

数据流结构的数值皆为十六进制。数据流的第一个 16 位字为关键值。该关键值告知引导装载器（Bootloader）到来的数据流宽度是 8 位还是 16 位。注意并非所有的引导装载器都接受 8 位和 16 位数据流。需要参考具体引导装载器的详细信息来获取有效的数据流宽度。对于 8 位的数据流，关键值是 0x08AA；对于 16 位的数据流，关键值是 0x10AA。如果引导装载器接收到一个无效的关键值，那么装载就中断。

接下来的 8 位字用于初始化寄存器值或者通过传递数值增强引导装载器。如果引导装载器不使用这些值，那么它们被保留以备将来使用，并且引导装载器读取这些值后再丢弃它。当前，只有 SPI、I2C 和并行 I/O 引导装载器使用这些字来初始化寄存器。

第 10 和 11 位字组成了 22 位的入口地址。这一地址在引导加载完成后用于初始化 PC 寄存器。这一地址一般为引导装载器所下载程序的入口。

数据流中的第 12 个字是要发送的第一个数据块的长度。不管被定义为 8 位还是 16 位数据流格式，块的长度都是以 16 位字定义的。例如，从 8 位数据流中发送 20 个 8 位的数据值，块的长度应该是 0x000A，表示 10 个 16 位的数据。

对于每一个被传送的数据块，块长度与目的地址的样式不断重复。接下来的两个字表示装载数据块的目标地址，在数据大小和地址之后将是 16 位字的数据块。一旦所有的块都被发送，一个块长度为 0x0000 的信号告知装载器所有的发送都已经完成，引导装载器将会返回入口地址到调用程序处，在此清理并退出。然后从由输入数据流内容确定的入口地址继续执行。

例 14-5 16 位数据流结构

```
10AA;0x10AA,16 位关键值
0000 0000 0000 0000      ;8 个保留字
0000 0000 0000 0000
003F 8000                ;0x003F8000 入口地址(EntryAddr),引导完成后的开始点
0005                     ;0x0005,5 个 16 位字组成的第一个数据块
003F 9010                ;0x003F9010,第一个块将会从 0x3F9010 处装入
0001 0002 0003 0004      ;装载的数据 =0x0001 0x0002 0x0003 0x0004 0x0005
0005
0002                     ;0x0002,两个 16 位字组成的第二个块
003F 8000                ;0x003F8000,第二个块将会从 0x3F8000 处装载
7700 7625                ;装载的数据 =0x7700 0x7625
0000                     ;0x0000,长度 0 指示数据流结束
```

在装载完成后，以下的存储器单元值将会进行如下的初始化：

单元	值
0x3F9010	0x0001
0x3F9011	0x0002
0x3F9012	0x0003

```
0x3F9013        0x0004
0x3F9014        0x0005
0x3F8000        0x7700
0x3F8001        0x7625
```

PC 从 0x3F8000 处开始执行。

在 8 位模式下，字的最低位字节（LSB）在最高位字节（MSB）之后发送。对于 32 位的值例如目标地址，最高位字（MSW）首先被装载，然后是最低位字节（LSW）。

例 14-6 8 位数据流结构

```
AA 08           ;0x08AA,8 位关键值
00 00 00 00     ;8 个保留字
00 00 00 00
00 00 00 00
00 00 00 00
3F 00 00 80     ;0x003F8000 入口地址(EntryAddr),引导完成后的开始点
05 00           ;0x0005,5 个 16 位字组成的第一个数据块
3F 00 10 90     ;0x003F9010,第一个块将会从 0x3F9010 处装入
01 00           ;装载的数据 =0x0001 0x0002 0x0003 0x0004 0x0005
02 00
03 00
04 00
05 00
02 00           ;0x0002,两个 16 位字组成的第二个块
3F 00 00 80     ;0x003F8000,第二个块将会从 0x3F8000 处装载
00 77           ;装载的数据 =0x7700 0x7625
25 76
00 00           ;0x0000,长度 0 指示数据流结束
```

在装载完成后，以下的存储器单元值将会进行如下的初始化：

单元	值
0x3F9010	0x0001
0x3F9011	0x0002
0x3F9012	0x0003
0x3F9013	0x0004
0x3F9014	0x0005
0x3F8000	0x7700
0x3F8001	0x7625

PC 从 0x3F8000 处开始执行。

14.2.12 基本传输过程

图 14-6 说明了引导装载器的基本过程，确定选择 8 位或 16 位数据流后，传送数据并开始执行程序。该过程在引导装载器通过 $\overline{TRST}$ 和 GPIO 引脚选择了有效的引导模式之后开始执行。

装载器首先比较主机发送的第一个值和 16 位数据流的 0x10AA 关键值。如果两值并不匹配，那么装载器将会读取第二个值。这一值将会与第一个值组合成一个字，然后与 8 位数

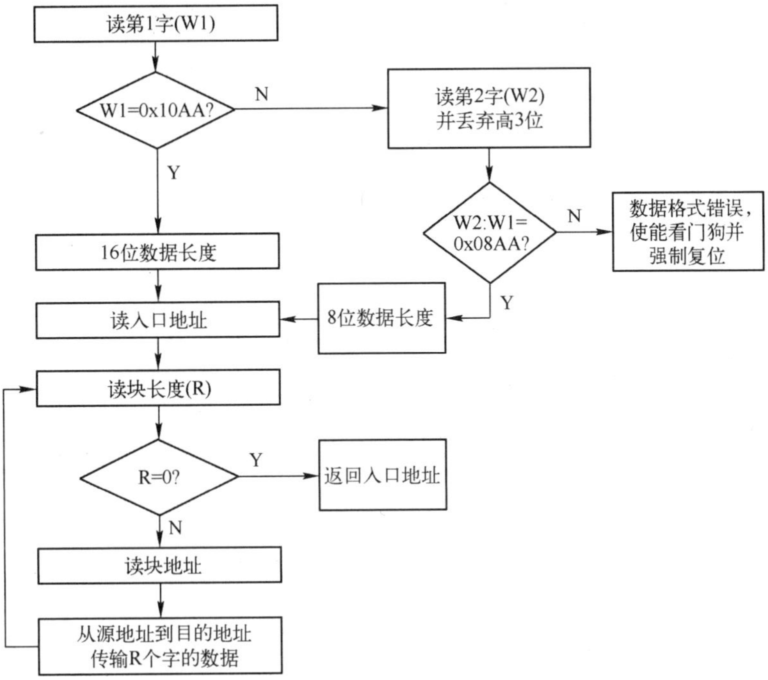

图 14-6　引导装载器基本传输过程

据流的 0x08AA 的关键值比较，如果装载器发现它不是 8 位或 16 位数据流的关键值，或者它对于给定引导模式来讲是无效值，那么装载将终止。

14.2.13　InitBoot 汇编程序

复位后第一个被调用的程序是 InitBoot 汇编程序，该程序初始化使器件运行在 C28x 目标模式。InitBoot 还要虚读代码安全模块（CSM）密码单元，如果 CSM 密码已被擦除（皆为 0xFFFF），那么模块被解锁，否则 CSM 将会保持锁定，并且密码位置的读取对解锁没有效果，但在对新的器件引导装载是需要的。

在虚读 CSM 密码单元后，InitBoot 程序将会调用 SelectBootMode 函数，该函数确定了由 $\overline{\text{TRST}}$和某些 GPIO 引脚状态所决定的引导模式类型。一旦引导完成，SelectBootMode 函数传递入口地址（EntryAddr）给 InitBoot 函数。EntryAddr 是在引导装载器退出后，代码开始执行的位置。然后 InitBoot 调用 ExitBoot 程序，该程序恢复 CPU 寄存器到它们的复位状态，并退出到由引导模式决定的 EntryAddr。图 14-7 所示为 InitBoot 汇编程序流程图。

14.2.14　SelectBootMode 函数

用户所需要的引导模式，必须根据$\overline{\text{TRST}}$和 2 个 GPIO 引脚的状态确定。为了选择引导模式，与所要选择引导模式相对应的引脚必须被拉高或拉低，直到模式选择过程完成。注意选择引脚的状态不是在复位时被锁存，而是在 SelectBootMode（模式选择）函数采样后的几个周期才被锁存。内部拉升电阻在引导模式选择引脚复位时被使能。为避免遭受对这些引脚的影响，建议仍要进行引导模式外部配置。图 14-8 所示为 SelectBootMode 函数流程图。图 14-9

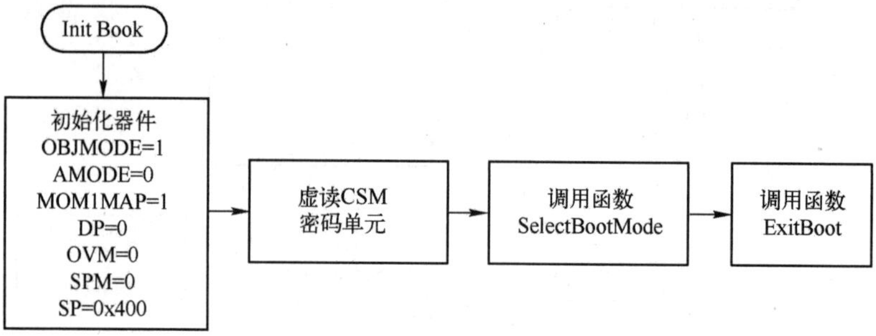

图 14-7　InitBoot 汇编程序流程

所示为 Get_mode( )函数流程图。

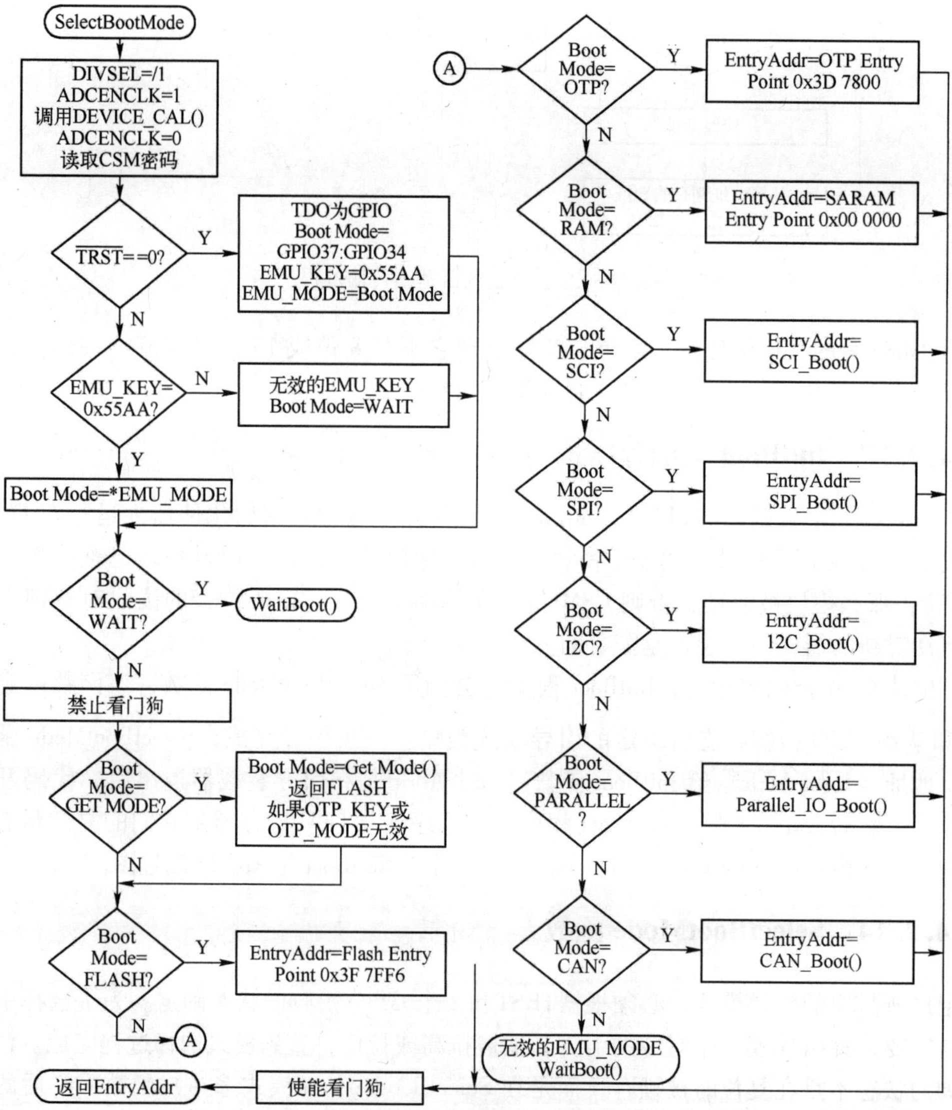

图 14-8　SelectBootMode 函数流程

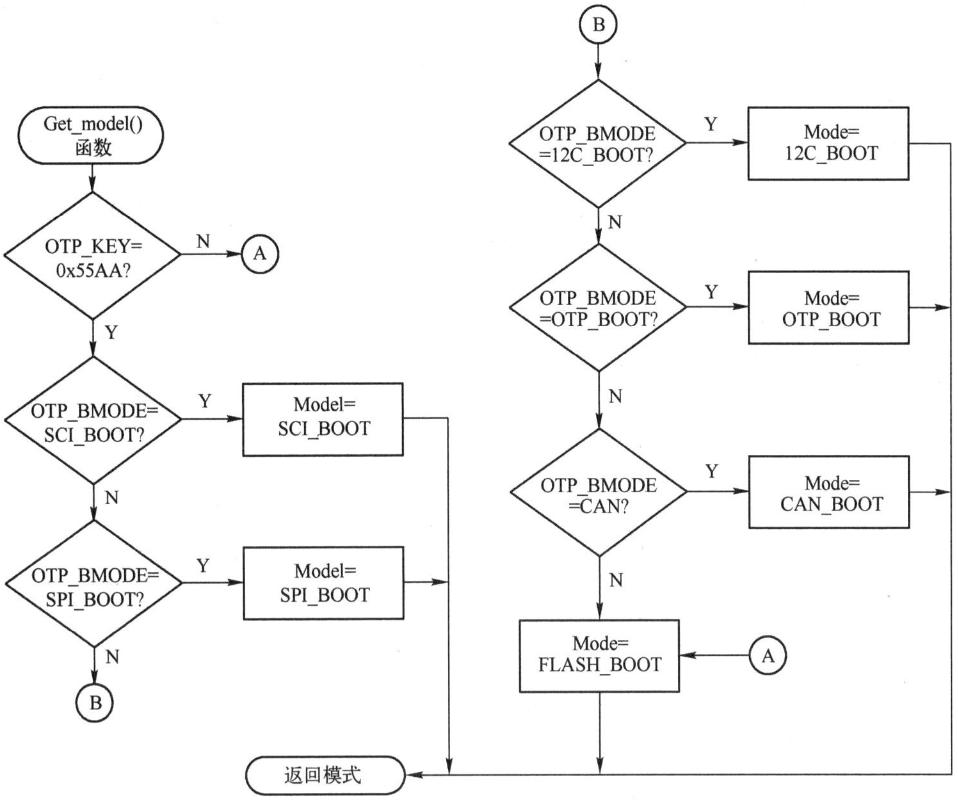

图 14-9　Get_mode( )函数流程

注意在调用 SCI、I2C、SPI 或并行引导装载器之前，SelectBootMode 函数禁用了看门狗。引导装载器并不管理看门狗并认为它已被禁用。在退出前，SelectBootMode 程序重新使能看门狗并复位其定时器。如果不调用引导装载器，看门狗则不受影响。

在选择一个引导模式时，引脚应当弱拉为高或低电平，这样需要时，可以将它们驱动为新的状态。

14.2.15　CopyData 函数

每一个引导装载器都使用相同的函数并从端口复制数据到器件的 SARAM，这个函数是 CopyData( )函数。该函数用一个指针指向 GetWordData 函数，GetWordData 函数是通过每一个装载器从端口读取数据来完成初始化。例如，当引用 SPI 装载器时，GetWordData 函数指针被初始化为指向 SPI 特定的 SPI_GetWordData 函数，因此当 CopyData( )函数被调用时，可以访问到正确的端口。

14.2.16　SCI_Boot 函数

SCI 引导模式由 SCI－A 将代码异步传送到片内存储器。该引导模式只支持 8 位输入数据流。图 14-10 所示为 SCI 引导装载运行连接图。

SCI－A 装载器使用的引脚包括：GPIO28 上的 SCIRXDA 和 GPIO29 上的 SCITXDA。

28x 器件通过 SCI－A 外设与外部主机设备进行通信，SCI 端口的自动波特率特性用于锁

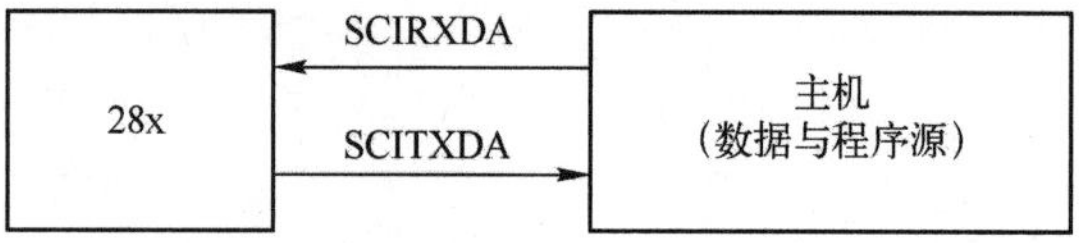

图 14-10　SCI 引导装载运行

定与主机相同的波特率。因此，SCI 装载器非常灵活，可以使用多种不同的波特率与设备进行通信。

每一次数据传输之后，28x 都将把接收到的 8 位字符发回主机，因此，主机可以根据通过检测这些字符确定 28x 是否收到数据。

在较高波特率的情况下，输入数据会受收发器和连接器性能的影响。对于波特率高于 100 kbit/s 情况，串行通信会无法正常工作。为避免这种情况，推荐如下方法：

1）使用较低波特率完成主机和 28x SCI 引导装载器之间的波特率锁定。

2）在这个较低波特率下，装载接收到的 28x 应用程序或定制的装载器。

3）主机会与装载 28x 应用程序握手协议，以设置寄存器到一个期望的较高波特率。

图 14-11 所示为 SCI_Boot 函数流程。图 14-12 所示为 SCI_GetWordData 函数流程。

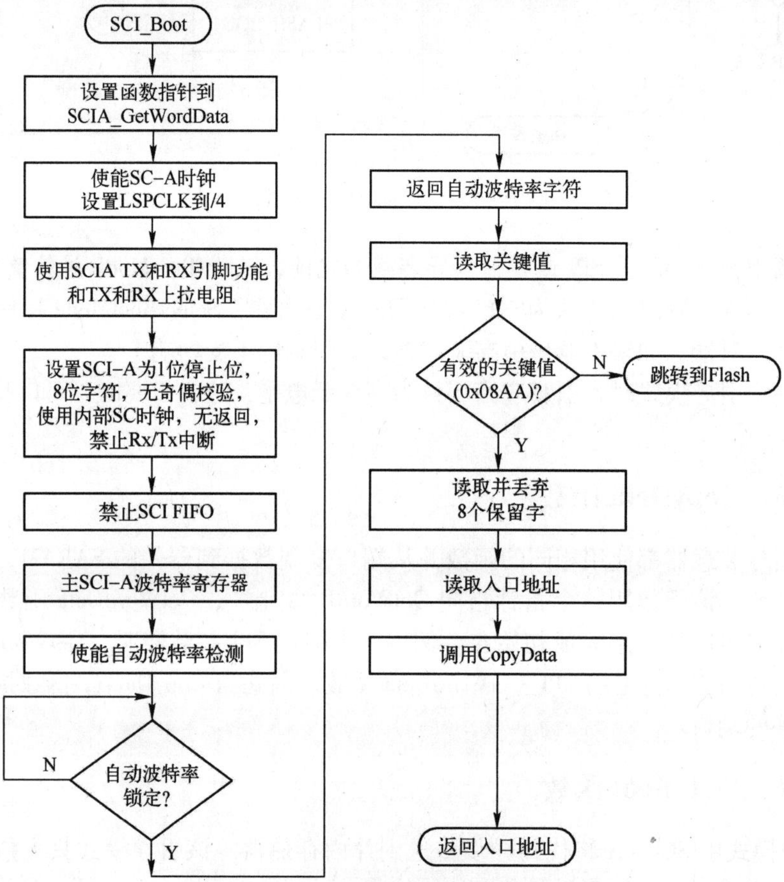

图 14-11　SCI_Boot 函数流程

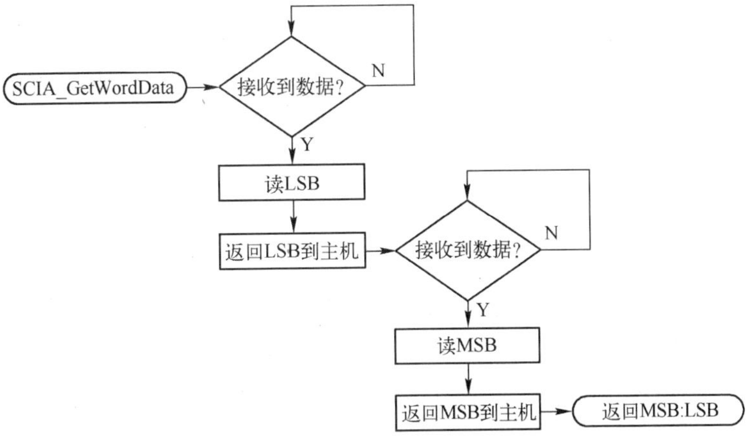

图 14-12　SCI_GetWordData 函数流程

14.2.17　Parallel_Boot 函数（GPIO）

并行通用 I/O（GPIO）引导模式异步地将代码从 GPIO0 - GPIO5、GPIO30 - GPIO31 传输到内部存储器。每个值是 8 位长度。图 14-13 所示为并行 GPIO 引导装载器运行连接图。

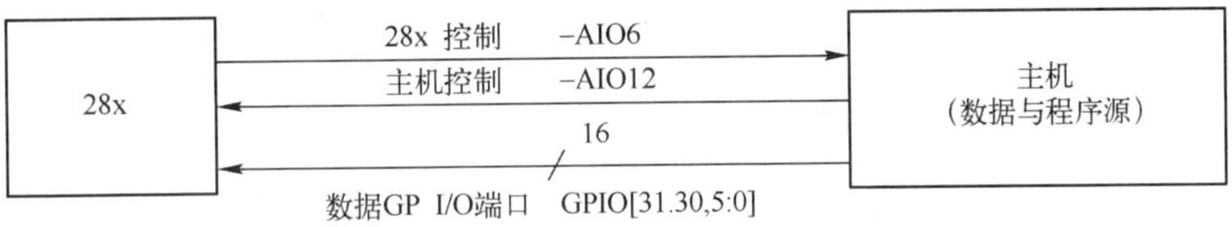

图 14-13　并行 GPIO 引导装载器运行连接

并行 GPIO 装载器使用如下引脚：

- 位于 GPIO［31，30，5:0］的数据。
- 在 AIO6（可能需要外部上拉电阻）上的 28x 控制。
- 在 AIO12（需要外部上拉电阻）上的主机控制。

28x 通过检测/驱动 AIO12 和 AIO6 线与外部主机设备进行通信。AIO12 需要外部上拉电阻，因为 AIO 引脚没有准确读取数据所需的内部上拉电路。根据系统情况，AIO6 也可能需要外部上拉电阻。通过 GPIO［31，30，5:0］成功传输每一个字需要使用要求的握手协议。该协议非常可靠并允许主机与 28x 之间可以较慢或较快地进行通信。

两个连续的 8 位字由一个单个的 16 位字读取，最高有效字节（MSB）首先被读取，然后读取最低有效字节（LSB）。此时，数据由 GPIO［31，30，5:0］读取。

14.2.18　SPI_Boot 函数

SPI 装载器用于 SPI - A 引脚连接与 SPI 兼容的 16 位、24 位可寻址的串行 EEPROM 或串行 Flash 器件，如图 14-14 所示。SPI 引导装载器支持 8 位数据流，但不支持 16 位数据流。

SPI - A 装载器使用的引脚包括：GPIO16 上的 SPISIMOA、GPIO17 上的 SPISOMIA、GPIO18 上的 SPICLKA 和 GPIO19 上的 SPISTEA。

SPI 的引导装载器初始化 SPI 模块为与 SPI EEPROM 或者 Flash 的接口。这类的器件包括

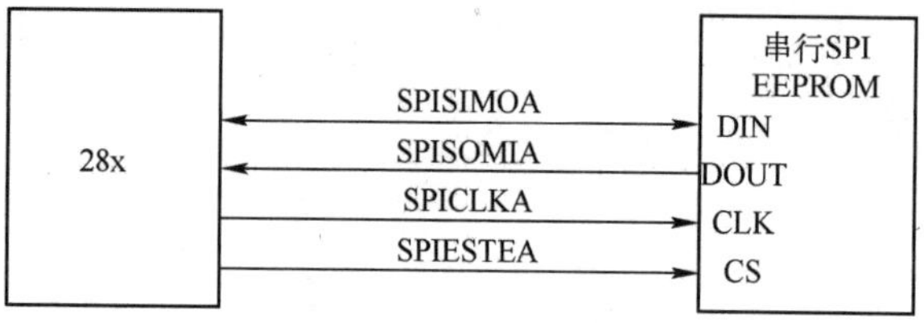

图 14-14　SPI 装载器连接

Xicor X25320（4Kx8）、Xicor X25256（32Kx8）SPI 串行 SPI EEPROM 及 Atmel AT25F1024A 串行 Flash 等。

SPI 的引导装载器用以下设置来初始化 SPI：FIFO 使能、8 位字符、内部 SPICLK 主模式和对话模式，时钟相位 =1，极性 =0，使用最慢的波特率。

如果从其他设备上的 SPI 端口执行下载，那么该设备必须设置在从模式和模拟串行 SPI EEPROM 的情况下操作。在进入 SP_Boot 函数后，设置引脚为 SPI 功能，然后初始化 SPI，以尽可能最慢的速度完成初始化。一旦 SPI 被初始化并且关键值被读取，用户就可以改变波特率或者低速外设时钟。

来自 SPI EEPROM 的数据传输以“脉冲”的方式完成。传输以字节模式（字符为 8 位）。工作进程如下：

1）初始化 SPI－A 端口。

2）GPIO19（SPISTE）引脚用于串行 SPI EEPROM 或 Flash 的片选信号。

3）SPI－A 输出一个读串行 SPI EEPROM 或 Flash 的命令。

4）SPI－A 发送给 SPI EEPROM 一个地址 0x0000，即主机要求 EEPROM 或者 Flash 必须从 0x0000 处开始存放程序块。装载器兼容 16 位和 24 位地址。

5）下一个要获取到的字节必须与 8 位数据流的关键值相匹配（0x08AA）。这个字的最低有效字节是首先要读取到的字节，并且最高有效字节是下一个要获取到的字节。SPI 上传输的所有字都是如此。如果关键字不匹配，那么装载将会终止。

6）接下来的两个字节用于改变低速外设时钟寄存器（LOSPCP）和 SPI 波特率寄存（SPIBRR）的值。第一个读取到的字节是 LOSPCP 值，第二个读取到的是 SPIBRR 值。接来的 7 个字保留，用作将来的扩展。SPI 引导装载器读取这 7 个字然后丢弃它们。

7）接下来的两个字节组成了 32 位的入口指针地址，在引导装载完成之后，系统将会继续从这里执行程序。

8）多个代码和数据块将通过 SPI 端口从外部串行 SPI EEPROM 复制到片内存储器。代码块以标准数据流结构传输。当遇到一个大小为 0x0000 的数据块时，表示传输结束。入口地址返回到调用程序并退出引导装载器，然后恢复执行程序。

14.2.19　I2C Boot 函数

I2C 装载器用于 I2C－A 总线上 0x50 地址处 8 位 I2C 兼容的 EEPROM 器件，如图 14-15 所示。EEPROM 应遵循常规 I2C EEPROM 协议，具有 16 位基础地址结构。

I2C 装载器使用的引脚包括：GPIO 28 上的 SDAA 和 GPIO 29 上的 SCLA。

如果下载是从不是 EEPROM 的器件上进行的，那么该器件应设置在从模式并能模仿 I2C

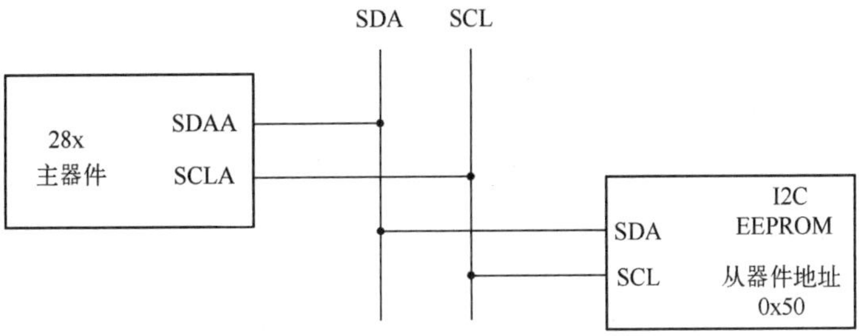

图 14-15　地址为 0x50 的 EEPROM 连接

EEPROM。进入 I2C 引导函数后，GPIO 引脚应配置为 I2C - A 运行且初始化 I2C。从 I2C 模块引导时应满足下述要求：

- 器件的输入频率必须在合适的范围。
- EEPROM 必须是在从器件地址 0x50。

14.2.20　eCAN Boot 函数

eCAN 引导装载器将代码由 eCAN - A 异步传送到片内存储器。主机可以是任何 CAN 节点。通信采用 11 位标准标示符（MSGID 为 0x1）、两个字节数据帧。如果需要传输大量数据，主机可以下载一个内核以重新配置 eCAN 模块。图 14-16 为 eCAN - A 引导装载运行连接图。

eCAN - A 装载器使用的引脚包括：GPIO30 上的 CANRXA 和 GPIO31 上的 CANTXA。

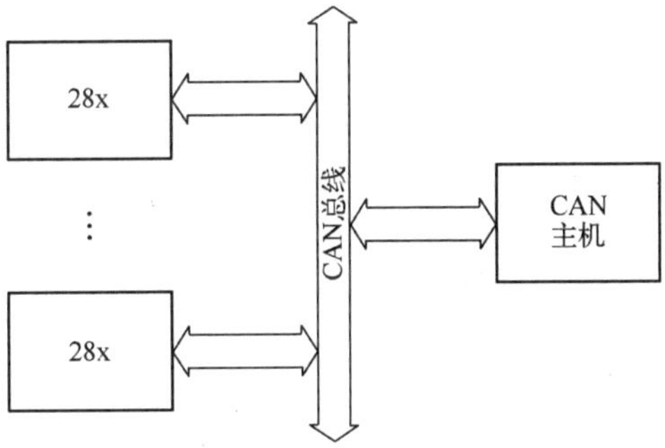

图 14-16　eCAN - A 引导装载运行

14.2.21　ExitBoot 汇编程序

引导 ROM 包含的 ExitBoot 程序将 CPU 寄存器恢复到复位时的默认状态。除了一个寄存器之外，其他寄存器都是如此。ST1 寄存器的 OBJMODE 位保持为置 1 状态，这样器件保持配置 C28x 运行。ExitBoot 程序的详细流程如图 14-17 所示。

下述 CPU 寄存器恢复到默认值：

- ACC = 0x0000 0000。
- RPC = 0x0000 0000。
- P = 0x0000 0000。

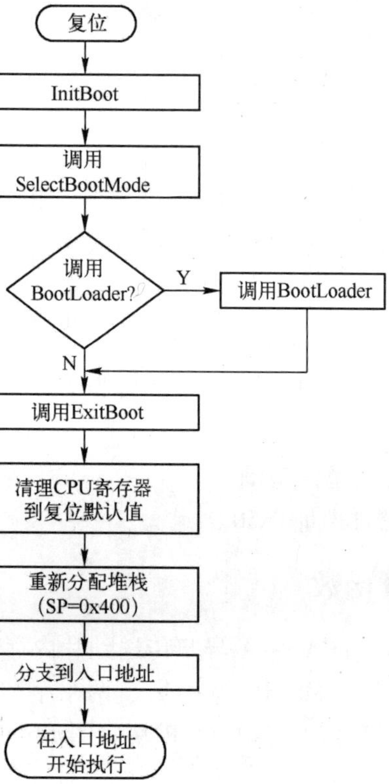

图 14-17　ExitBoot 过程流程图

- XT = 0x0000 0000。
- ST0 = 0x0000。
- ST1 = 0x0A0B。
- XAR0 = XAR7 = 0x0000 0000。

在 ExitBoot 程序完成后，程序流程重新定位到入口地址。

14.3　建立引导表

本节介绍如何产生数据流和引导装载器所需的引导表。

14.3.1　C2000 Hex 应用程序

为利用引导装载器的特点，应产生上述数据流与引导表。包含在 28x 代码产生工具中的十六进制转换应用程序，能够产生要求的数据流包括要求的引导表。下面介绍 hex2000 应用程序。

十六进制转换应用程序支持创建 SCI、SPI、I2C、eCAN 和并行 I/O 装载器所需要的引导表。即该应用程序为文件添加要求的信息如关键值、保留位、入口点、地址、块开始地址、块长度及结束值。当运行十六进制转换应用程序时，随引导模式和选项不同引导表内容会有少许变化。主机要求的实际文件格式（ASCII、二进制、十六进制等）随不同特定应用会有不同，且会需要一些附加的转换。

1. 汇编或编译代码。

创建目标文件，然后可以用于链接器创建单个输出文件。

2. 链接文件。

链接器将所有的目标文件合并为一个公共目标文件格式（COFF）的输出文件。特定的链接器命令文件用于链接器将代码段定位不同的存储器块。每一个引导表数据块对应于COFF文件的一个初始化段。未初始化段不需要用十六进制转换应用程序转换。可能使用到如下选项：

链接器 - m 选项用于产生映射文件。映射文件指示所有创建的段、它们在存储器中的位置和它们的长度。可以通过此文件检查并确认初始化段是否在期望位置。

链接器 - w 选项也非常有用。该选项告诉用户链接器是否将一个段分配到本身的存储器区。例如，用户在代码中是否有一个被称为 ramfuncs 的段。

3. 运行十六进制转换应用程序。

对于期望的引导模式选取合适的选项并运行十六进制转换应用程序，可以将链接器产生的 COFF 文件转换为引导表。

表 14-8 总结了十六进制转换应用程序对引导装载器可用的选项。

表 14-8　引导装载器选项

选　项	描　述
- boot	将所有段转换为引导表形式（并非使用 SECTIONS 命令）
- sci8	指定引导装载器表源为 SCI - A 端口，8 位模式
- spi8	指定引导装载器表源为 SPI - A 端口，8 位模式
- gpio8	指定引导装载器表源为 GPIO 端口，8 位模式
- gpio16	指定引导装载器表源为 GPIO 端口，16 位模式
- bootorg 数值	指定引导装载器表的源地址
- lospcp 数值	指定 LOSPCP 寄存器的初始值。该数值只用于 spi8 引导表格式并忽略其他各种格式。如果数值大于 0x7F，则数值截为 0x7F
- spibrr 数值	指定 SPIBRR 寄存器的初始值。该数值只用于 spi8 引导表格式并忽略其他各种格式。如果数值大于 0x7F，则数值截为 0x7F
- e 数值	指定引导装载完成后开始执行的入口地址。数值可以是一个地址或一个全局符号。该数值可选。使用链接器 - e 选项分配一个全局符号为入口地址，入口地址可以在编译时定义。除非用链接器 - e 选项定义，C 程序的入口地址通常是_c_int00
- i2c8	指定引导装载器表源为 I2C - A 端口，8 位模式
- i2cpsc 数值	指定 I2CPSC 寄存器的值。该值将被装入，并在所有 I2C 选项装入后，从 EEPROM 读取数据前生效。该值被截取到最低 8 位，且设置保持 I2C 模块 7 ~ 12 MHz 时钟
- i2cclkh 数值	指定 I2CCLKH 寄存器的值。该值将被装入，并在所有 I2C 选项装入后，从 EEPROM 读取数据前生效
- i2cclkl 数值	指定 I2CCLKL 寄存器的值。该值将被装入，并在所有 I2C 选项装入后，从 EEPROM 读取数据前生效

14.3.2 eCAN 引导装载 COFF 文件准备实例

本小节介绍如何将 COFF 文件转换为适用于基于 CAN 引导装载的格式。该例子假定发送数据流的主机能够读取 ASCII 十六进制格式文件。实例中需要转换的 COFF 文件名为 GPIO34TOG. out。

建立项目并用 -m 链接器选项链接产生一个映射文件，可以查看该映射文件。下述例 14-7 复制了映射文件实例（GPIO34TOG. map），可以看出代码段的定位。该映射文件包含下述信息：

- 输出段。这是由链接命令文件中 SECTIONS 命令指定的输出段名。
- 起始位置。为每一个输出段列出的第一个起始位置是整个输出段的开始地址。随后的起始位置数值是部分输出段的开始地址。
- 长度。为每一个输出段列出的第一个长度是整个输出段的长度。随后的长度数值是部分输出段的长度。
- 属性/输入段。列出输入文件，可以是段的一部分或与输出段相关联的任何数值。

为使代码正确执行，下述例 14-7 的所有初始化段需要装入到 DSP。这种情况下，codestart、ramfuncs、. cinit、myreset 和 . text 段需要装入。其他段为非初始化段，不需要包括到装入过程。映射文件也指明了各段的长度和起始地址。例如，. text 段具有 0x155 字且在 0x3F A000 开始。

例 14-7 GPIO34TOG 映射（Map）文件

输出段	页面	起始位置	长度	属性/输入段
codestart				
	0	00000000	00000002	
		00000000	00000002	DSP280x _ CodeStartBranch. obj (codestart)
. pinit	0	00000002	00000000	
. switch	0	00000002	00000000	UNINITIALIZED
ramfuncs	0	00000002	00000016	
		00000002	00000016	DSP280x_SysCtrl. obj (ramfuncs)
. cinit	0	00000018	00000019	
		00000018	0000000e	rts2800_ml. lib : exit. obj (. cinit)
		00000026	0000000a	:_lock. obj (. cinit)
		00000030	00000001	-- HOLE -- [fill = 0]
myreset	0	00000032	00000002	
		00000032	00000002	DSP280x_CodeStartBranch. obj(myreset)
IQmath	0	003fa000	00000000	UNINITIALIZED
. text	0	003fa000	00000155	
		003fa000	00000046	rts2800_ml. lib:boot. obj(. text)

使用 CAN 引导装载器装入代码，主机必须用引导装载器能够理解的格式发送数据。即，数据必须以具有长度的数据块形式发送，开始是地址后面跟着数据。块长度为 0 表示数据结

束。HEX2000. exe 应用程序可以用于将 COFF 文件转换为包含引导信息的格式。下述例子的命令句法可以用于将应用软件转换为包含引导装载器信息的 ASCII 十六进制格式文件。

例 14-8 HEX2000. exe 命令句法。

C：HEX2000 GPIO34TOG. OUT -boot -gpio8 -a

其中：

- boot 将所有段转换到引导表形式。
- gpio8 使用 8 位 GPIO 模式数据格式。eCAN 使用与 8 位 GPIO 模式相同的数据格式。
- a 选择 ASCII - Hex 作为输出格式。

该例的命令行产生一个被称为 GPIO34TOG. a00 的 ASCII - Hex 输出文件。假定主机能够读取 ASCII 码十六进制文件。每一个装入的数据段与上述映射文件是对应的。装入数据流后，引导 ROM 将跳转到由数据流读取的入口地址，在这种情况下将从 0x3F A0000 开始执行。

例 14-9 GPIO34TOG 数据流。

```
AA 08                                        ;0x08AA,8 位关键值
00 00 00 00 00 00 00 00                      ;8 个保留字
00 00 00 00 00 00 00 00
3F 00 00 A0                                  ;入口地址 0x003F A000
02 00;                                       装入 2 个字,codestart 段
00 00 00 00                                  ;在 0x000000 开始装入块
7F 00 9A A0                                  ;数据块 0x007F,0xA09A
16 00                                        ;装入 0x0016 字,ramfuncs 段
00 00 02 00                                  ;在 0x000002 开始装入块
22 76 1F 76 2A 00 00 1A 01 00 06 CC F0       ;数据 =0x7522,0x761F 等...
FF 05 50 06 96 06 CC FF F0 A9 1A 00 05
06 96 04 1A FF 00 05 1A FF 00 1A 76 07
F6 00 77 06 00
55 01                                        ;装入 0x0155 字,. text 段
3F 00 00 A0                                  ;在 0x003FA000 开始装入块
AD 28 00 04 69 FF 1F 56 16 56 1A 56 40       ;数据 =0x28AD,0x4000 等...
29 1F 76 00 00 02 29 1B 76 22 76 A9 28
18 00 A8 28 00 00 01 09 1D 61 C0 76 18
00 04 29 0F 6F 00 9B A9 24 01 DF 04 6C
04 29 A8 24 01 DF A6 1E A1 F7 86 24 A7
06.. ..
……
……
FC 63 E6 6F
19 00                                        ;装入 0x0019 字,. cinit 段
00 00 18 00                                  ;在 0x000018 开始装入块
FF FF 00 B0 3F 00 00 00 FE FF 02 B0 3F       ;数据 =0xFFFF,0xB000 等...
00 00 00 00 00 FE FF 04 B0 3F 00 00 00
```

```
00 00 FE FF ......
......
3F 00 00 00
02 00                                   ;装入 d 0x0002 字,myreset 段
00 00 32 00                             ;在 0x000032 开始装入块
00 00 00 00                             ;数据 = 0x0000,0x0000
00 00                                   ;块长度 0 表示数据结束
```

14.4 思考题与习题

1. 什么是引导 ROM?
2. 2803x 有哪些引导方式?

第 15 章　DSP 控制器应用系统设计

本章主要内容：

1）2803x 系统硬件设计（Hardware Design for 2803x Systems）。

2）基于 DSP 控制器的数字运动控制系统（A DSP - Controller Based Digital Motion Control System）。

3）快速傅里叶变换与 FIR 数字滤波器（Fast Fourier Transform and FIR Digital Filters）。

4）基于 CAN 总线的分布式温度测量系统（A CAN Bus Based Distributed Temperature Measuring System）。

15.1　2803x 系统硬件设计

DSP 系统硬件设计一般包括根据系统要求选择合适的 DSP 芯片、选择外围芯片、设计原理图以及设计印刷电路板图等过程。

一个典型的 28035 DSP 应用系统如图 15-1 所示。除 DSP 芯片外，系统主要包括电源电路、时钟电路、复位电路、JTAG 接口电路、通信接口驱动电路和应用电路等。根据需要可以增加 D - A 转换器等电路。

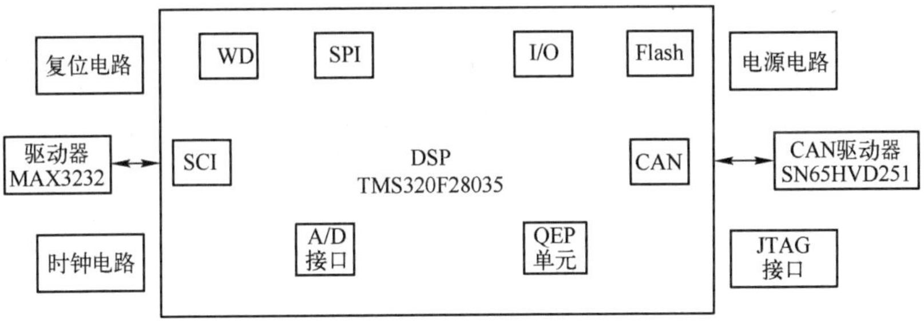

图 15-1　28035 DSP 系统

1. 电源电路

28035 的 CPU 内核与数字逻辑电源 V_{DD}为 1.8 V，片内外设电源与 Flash 电源 V_{DDIO}为 3.3 V。ADC 模拟电路电源 VDDA 也为 3.3 V，有时需要独立的模拟电源。当使用内部电压调节器（VREG）时内部提供 1.8 V 内核电源，可以采用单电源（+3.3 V 供电），V_{DD}引脚只需对地连接一个 1.2 μF（最小）的电容。也可以根据需要不用内部电压调节器，而外加内核与数字逻辑电源。

一般 3.3 V、1.8 V 电源可以通过对 5 V 电源进行变换得到。常用的电源芯片见表 15-1。

表 15-1 常用的电源芯片

型号	规格	备注
TPS767D318PWP	1.8 V 3.3 V 1 A	双电压输出 +3.3 V 和 +1.8 V
TPS767D301PWP	1.5 ~5.5 V 可调 3.3 V 1 A	双电压输出 +3.3 V 和可调
TPS7133Q	3.3 V 0.5 A	单电压输出 +3.3 V
TPS7233Q	3.3 V 0.25 A	单电压输出 +3.3 V
TPS7333Q	3.3 V 0.5 A	单电压输出 +3.3 V
TPS73033	3.3 V 0.2 A	单电压输出 +3.3 V
TPS76801Q	1.8 V 1 A	单电压输出 +1.8 V

3.3 V 电源可以通过一个芯片 TPS73033 由 5 V 电源变换得到。图 15-2 为一个采用 TPS73033 芯片的电源电路。

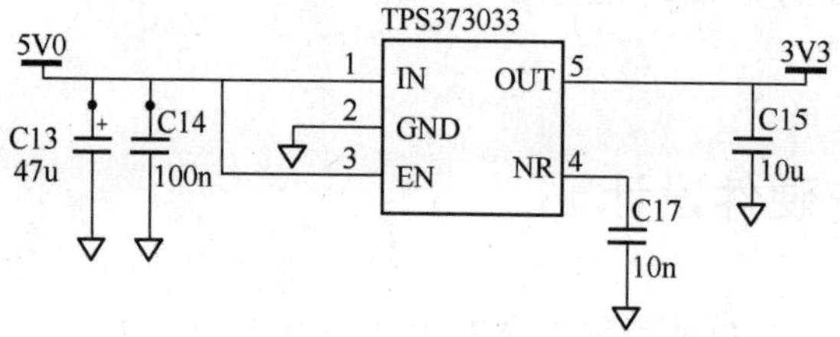

图 15-2 采用 TPS73033 芯片的 DSP 电源电路

2. 时钟电路

如第 2 章所述，28035 有 4 种选择可以提供时钟信号：

① 片内无引脚振荡器 INTOSC1。

② 片内无引脚振荡器 INTOSC2。这两个不需要外部元件的振荡器均可以提供 10 MHz 的时钟。

③ 外接晶体内部振荡器方式。

④ 外部时钟工作方式。

通常采用外接晶体和外部时钟方式，即无源和有源晶振方式。有源晶振驱动能力较强，频率范围很宽。无源晶体价格便宜，但是它的驱动能力较差，一般不能提供给多个器件共享，且频率范围较窄。

28035 DSP 的时钟电路如图 15-3 所示，可以选择 10 MHz 的振荡频率，通过内部锁相环进行 6 倍频，实现 60 MHz 的 CPU 系统时钟。注意应选择 3.3 V 供电的有源晶振，这样其输出端可以与 XCLKIN 直接相连。X1 为振荡器输入信号，X2 为振荡器输出信号。图 15-3a 为无源振荡时钟电路，图中的电容 C1、C2 可取 15 pF。图 15-3b 为有源晶体振荡时钟电路，此时不使用 DSP 的内部振荡器，时钟来自于 XCLKIN 输入的外部时钟信号，X1 引脚接地，X2 引脚悬空。

3. 复位电路

Piccolo 系列器件内部有上电复位（POR）与掉电复位（BOR）电路。因此通常不需要外部电路提供复位脉冲。上电与掉电情况下，该引脚为低电平。如果需要的话，外部电路驱动可以使器件复位。由于内部有复位电路，所以直接在复位引脚 $\overline{XRS}$ 接一个 2.2 kΩ 的上拉电阻即可。通常的外部复位电路设计有 RC 电路法和专用芯片法。图 15-4 所示为 RC 复位电路，图中的 74LVT14 非门起到抗干扰的作用。

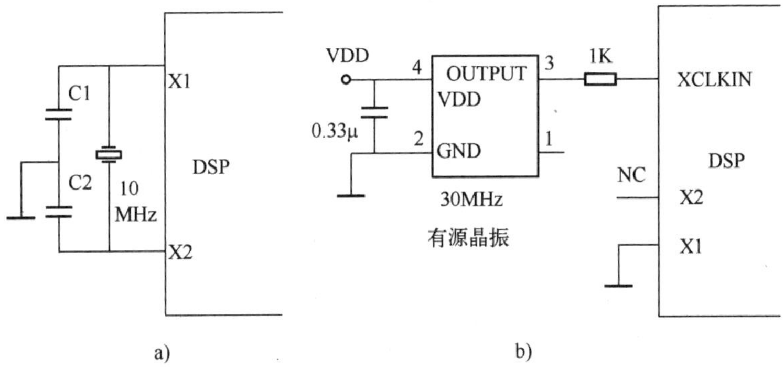

图 15-3　28035 时钟电路

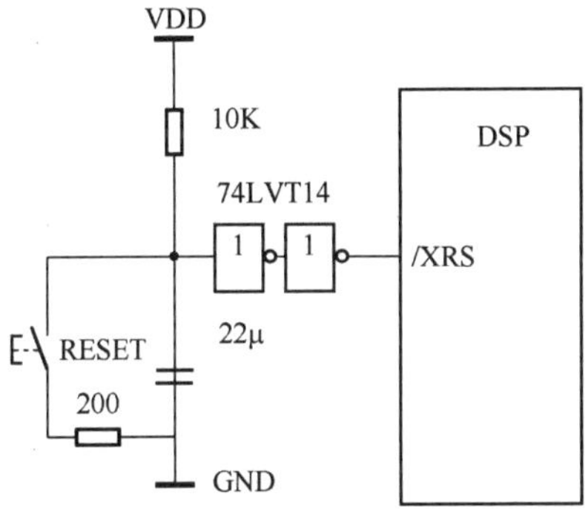

图 15-4　RC 复位电路

还可以采用专用芯片如 MAX811 设计复位电路。另外有的电源芯片也具有复位输出引脚，可直接用于 28035 复位。

4. JTAG 接口

对 28035 的仿真调试需要通过仿真器进行，仿真器通过 DSP 芯片提供的扫描仿真（JTAG）引脚实现仿真功能。另外通常也需要通过 JTAG 接口，将用户程序烧写到内部 Flash。仿真头采用 14 根信号线，符合 JTAG IEEE1149. 1 标准。图 15-5 给出了 DSP 的仿真接口电路。其中的$\overline{\text{TRST}}$引脚接 5. 1 kΩ 的下拉电阻，连接器接头的 EMU0、EMU1 引脚通常接 5. 1 kΩ 的上拉电阻（2803x 没有这两个引脚），电源信号 PD 连接 V_{DDIO}（+3. 3 V），用于给仿真器提供信号电源，引脚 6 可以不接，用于仿真头定位。

5. 其他电路扩展

1）存储器电路。

28035 片内有 4MW 存储器地址空间、64 KW 的 Flash 存储器、1 KW 的 OTP 型 ROM、10 KW的 RAM 以及 8 KW 的引导（Boot）ROM。用户程序可以烧写入 Flash 存储器，但在开发调试过程中，程序需要不断修改，反复写入 Flash 显得不方便。可以将被调试的程序放入片内 RAM。在开发阶段，将程序放入 8 KW 的 RAM L0 ~ L3 存储器（8000H ~ 9FFFH），可以方便地进行单步执行、设置断点及连续执行等调试操作。

由于 28035 芯片没有外部并行扩展总线接口，只能通过 SPI、I2C 等串行接口扩展串行 EEPROM、RAM 芯片存储器。

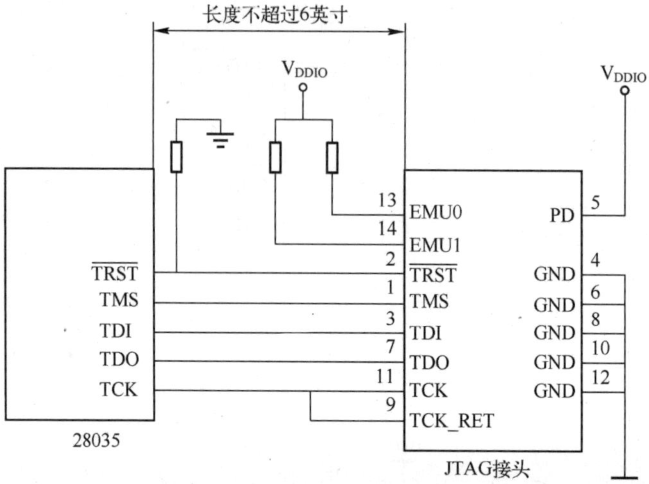

图 15-5　JTAG 仿真接口

另外，可以通过各种通信接口由引导装载软件将用户程序引导到片内存储器。

2）电平转换电路。

DSP 的工作电压为 3.3 V、1.8 V，而目前仍有许多 5 V 电源的逻辑器件，因此有的系统会有 3.3 V 逻辑器件和 5 V 逻辑器件共存。3.3 V 的 DSP 芯片与 5 V 供电芯片一般可以直接连接，但在 3.3 V 低电压器件（LVTTL、LVCMOS）驱动 5V CMOS 器件的情况下，无法满足后者高电平的最小输入电压 3.5 V 的要求，所以 3.3 V 的 DSP 器件不能直接驱动 5 V 的 CMOS 器件。这种情况下可以采用专门的电平转换芯片如 SN74LVC164245、SN74LVC4245。这类芯片采用双电压供电，一边是 3.3 V 供电，另一边是 5 V 供电，可以解决 3.3 V 器件与 5V CMOS 器件的电平转换问题。另外，I/O 接口经常通过光耦合器件实现电压隔离与电平转换。

3）RS-232 接口、CAN 接口驱动电路。

4）串行接口的芯片。DSP 可以扩展许多采用 I^2C、SPI 接口的芯片。采用不带外部并行总线接口的芯片，可以见减少芯片引脚数量，提高可靠性。但是这类 DSP 芯片只能进行串行接口方法扩展。常用的具有串行接口的芯片有 A-D 转换器、D-A 转换器、键盘显示接口电路、LCD 控制器等。

5）实际应用电路的扩展，如指示灯电路、键盘显示电路、运算放大器电路及功率驱动电路等。

15.2　基于 DSP 控制器的数字运动控制系统

基于 DSP 控制器的数字运动控制系统是一种典型 DSP 应用系统，是 C2000 系列 DSP 的主要应用领域之一。运动控制系统通常由电动机、功率逆变器和数字控制系统等组成。数字控制系统为功率逆变器提供开关驱动信号，将电源转换为电动机所需的电压和电流，由电动机直接或通过减速齿轮等驱动机械负载。其中的电动机可以是永磁同步电动机、无刷直流电动机、交流异步电动机等。

以永磁同步电动机为控制对象的数字交流伺服系统在数控机床、机器人等运动控制领域获得了广泛应用。交流伺服系统是电流、速度和位置三环控制系统。全数字交流伺服系统对这 3 个控制环采用数字控制，简化了系统结构，而且能实现信息存储、系统监控、诊断及分布式控制的智能化功能，具有参数整定容易、功能强大等优点。本节以基于 DSP 的永磁同步电动机（PMSM）数字运动控制系统为例，介绍 DSP 在数字电动机控制领域的应用。

1. 永磁同步电动机矢量控制原理

三相对称绕组通以对称电流，形成一个按同步转速旋转的合成电枢磁动势即旋转磁场。设 i_a，i_b，i_c为三相定子绕组电流的瞬时值，随时间变化。采用单矢量多时轴的方法，取定子绕组 A、B、C 各相空间轴线为各自的时间轴。定子电流空间综合矢量定义为

$$\boldsymbol{i}_s = 2/3(i_a + i_b e^{j2\pi/3} + i_c e^{j4\pi/3}) \tag{15-1}$$

综合矢量是一个在空间旋转的矢量，如图 15-6 所示，各相电流为综合空间矢量在各自相轴上的投影。这种综合矢量的分析方法也适合于电压、磁链等，而且不要求各相物理量必须按正弦变化。

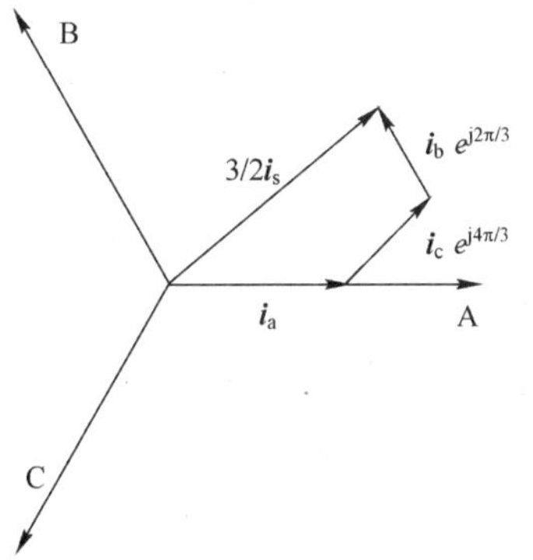

图 15-6　定子电流空间综合矢量

旋转空间综合矢量 $\boldsymbol{i}_s$是三相电流的空间矢量和，也同样可以由常用的 α - β 两相静止坐标系统产生，如图 15-7 所示。三相 A、B、C 到两相 α - β 坐标系统变换（也称为 Clarke 变换）的关系式为

$$\begin{bmatrix} i_\alpha \\ i_\beta \\ i_0 \end{bmatrix} = \frac{2}{3}\begin{bmatrix} 1 & -\frac{1}{2} & -\frac{1}{2} \\ 0 & \frac{\sqrt{3}}{2} & -\frac{\sqrt{3}}{2} \\ \frac{1}{2} & \frac{1}{2} & \frac{1}{2} \end{bmatrix}\begin{bmatrix} i_a \\ i_b \\ i_c \end{bmatrix} \tag{15-2}$$

对于三相永磁同步电动机对称接法，通常无相线，三相电流之和为零，即零序电流为零，$i_0 = 0$。三个变量只有两个是独立的，即

$$i_a + i_b + i_c = 0$$

这时坐标变换的公式可以得以简化，三相到两相静止坐标变换即 α - β 变换的关系式为

$$\begin{aligned} i_\alpha &= i_a \\ i_\beta &= \frac{1}{\sqrt{3}}i_a + \frac{2}{\sqrt{3}}i_b \end{aligned} \tag{15-3}$$

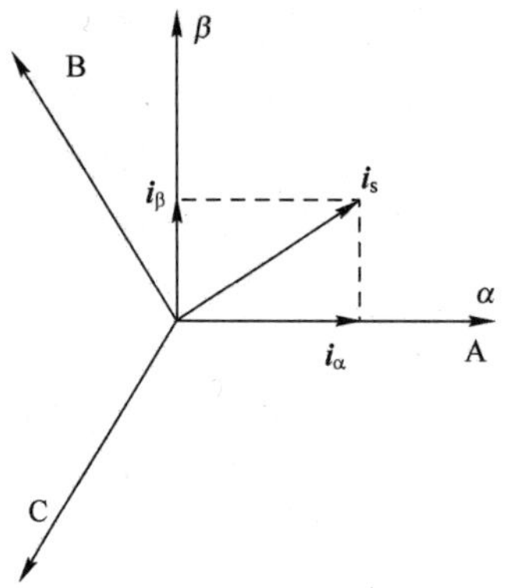

图 15-7　A、B、C 到 α - β 的坐标变换

α - β 变换后，电磁转矩仍然是转子磁通位置的函数，电磁方程的求解仍很困难，为此进行 d - q 坐标变换。d - q 坐标是建立在转子上的旋转坐标，取转子磁通 $\boldsymbol{\psi}_f$的方向为 d 轴正方向，如图 15-8 所示。

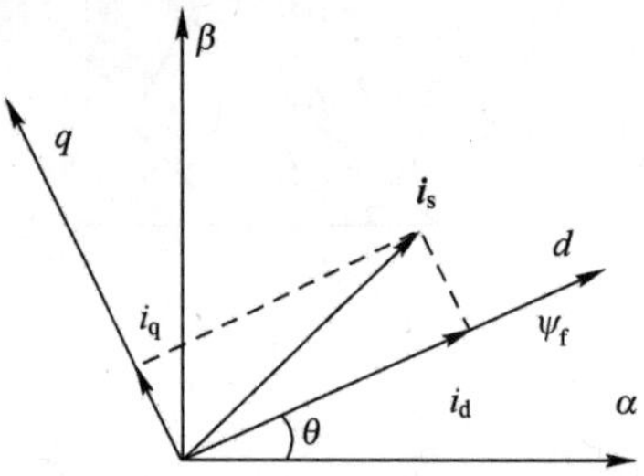

图 15-8　α - β 到 d - q 的变换

综合矢量 $\boldsymbol{i}_s$可分解为沿 d - p 轴的两个分量 i_d，i_q。两相静止坐标变换到转子旋转坐标变换即 d - p 变换（也称为 Park 变换）的表达式为

$$\begin{aligned} i_d &= i_\alpha \cos\theta + i_\beta \sin\theta \\ i_q &= -i_\alpha \sin\theta + i_\beta \cos\theta \end{aligned} \tag{15-4}$$

θ 为转子 d 轴领先定子 a 相（α 轴）的电气角度。d - q 坐标变换后，定子电压方程可以大为简化，相应的 d - q 坐标电压方程即 Park 方程为

$$\begin{aligned} u_d &= R_a i_d + p\psi_d - \omega\psi_q \\ u_q &= R_a i_q + p\psi_q + \omega\psi_d \end{aligned} \tag{15-5}$$

R_a为定子相电阻，$p = d/dt$ 为微分算子。$\omega = p\theta = d\theta/dt$ 为电气角速度。ψ_d，ψ_q为 d - q 轴磁链，

$$\begin{aligned} \psi_d &= L_d i_d + \psi_f \\ \psi_q &= L_q i_q \end{aligned} \tag{15-6}$$

ψ_f为转子永磁体磁链，为一常数。L_d、L_q为 d - p 轴电感。电磁转矩方程为

$$T_e = 3/2\ p_n(\psi_d i_q - \psi_q i_d) = 3/2 p_n[\psi_f\, i_q + (L_d - L_q)\ i_d\, i_q] \tag{15-7}$$

p_n为电动机极对数。

而机械运动方程为

$$T_e = T_L + Jp\Omega + B\Omega \tag{15-8}$$

T_L为机械负载转矩，$\Omega = \omega/p_n$为机械角速度，J为转动惯量，B为运动阻尼系数。

交轴电流 i_q为转矩电流分量，对电磁转矩的产生起主要作用。通常励磁电流分量 i_d对电磁转矩的产生贡献不大，且存在使永磁体去磁的可能，故控制 $i_d = 0$，即采用磁场定向控制（FOC）方法，使定子磁场与转子磁场始终保持垂直。这时电磁转矩方程和 d 轴电压方程分别为

$$T_e = 3/2 p_n \psi_f i_q \tag{15-9}$$

$$u_d = -p_n \Omega L_q i_q \tag{15-10}$$

电磁转矩与交轴电流 i_q成正比，即

$$T_e = K_t i_q \tag{15-11}$$

$K_t = 3/2 p_n \psi_f$为比例常数。这类似于传统它激直流电动机，能够实现电磁转矩的线性化控制。因此，采用 $i_d = 0$ 的矢量控制，可以得到优良的转速控制特性。对于高于额定转速的应用场合，可使 $i_d < 0$，即采用弱磁调速，进行恒功率控制。

2. 永磁同步电动机数字伺服系统控制原理

永磁同步电动机（PMSM）位置伺服系统的控制原理如图 15-9 所示。系统的位置环、速度环与电流环全部由软件实现，均采用数字 PI 调节器。坐标变换矢量控制、空间矢量 PWM 等均由软件完成。位置检测采用增量式光电编码器，转速 n 由机械位置 θ_m微分求得。去掉外面的位置环可以实现速度伺服系统的控制。

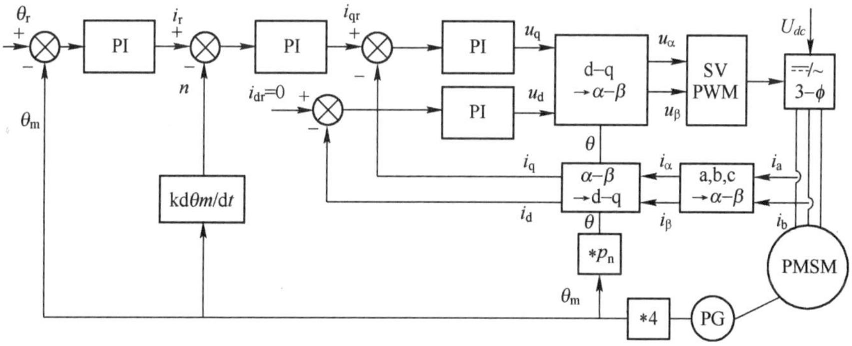

图 15-9　数字伺服系统控制原理框图

3. 永磁同步电动机空间矢量 PWM 控制

交流电动机通常采用三相桥式逆变器将直流电源转换为所需的交流电源，如图 15-10 所示。一种重要的逆变方法就是脉宽调制（PWM）。脉宽调制是利用半导体开关器件的导通与关断把直流电压变成电压脉冲序列，并通过控制脉冲宽度以达到调节控制电压、电流、频率和谐波的目的。脉冲宽度调制信号是一个周期固定宽度变化的脉冲序列，即每一个周期有一个脉冲，这个固定周期称为 PWM（载波）周期，其倒数称为 PWM 频率。PWM 脉冲的宽度由另一个期望值序列确定或调制，该期望值序列就是调制信号。

在电动机控制系统中，PWM 信号用于控制功率开关器件的导通与关断时间，以向电动机提供期望的电压、电流。相电流形状、频率以及向电动机绕组提供能量的大小就决定了电动机的转速和转矩。这时施加于电动机的命令电压或电流就是调制信号。通常调制信号的频率（50 ~ 100 Hz）要比 PWM 载波频率（10 ~ 20 kHz）低很多。

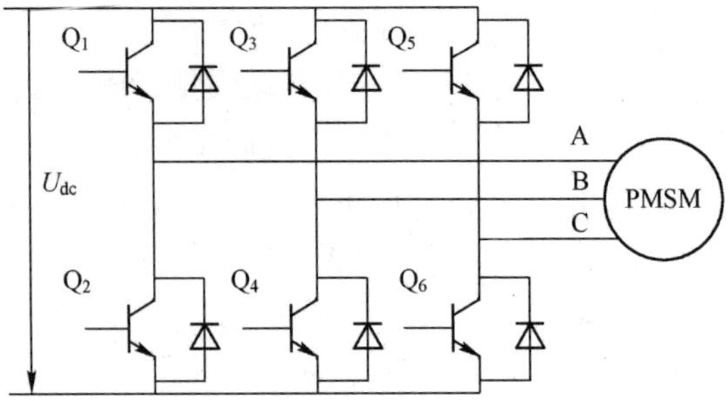

图 15-10　三相逆变器主回路

要产生 PWM 信号，首先要有一个合适的定时器用于 PWM 周期重复计数，还要用一个比较寄存器来保持调制信号值。比较寄存器的数值不断地与定时器值相比较。当数值匹配时，在相应的 PWM 输出引脚产生一个由高到低或由低到高的转变。当下次匹配或定时器计数到时，要产生一个由低到高或由高到低的转变。这样产生一个输出脉冲，其导通（或断开）时间与比较寄存器值成正比。

DSP 控制器的一个事件管理器有三个比较单元，每一个比较单元可用于非对称或对称 PWM 波形产生，三个比较单元可联合可用于空间矢量 PWM 波形输出。采用定时器、死区单元及输出逻辑电路，每一个比较单元可用于产生一对 PWM 输出信号。与三个比较单元相应的 6 个输出引脚可方便地用于控制三相交流电动机、无刷直流电动机与步进电动机等电机。

PWM 控制技术从电压波形正弦，到电流波形正弦，再进一步发展到磁通正弦即空间电压矢量法（Space Vector PWM，SVPWM）。SVPWM 是从电动机角度出发，着眼于如何使电动机获得幅值恒定的圆形磁场即正弦磁通。它以三相正弦波电压供电时交流电动机的理想磁通轨迹为基准，用逆变器不同的开关模式产生的实际磁通去逼近基准磁通圆，从而达到较高的控制性能，即可以获得更小的电流谐波含量与更大的电源电压利用率。空间电压矢量 PWM 是将 $\alpha-\beta$ 坐标下的电压参考矢量转换为功率器件导通、断开的时间，以产生准正弦电流。下面介绍 SVPWM 方法。

（1）三相对中点的电压

三相 PMSM 通以三相对称正弦电压，产生正弦电流，如图 15-11 所示。设三相电源电压为

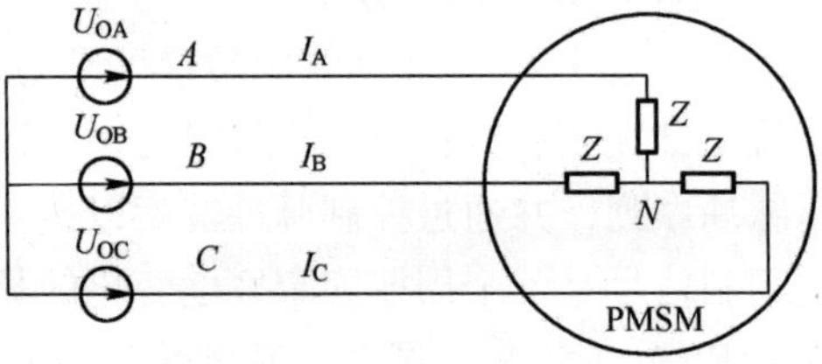

图 15-11　三相对称系统

$$U_{OA}=U_m\cos\omega t$$
$$U_{OB}=U_m\cos(\omega t-120°)$$
$$U_{OC}=U_m\cos(\omega t+120°)$$

为计算每相对中点的电压即 U_{AN}、U_{BN}、U_{CN}，列出如下方程：

$$U_{ON} = U_{OA} + ZI_A$$

$$U_{ON} = U_{OB} + ZI_B$$

$$U_{ON} = U_{OC} + ZI_C$$

这样 $3 * U_{ON} = U_{OA} + U_{OB} + U_{OC} + Z(I_A + I_B + I_C)$

注意到 $I_A + I_B + I_C = 0$

则 $U_{ON} = (U_{OA} + U_{OB} + U_{OC})/3$ （15-12）

可求得相对于中点 N 的电压

$$U_{AN} = U_{ON} - U_{OA} = (-2U_{OA} + U_{OB} + U_{OC})/3$$

进一步可得

$$\mathrm{U}_{AN} = (2U_{AO} - U_{BO} - U_{CO})/3$$

$$U_{BN} = (2U_{BO} - U_{AO} - U_{CO})/3$$

$$U_{CN} = (2U_{CO} - U_{AO} - U_{BO})/3 \quad (15\text{-}13)$$

（2）静态功率桥应用

在静态功率桥情况下，不采用正弦电压源，而是采用六个功率开关器件作为通断开关联接于通过整流得到的直流母线电压，目的是在绕组中产生正弦电流而形成旋转磁场。由于绕组的电感特性，通过调制功率开关的负荷时间，以产生准正弦电流。

如图 15-12 所示，6 个功率开关器件($Q_1 \sim Q_6$)由 6 个 PWM 信号控制。这种结构开关有 8 种状态组合。可以分析出各种状态下整流桥输出电压（以虚拟的整流直流电压中点 O 为参考点）见表 15-2。表中“1”代表该相上桥臂功率器件导通，“0”代表下桥臂导通。由上述方程（15-13）可以求出 A、B、C 每相对绕组中点的电压见表 15-3。

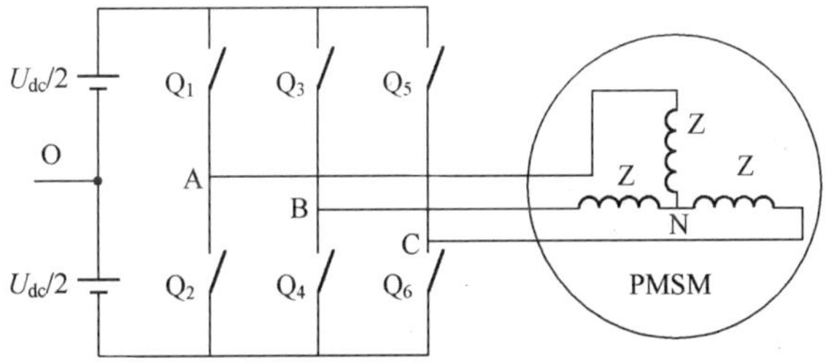

图 15-12　功率桥

表 15-2　功率桥输出电压（U_{AO}，U_{BO}，U_{CO}）

A　B　C	$U_{AO}(U_{DC})$	$U_{BO}(U_{DC})$	$U_{CO}(U_{DC})$
0　0　0	−1/2	−1/2	−1/2
0　0　1	−1/2	−1/2	+1/2
0　1　0	−1/2	+1/2	−1/2
0　1　1	−1/2	+1/2	+1/2
1　0　0	+1/2	−1/2	−1/2
1　0　1	+1/2	−1/2	+1/2
1　1　0	+1/2	+1/2	−1/2
1　1　1	+1/2	+1/2	+1/2

表 15-3 功率桥输出电压（U_{AN}，U_{BN}，U_{CN}）

A B C	$U_{AN}(U_{DC})$	$U_{BN}(U_{DC})$	$U_{CN}(U_{DC})$
0 0 0	0	0	0
0 0 1	-1/3	-1/3	+2/3
0 1 0	-1/3	+2/3	-1/3
0 1 1	-2/3	+1/3	+1/3
1 0 0	+2/3	-1/3	-1/3
1 0 1	+1/3	-2/3	+1/3
1 1 0	+1/3	+1/3	-2/3
1 1 1	0	0	0

（3）α-β 坐标下的定子电压

矢量控制算法的控制变量采用 d-p 旋转坐标，通过 d-p 坐标反变换（即 Park 反变换），可由 α-β 坐标表示定子参考电压矢量。同样三相电压（U_{AN}，U_{BN}，U_{CN}）也变换到 α-β 坐标。三相电压变换到 α-β 坐标的关系式为

$$\begin{bmatrix} U_\alpha \\ U_\beta \end{bmatrix} = \frac{2}{3}\begin{bmatrix} 1 & -\frac{1}{2} & -\frac{1}{2} \\ 0 & \frac{\sqrt{3}}{2} & -\frac{\sqrt{3}}{2} \end{bmatrix}\begin{bmatrix} U_{AN} \\ U_{BN} \\ U_{CN} \end{bmatrix} \tag{15-14}$$

由于有 8 种开关组合，U_α、U_β 也有 8 种情况，见表 15-4，它们形成的 8 个参考电压矢量如图 15-13 所示。

表 15-4 定子电压矢量（U_α，U_β）

A B C	$U_\alpha(U_{DC})$	$U_\beta(U_{DC})$	矢 量
0 0 0	0	0	$\boldsymbol{O}_{000}$
0 0 1	-1/3	$-1/\sqrt{3}$	$\boldsymbol{U}_{240}$
0 1 0	-1/3	$+1/\sqrt{3}$	$\boldsymbol{U}_{120}$
0 1 1	-2/3	0	$\boldsymbol{U}_{180}$
1 0 0	+2/3	0	$\boldsymbol{U}_{0}$
1 0 1	+1/3	$-1/\sqrt{3}$	$\boldsymbol{U}_{300}$
1 1 0	+1/3	$+1/\sqrt{3}$	$\boldsymbol{U}_{60}$
1 1 1	0	0	$\boldsymbol{O}_{111}$

（4）定子参考电压矢量分解变换

如图 15-12 所示，逆变器主回路的 6 个功率开关器件 Q_1 ~ Q_6 可以形成 8 个状态量，分别对应 8 个空间矢量，以 Q_1、Q_3 和 Q_5 的开关状态来表示：000 ~ 111，1 表示导通，0 表示截止，而 Q_2、Q_4、Q_6 的状态与对应的 Q_1、Q_3 和 Q_5 正好相反。其中 6 种状态（001 ~ 110）为非零矢量，两种状态（000，111）为零矢量。6 种非零矢量输出电压，并在电动机中形成 6 个工作磁链矢量，以六种不同工作电压矢量所形成的实际磁链，来追踪三相对称正弦波供电时定子上的理想磁链圆，即可得到 PWM 调制时的等效基准磁链圆。当输出电压矢量 $\boldsymbol{U}_{out}$ 旋转到某扇区时，由组成该扇区的两个相邻非零矢量 $\boldsymbol{U}_x$，$\boldsymbol{U}_{x+60}$ 分别作用 T_1，T_2 时间，时间分解

如图 15-13 所示。为补偿 $\boldsymbol{U}_{out}$ 的旋转频率，插入零矢量 $\boldsymbol{O}_{111}$ 或 $\boldsymbol{O}_{000}$，时间为 T_0，有

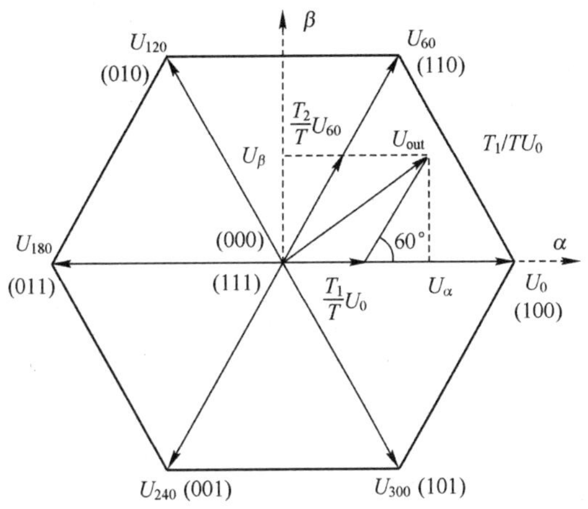

图 15-13　空间电压矢量调制（SVPWM）

$$\begin{aligned} &U_{out} = T_1/TU_x + T_2/TU_{x+60} + T_0/T\ (O_{111}\text{或}\ O_{000}) \\ &T = T_1 + T_2 + T_0 \end{aligned} \tag{15-15}$$

T 为 PWM 周期。

为确定 T_1，T_2 的数值可进行如下分解变换（以 $\boldsymbol{U}_0$、$\boldsymbol{U}_{60}$ 扇区组成的扇区为例），如图 15-13 所示，有

$$U_\beta = \frac{T_2}{T}U_{60}\mathrm{COS}(30°)$$

$$U_\alpha = \frac{T_1}{T}U_0 + \frac{U_\beta}{\mathrm{tg}(60°)}$$

结合表 15-5 中 U_0、U_{60} 的数值，可求出相邻矢量的作用时间分别为

$$\begin{aligned} &T_1 = \frac{T}{2U_{DC}}(3U_\alpha - \sqrt{3}U_\beta) \\ &T_2 = \sqrt{3}\frac{T}{U_{DC}}U_\beta \end{aligned} \tag{15-16}$$

图 15-14 给出了 $\boldsymbol{U}_0$、$\boldsymbol{U}_{60}$ 组成扇区（称为扇区 1）的 SVPWM 开关顺序。扇区改变后，除了要按不同扇区计算非零矢量的作用时间外，还要将 A、B、C 三相电压输出的顺序相应改变。

4. 伺服控制系统结构与硬件设计

控制系统采用 28035 为控制核心，组成的伺服系统只需要很少的系统元件，其性能高，成本较低。

伺服控制系统主要由用于控制的 28035 DSP 板、逆变器功率放大板和永磁同步伺服电动机及其同轴光电编码器等组成。功放板包括 MOSFET 功率场效应管逆变桥及其驱动电路，还包括电流检测电路等。系统采用逆变器桥臂串接电阻并结合软件的方法，可以实现低成本的电流检测。

基于 DSP 的伺服控制系统结构如图 15-15 所示。伺服系统的电流、速度和位置反馈信

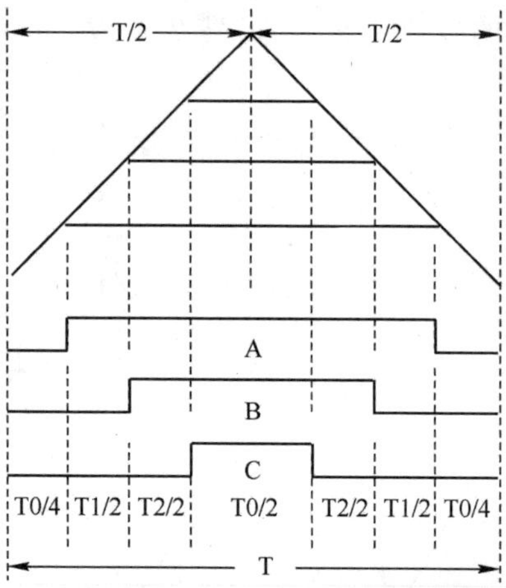

图 15-14　SVPWM 开关顺序

号分别由 DSP 的 A－D 转换接口和 QEP 单元输入，控制器输出直接控制比较单元的比较值，从而控制输出 PWM 脉冲的宽度，PWM 信号经功率场效应管 MOSFET 构成的桥式逆变电路驱动伺服电动机。用 SCI 接口完成与上位机的串行通信功能。通过上位机可以设定参考给定位置、速度和电流，还可将位置、速度及电流反馈检测量实时传送到上位机显示，也可以通过数字 I/O 扩展的键盘设定给定量，由 SPI 接口完成数码管显示功能。伺服系统与 CNC 数控系统的接口除了通常的模拟速度接口外，还增加了脉冲数字量接口和串行通信网络接口。

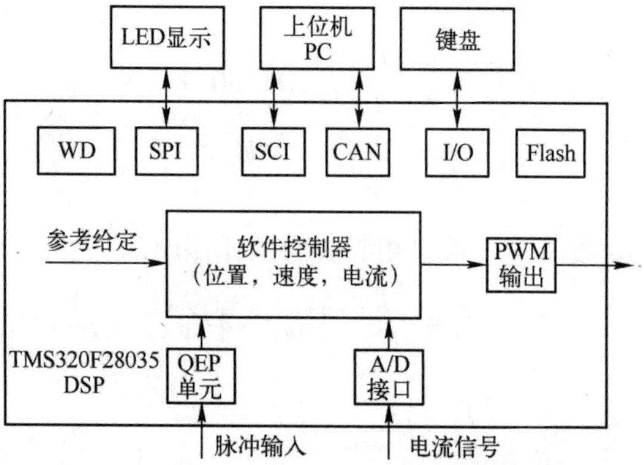

图 15-15　基于 DSP 的数字伺服控制系统

5. 软件设计

伺服系统软件包括 PC 上位主机部分和 DSP 控制部分。软件实现上述的控制原理及系统功能。上位机软件为用户图形界面，采用 Visual C＋＋编程设计，通过串行通信实现图形界面下控制器参数调整、标志设置、变量的设定与状态显示等功能。

DSP 方控制软件采用 C 语言与汇编语言结合编程，利用集成开发环境 CCS 进行开发调试。软件可分为以下逻辑层：I/O 接口层、实时中断层、I/O 数据层和管理层，如图 15-16 所示。I/O 接口层包括：

① SCI 接口串行通信。

② ADC 接口用于电流检测。

③ PWM 接口用于产生逆变器命令。

④ 定时器 T1（ePWM1 时基）用于产生电流、速度与位置采样周期。

⑤ QEP 单元用于测量电动机转子位置与电动机转速。

实时中断层包括定时器 T1 实时中断、A－D 转换中断和串行通信实时中断。在定时器实时中断程序中，进行正弦函数查表、坐标变换和数字 PI 控制等，图 15-17 给出了电流控制程序框图。I/O 数据交换层包括串行接收与发送数据交换，电流、速度、位置给定值与测量值数据交换。管理层包括上位机命令解释、参考给定生成、运动语言解释程序及键盘显示人机接口等。

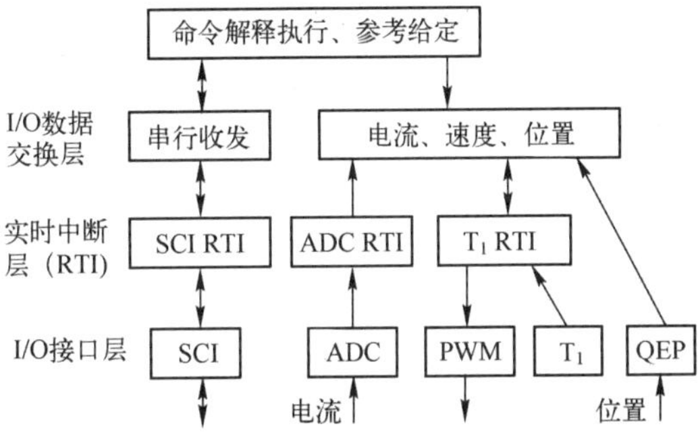

图 15-16　数字伺服系统 DSP 控制软件结构

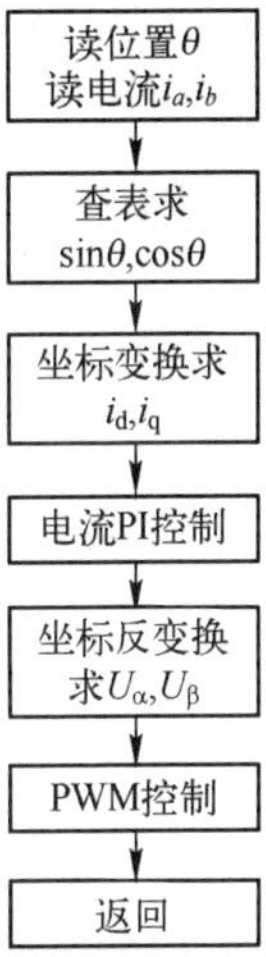

图 15-17　定时器中断服务程序电流控制

15.3　快速傅里叶变换与 FIR 数字滤波器

15.3.1　快速傅里叶变换

傅里叶变换是一种将时域信号变换为频域信号的积分变换形式。在频域分析中，信号的频率及对应的幅值、相位（统称为频谱）反映了系统的性能。快速傅里叶变换（Fast Fourier Transform，FFT）是离散傅里叶变换（Discrete Fourier Transform，DFT）的快速实现方法，是数字信号处理（DSP）中的重要算法之一。

1. 快速傅里叶变换的基本原理

非周期连续时间信号 $x(t)$ 的傅里叶变换为

$$X(\omega) = \int_{-\infty}^{\infty} x(t)\mathrm{e}^{-\mathrm{j}\omega t}\mathrm{d}t \tag{15-17}$$

上式计算出来的是信号 $x(t)$ 的连续频谱。实际系统中经常得到的是信号 $x(t)$ 的离散采样值 $x(nT)$（T 为采样周期，$n=0,1,\dots,N-1$），简记为 $x(n)$。N 点采样值频谱取样的谱间距为

$$\omega_0 = \frac{2\pi}{NT}$$

那么序列 $x(n)$ 的离散傅里叶变换为

$$X(k) = \sum_{n=0}^{N-1} x(n) W_{\mathrm{N}}^{nk}, k = 0,1,\dots,N-1$$
$$W_{\mathrm{N}}^{nk} = \mathrm{e}^{-\mathrm{j}2\pi nk/N} = \cos(2\pi nk/N) - \mathrm{j}\sin(2\pi nk/N) \tag{15-18}$$

式中，$X(k)$是时间序列$x(n)$的频谱；W_{N}称为蝶形因子或旋转因子。对于N点时域采样值，经过离散傅里叶变换计算，可以得到N个频谱条。每计算一个$X(k)$值需要N次复数相乘和$N-1$次复数相加，对于N个$X(k)$应重复计算N次。离散傅里叶变换共需要计算N^2次复数乘法和$N(N-1)$复数次加法，在N较大（例如$N=1024$）时，这个计算量很大，为此需要采用快速离散傅里叶变换。

序列$x(n)$按序号n的奇偶可以分成两组，即

$$x_1(n) = x(2n)$$
$$x_2(n) = x(2n+1), n = 0,1,\dots,N/2-1$$

所以，$x(n)$的离散傅里叶变换可写为

$$X(k) = \sum_{n=0}^{N/2-1} x(2n) W_{\mathrm{N}}^{2nk} + \sum_{n=0}^{N/2-1} x(2n+1) W_{\mathrm{N}}^{(2n+1)k} =$$
$$\sum_{n=0}^{N/2-1} x_1(n) W_{\mathrm{N/2}}^{nk} + W_{\mathrm{N}}^{k} \sum_{n=0}^{N/2-1} x_2(n) W_{\mathrm{N/2}}^{nk}$$

由此可得

$$X(k) = X_1(k) + W_{\mathrm{N}}^{k} X_2(k), k = 0,1,\dots,N/2-1 \tag{15-19}$$

式中

$$X_1(k) = \sum_{n=0}^{N/2-1} x(2n) W_{\mathrm{N/2}}^{nk}$$
$$X_2(k) = \sum_{n=0}^{N/2-1} x(2n+1) W_{\mathrm{N/2}}^{nk} \tag{15-20}$$

$X_1(k)$和$X_2(k)$分别是$x_1(n)$和$x_2(n)$的$N/2$点DFT。上面的推导表明，一个N点的DFT可以分解为两个$N/2$点的DFT，而这两个$N/2$点的DFT又可以合成一个N点的DFT，但上面给出的公式仅能得到$X(k)$的前$N/2$点的值，要用$X_1(k)$和$X_2(k)$来表示$X(k)$的后半部分，还必须运用蝶形因子W_{N}的周期性与对称性，即

$$W_{\mathrm{N/2}}^{n(k+N/2)} = W_{\mathrm{N/2}}^{nk}$$
$$W_{\mathrm{N}}^{k+N/2} = -W_{\mathrm{N}}^{k}$$

因此，$X(k)$的后$N/2$点可以表示为

$$X(k+N/2) = X_1(k+N/2) + W_{\mathrm{N}}^{k+N/2} X_2(k+N/2) =$$
$$X_1(k) - W_{\mathrm{N}}^{k} X_2(k), k = 0,1,\dots,N/2-1 \tag{15-21}$$

由此可见，一个N点的DFT可以分解为两个$N/2$点的DFT，每个$N/2$点的DFT又可以分解为两个$N/4$点的DFT。依此类推，当N为2的整数次幂($N=2^{\mathrm{M}}$)时，由于每分解一次降低一次幂阶，所以通过M次分解，最后全部成为一系列2点DFT运算。这样计算量可以减为$(N/2)\log_2 N$个乘法运算和$N\log_2 N$个加法运算，比DFT的计算量大大减轻。以上就是

按时间抽取的 FFT 算法。式（15-19）和（15-21）表示的运算称为蝶形运算。

2. FFT 的实现

例 15-1 时间抽取的 FFT 算法 DSP C 语言实现实例。

FFT 运算函数与主函数为

```
#include"math. h"                          //数学函数头文件
#define PI 3. 1415926
#define N 128                              //采样次数 N
void InitForFFT( );                        //FFT 初始化函数
void MakeWave( );                          //波形发生函数
void finv( int N1,float * xr,float * xi);  //倒序运算函数 f(N1,Xr,Xi),对输入序列倒序
int INPUT[N],DATA[N];
float fWaveR[N],fWaveI[N],w[N];
float sin_tab[N],cos_tab[N];               //正余弦函数表
int Mum;                                   //Mum 为蝶形运算的级数

void FFT(float Xr[N],float Xi[N])          //时间抽取法 FFT 程序,要求采样点数 N 为 2 的整数幂次方
{                                          //Xr[ ],Xi[ ]分别为输入序列的实部和虚部
int S,B;     //S 为旋转因子的幂数,B 为蝶形运算输入数据的距离,也即各级旋转因子的个数
int m,j,k;
float X,Y;
finv(N,Xr,Xi);                             //倒序运算函数,对输入序列倒序
for (m=1;m<=Mum;m++)
{
    B=(int)(pow(2,m-1)+0.5);  //B=2^(m-1)
    for(j=0;j<B;j++)                       //每级需要进行 B 种蝶形运算
        {
        S=j*(int)(pow(2,Mum-m)+0.5);   //S=2^(Mum-1)
        for(k=j;k<=N-1;k+=(int)(pow(2,m)+0.5))
        //每种蝶形运算在某一级中需要进行 N/pow(2,m)次
            {      //蝶形运算展开,结果的实部和虚部分别存储在原实部和虚部位置
            X=Xr[k+B]*cos_tab[S]+Xi[k+B]*sin_tab[S];
            Y=Xi[k+B]*cos_tab[S]-Xr[k+B]*sin_tab[S];
            Xr[k+B]=Xr[k]-X;
            Xi[k+B]=Xi[k]-Y;
            Xr[k]=Xr[k]+X;
            Xi[k]-Xi[k]+Y;
            }
        }
    }
for(m=0;m<N/2;m++)
{
    w[m]=sqrt(Xr[m]*Xr[m]+Xi[m]*Xi[m]);  //计算功率谱
```

```
    }
}

main()
{
int i;
InitForFFT();                                          //FFT 初始化函数
MakeWave();                                            //波形发生函数
for ( i=0;i<N;i++)
{
    fWaveR[i] = INPUT[i];
    fWaveI[i] =0.0;
    w[i] =0.0;
}
Mum = (int)(0.5 + log(N)/log(2));                      //Mum 为蝶形运算的级数,N = 2^Mum
FFT(fWaveR,fWaveI);
for(i=0;i<N;i++)DATA[i] =w[i];
while(1);
}

void InitForFFT()                                      //FFT 初始化函数,建立正余弦函数表
{
int i;
for(i=0;i<N;i++)
    {
    sin_tab[i] = sin(PI*2*i/N);
    cos_tab[i] = cos(PI*2*i/N);
    }
}
void MakeWave()                                        //波形发生函数
{
int i;
for(i=0;i<N;i++)
{
INPUT[i] = sin(PI*2*3*i/N)*1024;                       //正弦函数
}
}
```

由于上述代码中调用了 pow、log、cos 及 sin 函数，该函数所在的 C 文件应包含头文件 math. h。调用 FFT 函数进行 FFT 运算时，需要提供的参数为 FFT 运算点数、时域序列的实部与虚部。另外，FFT 函数包含的函数 finv(N,Xr,Xi)为倒序运算，函数代码如下。

```
//倒序运算函数 finv(N1,Xr,Xi),对输入序列倒序
//N1 为序列长度;Xr[],Xi[]分别为输入序列的实部和虚部
```

```
//倒序原理:倒序数的加1是在最高位加1,满2向次高位进1,最高位变0,依次往下
//从当前倒序值可求下一倒序值
void finv(int N1,float *xr,float *xi)//倒序运算函数f(N1,Xr,Xi),对输入序列倒序
{
    int m,n,N2,k;                   //m为正序数;n为到序数;k为各个权值;N2为最高位的权值
    float T;                        //临时变量T
    N2 = N1/2;                      //最高位加1相当于十进制加上最高位的权N1/2
    n = N2;                         //第一个倒序值
    for(m =1;m <= N1 -2;m ++)       //第0个和最后一个不倒序
    {
    if(m < n)                       //为了避免再次调换,只需对m<n的部分调换顺序
    {
        T = xr[m];xr[m] = xr[n];xr[n] = T;
        T = xi[m];xi[m] = xi[n];xi[n] = T;
    }
    k = N2;                         //最高位权值
    while(n >= k)
    {
        n = n - k;                  //次高位位1,继续上下进位,满2置0
        k = (int)(k/2 +0.5);        //向下权值依次比上级减半
    }
    n = n + k;                      //得到下一倒序值
    }
}
```

可以通过 CCS 软件调试该程序，并用其中的 View > Graph > Time/Frequency 菜单功能，显示变量 INPUT 与 DATA 图形，观察 FFT 的效果。

15.3.2 FIR 数字滤波器

在数字信号处理中，数字滤波占有极其重要的地位。无限冲击响应（Finite Impulse Response，FIR）数字滤波器（Digital Filter）是一种常用数字信号处理（DSP）算法。利用窗函数法设计 FIR 滤波器，可以实现线性相位的数字滤波器。

1. FIR 数字滤波器的设计方法

设 FIR 数字滤波器的单位冲激响应为 $h(n)$，则传递函数 $H(z)$ 为

$$H(z) = \sum_{n=0}^{N-1} h(n) z^{-n}$$

FIR 数字滤波器的系数 $h(n)$ 可由下式求得

$$h(n) = w(n) h_1(n),\ n = 0,1,\dots,N-1$$

$w(n)$ 为窗函数，常见的窗函数有矩形窗、布莱克曼窗、汉宁窗、海明窗以及凯塞窗等。理想单位冲激响应 $h_1(n)$ 可以根据给定的理想频率响应 $H_1(e^{j\omega})$，利用傅里叶变换求得

$$h_1(n) = \frac{1}{2\pi}\int_{-\pi}^{\pi} H_1(e^{j\omega}) e^{j\omega n} d\omega$$

FIR 数字滤波器的差分方程为

$$y(i) = \sum_{n=0}^{N-1} h(n)x(i-n) = h(0)x(i) + h(1)x(i-1) + \dots + h(N-1)x(i-N+1)$$

式中，$x(i)$为输入序列；$y(i)$为输出序列；N 为滤波器阶数。

2. FIR 数字滤波器的软件实现

例 15-2 实现一个低通 FIR 数字滤波器。要求通带边缘频率f_p为 10 kHz，阻带边缘频率f_{st}为 22 kHz，阻带衰减 A_s为 75 dB，采样频率f_s为 50 kHz。

采用窗函数法设计数字滤波器：

1）过渡带宽度 $\Delta f = f_{st} - f_p = 22 - 10 = 12\ \text{kHz}$

2）截止频率 $f_c = f_p + \Delta f/2 = 10 + 12/2 = 16\ \text{kHz}$

数字标称截止频率 $\omega_c = 2\pi f_c / f_s = 2\pi \times 16/50 = 0.64\pi$

3）理想低通滤波器单位冲击响应

$h_1(n) = \sin[\omega_c(n-\alpha)]/[(n-\alpha)\pi] = \sin[0.64\pi(n-\alpha)]/[(n-\alpha)\pi]$

相移常数 $\alpha = (N-1)/2$

4）根据要求，阻带衰减 A_s为 75 dB，可选择布莱克曼窗，窗函数长度为

$N = 5.98 f_s/\Delta f = 5.98 \times 50/12 = 24.9$

5）选择 $N = 25$，布莱克曼窗函数为

$w(n) = 0.42 - 0.5\cos[2\pi n/(N-1)] + 0.08\cos[4\pi n/(N-1)]$

6）滤波器单位冲激响应为

$h(n) = h_1(n)\ w(n) \qquad n \leqslant N-1$

$h(n) = 0 \qquad n > N-1$

7）根据上面的计算求出 $h(n)$，然后将单位冲激响应值移位为因果序列。

8）完成的滤波器差分方程为

$$\begin{aligned} y(i) =& 0.001x(i-2) - 0.002x(i-3) - 0.002x(i-4) + 0.01x(i-5) - 0.009x(i-6) \\ & - 0.018x(i-7) + 0.049x(i-8) - 0.02x(i-9) + 0.11x(i-10) + 0.28x(i-11) \\ & + 0.64x(i-12) + 0.28x(i-13) - 0.11x(i-14) - 0.02x(i-15) - 0.049x(i-16) \\ & - 0.018x(i-17) - 0.009x(i-18) + 0.01x(i-19) - 0.002x(i-20) - 0.002x(i-21) + 0.001x(i-22) \end{aligned}$$

数字滤波器程序如下：

```
#include "math.h"                              //数学函数头文件
#define N 25                                   //FIR 阶数 N
#define PI 3.1415926
float InputWave();                             //输入波形
float FIR();                                   //FIR 滤波函数声明
float fHn[N] = {0.0,0.0,0.001,-0.002,-0.002,0.01,-0.009,   //滤波系数
            -0.018,0.049,-0.02,0.11,0.28,0.64,0.28,        //线性相位低通 FIR 滤波器
            -0.11,-0.02,0.049,-0.018,-0.009,0.01,
            -0.002,-0.002,0.001,0.0,0.0
            };
float fXn[N] = {0.0};
float fInput,fOutput;
```

```
float fSignal1,fSignal2;
float fStepSignal1,fStepSignal2;
float f2PI;                    //2 * PI
int i;
float FIN[256],FOUT[256];  //输入信号与输出信号
int nIn,nOut;
main(void)
{
    nIn =0;nOut =0;
    f2PI =2 * PI;
    fSignal1 =0.0;
    fSignal2 = PI * 0.1;
    fStepSignal1 =2 * PI/30;
    fStepSignal2 =2 * PI * 1.4;
    while(1)
    {
    fInput = InputWave();
    FIN[nIn] = fInput;
    nIn ++;nIn% =256;
    fOutput = FIR();             //调用 FIR 滤波函数
    FOUT[nOut] = fOutput;
    nOut ++;
    if(nOut >=256)   nOut =0;
    }
}
float InputWave()              //输入波形函数,低频与高频正弦叠加波形
{
for (i = N -1;i >0;i --) fXn[i] = fXn[i -1];
fXn[0] = sin(fSignal1) + cos(fSignal2)/6.0;
fSignal1 += fStepSignal1;
if (fSignal1 >= f2PI)fSignal1 -= f2PI;
fSignal2 += fStepSignal2;
if (fSignal2 >= f2PI)fSignal2 -= f2PI;
return(fXn[0]);
}

float FIR()                    //FIR 滤波函数
{
float fSum;
fSum =0;
for (i =0;i <N;i ++) fSum += (fXn[i] * fHn[i]);
return(fSum);
}
```

可以通过 CCS 软件环境调试该程序，并用其中的 View > Graph > Time/Frequency 菜单功能，显示变量 FIN 与 FOUT 图形，观察 FIR 数字滤波的效果。

15.4 基于 CAN 总线的分布式温度测量系统

基于 CAN 总线的分布式温度测量系统，如图 15-18 所示。该系统由 PC 总控节点、若干 DSP 控制器温度测量节点等组成。分布式测量控制系统简化了系统结构，使得系统安装、维护及调试更加方便。

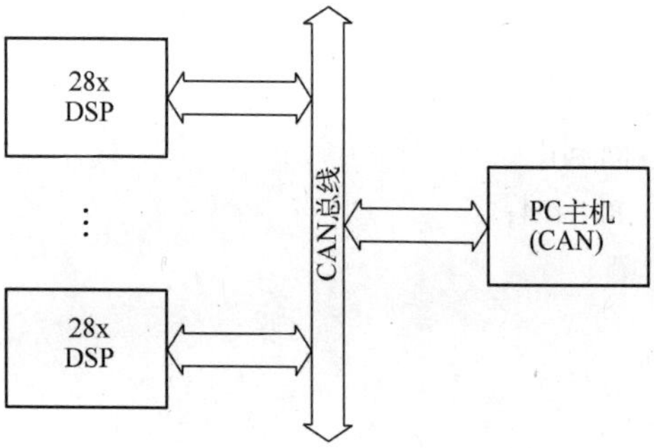

图 15-18 基于 CAN 总线的分布式温度测量系统

1. 温度测量

选用数字化集成温度传感器 DS18B20 作为测温元件，精度高，测量温度非常方便。

（1）数字化温度传感器 DS18B20

DS18B20 是 Dallas 公司的一种可组网数字化温度传感器，全部传感元件及转换电路集成在外形如晶体管的集成电路内。其特点如下：

- 仅需一条总线（1 - Wire），即可实现与 DSP 控制器或单片机（MCU）的通信。
- 支持可组网功能，多达 8 个 DS18B20，可以并联在唯一的 3 根线（信号线 DQ、电源和地线）上，实现多点测温。
- 测温范围 -55℃ ~ +125℃，分辨率可达 0.0625℃。
- 测量结果以 9 位至 12 位数字量方式串行传送。
- 设有用户可写入的 E^2PROM，用于设定报警温度等。

DS18B20 的封装如图 15-19 所示。图中 DQ 为数据输入、输出线，GND 为地线，V_{DD}为外接 3 ~5.5 V 供电电源输入端（在寄生电源接线方式时接地）。

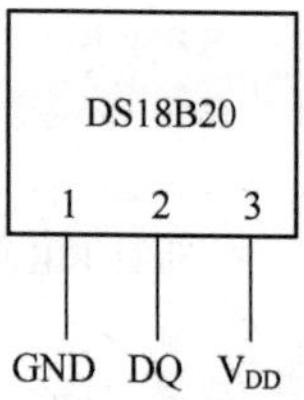

图 15-19 DS18B20 的引脚图

DS18B20 由 64 位光刻 ROM、温度传感器、E^2PROM 的温度报警器（TH，TL）、暂存寄存器、CRC 检验发生器等组成。64 位光刻 ROM 中的 64 位序列号是出厂前光刻好的，它可以看作是 DS18B20 的地址序列号，用于区分挂在同一总线的 8 个 DS18B20。暂存寄存器的分布见表 15-5。

表 15-5　DS18B20 内部暂存寄存器的分布表

寄存器内容	温度低8位数字	温度高8位数字	高温限制 TH	低温限制 TL	保留	保留	计数剩余值	每度计数值	CRC校验码
字节地址	0	1	2	3	4	5	6	7	8

通常 DSP 是以 DS18B20 的 ROM 命令和功能命令来控制 DS18B20 工作的，表 15-6 是 DS18B20 的命令集。

表 15-6　DS18B20 命令集

	指　令	代　码	功　能
ROM 命令	读 ROM	33H	读 DS18B20 ROM 中编码（即 64 位地址）
	匹配 ROM	55H	发出此命令后，接着发出 64 位编码，访问总线上与编码相对应的 DS18B20 器件。器件响应后，为下一步对该 DS18B20 的读/写作准备
	搜索 ROM	F0H	用于确定连接在同一总线上 DS18B20 的个数和识别 64 位地址，为操作各器件做准备
	跳过 ROM	CCH	忽略 64 位 ROM 地址，直接向 DS18B20 发温度转换命令，适用于单一 DS18B20 工作
	报警搜索命令	ECH	执行后只有温度越过设定值上限或下限时才做出响应
功能命令	温度转换	44H	启动 DS18B20 进行温度转换，12 位转换时间最长为 750ms，9 位转换时为 93.75ms，结果存入内部 RAM 中
	读暂存器	BEH	读内部 RAM 中字节内容
	写暂存器	4EH	发出向内部 RAM 的第 2、3 字节写上下限温度数据的命令，紧跟读命令后是传送 2 个字节的数据
	复制暂存器	48H	将 RAM 中第 2、3 字节内容复制到 E^2ROM 中
	恢复 E^2ROM	B8 H	将 E^2ROM 中内容恢复到 RAM 第 2、3 字节中
	读供电方式	B4H	读 DS18B20 供电方式，寄生供电时 DS18B20 发送“0”，外接电源时发送“1”

（2）DS18B20 与 DSP 的接口电路

DS18B20 与 DSP 的接口电路如图 15-20 所示。图中的 DSP 为 28035。由于 GPIO9 口内部有上拉电阻，所以图中的上拉电阻也可省略。V_{CC} 为 3.3 V 电源。

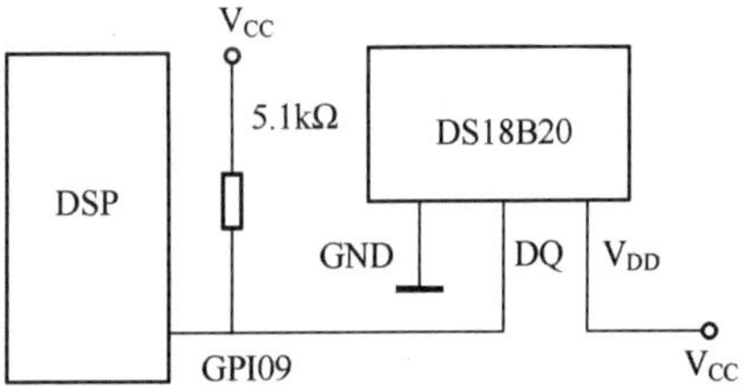

图 15-20　DS18B20 与 DSP 的接口电路

2. 显示器电路

选用 MAXIM 公司的 SPI 接口显示驱动器芯片 MAX7219 组成 LED 数码管显示器，接口电路结构简单，编程方便。

（1）LED 显示驱动器 MAX7219

MAX7219 是一个专用的串行输入/输出七段共阴极 LED 显示、图条、柱图显示或 64 点阵显示驱动器。它采用 3 线串行接口传送数据，接口简便。每片可驱动多达 8 个 LED 数码管，最多可以串接 8 片 MAX7219，驱动 64 个数码管。内部共有 14 个寄存器，其中 6 个为控制寄存器，8 个为数据寄存器。数据寄存器存放待显示的数值，控制寄存器决定 MAX7219 的工作模式。只需一个外部电阻（最小为 9.53 kΩ，此时典型段电流为 37 mA）即可调节 LED 的段电流，且允许程序方便地调节 LED 显示的亮度。MAX7219 可选择 LED 显示器的扫描个数。有非译码和 BCD 码译码 2 种显示模式。具有 150 μA 的低功耗停机模式、从 1 ~ 8 选择扫描位数和对所有 LED 显示器的测试模式。

图 15-21 给出了 MAX7219 芯片的引脚排列。图中 V + 接 +5 V 电源，GND 接地；DIN 为串行数据输入端，当 CLK 为上升沿时，数据载入 16 位内部移位寄存器；CLK 为串行时钟输入端，最大工作频率为 10 MHz；LOAD 为片选端，当 LOAD 为低电平时，该器件接收来自 DIN 的数据，接收完毕，LOAD 返回高电平时，接收的数据将锁定；DIG0 ~ DIG7 为吸收显示器共阴极电流的位驱动线，其最大值可达 500 mA，在关闭状态时，输出 V +；SEG A ~ SEG G 和 SEG DP 驱动显示器 7 段及小数点的输出电流（约 40 mA），可软件调整，关闭状态时，接到 GND；DOUT 为串行数据输出端，用于直接接到下一片 MAX7219 的 DIN 端进行串联；ISET 端接一个电阻到电源 + V，设置峰值段电流，以调节显示器亮度。

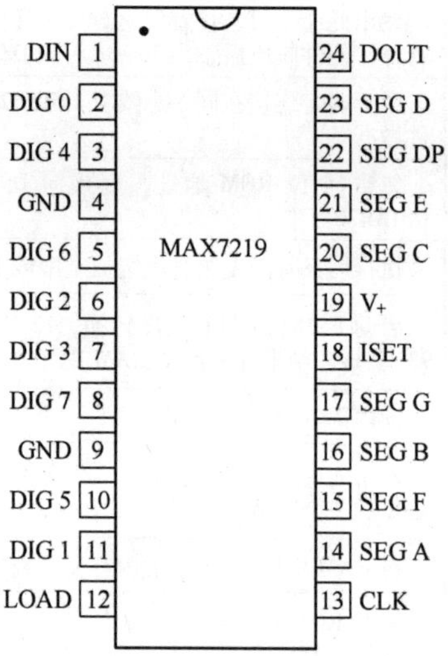

图 15-21 MAX7219 引脚图

MAX7219 的数据接收装载时序图如图 15-22 所示。由图可知，当 LOAD 信号为低时，在每个 CLK 的上升沿，DIN 端的数据移入 MAX7219 内部移位寄存器中。LOAD 必须在 16 个 CLK 同时或之后由低变高（上升沿），被移入的数据才会被锁存进入内部控制寄存器或数据寄存器中。接收的第一个数据放置在内部寄存器的 D15 位，最后一个数据放置在 D0 位。在 16.5 个 CLK 之后，在 DOUT 端可以观测到 DIN 端输入的数据。在 CLK 的下降沿有数据输出。

下表给出了 MAX7219 命令与数据所组成的 16 位数据格式。

D15~D12（无效位）	D11~D8（地址位）	D7~D0（数据位）
××××	四位寄存器地址	八位控制命令或待显示数据

MAX7219 片内包括 BCD 译码器、多路扫描控制器、字和位驱动器和 8 × 8 静态 RAM。MAX7219 有 14 个可寻址命令寄存器，其中 8 个是 8 位 LED 数据寄存器，6 个是控制寄存器包括非工作寄存器、译码方式寄存器、亮度寄存器、扫描界限寄存器、停机寄存器和显示测试寄存器。

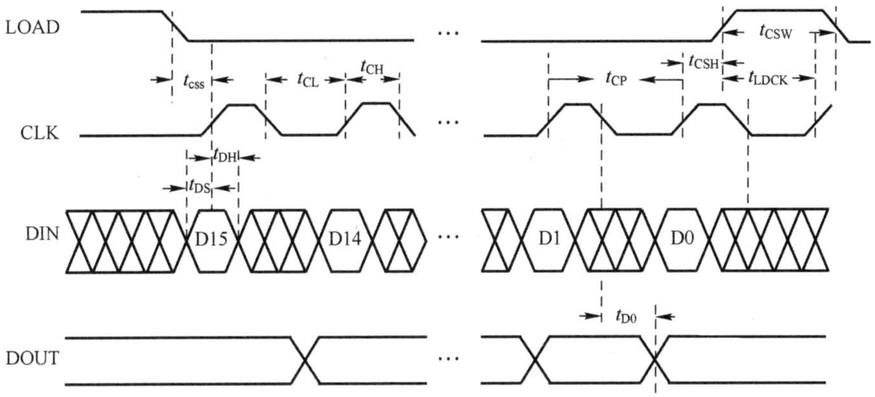

图 15-22 MAX7219 的数据接收装载时序图

各内部功能寄存器含义如下：

- 数据存储寄存器（DIG0 ~ DIG7）。用来存放显示数据，其地址码分别为 x1H ~ x8H（x 为 0 ~ F 的任意数）。MAX7219 在 BCD 译码显示方式时，x1H ~ x8H 中存储的数据为 x0H ~ xFH，这时数码管显示 0 ~ 9、－、E、F 、H、L、P 或空显示，按数据位的最高位设定小数点状态，置 1 则点亮小数点，否则为 0；在非译码方式显示中，x1H ~ x8H 中存放的数为一个不定值，相应的笔划要显示时其值为 1，不显示时为 0。DP、A ~ G 与 D7 ~ D0 为一一对应关系。
- 非工作寄存器（No Operation）。作为 MAX7219 串联时使用，其地址为 x0H。这个寄存器是在 MAX7219 串联时，允许数据通过而不会对当前 MAX7219 产生影响。当其最低位 D0 =0 时，MAX7219 处于停止工作状态；当 D0 =1 时，处于正常工作状态。
- 译码方式寄存器（Decode Mode）。作为 DIG0 ~ DIG7 显示方式选择寄存器，其地址为 x9 H。该寄存器的 8 位二进制数各位分别控制 8 个 LED 显示器的译码方式。当高电平时，选择 BCD 译码模式，当低电平时选择非译码模式（即送来数据为字型码）。当 x9 =00H 时，DIG0 ~ DIG7 全部选择非译码示；当 x9 =01H 时，DIG0 选择 BCD 译码方式显示，DIG1 ~ DIG7 选择非译码方式显示；当 x9 = 0FH 时，DIG0 ~ DIG3 选择 BCD 译码方式盘示，DIG4 ~ DIG7 选择非译码方式显示；当 x9 = 0FFH 时，DIG0 ~ DIG7 全部选择 BC 'D 译码方式显示。
- 亮度寄存器（Intensity）。用来调节显示器的显示段电流（占空比），其地址为 xAH。亮度寄存器中的 D0 ~ D3 位可以控制 LED 显示器的亮度。xA =00H、01H……0EH、0FH 时，相应的占空比为 1/32、3/32…29/32、31/32。软件亮度控制可替代硬件限流亮度控制。
- 扫描界限寄存器（Scan Limit）。用来限定显示扫描显示位数，其地址为 xBH。该寄存器中 D0 ~ D2 位数据设定值为 0 ~ 7H，表示显示器动态扫描个数为 1 ~ 8。即 xBH = x000B 时，DIG0 位显示，其他位不显示；xBH = x001B 时，DIG0、DIGl 位显示，其他位不显示；当 xBH = x010B 时，DIG0、DIGl、DIG2 位显示，其余类推。
- 停机寄存器（Shutdown）。用来设定显示器是否显示的寄存器。其地址为 xCH。当寄存器内容最低位 D0 为 0 时，所有的显示器停止显示；当为 1 时，所有的显示器按设定的方式显示。

- 显示测试寄存器（Display Test）。用来测试显示芯片是否正常的寄存器，其地址为 xFH。当寄存器内容最低位 D0 为 0 时，MAX7219 按设定模式正常工作；当为 1 时，处于测试状态。在该状态下，不管 MAX7219 处于什么模式，全部 LED 将按最大亮度显示。

（2）MAX7219 与 DSP 接口电路

MAX7219 通过 SPI 串行接口与 DSP 连接，故连接电路简单。硬件电路如图 15-23 所示。28035 DSP 的 SPI 接口的 SPICLK、SPISIMO 分别用作 MAX7219 的时钟信号 CLK、串行数据输入信号 DIN；28035 的 GPIOD19/SPISTEA 用作 MAX7219 的数据锁存信号 LOAD。为了匹配 DSP 的 3.3V 电平与 7219 的 5V 电平，通过 10kΩ 的上拉电阻与二极管将 3.3V 电平提高到 5V。MAX7219 的 V+引脚接 +5V 电源，2 个 GND 引脚接地。SEG A ~ G、SEG DP 用于驱动数码管的 7 段显示和小数点显示，DIG0 ~ DIG 7 用于驱动多达 8 个数码管的位。

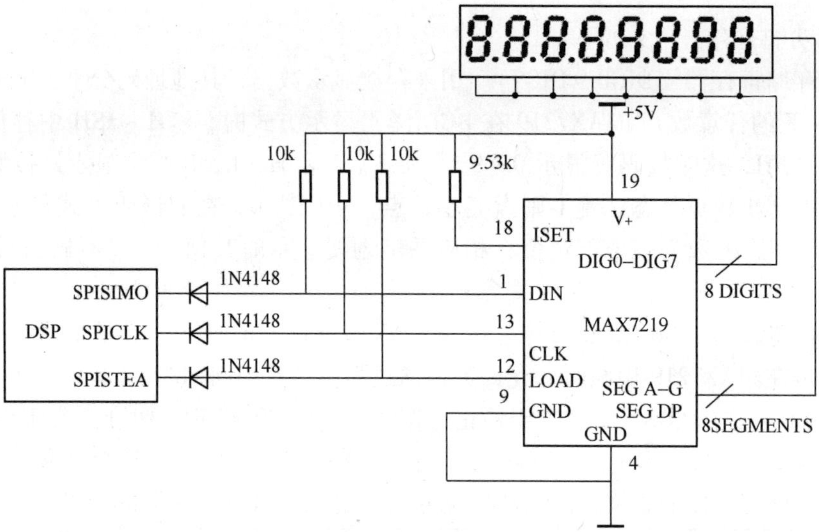

图 15-23　显示器电路

3. 温度测量系统程序与 MAX7219 显示程序

采用 DS18B20 测量温度要经过三个步骤：每一次读写前都要对 DS18B20 进行复位；复位成功后发送 ROM 命令；最后发送功能指令。这样才能对 DS18B20 进行预定的操作。复位要求 DSP 将数据 DQ 引脚送低电平 500 μs，然后释放。DS18B20 收到信号后，等待 16 ~ 60 μs 左右后，发出 60 ~ 240 μs 的低脉冲，DSP 测试 DQ 引脚获得低电平，说明 DS18B20 已复位（初始化），可通过 DQ 写命令到 DS18B20 并延时 750 ms 待温度转换完成后，读取 DS18B20 的转换结果，处理后获得温度送显示器显示。

转换结果的数据格式如下所示：

B15							B8	B7							B0
S	S	S	S	S	2^6	2^5	2^4	2^3	2^2	2^1	2^0	2^{-1}	2^{-2}	2^{-3}	2^{-4}

数据分高低两个字节，为二进制补码形式，S 表示符号位。表中给出的是 12 位精度形式，对于 9 ~ 11 位精度，最低几位为 0。

28035 的 CPU 频率为 60 MHz，初始化 SPI 模块要把工作方式设置为主方式，发送数据。这样就可以通过 SPISIMO 端向 MAX7219 移入数据，并且为 MAX7219 提供串行时钟。与之相应，初始化 GPIO 就要把 SPICLK、SPISIMO 配置成外设信号，把 GPIOD0 配置成通用 I/O 信号。当 SPICTL 的使能发送允许位 TALK 位为 1 时，写数据到 SPIDAT 或 SPITXBUF 就启动了 SPISIMO 引脚的数据发送。数据从 SPIDAT 的最高位依次发送出去。在数据移出 SPIDAT 时，将置位 SPI 的接口状态寄存器 SPISTS 的中断标志位 SPI INT FLAG。查询 SPI 中断标志位 SPI INT FLAG 是否为 1，若为 1，则数据发送完毕，清除中断标志。

由于 MAX7219 的通信最大波特率为 10 MHz，所以可以将 28035 SPI 的波特率设置为 1 MHz。

```
#include "DSP2803x_Device.h"      //包含 DSP2803x 头文件
#include "DSP2803x_Examples.h"    //包含 DSP2803x 实例头文件
//宏定义
#define DQ_DIR GpioCtrlRegs.GPADIR.bit.GPIO9          //连接 18B20 数据端
#define DQ GpioDataRegs.GPADAT.bit.GPIO9
//#define Delay_nUS(n)DELAY_US(n)
//本文件函数原型声明
void delay_us(unsigned int t);                         //延时 μs 函数
unsigned int Init_DS18B20(void);                       //18B20 复位初始化函数
void Write_byte(unsigned char val);                    //向 18B20 写一个字节
unsigned char Read_byte(void);                         //从 18B20 读一个字节
unsigned char ReadTemperature(void);                   //读温度值函数
void delay_ms(unsigned int t);                         //延时 ms 函数
// void Gpio_setup(void);
// void Delay_nMS(Uint16 n);
void spi_init(void);                                   //SPI 初始化函数
void InitDisplay(void);                                //MAX7219 初始化函数
void WriteWord (unsigned char addr,unsigned char num); //向 MAX7219 写入字(16 位)函数
//全局变量声明
unsigned char x;

void main(void)
{
    InitSysCtrl();        //系统初始化,该函数在 DSP2803x_sysctrl.c 中,初始化 PLL、看门狗、外设时钟
    DINT;
    InitPieCtrl();        //初始化 PIE 控制寄存器,该函数在 DSP2803x_PieCtrl.c 中
    IER = 0x0000;
    IFR = 0x0000;
    InitPieVectTable(); //初始化 PIE 矢量表,该函数在 DSP2803x_PieVect.c 中
    EALLOW;
    GpioCtrlRegs.GPADIR.bit.GPIO10 = 1;      //GPIO10 方向为输出 LED 指示灯
    GpioCtrlRegs.GPADIR.bit.GPIO2 = 1;       //GPIO2 方向为输出 LED 指示灯
```

```
    //初始化 GPIO,设置 SPI - A 功能
    GpioCtrlRegs. GPAPUD. bit. GPIO5 =0;            //GPIO5(SPISIMOA)使能上拉电阻
    GpioCtrlRegs. GPAPUD. bit. GPIO18 =0;           //GPIO18 (SPICLKA)使能上拉电阻
    GpioCtrlRegs. GPAPUD. bit. GPIO19 =0;           //GPIO19 (SPISTEA)使能上拉电阻
    GpioCtrlRegs. GPAQSEL1. bit. GPIO5 =3;          //GPIO5 (SPISIMOA)异步输入
    GpioCtrlRegs. GPAQSEL2. bit. GPIO18 =3;         //GPIO18 (SPICLKA)异步输入
    GpioCtrlRegs. GPAQSEL2. bit. GPIO19 =3;         //GPIO19 (SPISTEA)异步输入
    GpioCtrlRegs. GPAMUX1. bit. GPIO5 =1;           //GPIO5 配置为 SPISIMOA
    GpioCtrlRegs. GPAMUX2. bit. GPIO18 =1;          //GPIO18 配置为 SPICLKA
    GpioCtrlRegs. GPAMUX2. bit. GPIO19 =0;          //GPIO19 配置为通用 I/O
    GpioCtrlRegs. GPADIR. bit. GPIO19 =1;           //GPIO19 方向为输出,LOAD
    EDIS;
    spi_init();                                     //SPI 初始化
    InitDisplay();                                  //MAX7219 初始化
    WriteWord(0x0f,0x01);                           //显示测试方式
    delay_ms(1000);                                 //延时
    WriteWord(0x0f,0x00);                           //显示测试结束,正常工作

    EINT;
    ERTM;
    while(1)
      {
        x = ReadTemperature();                    //读温度值
        WriteWord(0x01,x%10);  //设置数据寄存器(地址 0x01)数据,显示温度个位(位 0)
        WriteWord(0x02,x/10);  //设置数据寄存器(地址 0x01)数据,显示温度十位(位 1)
        GpioDataRegs. GPADAT. bit. GPIO10^=1; //GPIO10 电平翻转一次
        if(GpioDataRegs. GPADAT. bit. GPIO22 ==0)
        {
            GpioDataRegs. GPADAT. bit. GPIO2 =0;//如果开关按下,则点亮 LED
        }
        else
        {
            GpioDataRegs. GPADAT. bit. GPIO2 =1;
        }
        delay_ms(200);                  //延时
      }
}

//初始化 DS18B20
unsigned int Init_DS18B20(void)          //18B20 复位初始化函数
{
    unsigned int s;
    EALLOW;
```

```
    DQ_DIR = 1;                    //DQ 方向为输出
    EDIS;
    DQ = 1;                        //DQ 拉高
    delay_us(5);                   //稍作延时
    DQ = 0;                        //DQ 拉低
    delay_us(500);                 //延时 500μs
    DQ = 1;                        //DQ 拉高 60μs
    delay_us(60);
    EALLOW;
    DQ_DIR = 0;                    //DQ 方向为输入
    EDIS;
    delay_us(60);
    s = DQ;         //稍作延时后,等待 18B29 回应,如果 s = 0 则初始化成功,s = 1 则初始化失败
    delay_us(120);
    return(s);
}

//向 18B20 写一个字节
void Write_byte(unsigned char val)
{
    unsigned char j;
    EALLOW;
    DQ_DIR = 1;                    //DQ 方向为输出
    EDIS;
    DQ = 1;                        //DQ 置 1
    delay_us(3);                   //延时 3μs
    for(j = 0;j < 8;j ++ )         //写入 8 位
    {
      DQ = 0;                      //拉低
      delay_us(5);
      if((val&0x01) == 1)          //如低位为 1,DQ 写 1
        DQ = 1;
      else                         //否则,DQ 写 0
        DQ = 0;
      delay_us(45);                //延时 45μs(60) ,DQ 写 1
      DQ = 1;
      val = val >> 1;              //val 右移 1 位
    }
}

//从 18B20 读一个字节
unsigned char Read_byte(void)      //要在 60 ~ 120μs 完成
{
```

```
    unsigned char j,value;
    value =0;
    for(j =0;j <8;j ++)
    {
    EALLOW;
    DQ_DIR =1;                        //DQ 方向为输出
    EDIS;
    DQ =0;
    delay_us(5);                      //DQ 拉低,延时 5μs
    value = value >>1;                //value 右移 1 位
    DQ =1;                            //DQ 拉高
    EALLOW;
    DQ_DIR =0;                        //DQ 方向为输入
    EDIS;
    if(DQ)
    value = value|0x0080;             //如 DQ 为 1,value 的高位置 1
    delay_us(45);
    }
    return(value);
}

//读取温度
unsigned char ReadTemperature(void)
{
    unsigned char a =0;
    unsigned char b =0;
    unsigned char t =0;;
    while(Init_DS18B20() ==1);        //等待 18B20 初始化成功
    Write_byte(0xCC);                 //跳过读序号列号
    Write_byte(0x44);                 //启动温度转换
    delay_ms(100);  //12 位精度最长转换时间需要延时 750 ms,9 位精度最大需要 93.75ms
    while(Init_DS18B20() ==1);        //再次初始化成功时
    Write_byte(0xCC);                 //跳过读序号列号
    Write_byte(0xBE);//读取温度寄存器命令,共可读 9 个寄存器,前两个是温度
    a = Read_byte();                  //读取温度值低字节
    b = Read_byte();                  //读取温度值高字节
    b =b <<8;                         //高字节左移 8 位.
    t =(b|a)/16;        //即右移 4 位,即得到整数部分温度值 SD6D5D4D3D2D1D0
    return(t);
}

void delay_us(unsigned int i)         //延时 μs
{
```

```
    unsigned int index;
    index = i * 27/5;
    while(index >0)
    index -- ;
}

void delay_ms(unsigned int i)            //延时 ms
{
    unsigned int index,j;
    for(j =0;j <1650;j ++ )
    {
    index = i * 27/5;
    while(index >0)
    index -- ;
    }
}

void spi_init()                          //SPI 初始化
{
    SpiaRegs.SPICCR.all =0x004F;         //SPI 复位,SPI 下降沿输出数据,16 位数据
    SpiaRegs.SPICTL.all =0x0006;         //主控模式,通常相位,使能 TALK,禁止 SPI 中断
    SpiaRegs.SPIBRR =0x000E;             //配置波特率 = 1MHz,SPIBRR = 14,MAX7219 的最大工作
                                           频率 10MHz
    SpiaRegs.SPICCR.all | =0x0080;       //退出复位状态,进入正常工作模式
    SpiaRegs.SPIPRI.bit.FREE = 1;        //全速运行
}

void InitDisplay(void)                   //MAX7219 初始化
{
    WriteWord(0x0b,0x01);  //设置扫描界限寄存器(地址 0x0b),选择 2 位显示方式(位 0 ~ 位 1)
    WriteWord(0x09,0xff);  //设置译码方式寄存器(地址 0x09),选择 BCD 译码方式
    WriteWord(0x0a,0x08);  //设置亮度寄存器 (地址 0x0a),选择亮度级别占空比 17/32
    WriteWord(0x0c,0x01);  //设置关机寄存器(地址 0x0c),选择为正常工作模式
}

//向 MAX7219 写入字(16 位)
void WriteWord (unsigned char addr,unsigned char num)
{
    unsigned char entire;
    entire = (addr <<8) + num;                  //18 位数据
    GpioDataRegs.GPADAT.bit.GPIO19 =0;          //将 LOAD 信号置为低电平,准备移入数据
    delay_us(200);
    SpiaRegs.SPITXBUF = entire;                 //发送数据
```

```
    while(SpiaRegs.SPISTS.bit.INT_FLAG! =1);  //等待发送完毕
    SpiaRegs.SPIRXBUF = SpiaRegs.SPIRXBUF;     //虚读寄存器,以清除中断标志
    delay_us(200);
    GpioDataRegs.GPADAT.bit.GPIO19 =1;  //将 LOAD 信号置为高电平,锁存进相应寄存器
}
```

4. 分布式温度测量系统的 DSP 与 PC CAN 总线通信

基于 CAN 总线的分布式温度测量系统通常由 PC 总控节点、若干 DSP 控制器温度测量节点等组成。

PC 软硬件资源丰富，可以设计丰富的人机交互界面，便于管理多个测控节点的参数。一般有许多商用 CAN 通信板卡及驱动软件供选用，可以采用 Visual c ++ 等编程方法实现 PC CAN 通信软件及应用软件设计。

DSP 控制器温度测量节点的 CAN 通信软件设计，可以参照 CAN 控制器模块一章的实例实现。

15.5 思考题与习题

1. 28035 DSP 控制器的最小系统包括哪些具体电路?
2. 如何设计 DSP 的复位电路?
3. 如何设计 DSP 的时钟电路?
4. 如何设计 DSP 的 JTAG 电路?
5. 数字运动控制应用领域一般要用到 28035 DSP 的哪些片内外设?
6. 如何用 DSP C 语言编程实现常用的 FFT 与 FIR 信号处理算法?
7. Piccolo 系列 DSP 控制器可以有哪些应用? 如何实现软件与硬件设计?

附　录

附录 A　DSP 控制器术语与符号英汉对照表

Accumulator (ACC) 累加器
Address 地址
Address Bus 地址总线
Address Decoder 地址译码器
Address Space 地址空间
Addressing Mode 寻址方式
ALU(Arithmetic and Logic Unit) 算术逻辑单元
Analog Devices 模拟器件
Analog Signal 模拟信号
Analog to Digital Converter (ADC) A-D 转换器,模-数转换器
AND Gate 与门
ANSI(American National Standards Institute) 美国国家标准协会
ARAU(Address Register Arithmetic Unit)寻址寄存器算术单元
Architecture 结构
Argument 参数
Arithmetic Operation 算术运算
ARP (Auxiliary Register Pointer) 辅助寄存器指针
Array 数组
ASCII (American Standard Code for Information Interchange) ASCII 码,美国标准信息交换码
ASIC(Application-Specific Integrated Circuit) 专用集成电路
Assembler 汇编程序,汇编器
Assembler Control 汇编器控制命令
Assembler Directive 汇编器命令,伪指令
Assembly Language 汇编语言
Baud Rate 波特率
BCD (Binary Coded Decimal) BCD 码
BGA (Ball Grid Array)球形栅格阵列
Binary 二进制
Bit(二进制)位,比特
Boot 引导
BOPS (Billon Operations Per Second)十亿次操作每秒
Breakpoint 断点
BSP (Buffered Serial Port)缓冲串口
Buck Converter 降压变换器
Buffer 缓冲器
Bus 总线
Bus Cycle 总线周期
Byte 字节
CALU(Central ALU)中央算术逻辑单元
CAN (Controller Area Network)控制器局域网络,CAN 总线
CaptureUnit 捕获单元
CCS(Code Composer Studio) 代码创作者工作室
CE(Chip Enable) Signal 芯片使能信号
Ceramic Oscillator 陶瓷振荡器
Character 字符
Chip 芯片
CISC(Complex Instruction Set Computer)复杂指令系统计算机
CLA(Control Law Accelerator) 控制律加速器

C Language　C 语言
Clock 时钟
CMOS(Complementary Metal Oxide Semiconductor)互补金属氧化物半导体
Code 代码,程序
Code Memory 代码存储器,程序存储器
COFF(Common Object File Format)公共目标文件格式
Command 命令
Comment 注释
Communication 通信
Compatible 兼容
Compiler 编译程序,编译器
Connector 连接器,接插件
Console 控制台
Constant 常数
Control Bus 控制总线
Control Unit 控制器
Counter 计数器
CPLD (Complex Programmable Logic Device) 复杂可编程逻辑电路
CPU (Central Processing Unit)中央处理器
CRC (Cyclic Redundancy Check)循环冗余校验
Cross Assembler 交叉汇编程序
CRT (Cathode - Ray Tube) 阴极射线管
CrystalOscillator 晶体振荡器
CS (ChipSelect) 片选
CSM(Code Security Module) 代码安全模块
C(Carry)进位
Cycle 周期
Cycle - By - Cycle 逐个周期
D - A Converter 数 - 模转换器,D - A 转换器
DARAM(Dual Access RAM)双存取 RAM
Data 数据
Data Bus 数据总线
Data Memory 数据存储器
Datasheet 数据资料
Debug 调试
Debugger 调试程序
Decimal 十进制
Declaration 声明
Definition 定义
Delay 延时
Development Tool 开发工具
D Flip - flop D 触发器
DFT (Discrete Fourier Transform)离散傅里叶变换
DIP (Dual In - line Package)双列直插封装
DirectAddressing 直接寻址
Directive 命令
Disable 禁止
Disassembly 反汇编
Display 显示,显示器
DMA (Direct Memory Access)直接存储器存取
DMC (Digital Motor Control) 数字电动机控制
DRAM (Dynamic RAM) 动态读写存储器,动态 RAM
Draw - off Current 拉电流
DSC(DigitalSignal Controller) 数字信号控制器
DSP(DigitalSignal Processing) 数字信号处理
DSP(DigitalSignal Processor) 数字信号处理器
DSP Controller DSP 控制器
Duty Cycle 占空比,负荷循环
eCAN (Enhanced Controller Area Network)增强型控制器局域网络
EDA (Electronic Design Automation)电子设计自动化
Editor 编辑程序
EEPROM,E^2PROM (Electrically EPROM)电可擦除只读存储器
Embedded Computer 嵌入式计算机
Embedded Controller 嵌入式控制器,单片机

Embedded Microcontroller 嵌入式微控制器，单片机
Embedded System 嵌入式系统
EMIF(External Memory Interface) 外部存储器接口
Emulator（硬件）仿真器
Enable Signal 使能信号
Enhanced PWM（ePWM）增强型 PWM
EPROM（Erasable Programmable ROM）可擦除可编程只读存储器
Evaluation Module Board 评估板，EVM 板
Exclusive OR Gate 异或门
Expression 表达式
External Memory 外部存储器
Falling Edge 下降沿
FFT（Fast Fourier Transform）快速傅里叶变换
FIFO(First InFirst Out) Buffer 先进先出缓冲器
Filename Extension 文件扩展名，文件名后缀
FILO（First In Last Out）先进后出
FIR（Finite Impulse Response）有限冲击响应
Firmware 固件，固化的程序
Flash Memory 闪速存储器
Flash ROM 快速程序存储器
Floating Point 浮点
FPGA（Field – Programmable Gate Array）现场可编程门电路
Frequency 频率
Function 函数
General Purpose Timer 通用定时器
GPIO(General Purpose I/O)通用 I/O，通用输入/输出
Halt Mode 停止模式
Head File 头文件
Hexadecimal 十六进制
High Impedance State 高阻抗状态
Human Interface Device 人机接口设备
IAP(In Application Programming)在应用编程
I^2C 或 I2C（Inter – Integrated Circuit Bus）I^2C 总线，互联 IC 总线
IDE（Integrated Development Environment）集成开发环境
Identifier 标识符
Idle Mode 空闲模式
IIR（Infinite Impulse Response）无限冲击响应
Immediate Addressing 立即寻址
Include File 包含文件
Indirect Addressing 间接寻址
Instruction Set 指令系统，指令集
Integer 整数
Interface 接口
Internal Memory 片内存储器
Interpreter 解释程序
Interrupt Handler 中断处理程序
Interrupt Request 中断请求
Interrupt Routine 中断程序
Interrupt Service Routine 中断服务程序
Interrupt Vector 中断向量
Inverter 反相器
I/O（Input/Output）输入/输出
I/O Address I/O 寻址
IP（Interrupt Priority）中断优先级
ISR(Interrupt Service Routine) 中断服务程序
JTAG（Joint Test Action Group）Port JTAG 接口
KW（Kilo Words）千字
LCD（Liquid Crystal Display）液晶显示器
LED（Light Emitting Diode）发光二极管
Library 库
Limp Mode 跛行模式
Linker 连接程序
Loader 装载程序
Local 局部
Locator 定位程序
Logic Gate 逻辑门电路
Loop 循环
Loop Structure 循环结构
Low Power Mode 低功耗方式

LSB (Least Significant Bit)最低有效位
Macro 宏
Machine Code 机器码
Machine Cycle 机器周期
Machine Instruction 机器指令
Maskable Interrupt 可屏蔽中断
McBSP(Multichannel Buffered Serial Port)多通道缓冲串行口
MCU (Micro Controller Unit)单片机,微控制器单元
Memory Address Space 存储器地址空间
Memory Expansion 存储器扩展
Microcomputer 微机,微型计算机
Microcontroller 单片机,微控制器
Microprocessor 微处理器(CPU)
MIPS(Million Instructions Per Second)百万条指令每秒
Mnemonic 助记符
Modular Programming 模块化编程
Module 模块
Monitor 监控程序,监视器
MOPS (Million Operations Per Second) 百万次操作每秒
MOS (Metal Oxide Semiconductor) 金属氧化物半导体
MSB (Most Significant Bit)最高有效位
Multiprocessor Communication 多机通信
NC (Not Connected)空脚
NRZ(Non Return to Zero)非归零格式
Nonvolatile Memory 非易失存储器
Object Code 目标程序,目标代码
Object Program 目标程序
OC(Open Collector) Gate 集电极开路门,OC 门
OD(Open Drain) Gate 漏极开路门,OD 门
OE(Output Enable) 输出使能
Off – Chip Memory 片外存储器
On – Chip Memory 片上(内)存储器
On – ChipPeripheral 片上(内)外设
One's Complement 反码
One – Shot 单次击发,单发
Opcode 操作码
Open Collector Output 集电极开路输出
Operand 操作数
Operating System (OS) 操作系统
Operator 运算符
OR Gate 或门
Oscillator 振荡器,振荡电路
OTP (One Time Programmable) 一次可编程
Output Device 输出设备
OutputEnable Signal 输出使能信号
OV (Overflow)溢出
Package 封装
PAL(Programmable Array Logic) 可编程阵列逻辑
Parallel I/O Port 并行 I/O 口
Parallel I/O Interface 并行 I/O 接口
Parity 奇偶性
Pipeline 流水线
PC (Personal Computer)个人计算机
PC (Program Counter) 程序计数器
PCB(Printed Circuit Board)印制电路板
Peripheral Device 外部设备(外设)
Peripheral Frame 外设帧
PLD (Programmable Logic Device)可编程逻辑器件
PLL (Phase – Locked Loop)锁相环
Power Saving Mode 节电方式
Power Topology 功率电路拓扑
PQFP(Plastic Quad FlatpackPackage)塑料方形扁平封装
Program Memory 程序存储器
Programming Language 编程语言
Project 项目,工程

Pseudo Operation 伪指令
Pull - down Resistor 下拉电阻
Pull - up Resistor 上拉电阻
PWM (Pulse Width Modulation)脉宽调制
QEP (Quadrature Encoder Pulse)正交编码器脉冲
RAM (Random Access Memory) 随机读写存储器
RD(Read Signal)读信号
Ready Signal"准备好"信号
Real - Time Control 实时控制
Real - Time Operating System (RTOS) 实时操作系统
Real - Time System 实时系统
Register 寄存器
Relocatable 可重定位的
Reset 复位
Resonant Converter 谐振变换器
Response Time 响应时间
Restoring Contexts 恢复现场
RISC(Reduced Instruction Set Computer)精简指令系统计算机
ROM(Read Only Memory)只读存储器
SARAM (Single - Access RAM)单存取 RAM
Saving Contexts 保护现场
Scaling Shifter 定标移位器
Schematic Diagram 原理图
SCI(Serial Communication Interface)串行通信接口
Section 段,块
Sequencer 排序器
Serial Bus 串行总线
Serial Communication 串行通信
Serial Interface 串行接口
Serial Port 串行口
Simulator 软件仿真器,模拟软件
Single Step Operation 单步运行
Sinking Current 灌电流
Sleep Mode 睡眠方式
Source Program 源程序
SP(Stack Pointer)堆栈指针
SPI(Serial Peripheral Interface)串行外设接口
SRAM (Static RAM)静态 RAM
Standby Mode 备用模式
Start of Conversion (SOC)转换启动
Static Memory 静态存储器
Step Operation 单步运行
String 字符串
Strobe Signal 选通信号
Subroutine 子程序
System on a Chip (SoC) 片上系统
Target Board 目标板
TI (Texas Instruments)德州仪器公司
Time Base 时基,时间基准
Timing Diagram 时序图
TQFP (Thin Quad Flat Pack)薄方形扁平封装
Trip Zone 脱开区
Tri - State Output 三态输出
TTL (Transistor - Transistor Logic)晶体管 - 晶体管逻辑
Two 's Complement 补码
UART (Universal Asynchronous Receiver and Transmitter)通用异步收发器
USB (Universal Serial Bus) 通用串行总线
Volatile Memory 易失存储器
Watchdog 看门狗
WDT (Watch Dog Timer)看门狗定时器、监视定时器
Word 字
WR (Write Signal)写信号
XOR Gate 异或门

附录 B　逻辑电路符号对照表

名　称	国标符号　曾用符号　国外流行符号
与门	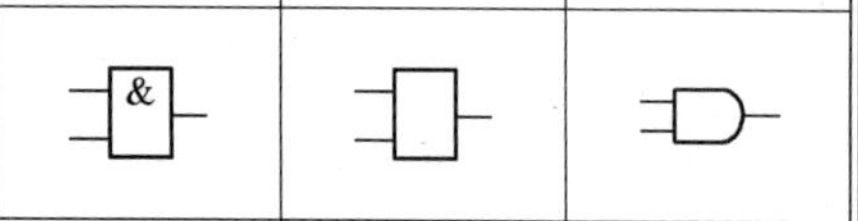
或门	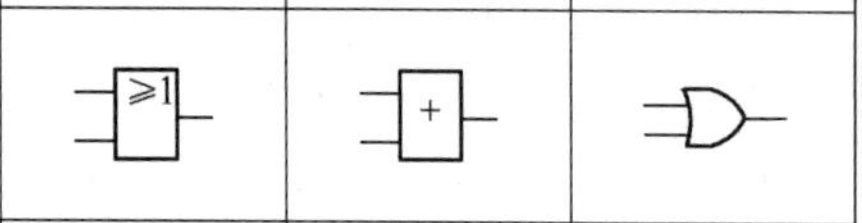
非门	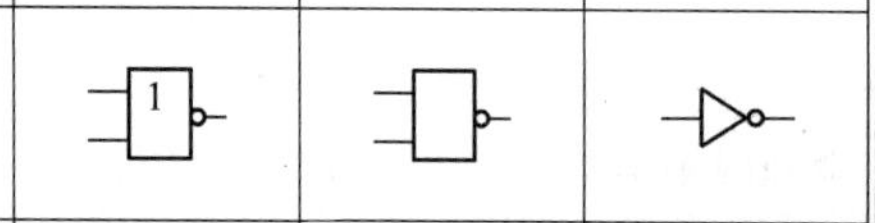
与非门	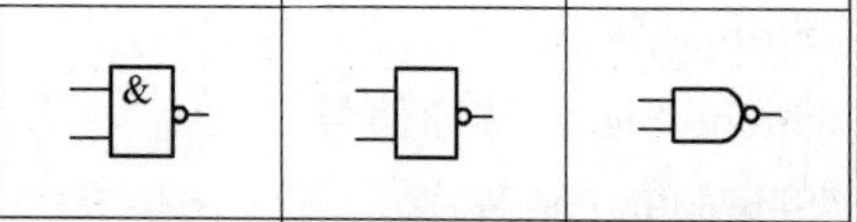
或非门	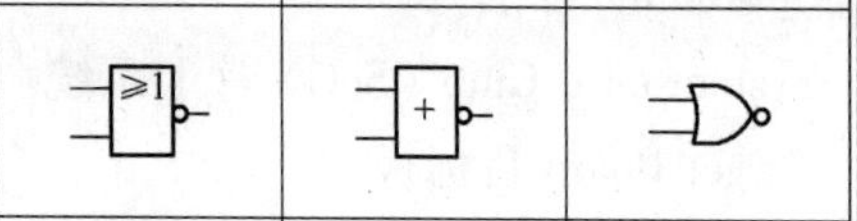
与或非门	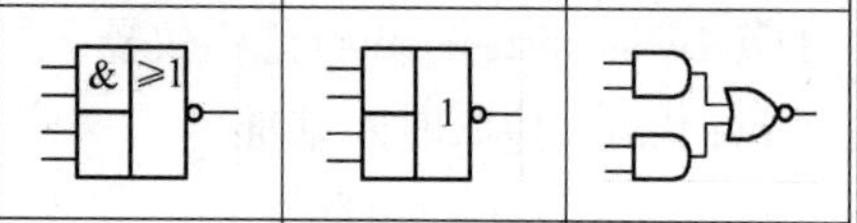
异或门	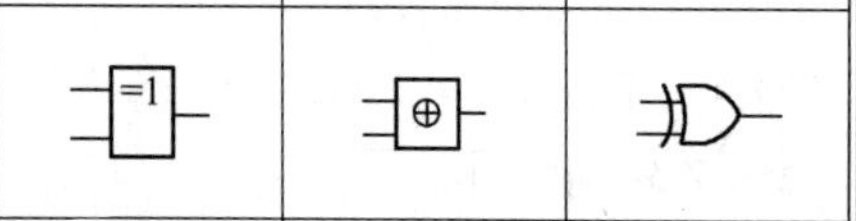
同或门	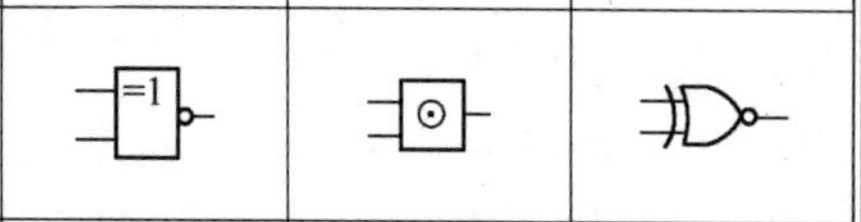
集电极开路的与门	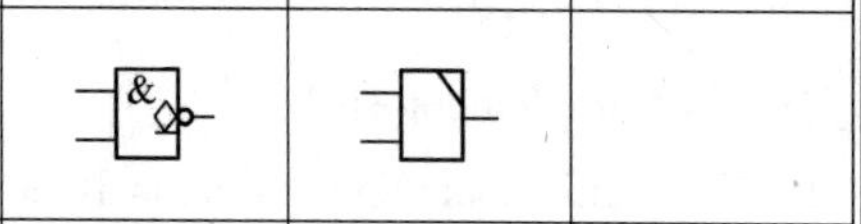
三态输出的非门	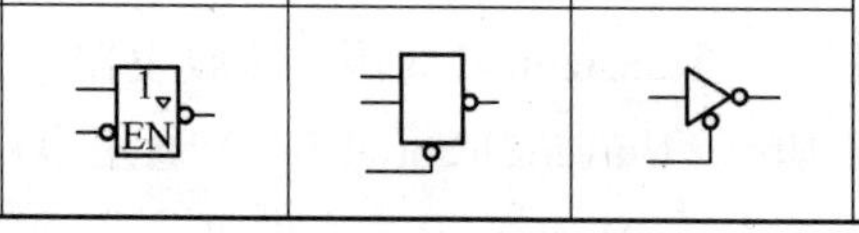
传输门	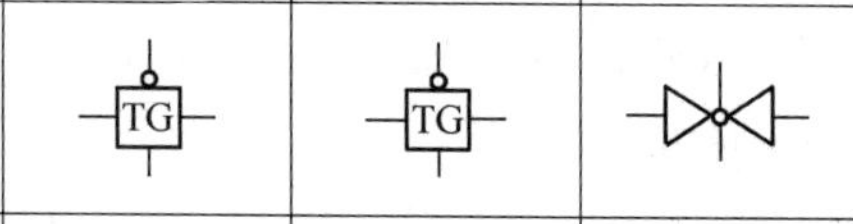
双向模拟开关	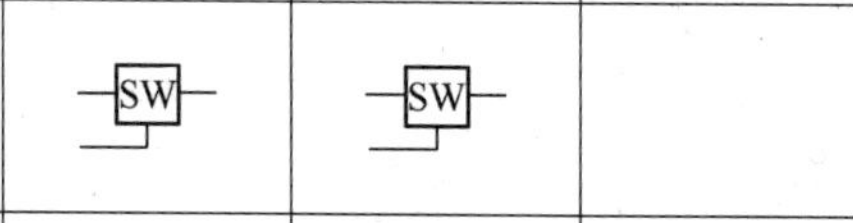
半加器	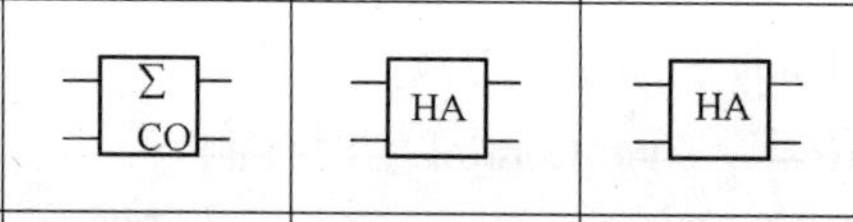
全加器	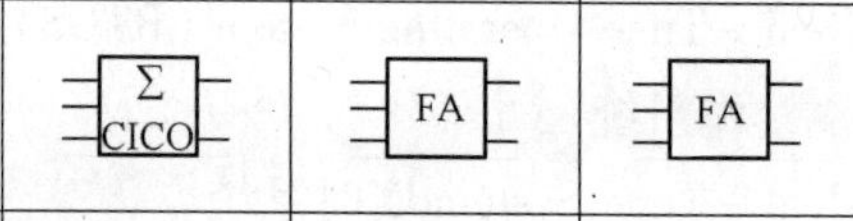
基本 RS 触发器	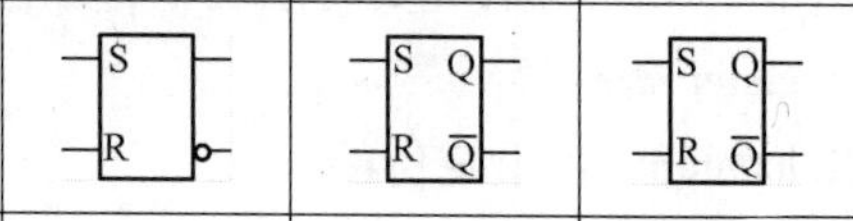
同步 RS 触发器	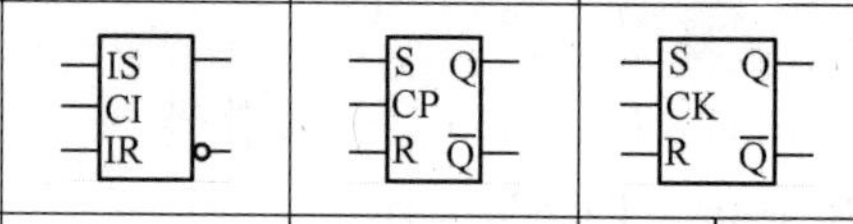
边沿（上升沿）D 触发器	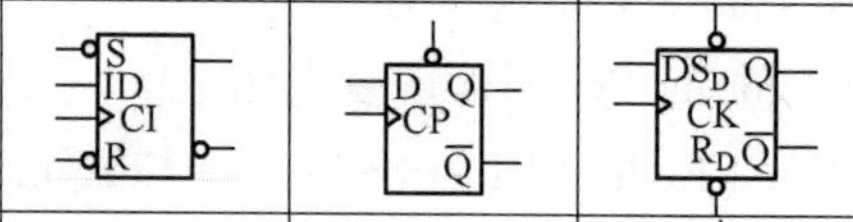
边沿（下升沿）JK 触发器	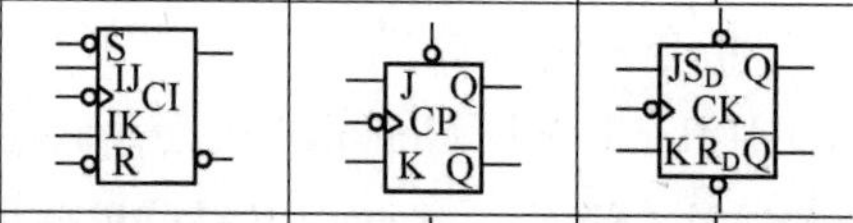
脉冲触发（主从）JK 触发器	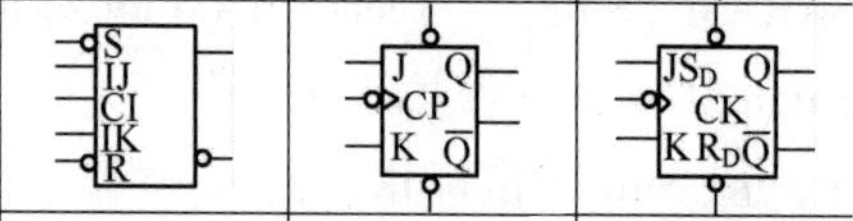
带施密特出发特性的与门	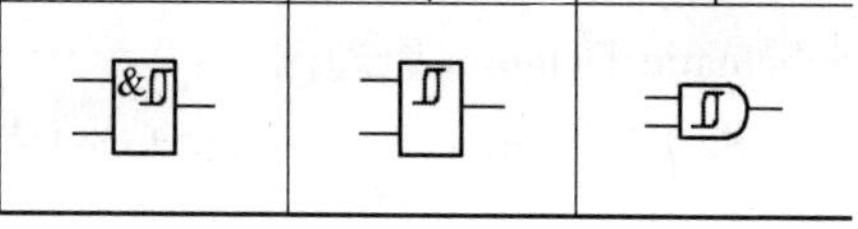

参考文献

[1] TI. TMS320F2803x Piccolo 微控制器，2015.

[2] TI. TMS320F2803x Piccolo Microcontrollers，2013.

[3] TI. TMS320F2803x Piccolo System Control and Interrupts Reference Guide，2009.

[4] TI. TMS320x2803x Piccolo Analog－to－Digital Converter（ADC）and Comparator Reference Guide，2011.

[5] TI. TMS320x2803x，Piccolo Enhanced Capture（eCAP）Module Reference Guide，2009.

[6] TI. TMS320x2803x Piccolo Enhanced Pulse Width Modulator（ePWM）Module Reference Guide，2011.

[7] TI. TMS320x2803x Piccolo Enhanced Quadrature Encoder Pulse（eQEP）Module Reference Guide，2009.

[8] TI. TMS320x2803x Piccolo High Resolution Pulse Width Modulator（HRPWM）Reference Guide，2011.

[9] TI. TMS320x2803x Piccolo Serial Communication Interface（SCI）Reference Guide，2009 .

[10] TI. TMS320x2803x Piccolo Serial Peripheral Interface（SPI）Reference Guide，2009.

[11] TI. TMS320x2803x Piccolo Enhanced Controller Area Network（eCAN）Reference Guide，2009.

[12] TI. TMS320x2802x，2803x Piccolo Inter－Integrated Circuit（I2C）Module Reference Guide，2011.

[13] TI. TMS320F2803x Piccolo Local Interconnect Network（LIN）Module User's Guide，2009.

[14] TI. TMS320x2803x Piccolo Control Law Accelerator（CLA）Reference Guide，2010.

[15] TI. TMS320x2803x Piccolo Boot ROM Reference Guide，2009.

[16] TI. 2803x C/C++ Header Files and Peripheral Examples Quick Start，2009.

[17] TI. TMS320F2802x Piccolo Microcontrollers，2011.

[18] TI. TMS320F2806x Piccolo Microcontrollers，2011.

[19] TI. TMS320C28x CPU and Instruction Set Reference Guide，2009.

[20] TI. TMS320C28x Optimizing C/C++ Compiler v6. 0 User's Guide，2011.

[21] TI. TMS320C28x Assembly Language Tools v6. 0 User's Guide，2011.

[22] Hamid A，Toliyat et al. DSP－based Electromechanical Motion Control. Boca Raton：CRC Press，2003.

[23] 万山明. TMS320F281x DSP 原理及应用实例［M］. 北京：北京航空航天大学出版社，2007.

[24] 刘和平. 数字信号控制器原理及应用—基于 TMS320F2808［M］. 北京：北京航空航天大学出版社，2011.

[25] 宁改娣. DSP 控制器原理及应用［M］. 北京：科学出版社，2009.

[26] 苏奎峰. TMS320x281x 原理及 C 程序开发［M］. 2 版. 北京：北京航空航天大学出版社，2011.

[27] 苏奎峰. TMS320x281x DSP 应用系统设计［M］. 北京：北京航空航天大学出版社，2008 .

[28] 江思敏. TMS320C2000 系列 DSP 开发应用技巧. 重点与难点剖析［M］. 北京：中国电力出版社，2008.

[29] 三恒星科技. TMS320F2812DSP 原理与应用实例［M］. 北京：电子工业出版社，2009.

[30] 韩丰田. TMS320F281x DSP 原理及应用技术［M］. 北京：清华大学出版社，2009.

[31] 杨东凯. DSP 嵌入式系统设计与开发指南［M］. 北京：中国电力出版社，2008.

[32] 张东亮. DSP 控制器原理与应用（C28x）［M］. 北京：机械工业出版社，2011.

[33] 张东亮. DSP 原理与应用（C24x）［M］. 北京：机械工业出版社，2012.